2.6.1 制作倒计时片头

2.6.2 制作美图欣赏视频

3.4.5 实例操作——电视暂停效果

3.5 上机练习——剪辑视频片段

4.1.1 实战：使用镜头过渡

4.2.1 3D运动

1. 实战：【立方体旋转】过渡效果

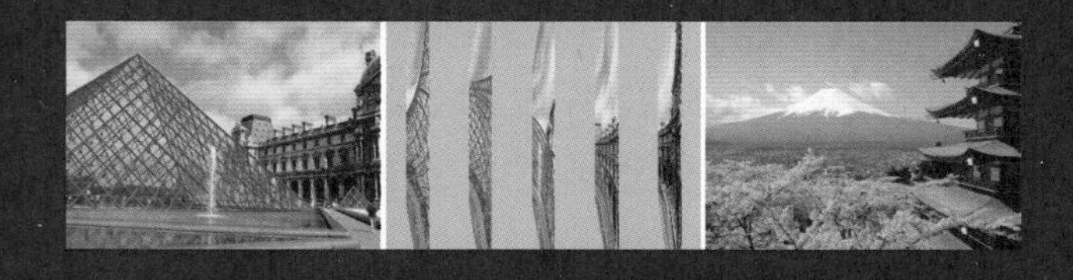

2. 实战：【翻转】过渡效果

实例操作——日常生活类——可爱杯子

3. 实战：【盒形划像】切换效果

4. 实战：【菱形划像】切换效果

实例操作——日常生活类——精致茶具

4.2.3 擦除

1. 实战：【划出】切换效果

2. 实战：【双侧平推门】切换效果

3. 实战：【带状擦除】切换效果

4. 实战：【径向擦除】切换效果

5. 实战：【插入】切换效果

6. 实战：【时钟式擦除】切换效果

7. 实战：【棋盘擦除】切换效果

8. 实战：【棋盘】切换效果

9. 实战：【楔形擦除】切换效果

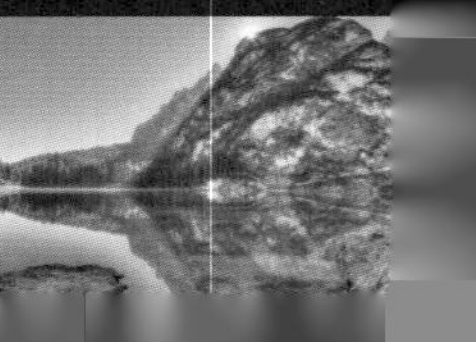

12. 实战：【油漆飞溅】切换效果

13. 实战：【百叶窗】切换效果

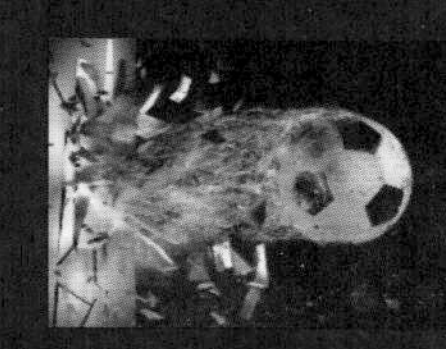

14. 实战：【风车】切换效果

15. 实战：【渐变擦除】切换效果

16. 实战：【螺旋框】切换效果

17. 实战：【随机块】切换效果

实例操作——日常生活类——可爱小天使

4.2.4 溶解

1. 实战：【MorphCut】切换效果

2. 实战：【交叉溶解】切换效果

3. 实战：【胶片溶解】切换效果

4. 实战：【非叠加溶解】切换效果

5. 实战：【渐隐为白色】切换效果

实例操作——日常生活类——家居

4.2.5 滑动

1. 实战：【中心拆分】切换效果

2. 实战：【带状滑动】切换效果

3. 实战：【拆分】切换效果

4. 实战：【推】切换效果

5. 实战：【滑动】切换效果

实例操作——日常生活类——百变面条

4.2.6 缩放

1. 实战：【交叉缩放】切换效果

4.2.7 页面剥落

1. 实战：【翻页】切换效果

2. 实战：【页面剥落】切换效果

4.3.1 影视特效类——美甲

4.3.2 自然风景类——花之恋

实例操作——祝福贺卡类——关怀问候

5.2.2 【图像控制】视频特效

1. 实战：【灰度系数校正】特效

3. 实战：【颜色平衡（RGB）】特效

实例操作——文艺生活类——怀旧照片

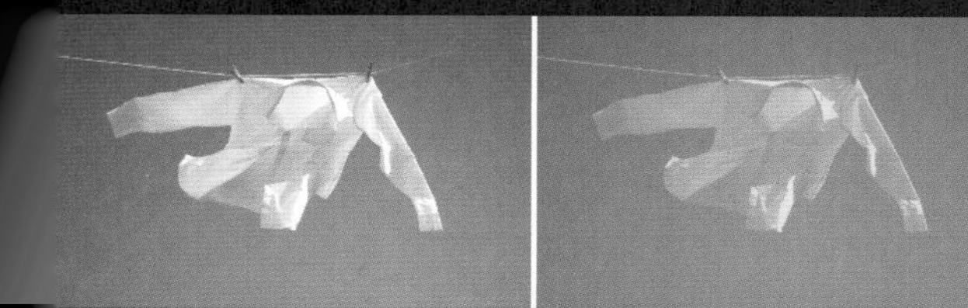

5.2.3 【实用程序】视频特效

1.实战：【Cineon转换器】特效

5.2.4 【扭曲】视频特效

11. 实战：【镜像】特效

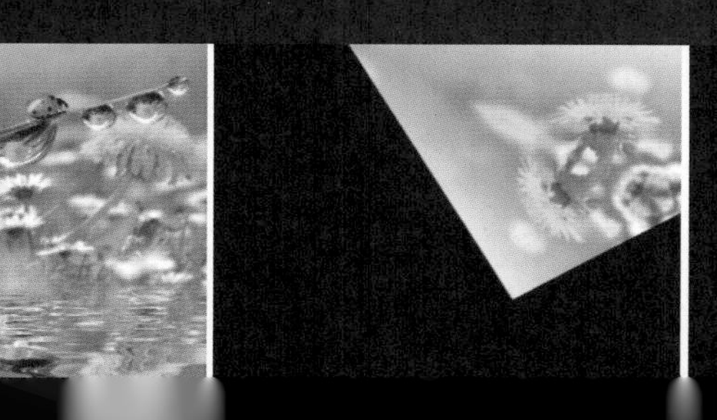

实例操作——人物角色类——离别背影

实例操作——民俗风情类——异域假面

5.2.8 【生成】视频特效

1. 实战：【书写】特效

5. 实战：【圆形】特效

10. 实战：【网格】特效

11. 实战：【镜头光晕】特效

实例操作——商业片头类——动物欣赏

实例操作——风景摄影类——山清水秀

5.2.13 【透视】特效
1. 实战：【基本3D】特效

5.2.14 【通道】视频特效
2. 实战：【亮度键】特效

4. 实战：【差值遮罩】特效

8. 实战：【非红色键】特效

实例操作——影视特效类——倒计时效果

实例操作——艺术雕刻类——圣诞麋鹿

5.3 上机练习——卡通动漫类——月夜视频

实例操作——自然风景类——水平滚动字幕

实例操作——卡通动漫类——可爱卡通文字

实例操作——影视特效类——渐变文字

实例操作——商业广告类——纹理效果字幕

实例操作——影视特效类——文字雨

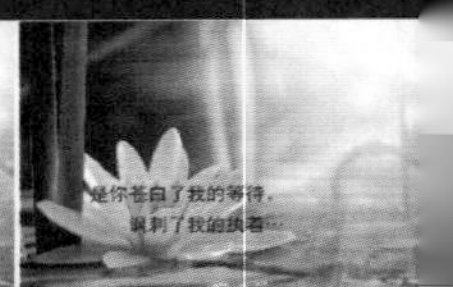

实例操作——影视特效类——打字效果

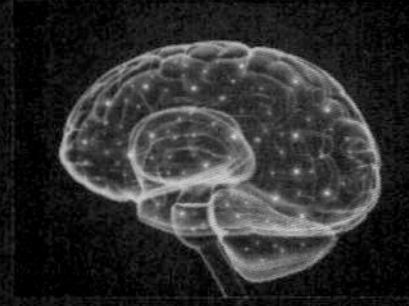
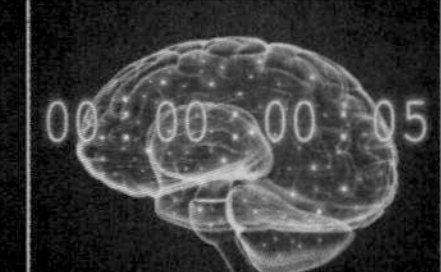

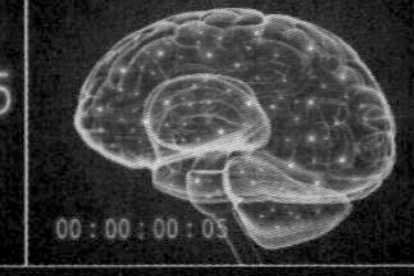

实例操作——影视特效类——数字化字幕

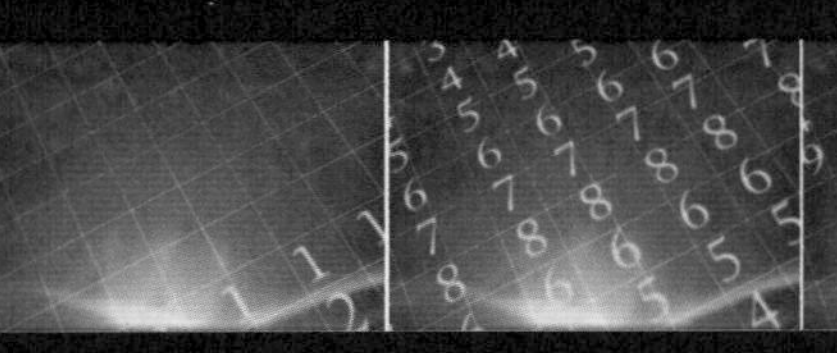

实例操作——影视特效类——数字运动

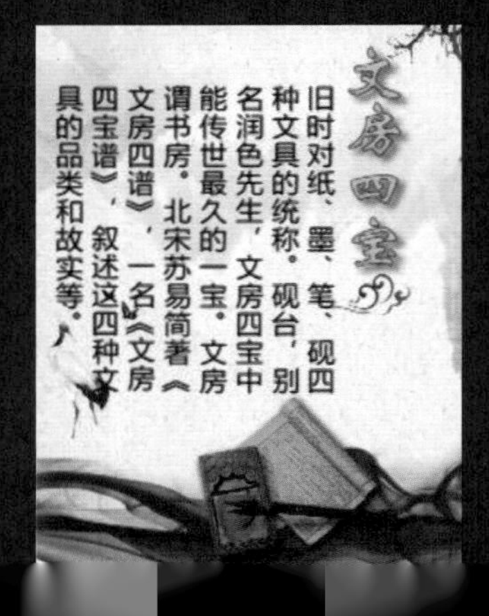

第9章 项目指导——制作环保宣传片

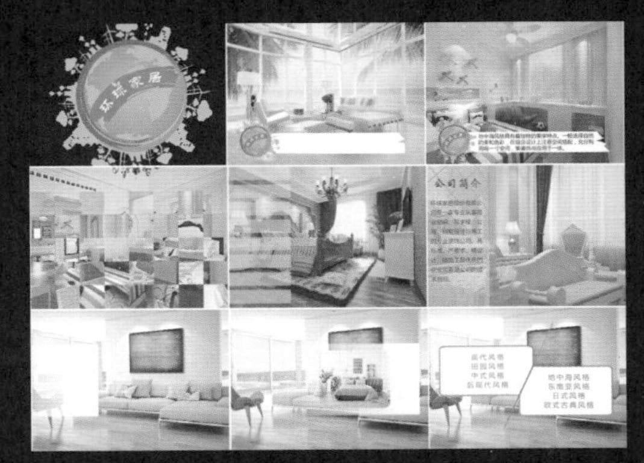

第10章 项目指导——家具宣传广告

第11章 项目指导——公益广告

第12章 项目指导——制作足球节目预告

第13章 项目指导——婚礼片头

高等院校电脑美术教材

Premiere Pro CC 2018 基础教程（第3版）

周平　编著

清华大学出版社
北　京

内 容 简 介

本书采用“软件知识+实例操作（案例）+上机练习+项目指导”的形式详细介绍了Adobe Premiere Pro CC 2018软件的基础知识和使用方法，实例从典型工作任务中提炼，简明易懂。全书在结构上分为三大部分：一是基础，二是针对软件命令及功能的实例操作，三是软件在不同行业领域中的应用，即项目指导。

全书分为13章，内容包括影响剪辑的基础知识，Adobe Premiere Pro CC 2018的工作界面和工作流程，视频素材的采集方法，视频片段剪辑的常用工具，视频固有特效和过渡效果，常用的视频特效，音响效果的制作，添加字幕，影片的输出，最后通过5个大的行业综合项目案例将本书所有内容进行涵盖贯穿，使用户通过基础理论学习以及实际制作，掌握视频编辑技能。

本书适合作为大中专院校相关专业的教材和参考用书，以及各类社会培训班的培训教材，同时也可供广大从事非线性编辑的专业人员、广告设计人员、电脑视频设计制作人员以及多媒体制作人员使用。

图书在版编目(CIP)数据

Premiere Pro CC 2018 基础教程 / 周平编著 . —3 版 . —北京：清华大学出版社，2019.11
（高等院校电脑美术教材）
ISBN 978-7-302-53870-7

Ⅰ. ①P… Ⅱ. ①周… Ⅲ. ①视频编辑软件—高等学校—教材 Ⅳ. ①TN94

中国版本图书馆 CIP 数据核字（2019）第 212926 号

责任编辑：张彦青
封面设计：李 坤
责任校对：李玉茹
责任印制：刘海龙

出版发行：清华大学出版社
网 址：http://www.tup.com.cn，http://www.wqbook.com
地 址：北京清华大学学研大厦 A 座 **邮 编**：100084
社 总 机：010-62770175 **邮 购**：010-62786544
投稿与读者服务：010-62776969，c-service@tup.tsinghua.edu.cn
质 量 反 馈：010-62772015，zhiliang@tup.tsinghua.edu.cn
印 装 者：涿州汇美亿浓印刷有限公司
经 销：全国新华书店
开 本：210mm×260mm **印 张**：19.75 **字 数**：460 千字
版 次：2014 年 7 月第 1 版 2019 年 11 月第 3 版 **印 次**：2019 年 11 月第 1 次印刷
定 价：98.00 元

产品编号：084447-01

前言

Premiere Pro CC 2018是专门用于视频后期处理的非线性编辑软件，它的强大功能在于可以快速地对视频进行剪辑处理，比如：随意地分割或拼接视频片段，添加特效和过渡效果，融合数码照片、音乐和视频等。专业人士能够使用该软件制作出非常漂亮的影视作品。

本书内容

全书共分13章，包括初识Premiere Por CC 2018、Premiere Por CC 2018的基本操作、影视剪辑技术、视频过渡的应用、视频特效、常用字幕的创建、添加与编辑音频、文件的设置与输出；另外，还有5章案例讲解，包括环保宣传片、家具宣传广告、公益广告、足球节目预告和婚礼片头。

第1章介绍Premiere软件中的一些基础知识，包括影视制作基础、影视剪辑的基本流程、视频编辑色彩、工作界面以及界面的布局等。

第2章介绍保存项目文件的两种方法和导入与导出的方法，编辑素材文件和添加视/音频的操作等。

第3章介绍影视剪辑的一些必备理论。剪辑是通过为素材添加入点和出点从而截取其中的视频片段，将它与其他视频进行结合形成一个新的视频片段。

第4章介绍如何为视频片段与片段之间添加过渡。

第5章介绍如何在影片上添加视频特效，这对于剪辑人员来说是非常重要的，对视频的好与坏起着决定性的作用，巧妙地为影片添加各式各样的视频特效可以使影片具有很强的视觉感染力。

第6章介绍在Premiere中创建字幕和创建图形。

第7章介绍如何使用Premiere为影视作品添加声音效果和音频剪辑的基本操作与理论，对剪辑人员来说，掌握音频基本理论和音画合成的基本规律，以及Premiere Pro CC 2018中音频剪辑的基础操作是非常必要的。

第8章全面介绍节目的输出设置。

第9章通过创建字幕、设置关键帧动画等操作步骤来介绍环保宣传片的制作方法。

第10章通过在序列中创建字幕、为素材设置关键帧、应用嵌套序列等操作步骤来介绍家具宣传广告的制作方法。

第11章介绍怎样制作公益广告，通过导入素材、创建字幕、制作动画、添加背景音乐等操作来完成公益广告的制作。

第12章介绍怎样制作足球节目预告，通过在序列中创建字幕、为素材设置关键帧、应用嵌套序列等操作，从而产生想要的视频效果。

第13章介绍怎样制作一个婚礼片头，现在的结婚录像中都有一段精彩、喜庆的片头，本例所介绍的婚礼影片片头是对前面所学习知识的一个综合运用及一些实用技巧应用，使读者能够更加深入地掌握Premiere Pro CC 2018，达到融会贯通、举一反三的目的，希望读者多多实践，开拓思路，制作出更好的作品。

本书约定

为便于阅读理解，本书的写作风格遵从如下约定：

- 本书中出现的中文菜单和命令将用“【 】”括起来，以示区分。此外，为了使语句更简洁易懂，本书中所有的菜单和命令之间以竖线（|）分隔，例如，单击【编辑】菜单，再选择【移动】命令，就用【编辑】|【移动】来表示。
- 用加号（+）连接的两个或3个键表示组合键，在操作时表示同时按这两个或3个键。例如，Ctrl+V是指在按Ctrl键的同时，按V字母键；Ctrl+Alt+F10是指在按Ctrl和Alt键的同时，按功能键F10。

- 在没有特殊指定时，单击、双击和拖动是指用鼠标左键单击、双击和拖动，右击是指用鼠标右键单击。

练习素材

书中所有实例的素材源文件均可在清华大学出版社官网下载。

读者对象

（1）Premiere初学者。

（2）大中专院校和社会培训机构相关专业的学生。

（3）非线性编辑专业人员、广告设计人员和计算机视频设计人员。

（4）视频编辑爱好者。

本书由潍坊工商职业学院信息中心的周平老师编著，同时参与编写的还有朱晓文、温培利、李少勇、刘蒙蒙、叶丽丽、李玉霞、曹丽、陈月娟、陈月霞、刘峥、段晖、刘希林、黄健、黄永生、田冰、相世强、牟艳霞、刘晶、李向瑞等老师，谢谢他们在书稿前期材料的组织、版式设计、校对、编排以及对大量图片的处理所做的工作，在此，对他们表示衷心的感谢。

编　者

素　材　文　件

总目录

第1章 初识Premiere Pro CC 2018

第2章 Premiere Pro CC 2018的基本操作

第3章 影视剪辑技术

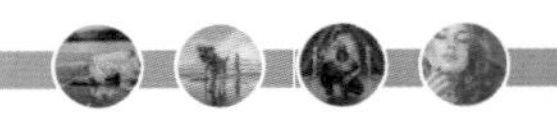

第4章 视频过渡的应用

第5章 视频特效

第6章 常用字幕的创建

第7章 添加与编辑音频

第8章 文件的设置与输出

第9章 项目指导——制作环保宣传片

第10章 项目指导——家具宣传广告

第11章 项目指导——公益广告

第12章 项目指导——制作足球节目预告

第13章 项目指导——婚礼片头

附录 参考答案

第1章 初识Premiere Pro CC 2018

本章将主要介绍Premiere Pro CC 2018软件中的一些基础知识，包括影视制作基础、影视剪辑的基本流程、视频编辑色彩、软件工作界面以及界面的布局等。

1.1 Premiere Pro CC 2018简介

Premiere是Adobe公司基于Macintosh（苹果）平台开发的视频编辑软件，它集视、音频编辑于一身，广泛地应用于电视节目制作、广告制作及电影剪辑等领域。

Premiere可以在计算机上观看并编辑多种文件格式的电影，还可以创建用于后期节目制作的编辑制定表（Edit Decision List，EDL）。通过其他外部设备，Premiere还可以进行电影素材的采集，可以将作品输出到录像带、CD-ROM和网络上，或将EDL输出到录像带生产系统。

Premiere Pro CC 2018提供了更加强大的、高效的增强功能和先进的专业工具，包括尖端的色彩修正、强大的视频控制和多个嵌套的时间轴，并专门针对多处理器和超线程进行了优化，利用新一代基于奔腾处理器、运行于Windows系统下的速度方面的优势，提供能够自由渲染的编辑功能。

Premiere Pro CC 2018既是一个独立的产品，也是新推出的Adobe Video Collection中的关键组件。

Premiere Pro CC 2018能够支持高清晰度和标准清晰度的电影胶片，剪辑人员能够输入和输出各种视频和音频格式。另外，Premiere Pro CC的文件能够以工业开放的交换模式AAF（Advanced Authoring Format，高级制作格式）输出，用于进行其他专业产品设计的工作。

1.2 Premiere应用领域

Adobe Premiere是目前最流行的非线性编辑软件之一，是数码视频编辑的强大工具，它作为功能强大的多媒体视频、音频编辑软件，应用范围广泛，制作效果美不胜收，是视频爱好者们最常使用的视频编辑软件之一。

- Premiere应用范围如下：
  - 专业视频数码处理；
  - 字幕制作；
  - 多媒体制作；
  - 视频短片编辑与输出；
  - 企业视频演示；
  - 教育。
- Premiere应用行业如下：
  - 出版行业；
  - 教育部门；
  - 电视台；
  - 广告公司；
  - 小型设计室；
  - 企业市场。

1.3 影视动画发展前景

影视动画市场资源丰富，本土产业不成熟，影视动画人才资源严重不足。

动画及多媒体产业具有当今知识经济的特征，涉及文化、艺术、科技、传媒、出版、商业等多种行业。在欧美、日韩等国家，已经形成了完整成熟的产业链，实现了投入、产出的良性循环，为动画及多媒体产业带来了十分可观的经济效益和社会效益。

尽管我们有着庞大的市场，却没能发展出我们自己的相关产业。一项调查显示，在青少年最喜爱的动漫作品中，日本、韩国动漫占60%，欧美动漫占29%，中国大陆和港台地区原创动漫的比例仅有11%，日韩产品占据着中国网络游戏产品的主要位置。究其原因，除了经济运行机制和开发水平外，最主要的瓶颈是民族企业中各类影视动画职业人才的匮乏。

伴随着产业的进一步发展，市场的进一步成熟，对各种专业人才的需求必将更为广泛，对人才素质的要求也将越来越高。既精通职业技能，又具有创意、策划能力，同时具备良好的人文素质的实用型、复合型人才将会大受欢迎。中国巨大的动画及多媒体市场和中国相关专业人才奇缺形成的巨大矛盾，无疑给中国影视动画教育带来了一个极好的发展机遇。把握住这个契机发展我国的影视动画教育是当务之急。

1.4 影视动画的制作原理与流程

影片剪辑的制作流程主要分为素材的采集与输入、素材编辑、特效处理、字幕制作和输出播放5个步骤，如图1-1所示。

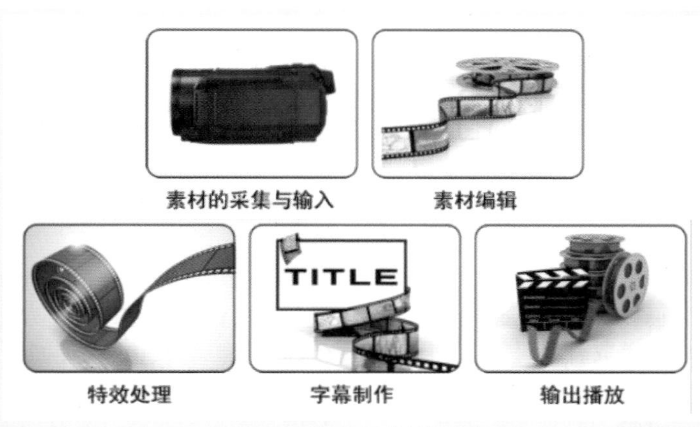

图1-1 影片剪辑的制作流程

1. 素材的采集与输入

素材的采集就是将外部的视频经过处理转换为可编辑的素材，输入主要是将其他软件处理后的图像、声音等素材导入Adobe Premiere Pro CC 2018中。

2. 素材编辑

素材编辑就是设置素材的入点与出点，以选择最合适的部分，然后按顺序组接不同素材的过程。

3. 特效处理

对于视频素材，特效处理包括转场、特效与合成叠加；对于音频素材，特效处理包括转场和特效。非线性编辑软件功能的强弱，往往体现在这方面。

配合硬件，Adobe Premiere Pro CC 2018能够实现特效的实时播放。

4. 字幕制作

字幕是影视节目中非常重要的部分。在Adobe Premiere Pro CC 2018中制作字幕很方便，可以实现非常多的效果，并且还有大量的字幕模板可以选择。

5. 输出播放

节目编辑完成后，可以输出到录像带上，可以生成视频文件，用于网络发布、刻录VCD/DVD以及蓝光高清光盘等。

1.5 影视制作基础

影视剪辑是对音像素材进行分解、重组的整个工作，随着计算机技术的快速发展，剪辑已经不再局限于电影制作，很多广告动画制作行业也已经应用剪辑技术。

1.5.1 影视编辑色彩与常用图像基础

色彩和图像是影视编辑中必不可少的部分，一个好的影视作品就需要好的色彩搭配和漂亮的图片结合而成。另外，在制作时，需要对色彩的模式、图像类型、分辨率等有一个充分的了解，这样在制作中才能够知道自己所需要的素材类型。

1. 色彩模式

色彩模式是数字世界中表示颜色的一种算法。在数字世界中，为了表示各种颜色，人们通常将颜色划分为若干分量。由于成色原理不同，决定了显示器、投影仪、扫描仪这类靠色光直接合成颜色的颜色设备和打印机、印刷机这类靠使用颜料的印刷设备在生成颜色方式上的区别。

在计算机中表现色彩，是依靠不同的色彩模式来实现的。下面将介绍几个在编辑中常见的色彩模式。

1）RGB 色彩模式

RGB颜色是由红、绿、蓝三原色组成的色彩模式。图像中所有的色彩都是由三原色组合而来的。

三原色中的每一种色一般都可包含256种亮度级别，三个通道合成起来就可显示完整的彩色图像。电视机或监视器等视频设备就是利用光色三原色进行彩色显示的，在视频编辑中，RGB是唯一可以使用的配色方式。

在RGB图像中的每个通道一般可包含2^8种不同的色调，通常所提到的RGB图像包含三个通道，因而在一幅图像中可以有2^{24}（约1670万）种不同的颜色。

在Premiere中可以通过对红、绿、蓝三个通道的数值的调节，来调整对象色彩。三原色中每一种都有一个0～255的取值范围，当三个值都为0时，图像为黑色；当三个值都为255时，图像为白色。三原色如图1-2所示。

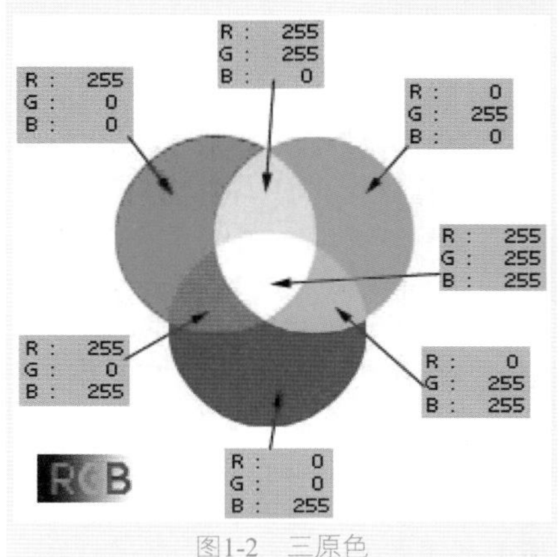

图1-2 三原色

2）灰度模式

灰度模式属于非彩色模式，如图1-3所示，它包含256级不同的亮度级别，只有一个Black通道。剪辑人员在图像中看到的各种色调都是由256种不同强度的黑色所表示的。灰度图像中的每个像素的颜色都要用8位二进制数字存储。

图1-3　灰度模式

3）Lab色彩模式

Lab颜色通道由一个亮度通道和两个色度通道a、b组成。其中a代表从绿到红的颜色分量变化，b代表从蓝到黄的颜色分量变化。

Lab色彩模式作为一个彩色测量的国际标准，基于最初的CIE1931色彩模式。1976年，这个模式被定义为CIELab，它解决了彩色复制中由于不同的显示器或不同的印刷设备而带来的差异的问题。Lab色彩模式是在与设备无关的前提下产生的，因此，它不考虑剪辑人员所使用的设备。

4）HSB色彩模式

HSB色彩模式是基于人对颜色的心理感受而形成，它将色彩看成三个要素：色调（Hue）、饱和度（Saturation）和亮度（Brightness）。因此这种色彩模式比较符合人的主观感受，可让使用者觉得更加直观。它可由底与底对接的两个圆锥体立体模型来表示。其中轴向表示亮度，自上而下由白变黑。径向表示饱和度，自内向外逐渐变高。而圆周方向则表示色调的变化，形成色环。

5）CMYK色彩模式

CMYK色彩模式也称作印刷色彩模式，如图1-4所示为CMYK色彩模式下的图像，是一种依靠反光的色彩模式，和RGB类似，CMY是3种印刷油墨名称的首字母：Cyan（青色）、Magenta（品红色）、Yellow（黄色）。而K取的是black最后一个字母，之所以不取首字母，是为了避免与蓝色（Blue）混淆。从理论上来说，只需要CMY三种油墨就足够了，它们三个加在一起就应该得到黑色。但是由于目前制造工艺还不能造出高纯度的油墨，CMY相加的结果实际是一种暗红色，所以需要K来进行补充黑色，CMYK颜色表如图1-5所示。

图1-4　CMYK色彩模式下的图像

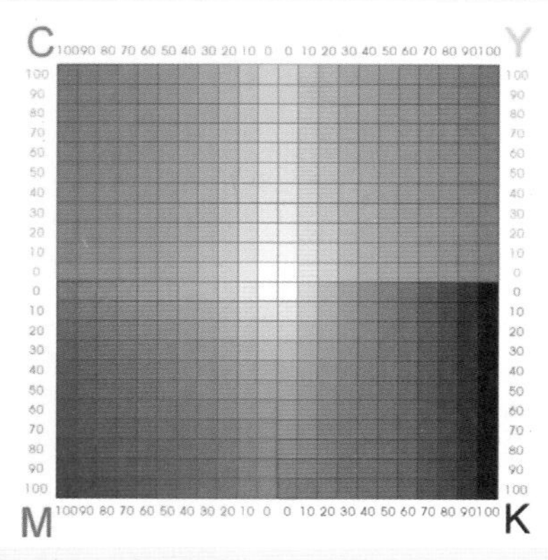

图1-5　CMYK颜色表

2. 色彩的分类与特性

自然界中有许多种色彩，如香蕉是黄色的，天是蓝色的，橘子是橙色的，草是绿色的等。平时所看到的白色光，经过分析在色带上可以看到，它包括红、橙、黄、绿、青、蓝、紫7种颜色，各颜色间自然过渡。其中，红、绿、蓝是三原色，三原色通过不同比例的混合可以得到各种颜色。色彩有冷色、暖色之分，冷色给人的感觉是安静、冰冷；而暖色给人的感觉是热烈、火热。冷色、暖色的巧妙运用可以使作品产生意想不到的效果。

我国古代把黑、白、玄（偏红的黑）称为色，把青、黄、赤称为彩，合称色彩。现代色彩学也把色彩分为两大类，即无彩色系和有彩色系。无彩色系是指黑和白，只有明度属性；有彩色系有3个基本特征，分别为色相、明度和纯度，在色彩学上也称它们为色彩的三要素或三属性。

1）色相

色相指色彩的名称，这是色彩最基本的特征，是一种色彩区别于另一种色彩的最主要的因素。如紫色、绿色和黄色等代表不同的色相。观察色相要善于比较，色相近似的颜色也要区别，比较出它们之间的微妙差别。这种相近色中求对比的方法在写生时经常使用，如果掌握得当，能形成一种色调的雅致、和谐、柔和耐看的视觉效果。将色彩按红→黄→绿→蓝→红依次过渡渐变，即可得到一个色环。图1-6所示为色相环。

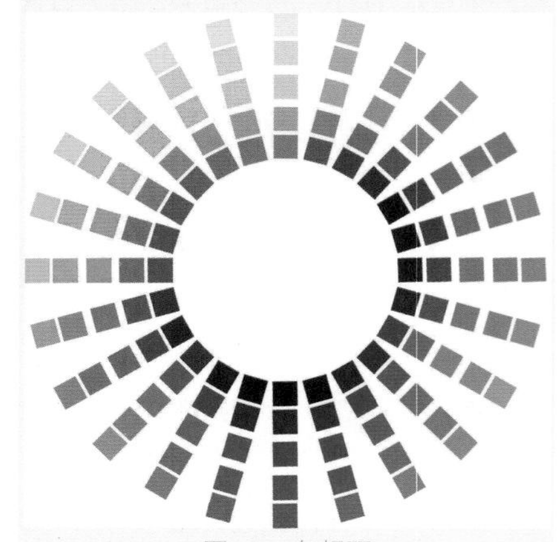

图1-6　色相环

2）明度

明度指色彩的明暗程度。明度越高，色彩越亮；明度越低，色彩越暗。色彩的明度变化产生浓淡差别，这是绘画中用色彩塑造形体、表现空间和体积的重要因素。初学者往往容易将色彩的明度与纯度混淆起来，一说要使画面明亮些，就赶快调粉加白，结果明度是提高了，色彩纯度却降低了，这就是色彩认识的片面性所致。明度差的色彩更容易调和，如紫色与黄色、暗红与草绿、暗蓝与橙色等。

3）纯度

纯度指色彩的鲜艳程度，纯度高则色彩鲜亮；纯度低则色彩黯淡，含灰色。颜色中以三原色红、绿、蓝为最高纯度色，而接近黑、白、灰的颜色为低纯度色。凡是靠视觉能够辨认出来的，具有一定色相倾向的颜色都有一定的鲜灰度，而其纯度的高低取决于它含中性色黑、白、灰总量的多少。

3. 图像

计算机图像可分为两种类型：位图图像和矢量图像。

1）位图图像

由单个像素点组成的图像，我们称之为位图图像，又称为点阵图像或绘制图像，位图图像是依靠分辨率的图像，每一幅都包含着一定数量的像素。剪辑人员在创建位图图像时，必须制定图像的尺寸和分辨率。数字化后的视频文件也是由连续的图像组成的。位图图像如图1-7所示。

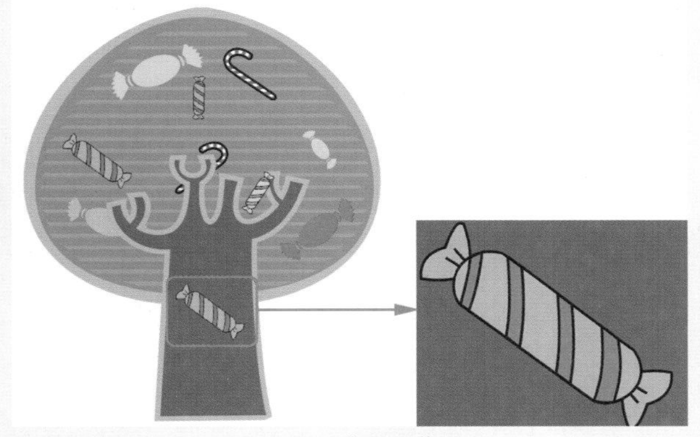

图1-7　位图图像

2）矢量图像

矢量图像是与分辨率无关的图像。它通过数学方程式来得到，由数学对象所定义的直线和曲线组成。在矢量图像中，所有的内容都是由数学定义的曲线（路径）组成，这些路径曲线放在特定位置并填充有特定的颜色。移动、缩放图片或更改图片的颜色都不会降低图像的品质，如图1-8所示。

矢量图像与分辨率无关，将它缩放到任意大小打印在输出设备上，都不会遗漏细节或损伤清晰度。因此，矢量图像是文字（尤其是小字）和图像的最佳选择，矢量图像还具有文件数据量小的特点。

Premiere字幕里的图像就是矢量图像。

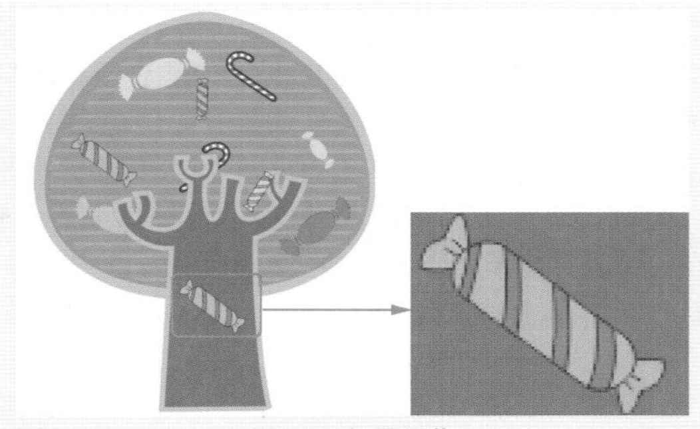

图1-8　矢量图像

4. 像素

像素是构成图形的基本元素，是位图图像的最小单位。像素有三个特性。

- 像素与像素间有相对位置。
- 像素具有颜色能力，可以用bit（位）来度量。
- 像素都是正方形的。像素的大小是相对的，它依赖于组成整幅图像像素数量的多少。

5. 分辨率

1）图像分辨率

图像分辨率是指单位图像线性尺寸中所包含的像素数目，通常以dpi（像素/英寸）为计量单位，打印尺寸相同的两幅图像，高分辨率的图像比低分辨率的图像所包含的像素多。比如：打印尺寸为1×1平方英寸的图像，如果分辨率为72dpi，包含的像素数目就为5184（72×72=5184）；如果分辨率为300dpi，图像中包含的像素数目则为90000。

要确定使用的图像分辨率，应考虑图像最终发布的媒介。如果制作的图像用于计算机屏幕显示，图像分辨率只需满足典型的显示器分辨率（72 dpi或96 dpi）即可。如果图像用于打印输出，那么必须使用高分辨率（150dpi或300dpi），低分辨率的图像打印输出会出现明显的颗粒和锯齿边缘。如果原始图像的分辨率较低，由于图像中包含的原始像素的数目不能改变，因此，仅提高图像分辨率不会提高图像品质。图1-9所示为图像分辨率为50dpi和图像分辨率为300dpi时的对比。

图1-9　分辨率为50dpi对比分辨率为300dpi的效果

2）显示器分辨率

显示器分辨率是指显示器上每单位长度显示的像素或

点的数目。通常以dpi（点/英寸）为计量单位。显示器分辨率决定于显示器尺寸及其像素设置，PC显示器典型的分辨率为96 dpi。在平时的操作中，图像的像素被转换成显示器像素或点，这样，当图像的分辨率高于显示器的分辨率时，图像在屏幕上显示的尺寸比实际的打印尺寸大。例如。在96 dpi的显示器上显示1×1平方英寸、192像素/英寸的图像时，屏幕上将以2×2平方英寸的区域显示，如图1-10所示。

图1-10　屏幕分辨率

6. 色彩深度

视频数字化后，能否真实反映出原始图像的色彩是十分重要的。在计算机中，采用色彩深度这一概念来衡量处理色彩的能力。色彩深度指的是每个像素可显示出的色彩数，它和数字化过程中的数量化有着密切的关系。因此色彩深度基本上用多少量化数，也就是多少位（bit）来表示。显然，量化比特数越高，每个像素可显示出的色彩数目越多。8位色彩是256色；16位色彩称为中（Thousands）彩色；24位色彩称为真彩色，就是百万（Millions）色。另外，32位色彩对应的是百万+（Millions+），实际上它仍是24位色彩深度，剩下的8位为每一个像素存储透明度信息，也叫Alpha通道。8位的Alpha通道，意味着每个像素均有256个透明度等级。

1.5.2　常用的影视编辑基础术语

在使用Premiere Pro CC 2018的过程中，会涉及许多专业术语。理解这些术语的含义，了解这些术语与Premiere Pro CC 2018的关系，是充分掌握Premiere Pro CC 2018的基础。

1. 帧

无论是电影或者电视，都是利用动画的原理使图像产生运动。动画是一种将一系列差别很小的画面以一定速率连续放映而产生运动视觉的技术。根据人类的视觉暂留现象，连续的静态画面可以产生运动效果。构成动画的最小单位为帧（Frame），即组成动画的每一幅静态画面，一帧就是一幅静态画面，如图1-11所示。

图1-11　帧

2. 帧速率

帧速率是视频中每秒包含的帧数。物体在快速运动时，人眼对于时间上每一个点的物体状态会有短暂的保留现象。例如，在黑暗的房间中晃动一支发光的电筒，由于视觉暂留现象，看到的不是一个亮点沿弧线运动，而是一道道的弧线。这是由于电筒在前一个位置发出的光还在人的眼睛里短暂保留，它与当前电筒的光芒融合在一起，因此组成一段弧线。由于视觉暂留的时间非常短，为10^{-1}秒数量级，所以为了得到平滑连贯的运动画面，必须使画面的更新达到一定标准，即每秒钟所播放的画面要达到一定数量，这就是帧速率。PAL制影片的帧速率是25帧/秒，NTSC制影片的帧速度是29.97帧/秒，电影的帧速率是24帧/秒，二维动画的帧速率是12帧/秒。

3. 采集

采集是指从摄像机、录像机等视频源获取视频数据，然后通过IEEE 1394接口接收视频数据，将视频信号保存到计算机的硬盘中的过程。

4. 源

源指视频的原始媒体或来源。通常指便携式摄像机、录像带等。配音是音频的重要来源。

5. 字幕

字幕可以是移动文字提示、标题、片头或文字标题。

6. 故事板

故事板是影片可视化的表示方式，单独的素材在故事板上被表示成图像的略图。

7. 画外音

对视频或影片的解说、讲解通常称为画外音，经常使用在新闻、纪录片中。

8. 素材

素材是指影片中的小片段，可以是音频、视频、静态图像或标题。

9. 转场（转换、切换）

转场就是在一个场景结束到另一个场景开始之间出现的内容。通过添加转场，剪辑人员可以将单独的素材

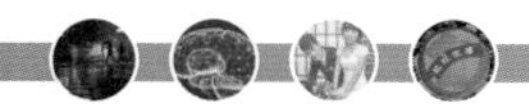

和谐地融合成一部完整的影片，转场效果如图1-12所示。

图1-12 转场特效

10. 流

这是一种新的网络视频传输技术，它允许视频文件在下载的同时被播放。流通常被用于大的视频或音频文件。

11. NLE

NLE是指非线性编辑。传统的在录像带上的视频编辑是线性的，因为剪辑人员必须将素材按顺序保存在录像带上，而计算机的编辑可以排成任何顺序，因此被称为非线性编辑。

12. 模拟信号

模拟信号是指非数字信号。大多数录像带使用的是模拟信号，而计算机使用的则是数字信号。

13. 数字信号

数字信号是用1和0组成的计算机数据。

14. 时间码

时间码是指用数字的方法表示视频文件的一个点相对于整个视频或视频片段的位置。时间码可以用于做精确的视频编辑。

15. 渲染

渲染是将节目中所有源文件收集在一起，创建最终的影片的过程。

16. 制式

所谓制式，就是指传送电视信号所采用的技术标准。基带视频是一个简单的模拟信号，由视频模拟数据和视频同步数据构成，用于接收端正确地显示图像，信号的细节取决于应用的视频标准或者制式（NTSC/PAL/SECAM）。

17. 节奏

一部好片子的形成大多源于节奏。视频与音频紧密结合，使人们在观看某部片子时，不但有情感的波动，还要在看完一遍后对这部片子整体有个感觉，这就是节奏的魅力，它是音频与视频的完美结合。节奏是在整部片子的感觉基础上形成的，它也象征一部片子的完整性。

18. 宽高比

视频标准中的第2个重要参数是宽高比，可以用两个整数的比来表示，也可以用小数来表示，如4∶3或1.33。电影、SDTV（标清电视）和HDTV（高清晰度电视）具有不同的宽高比，SDTV的宽高比是4∶3或1.33；HDTV和扩展清晰度电视（EDTV）的宽高比是16∶9或1.78；电影的宽高比从早期的1.333到宽银幕的2.77。由于输入图像的宽高比不同，便出现了在某一宽高比屏幕上显示不同宽高比图像的问题。像素宽高比是指图像中一个像素的宽度和高度之比，帧宽高比则是指图像的一帧的宽度与高度之比。某些视频输出使用相同的帧宽高比，但使用不同的像素宽高比。例如：某些NTSC数字化压缩卡产生4∶3的帧宽高比，使用方像素（1.0像素比）及640×480分辨率；DV-NTSC采用4∶3的帧宽高比，但使用矩形像素（0.9像素比）及720×486分辨率。

1.6 Premiere Pro CC 2018的启动和退出

在计算机中安装了Premiere Pro CC 2018后，就可以使用它来编辑制作各种视/音频作品了，下面介绍Premiere Pro CC 2018的启动及退出。

1.6.1 启动Premiere Pro CC 2018

Premiere Pro CC 2018安装完成后，启动Premiere Pro CC 2018可以使用以下任意一种方法。

- 选择【开始】|【所有程序】选项，在弹出的菜单中选择Adobe Premiere Pro CC 2018选项，如图1-13所示。
- 在桌面上双击Premiere Pro CC 2018图标。
- 在桌面上选择Premiere Pro CC 2018图标，右击，在弹出的快捷菜单中选择【打开】命令，如图1-14所示。

图1-13 选择Premiere Pro CC 2018选项

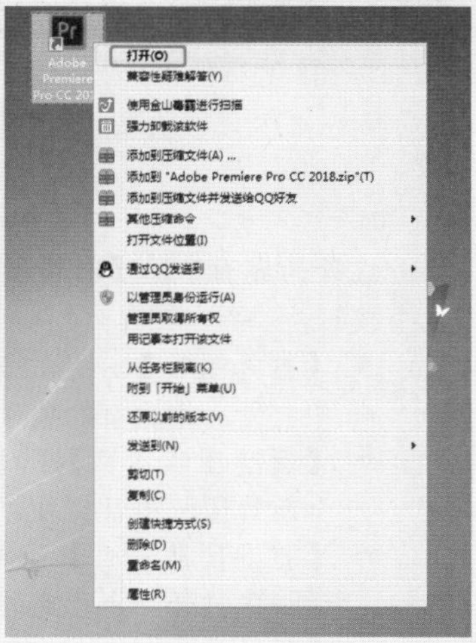

图1-14 选择【打开】命令

01 在桌面上双击图标，启动Premiere Pro CC 2018软件，在启动过程中会弹出一个Premiere Pro CC 2018初始化界面，如图1-15所示。

图1-15　Premiere Pro CC 2018初始化界面

02 进入开始界面，如图1-16所示，单击面板上的【新建项目】按钮。

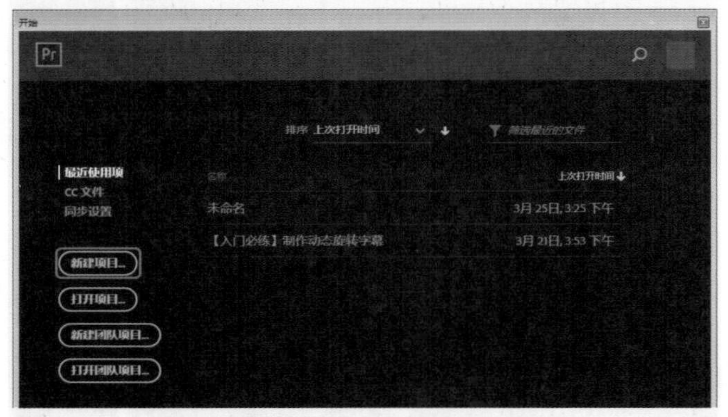

图1-16　Premiere Pro CC 2018开始界面

技术看板

在开始界面中除【新建项目】按钮外，还包括以下几个按钮。

- 【打开项目】：单击该按钮，在弹出的对话框中打开一个已有的项目文件。
- 【新建团队项目】：单击该按钮，即可新建一个新的团队项目文件。
- 【打开团队项目】：单击该按钮，在弹出的对话框中打开一个已有的团队项目文件。
- 【退出】：单击该按钮，退出Premiere Pro CC 2018软件。

03 在开始界面中单击【新建项目】按钮后，弹出【新建项目】对话框，如图1-17所示，在该对话框中可以设置项目文件的格式、编辑模式、帧尺寸，单击【位置】右侧的【浏览】按钮，可以选择文件保存的路径，在【名称】右侧的文本框中输入当前项目文件的名称，单击【确定】按钮。

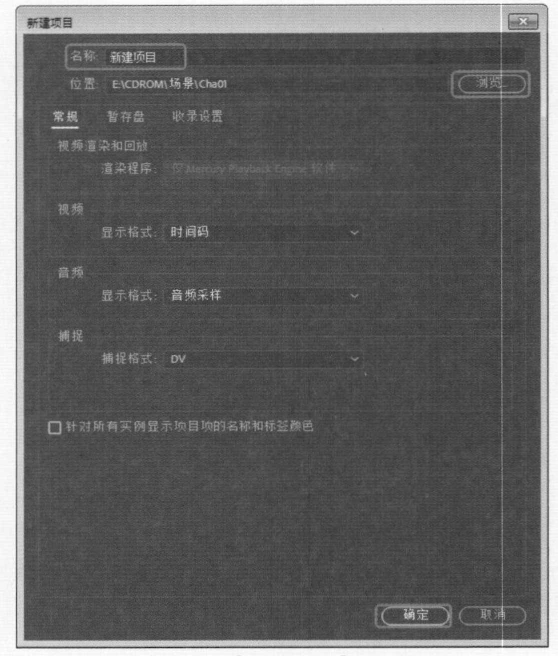

图1-17　【新建项目】对话框

04 此时即可新建一个空白的项目文档，如图1-18所示。

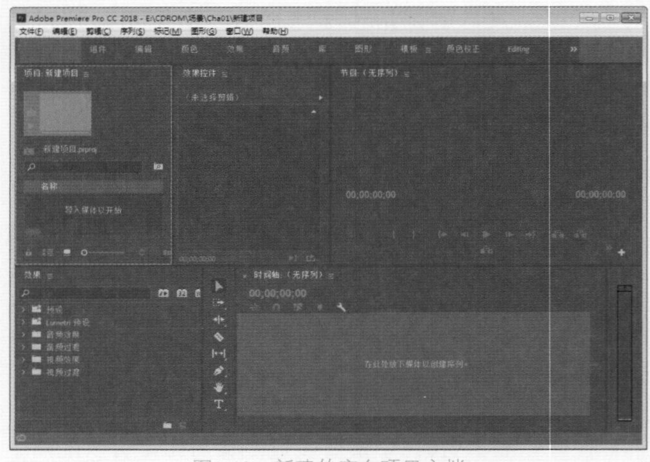

图1-18　新建的空白项目文档

05 在Premiere Pro CC 2018中需要单独建立序列文件，在菜单栏中选择【文件】|【新建】|【序列】命令，即可打开【新建序列】对话框，如图1-19所示。

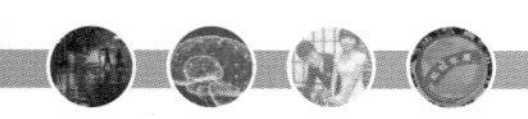

图1-19　【新建序列】对话框

1.6.2　退出Premiere Pro CC 2018

在Premiere Pro CC 2018软件中编辑完成后，可关闭软件，退出Premiere Pro CC 2018的方法有以下几种，使用任意一种方法都可以退出Premiere Pro CC 2018。

- 在菜单栏中选择【文件】|【退出】命令，如图1-20所示。

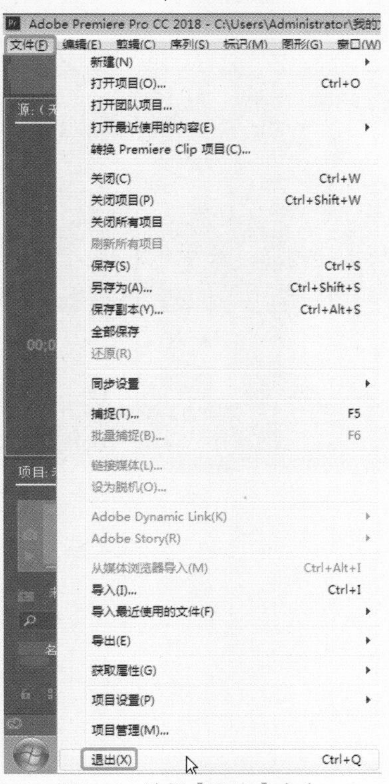

图1-20　选择【退出】命令

- 使用Ctrl+Q组合键。
- 在该软件的右上角单击按钮。

如果在之前做的内容没有保存的情况下退出Premiere Pro CC 2018，系统会弹出一个提示对话框，提示用户是否对当前的项目文件进行保存，如图1-21所示。

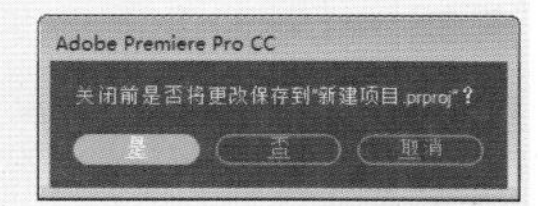

图1-21　提示对话框

该对话框中各个按钮的讲解如下。

- 【是】：对当前项目文件进行保存，然后关闭软件。
- 【否】：直接退出软件。
- 【取消】：回到编辑项目文件中，不退出软件。

1.7 工作界面和功能面板

通过前面的学习，我们对Premiere Pro CC 2018的工作界面有了初步的认识，下面将对工作界面及功能面板进行全面的介绍。

1.7.1　【项目】面板

【项目】面板用来管理当前项目中用到的各种素材。

在【项目】面板的左上方有一个很小的预览窗口。选中每个素材后，都会在预览窗口中显示当前素材的画面，在预览窗口右侧会显示当前选中素材的详细资料，包括文件名、文件类型、持续时间等，如图1-22所示。通过预览窗口，还可以播放视频或者音频素材。

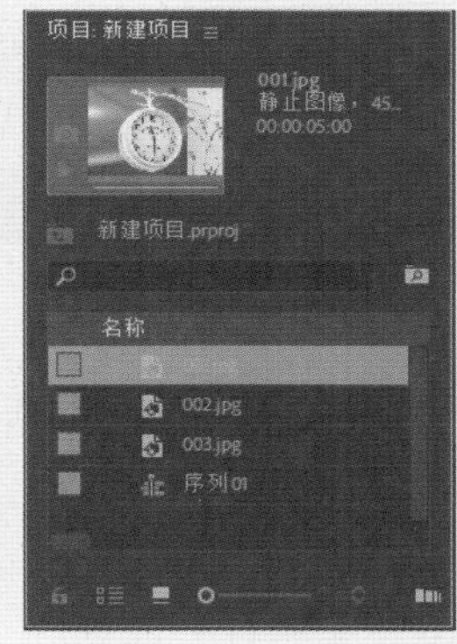

图1-22　【项目】面板

当选中多个素材片段并将其拖动到【序列】面板时，选择的素材会以相同的顺序在【序列】面板中窗排列，如图1-23所示。

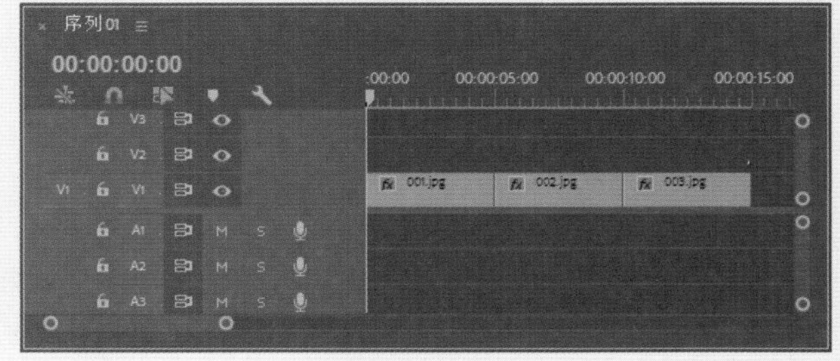

图1-23　素材排列

在【项目】面板中，素材片段分为【列表视图】![]和

【图标视图】▣两种不同的显示方式。

- 【列表视图】▣：单击面板下部的【列表视图】▣按钮，【项目】面板便会切换至【列表视图】显示模式，这种模式虽然不会显示视频或者图像的第一个画面，但是可以显示素材的类型、名称、帧速率、持续时间、文件名称、视频信息、音频信息和持续时间等，是素材信息提供最多的一个显示模式，同时也是默认的显示模式，如图1-24所示。
- 【图标视图】▣：单击面板下部的【图标视图】▣按钮，【项目】面板便会切换至【图标视图】显示模式，这种模式会在每个文件下面显示出文件名、持续时间，如图1-25所示。

图1-24 【列表视图】显示模式

图1-25 【图标视图】显示模式

> 提示
> 除了使用按钮新建文件外，还可在【项目】面板中单击右侧的按钮，在打开的下拉菜单中选择【列表】或【图标】选项，如图1-26所示。

【项目】面板除了上面介绍的按钮外，还有以下按钮。

- 【自动匹配序列】▣：单击该按钮，在弹出的【序列自动化】对话框中进行设置，然后单击【确定】按钮，将素材自动添加到【时间轴】面板。
- 【查找】▣：单击该按钮，打开【查找】窗户，可输入相关信息查找素材。
- 【新建素材箱】▣：增加一个容器文件夹，便于对素材存放管理，它可以重命名，在【项目】面板中，可以直接将文件拖至容器文件夹中。
- 【新建项】▣：单击该按钮，弹出下拉菜单，可以新建【序列】、【脱机文件】、【调整图层】、【彩条】、【黑场视频】、【字幕】、【颜色遮罩】、【HD彩条】、【通用倒计时片头】和【透明视频】文件，如图1-27所示。
- 【清除】▣：删除所选择的素材或者文件夹。

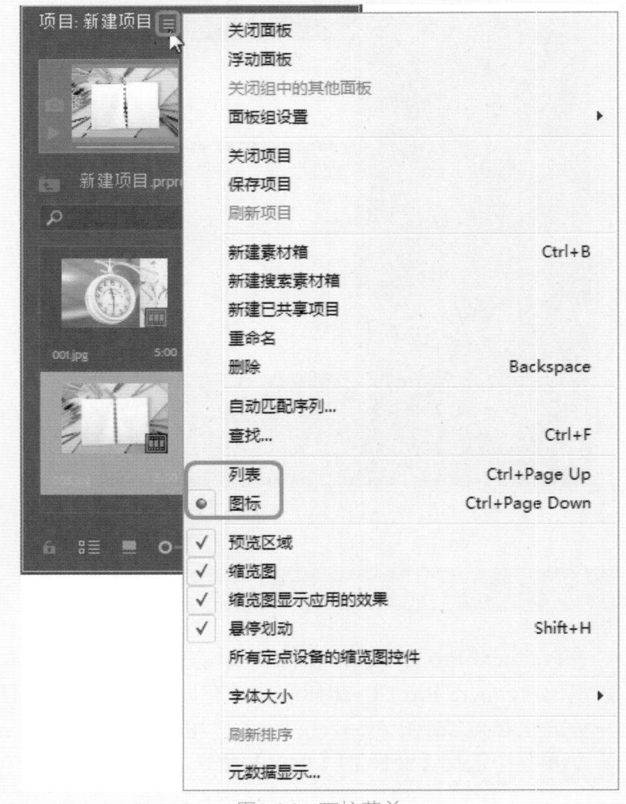

图1-26 下拉菜单

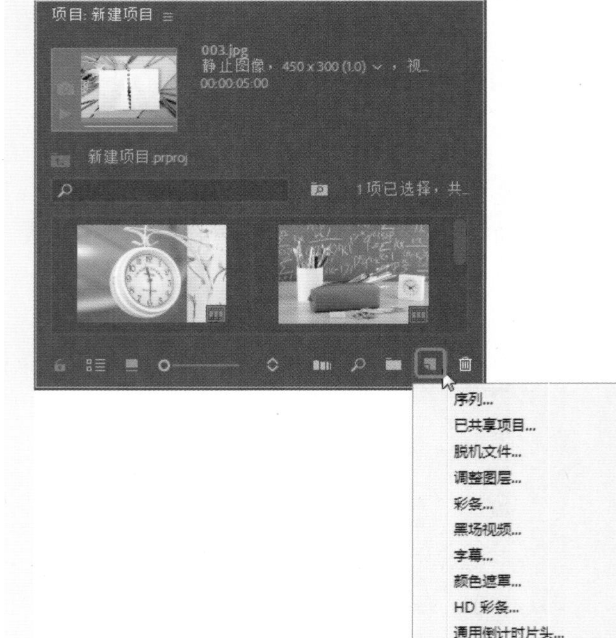

图1-27 【新建项】下拉菜单

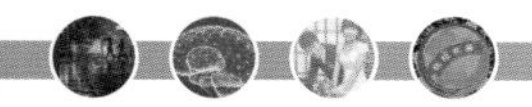

1.7.2 【节目】监视器

在【节目】监视器中显示的是视音频编辑合成后的效果，可以通过预览最终效果来估计编辑的质量，以便进行必要的调整和修改，【节目】监视器还可以用多种波形图的方式来显示画面的参数变化，如图1-28所示。

图1-28 【节目】监视器

1.7.3 【源】监视器

【源】监视器主要用来播放、预览源素材，并可以对源素材进行初步的编辑操作，例如设置素材的入点、出点，如图1-29所示。如果是音频素材，就会以波状方式显示，如图1-30所示。

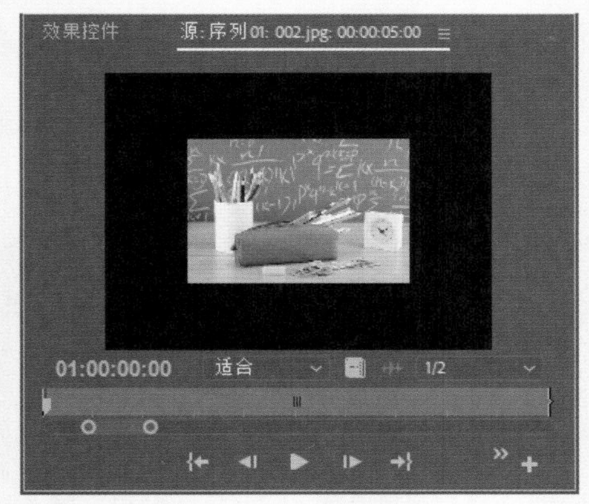

图1-29 【源】监视器

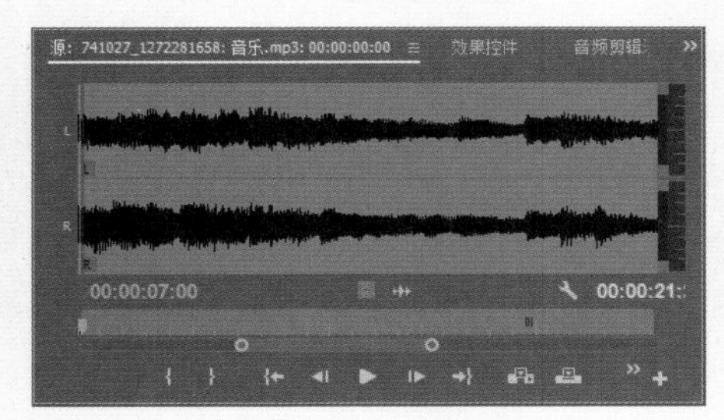

图1-30 【源】监视器中音频的显示方式

1.7.4 【时间轴】面板

【时间轴】面板是Premiere Pro CC 2018软件中主要的编辑窗口，如图1-31所示，可以按照时间顺序来排列和连接各种素材，也可以对视频进行剪辑、叠加、设置动画关键帧和合成效果。在【时间轴】面板中还可以使用多重嵌套，这对于制作影视长片或者复杂特效是非常有效的。

1.7.5 工具面板

工具面板含有影片编辑中常用的工具，如图1-32所示。

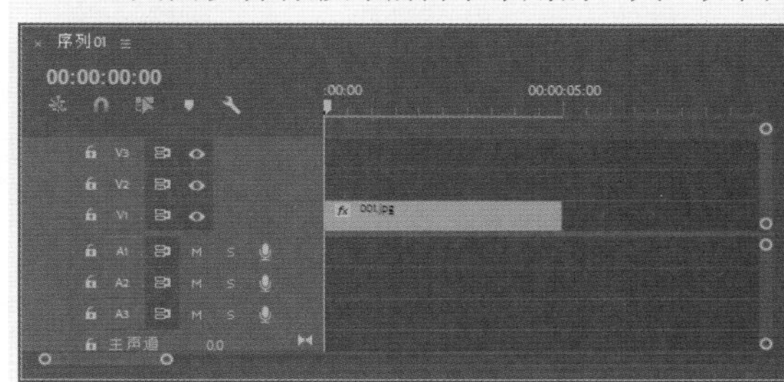

图1-31 【时间轴】面板　　图1-32 工具面板

该面板中各个工具的名称及功能如下。

- 【选择工具】：用于选择一段素材或同时选择多段素材，并将素材在不同的轨道中进行移动。也可以调整素材上的关键帧。
- 【向前选择轨道工具】：用于选择轨道上的某个素材及位于此素材后的其他素材。按住Shift键光标变为双箭头，则可以选择位于当前位置后面的所有轨道中的素材。
- 【波纹编辑工具】：使用此工具拖动素材的入点或出点，可改变素材的持续时间，但相邻素材的持续时间保持不变。被调整素材与相邻素材之间所相隔的时间保持不变。
- 【滚动编辑工具】：使用此工具调整素材的持续时间，可使整个影视节目的持续时间保持不变。当一个素材的时间长度变长或变短时，其相邻素材的时间长度会相应地变短或变长。
- 【比率拉伸工具】：使用此工具在改变素材的持续时间时，素材的运动速度也会相应地改变，可用于制作快慢镜头。

> 提示：也可以通过右击轨道上的素材，在弹出的菜单中选择【速度/持续时间】命令，在打开的对话框中对素材的运动速度进行设置。

- 【剃刀工具】：此工具用于对素材进行分割，使用剃刀工具可将素材分为两段，并产生新的入点、出点。按住Shift键可将剃刀工具转换为多重剃刀工具，可一次将多个轨道上的素材在同一时间位置进行分割。
- 【外滑工具】：改变一段素材的入点与出点，并保持其长度不变，且不会影响相邻的素材。
- 【内滑工具】：使用滑动工具拖动素材时，素材的入点、出点及持续时间都不会改变，其相邻素材的长度却会改变。
- 【钢笔工具】：此工具用于框选、调节素材上的关键帧，按住Shift键可同时选择多个关键帧，按住Ctrl键可添加关键帧。
- 【矩形工具】：可在【节目】监视器中绘制矩形，通过【效果控件】面板设置矩形参数。
- 【椭圆工具】：可在【节目】监视器中绘制椭圆，通过【效果控件】面板设置椭圆参数。
- 【手形工具】：在对一些较长的影视素材进行编辑时，可使用手形光标拖动轨道显示出原来看不到的部分。其作用与【序列】面板下方的滚动条相同，但在调整时要比滚动条更加容易调节且更准确。
- 【缩放工具】：使用此工具可将轨道上的素材放大显示，按住Alt键，滚动鼠标滚轮，则可缩小【序列】面板的范围。
- 【文字工具】：可在【节目】监视器中单击鼠标输入文字，从而创建水平字幕文件。
- 【垂直文字工具】：可在【节目】监视器中单击鼠标输入文字，从而创建垂直字幕文件。

1.7.6 【效果】面板

【效果】面板中包含了【预设】、【Lumetri预设】、【音频效果】、【音频过渡】、【视频效果】和【视频过渡】6个文件夹，如图1-33所示。单击面板下方的【新建自定义素材箱】按钮，可以新建文件夹，用户可将常用的特效放置在新建文件夹中，便于在制作时使用。直接在【效果】面板中上方的输入框中输入特效名称，按Enter键，即可找到所需要的特效。

1.7.7 【效果控件】面板

【效果控件】面板用于对素材进行参数设置，如【运动】、【不透明度】及【时间重映射】等，如图1-34所示。

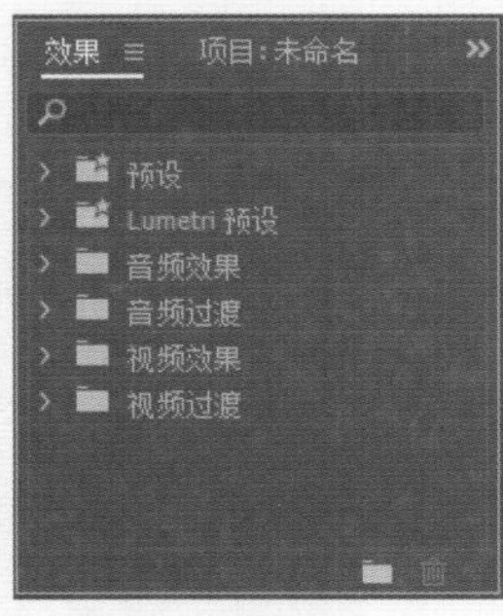

图1-33 【效果】面板

图1-34 【效果控件】面板

1.7.8 【字幕】面板

字幕经常作为重要的组成元素出现在影视节目中，其往往能将图片、声音所不能表达的意思恰到好处地表达出来，并给观众留下深刻的印象。

新建【字幕】面板的步骤如下。

01 在菜单栏中选择【文件】|【新建】|【旧版标题】命令，弹出【新建字幕】对话框，在【名称】文本框中对字幕进行重命名，如图1-35所示。

02 单击【确定】按钮，打开【字幕】面板，如图1-36所示，然后对字幕进行设置。【字幕】面板在后面会详细介绍。

图1-35 【新建字幕】对话框

图1-36 【字幕】面板

1.7.9 【音轨混合器】面板

【音轨混合器】窗口如图1-37所示，用来实现音频的混音效果。【音轨混合器】窗口的具体用法及作用会在以后章节中做专门的介绍。

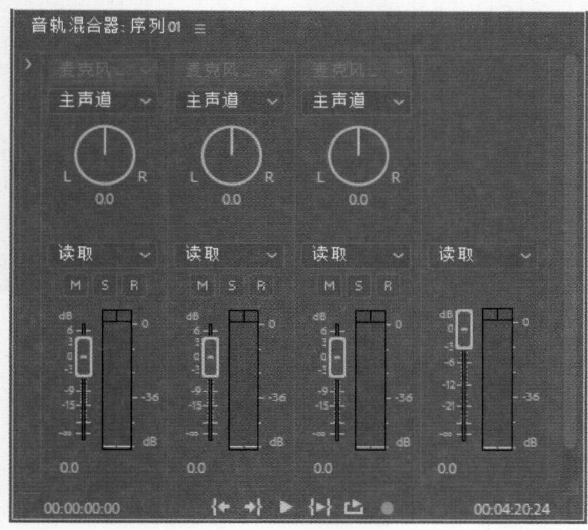

图1-37 【音轨混合器】面板

1.7.10 【历史记录】面板

相信用过Photoshop的人都不会忘记【历史记录】面板的强大功能。在默认的Premiere Pro CC 2018界面的左下方也有【历史记录】面板，如图1-38所示。

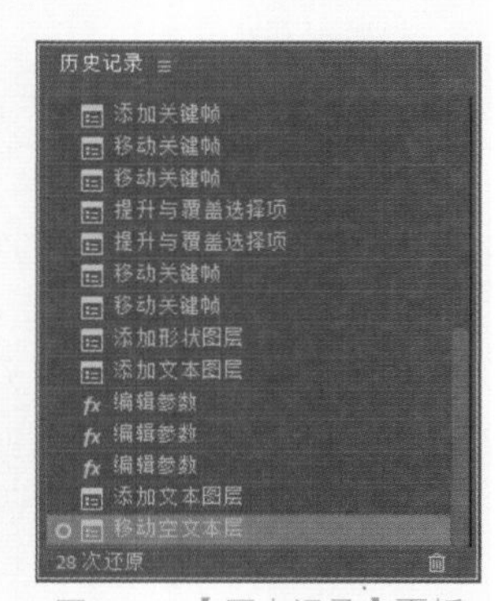

图1-38 【历史记录】面板

在【历史记录】面板中记录了每一步操作，单击前面已经操作了的条目，就可以恢复到该步操作之前的状态，同时下面的操作条目以灰度表示这些操作已经被撤销了；在进行新的操作之前，还有机会回到任何一步操作，方法是直接单击相应条目。

1.7.11 【信息】面板

【信息】面板用来显示当前选取片段或者切换效果的相关信息。在【时间轴】面板中选取某个视频片段后，在【信息】面板中就会显示该视频片段的详细信息，在【信息】面板中显示了剪辑的开始、结束位置和持续时间，以及当前光标所在位置等信息。

1.8 界面的布局

Premiere Pro CC 2018的功能很强大，有许多功能窗口和控制面板，用户可以根据需要将窗口打开或关闭，在Premiere Pro CC 2018中提供了4种预设界面布局。

1.8.1 【音频】模式工作界面

在菜单栏中选择【窗口】|【工作区】|【音频】命令，即可将当前工作界面转换为【音频】模式，如图1-39所示，该模式界面的特点是打开了【音轨混合器】面板，主要用于对影片音频部分进行编辑。

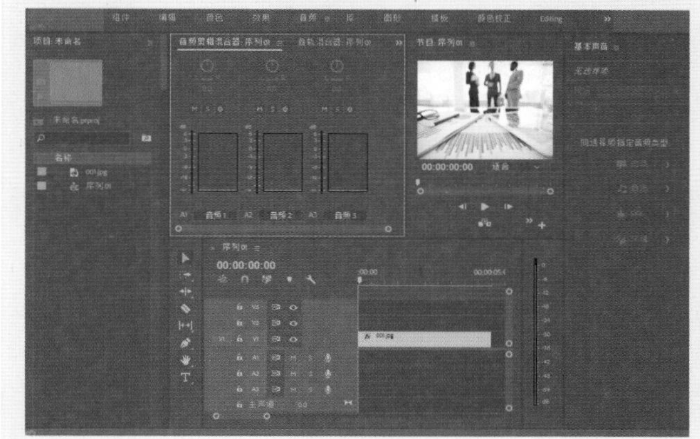

图1-39 【音频】模式工作界面

1.8.2 【颜色】模式工作界面

在菜单栏中选择【窗口】|【工作区】|【颜色】命令，工作界面将转换为【颜色】模式，如图1-40所示，该模式界面的特点是便于对素材进行颜色调节的操作。

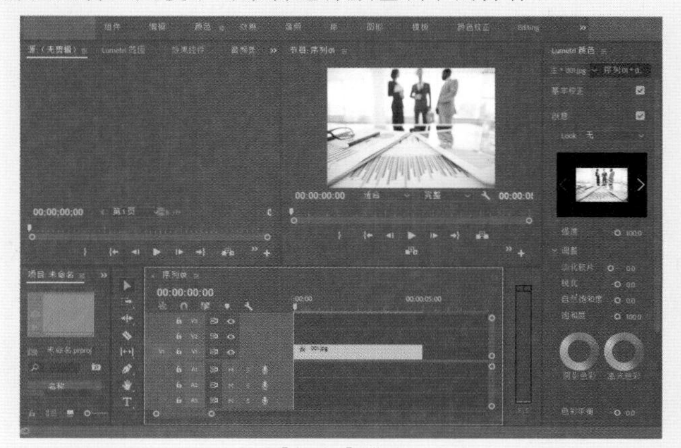

图1-40 【颜色】模式工作界面

1.8.3 【编辑】模式工作界面

在菜单栏中选择【窗口】|【工作区】|【编辑】命令，工作界面将转换为【编辑】模式，如图1-41所示，它主要用于视频片段的剪辑和连接工作。

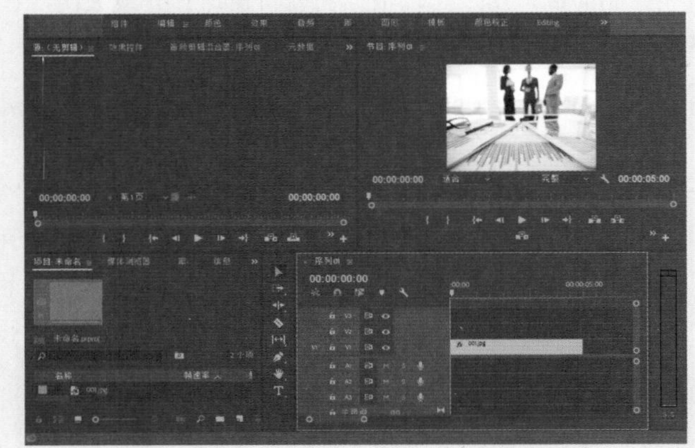

图1-41 【编辑】模式工作界面

1.8.4 【效果】模式工作界面

在菜单栏中选择【窗口】|【工作区】|【效果】命令，工作界面将转换为【效果】模式，如图1-42所示，它主要用于对影片添加特效和设置。

图1-42 【效果】模式工作界面

1.9 思考题

1. 影视剪辑的作用是什么？
2. 色彩的模式有哪几种？并对其进行相应的介绍。
3. Premiere界面中包含了哪些主要面板？

第2章 Premiere Pro CC 2018的基本操作

在工作流程中，软件的基本操作是进行编辑的一个重要准备工作。本章主要介绍保存项目文件的两种方法和导入与导出的方法，以及编辑素材文件和添加视音频的方法。

2.1 保存项目文件

Premiere Pro CC 2018是一个视音频编辑软件。在创建项目文件时，系统会要求保存项目文件，用户也应该养成随时保存项目文件的习惯，这样可以避免因停电、死机等意外事件而造成数据丢失。可以手动保存项目文件，也可以自动保存项目文件，下面将分别对其进行介绍。

2.1.1 实战：手动保存项目文件

在编辑过程中，用户完全可以根据自己的习惯来随时对项目文件进行保存，操作虽然烦琐一点，但是对于预防工作数据丢失是非常有用的。

01 在Premiere Pro CC 2018的工作界面中，在菜单栏中选择【文件】|【保存】命令，如图2-1所示。

02 如果要改变项目文件的名称或者保存路径，就应该选择【文件】|【另存为】命令，如图2-2所示。

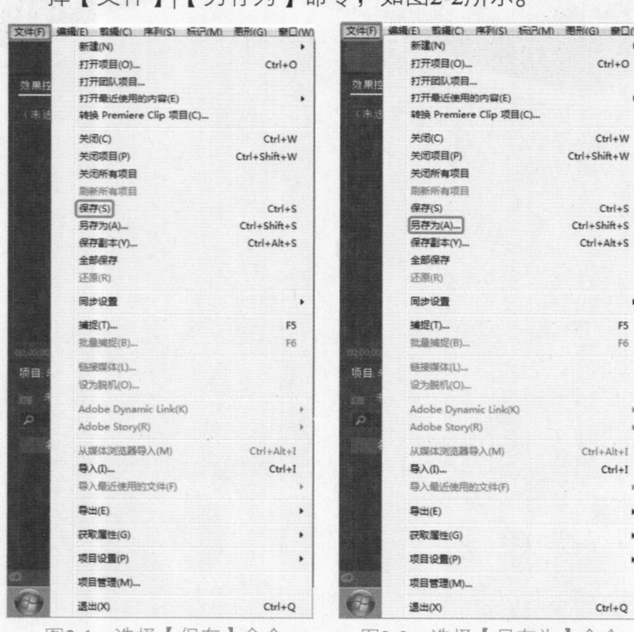

图2-1 选择【保存】命令　　图2-2 选择【另存为】命令

03 系统会弹出【保存项目】对话框，用户可在这里设置项目文件的名称和保存路径，然后单击【保存】按钮，就可以将项目文件保存起来，如图2-3所示。

04 如果项目文件的名称和保存路径与已有的项目文件的名称和保存路径相同，系统就会弹出一个警告对话框，让用户选择是覆盖已有的项目文件，还是放弃保存，如图2-4所示。

图2-3 【保存项目】对话框

图2-4 【确认文件替换】对话框

提示：按Ctrl+S组合键可以快速保存项目文件。

2.1.2 实战：自动保存项目文件

如果用户没有随时保存项目文件的习惯，则可以设置系统自动保存，这样也可以避免丢失工作数据。设置系统自动保存项目文件的具体操作步骤如下。

01 在Premiere Pro CC 2018的工作界面中，在菜单栏中选择【编辑】|【首选项】|【自动保存】命令，如图2-5所示。

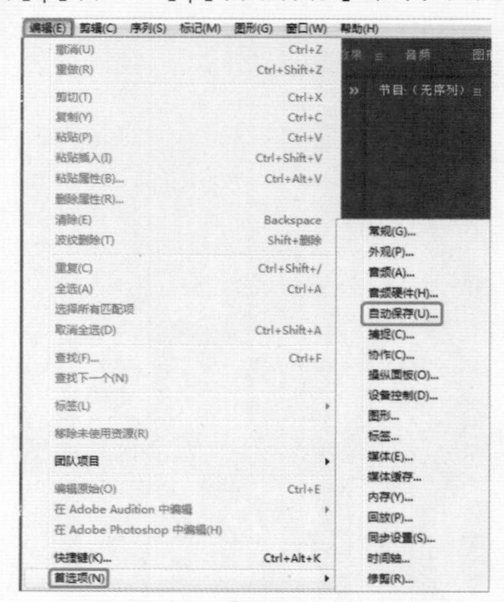

图2-5 选择【自动保存】命令

02 执行完该命令后，即可转到【首选项】对话框的【自动保存】选项组中，在该选项组中勾选【自动保存项目】复选框，然后设置【自动保存时间间隔】和【最大项目版本】参数，如图2-6所示。

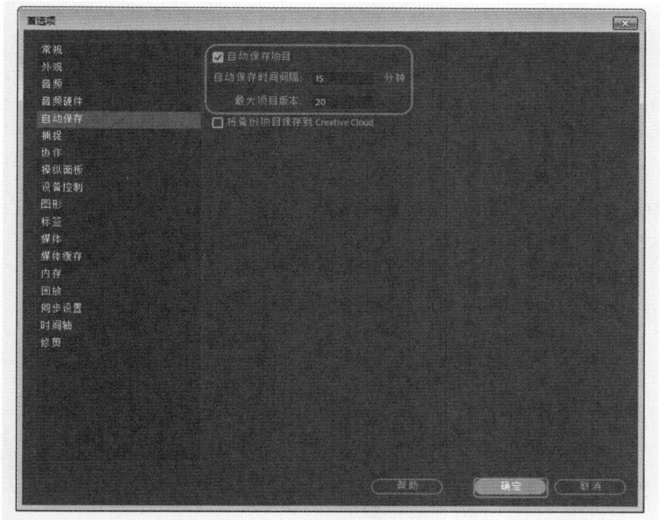

图2-6　设置自动保存参数

设置自动保存选项之后，在工作过程中，系统就会按照设置的间隔时间定时对项目文件进行保存，避免丢失工作数据。

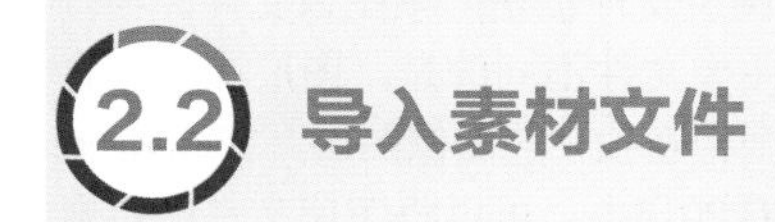

2.2 导入素材文件

Premiere Pro CC 2018支持处理多种格式的素材文件，这大大丰富了素材来源，为制作精彩的影视作品提供了有利条件。要制作视音频效果，首先应该将准备好的素材文件导入到Premiere Pro CC 2018的编辑项目中。由于素材文件的种类不同，因此导入素材文件的方法也不相同。

2.2.1 实战：导入视音频素材

视频、音频素材是最常用的素材文件，导入的方法也很简单，只要计算机安装了相应的视频和音频解码器，不需要进行其他设置就可以直接将其导入。

将视音频素材导入到Premiere Pro CC 2018的编辑项目中的具体操作步骤如下。

01 启动Premiere Pro CC 2018软件，将新建项目文件命名，并选择保存路径，然后单击【确定】按钮创建空白项目文档。

02 在菜单栏中选择【文件】|【新建】|【序列】命令，在弹出的对话框中保持默认设置，如图2-7所示。

03 单击【确定】按钮，进入Premiere Pro CC 2018的工作界面，在【项目】面板【名称】选项组的空白处右击，在弹出的快捷菜单中选择【导入】命令，如图2-8所示。

图2-7　【新建序列】对话框

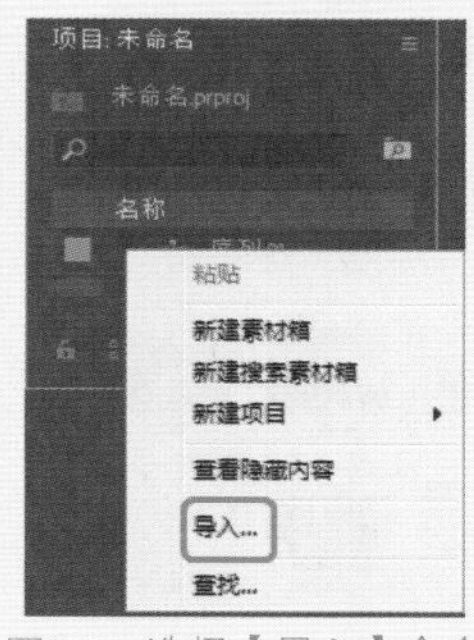

图2-8　选择【导入】命令

04 打开【导入】对话框，在该对话框中选择需要导入的视音频素材，如图2-9所示。然后单击【打开】按钮，这样就会将选择的素材文件导入到【项目】面板中，如图2-10所示。

图2-9　【导入】对话框

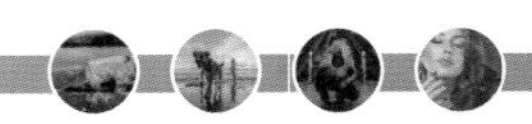

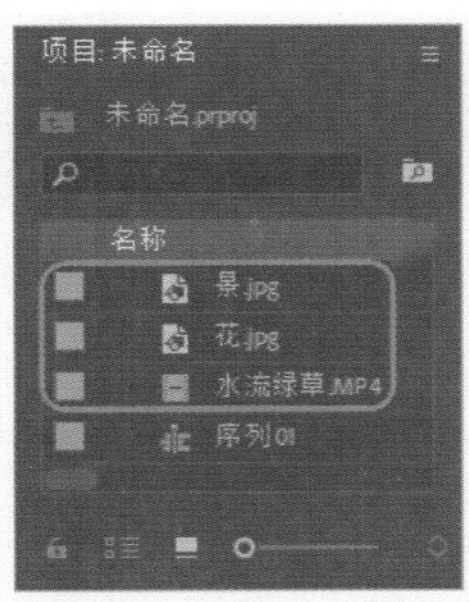

图2-10　导入素材文件

2.2.2　实战：导入图像素材

图像素材是静帧文件，可以在Premiere Pro CC 2018中被当作视频文件使用。导入图像素材的具体操作步骤如下。

01 按Ctrl+I组合键，在弹出的【导入】对话框中选择所需要的素材文件，然后单击【打开】按钮，如图2-11所示。

图2-11　【导入】对话框

02 将选择的素材文件导入至【项目】面板中，现在可以看到它们的默认持续时间都是8秒，与前面的设置是一致的，如图2-12所示。

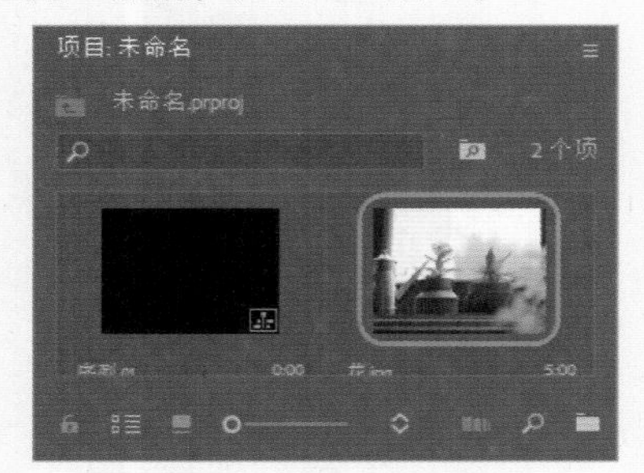

图2-12　导入后的图像

2.2.3　实战：导入序列文件

序列文件是带有统一编号的图像文件，把序列图片中的一张图片导入Premiere Pro CC 2018，它就是静态图像文件。如果把它们按照序列全部导入，系统就自动将这个整体作为一个视频文件。

导入序列文件的具体操作步骤如下。

01 按Ctrl+I组合键，弹出【导入】对话框，如图2-13所示。

图2-13　【导入】对话框

02 在该对话框中勾选【图像序列】复选框，然后选择素材文件001.jpg，如图2-14所示。

图2-14　勾选【图像序列】复选框

03 单击【打开】按钮，即可将序列文件合成为一段视频文件导入到【项目】面板中，如图2-15所示。

04 在【项目】面板中双击前面导入的序列文件，将其导入【源】监视器中，可以播放、预览视频的内容，如图2-16所示。

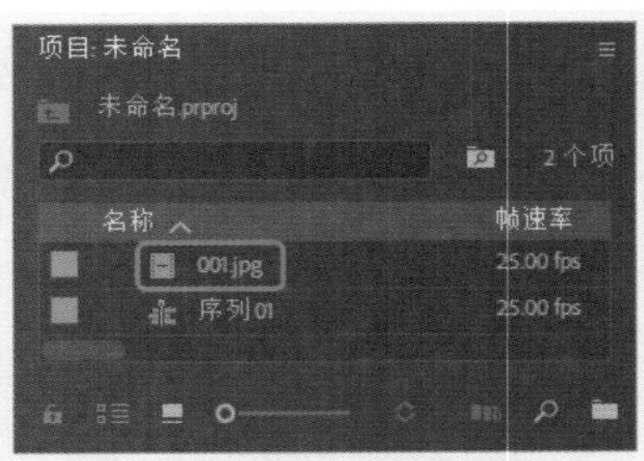

图2-15　【项目】面板

图2-16　观察效果

2.2.4　实战：导入图层文件

图层文件也是静帧图像文件，与一般的图像文件不同的是，图层文件包含了多个相互独立的图像图层。在Premiere Pro CC 2018中，可以将图层文件的所有图层作为一个整体导入，也可以单独导入其中一个图层。把图层文件导入Premiere Pro CC 2018的项目中并保持图层信息不变的具体操作步骤如下。

01 按Ctrl+I组合键，打开【导入】对话框，选择所需的图层文件，然后单击【打开】按钮，如图2-17所示。

图2-17　导入图层文件

02 弹出【导入分层文件：图层文件】对话框，在默认情况下，设置【导入为】选项为【序列】，这样就可以将所有的图层全部导入并保持各个图层的相互独立，如图2-18所示。

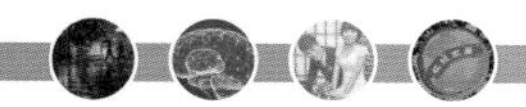

03 单击【确定】按钮，即可导入到【项目】面板中。展开前面导入的文件夹，可以看到文件夹下面包括多个独立的图层文件，如图2-19所示。

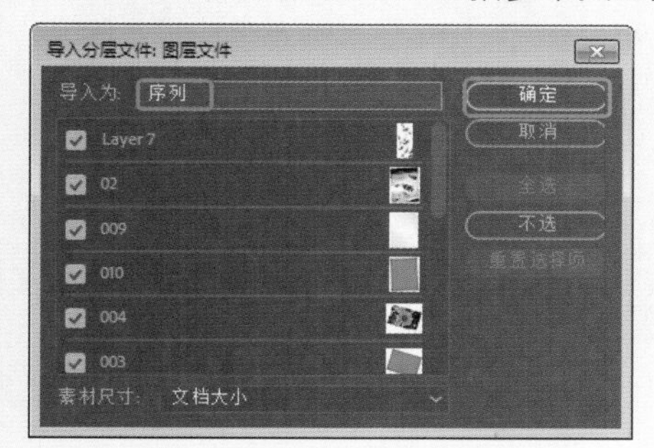

图2-18 整体导入选项设置

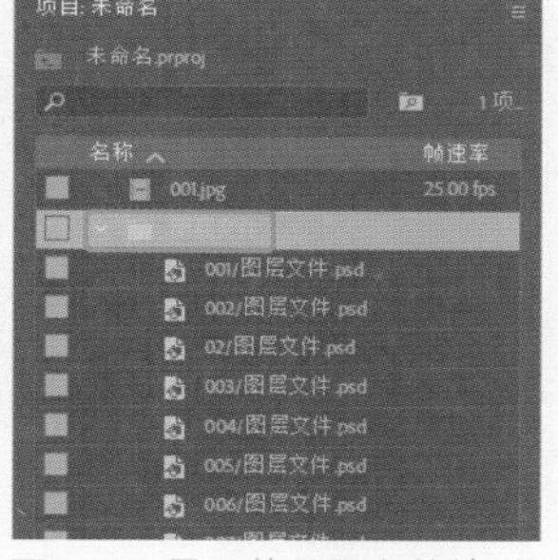

图2-19 导入的图层文件效果

04 在【项目】面板中，双击“图层文件”文件夹，会弹出【素材箱】面板，在该面板中显示了文件夹下的所有独立图层，如图2-20所示。

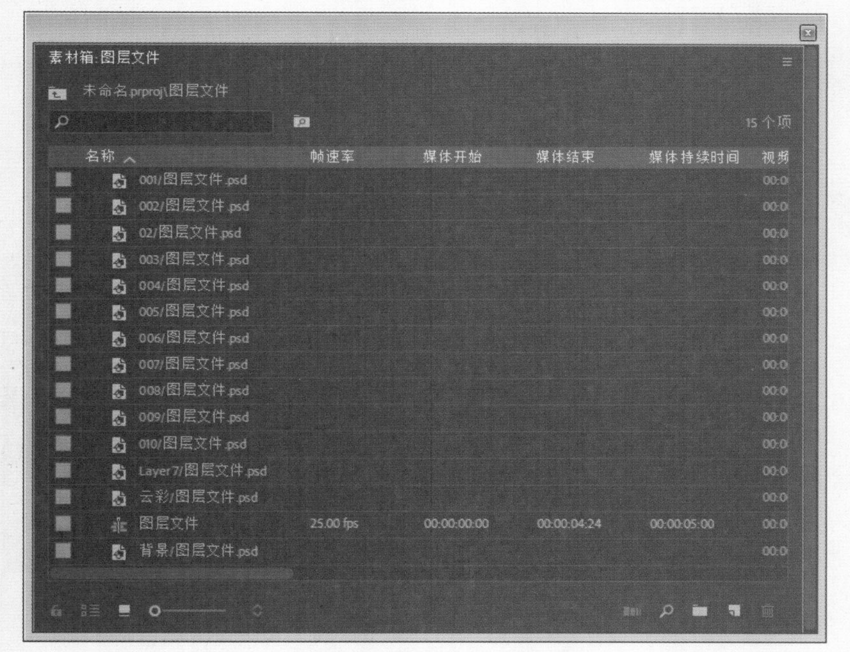

图2-20 【素材箱】面板

2.3 编辑素材文件

导入需要的素材文件之后，就可以对素材文件进行编辑了，一般可以先在【源】监视器中对素材进行初步编辑，然后在【时间轴】面板中对素材进行连接。

具体的操作步骤如下。

01 在【项目】面板中双击“古典宫殿.mov”视频文件，将其导入【源】监视器，如图2-21所示。

02 在【源】监视器中，设置时间为00:00:40:10，单击按钮设置入点，如图2-22所示。然后再将时间设置为00:01:18:20，单击按钮设置出点，将视频进行剪切，如图2-23所示。

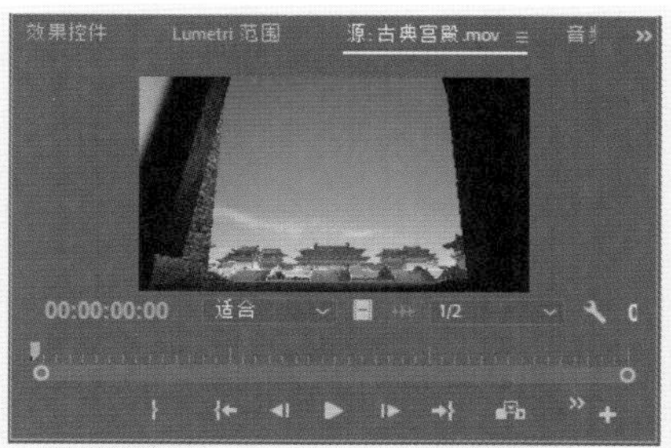

图2-21 导入到【源】监视器

图2-22 设置入点

图2-23 设置出点

03 设置好视频素材的入点和出点之后，在【源】监视器中单击【插入】按钮，如图2-24所示。将剪切之后的“古典宫殿.mov”视频文件插入到【时间轴】面板中，默认放置在V1轨道中，如图2-25所示。

图2-24 单击【插入】按钮

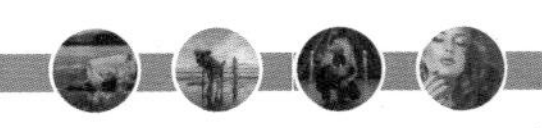

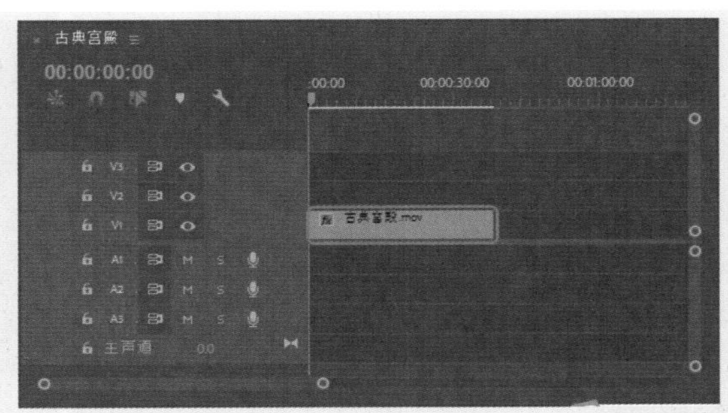

图2-25　插入素材后的【时间轴】面板

04 在【源】监视器中，依次对视频设置出、入点，通过【插入】按钮将剪切之后的视频文件插入到【时间轴】面板，使所有素材首尾连接，如图2-26所示。

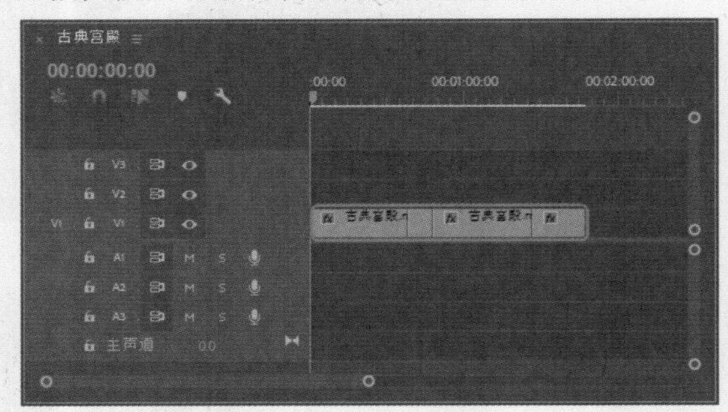

图2-26　连接所有素材

2.4 添加音频文件

在【时间轴】面板中将素材文件连接为一个整体之后，可以使用各种视音频特效来修饰素材，包括修复素材画面颜色、调整素材画面尺寸等，其操作步骤如下。

01 在【项目】面板中，将“音频素材.mp3”拖至【时间轴】面板的A1轨道中，剪切音频素材，使音频素材和视频轨道中的素材首位对齐，如图2-27所示。

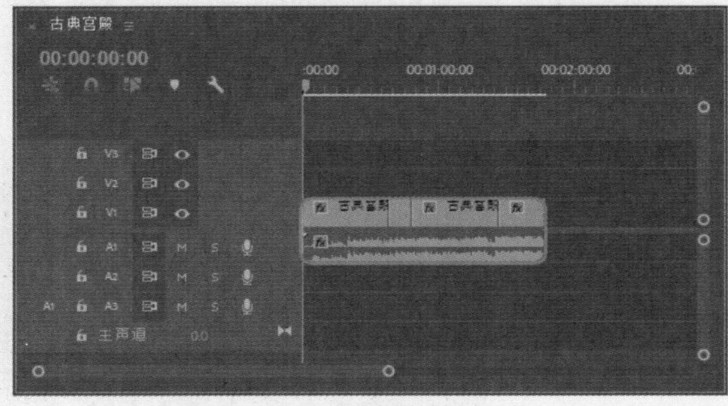

图2-27　拖入音频素材

02 剪切音频素材之后，单击【音频】按钮，打开【音频剪辑混合器】面板，可以一边预览影片效果，一边观察音频电平，如图2-28所示。

图2-28　观察音频电平

2.5 导出影视作品

对所有的素材编辑完成后，预览并确定影片的最终效果，接下来就可以按照需要的格式来导出视频，具体的操作步骤如下。

01 激活【时间轴】面板，在Premiere Pro CC 2018的工作界面中，选择【文件】|【导出】|【媒体】命令，如图2-29所示。

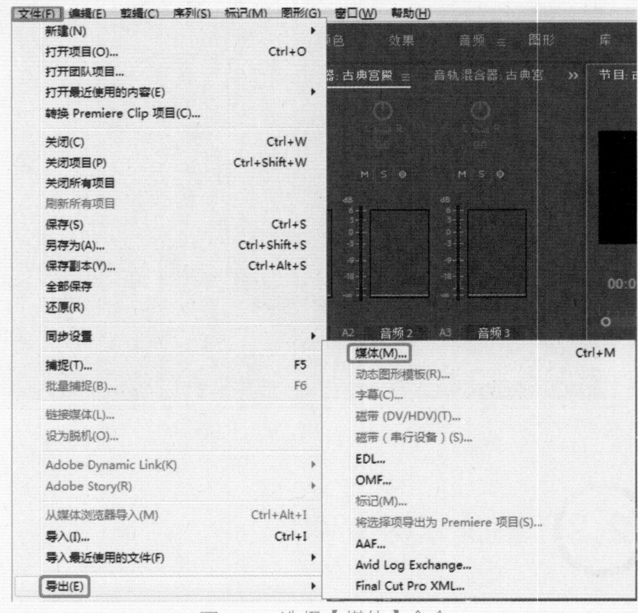

图2-29　选择【媒体】命令

02 在弹出的【导出设置】对话框中，可以设置导出视频的格式，如图2-30所示。

03 设置完导出的格式后，直接单击【导出】按钮，会弹出一个对话框，该对话框显示输出文件所剩余的时间，如图2-31所示。

04 导出完成后，会在该文件所在的目录下生成一个媒体文件，如图2-32所示。

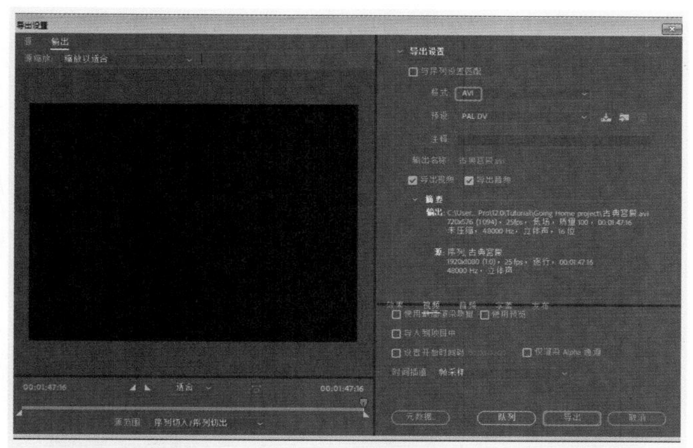

图2-30　设置格式

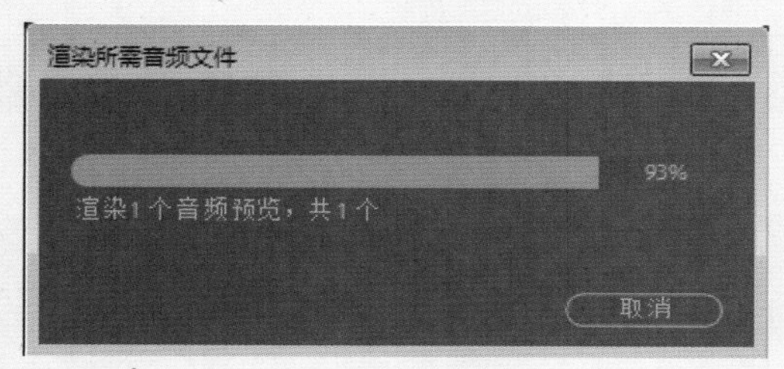

图2-31　输出影片

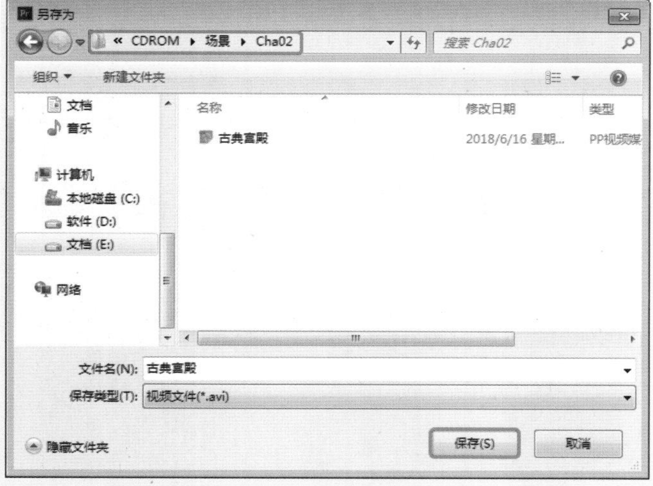

图2-32　生成影片

2.6 综合案例

2.6.1　制作倒计时片头

下面介绍如何制作倒计时片头，完成后的效果如图2-33所示。

图2-33　最终效果

01 启动Premiere Pro CC 2018软件后，在弹出的开始界面中单击【新建项目】按钮，弹出【新建项目】对话框，如图2-34所示，将【名称】设置为【倒计时】，单击【位置】右侧的【浏览】按钮，弹出【请选择新项目的目标路径】对话框，在该对话框中设置储存路径，然后单击【选择文件夹】按钮。

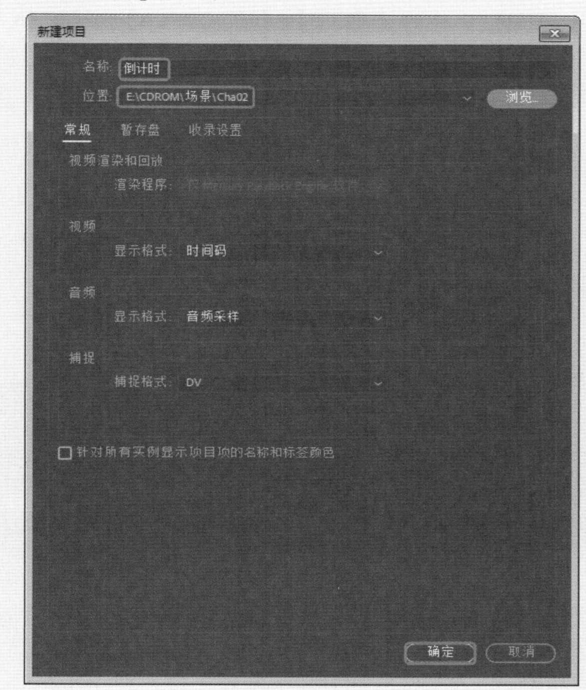

图2-34　选择保存路径

02 返回到【新建项目】对话框中，其他参数保持默认设置，单击【确定】按钮即可新建项目。在【项目】面板的空白处右击，在弹出的快捷菜单中选择【新建项目】|【序列】命令，弹出【新建序列】对话框，选择【序列预设】选项卡，在【可用预设】列表框中选择DV-PAL|【标准48kHz】选项，其他使用默认名称即可，如图2-35所示。

图2-35　新建序列

03 在菜单栏中选择【序列】|【添加轨道】命令，弹出【添加轨道】对话框，在【视频轨道】选项组中添加5条视频轨道，其他保持默认，然后单击【确定】按钮，如图2-36所示。

04 选择【文件】|【新建】|【旧版标题】命令，新建“字幕01”，保持默认设置，单击【确定】按钮，如图2-37所示。

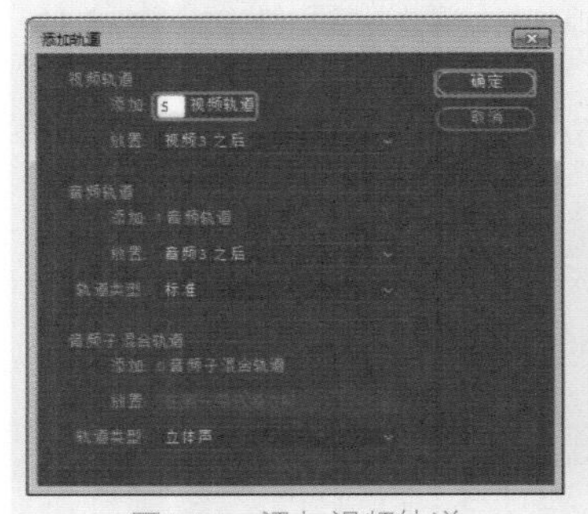

图2-36　添加视频轨道

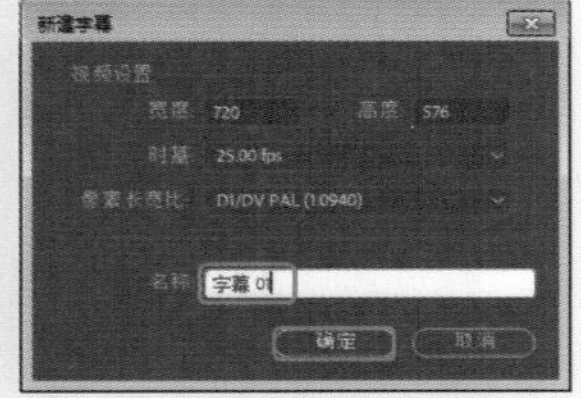

图2-37　【新建字幕】对话框

05 新建【旧版标题】后，会弹出对话框，可以在对话框内进行设置，如图2-38所示。

06 在打开对话框的左侧字幕工具面板中，使用【椭圆工具】，拖曳鼠标同时按住Shift键绘制正圆，然后转到字幕属性面板中，在【变换】选项组分别设置【宽度】、【高度】为240、240，分别设置【X位置】、【Y位置】为390、280，如图2-39所示。

07 在字幕属性面板中，设置【填充】选项组中的【填充类型】为【线性渐变】，双击设置下方色块的左侧色块RGB值为191、191、191，调整色块位置于最顶端，将右侧色块的RGB值设置为64、64、64，调整色块置于最末端，如图2-40所示。

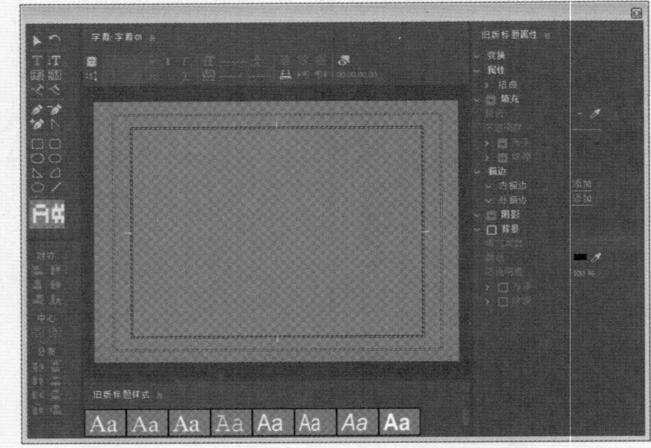

图2-38　新建字幕

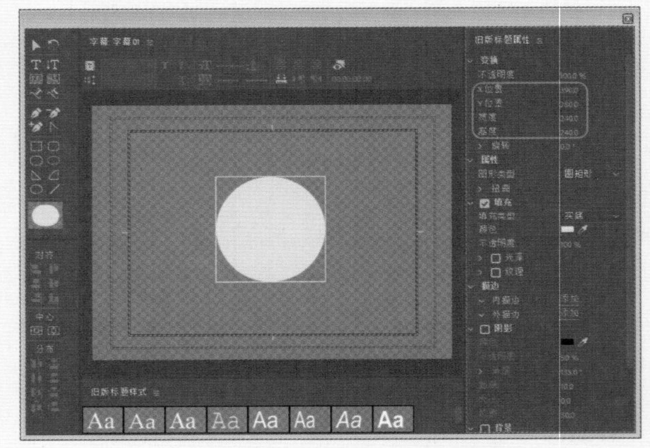

图2-39　设置大小及位置

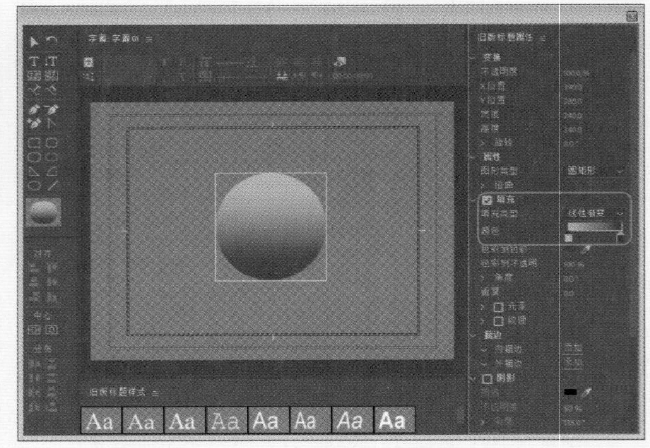

图2-40　设置填充颜色

08 在【描边】选项组中单击【外描边】右侧的【添加】按钮，将【类型】设置为“边缘”，将【大小】设置为5，将【颜色】设置为白色，如图2-41所示。

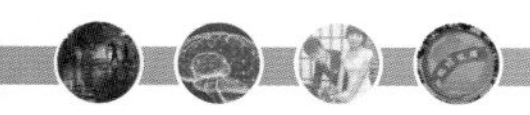

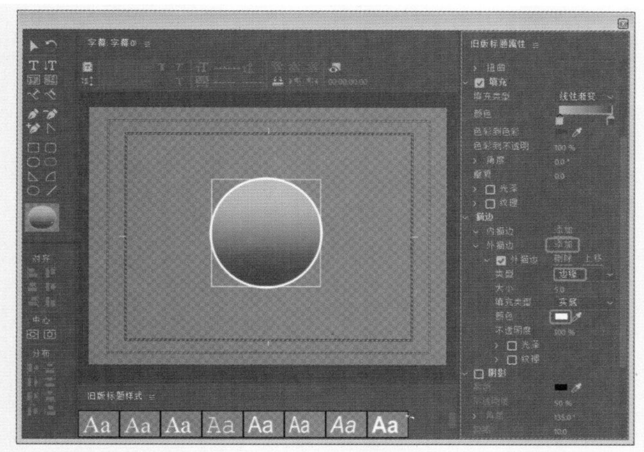

图2-41　设置描边

09 单击【基于当前字幕新建】按钮，弹出【新建字幕】对话框，使用默认设置，单击【确定】按钮，即可创建字幕02，在【变换】选项组中将【宽度】、【高度】分别设置为210、210，将【X位置】、【Y位置】分别设置为390、280，在【填充】选项组中将【填充类型】设置为“实底”，将【颜色】RGB值设置为37、35、36，如图2-42所示。

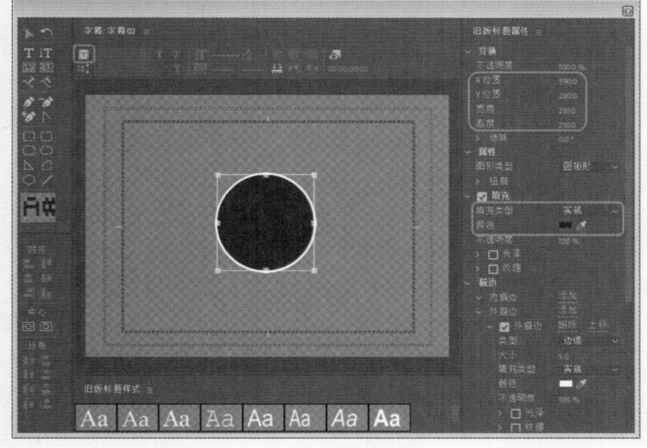

图2-42　设置位置及大小

10 再次单击【基于当前字幕新建】按钮，在弹出的对话框中使用默认设置，单击【确定】按钮，新建“字幕03”，在【描边】选项组中取消勾选【外描边】复选框，将【填充】选项组中的【填充类型】设置为【实底】，将【颜色】RGB值设置为214、0、0，在【变换】选项组中将【宽度】、【高度】分别设置为210、210，将【X位置】、【Y位置】分别设置为390、280，设置完成后的效果如图2-43所示。

11 再次单击【基于当前字幕新建】按钮，在弹出的对话框中使用默认设置，单击【确定】按钮，新建“字幕04”，在【变换】选项组中将【X位置】、【Y位置】分别设置为390、280，将【宽度】、【高度】分别设置为160、160，如图2-44所示。

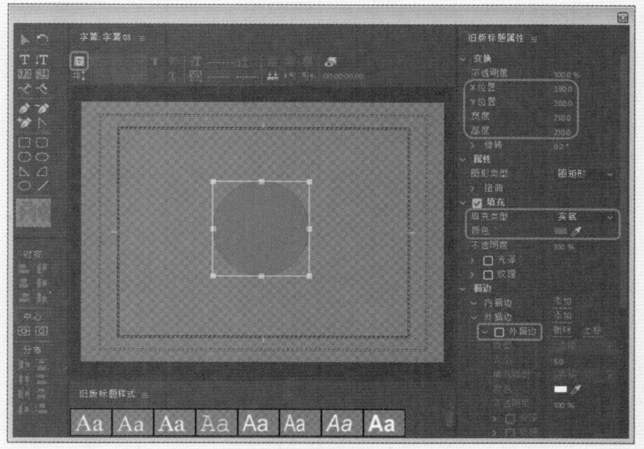

图2-43　设置完成后的效果

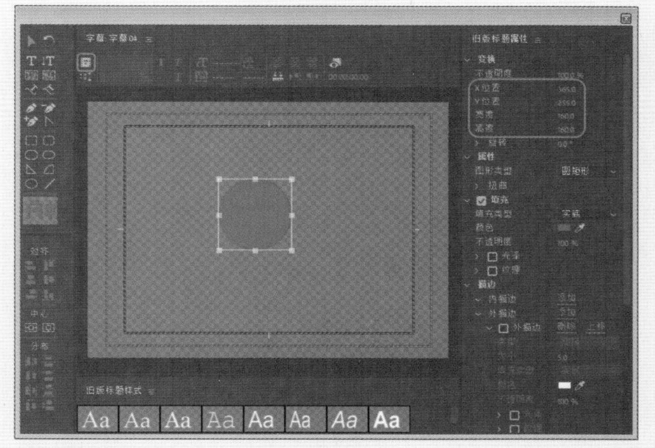

图2-44　设置参数

12 在【填充】选项组中将【填充类型】设置为【径向渐变】，将左侧的色块RGB值设置为255、255、0，将右侧的色块RGB值设置为231、87、1，如图2-45所示。

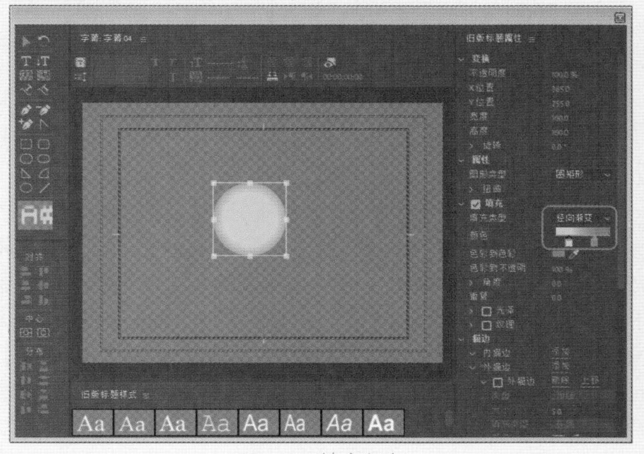

图2-45　填充颜色

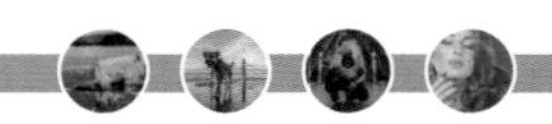

13 勾选【外描边】复选框，将【类型】设置为“边缘”，将【大小】设置为5，将【颜色】设置为白色，如图2-46所示。

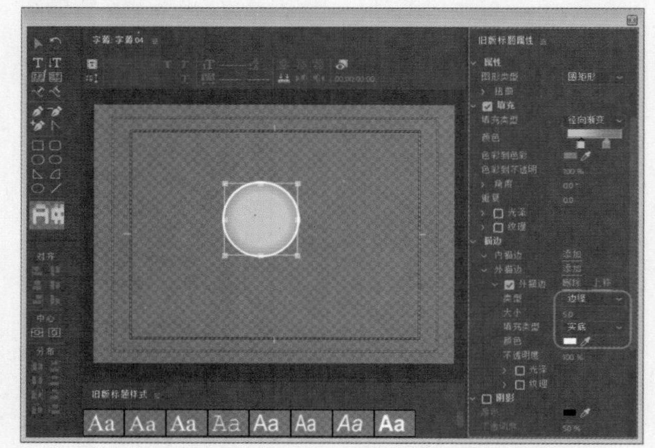

图2-46 设置描边

14 使用【文字工具】在【字幕】面板中输入数字5，在【变换】选项组中将【X位置】、【Y位置】分别设置为391、290，在【属性】选项组中将【字体系列】设置为方正姚体，将【字体大小】设置为112，如图2-47所示。

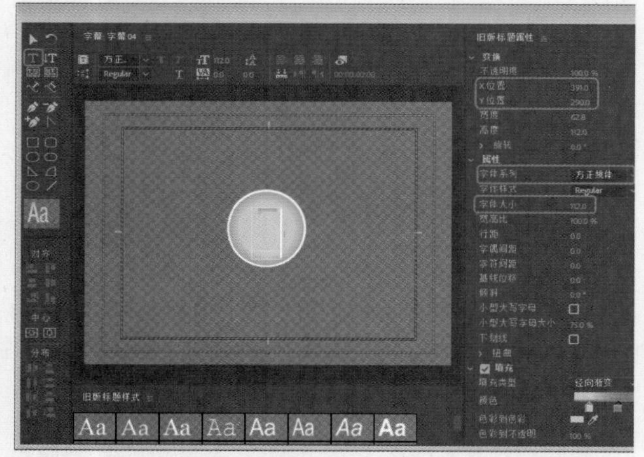

图2-47 设置位置及大小

15 在【填充】选项组中将【填充类型】设置为“实底”，将【颜色】RGB值设置为176、26、2，在【描边】选项组中将【大小】设置为20，如图2-48所示。

16 单击【基于当前字幕新建】按钮，在弹出的对话框中使用默认设置，单击【确定】按钮，新建“字幕05”，在【字幕】面板中，将数字5改为4，然后单击【基于当前字幕新建】按钮，在弹出的对话框中使用默认设置，单击【确定】按钮，新建“字幕06”，在【字幕】面板中，将数字4改为3，使用同样的方法新建“字幕07”“字幕08”，依次将数字改为2和1，最后效果如图2-49所示。

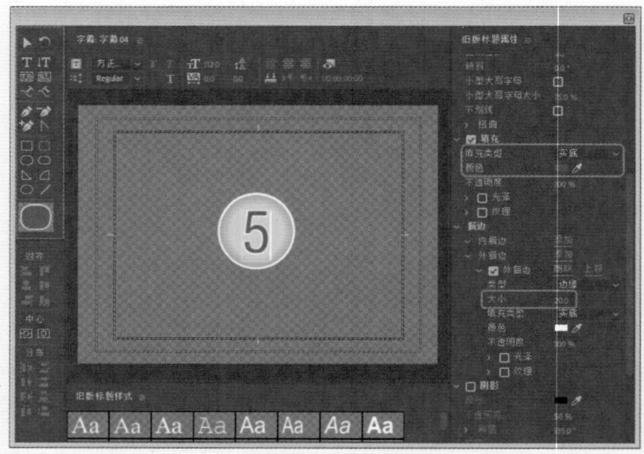

图2-48 设置【填充】和【描边】

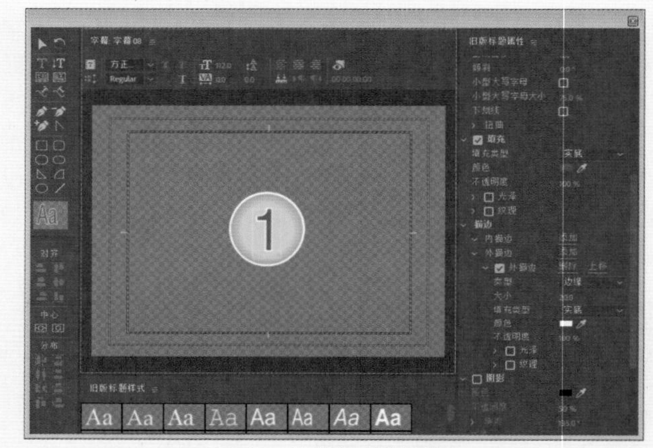

图2-49 设置完成后的效果

17 再次单击【基于当前字幕新建】按钮，在弹出的对话框中使用默认设置，新建“字幕09”，选中【字幕】面板中的所有对象，将其删除。使用【文字工具】在面板中输入文字“GO！”。选择“GO！”，在字幕属性选项组中将【字体系列】设置为Magneto，将【字体大小】设置为200，在【变换】选项组中将【X位置】、【Y位置】分别设置为380、305，在【填充】选项组设置【类型】为【线性渐变】，将左侧的色块RGB值设置为250、20、20，将右侧的色块RGB值设置为150、33、33，适当调整两侧的色块，如图2-50所示。

18 设置完成后关闭【字幕】面板，将“字幕01”拖曳至【序列】面板中的V1轨道中，选择该素材文件并右击，在弹出的快捷菜单中选择【速度/持续时间】命令，弹出【剪辑速度/持续时间】对话框，将【持续时间】设置为00:00:05:00，单击【确定】按钮，如图2-51所示。

19 在【项目】面板中将“字幕03”拖曳至V2轨道中，将其持续时间设置为00:00:01:00，使用同样的方法继续将“字幕03”拖曳至V2轨道中并设置相同的持续时间，设置四次完成后的效果如图2-52所示。

图2-50　设置参数

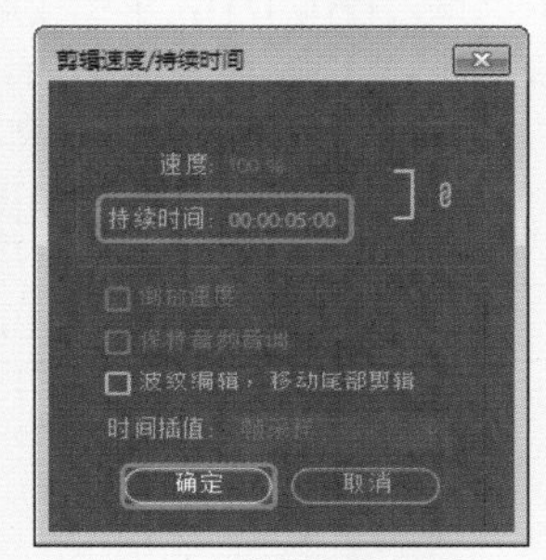

图2-51　设置持续时间

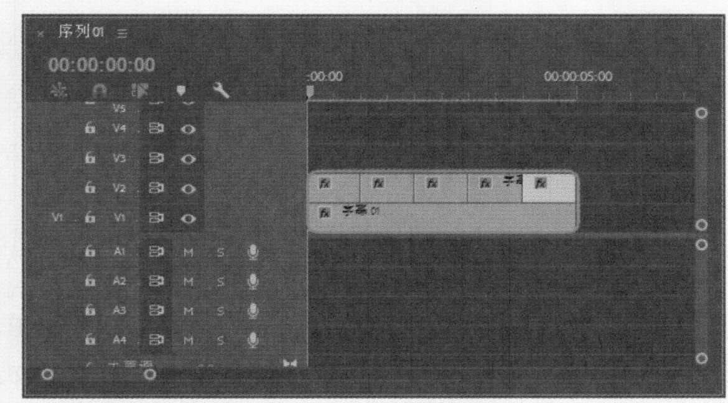

图2-52　设置完成后的效果

20 将当前时间设置为00:00:00:00，在【项目】面板中将“字幕02”拖曳至V3轨道中，将其持续时间设置为00:00:01:00，完成后的效果如图2-53所示。

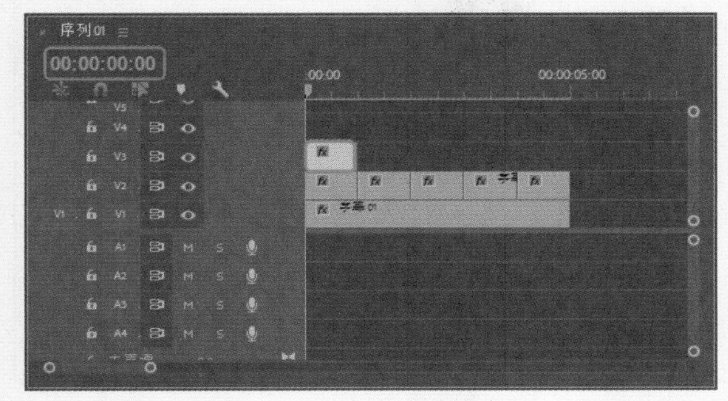

图2-53　设置完成后的效果

21 切换到【效果】面板。选择【效果】下的【视频过渡】|【擦除】|【时钟式擦除】选项，将其拖曳至V3轨道中素材文件的结尾处，如图2-54所示。

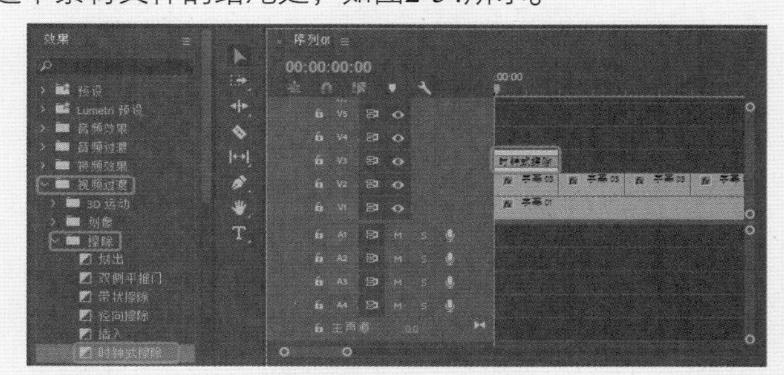

图2-54　选择特效

22 单击该特效，激活【效果控件】面板，将【持续时间】设置为00:00:00:20，如图2-55所示。

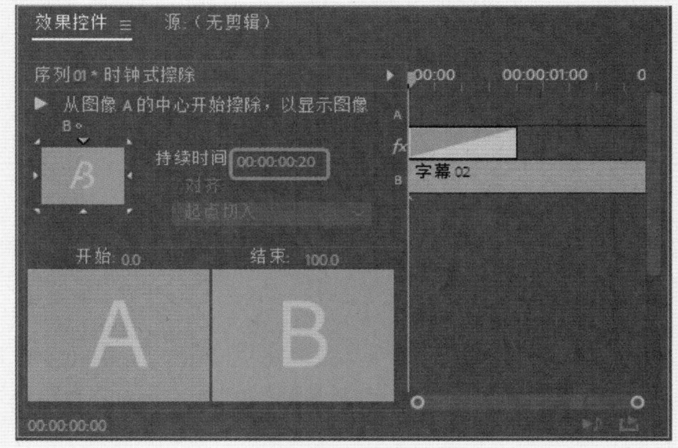

图2-55　设置持续时间

23 将当前时间设置为00:00:01:00，将“字幕02”拖曳至V4轨道中，将其开头与时间线对齐，将其持续时间设置为00:00:01:00，完成后的效果如图2-56所示。

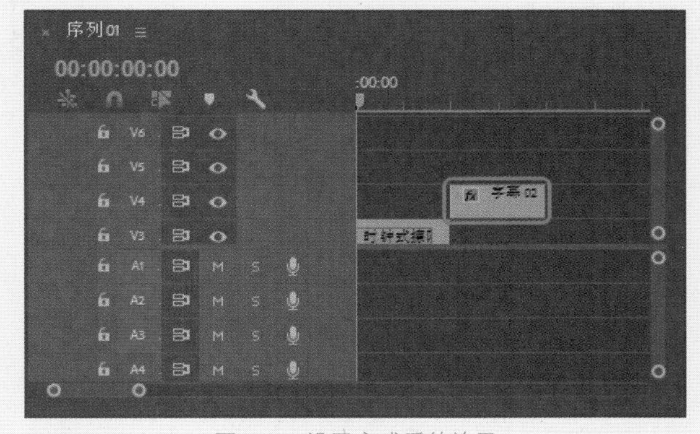

图2-56　设置完成后的效果

24 激活【效果】面板，选择【时钟式擦除】特效，将其拖曳至V4轨道素材文件的结尾处。选择该过渡特效，激活【效果控件】面板，将【持续时间】设置为00:00:00:20，如图2-57所示。

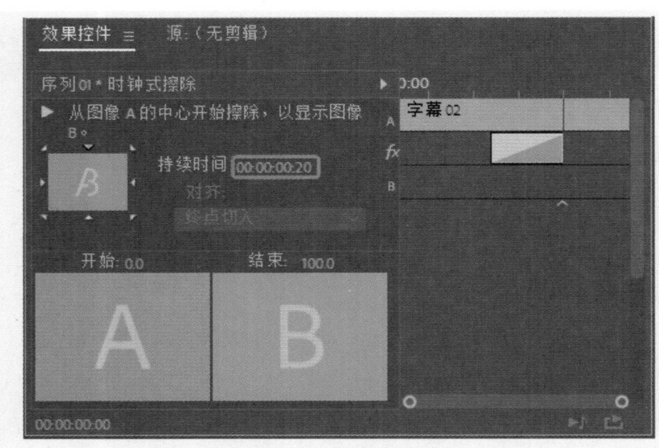

图2-57 设置持续时间

25 使用同样的方法完成其他的操作步骤，设置完成后的效果如图2-58所示。

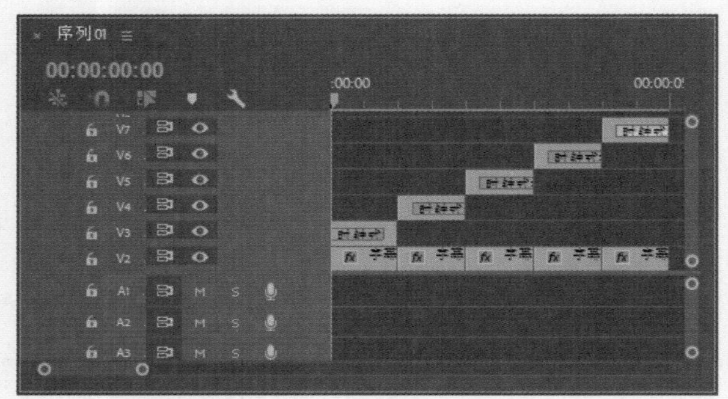

图2-58 设置完成后的效果

26 将当前时间设置为00:00:00:00，在【项目】面板中将“字幕04”拖曳至V8轨道中，将其持续时间设置为00:00:01:00，将“字幕05”拖曳至V8轨道中，将其开头处与“字幕04”的结尾处对齐，并将其持续时间设置为00:00:01:00。使用同样的方法将“字幕06”“字幕07”“字幕08”拖曳至V8轨道中并设置相同的持续时间，如图2-59所示。

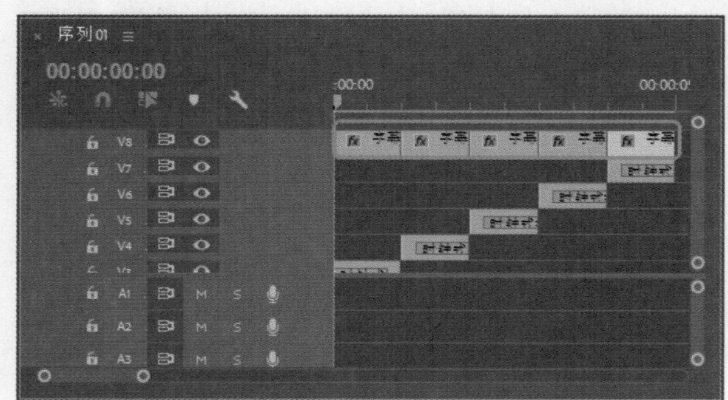

图2-59 设置完成后的效果

27 将“字幕09”拖曳至V8轨道中，将其开头处与“字幕08”的结尾处对齐，将其持续时间设置为00:00:01:10，如图2-60所示。

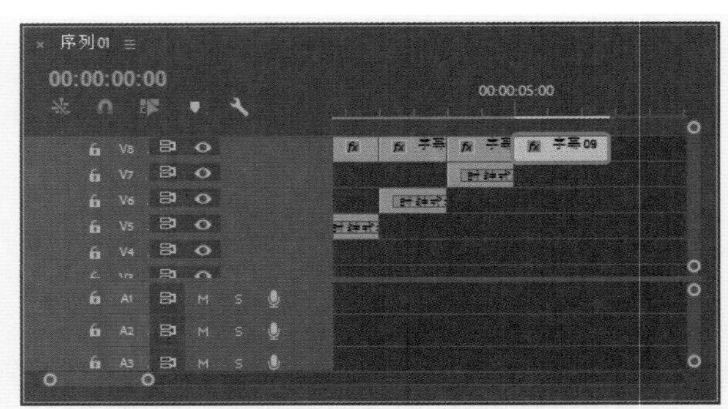

图2-60 设置完成后的效果

28 在菜单栏中选择【文件】|【导出】|【媒体】命令，在弹出的【导出设置】对话框中，将【格式】设置为AVI，将【预设】设置为PAL DV，单击【输出名称】右侧的文字，在弹出的对话框中设置存储路径，并设置【文件名】为“倒计时”，单击【保存】按钮，如图2-61所示。

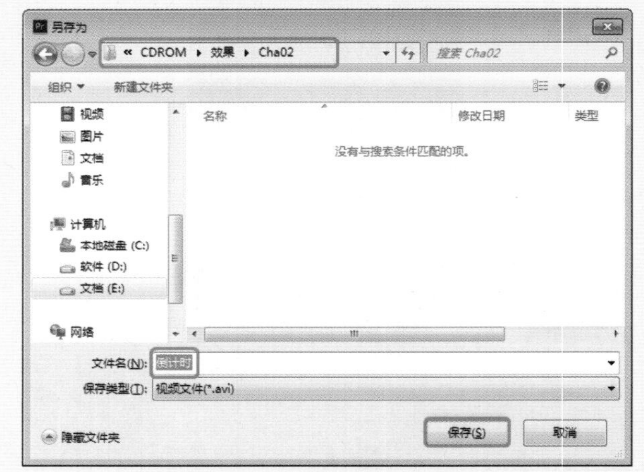

图2-61 【另存为】对话框

29 返回到【导出设置】对话框，单击【导出】按钮即可将影片导出，如图2-62所示。

图2-62 导出影片

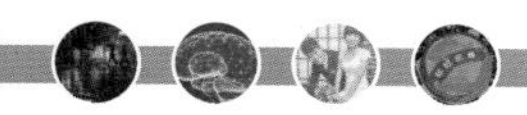

2.6.2　制作美图欣赏视频

本例介绍制作美图欣赏视频，完成后的效果如图2-63所示。

图2-63　最终效果

01 启动Premiere Pro CC 2018软件后，在【项目】面板中单击鼠标右键，在弹出的快捷菜单中选择【新建项目】|【序列】命令，在弹出的对话框中使用默认的设置，单击【确定】按钮，右击，选择【导入】命令，在弹出的【导入】对话框中选择素材图片，如图2-64所示。

图2-64　【导入】对话框

02 单击【打开】按钮将素材图片导入【项目】面板中，然后选择“花.jpg”素材图片将其拖曳至V1轨道中，右击，在弹出的快捷菜单中选择【速度/持续时间】命令，弹出【剪辑速度/持续时间】对话框，将持续时间设置为00:00:03:00，如图2-65所示。

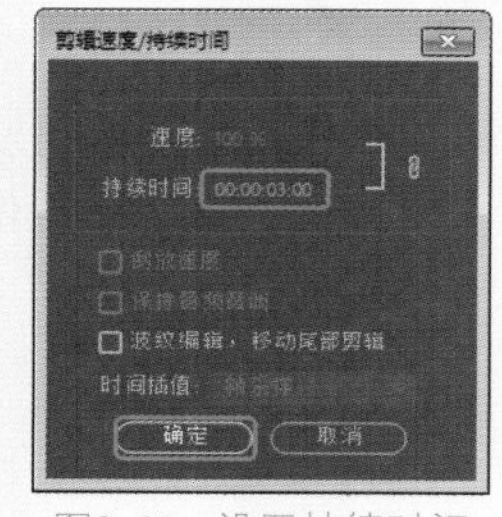

图2-65　设置持续时间

03 单击【确定】按钮关闭对话框，使用和之前相同的方法将其他素材拖曳至V1轨道中，将其开头处与之前素材的结尾处对齐，并设置持续时间为00:00:03:00，如图2-66所示。

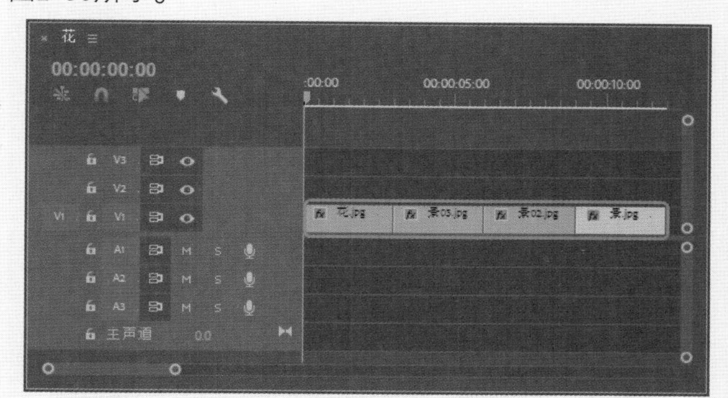

图2-66　设置其他素材

04 激活【效果】面板，展开【视频过渡】选项组。在【视频过渡】选项组中，选择【立方体旋转】过渡特效，如图2-67所示。

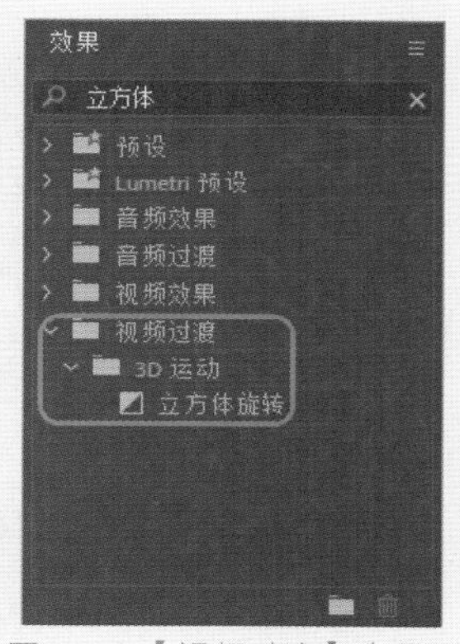

图2-67　【视频过渡】选项组

05 将其拖曳至素材图片相交的位置，如图2-68所示。

06 使用同样的方法，为其他素材图片添加过渡特效，完成后的效果如图2-69所示。

07 选择【文件】|【新建】|【旧版标题】命令，在弹出的对话框中保持默认设置，单击【确定】按钮。新建“字幕01”，如图2-70所示。

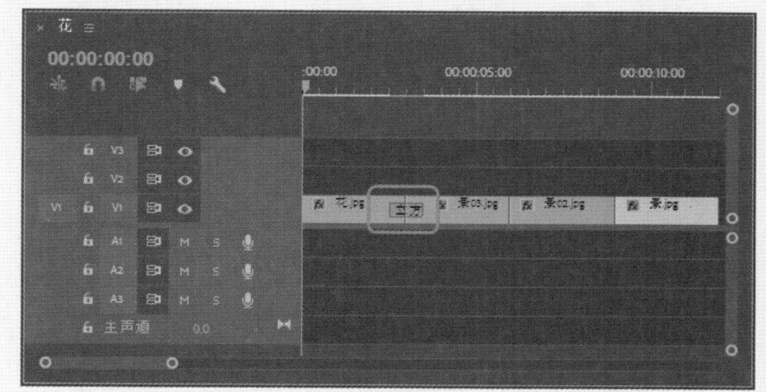

图2-68　添加【立方体旋转】过渡特效

08 单击【确定】按钮，选择字幕工具面板中的【文字工具】并输入文字“谢谢观看”，然后选择字幕属性中的【变换】选项组，将【X位置】、【Y位置】分别设置为400、290，在【属性】中将【字体系列】设置为华文中宋，将【填充】选项组中的【填充类型】设置为【线性渐变】，将下方左侧色块的RGB值设置为250、0、0，将右侧色块

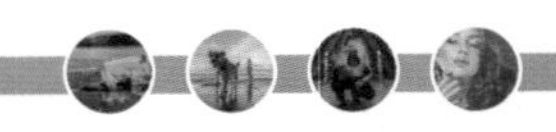

的RGB值设置为180、180、30，适当调整左侧的色块，然后单击【关闭】按钮，将“字幕01”拖曳至V1轨道中，与“景.jpg”的尾部相交，再设置持续时间为00:00:01:00。现在美图欣赏视频就基本完成了，如图2-71所示。

09 使用和之前相同的方法，将【翻页】特效拖曳至“景.jpg”与“字幕01”相交的位置，如图2-72所示。

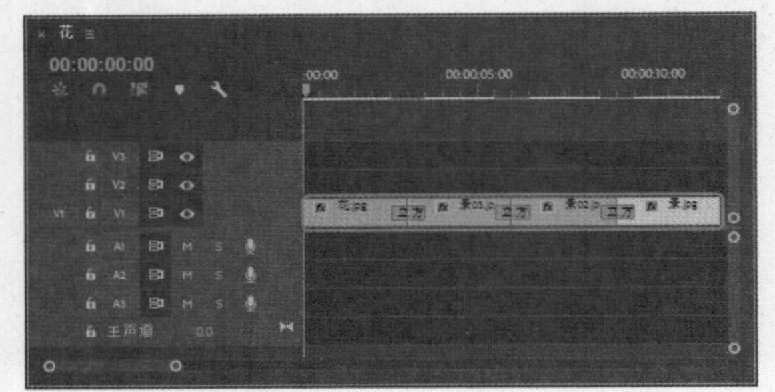

图2-69　为其他素材图片添加过渡特效

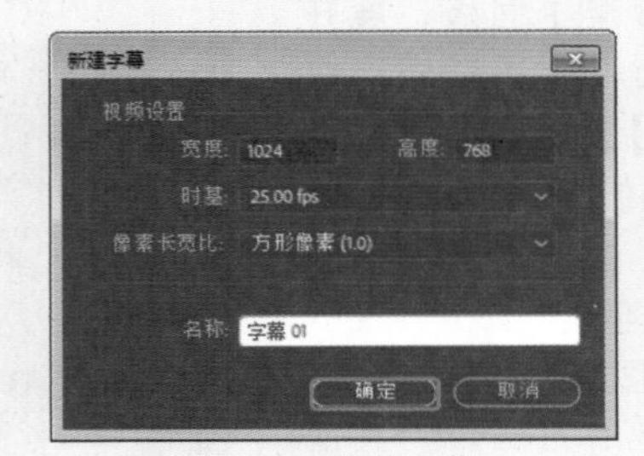

图2-70　新建字幕

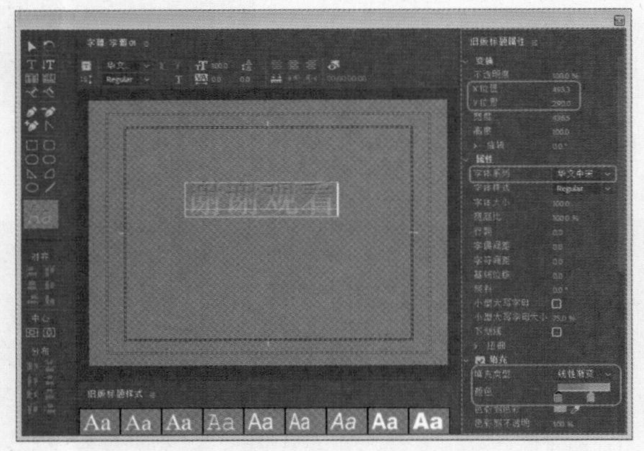

图2-71　设置字幕属性

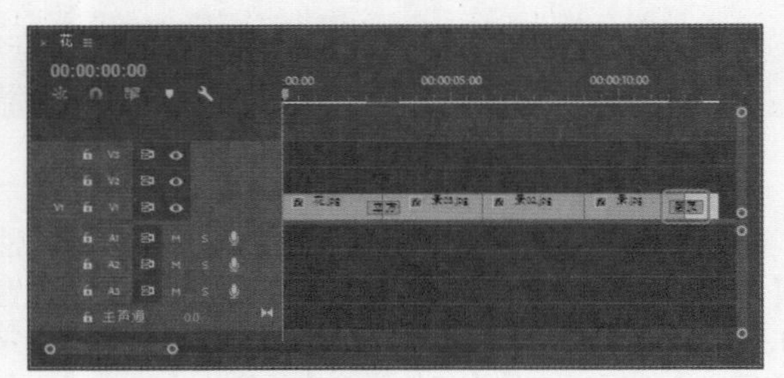

图2-72　添加翻页过渡特效

10 在菜单栏中选择【文件】|【导出】|【媒体】命令，在弹出的【导出设置】对话框中，将【格式】设置为AVI，将【预设】设置为PAL DV，单击【输出名称】右侧的文字，在弹出的对话框中设置存储路径，并设置【文件名】为“美图欣赏”，单击【保存】按钮，如图2-73所示。

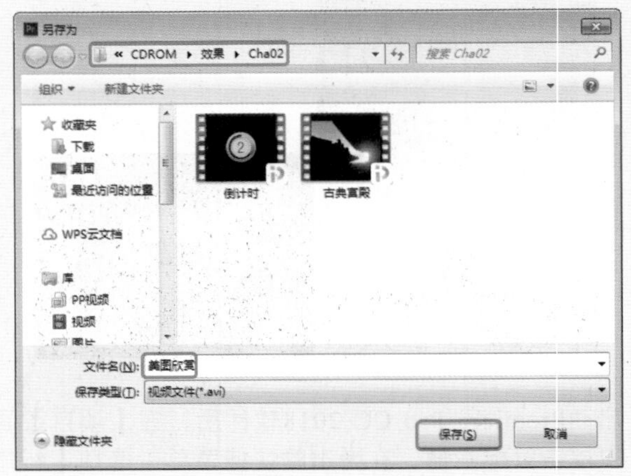

图2-73　【另存为】对话框

11 返回到【导出设置】对话框，单击【导出】按钮即可将影片导出，如图2-74所示。

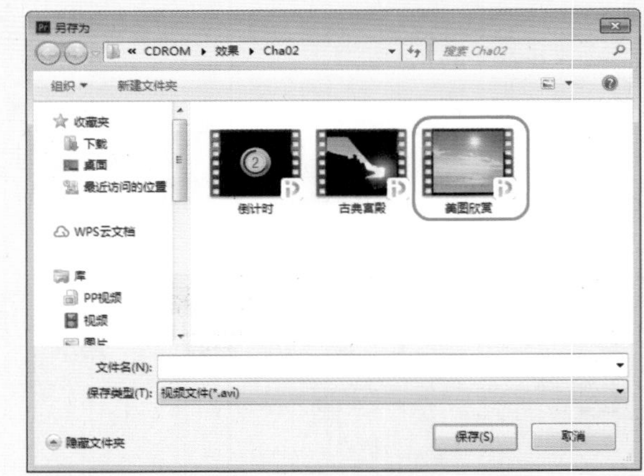

图2-74　导出影片

2.7 思考题

1. 如何保存项目文件？
2. 怎么导出影视作品？

第3章 影视剪辑技术

本章将对影视剪辑的一些必备理论和剪辑技术进行比较详尽的介绍，一个剪辑人员对于剪辑理论的掌握是非常必要的。

剪辑即通过为素材添加入点和出点从而截取其中好的视频片段，将它与其他视频进行结合形成一个新的视频片段。

3.1 剪辑素材

在Premiere Pro CC 2018中的编辑过程是非线性的，可以在任何时候插入、复制、替换、传递和删除素材片段，还可以采取各种各样的顺序和效果进行试验，并在合成最终影片或输出前进行预演。

用户在Premiere Pro CC 2018中使用【监视器】窗口和【序列】窗口编辑素材。【监视器】窗口用于观看素材和完成的影片，设置素材的入点和出点等；【序列】窗口主要用于建立序列、安排素材、分离素材、插入素材、合成素材以及混合音频素材等。在使用【监视器】窗口和【序列】窗口编辑影片时，同时还会使用一些相关的其他窗口和面板。

3.1.1 认识【监视器】窗口

在【监视器】窗口中有两个监视器：【源】监视器与【节目】监视器，分别用来显示素材与作品在编辑时的状况。图3-1为【源】监视器，用于显示和设置节目中的素材；图3-2为【节目】监视器，用于显示和设置序列。

图3-1 【源】监视器

在【源】监视器中，单击右侧的☰按钮，在弹出下拉菜单中提供了已经调入序列中的素材列表，可以更加快速便捷地浏览素材的基本情况，如图3-3所示。

图3-2 【节目】监视器

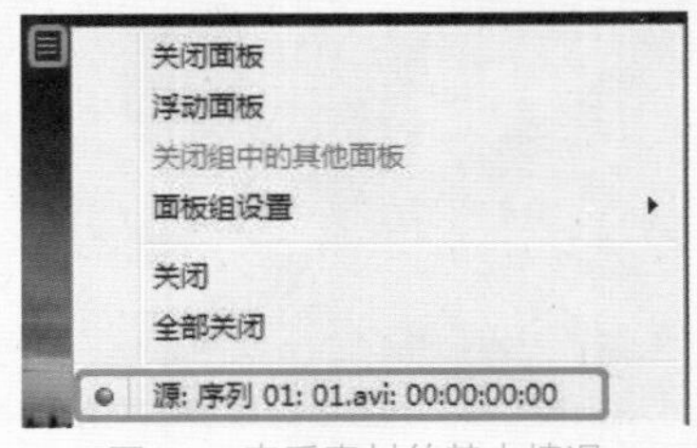

图3-3 查看素材的基本情况

由于电视机在播放视频图像时，屏幕的边会切除部分图像，这种现象叫作溢出扫描，而不同的电视机溢出的扫描量不同，所以要把图像的重要部分放在安全区域内。在制作影片时，需要将重要的场景元素、演员、图表放在运动安全区域内，将标题、字幕放在标题安全区域内，如图3-4所示。位于工作区域外侧的方框为运动安全区域，位于内侧的方框为标题安全区域。

图3-4 设置安全框

单击【源】监视器窗口或【节目】监视器窗口下方的【安全框】按钮▣，可以显示或隐藏素材窗口和【项目】面板中的安全区域。

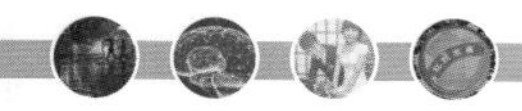

3.1.2　在【源】监视器中播放素材

不论是已经导入的素材还是使用【打开】命令观看的素材，系统都自动在【源】监视器中打开。用户可以在【源】监视器中单击▶按钮，播放和观看素材。

3.1.3　在其他软件中编辑素材

Premiere Pro CC 2018具有能在其他软件中打开素材的功能。用户可以用该功能在与素材兼容的其他软件中打开素材进行观看或编辑。例如，可以在QuickTime中观看mov影片。可以在Photoshop CC 2018中打开并编辑图像素材。在应用程序中编辑该素材存盘后，在Premiere Pro CC 2018中的该素材会自动进行更新。

要在其他应用程序中编辑素材，必须保证计算机中安装有该应用程序，并且有足够的内存来运行该程序。如果是在【项目】面板中编辑的序列图片，则在应用程序中只能打开该序列图片第一幅图像；如果是在【序列】面板中编辑的序列图片，则打开的是时间标记所在时间的当前帧画面。

使用其他应用程序编辑素材的方法如下。

01 在【项目】面板（或【序列】面板）中选中需要编辑的素材。

02 选择【编辑】|【编辑原始】命令，如图3-5所示。

03 在打开的应用程序中编辑该素材，并保存结果。

04 回到Premiere Pro CC 2018，修改后的结果会自动更新到当前素材。

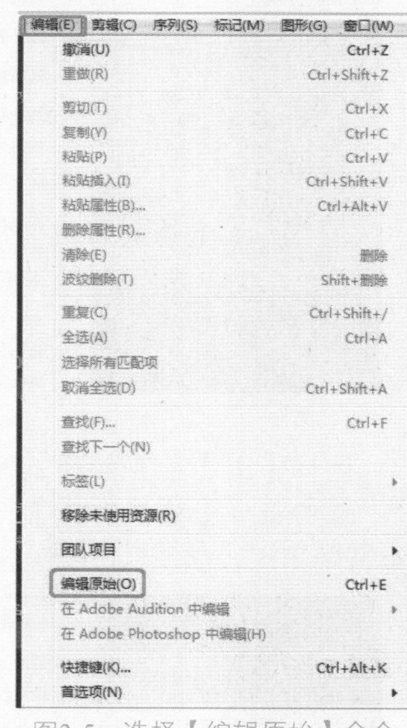

图3-5　选择【编辑原始】命令

3.1.4　剪裁素材

可以增加或删除帧以改变素材的长度。素材开始帧的位置被称为入点，素材结束帧的位置被称为出点。素材可以在【监视器】窗口（剪辑窗口）、【序列】面板和修整窗口中被剪裁。

用户对素材入点和出点所做的改变，不影响磁盘上源素材的本身。

用户不能使影片或音频素材比其源素材更长，除非使用速度命令减慢素材播放速度，延长其长度。素材最短的长度为1帧。

1. 在素材视窗中剪裁素材

【源】监视器窗口每次只能显示一个单独的素材，如果在【源】监视器窗口中打开了若干个素材，Premiere Pro CC 2018可以通过【源】下拉列表进行管理。单击素材窗口上方的【源】下拉按钮，下拉列表中显示了所有在【源】监视器窗口中打开过的素材，可以在列表中选择需在【源】监视器窗口中打开的素材。如果序列中的影片在【源】监视器窗口中被打开，名称前会显示序列名称。

大部分情况下，导入节目的素材往往要去掉影片中不需要的部分才会完全适合最终节目的需要。这时候，可以通过设置入点、出点的方法来裁剪素材。

在【源】监视器窗口中改变入点和出点的方法如下。

01 在【项目】面板中双击要设置入点、出点的素材，将其在【源】监视器窗口中打开。

02 在【源】监视器窗口中拖动滑块或按空格键，找到需要使用的片段的开始位置。

03 单击【源】监视器窗口下方的【标记入点】按钮或按I键，【源】监视器窗口显示当前素材入点画面素材，窗口右上方显示入点标记。

04 继续播放影片，找到使用片段的结束位置。

05 单击素材窗口下方的【标记出点】按钮或按O键，素材窗口中显示当前素材出点，入点和出点间显示为深色，此时置入序列片段即入点与出点的素材片段，如图3-6所示。

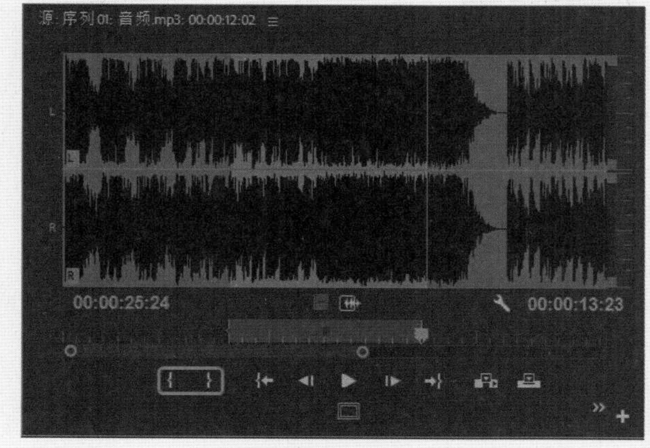

图3-6　标记入点和出点

06 单击【转到入点】按钮可以自动找到影片的入点位置；单击【转到出点】按钮可以自动找到影片的出点位置。

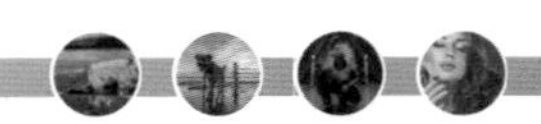

当声音同步要求非常严格时，用户可以为音频素材设置高精度的入点。音频素材的入点可以使用高达1/600秒的精度来调节。可以在监视器菜单中选择【音频波形】，使素材以音频波形显示。对于音频素材，入点和出点指示器出现在波形图相应的点处，如图3-7所示。

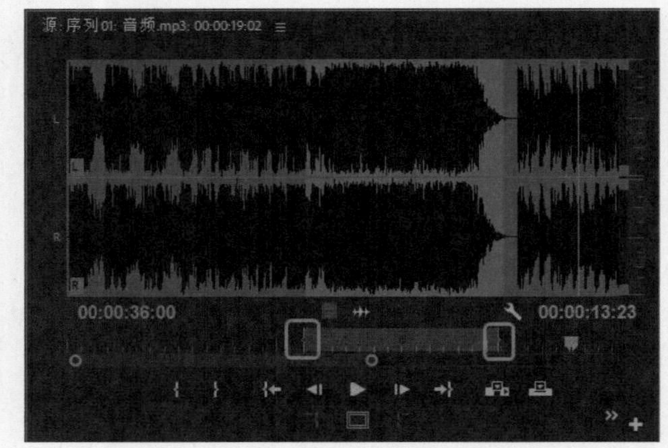

图3-7 裁剪音频

当用户将一个同时含有影像和声音的素材拖入序列中时，该素材的音频和视频部分会被放到相应的轨道中。

用户在为素材设置入点和出点时，对素材的音频和视频部分同时有效。也可以为素材的视频或音频部分单独设置入点和出点。

01 在素材视频中选择要设置入点、出点的素材。

02 播放影片，找到使用片段的开始位置，选择【源】监视器中的素材，右击，在弹出的快捷菜单中选择【标记拆分】|【视频入点】命令，如图3-8所示。

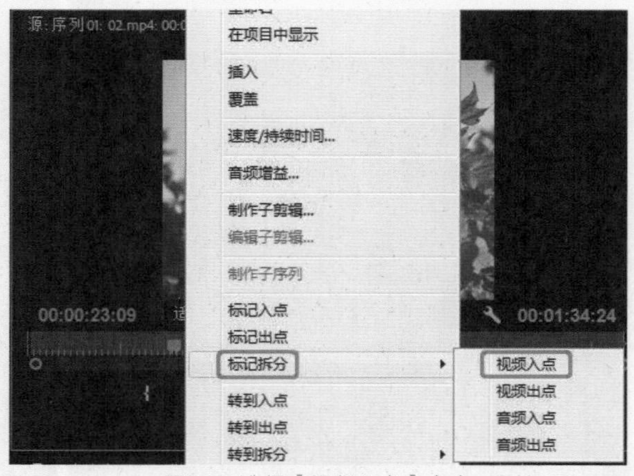

图3-8 选择【视频入点】命令

03 播放影片，找到使用片段的结束位置，选择【源】监视器中的素材，右击，在弹出的快捷菜单中选择【标记拆分】|【视频出点】命令，如图3-9所示。

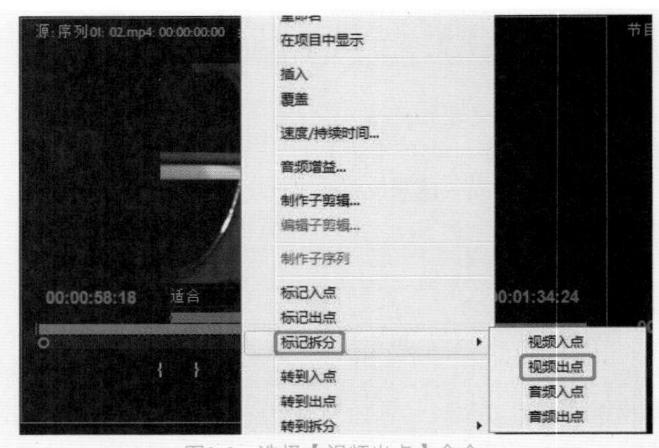

图3-9 选择【视频出点】命令

04 选择【源】监视器中的素材，右击，在弹出的快捷菜单中选择【标记拆分】|【音频入点】命令，将此设为音频入点，如图3-10所示。

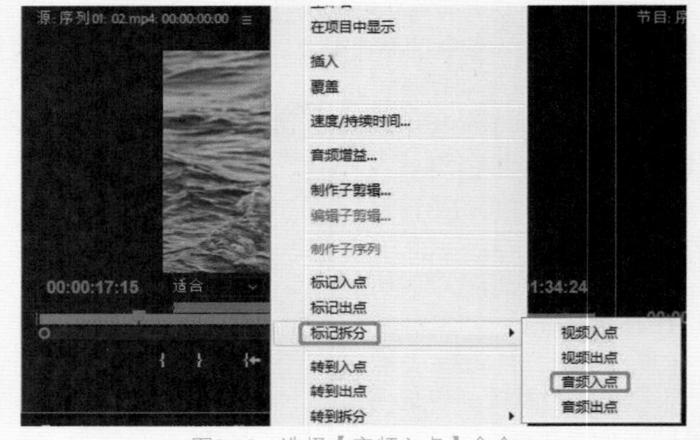

图3-10 选择【音频入点】命令

05 选择【源】监视器中的素材，右击，在弹出的快捷菜单中选择【标记拆分】|【音频出点】命令，将此处设为音频出点，如图3-11所示。

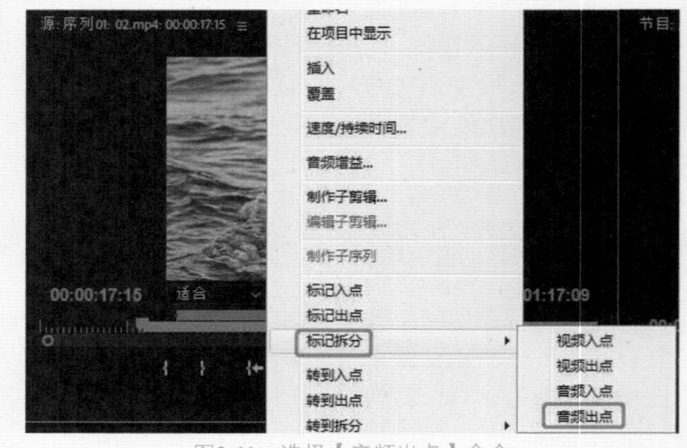

图3-11 选择【音频出点】命令

06 分别设置入点、出点后的链接素材，在素材视窗中和序列中的形状如图3-12所示。

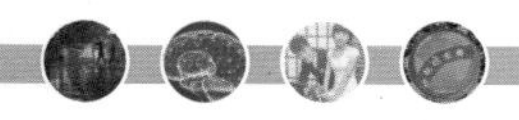

图3-12 素材在序列中的形状

2. 在序列中剪辑素材

Premiere Pro CC 2018在序列中提供了多种方式剪裁素材。用户可以使用入点和出点工具或其他编辑工具对素材进行简单或复杂的剪辑。

为了更精细地剪裁，可以在序列中选择一个较小的时间单位。

1）使用【选择工具】剪裁素材

01 将【选择工具】放在要缩短或拉长的素材边缘上，【选择工具】变成了增加光标，如图3-13所示。

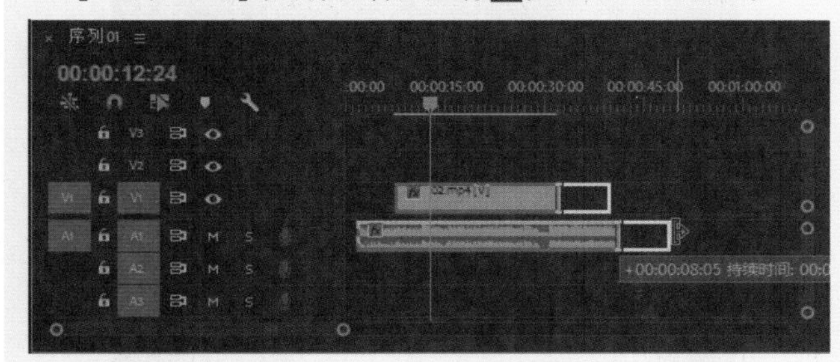

图3-13 使用【选择工具】裁剪

02 拖动鼠标以缩短或增加该素材。当拖动鼠标时，素材被调节的入点或出点画面显示在【项目】面板中，素材的开始和结束的时间码地址显示在【信息】面板中。当素材达到预定长度时，释放鼠标左键。

2）使用【滚动编辑工具】剪裁素材

使用【滚动编辑工具】可以调整一个素材的长度，但会增长或者缩短相邻素材的长度，以保持原来两个素材和整个轨道的总长度。滚动编辑通常被称为“视频风格”编辑。当选择滚动编辑时，用户可以使用【边缘预览】在【项目】面板中观看该素材和相邻素材的边缘。

使用【滚动编辑工具】剪裁素材的方法如下。

01 在编辑工具栏中选择【滚动编辑工具】。

02 将光标放在两个素材的连接处，并拖动以剪裁素材，【节目】监视器窗口中显示相邻两帧的画面，如图3-14所示。

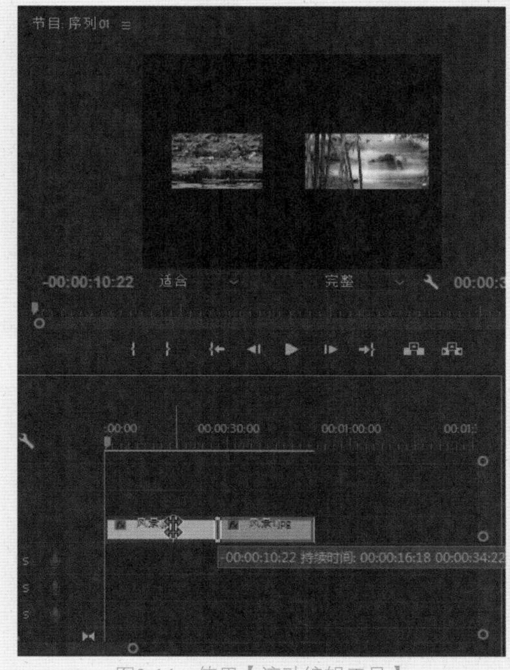

图3-14 使用【滚动编辑工具】

03 一个素材的长度被调节了，其他素材的长度被缩短或拉长以补偿该调节。

3）使用【波纹编辑工具】剪裁素材

使用【波纹编辑工具】拖动对象的出点可改变对象长度，相邻对象会黏上来或退后，相邻对象长度不变，节目总时间改变。波纹通常被称为“胶片风格”编辑。

使用【波纹编辑工具】剪裁素材的方法如下。

01 在编辑工具栏中选择【波纹编辑工具】。

02 将光标放在两个素材连接处，并拖动鼠标以调节预定素材的长度，如图3-15所示。【节目】监视器窗口中显示相邻两帧的画面。只有被拖动素材的画面变化，其相邻素材画面不变。

03 拖动片段边缘，其相邻片段的位置随之改变。【节目】监视器窗口中时间随之改变，如图3-16所示。

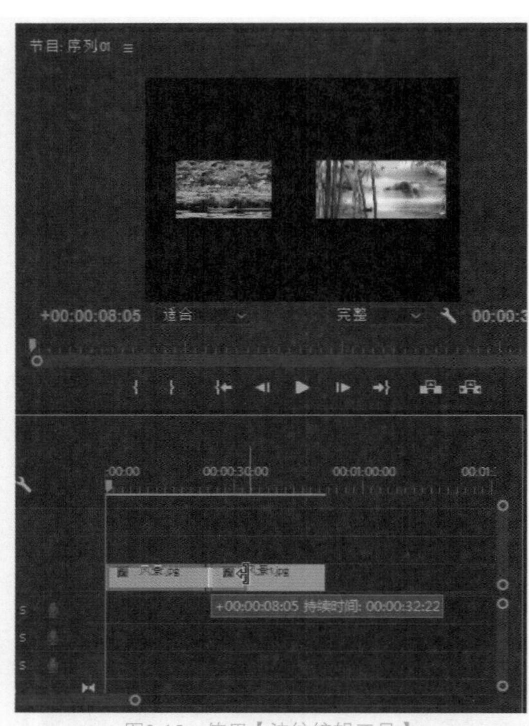

图3-15 使用【波纹编辑工具】

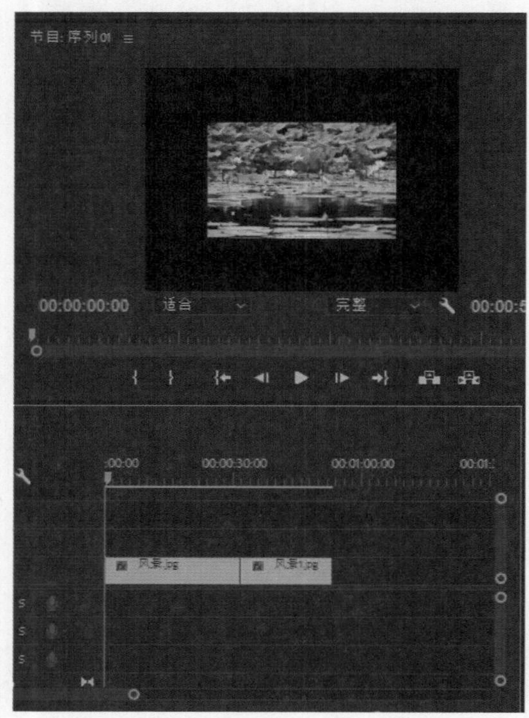

图3-16 【节目】监视器中的效果

4）使用【外滑工具】剪裁素材

【外滑工具】可以改变一个对象的入点与出点，保持其总长度不变，且不影响相邻其他对象。

使用【外滑工具】剪裁素材的方法如下。

01 在编辑工具栏中选择【外滑工具】。

02 单击需要编辑的片段并按住鼠标左键拖动，如图3-17所示。

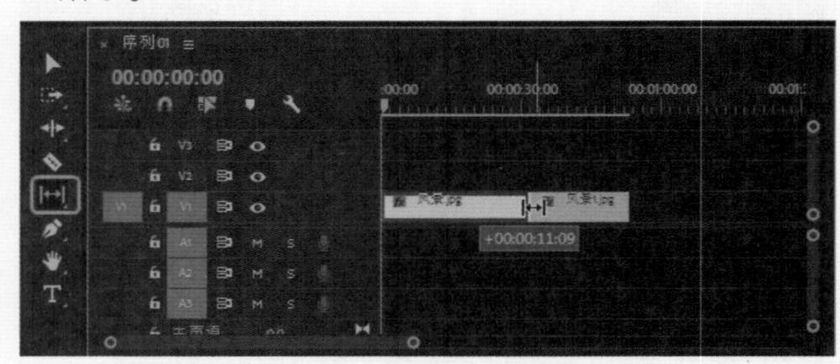

图3-17 使用鼠标拖动素材

03 注意【节目】监视器窗口中发生的变化，如图3-18所示，左上图像为当前对象左边相邻片段的出点画面，右上图像为当前对象右边相邻片段的入点画面，下边图像为当前对象入点与出点画面，视窗左下方标识数字为当前对象改变帧数（正值表示当前对象入点、出点向后面的时间改变，负值表示当前对象入点、出点向前面的时间改变）。按住鼠标左键，在当前对象中拖动【外滑工具】。当前对象入点与出点以相同帧数改变，但其总时间不变，且不影响相邻片段。

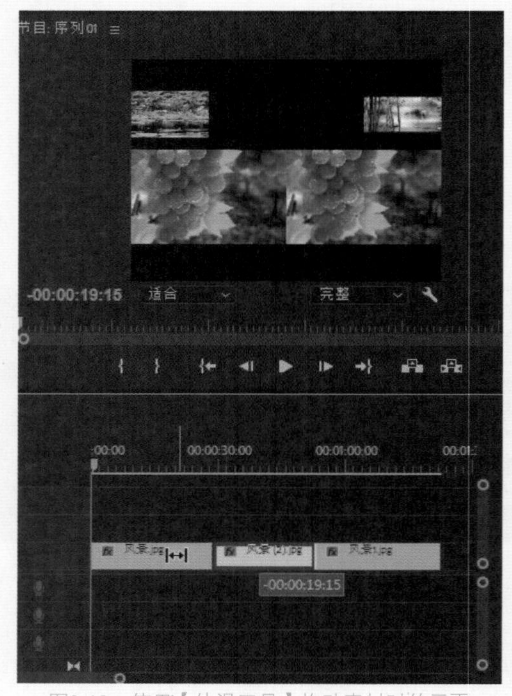

图3-18 使用【外滑工具】拖动素材时的画面

5）使用【内滑工具】剪裁素材

【内滑工具】保持要剪辑片段的入点与出点不变，通

过其相邻片段入点和出点的改变，改变其序列上的位置，并保持节目总长度不变。

使用【内滑工具】剪裁素材的方法如下。

01 在编辑工具栏中选择【内滑工具】。

02 在需要编辑的片段上单击并按住鼠标左键拖动，如图3-19所示。注意【节目】监视器窗口中发生的变化。

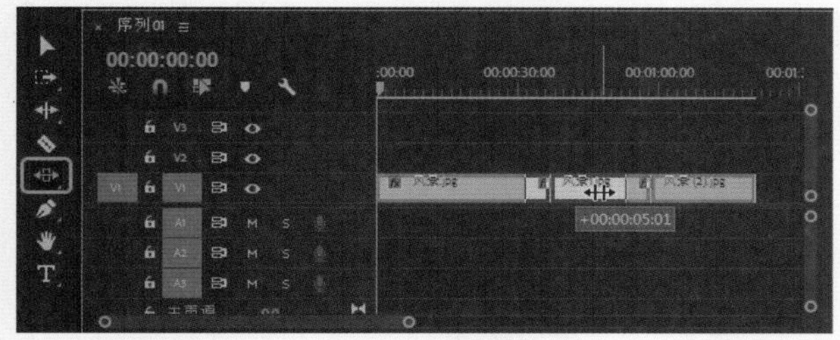

图3-19 使用鼠标拖动素材

03 在图3-20中，左下图像为当前对象左边相邻片段的出点画面，右下图像为当前对象右边相邻片段的入点画面，上方图像为当前对象入点与出点画面。标识数字为相邻对象改变帧数。按住鼠标左键，在当前对象中拖动幻灯片编辑工具，当前对象左边相邻片段的出点与右边相邻片段的入点随当前对象移动以相同帧数改变（左边相邻片段出点与右边相邻片段入点画面中的数值显示改变的帧数，0表示相邻片段出点、入点没有改变；正值表示左边相邻片段出点与右边相邻片段入点向后面的时间改变；负值表示左边相邻片段出点与右边相邻片段入点向前面的时间改变）。当前对象在序列中的位置发生变化，但其入点与出点不变。

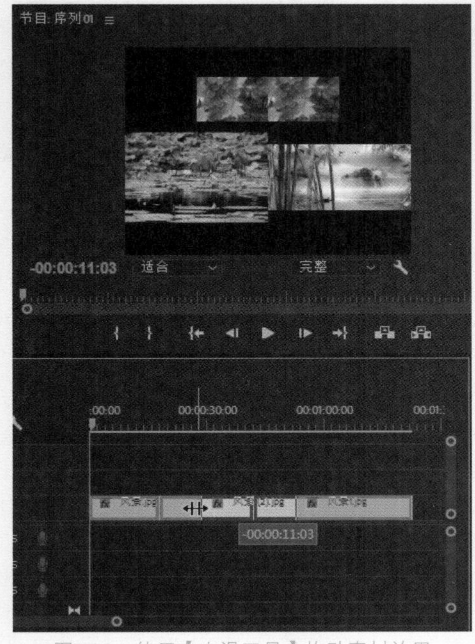

图3-20 使用【内滑工具】拖动素材效果

3. 改变影片速度

用户可以为素材指定一个新的百分比或长度来改变素材的速度。对于视频和音频素材，其默认速度为100%。可以设置速度为-10000%～10000%，负的百分值使素材反向播放。当用户改变了一个素材的速度，【节目】监视器窗口和【信息】面板会反映出新的设置，用户可以设置序列中的素材（视音频素材、静止图像或切换）长度。

改变素材的速度会有效地减少/增加原始素材的帧数，这会影响影片素材的运动质量和音频素材的声音质量。例如：设定一个影片的速度到50%（或长度增加一倍），影片会产生慢动作效果；设定影片的速度到200%（或减半其长度），加倍素材的速度以产生快进效果。

如果同时改变了素材的方向，则确保在【场选项】对话框中选择【交换场序】。设置这些场选项会消除可能产生的不平稳运动。

使用工具栏中的【比率拉伸工具】，也可以对片段进行相应的速度调整，改变片段长度。选择【速度调整】工具，然后拖动片段边缘，对象速度被改变，但入点、出点不变。

对素材进行变速后，有可能导致播放质量下降，出现跳帧现象。这时候可以使用帧融合技术使素材播放得更加平滑。帧融合技术可以通过在已有的帧之间插入新帧来产生更平滑的运动效果。当素材的帧速率低于作品的帧速率时，Premiere Pro CC 2018通过重复显示上一帧来填充缺少的帧，这时，运动图像可能会出现抖动，通过帧融合技术，Premiere Pro CC 2018在帧之间插入新帧来平滑运动；当素材的帧速率高于作品的帧速率时，Premiere Pro CC 2018会跳过一些帧，这时同样会导致运动图像抖动，通过帧融合技术，Premiere Pro CC 2018重组帧来平滑运动。使用帧融合将耗费更多计算时间。

在序列中右击素材，在弹出的快捷菜单中选择【帧定格选项】命令，在【帧定格选项】对话框中选择【定格滤镜】复选框即可应用帧融合技术，如图3-21所示。

图3-21 选择【定格滤镜】复选框

改变影片速度的方法如下。

01 在菜单栏中选择【剪辑】|【速度/持续时间】命令，弹出【剪辑速度/持续时间】对话框，如图3-22所示。

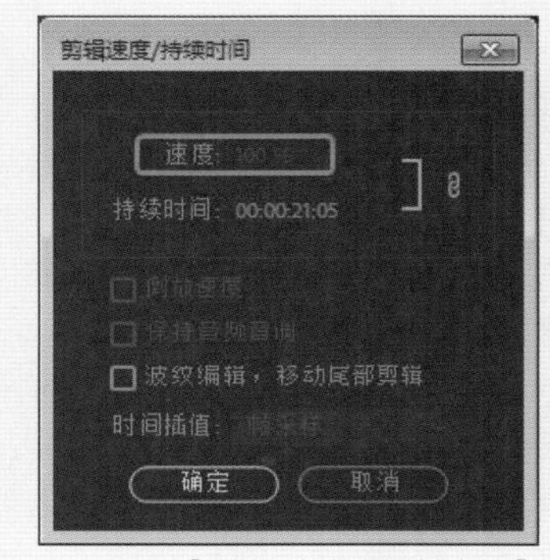

图3-22 【剪辑速度/持续时间】对话框

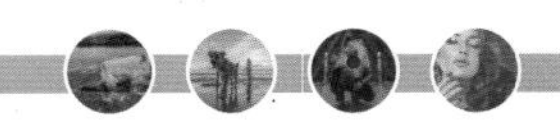

02 【速度】选项控制影片速度，100%为原始速度，低于100%速度变慢，高于100%速度变快。在【持续时间】栏中输入新时间，会改变影片出点，如果该选项与【速度】链接，则改变影片速度；选择【倒放速度】选项，可以倒播影片；【保持音频音调】选项锁定音频。设置完毕，单击【确定】按钮退出。

4. 创建静止帧

使用【帧定格选项】，可以冻结需要保持其长度的素材中特写的帧。冻结一帧将产生与静止图像相同的效果。产生冻结帧的方法如下。

01 在【时间轴】面板中选择剪辑的视频。要冻结除入点或出点之外的帧，在【源】监视器中打开剪辑，并将标记0（零）设置为要冻结的帧。

02 选择【剪辑】|【视频选项】|【帧定格选项】命令。

03 选择【定格位置】，并从菜单中选择要定格的帧。

04 可以根据源时间码、序列时间码、入点、出点或者播放指示器选择帧，如图3-23所示。如有必要，可指定【定格滤镜】，然后单击【确定】按钮。

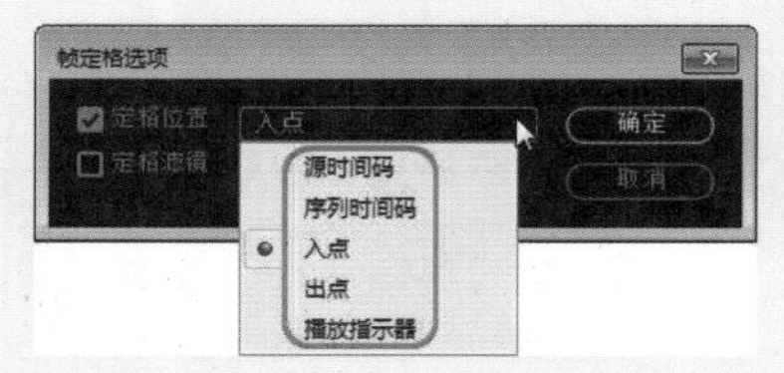

图3-23 【定格位置】下拉列表

5. 在【序列】面板中粘贴素材或素材属性

Premiere Pro CC 2018提供了标准的Windows编辑命令，用于剪切、复制和粘贴素材，这些命令都在【编辑】菜单下。

- 【剪切】命令将选择的内容剪切掉，并存入剪贴板中，以供粘贴。
- 【复制】命令复制选取的内容并存到剪贴板中，对原有的内容不进行任何修改。
- 【粘贴】命令把剪贴板中保存的内容粘贴到指定的区域中，可以进行多次粘贴。

Premiere Pro CC 2018还提供了两个独特的粘贴命令：【粘贴插入】和【粘贴属性】。

- 【粘贴插入】命令将所复制的或剪切的素材粘贴到序列中时间指示器所在位置。处于其后方的影片会等距离后退。

粘贴的使用方法如下。

01 选择素材，然后选择菜单栏中的【编辑】|【复制】命令，也可以按Ctrl+C组合键，如图3-24所示。

编辑(E) 剪辑(C) 序列(S) 标记(M) 图形(G) 窗口(W)	
撤消(U)	Ctrl+Z
重做(R)	Ctrl+Shift+Z
剪切(T)	Ctrl+X
复制(Y)	Ctrl+C
粘贴(P)	Ctrl+V
粘贴插入(I)	Ctrl+Shift+V
粘贴属性(B)...	Ctrl+Alt+V

图3-24 选择【复制】命令

02 在序列中将时间指示器移动到需要粘贴的位置。

03 选择【编辑】|【粘贴插入】命令，复制的影片被粘贴到时间轴当前位置，其后的影片等距离后退，如图3-25所示。

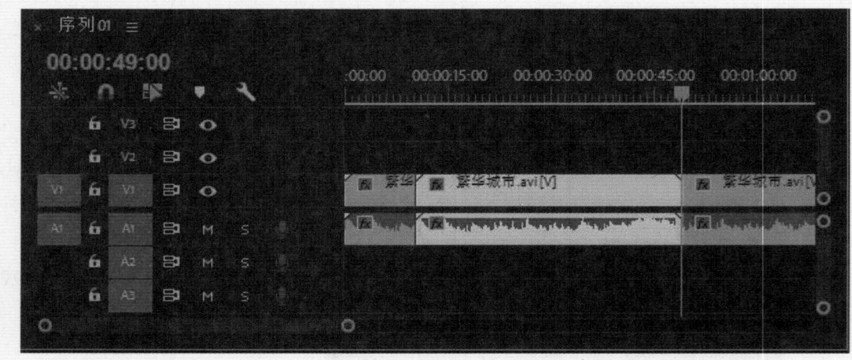

图3-25 【粘贴插入】后的效果

- 【粘贴属性】命令粘贴一个素材的属性（滤镜效果、运动设定及不透明度设定等）到序列中的目标上。

6. 场设置

在使用视频素材时，会遇到交错视频场的问题。它严重影响着最后的合成质量。大部分视频编辑合成软件中都对场控制提供了一整套的解决方案。

要解决场问题，首先必须对场有一个概念性的认识。

在将光信号转换为电信号的扫描过程中，扫描总是从图像的左上角开始，水平向前行进，同时扫描点也以较慢的速率向下移动。当扫描点到达图像右侧边缘时，扫描点快速返回左侧，重新开始在第1行的起点下面进行第2行扫描，行与行之间的返回过程称为水平消隐。一幅完整的图像扫描信号，由水平消隐间隔分开的行信号序列构成，称为一帧。扫描点扫描完一帧后，要从图像的右下角返回到图像的左下角，开始新一帧的扫描，这一时间间隔，叫作垂直消隐。对于PAL制信号来讲，采用每帧625行扫描；对于NTSC制信号来讲，采用每帧525行扫描。

大部分的广播视频采用两个交换显示的垂直扫描场构成每一帧画面，这叫作交错扫描场。交错视频的帧由两个场构成，其中一个扫描帧的全部奇数场，称为奇场或上场；另一个扫描帧的全部偶数场，称为偶场或下场。场以水平分隔线的方式隔行保存帧的内容，在显示时首先显示第1个场的交错间隔内容，然后显示第2个场来填充第一个场留下的缝隙。计算机操作系统是以非交错形式显示视频的，它的每一帧画面由一个垂直扫描场完成。 电影胶片类似于非交错视频，它每次是显示整个帧的。

解决交错视频场的最佳方案是分离场。合成编辑可以将上传到计算机的视频素材进行场分离。通过从每个场产生一个完整帧再分离视频场，并保存原始素材中的全部数据。在对素材进行如变速、缩放、旋转、效果等加工时，场分离是极为重要的。未对素材进行场分离，画面中会有严重的毛刺效果。

在分离场的时候，要选择场的优先顺序。下面我们列出一般情况下，各种视频标准录像带的场优先顺序。

格式	场顺序
DV	下场
640×480 NTSC	上场
640×480 NTSC Full	下场
720×480 NTSC DV	下场
720×480 NTSC D1	通常是下场
768×576 PAL	上场
720×576 PAL DV	下场
720×576 PAL D1	上场
HDTV	场或者下场

在选择场顺序后，可以播放影片，观察影片是否能够平滑地进行播放。如果出现了跳动的现象，则说明场的顺序是错误的。

对于采集或上传的视频素材，一般情况下我们都要对其进行场分离设置。另外，如果要将计算机中完成的影片输出到用于电视监视器播放的领域，在输出时也要对场进行设置。输出到电视机的影片是具有场的。我们可以对没有场的影片来添加场。例如，使用三维动画软件输出的影片，在输出的时候没有输出场，录制到录像带在电视上播出的时候，就会出现问题。这时候我们可以为其在输出前添加场，可以在渲染设置中进行场设置，也可以在特效操作中添加场。

场的概念源于电视，电视由于要克服信号频率带宽的限制，无法在制式规定的刷新时间内（PAL制式是25fps）同时将一帧图像显现在屏幕上，只能将图像分成两个半幅的图像，一先一后地显现，由于刷新速度快，肉眼是看不见的。普通电视都是采用隔行扫描方式。隔行扫描方式是将一帧电视画面分成奇数场和偶数场两次扫描。第一次扫出由1、3、5、7等所有奇数行组成的奇数场，第二次扫出由2、4、6、8等所有偶数行组成的偶数场（Premiere中称为顶部场（Upper Field ）和底部场 （Low Field），关系为偶数场（Even Field）应对应顶部场 （Upper Field），奇数场（Odd Field ）应对应底部场 （Lower Field）），这样，每一幅图像经过两场扫描，所有的像素便全部扫完。

众所周知，电视荧光屏上的扫描频率（即帧频）有30Hz（美国、日本等，帧频为30fps的称为NTFS制式）和25Hz（西欧、中国等，帧频为25fps的称为PAL制式）两种，即电视每秒钟可传送30帧或25帧图像，30Hz和25Hz分别与相应国家电源的频率一致。电影每秒钟放映24个画格，这意味着每秒传送24幅图像，与电视的帧频24Hz意义相同。电影和电视确定帧频的共同原则是为了使人们在银幕上或荧屏上能看到动作连续的活动图像，这要求帧频在24Hz以上。为了使人眼看不出银幕和荧屏上的亮度闪烁，电影放映时，每个画格停留期间遮光一次，换画格时遮光一次，于是在银幕上亮度每秒钟闪烁48次。电视荧光屏的亮度闪烁频率必须高于48Hz才能使人眼觉察不出闪烁。由于受信号带宽的限制，电视采用隔行扫描的方式满足这一要求。每帧分两场扫描，每个场消隐期间荧光屏不发光，于是荧屏亮度每秒闪烁50次（25帧）和60次（30帧）。这就是电影和电视帧频不同的历史原因。但是电影的标准在世界上是统一的。

场是因隔行扫描系统而产生的，两场为一帧，目前我们所看到的普通电视的成像，实际上是由两条叠加的扫描折线组成的，比如你想把一张白纸涂黑，你就拿起铅笔，在纸上从上边开始，左右画折线，一笔不断地一直画到纸的底部，这就是一场，后来发现画得太稀，于是又插缝重复补画一次，这就是电视的一帧。场频的锯齿波与你画的并无异样，只不过在回扫期间，逆程信号是被屏蔽了的；然而这先后的两笔就存在时间上的差异，反映在电视上就是频闪了，造成了视觉上的障碍，于是我们通常会说不清晰。

现在，随着器件的发展，逐行系统也就应运而生了，因为它的一幅画面不需要第二次扫描，所以场的概念也就可以忽略了，同样是在单位时间内完成的事情，由于没有时间的滞后及插补的偏差，逐行的质量要好得多，这就是大家要求弃场的原因了，当然代价是，要求硬件（如电视）有双倍的带宽和线性更加优良的器件，如行场锯齿波发生器及功率输出级部件，其特征频率必然至少要增加一倍。当然，由于逐行生成的信号源（碟片）具有先天优势，所以同为隔行的电视播放，效果也是有显著的差

异的。

就采集设备而言，它所采集的AVI本身就存在一个场序的问题，而这又是由采集卡的驱动程序和主芯片以及所采集的视频制式所共同决定的；就播放设备而言，它所播放的机器本身还存在一个场序的问题，而这又是由播放设备所采用的工业规范标准以及所播放的视频制式所决定的。上述两个设备的场序是既定的，不可更改的。

在实际制作中，就用Premiere，在采集制作时的场序则可以根据我们的意愿做适当的调整，其根本宗旨是把采集设备的场序适当地调整到播放设备的场序。首先要确定采集设备在采集不同制式不同信号源时，所采用的场序，这可以从采集设备技术说明书中查到；其次要确定你最终输出视频格式和播放机所采用的场序，这可以从所播放的视频制式工业规范标准中查到；现在我们就可以用采集设备的场序来采集，用播放设备的场序来输出。这正是我们在Premiere中做场序调整的目的之所在。

> 提示
> 在Premiere中输出的时候，注意输出的场跟源文件的场要一致，否则会抖动得很厉害或有锯齿；另外，有些插件不支持场输出，比如Final Effect（模拟各类天气效果的，如雨、雪等）、Power sms（有1000多个转场效果）。在Premiere中慢动作的设置和做VCD的设置不一样，请自己根据设备的不同进行研究。如果视频不带遥控装置的话，需要手动控制录像机进行采集，这时无法设置入点和出点。

随着视频格式、采集和回放设备的不同，场的优先顺序也是不同的。如果场顺序反转，运动会变得僵持和闪烁。在编辑中，改变片段的速度、输出胶片带、反向播放片段或冻结视频帧，都有可能遇到场处理问题。所以，正确的场设置在视频编辑中是非常重要的。

一般情况下，在新建节目的时候，就要指定正确的场顺序。这里的顺序一般要按照影片的输出设备来设置。在【新建序列】对话框的【设置】选项卡中，选择【视频】选项并在右侧的【场】下拉列表中指定编辑影片所使用的场方式，如图3-26所示。【无场（逐行扫描）】应用于非交错场影片。在编辑交错场影片时，要根据相关视频硬件显示奇偶场的顺序，选择【高场优先】或者【低场优先】。在输入影片的时候，也有类似的选项设置。

如果编辑过程中，得到的素材场顺序都有所不同，则必须使其统一，并符合编辑输出的场设置。

调整方法：在序列中右击素材，在弹出的菜单中选择【场选项】命令，如图3-27所示。然后在弹出的【场选项】对话框中进行设置。

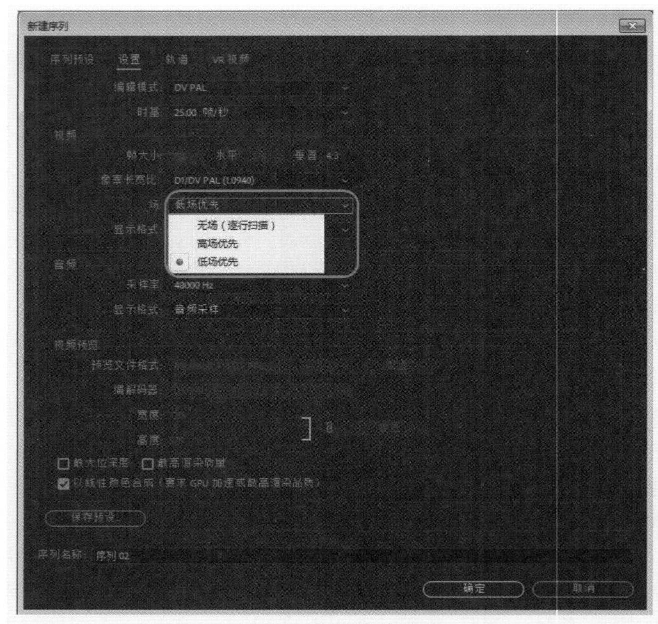

图3-26　设置场的顺序

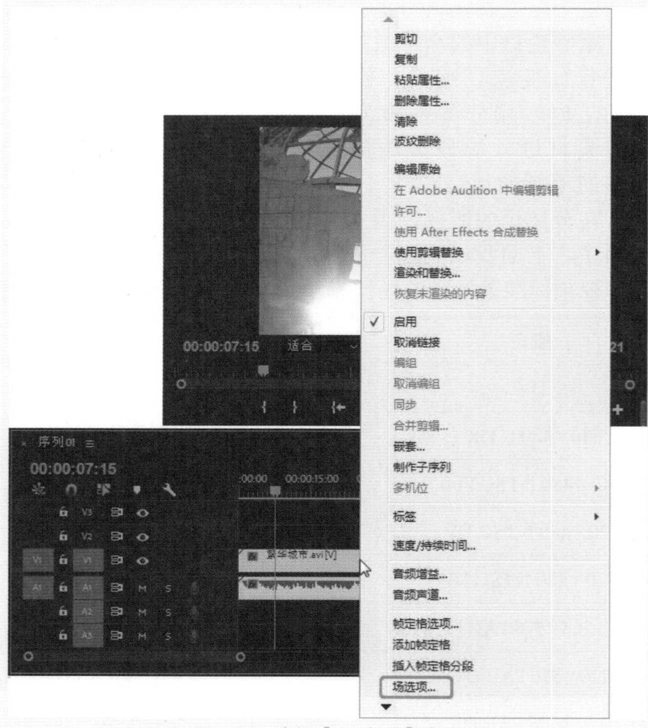

图3-27　选择【场选项】命令

下面讲解一下【场选项】对话框中的选项。

- 【交换场序】：反转场控制。如果素材场顺序与视频采集卡场顺序相反，则选该项。
- 【无】：不进行处理。
- 【始终去隔行】：将隔行扫描场转换为非隔行扫描

的逐行扫描帧。对于希望以慢动作播放或在冻结帧中播放的剪辑，此选项很有用。此选项会丢弃一个场。然后，它在控制场的行的基础上插补缺失的行。

- 【消除闪烁】：消除闪烁。该选项消除细水平线的闪烁。当该选项没有被选择时，一个只有一个像素的水平线只在两场中的其中一场出现，则在回放时会导致闪烁；选择该选项将使扫描线的百分值增加或降低以混合扫描线，使一个像素的扫描线在视频的两场中都出现。在Premiere中播出字幕时，一般都要将该项打开。

7. 删除素材

如果用户决定不使用序列中的某个素材片段，则可以在序列中将其删除。从序列中删除一个素材不会将其在【项目】面板中删除。当用户删除一个素材后，可以在轨道上的该素材处留下空位。也可以选择波纹删除，将其他所有轨迹上的内容向左移动覆盖被删除的素材留下的空位。

1）删除素材

方法如下。

01 在序列中选择一个或多个素材。

02 按Delete键或选择菜单栏中的【编辑】|【清除】命令，如图3-28所示。

2）波纹删除素材

方法如下。

01 在序列中选择一个或多个素材。

02 如果不希望其他轨道的素材移动，可以锁定该轨道。

03 在菜单栏中选择【编辑】|【波纹删除】命令，如图3-29所示。

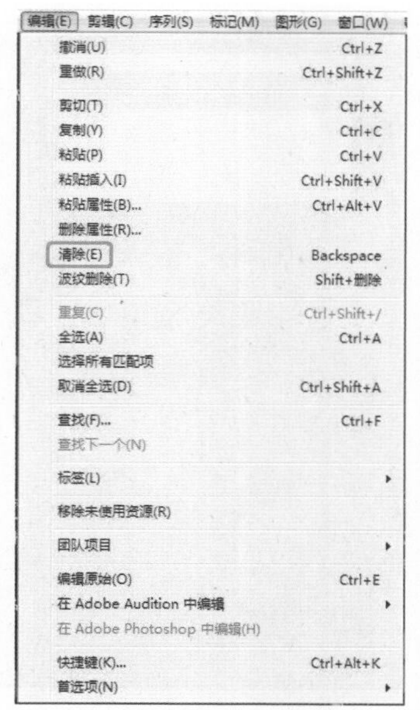

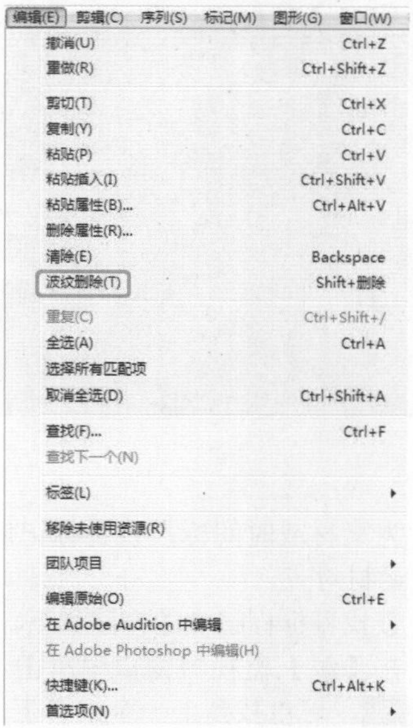

图3-28 选择【清除】命令

图3-29 选择【波纹删除】命令

3.1.5 设置标记点

设置标记点可以帮助用户在序列中对齐素材或切换，还可以快速寻找目标位置，如图3-30所示。

标记点和【序列】面板中的【对齐】按钮 共同工作。若【对齐】按钮被选中，则【序列】面板中的素材在标记的有限范围内移动时，就会快速与邻近的标记靠齐。对于【序列】面板以及每一个单独的素材，都可以加入100个带有数字的标记点（0～99）和最多999个不带数字的标记点。

图3-30 设置标记点

【源】监视器窗口的标记工具用于设置素材片段的标记，【节目监视器】窗口的标记工具用于设置序列中时间标尺上的标记。创建标记点后，可以先选择标记点，然后移动。

为素材视窗中的素材设置标记点方法如下。

01 在【源】监视器窗口中选择要设置标记的素材。

02 在素材视窗中找到设置标记的位置，然后单击【添加标记】按钮 为该处添加一个标记点，可以按m键，或在菜单栏中选择【标记】|【添加标记】命令，如图3-31所示。

图3-31 选择【添加标记】命令

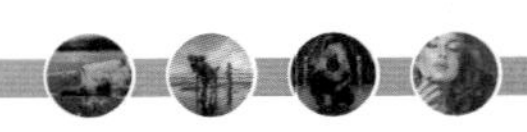

提示：按m键时，需要将输入法设置为英文状态，此时按m键才会起作用。

添加章节标记的方法如下。

【添加章节标记】：在编辑标识线的位置添加一个章节标记。

01 在【源】监视器窗口中选择需要添加标记的位置，右击，在弹出的快捷菜单中选择【添加章节标记】命令，如图3-32所示。

标记(M) 图形(G) 窗口(W) 帮助(H)
标记入点(M) I
标记出点(M) O
标记剪辑(C) X
标记选择项(S) /
标记拆分(P)
转到入点(G) Shift+I
转到出点(G) Shift+O
转到拆分(O)
清除入点(L) Ctrl+Shift+I
清除出点(L) Ctrl+Shift+O
清除入点和出点(N) Ctrl+Shift+X
添加标记 M
转到下一标记(N) Shift+M
转到上一标记(P) Ctrl+Shift+M
清除所选标记(K) Ctrl+Alt+M
清除所有标记(A) Ctrl+Alt+Shift+M
编辑标记(I)...
添加章节标记...
添加 Flash 提示标记(F)...
✓ 波纹序列标记

图3-32 选择【添加章节标记】命令

02 在弹出的对话框中将其【名称】设置为“章节标记”，选中【章节标记】单选按钮，其他参数为默认设置，如图3-33所示。

03 设置完成后，单击【确定】按钮，即可在【源】监视器窗口中为其添加章节标记。

【设置Flash提示标记】：设置输出为Flash文件时的提示标记点。添加Flash提示标记的方法与添加章节标记的方法相同。

为序列设置标记点方法如下。

在【序列】面板中选择素材，将时间线拖曳至需要设置标记的位置，单击该面板中的【添加标记】按钮，即可为其添加标记，如图3-34所示。

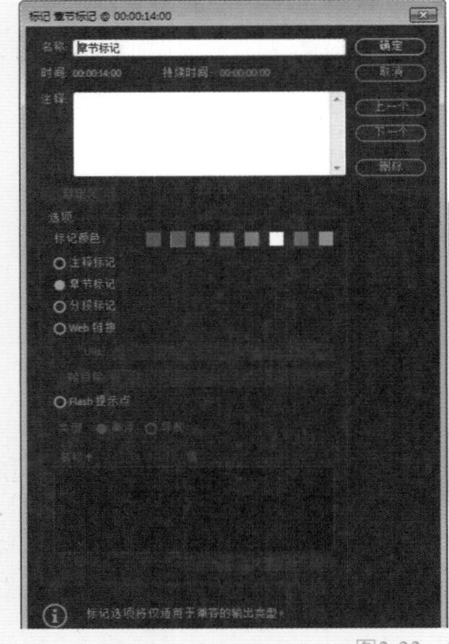
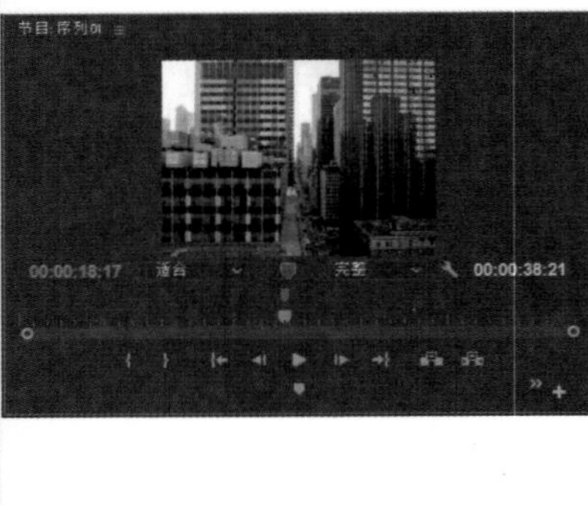

图3-33 标记对话框

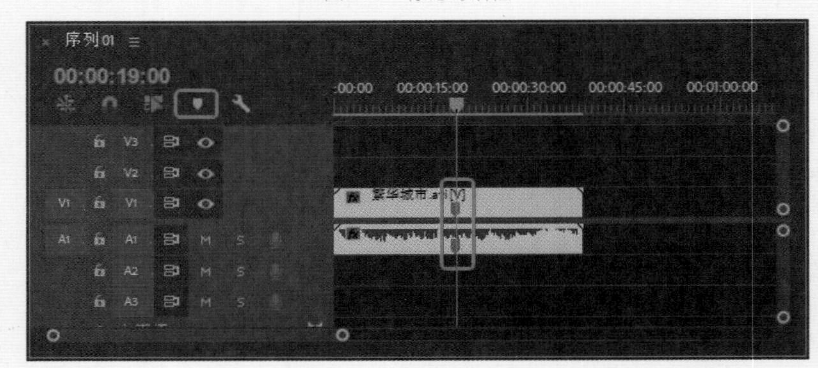

图3-34 单击【添加标记】按钮

1. 使用标记点

为素材或时间标尺设置标记后，用户可以快速找到某个标记位置或通过标记使素材对齐。

查找目标标记点的方法如下。

在【源】监视器窗口中单击【转到下一标记】按钮/【转到上一标记】按钮，可以找到上一个或者下一个标记点。

提示：可以利用标记点在素材与素材或与时间标尺之间进行对齐。在【序列】面板中拖动素材上的标记点，这时会有一条参考线弹出在标记点中央，可以帮助对齐素材或者时间标尺上的标记点。当标记点对齐后，松开鼠标即可。

2. 删除标记点

用户可以随时将不需要的标记点删除。

如果要删除单个标记点，选择需要删除的标记并右击，在弹出的快捷菜单中选择【清除所选标记】命令，如图3-35所示。

如果要删除全部标记点，选择一个标记点并右击，在弹出的快捷菜单中选择【清除所有标记】命令，如图3-36所示。

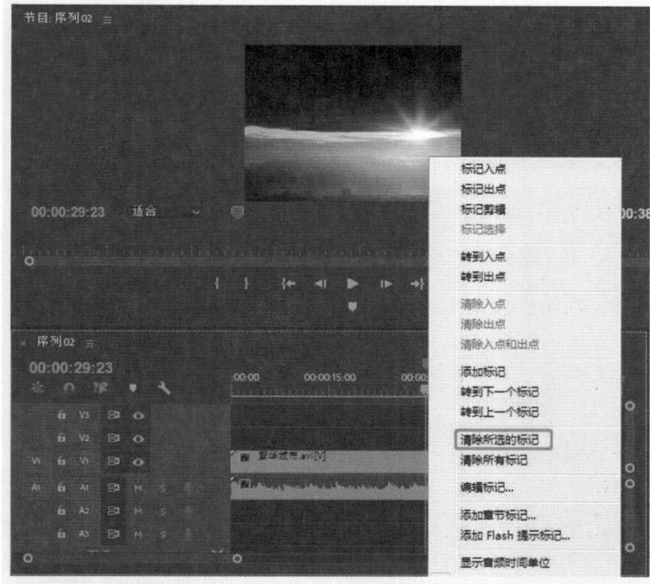

图3-35　选择【清除所选标记】命令

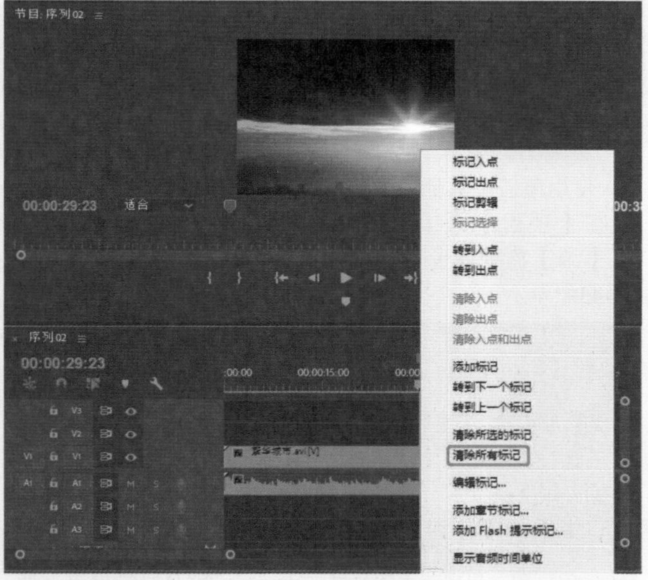

图3-36　选择【清除所有标记】命令

3.1.6　实例操作——添加标记

在节目的编辑制作过程中，可以为素材的某一帧设置一个标记，以方便编辑中的反复查找和定位，标记分为非数字和数字两种，前者没有数量的限制，后者可以设置为0～99，本例将通过实际的操作对素材设置标记。

01 新建项目，导入“添加标记.mp4”素材文件，将【项目】面板中的素材拖至【时间轴】面板中，设置时间为00:00:11:15，如图3-37所示。

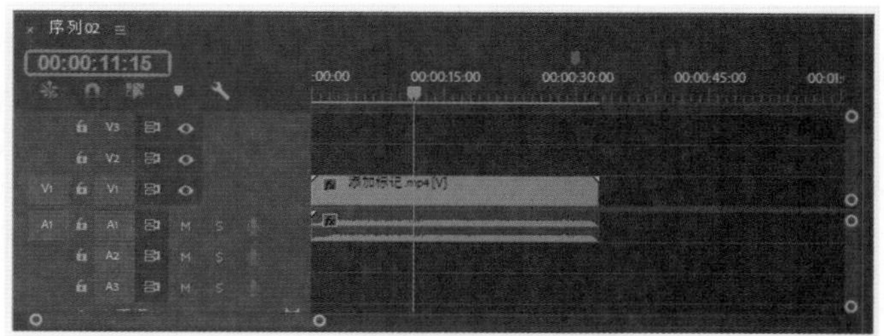

图3-37　设置时间

02 在【时间轴】面板中单击【添加标记】按钮，添加标记，如图3-38所示。

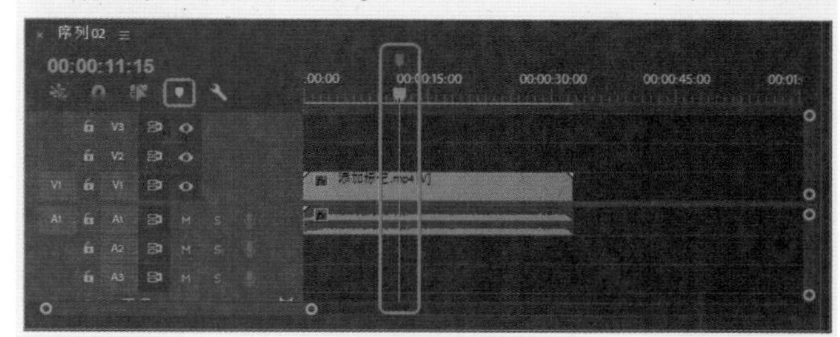

图3-38　添加标记

3.2 使用Premiere Pro CC 2018分离素材

在序列中可以将一个单独的素材切割成两个或更多个单独的素材，还可以使用插入工具进行三点或者四点编辑。也可以将链接素材的音频或视频部分分离或将分离的音频和视频素材链接起来。

3.2.1　切割素材

当用户切割一个素材时，实际上是建立了该素材的两个副本。

可以在序列中锁定轨道，保证在一个轨道上进行编辑时，其他轨道上的素材不被影响。

将一个素材切割成两个素材的方法如下。

01 在工具栏中选择【剃刀工具】。

02 在素材需要剪切处单击，该素材即被切割为两个素材，每一个素材都有其独立的长度和入点与出点，如图3-39所示。

如果要将多个轨道上的素材在同一点分割，则按住Shift键，会显示多重刀片，轨道上所有未锁定的素材都在该位置被分为两段，如图3-40所示。

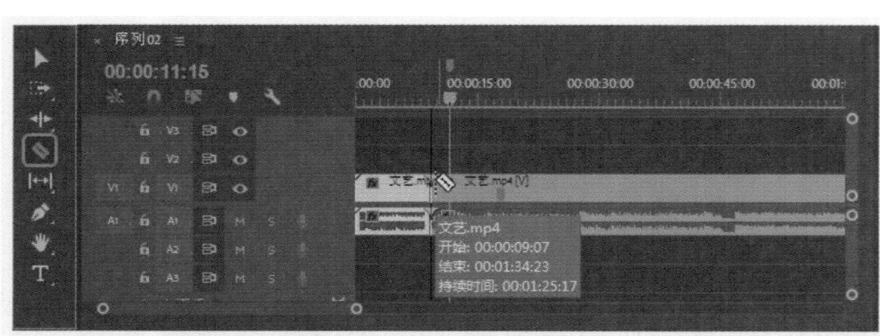

图3-39　使用【剃刀工具】切割素材

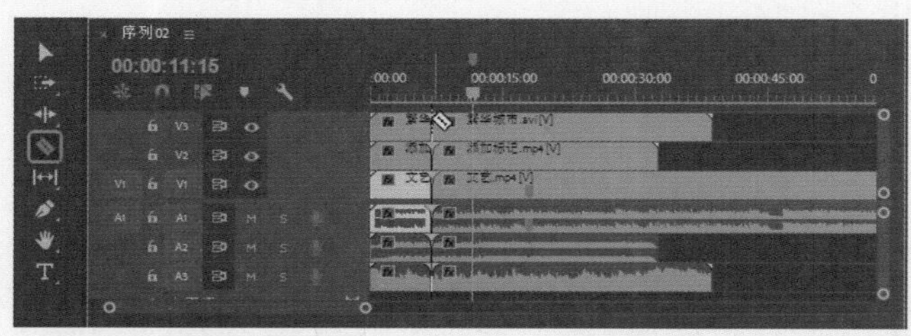

图3-40　切割多个轨道上的素材

3.2.2 插入和覆盖编辑

用户可以选择插入和覆盖编辑，将【源】监视器窗口或者【节目】监视器窗口中的影片插入到序列中。在插入素材时，可以锁定其他轨道上的素材，以避免引起不必要的变动。锁定轨道非常有用，例如，可以在影片中插入一个视频素材而不改变音频轨道。

【插入】按钮和【覆盖】按钮可以将【源】监视器窗口中的片段直接置入序列中的时间标示点位置的当前轨道中。

1. 插入编辑

使用插入工具置入片段时，凡是处于时间标示点之后（包括部分处于时间指示器之后）的素材都会向后推移。如果时间标示点位于目标轨道中的素材之上，插入的新素材会把原有素材分为两段，直接插在其中，原素材的后半部分将会向后推移，接在新素材之后。

使用插入工具插入素材的方法如下。

01 在【源】监视器窗口中选中要插入到序列中的素材，并为其设置入点和出点。

02 在【节目】监视器窗口或序列中将编辑标示线移动到需要插入的时间点，如图3-41所示。

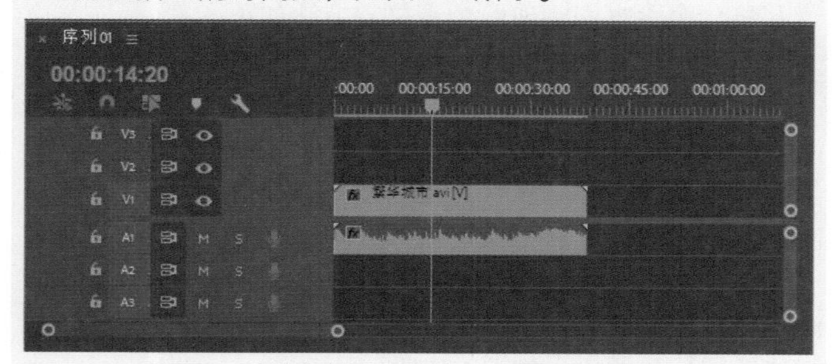

图3-41　将编辑标示线移动到需要插入的时间点

03 在【源】监视器窗口中单击【插入】按钮，将选择的素材插入序列中编辑标示线后面。此时插入的新素材会直接插在其中，把原有素材分为两段，原素材的后半部分将会向后推移，接在新素材之后，这样素材的长度会增长，如图3-42所示。

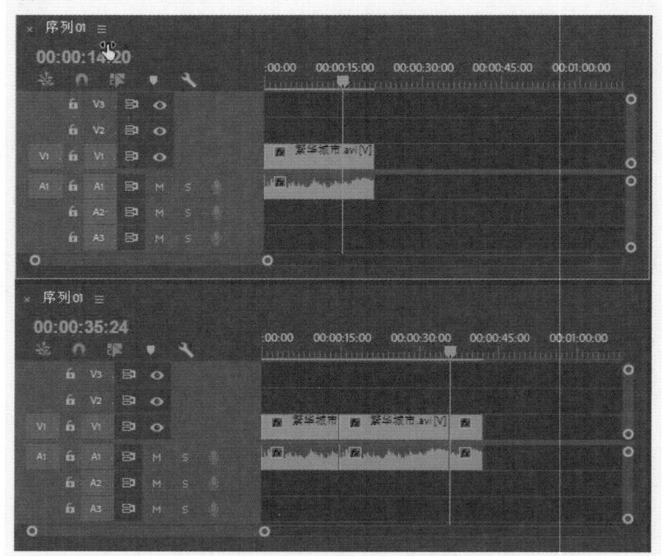

图3-42　插入素材

2. 覆盖编辑

使用覆盖工具插入素材的方法如下。

01 在【项目】面板中双击插入影片的素材，并将其在【源】监视器窗口中打开，为其设置入点和出点，如图3-43所示。

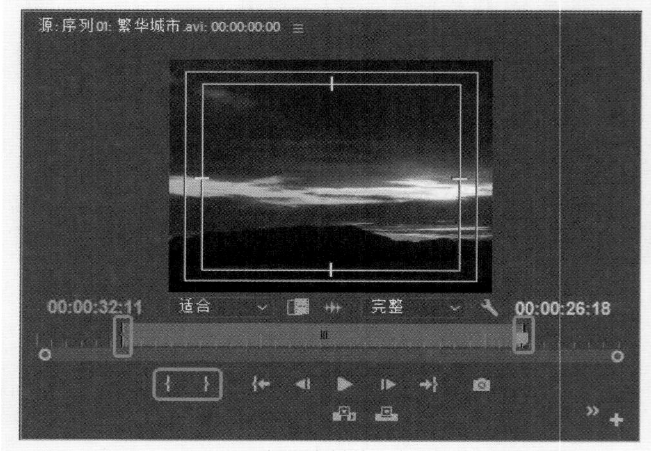

图3-43　标记素材的入点和出点

02 在【项目】面板中将当前时间设置为需要覆盖素材的位置。

03 在【源】监视器窗口中单击【覆盖】按钮，加入的新素材在编辑标示线处覆盖其下素材，素材总长度保持不变，如图3-44所示。

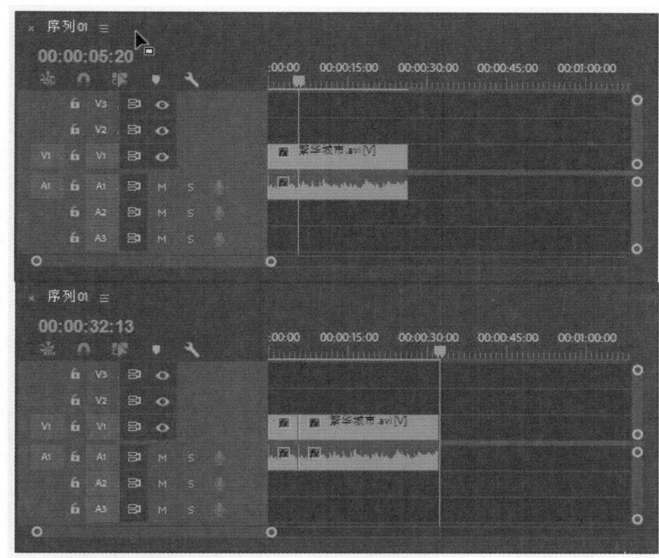

图3-44　覆盖后的效果

3.2.3　实例操作——源素材的插入与覆盖

本例通过案例精讲向用户介绍源素材的插入与覆盖方法。使用【插入】按钮，插入源素材的方法如下。

01 新建项目文件，新建DV-PAL|【宽屏48kHz】序列文件，将源素材文件（本例为“文艺.mp4”）导入到【项目】面板中。在【项目】面板中双击导入的视频素材，激活【源】监视器窗口，分别在00:00:04:24和00:00:46:24处标记入点与出点，如图3-45所示。

图3-45　设置入点与出点

02 单击【插入】按钮，将入点与出点之间的视频片段插入到【时间轴】面板中，如图3-46所示。

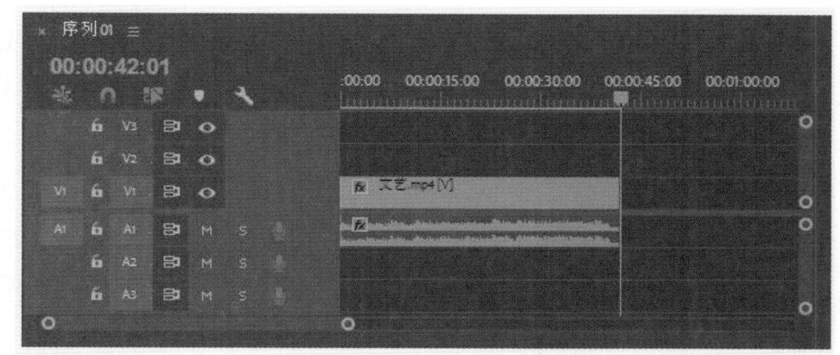

图3-46　单击【插入】按钮

使用【覆盖】按钮，在【时间轴】面板中，将原来的素材进行覆盖，具体操作如下。

01 继续前面的操作，设置时间轴当前时间为00:00:18:00，如图3-47所示。

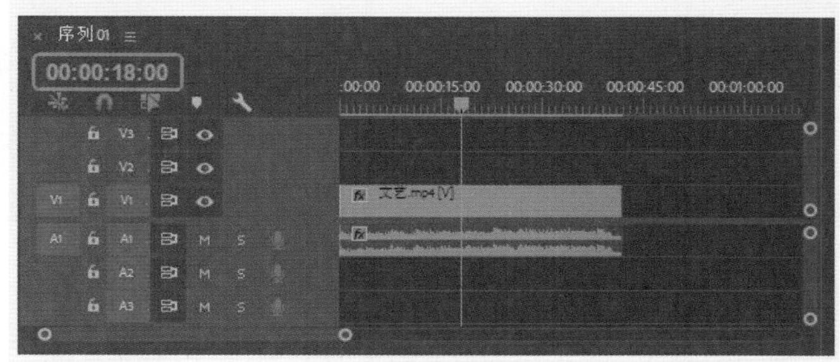

图3-47　设置当前时间

02 在【源】监视器窗口中单击【覆盖】按钮，执行该操作后，即可将入点与出点之间的片段覆盖到【时间轴】面板中，如图3-48所示。

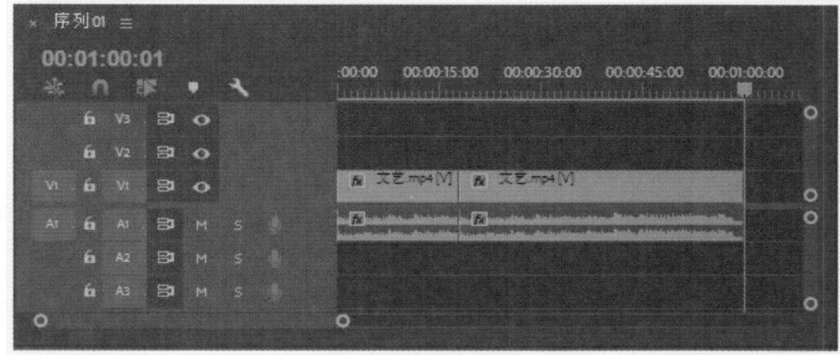

图3-48　覆盖素材

3.2.4　提升和提取编辑

使用【提升】按钮和【提取】按钮可以在【序列】面板中选定轨道上删除指定的一段节目。

1. 提升编辑

使用【提升】按钮对影片进行删除修改时，只会删除目标轨道中选定范围内的素材片段，对其前、后的素材以及其他轨道上素材的位置都不会产生影响。

使用【提升】按钮的方法如下。

01 在【节目】监视器窗口中为素材需要提升的部分设置入点、出点。设置的入点和出点同时显示在序列的时间标尺上，如图3-49所示。

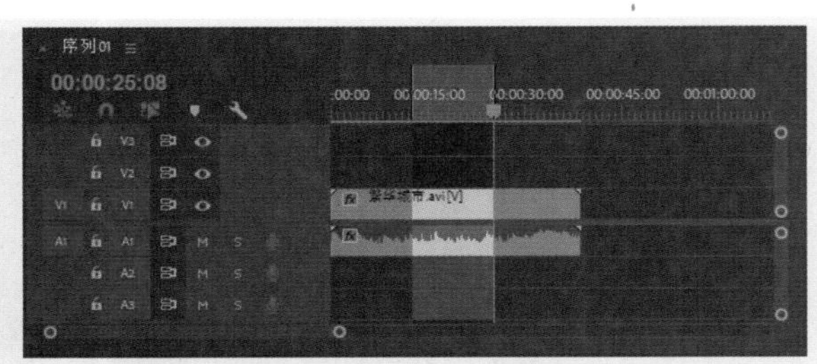

图3-49　设置素材的入点与出点

02 在【节目】监视器窗口中单击【提升】按钮，入点和出点间的素材被删除。删除后的区域留下空白，如图3-50所示。

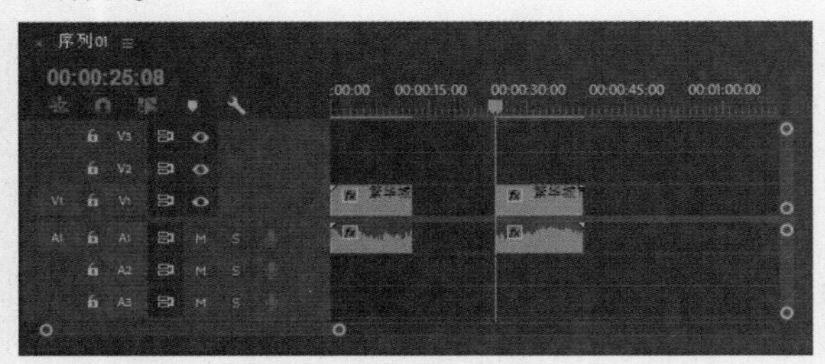

图3-50　提升后的效果

2. 提取编辑

使用【提取】工具对影片进行删除修改，不但会删除目标选择栏中指定的目标轨道之中指定的片段，还会将其后的素材前移，填补空缺。而且，对于其他未锁定轨道之中位于该选择范围之内的片段也一并删除，并将后面的所有素材前移。

使用【提取】工具的方法如下。

01 在【节目】监视器窗口中为素材需要删除的部分设置入点、出点。设置的入点和出点同时也显示在序列的时间标尺上。

02 设置完成后，在【项目】面板中单击【提取】按钮，设置入点和出点间的素材被删除，其后的素材将自动前移，填补空缺，如图3-51所示。

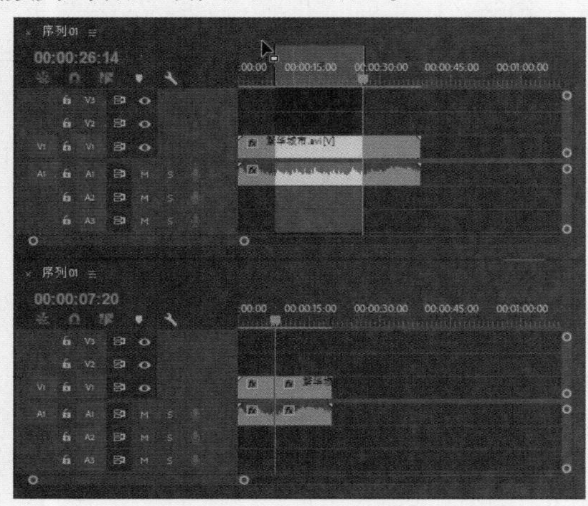

图3-51　提取完成后的效果

3.2.5　分离和链接素材

在编辑工作中，经常需要将【序列】面板中的视、音频链接素材的视频和音频部分分离。用户可以完全打断或者暂时释放链接素材的链接关系并重新放置其各部分。当然，很多时候也需要将各自独立的视频和音频链接在一起，作为一个整体调整。

为素材建立链接的方法如下。

01 在【序列】面板中选择要进行链接的视频和音频片段。

02 右击鼠标，在弹出的快捷菜单中选择【链接】命令，如图3-52所示，视频和音频就能被链接在一起，选择其中的一项即可将其全部选取，如图3-53所示。

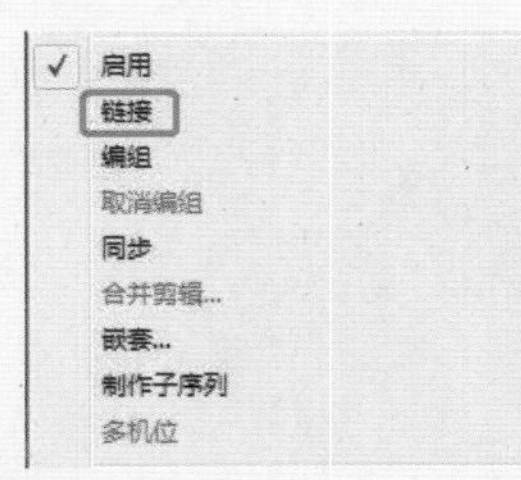

图3-52　选择【链接】命令

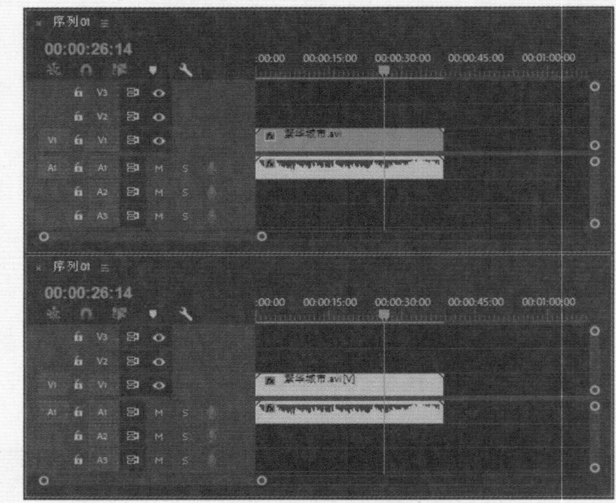

图3-53　链接后的效果

分离素材的方法如下。

01 在【序列】面板中选择视音频链接的素材。

02 右击鼠标，在弹出的快捷菜单中选择【取消链接】命令，即可分离素材的音频和视频部分，如图3-54所示。

链接在一起的素材被断开后，分别移动音频和视频部分，使其错位，然后再链接在一起，系统会在片段上标记警告，并标识错位的时间，如图3-55所示。负值表示向前偏移，正值表示向后偏移。

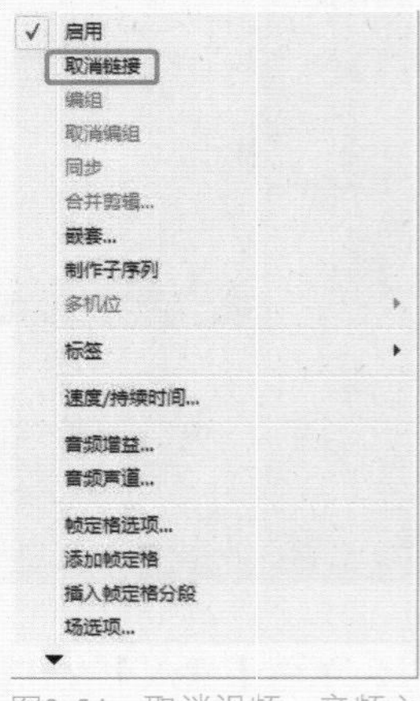

图3-54　取消视频、音频之间的链接

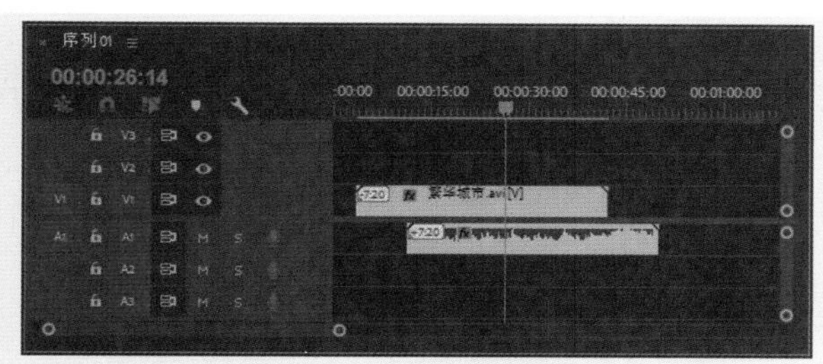

图3-55 视、音频的错位提示

3.3 Premiere Pro CC 2018中的编组和嵌套

在编辑工作中，经常需要对多个素材整体进行操作。这时候，使用群组命令，可以将多个片段组合为一个整体来进行移动、复制及打点等操作。

建立群组素材的方法如下。

01 在序列中框选要群组的素材。

02 按住Shift键，选择素材，可以加选素材。

03 在选定的素材上右击，在弹出的菜单中选择【编组】命令，选定的素材被群组，如图3-56所示。

04 素材群组后，在进行移动、复制等操作的时候，素材就会作为一个整体被操作。

> 提示
> 群组的素材无法改变其属性，比如：改变群组的不透明度或施加特效等，这些操作仍然只针对单个素材有效。

如果要取消群组，可以右击群组对象，在弹出的菜单中选择【取消编组】命令即可，如图3-57所示。

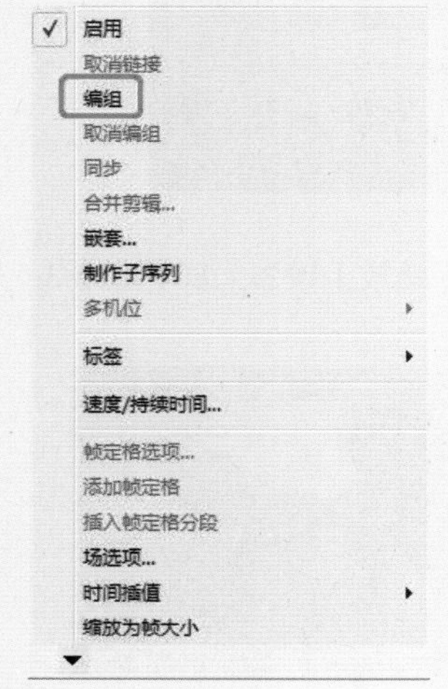

图3-56 选择【编组】命令

图3-57 选择【取消编组】命令

Premiere Pro CC 2018在非线性编辑软件中引入了合成的嵌套概念，可以将一个序列嵌套到另外一个序列中，作为一整段素材使用。对嵌套素材的源序列进行修改，会影响到嵌套素材；而对嵌套素材的修改则不会影响到其源序列。使用嵌套可以完成普通剪辑无法完成的复杂工作，并且可以在很大程度上提高工作效率。例如，进行多个素材的重复切换和特效混用。建立嵌套素材的方法如下。

01 首先，节目中必须有至少两个序列存在，在【时间轴】面板中切换到要加入嵌套的目标序列，如：最终动画，如图3-58所示。

图3-58 最终动画

02 在【项目】面板中选择产生嵌套的序列，例如建筑过渡动画、标题动画。然后按住鼠标左键，将建筑过渡动画和标题动画拖入最终动画的轨道上即可，如图3-59所示。

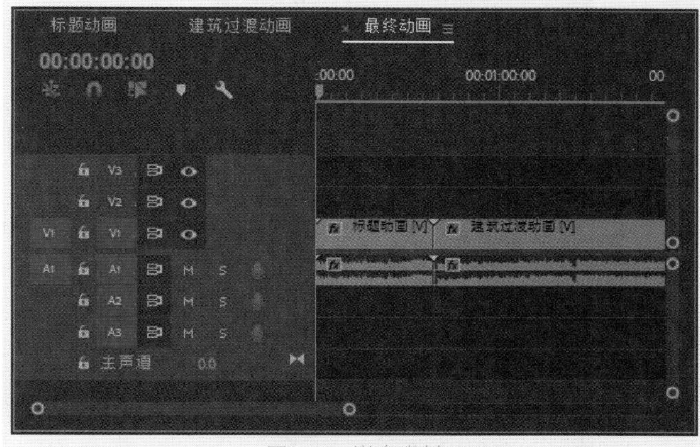

图3-59 嵌套素材

双击嵌套素材，可以直接回到其源序列中进行编辑。

嵌套可以反复进行。处理多级嵌套素材时，需要大量的处理时间和内存。

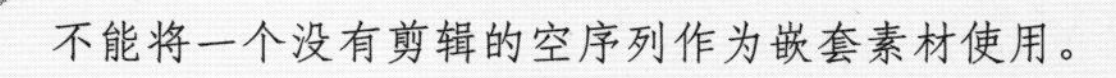

> 提示
> 不能将一个没有剪辑的空序列作为嵌套素材使用。

3.4 使用Premiere Pro CC 2018创建新元素

Premiere Pro CC 2018除了可以使用导入的素材，还可以建立一些新素材元素。下面就来进行详细的讲解。

3.4.1 通用倒计时片头

倒计时导向通常用于影片开始前的倒计时准备。Premiere Pro CC 2018为用户提供了现成的倒计时导向，用户可以非常简便地创建一个标准的倒计时素材，并可以在Premiere Pro CC 2018中随时对其进行修改。

创建倒计时素材的方法如下。

01 在【项目】面板中单击【新建项】按钮，在弹出的菜单中选择【通用倒计时片头】命令，如图3-60所示。在弹出的【新建通用倒计时片头】对话框中单击【确定】按钮，弹出【通用倒计时设置】对话框，在该对话框中进行设置，如图3-61所示。

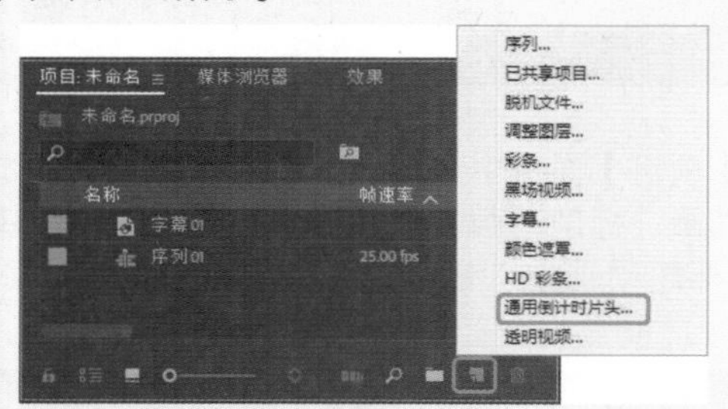

图3-60 选择【通用倒计时片头】命令

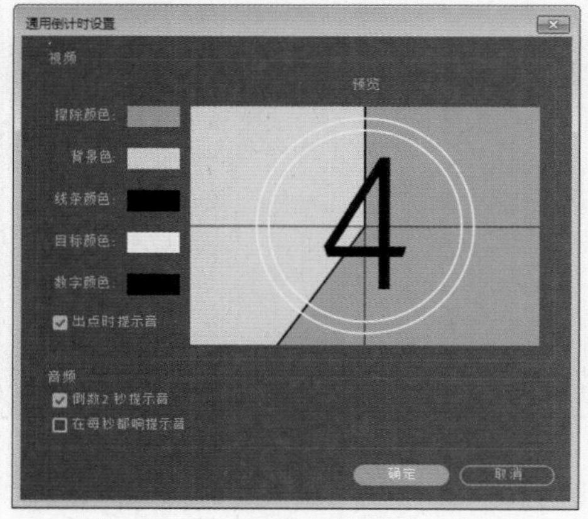

图3-61 【通用倒计时设置】对话框

- 【擦除颜色】：擦除颜色。播放倒计时影片的时候，指示线会不停地围绕圆心转动，在指示线转动方向之后的颜色为当前划扫颜色。
- 【背景色】：背景颜色。指示线转换方向之前的颜色为当前背景颜色。
- 【线条颜色】：指示线颜色。固定十字及转动的指示线的颜色由该项设定。
- 【目标颜色】：准星颜色。指定圆形的准星的颜色。
- 【数字颜色】：数字颜色。倒计时影片8、7、6、5、4等数字的颜色。
- 【出点提示音】：在倒计时出点时发出的提示音。
- 【倒数2秒提示音】：2秒点是提示标志。在显示2的时候发声。
- 【在每秒都响提示音】：每秒提示标志，在每一秒钟开始的时候发声。

02 设置完毕后，单击【确定】按钮，Premiere Pro CC 2018自动将该段倒计时影片加入【项目】面板。

用户可在【项目】面板或序列中双击倒计时素材，随时打开【倒计时导向设置】窗口进行修改。

3.4.2 实例操作——镜头的快播和慢播效果

下面将介绍如何实现镜头快慢播放效果，其中主要操作是对素材裁剪，然后再设置速度，其具体操作步骤如下。

01 新建项目文档，新建DV-PAL|【标准48kHz】序列文件，导入素材文件（本例为“视频.mp4”），将素材文件拖曳至【时间轴】面板V1轨道中，弹出【剪辑不匹配警告】对话框，选择【保持现有设置】选项，选中“视频.mp4”素材文件，如图3-62所示。

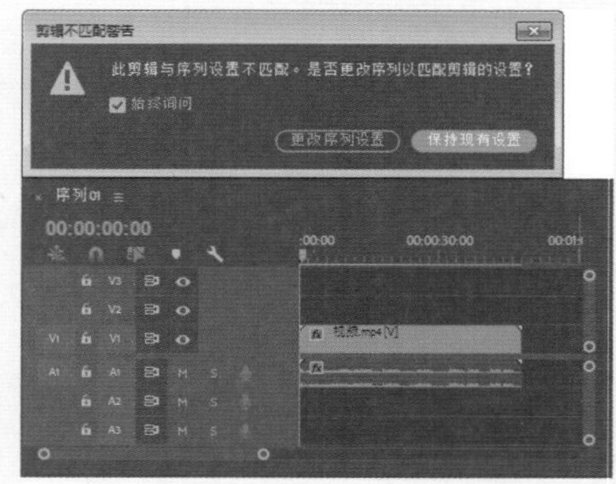

图3-62 将素材文件拖曳至轨道中

02 在【效果控件】面板中将【缩放】设置为80，如图3-63所示。

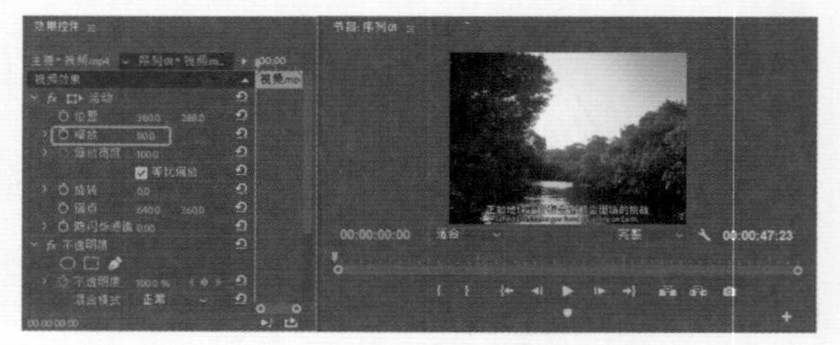

图3-63 设置【缩放】参数

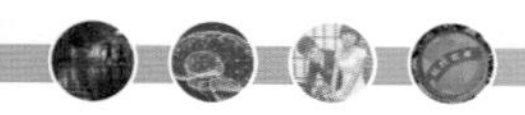

03 将当前时间设置为00:00:16:10，在工具面板中选择【剃刀工具】，在编辑标识线处对素材文件进行切割，切割后的效果如图3-64所示。

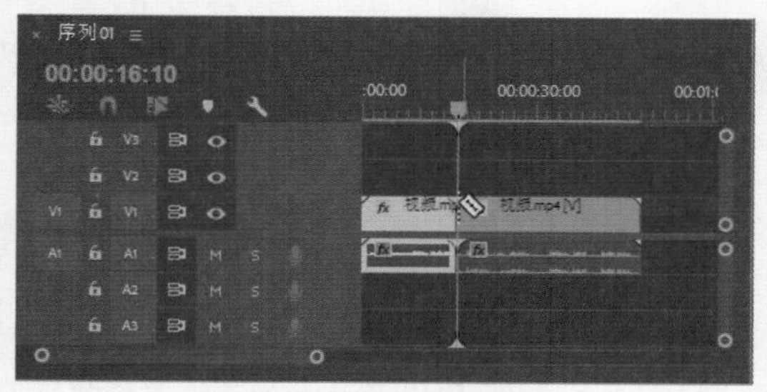

图3-64　切割素材

04 选择【选择工具】，确认该轨道中的第一个对象处于选中状态，右击鼠标，在弹出的快捷菜单中选择【速度/持续时间】命令，在弹出的对话框中将【速度】设置为200，如图3-65所示。

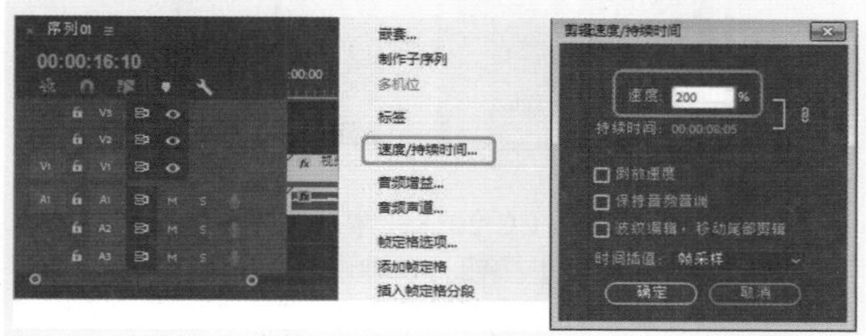

图3-65　设置【速度】选项

05 设置完成后，单击【确定】按钮，选择该轨道中的第二个对象，按住鼠标将其拖曳至第一个对象的结尾处，并在该对象上右击，在弹出的快捷菜单中选择【速度/持续时间】命令，在弹出的对话框中将【速度】设置为30，如图3-66所示。

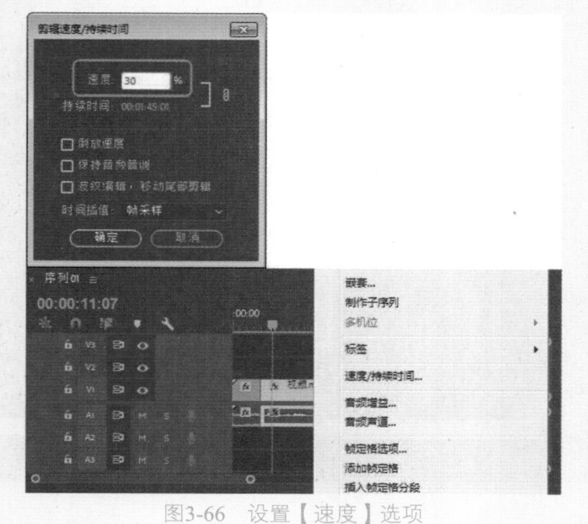

图3-66　设置【速度】选项

06 设置完成后，单击【确定】按钮，即可完成对选中对象的更改，效果如图3-67所示。

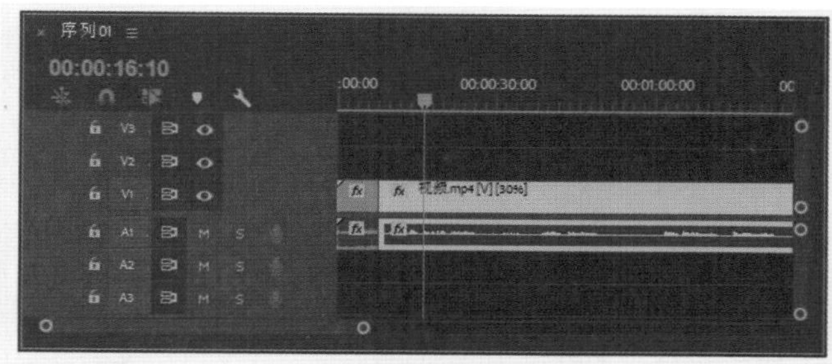

图3-67　设置完成后的效果

3.4.3　彩条测试卡和黑场视频

下面将讲解彩条测试卡和黑场视频的创建方法。

1. 彩条测试卡

Premiere Pro CC 2018可以为影片在开始前加入一段彩条。

在【项目】面板中单击【新建项】按钮，在弹出的菜单中选择【彩条】命令，如图3-68所示。

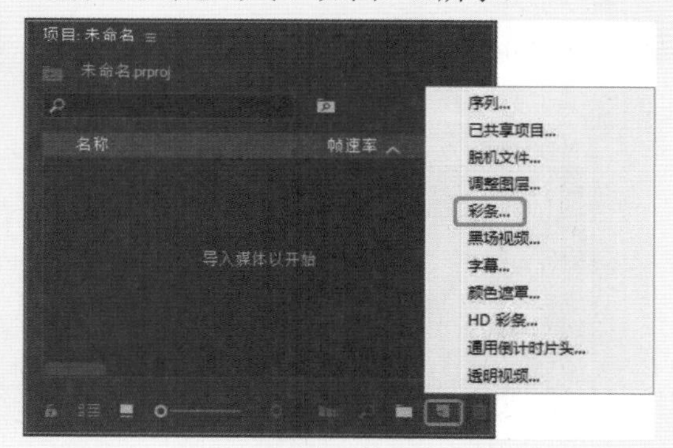

图3-68　选择【彩条】命令

2. 黑场视频

Premiere Pro CC 2018可以在影片中创建一段黑场。在【项目】面板中右击鼠标，如图3-69所示。在弹出的菜单中选择【新建项目】|【黑场视频】命令，即可创建黑场。

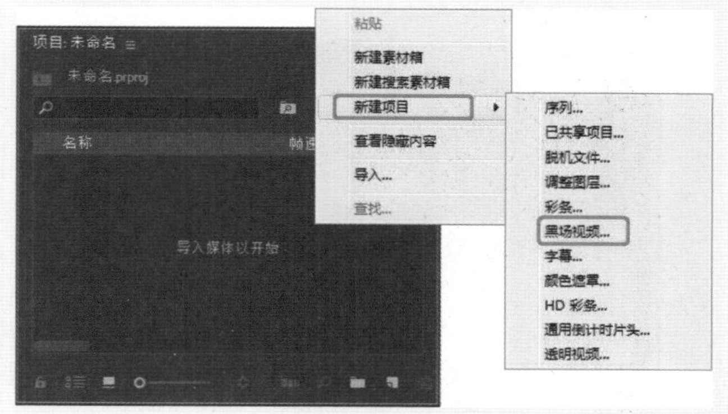

图3-69　选择【黑场视频】命令

3.4.4 彩色遮罩

Premiere Pro CC 2018还可以为影片创建一个颜色蒙版。用户可以将颜色蒙版当作背景，也可以利用【透明度】命令来设定与它相关的色彩的透明性。

创建颜色蒙版的方法如下。

01 在【项目】面板的空白处右击鼠标，在弹出的快捷菜单中选择【新建项目】|【颜色遮罩】命令，如图3-70所示，弹出【新建颜色遮罩】对话框，如图3-71所示。

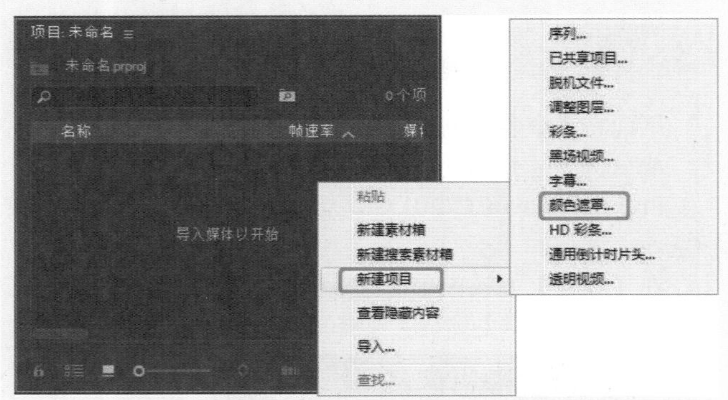

图3-70 选择【颜色遮罩】命令

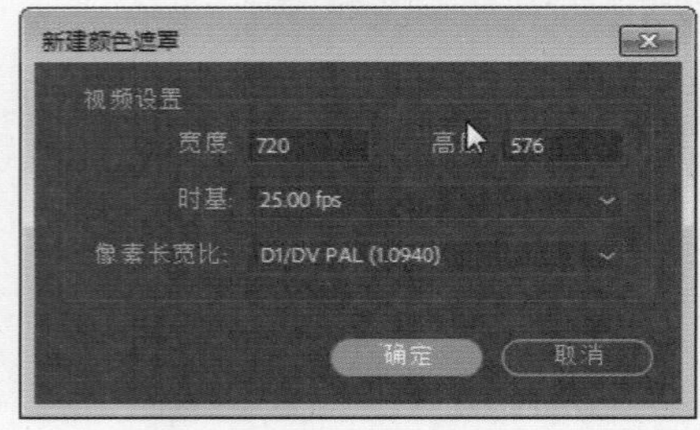

图3-71 【新建颜色遮罩】对话框

02 单击【确定】按钮，弹出【拾色器】对话框，如图3-72所示，在该对话框中选择所需要的颜色，单击【确定】按钮。这时会弹出【选择名称】对话框，在【选择新遮罩的名称】下的文本框中输入名称，然后单击【确定】按钮，如图3-73所示。

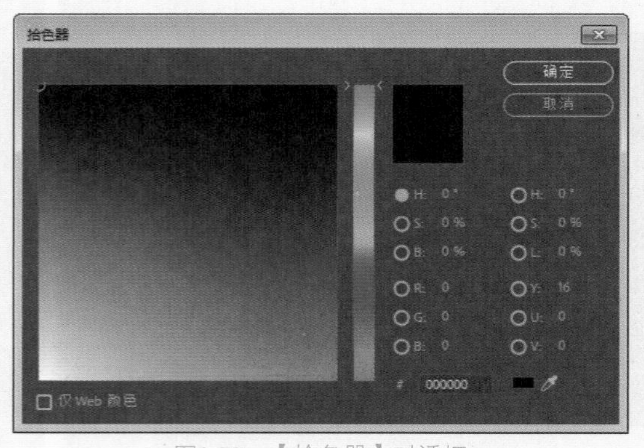

图3-72 【拾色器】对话框

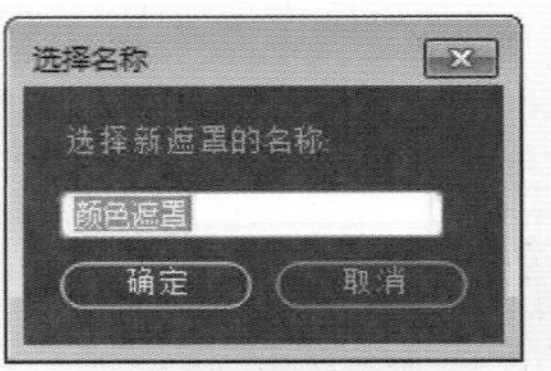

图3-73 【选择名称】对话框

> 提示
>
> 用户可在【项目】面板或【序列】面板双击色彩蒙版，随时打开【颜色拾取】对话框进行修改。

3.4.5 实例操作——电视暂停效果

下面将介绍如何制作电视彩条信号效果，该案例通过在【项目】面板中新建【HD彩条】来实现节目暂停效果，效果如图3-74所示。

图3-74 电视节目暂停效果

01 运行Premiere Pro CC 2018软件，在弹出的开始界面中单击【新建项目】按钮，新建项目和序列，按Ctrl+N组合键，在【新建序列】对话框中选择DV-24P下的【标准48kHz】，如图3-75所示，使用默认的序列名称即可，单击【确定】按钮。

图3-75 【新建序列】对话框

02 导入图像文件，本例为“电视节目暂停效果.jpg”文件，按住鼠标将其拖曳至视频1轨道中，并选中该对

象，在【效果控件】面板中将【缩放】设置为80，如图3-76所示。

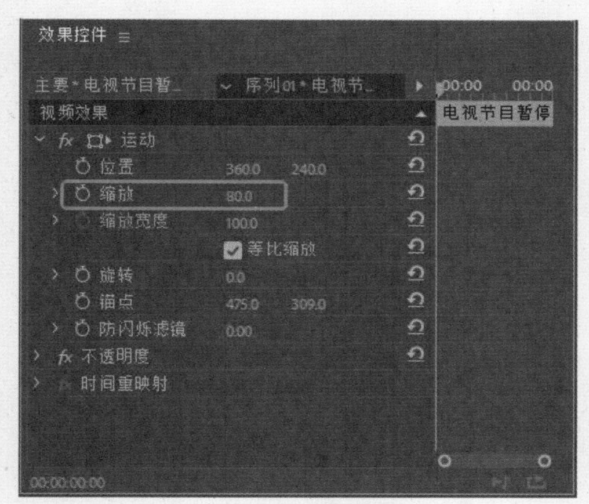

图3-76　设置【缩放】参数

03 在【序列】面板中选中该对象并右击，在弹出的快捷菜单中选择【速度/持续时间】命令，在弹出的对话框中将【持续时间】设置为00:00:15:00，如图3-77所示。

04 设置完成后，单击【确定】按钮，即可改变持续时间，在【项目】面板中右击，在弹出的快捷菜单中选择【新建分项】|【HD 彩条】命令，在弹出的对话框中将【宽】和【高】分别设置为68、36，如图3-78所示。

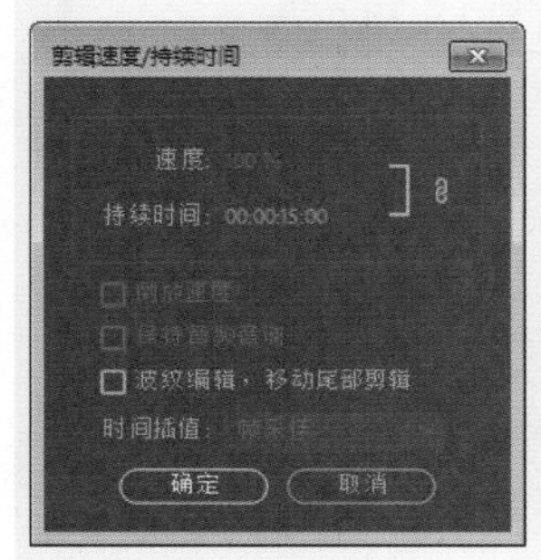

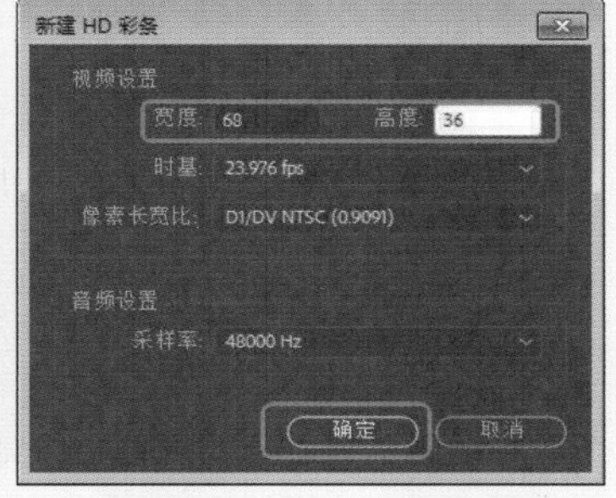

图3-77　设置【持续时间】参数　图3-78　设置【HD彩条】参数

05 设置完成后，单击【确定】按钮，按住鼠标将其拖曳至视频2轨道中，并将其持续时间设置为00:00:15:00，如图3-79所示。

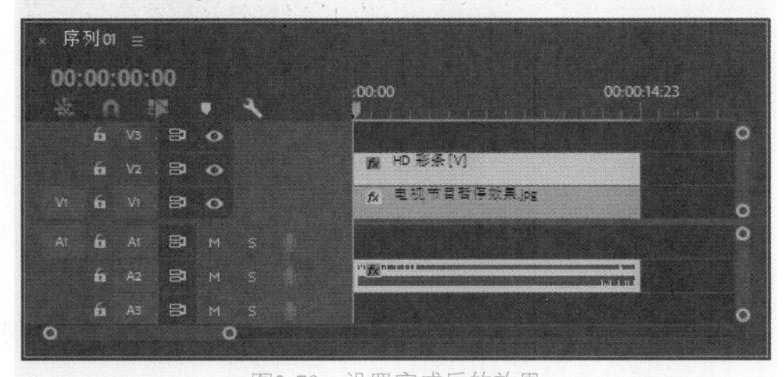

图3-79　设置完成后的效果

06 确认该对象处于选中状态，在【效果控件】面板中将【位置】设置为353、267，取消勾选【等比缩放】复选框，将【缩放高度】设置为235，将【缩放宽度】设置为253，如图3-80所示。

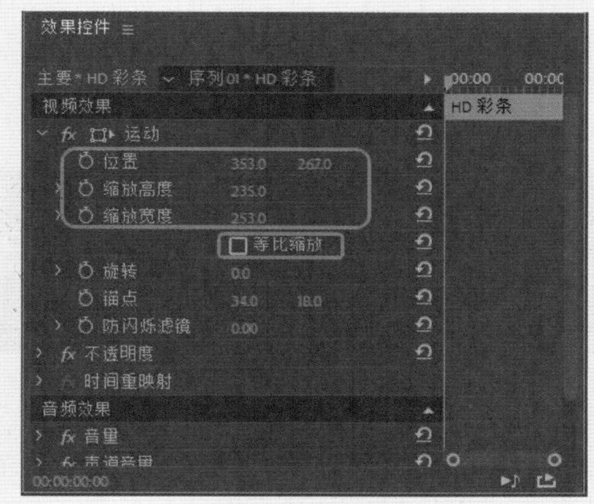

图3-80　设置彩条的位置

07 将当前时间设置为00:00:00:00，在【效果控件】面板中将【不透明度】设置为0，如图3-81所示。

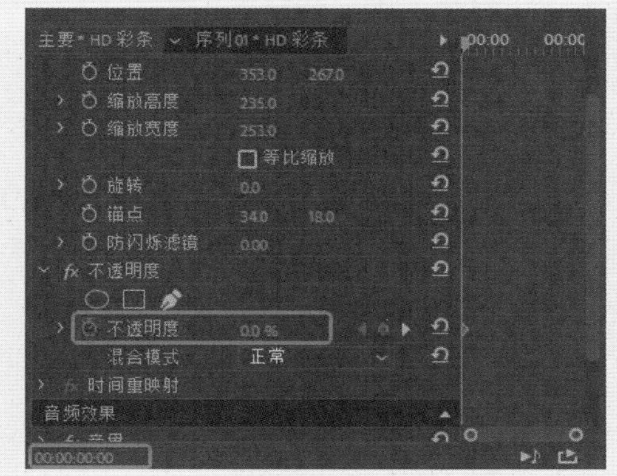

图3-81　设置【不透明度】一

08 将当前时间设置为00:00:00:05，将【不透明度】设置为100，如图3-82所示。

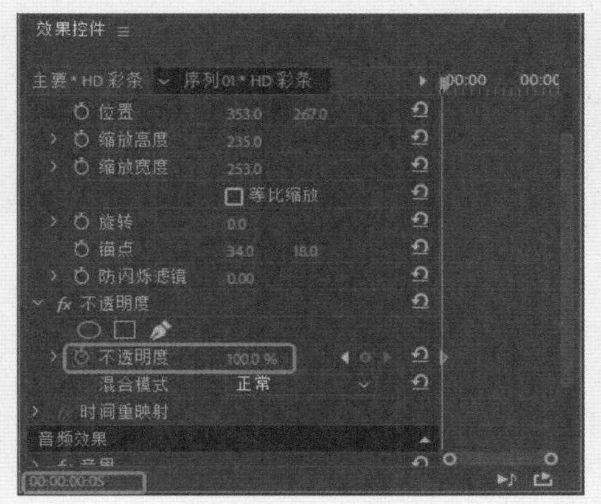

图3-82　设置【不透明度】二

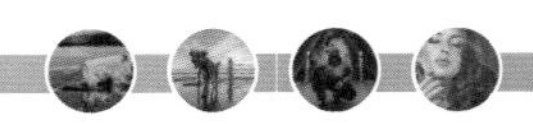

3.5 上机练习——剪辑视频片段

本例将通过在【源】监视器窗口中来剪辑视频片段，并将剪辑的片段放到【序列】面板的视频轨道中，进行组合、调整，以获得想要的影片效果，完成后的效果如图3-83所示。

图3-83 最终效果

其操作步骤如下。

01 启动软件后在开始界面中单击【新建项目】按钮，在弹出的对话框中输入项目文件名称，然后单击【确定】按钮，如图3-84所示。

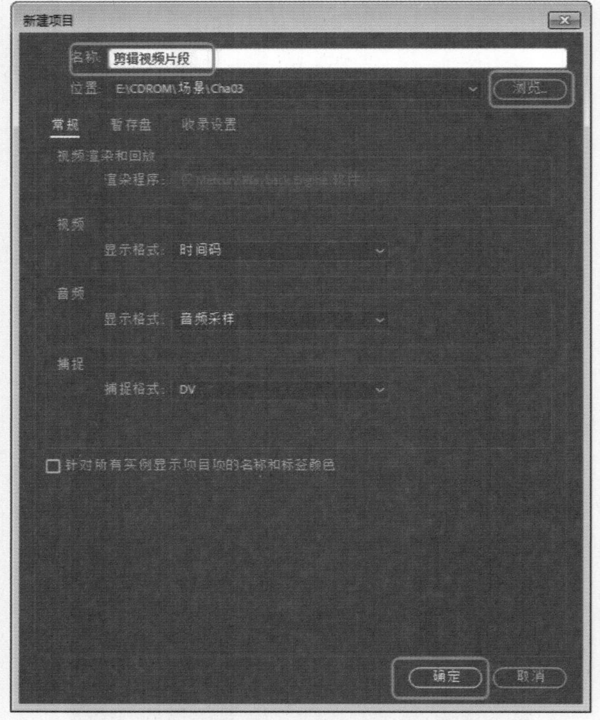

图3-84 【新建项目】对话框

02 进入工作界面后按Ctrl+N组合键打开【新建序列】对话框，在该对话框中使用默认设置，单击【确定】按钮，如图3-85所示。

03 在【项目】面板中双击，在弹出的【导入】对话框中选择“视频素材”文件夹，单击【导入文件夹】按钮，如图3-86所示。

图3-85 【新建序列】对话框

图3-86 选择素材文件夹

04 将素材打开后，在【项目】面板中双击“视频素材”文件夹下方的“01.avi”文件即可将其添加到【源】监视器窗口中，如图3-87所示。

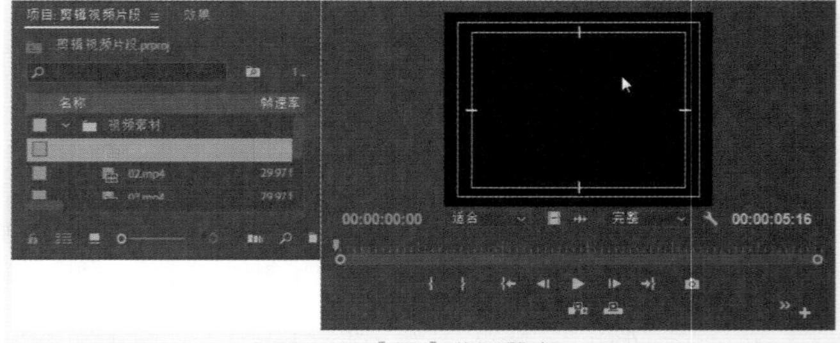

图3-87 【源】监视器窗口

05 将当前时间设置为00:00:00:00，然后单击【标记入点】按钮，即可为视频添加入点，如图3-88所示。

06 设置完成后将当前时间设置为00:00:02:15，在【源】监视器窗口中单击【标记出点】按钮，即可为视频添

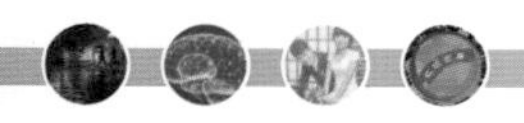

加出点，如图3-89所示。

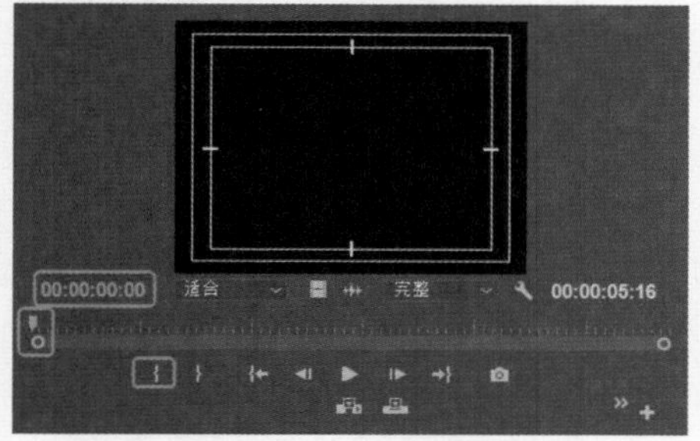

图3-88 添加入点

图3-89 添加出点

07 将入点和出点设置完成后单击【插入】按钮，即可将设置完成的视频插入【序列】面板下的视频轨道中，如图3-90所示。

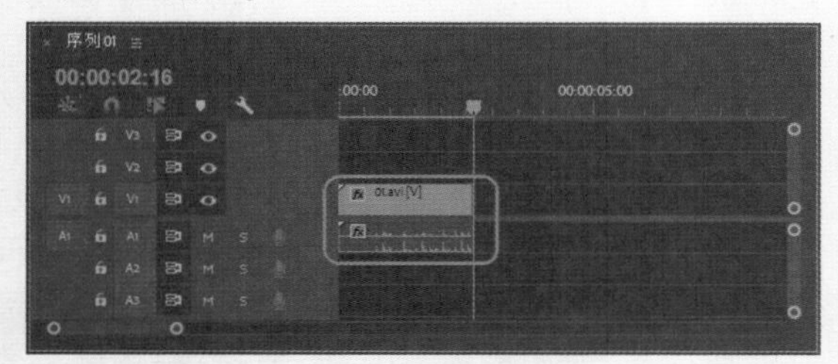

图3-90 将视频插入到轨道中

08 在【序列】面板中选中插入的素材，右击，在弹出的快捷菜单中选择【取消链接】命令，如图3-91所示。

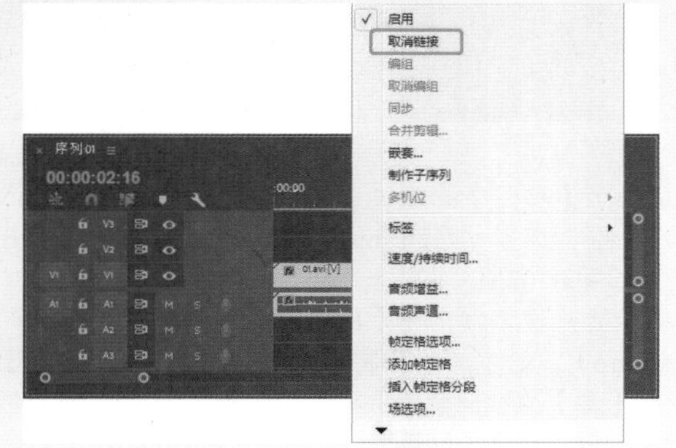

图3-91 选择【取消链接】命令

09 将视频与音频的链接取消后，在音频轨道中选择音频，按Delete键将音频删除，效果如图3-92所示。

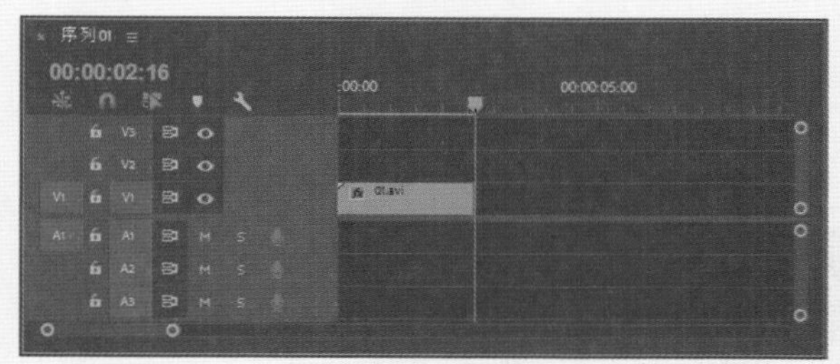

图3-92 删除音频

10 将音频删除后选择视频轨道中的视频素材，切换至【效果控件】面板中，将【缩放】设置为120，如图3-93所示。

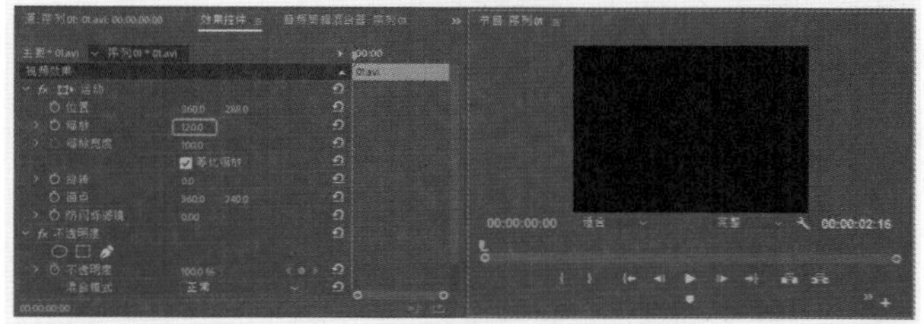

图3-93 设置视频素材的缩放

11 在【素材箱】中双击“02.mp4”，将其添加到【源】监视器窗口中，使用同样方法在00:00:02:10时间处添加入点，然后在00:00:52:04时间处添加出点，效果如图3-94所示。

图3-94 设置出点和入点

12 设置完成后在【序列】面板中将当前时间设置为00:00:02:15处，在【源】监视器窗口中单击【插入】按钮，将【源】监视器窗口中的视频插入到视频1轨道中，效果如图3-95所示。

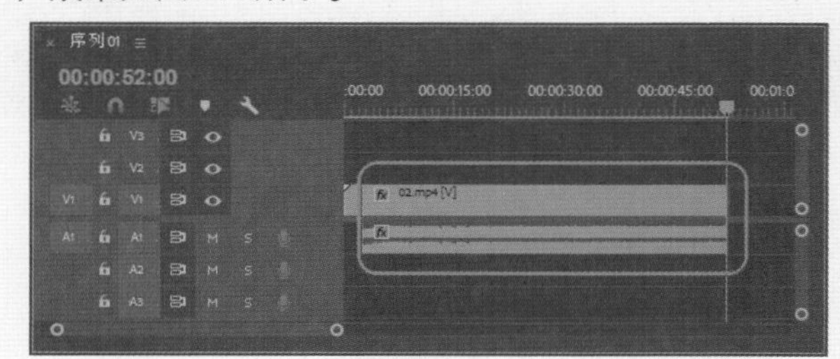

图3-95 将视频插入到轨道中

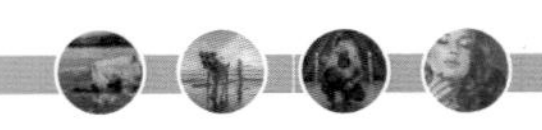

13 在视频轨道中选择刚插入的素材，右击，在弹出的快捷菜单中选择【取消链接】命令，如图3-96所示。

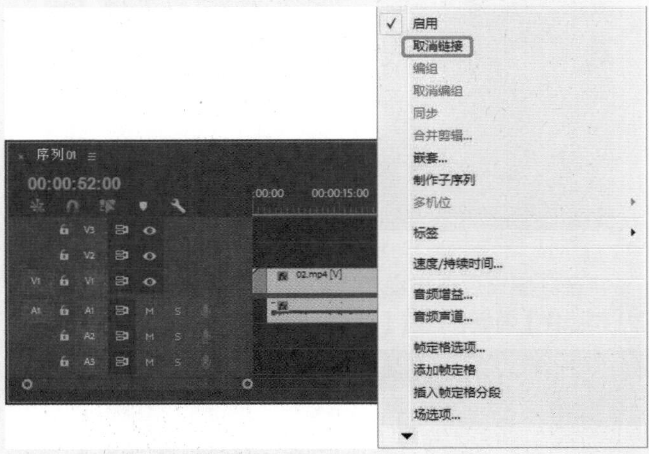

图3-96 取消链接

14 取消视频和音频的链接后，在音频轨道中选择音频，按Delete键将音频删除，效果如图3-97所示。

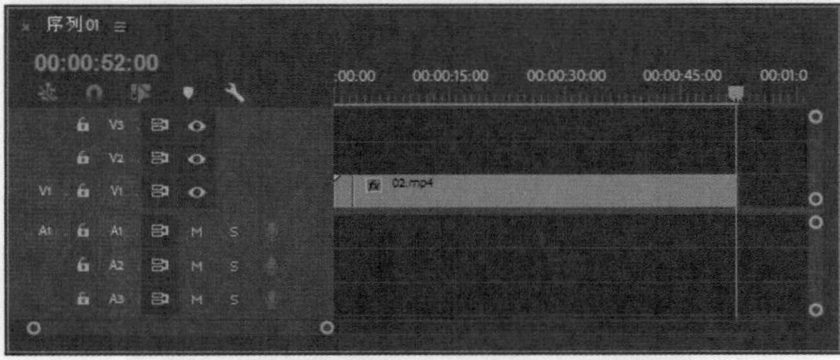

图3-97 删除音频

15 将当前时间设置为00:00:02:00时间处，选择刚插入的视频素材，将其拖动至视频2轨道中并使其起始端与时间线对齐，效果如图3-98所示。

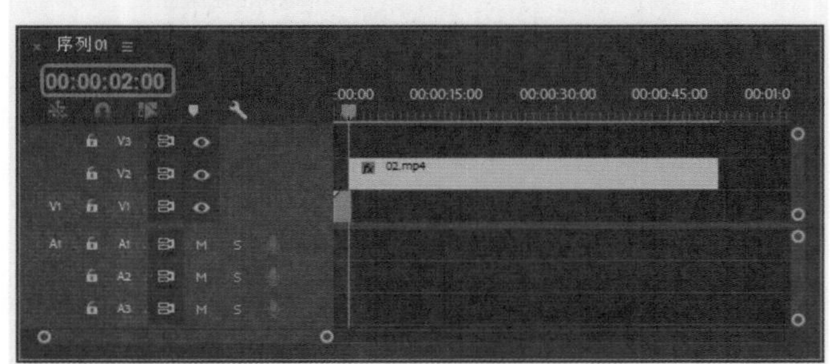

图3-98 调整视频位置

16 切换至【效果】面板中，打开【视频过渡】文件夹，选择【溶解】下的【渐隐为白色】过渡特效，如图3-99所示。

17 选择特效后，将其拖动至【序列】面板下的视频2轨道中素材的起始处，效果如图3-100所示。

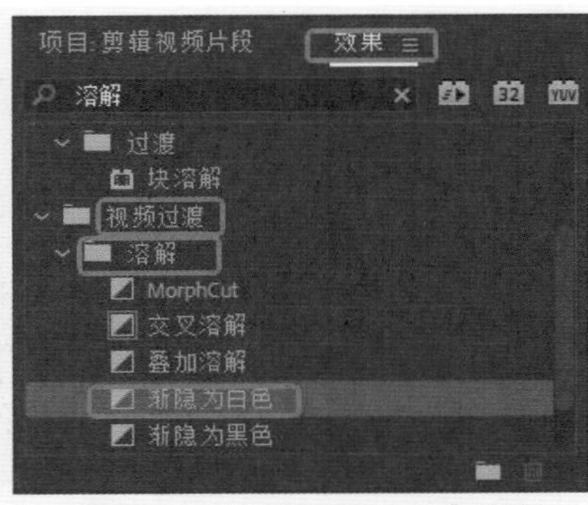

图3-99 选择【渐隐为白色】特效

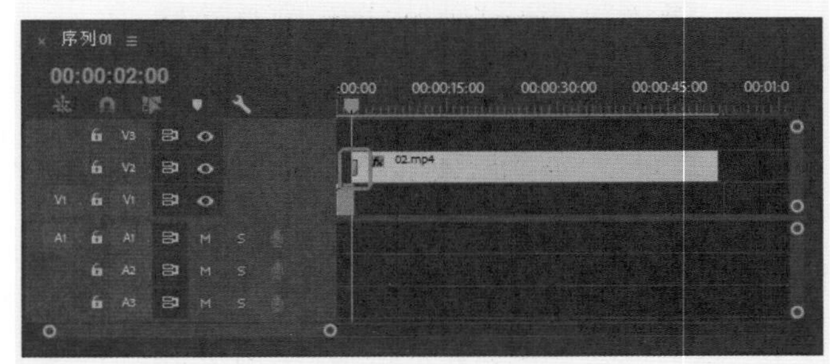

图3-100 为视频添加特效

18 使用同样方法将【素材箱】中的“03.mp4”添加到【源】监视器窗口中，并在00:00:00:00时间处添加入点，在00:00:11:00时间处添加出点，在【序列】面板中将当前时间设置为00:00:51:21，然后在【源】监视器窗口中单击【插入】按钮，将素材插入到视频轨道中，将素材取消链接，将音频删除，将当前时间设置为00:00:50:21，将视频调整至视频3轨道中，与时间线对齐，为其添加【棋盘擦除】过渡特效，执行以上操作后的效果如图3-101所示。

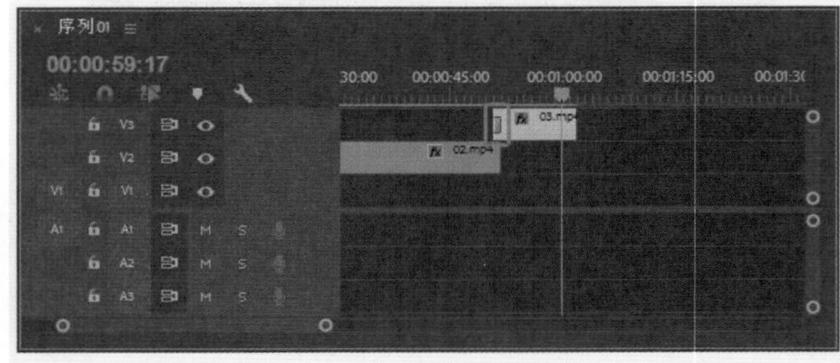

图3-101 插入并调整视频3素材

19 切换至【项目】面板，双击空白处即可打开【导入】对话框，选择“音频.mp3”文件，然后单击【打开】按钮，如图3-102所示。

20 将素材打开之后，在【项目】面板中双击打开的“音频.mp3”文件，即可将其添加至【源】监视器窗口中，在【源】监视器窗口中将时间设置为00:00:0:00，然后单击【标记入点】按钮，将时间设置为00:01:01:21，单击【标记出点】按钮，效果如图3-103所示。

图3-102 打开素材文件

图3-103 为音频添加入点与出点

21 添加完成后在【序列】面板中将当前时间设置为00:01:01:21，然后切换至【源】监视器窗口中单击【插入】按钮，将音频文件插入到音频轨道中，将音频轨道中的音频文件拖动至00:00:00:00时间处，效果如图3-104所示。

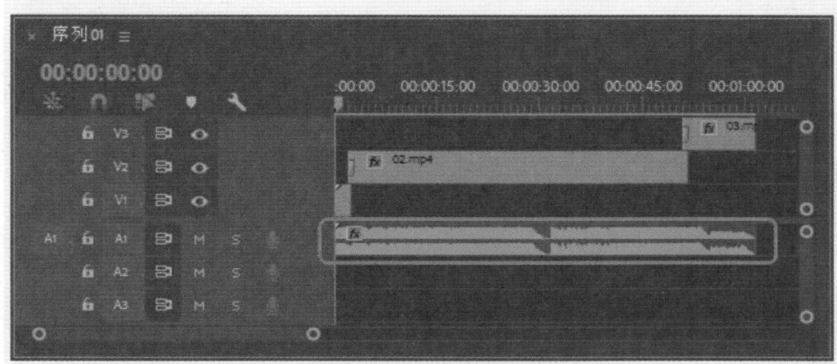

图3-104 在音频轨道中调整其位置

第4章 视频过渡的应用

一部电影或一个电视节目是由很多镜头组成的，镜头之间组合显示的变化被称之为“过渡”，本章将介绍如何为视频的片段与片段之间添加过渡。

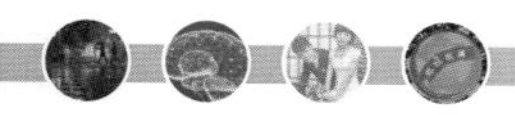

4.1 转场特技设置

对于Premiere Pro CC 2018提供的过滤效果类型，还可以对它们的效果进行设置，以使最终的显示效果更加丰富多彩，在过渡设置对话框中，我们可以设置每一个过渡的多种参数，从而改变过渡的方向、开始和结束帧的显示以及边缘效果等。

4.1.1 实战：使用镜头过渡

视频镜头过渡效果在影视制作中比较常用，镜头过渡效果可以使两段不同的视频之间产生各式各样的过渡效果，效果如图4-1所示。下面我们通过【立方体旋转】这一过渡特效来讲解一下镜头过渡效果的操作步骤。

图4-1 镜头过渡效果

01 启动Premiere软件，在弹出的开始界面中单击【新建项目】按钮，在弹出的对话框中指定保存位置及名称。

02 单击【确定】按钮，在【项目】面板中右击，在弹出的快捷菜单中选择【导入】命令。

03 在弹出的【导入】对话框中选择“001.jpg”“002.jpg”两个素材文件，如图4-2所示。

图4-2 打开素材文件

04 单击【打开】按钮，在菜单栏中单击【文件】按钮，在弹出的下拉列表中选择【新建】|【序列】命令，如图4-3所示。

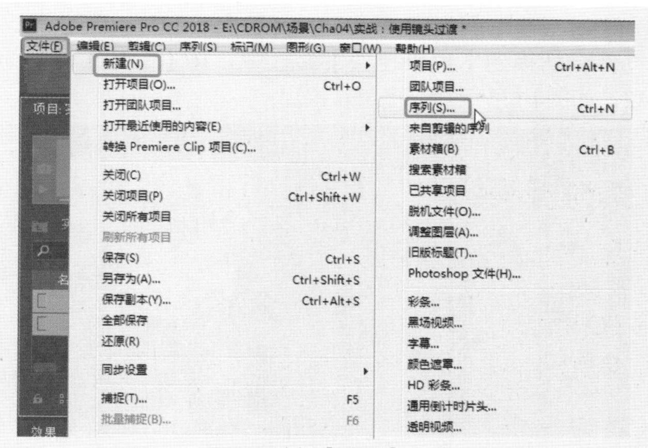

图4-3 选择【序列】命令

05 在弹出的【新建序列】对话框中，使用默认设置，单击【确定】按钮，如图4-4所示。

图4-4 【新建序列】对话框

06 在【项目】面板中选择导入的素材文件，将素材拖至【序列】面板中的V1轨道，如图4-5所示。

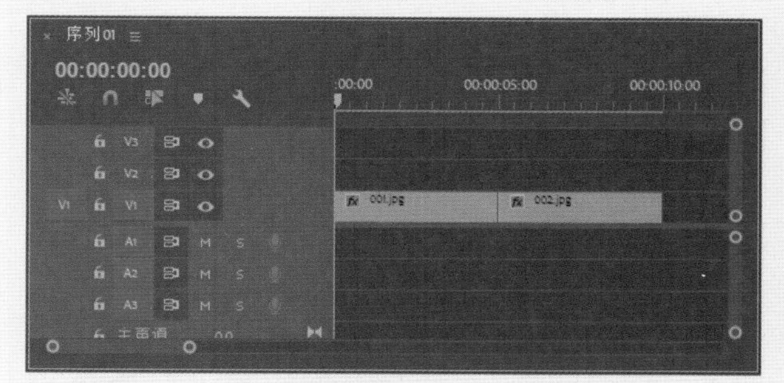

图4-5 将素材移动至【序列】面板中

07 确定当前时间为00:00:00:00，选中“001.jpg”素材文件，切换到【效果控件】面板中，将【缩放】设置为132，如图4-6所示。

图4-6 设置【缩放】参数

08 将当前时间设置为00:00:05:00，选中“002.jpg”素材文件，切换到【效果控件】面板中，将【缩放】设置为53，如图4-7所示。

图4-7 设置【缩放】参数

09 激活【效果】面板，打开【视频过渡】文件夹，选择【3D运动】下的【立方体旋转】过渡特效，如图4-8所示。

10 将该特效拖至两个素材之间，如图4-9所示。

11 按空格键进行播放，播放效果如图4-10所示。

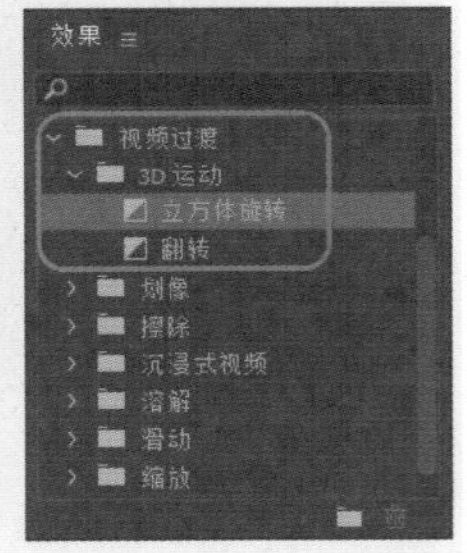

图4-8 选择【立方体旋转】特效

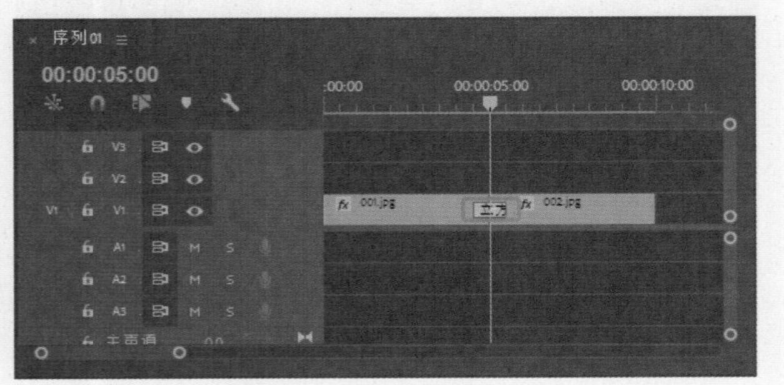

图4-9 添加特效

图4-10 【立方体旋转】效果

为影片添加过渡后，可以改变过渡的长度。最简单的方法是在序列中选中过渡，拖动过渡的边缘即可，如图4-11所示。还可以在【效果控件】面板中对过渡进一步调整，双击过渡即可打开【设置过渡持续时间】对话框，如图4-12所示。

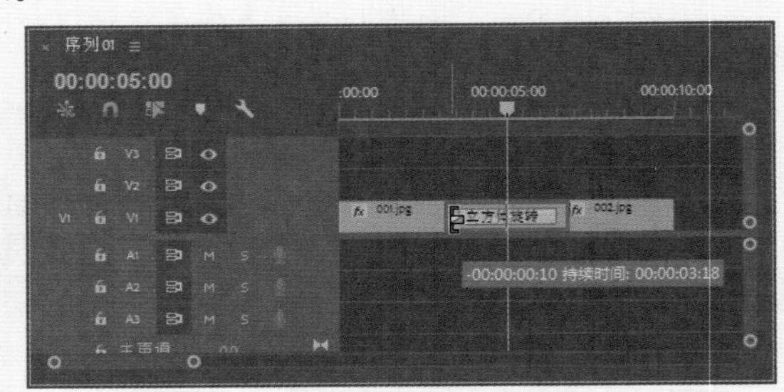

图4-11 拖动调整过渡长度

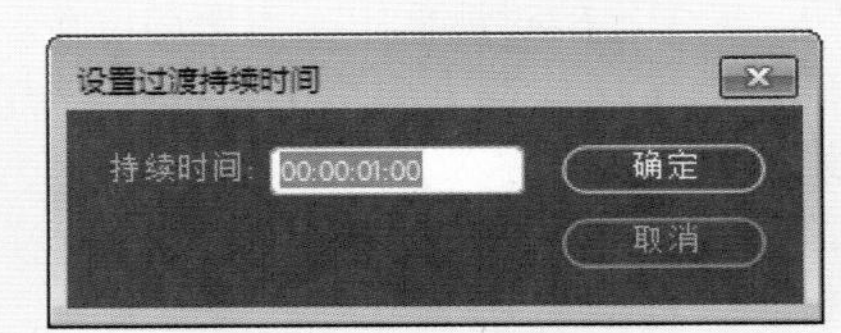

图4-12 【设置过渡持续时间】对话框

4.1.2 调整过渡区域

右侧的时间轴区域可以设置过渡的持续时间和校准，如图4-13所示。在两段影片间加入过渡后，时间轴上会有一个重叠区域，这个重叠区域就是发生过渡的范围。同时【序列】面板中只显示入点和出点间的影片的不同，在【效果控件】面板的时间轴中，会显示影片的完整长度。边角带有小三角即表示影片到头。这样设置的好处是可以随时修改影片参与

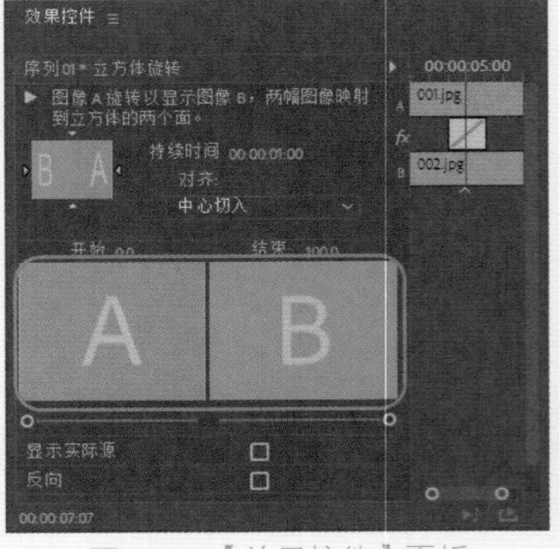

图4-13 【效果控件】面板

过渡的位置。

将时间标示点移动到影片上，按住鼠标左键拖动，即可移动影片的位置，改变过渡的影响区域。

将时间标示点移动到过渡中线上拖动，可以改变过渡位置，如图4-14所示。还可以将游标移动到过渡上拖动改变位置，如图4-15所示。

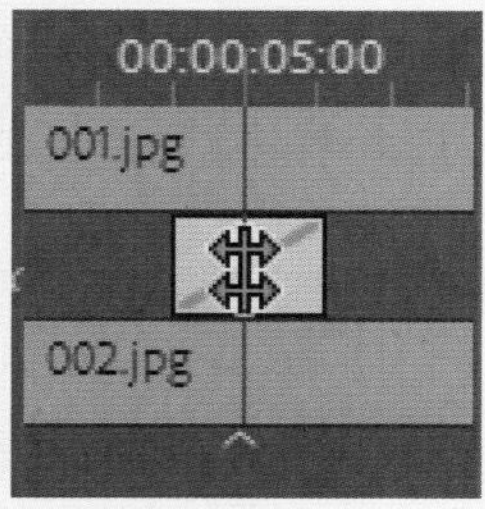

图4-14　调整效果的位置

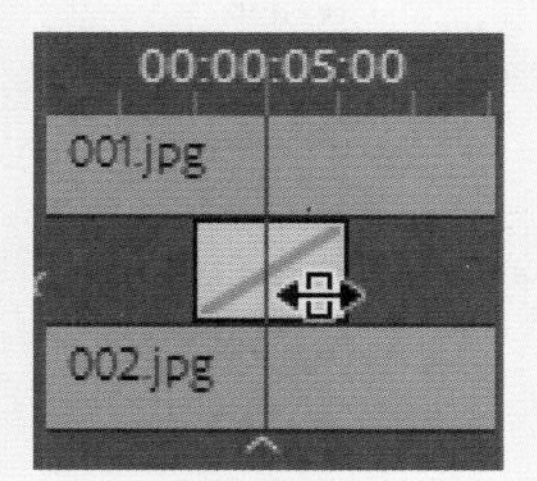

图4-15　过渡游标

在左边的【校准】下拉列表中提供了几种过渡对齐方式。

- 【中心切入】：在两段影片之间加入过渡，如图4-16所示。

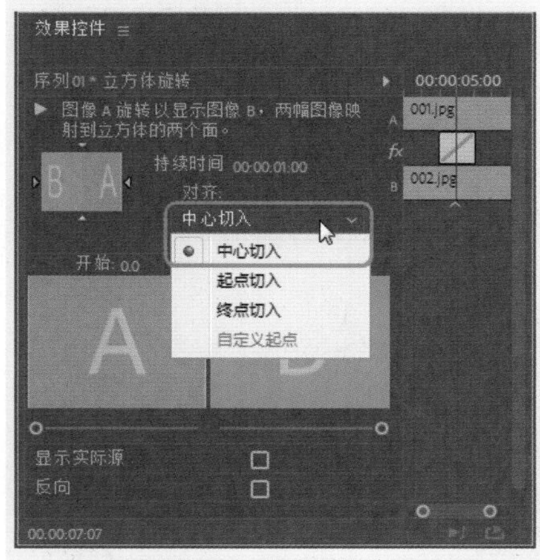

图4-16　居中于切点

- 【起点切入】：以片段B的入点位置为准建立过渡，如图4-17所示。加入过渡时，直接将过渡拖动到片段B的入点，即【开始于切点】模式。

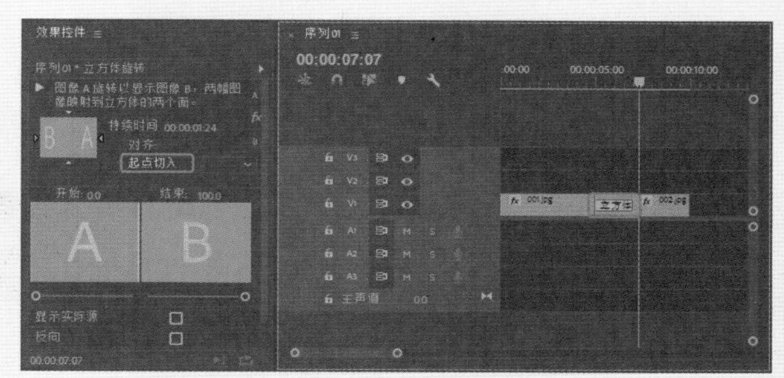

图4-17　开始于切点

- 【结束于切点】：以片段A的出点位置为准建立过渡，如图4-18所示。加入过渡时，直接将过渡拖动到片段A的出点，即【结束于切点】模式。

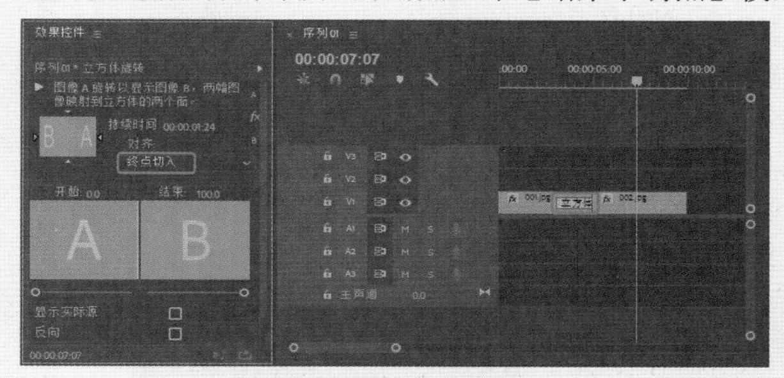

图4-18　结束于切点

只有通过拖曳方式才可以设置【自定义起点】。将光标移动到过渡边缘，当鼠标指针变为形状时，可以拖动改变过渡的长度，如图4-19所示。

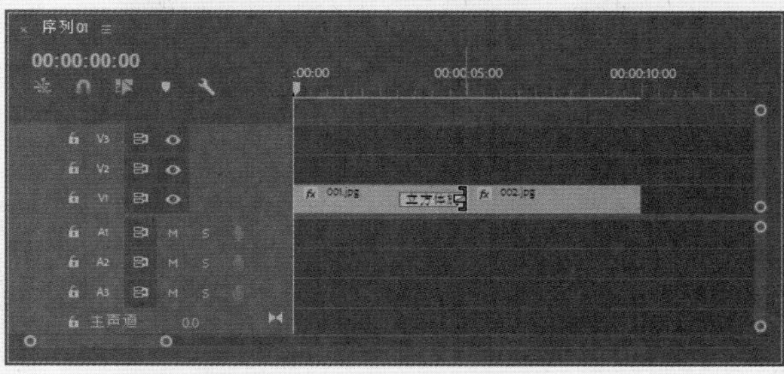

图4-19　调整效果的长度

在调整过渡区域的时候，【节目】监视器窗口中会分别显示过渡影片的出点和入点画面，以观察调节效果，如图4-20所示。

图4-20　调整过渡区域时的出、入点画面

4.1.3 改变切换设置

使用【效果控件】面板可以改变时间线上的切换设置。包括切换的中心点、起点和终点的值，边界以及防锯齿质量设置，如图4-21所示。

- 【显示实际源】：显示素材的起点和终点帧。
- 【边宽】：调整切换的边框选项的宽度，默认状况下没有边框，部分切换没有边框设置项。
- 【边色】：指定切换的边框颜色，使用颜色样本或吸管可以选择颜色。
- 【反向】：反向播放切换。
- 【抗矩齿品质】：调整过渡边缘的光滑度。
- 【自定义】：改变切换的特定设置。大多数切换不具备自定义设置。

默认情况下，切换都是从A到B完成的。要改变切换的开始和结束状态，可拖动【开始】和【结束】滑块。按住Shift键并拖动滑条可以使开始和结束滑条以相同数值变化，如图4-22所示。

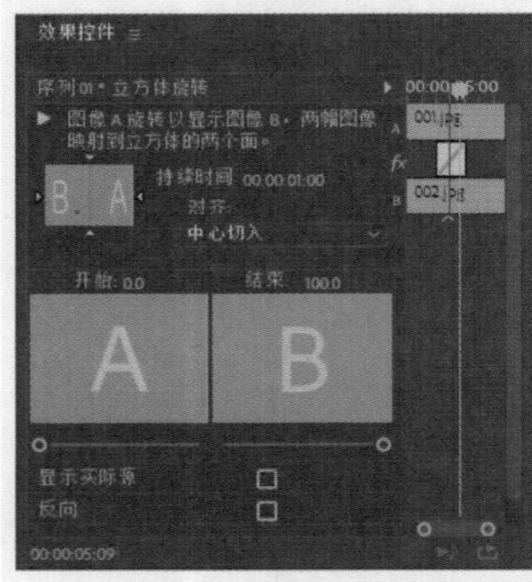

图4-21 【效果控件】面板

图4-22 切换设置

按住Shift键可以同时移动起点和终点滑块。例如，可以设置起点和终点的大小都是50%，这样切换的整个过程显示的都是50%的过渡效果。

4.2 高级转场效果

Premiere Pro CC 2018提供了很多种典型的过渡效果，它们按照不同的类型放在不同的分类夹中。用鼠标单击展开分类夹，选择不同的视频过渡特效，再次单击分类夹可以将分类夹折叠起来。

4.2.1 3D运动

视频过渡效果，在【3D运动】文件夹中共包含两个3D运动效果的场景切换。

1. 实战：【立方体旋转】过渡效果

【立方体旋转】过渡效果可以使图像A旋转以显示图像B，两幅图像映射到立方体的两个面，如图4-23所示。

图4-23 【立方体旋转】特效

01 新建项目后，在菜单栏中单击【文件】按钮，在弹出的下拉列表中选择【新建】|【序列】命令，如图4-24所示。

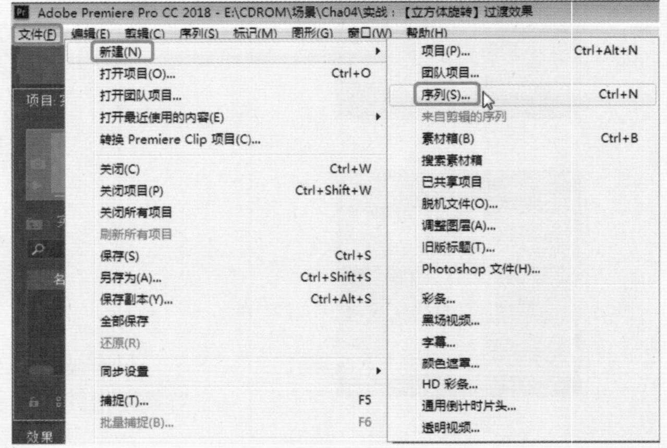

图4-24 选择【序列】命令

02 在弹出的对话框中选择DV-PAL|【标准48kHz】，其他保持默认设置，单击【确定】，如图4-25所示。

图4-25 【新建序列】对话框

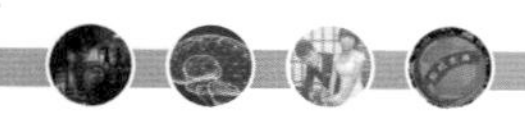

03 在【项目】面板的空白处双击鼠标，弹出【导入】对话框，选择“003.jpg”“004.jpg”文件，单击【打开】按钮即可导入素材，如图4-26所示。

图4-26　选择素材文件

04 将导入后的素材，拖入【序列】面板的视频轨道V1中，如图4-27所示。

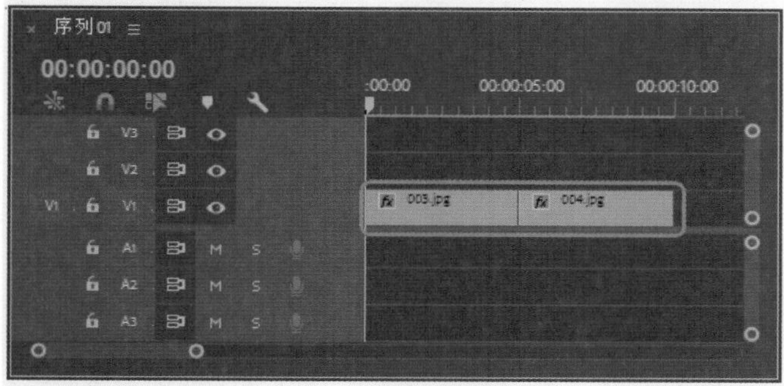

图4-27　将素材拖到【序列】面板中

05 确定当前时间为00:00:00:00，选中“003.jpg”素材文件，切换到【效果控件】面板，将【缩放】设置为80，如图4-28所示。

图4-28　选择素材文件并设置参数

06 将当前时间设置为00:00:05:00，选中“004.jpg”素材文件，切换到【效果控件】面板，将【缩放】设置为135，如图4-29所示。

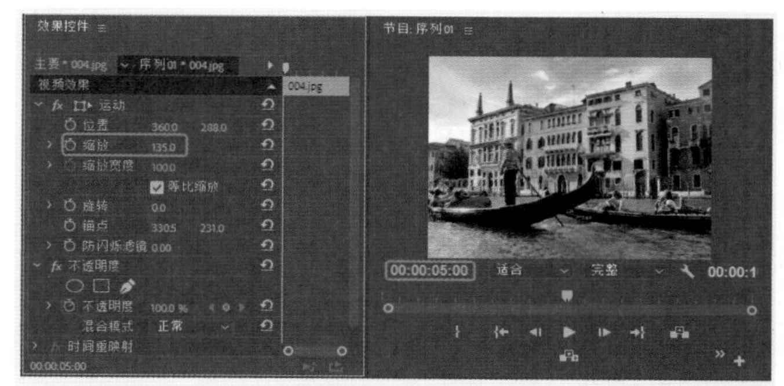

图4-29　继续选择素材文件并设置参数

07 切换到【效果】面板，打开【视频过渡】文件夹，选择【3D运动】下的【立方体旋转】过渡特效，如图4-30所示。

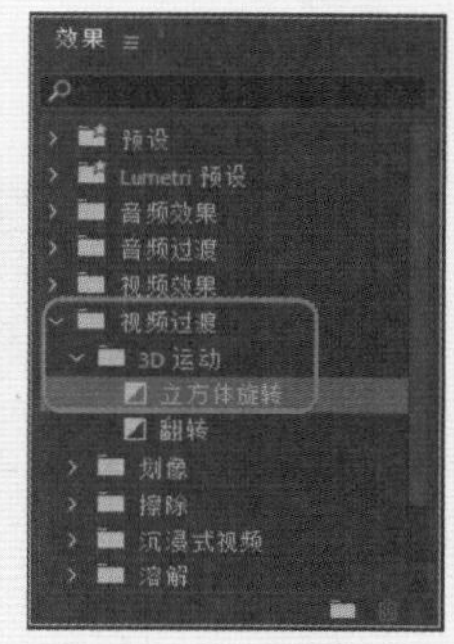

图4-30　选择过渡特效

08 将其拖至【序列】面板中两个素材之间，如图4-31所示。

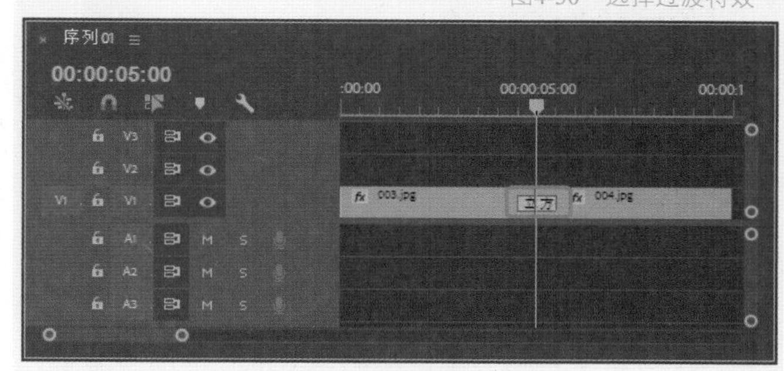

图4-31　将其拖至素材之间

2. 实战：【翻转】过渡效果

【翻转】过渡效果使图像A翻转到所选颜色后，显示图像B，如图4-32所示。

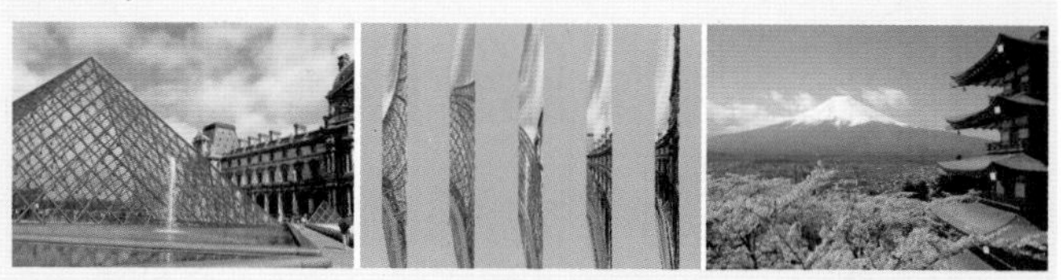

图4-32　【翻转】特效

01 新建项目后，在菜单栏中单击【文件】按钮，在弹出的下拉列表中选择【新建】|【序列】命令，如图4-33所示。

02 在弹出的对话框中选择DV-PAL|【标准48kHz】，其他保持默认设置，然后单击【确定】按钮，如图4-34所示。

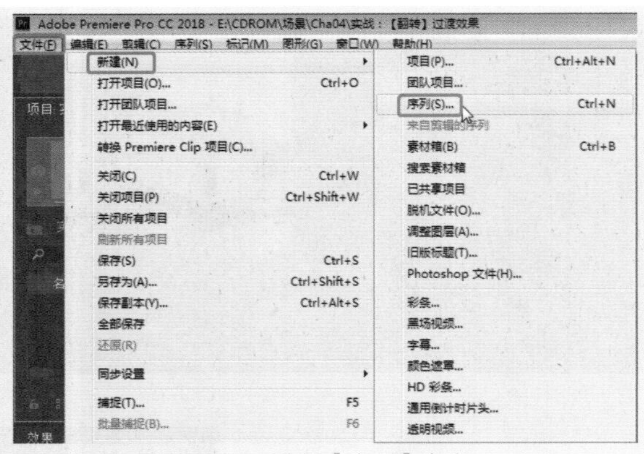

图4-33 选择【序列】命令

图4-34 【新建序列】对话框

03 在【项目】面板的空白处双击鼠标，在弹出的【导入】对话框中，选择“005.jpg”“006.jpg”文件，单击【打开】按钮即可导入素材，如图4-35所示。

图4-35 导入素材

04 将导入后的素材，拖入【序列】面板的视频轨道V1中，如图4-36所示。

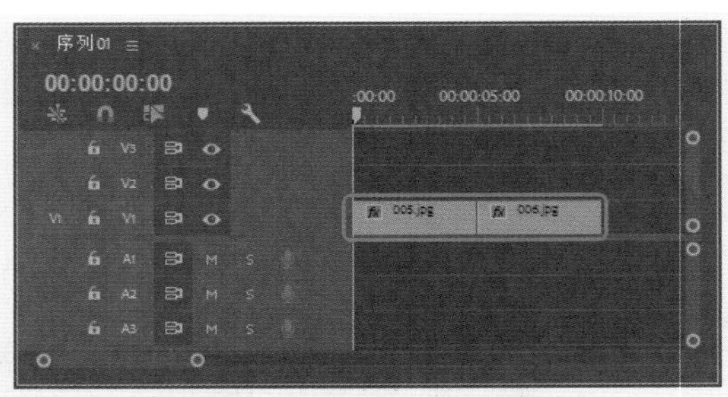

图4-36 将素材拖入视频轨道

05 选中“005.jpg”素材文件，确定当前时间为00:00:00:00，切换到【效果控件】面板中，将【缩放】设置为80，如图4-37所示。

图4-37 设置参数

06 将当前时间设置为00:00:05:00，确定选中“006.jpg”素材文件，切换到【效果控件】面板，将【缩放】设置为80，如图4-38所示。

图4-38 继续设置参数

07 切换到【效果】面板，打开【视频过渡】文件夹，选择【3D运动】下的【翻转】过渡特效，如图4-39所示。

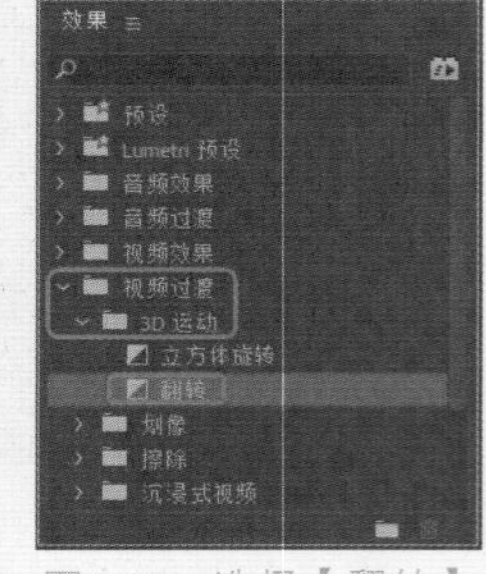

图4-39 选择【翻转】特效

08 将其拖至【序列】面板中的素材上，如图4-40所示。

09 切换到【效果控件】面板，单击【自定义】按钮，打开【翻转设置】对话框，将【带】设置为5，将【填充颜色】RGB值设置为109、243、255，如图4-41所示。

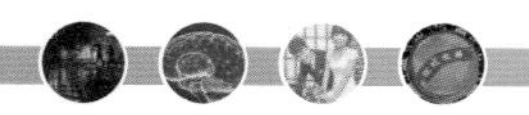

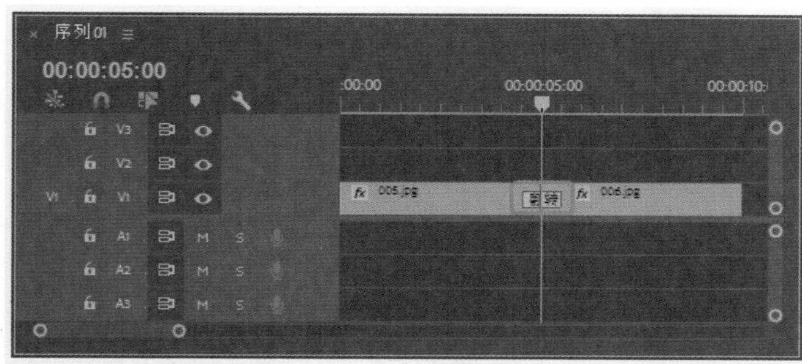

图4-40 拖入特效

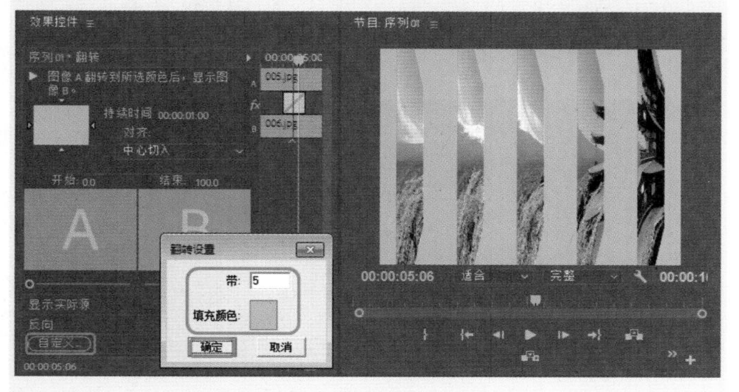

图4-41 【翻转设置】对话框

提示

【翻转】特效的参数：【带】用于输入翻转的图像数量。【填充颜色】用于设置空白区域颜色。

实例操作——可爱杯子

可爱杯子动画主要使用了多个视频特效对素材进行美化。根据不同时间添加合适的素材与特效，从而制作出最终的效果，效果如图4-42所示。

图4-42 效果展示

01 新建项目文件和DV-PAL选项组中的【标准48kHz】序列文件，在【项目】面板导入“可爱杯子1.jpg”“可爱杯子2.jpg”“可爱杯子3.jpg”“可爱杯子4.jpg”“可爱杯子5.jpg”“可爱杯子6.jpg”文件，如图4-43所示。

02 确认当前时间设置为00:00:00:00，在V1轨道右击鼠标，在弹出的快捷菜单中选择【添加轨道】命令，如图4-44所示。

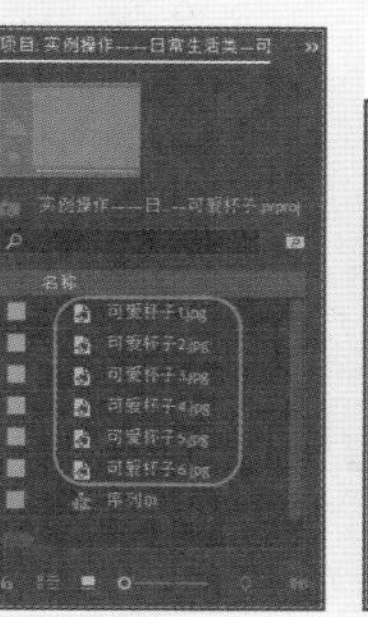

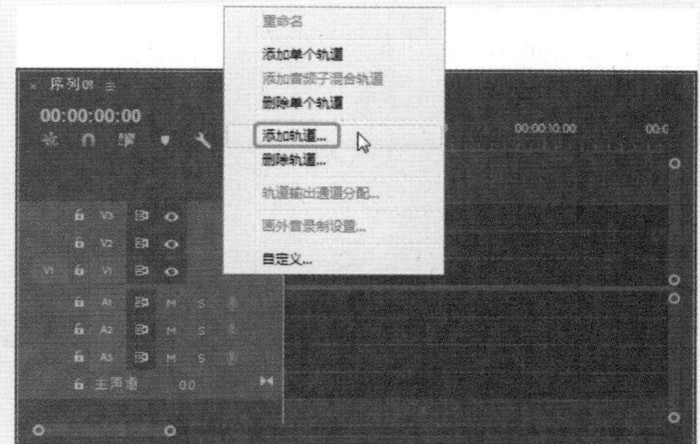

图4-43 导入素材　　图4-44 选择【添加轨道】命令

03 弹出【添加轨道】对话框，添加3个视频轨道，单击【确定】按钮，如图4-45所示。

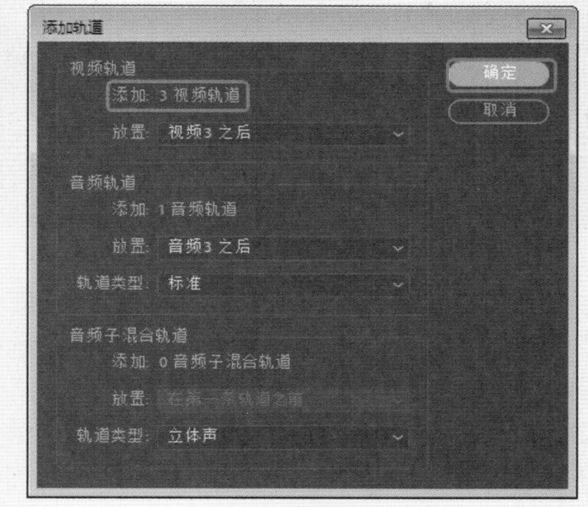

图4-45 添加视频轨道

04 在【项目】面板中，将“可爱杯子1.jpg”素材拖至V6轨道中，开始处与时间线对齐，并选中轨道中的素材，将其持续时间设置为00:00:02:12，切换至【效果控件】面板中，将【运动】选项组中的【位置】设置为360、292，单击【缩放】左侧的【切换动画】按钮，如图4-46所示。

图4-46 设置位置及缩放

05 将当前时间设置为00:00:01:00，切换至【效果控件】面板中，将【运动】选项组中的【缩放】设置为54，如

图4-47所示。

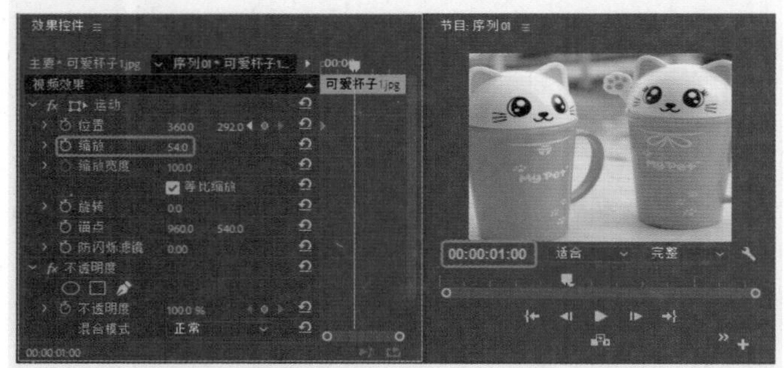

图4-47　设置缩放

06 在【效果】面板中，搜索【立方体旋转】效果，将其拖至V6轨道中素材的结尾处，如图4-48所示。

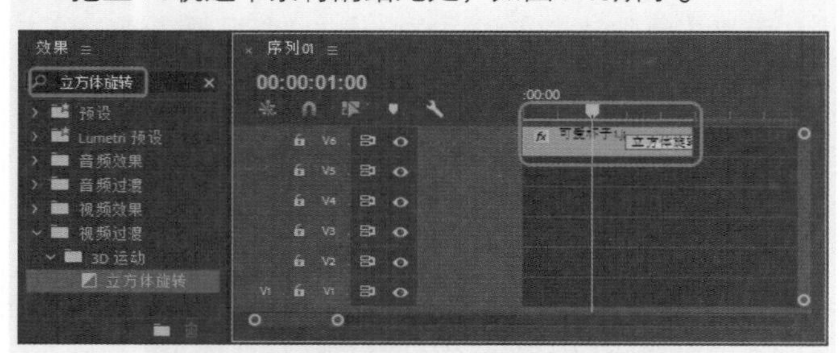

图4-48　添加效果

07 将当前时间设置为00:00:01:12，在【项目】面板中，将“可爱杯子2.jpg”素材拖至V5轨道中，开始处与时间线对齐，并选中轨道中的素材，将其持续时间设置为00:00:02:13，切换至【效果控件】面板中，将【运动】选项组中的【位置】设置为360、397，单击其左侧的【切换动画】按钮，将【缩放】设置为66，如图4-49所示。

图4-49　设置位置和缩放

08 将当前时间设置为00:00:02:12，切换至【效果控件】面板中，将【运动】选项组中的【位置】设置为360、180，如图4-50所示。

09 在【效果】面板中，搜索【翻转】效果，将其拖至V5轨道中素材的结尾处，如图4-51所示。

10 使用同样方法，将其他素材拖至视频轨道中并设置参数、添加效果，如图4-52所示。

11 将场景进行保存，并将视频导出。

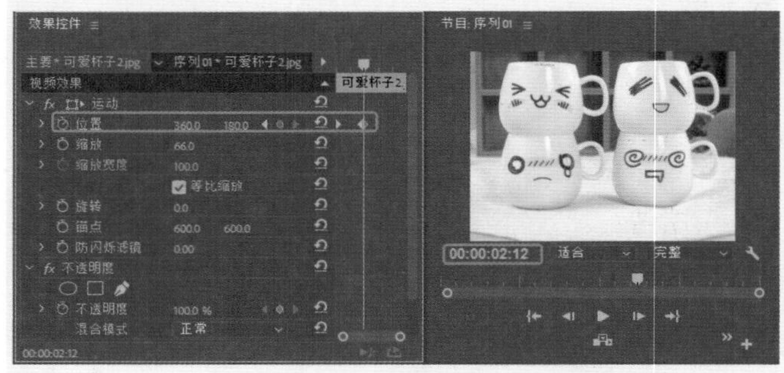

图4-50　设置【缩放】参数

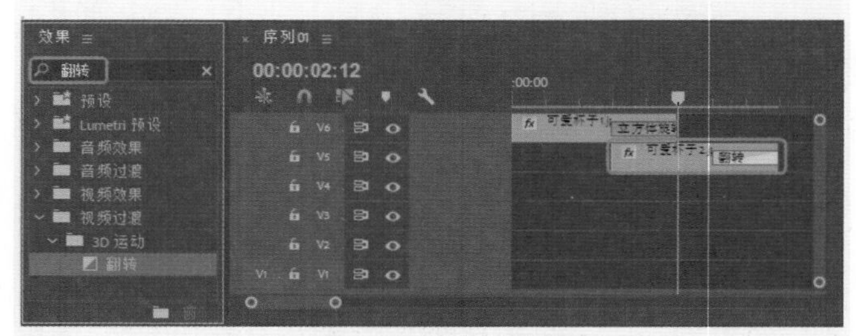

图4-51　添加特效

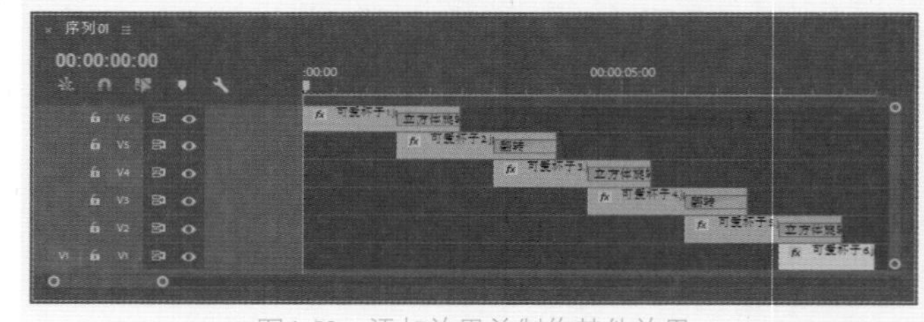

图4-52　添加效果并制作其他效果

4.2.2　划像

本节将详细讲解【划像】转场特效，其中包括交叉划像、圆划像、盒形划像、菱形划像。

1. 实战：【交叉划像】切换效果

【交叉划像】过渡效果：以交叉形状的方式擦除，以显示图像A下面的图像B，如图4-53所示。

图4-53　【交叉划像】过渡效果

01 新建项目后，在菜单栏中单击【文件】按钮，在弹出的下拉列表中选择【新建】|【序列】命令，如图4-54所示。

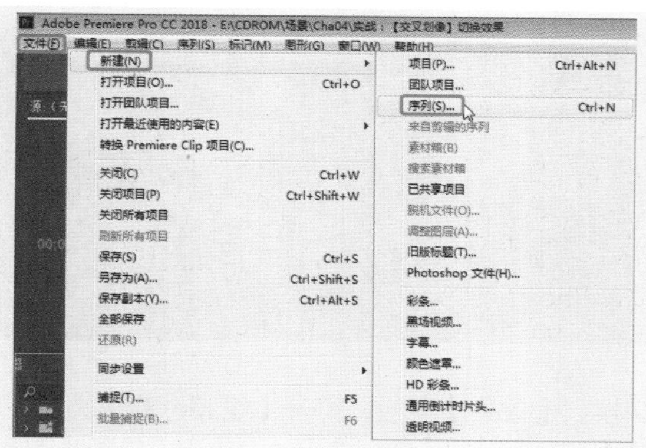

图4-54 选择【序列】命令

02 在弹出的对话框中选择DV-PAL|【标准48kHz】，其他保持默认设置，然后单击【确定】按钮，如图4-55所示。

图4-55 【新建序列】对话框

03 在【项目】面板的空白处双击鼠标，弹出【导入】对话框，选择“009.jpg”“010.jpg”文件，单击【打开】按钮即可导入素材，如图4-56所示。

图4-56 选择素材文件

04 将导入的素材文件拖至【序列】面板中，选中“009.jpg”素材文件，确定当前时间为00:00:00:00，切换到【效果控件】面板，将【缩放】设置为115，如图4-57所示。

图4-57 设置参数

05 选中“010.jpg”素材文件，确定当前时间为00:00:05:00，切换到【效果控件】面板，将【缩放】设置为130，如图4-58所示。

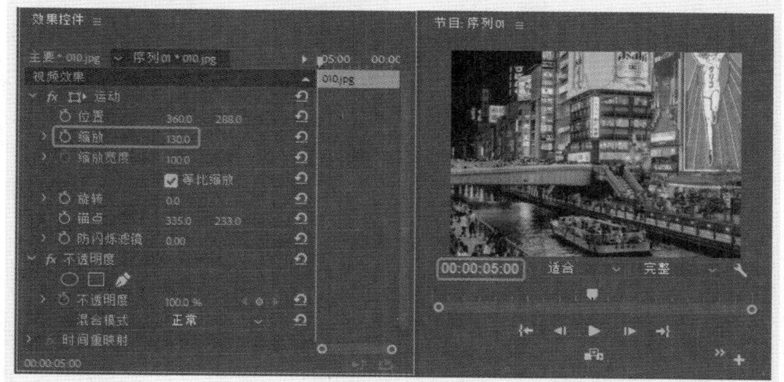

图4-58 设置当前时间及参数

06 切换到【效果】面板，打开【视频过渡】文件夹，选择【划像】下的【交叉划像】过渡效果，如图4-59所示。

07 将其拖至【序列】面板中两个素材之间，如图4-60所示。

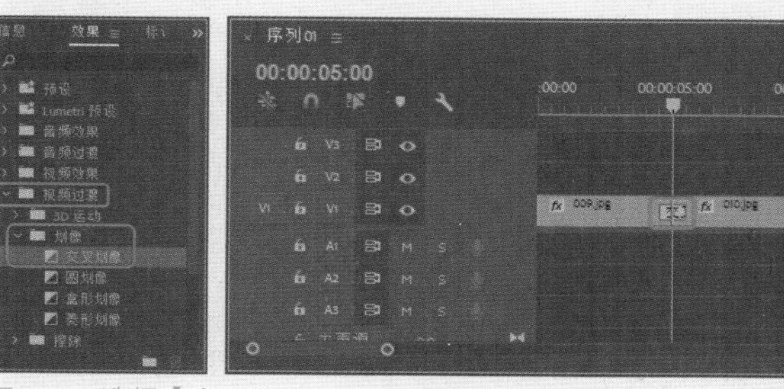

图4-59 选择【交叉划像】特效　图4-60 拖到素材之间

2. 实战：【圆划像】切换效果

【圆划像】过渡效果产生一个圆形的效果，如图4-61所示。

图4-61 【圆划像】特效

01 新建项目后，在菜单栏中单击【文件】按钮，在弹出的下拉列表中选择【新建】|【序列】命令。

02 在弹出的对话框中选择DV-PAL|【标准48kHz】，其他保持默认设置，然后单击【确定】按钮。

03 在【项目】面板的空白处双击鼠标，弹出【导入】对话框，选择“011.jpg”“012.jpg”文件，单击【打开】按钮即可导入素材，如图4-62所示。

图4-62 选择素材文件

04 将导入后的素材拖至【序列】面板的视频轨道V1中，选中“011.jpg”素材文件，确定当前时间为00:00:00:00，切换到【效果控件】面板，将【缩放】设置为134，如图4-63所示。

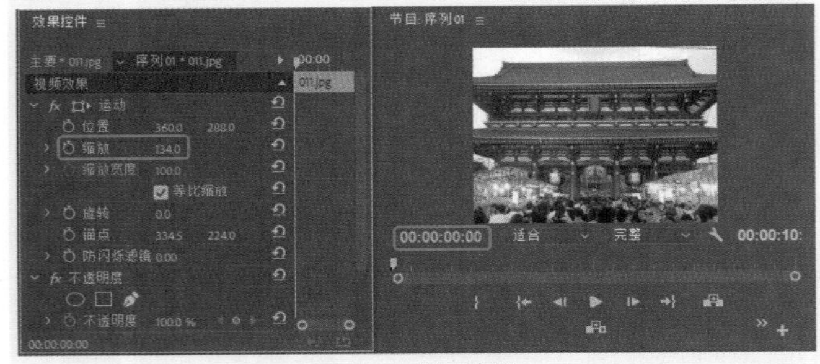

图4-63 设置参数

05 选中“012.jpg”素材文件，确定当前时间为00:00:05:00，切换到【效果控件】面板，将【缩放】设置为50，如图4-64所示。

图4-64 设置当前时间及参数

06 切换到【效果】面板，打开【视频过渡】文件夹，选择【划像】下的【圆划像】过渡效果，如图4-65所示。

07 将其拖至【序列】面板中两个素材之间，如图4-66所示。

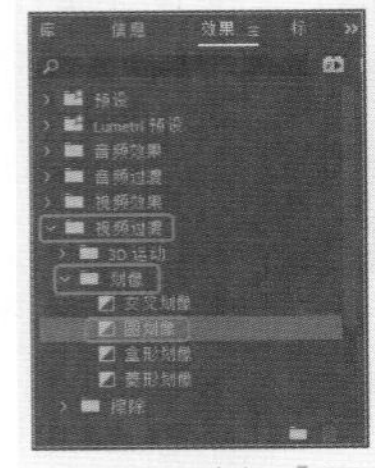

图4-65 选择【圆划像】特效

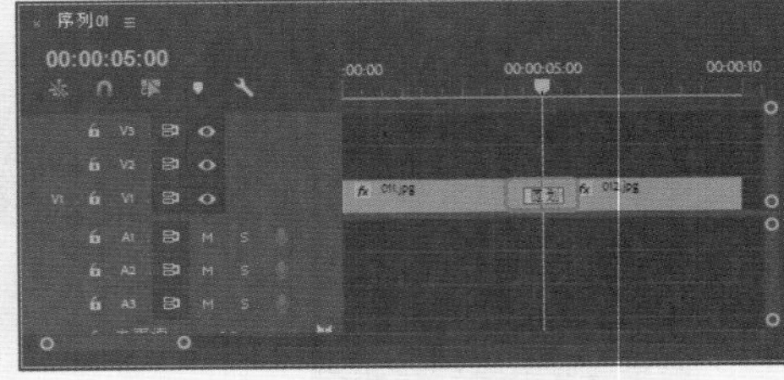

图4-66 拖到素材之间

3. 实战：【盒形划像】切换效果

【盒形划像】过渡效果：以矩形的方式擦除，以显示图像A下面的图像B，效果如图4-67所示。

图4-67 【盒形划像】特效

01 新建项目后，在菜单栏中单击【文件】按钮，在弹出的下拉列表中选择【新建】|【序列】命令。

02 在弹出的对话框中选择DV-PAL|【标准48kHz】，其他保持默认设置，然后单击【确定】按钮。

03 在【项目】面板的空白处双击鼠标，弹出【导入】对话框，选择“013.jpg”“014.jpg”文件，单击【打开】按钮即可导入素材，如图4-68所示。

04 将导入后的素材拖至【序列】面板的视频轨道V1中，选中“013.jpg”素材文件，确定当前时间为00:00:00:00，切换到【效果控件】面板，将【缩放】设置为138，如图4-69所示。

图4-68　选择素材文件

图4-69　设置参数

05 选中“014.jpg”素材文件，确定当前时间为00:00:05:00，切换到【效果控件】面板，将【缩放】设置为80，如图4-70所示。

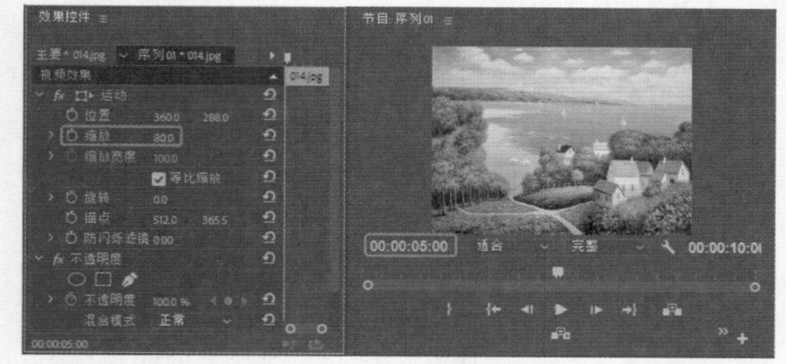

图4-70　设置当前时间及参数

06 切换到【效果】面板，打开【视频过渡】文件夹，选择【划像】下的【盒形划像】过渡效果，如图4-71所示。

07 将其拖至【序列】面板中两个素材之间，如图4-72所示。

图4-71　选择【盒形划像】特效

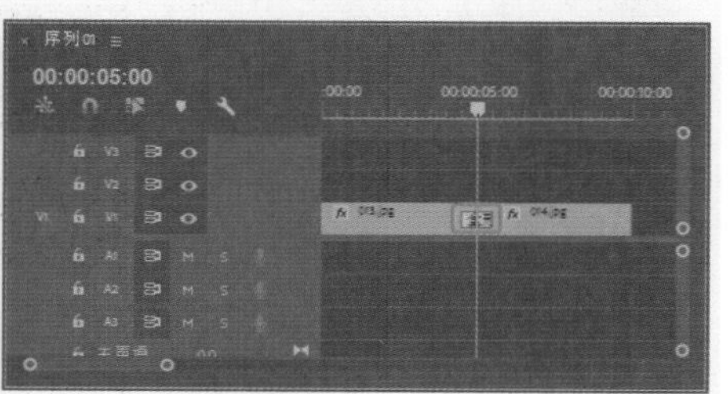

图4-72　拖到素材之间

4. 实战：【菱形划像】切换效果

【菱形划像】过渡效果：以菱形的方式擦除，以显示图像A下面的图像B，效果如图4-73所示。

图4-73　【菱形划像】特效

01 新建项目后，在菜单栏中单击【文件】按钮，在弹出的下拉列表中选择【新建】|【序列】命令。

02 在弹出的对话框中选择DV-PAL|【标准48kHz】，其他保持默认设置，然后单击【确定】按钮。

03 在【项目】面板的空白处双击鼠标，弹出【导入】对话框，选择“015.jpg”“016.jpg”文件，单击【打开】按钮即可导入素材，如图4-74所示。

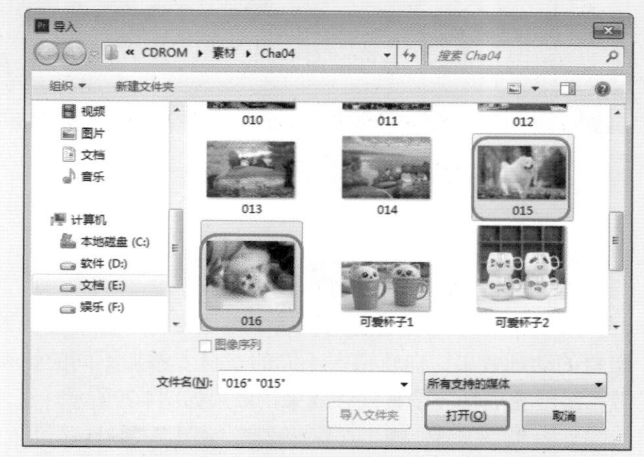

图4-74　选择素材文件

04 将导入后的素材拖至【序列】面板的视频轨道V1中，选中“015.jpg”素材文件，确定当前时间为00:00:00:00，切换到【效果控件】面板，将【缩放】设置为50，如图4-75所示。

图4-75　设置参数

05 选中“016.jpg”素材文件，确定当前时间为00:00:05:00，切换到【效果控件】面板，将【缩放】设置为65，如图4-76所示。

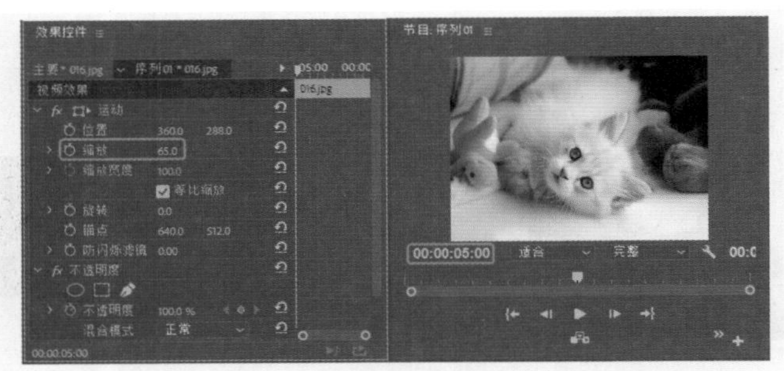

图4-76　设置当前时间并设置参数

06 切换到【效果】面板打开【视频过渡】文件夹，选择【划像】下的【菱形划像】过渡效果，如图4-77所示。

07 将其拖至【序列】面板中两个素材之间，如图4-78所示。

图4-77　选择【菱形划像】特效

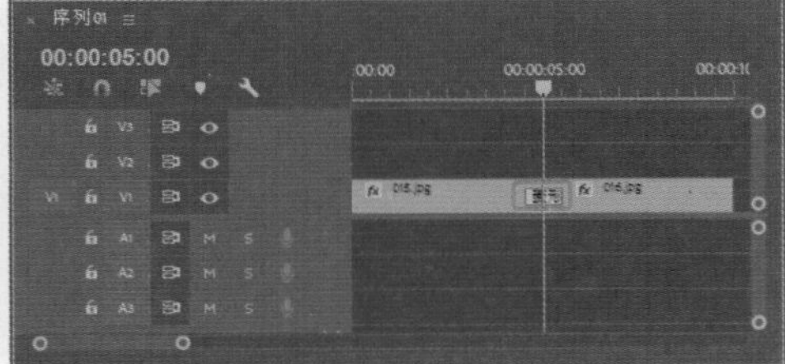

图4-78　拖到素材之间

实例操作——精致茶具

制作的过程中主要通过向轨道中添加素材，并设置轨道中素材的动画效果，向轨道中不同的素材上添加不同的切换特效，最终完成精致茶具视频效果，效果如图4-79所示。

图4-79　精致茶具效果

01 新建项目文件和DV-PAL选项组中的【标准48kHz】序列文件，在【项目】面板中导入“精致茶具1.png”“精致茶具2.jpg”“精致茶具3.jpg”“精致茶具4.jpg”“精致茶具5.jpg”“精致茶具6.jpg”文件，如图4-80所示。

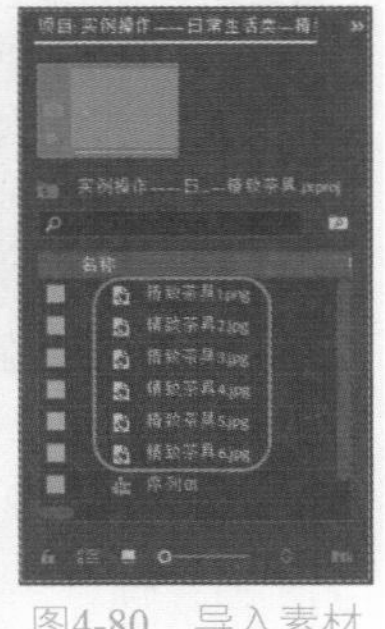

图4-80　导入素材

02 确认当前时间设置为00:00:00:00，在V1轨道右侧右击鼠标，在弹出的快捷菜单中选择【添加轨道】命令，如图4-81所示。

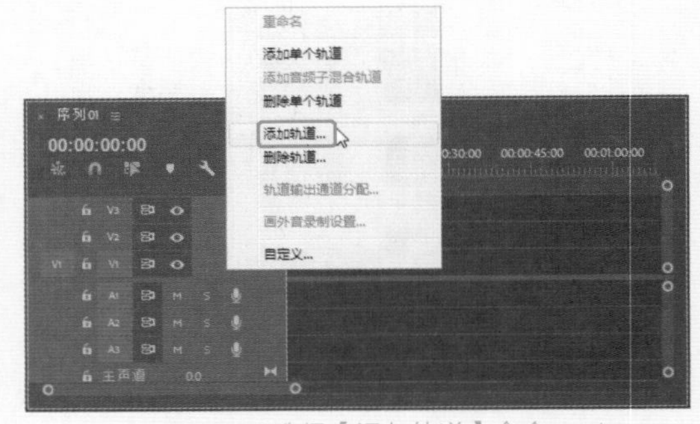

图4-81　选择【添加轨道】命令

03 弹出【添加轨道】对话框，添加3个视频轨道，单击【确定】按钮，如图4-82所示。

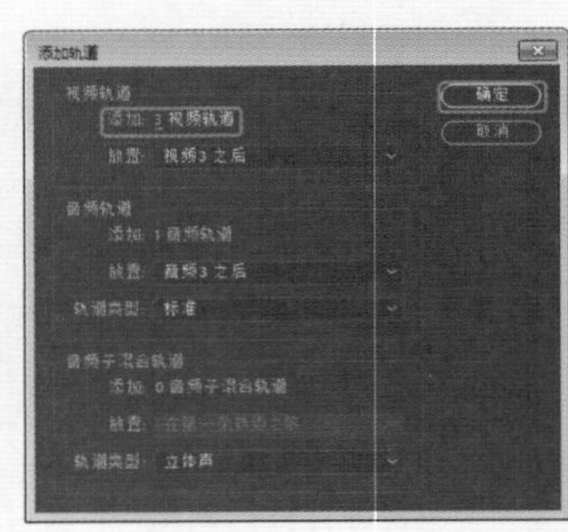

图4-82　添加视频轨道

04 在【项目】面板中，将“精致茶具1.png”素材拖至V6轨道中，开始处与时间线对齐，并选中轨道中的素材，将其持续时间设置为00:00:03:00。切换至【效果控件】面板中，将【运动】选项组中的【位置】设置为360、179，如图4-83所示。

图4-83　设置参数

05 确认当前时间为00:00:00:00，将【不透明度】设置为0，如图4-84所示。

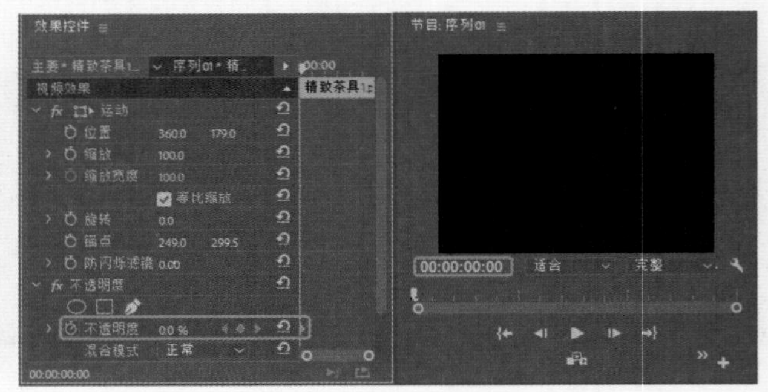

图4-84　设置不透明度

06 确认当前时间为00:00:01:12，将【不透明度】设置为100，将【缩放】设置为42，如图4-85所示。

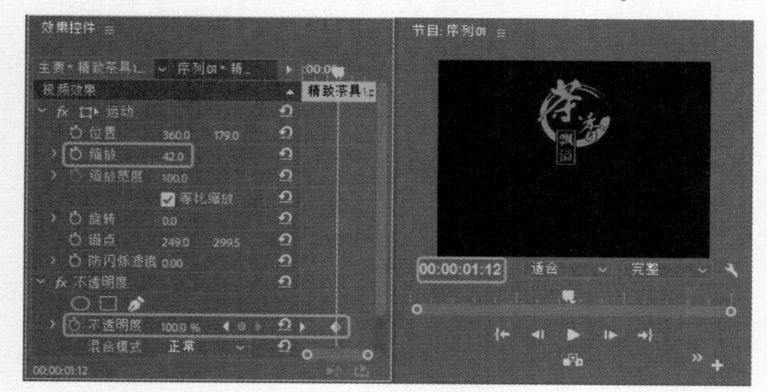
图4-85　设置不透明度和缩放

07 在【项目】面板中，将当前时间设置为00:00:00:00，将“精致茶具2.jpg”素材拖至V5轨道中，开始处与时间线对齐，并选中轨道中的素材，将其持续时间设置为00:00:03:00。切换至【效果控件】面板中，将【运动】选项组中的【位置】设置为407、284，单击左侧的【切换动画】按钮，将【缩放】设置为78，如图4-86所示。

图4-86　设置参数

08 将当前时间设置为00:00:01:12，将【位置】设置为360、295，如图4-87所示。

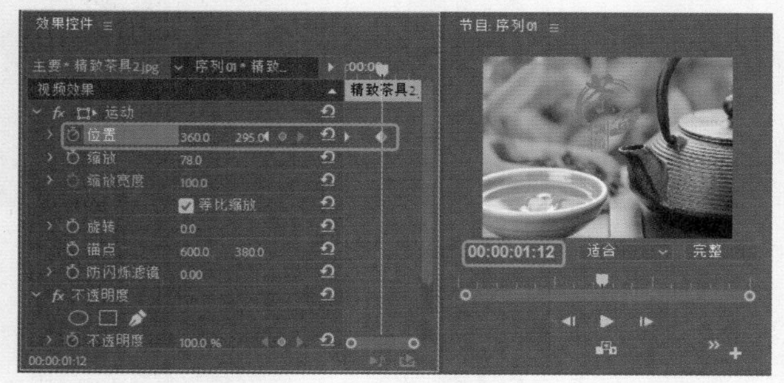
图4-87　设置【位置】参数

09 在【效果】面板中搜索【交叉划像】特效，将特效拖曳至“精致茶具1.png”和“精致茶具2.jpg”尾部，如图4-88所示。

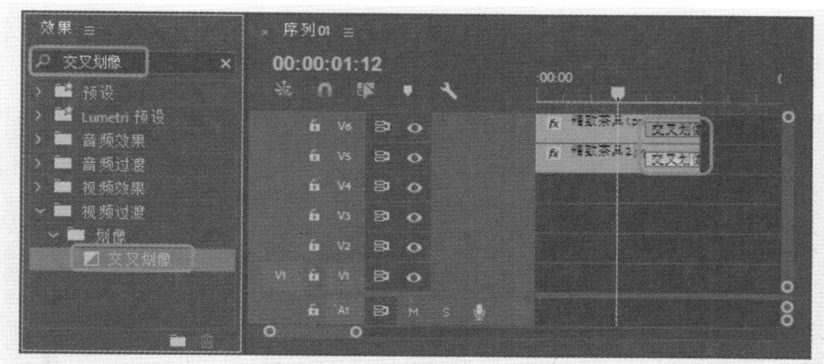
图4-88　添加特效

10 将当前时间设置为00:00:02:00，将“精致茶具3.jpg”拖曳至V4轨道中，将开始处与时间线对齐，将持续时间设置为00:00:03:12，如图4-89所示。

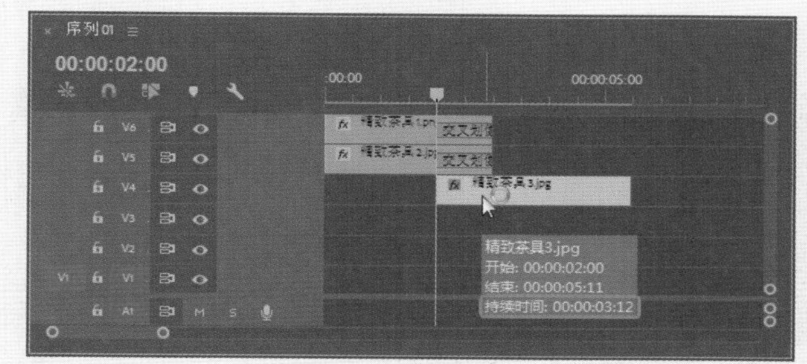
图4-89　设置持续时间

11 将当前时间设置为00:00:02:00，将【位置】设置为360、404，单击左侧的【切换动画】按钮，将【缩放】设置为104，如图4-90所示。

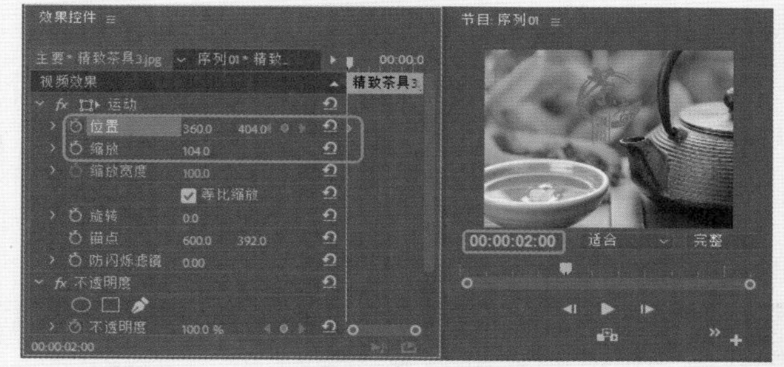
图4-90　设置位置和缩放

12 将当前时间设置为00:00:04:00，将【位置】设置为552、174，如图4-91所示。

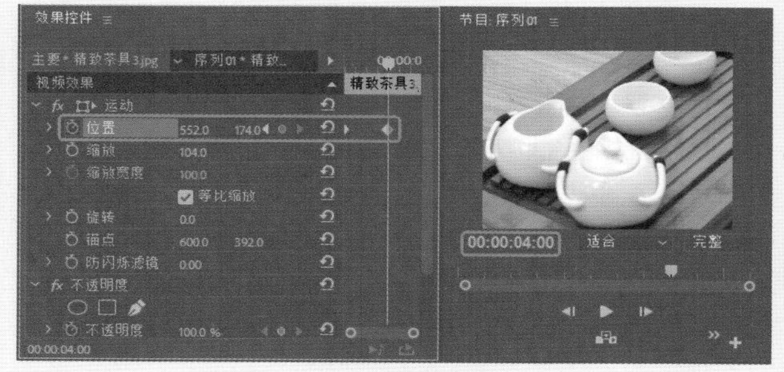
图4-91　设置【位置】参数

13 在【效果】面板中搜索【圆划像】特效，将特效拖曳至“精致茶具3.jpg”尾部，如图4-92所示。

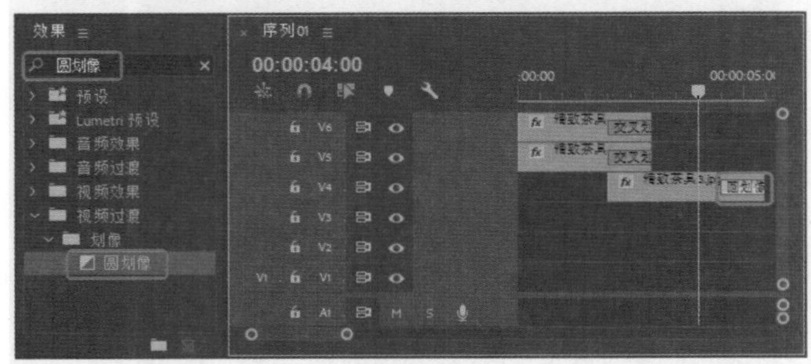

图4-92 添加特效

14 使用同样的方法，将其他素材拖至视频轨道中并设置参数、添加效果，如图4-93所示。

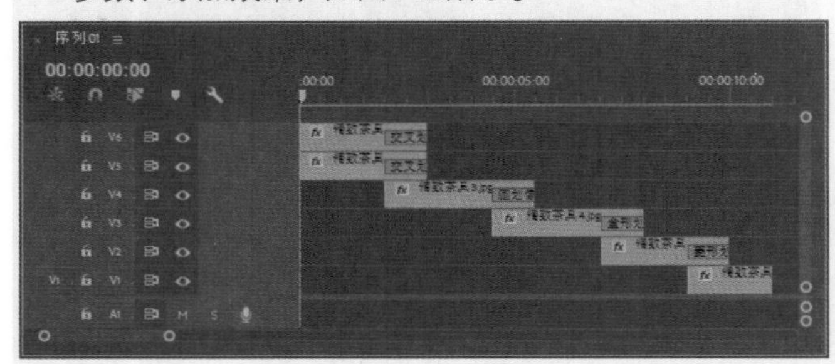

图4-93 完成后的效果

4.2.3 擦除

本节将详细讲解【擦除】转场特效，其中共包括17个以擦除方式过渡的切换视频效果。

1. 实战：【划出】切换效果

【划出】过渡效果使图像B逐渐扫过图像A，效果如图4-94所示。

图4-94 【划出】特效

01 新建项目后，在菜单栏中单击【文件】按钮，在弹出的下拉列表中选择【新建】|【序列】命令。

02 在弹出的对话框中选择DV-PAL|【标准48kHz】，其他保持默认设置，然后单击【确定】按钮。

03 在【项目】面板的空白处双击鼠标，弹出【导入】对话框，选择“017.jpg”“018.jpg”文件，单击【打开】按钮即可导入素材，如图4-95所示。

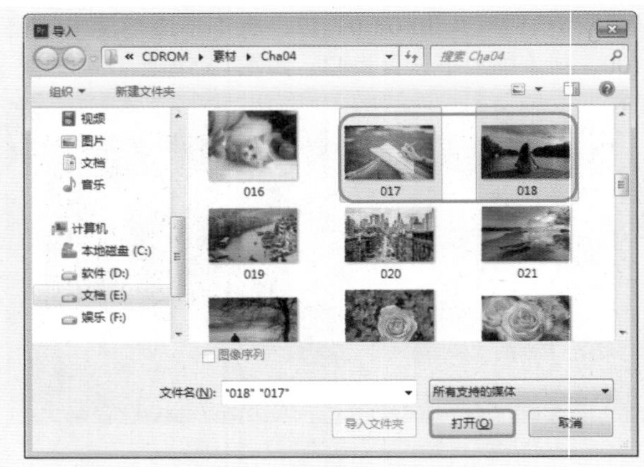

图4-95 选择素材文件

04 将导入后的素材拖至【序列】面板的视频轨道V1中，选中“017.jpg”素材文件，确定当前时间为00:00:00:00，切换到【效果控件】面板，将【缩放】设置为95，如图4-96所示。

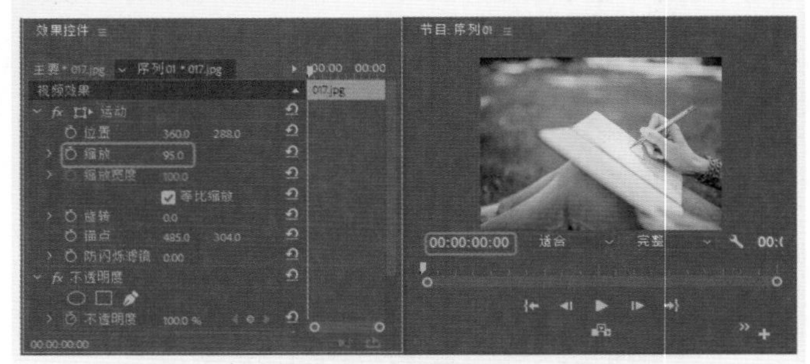

图4-96 设置参数

05 选中“018.jpg”素材文件，确定当前时间为00:00:05:00，切换到【效果控件】面板，将【缩放】设置为115，如图4-97所示。

图4-97 设置当前时间及参数

06 切换到【效果】面板，打开【视频过渡】文件夹，选择【擦除】下的【划出】过渡效果，如图4-98所示。

07 将其拖至【序列】面板的两个素材之间，如图4-99所示。

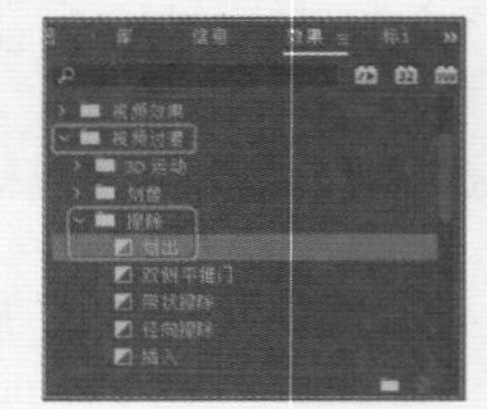

图4-98 选择【划出】特效

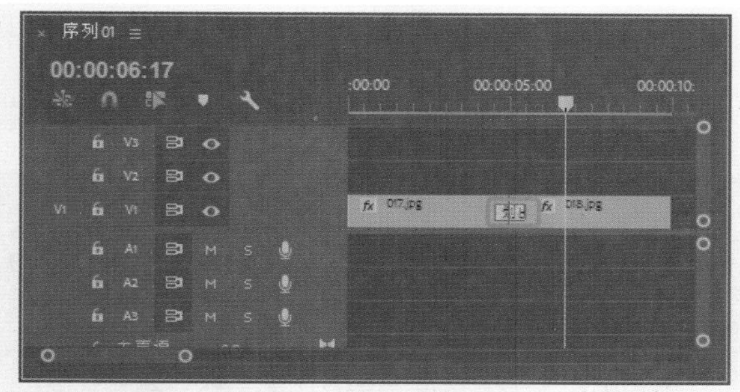

图4-99 拖到素材之间

2. 实战：【双侧平推门】切换效果

【双侧平推门】过渡效果使图像A以开、关门的方式过渡转换到图像B，如图4-100所示。

图4-100 【双侧平推门】效果

01 新建项目后，在菜单栏中单击【文件】按钮，在弹出的下拉列表中选择【新建】|【序列】命令。

02 在弹出的对话框中选择DV-PAL|【标准48kHz】，其他保持默认设置，然后单击【确定】按钮。

03 在【项目】面板的空白处双击鼠标，弹出【导入】对话框，选择“019.jpg”“020.jpg”文件，单击【打开】按钮即可导入素材，如图4-101所示。

图4-101 选择素材文件

04 将导入后的素材拖至【序列】面板的视频轨道V1中，选中“019.jpg”素材文件，确定当前时间为00:00:00:00，切换到【效果控件】面板，将【缩放】设置为105，如图4-102所示。

图4-102 设置参数

05 选中“020.jpg”素材文件，确定当前时间为00:00:05:00，切换到【效果控件】面板，将【缩放】设置为95，如图4-103所示。

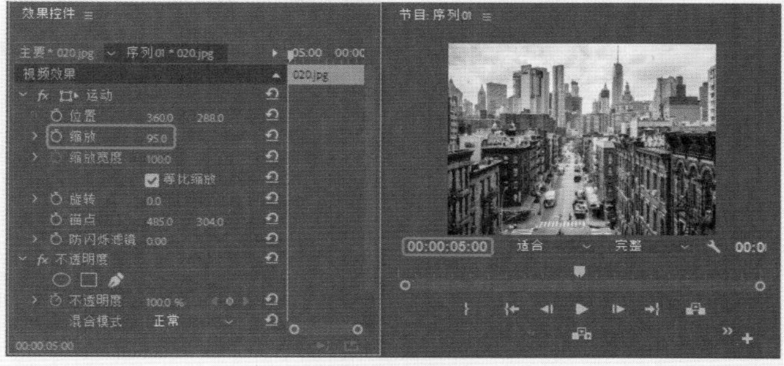

图4-103 设置当前时间及参数

06 切换到【效果】面板，打开【视频过渡】文件夹，选择【擦除】下的【双侧平推门】过渡效果，如图4-104所示。

07 将其拖至【序列】面板中两个素材之间，如图4-105所示。

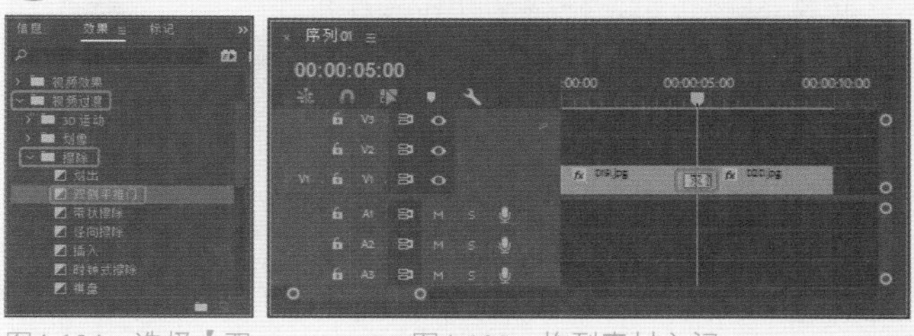

图4-104 选择【双侧平推门】特效　　图4-105 拖到素材之间

3. 实战：【带状擦除】切换效果

【带状擦除】过渡效果：图像B在水平、垂直或对角线方向上呈条形扫除图像A，逐渐显示，效果如图4-106所示。

图4-106 【带状擦除】特效

01 新建项目后，在菜单栏中单击【文件】按钮，在弹出的下拉列表中选择【新建】|【序列】命令。

02 在弹出的对话框中选择DV-PAL|【标准48kHz】，其他保持默认设置，然后单击【确定】按钮。

03 在【项目】面板的空白处双击鼠标，弹出【导入】对话框，选择“021.jpg” “022.jpg文件”，单击【打开】按钮即可导入素材，如图4-107所示。

图4-107 选择素材文件

04 将导入后的素材拖至【序列】面板的视频轨道V1中，选中“021.jpg”素材文件，确定当前时间为00:00:00:00，切换到【效果控件】面板，将【缩放】设置为105，如图4-108所示。

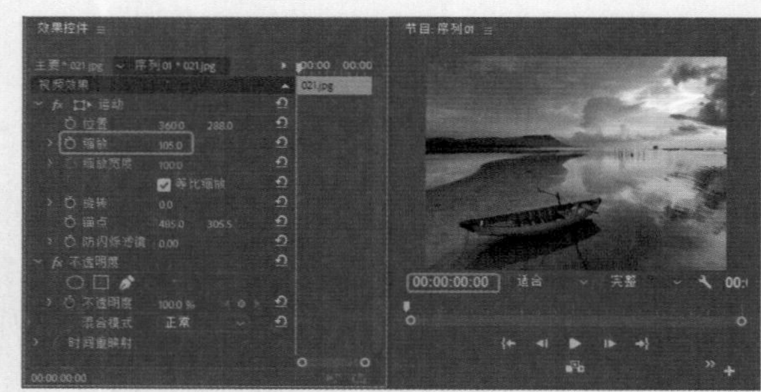

图4-108 设置参数

05 选中“022.jpg”素材文件，确定当前时间为00:00:05:00，切换到【效果控件】面板，将【缩放】设置为95，如图4-109所示。

图4-109 设置当前时间及参数

06 切换到【效果】面板打开【视频过渡】文件夹，选择【擦除】下的【带状擦除】过渡效果，如图4-110所示。

07 将其拖至【序列】面板中两个素材之间，如图4-111所示。

图4-110 选择【带状擦除】特效

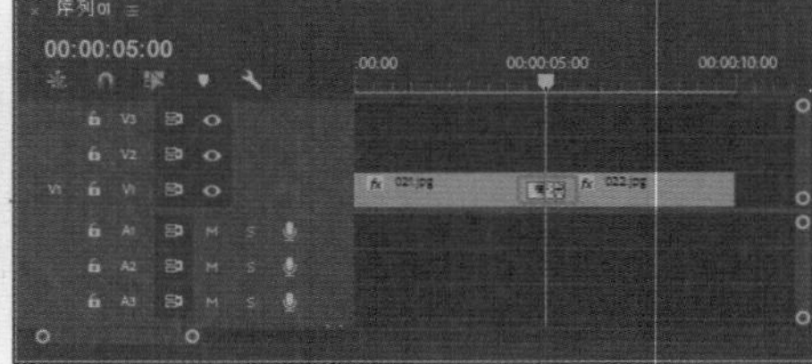

图4-111 拖到素材之间

4. 实战：【径向擦除】切换效果

【径向擦除】过渡效果使图像B从图像A的一角扫入画面，如图4-112所示。

图4-112 【径向擦除】效果

01 新建项目后，在菜单栏中单击【文件】按钮，在弹出的下拉列表中选择【新建】|【序列】命令。

02 在弹出的对话框中选择DV-PAL|【标准48kHz】，其他保持默认设置，然后单击【确定】按钮。

03 在【项目】面板的空白处双击鼠标，弹出【导入】对话框，选择“023.jpg” “024.jpg文件”，单击【打开】按钮即可导入素材，如图4-113所示。

图4-113 选择素材文件

04 将导入后的素材拖至【序列】面板的视频轨道V1中，选中“023.jpg”素材文件，确定当前时间为00:00:00:00，切换到【效果控件】面板，将【缩放】设置为85，如图4-114所示。

图4-114　设置参数

05 选中“024.jpg”素材文件，确定当前时间为00:00:05:00，切换到【效果控件】面板，将【缩放】设置为105，如图4-115所示。

图4-115　设置当前时间及参数

06 切换到【效果】面板，打开【视频过渡】文件夹，选择【擦除】下的【径向擦除】过渡效果，如图4-116所示。

07 将其拖至【序列】面板中两个素材之间，如图4-117所示。

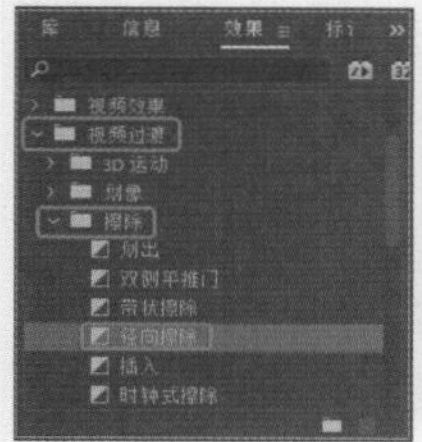

图4-116　选择【径向擦除】特效

图4-117　拖到素材之间

5. 实战：【插入】切换效果

【插入】过渡效果：斜角擦除以显示图像A下面的图像B，如图4-118所示。

图4-118　【插入】效果

01 新建项目后，在菜单栏中单击【文件】按钮，在弹出的下拉列表中选择【新建】|【序列】命令。

02 在弹出的对话框中选择DV-PAL|【标准48kHz】，其他保持默认设置，然后单击【确定】按钮。

03 在【项目】面板的空白处双击鼠标，弹出【导入】对话框，选择“025.jpg”“026.jpg”文件，单击【打开】按钮即可导入素材，如图4-119所示。

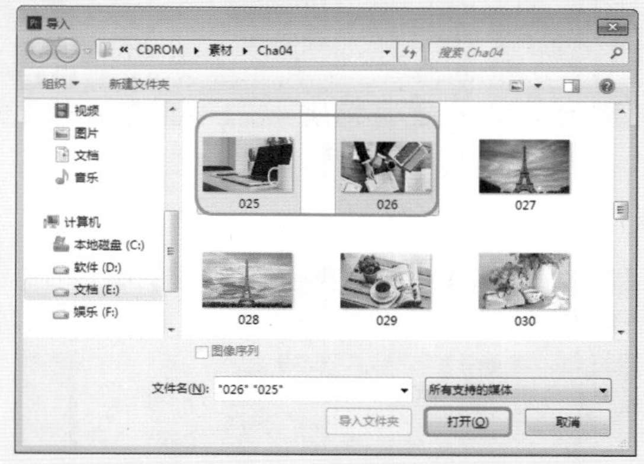

图4-119　选择素材文件

04 将导入后的素材拖至【序列】面板的视频轨道V1中，选中“025.jpg”素材文件，确定当前时间为00:00:00:00，切换到【效果控件】面板中，将【缩放】设置为95，如图4-120所示。

图4-120　设置参数

05 选中“026.jpg”素材文件，确定当前时间为00:00:05:00，切换到【效果控件】面板，将【缩放】设置为110，如图4-121所示。

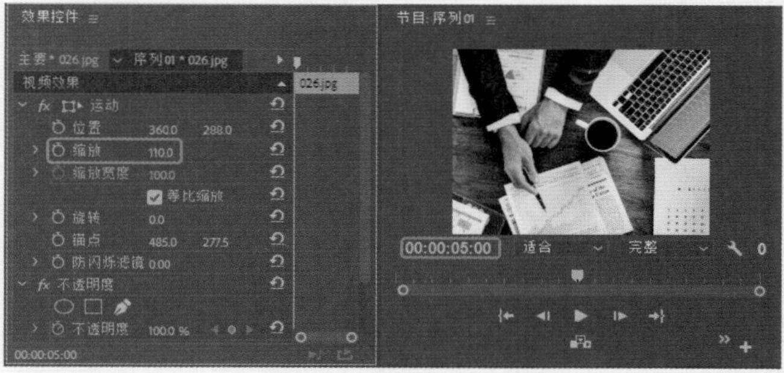

图4-121　设置当前时间及参数

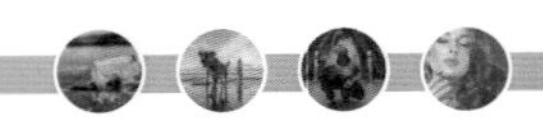

06 切换到【效果】面板打开【视频过渡】文件夹，选择【擦除】下的【插入】过渡效果，如图4-122所示。

07 将其拖至【序列】面板中两个素材之间，如图4-123所示。

图4-122 选择【插入】特效

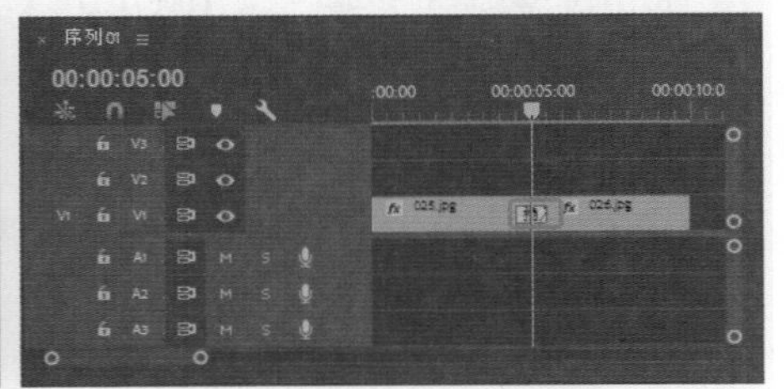

图4-123 拖到素材之间

6. 实战：【时钟式擦除】切换效果

【时钟式擦除】过渡效果使图像A以时钟放置方式过渡到图像B，效果如图4-124所示。

图4-124 【时钟式擦除】效果

01 新建项目后，在菜单栏中单击【文件】按钮，在弹出的下拉列表中选择【新建】|【序列】命令。

02 在弹出的对话框中选择DV-PAL|【标准48kHz】，其他保持默认设置，然后单击【确定】按钮。

03 在【项目】面板的空白处双击鼠标，弹出【导入】对话框，选择“027.jpg”“028.jpg”文件，单击【打开】按钮即可导入素材，如图4-125所示。

04 将导入后的素材拖至【序列】面板的视频轨道V1中，选中“027.jpg”素材文件，确定当前时间为00:00:00:00，切换到【效果控件】面板，将【缩放】设置为105，如图4-126所示。

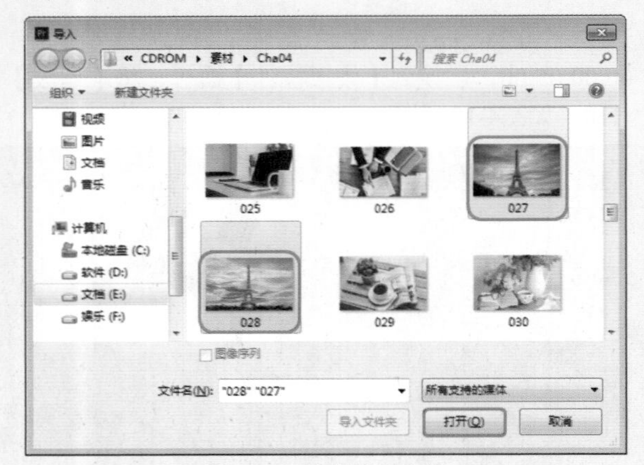

图4-125 选择素材文件

图4-126 设置参数

05 选中“028.jpg”素材文件，确定当前时间为00:00:05:00，切换到【效果控件】面板，将【缩放】设置为125，如图4-127所示。

06 切换到【效果】面板打开【视频过渡】文件夹，选择【擦除】下的【时钟式擦除】过渡效果，如图4-128所示。

07 将其拖至【序列】面板中两个素材之间，如图4-129所示。

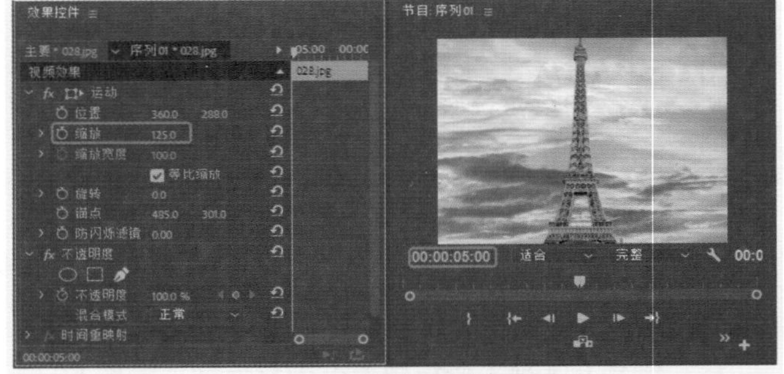

图4-127 设置当前时间并设置参数

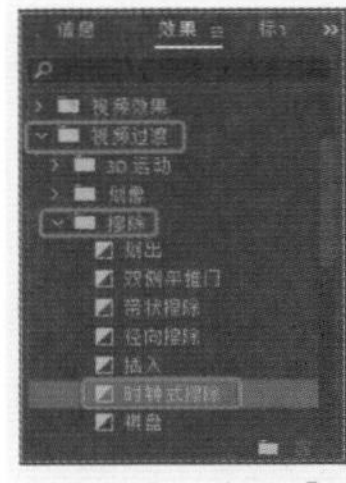

图4-128 选择【时钟式擦除】特效

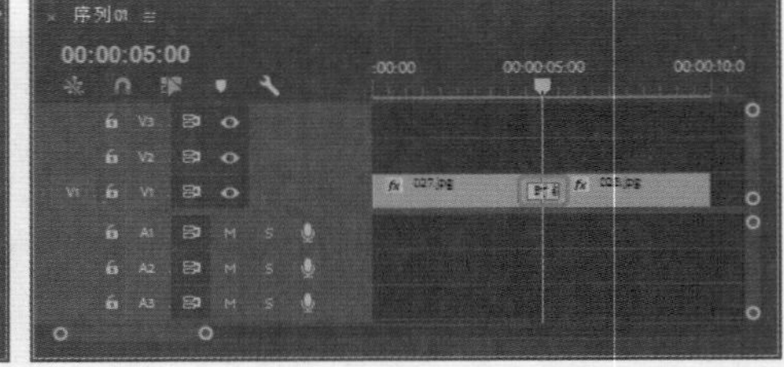

图4-129 拖到素材之间

7. 实战：【棋盘擦除】切换效果

【棋盘擦除】过渡效果：棋盘显示图像A下面的图像B，效果如图4-130所示。

图4-130 【棋盘擦除】效果

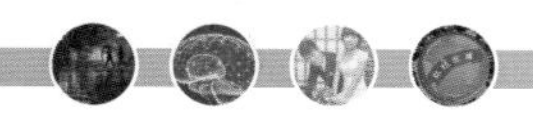

01 新建项目后，在菜单栏中单击【文件】按钮，在弹出的下拉列表中选择【新建】|【序列】命令。

02 在弹出的对话框中选择DV-PAL|【标准48kHz】，其他保持默认设置，然后单击【确定】按钮。

03 在【项目】面板的空白处双击鼠标，弹出【导入】对话框，选择“029.jpg”“030.jpg”文件，单击【打开】按钮即可导入素材，如图4-131所示。

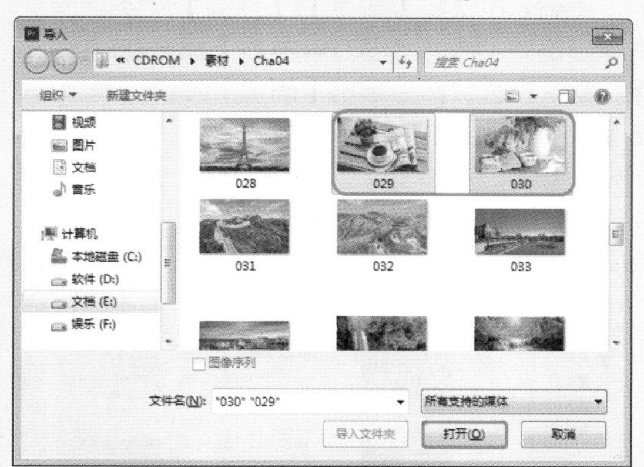

图4-131　选择素材文件

04 将导入后的素材拖至【序列】面板的视频轨道V1中，选中“029.jpg”素材文件，确定当前时间为00:00:00:00，切换到【效果控件】面板中将【缩放】设置为105，如图4-132所示。

图4-132　设置参数

05 选中“030.jpg”素材文件，确定当前时间为00:00:05:00，切换到【效果控件】面板中将【缩放】设置为105，如图4-133所示。

图4-133　设置当前时间及参数

06 切换到【效果】面板打开【视频过渡】文件夹，选择【擦除】下的【棋盘擦除】过渡效果，如图4-134所示。

07 将其拖至【序列】面板中两个素材之间，如图4-135所示。

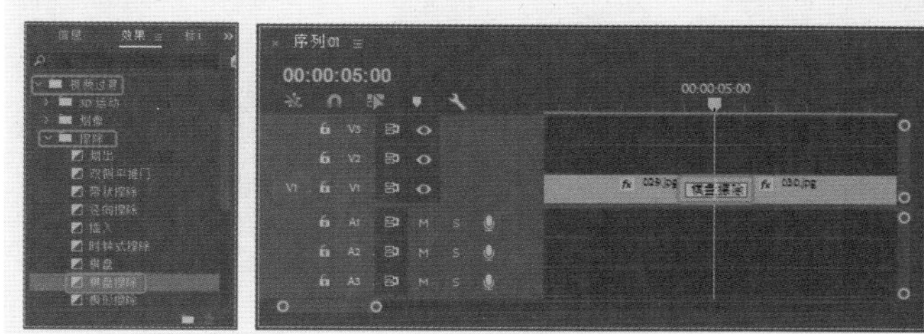

图4-134　选择【棋盘擦除】特效　　图4-135　拖到素材之间

8. 实战：【棋盘】切换效果

【棋盘】过渡效果：使图像A以棋盘消失过渡到图像B，效果如图4-136所示。

图4-136　【棋盘】效果

01 新建项目后，在菜单栏中单击【文件】按钮，在弹出的下拉列表中选择【新建】|【序列】命令。

02 在弹出的对话框中选择DV-PAL|【标准48kHz】，其他保持默认设置，然后单击【确定】按钮。

03 在【项目】面板的空白处双击鼠标，弹出【导入】对话框，选择“031.jpg”“032.jpg”文件，单击【打开】按钮即可导入素材，如图4-137所示。

图4-137　选择素材文件

04 将导入后的素材拖至【序列】面板的视频轨道V1中，选中“031.jpg”素材文件，确定当前时间为00:00:00:00，切换到【效果控件】面板中将【缩放】设置为95，如图4-138所示。

图4-138　设置参数

05 选中“032.jpg”素材文件，确定当前时间为00:00:05:00，切换到【效果控件】面板中将【缩放】设置为105，如图4-139所示。

图4-139　设置当前时间及参数

06 切换到【效果】面板打开【视频过渡】文件夹，选择【擦除】下的【棋盘】过渡效果，如图4-140所示。

07 将其拖至【序列】面板中两个素材之间，如图4-141所示。

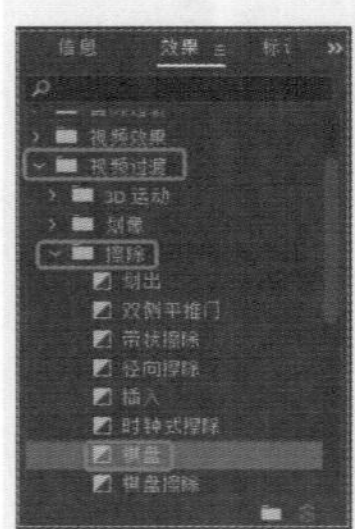

图4-140　选择【棋盘】特效

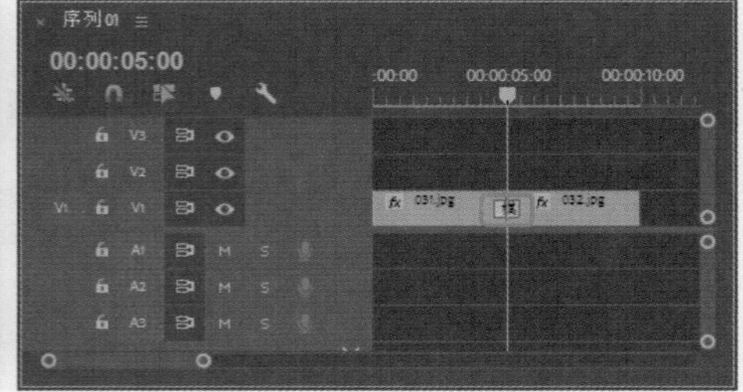

图4-141　拖到素材之间

9. 实战：【楔形擦除】切换效果

【楔形擦除】过渡效果：从图像A的中心开始擦除，以显示图像B，效果如图4-142所示。

图4-142　【楔形擦除】效果

01 新建项目后，在菜单栏中单击【文件】按钮，在弹出的下拉列表中选择【新建】|【序列】命令。

02 在弹出的对话框中选择DV-PAL|【标准48kHz】，其他保持默认设置，然后单击【确定】按钮。

03 在【项目】面板的空白处双击鼠标，弹出【导入】对话框，选择“033.jpg”“034.jpg”文件，单击【打开】按钮即可导入素材，如图4-143所示。

图4-143　选择素材文件

04 将导入后的素材拖至【序列】面板的视频轨道V1中，选中“033.jpg”素材文件，确定当前时间为00:00:00:00，切换到【效果控件】面板中将【缩放】设置为115，如图4-144所示。

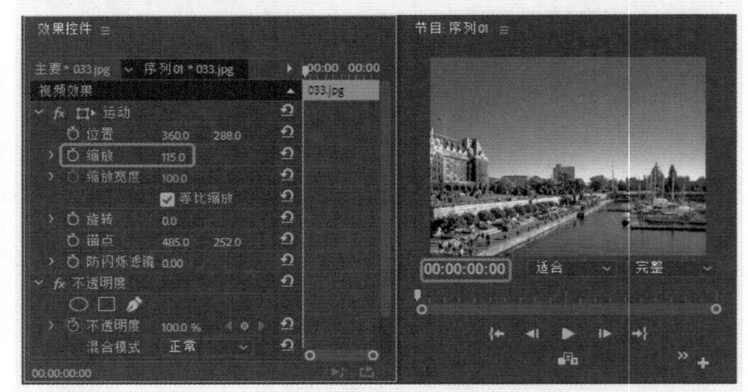

图4-144　设置参数

05 选中“034.jpg”素材文件，确定当前时间为00:00:05:00，切换到【效果控件】面板中将【缩放】设置为110，如图4-145所示。

图4-145　设置当前时间及参数

06 切换到【效果】面板打开【视频过渡】文件夹，选择【擦除】下的【楔形擦除】过渡效果，如图4-146所示。

07 将其拖至【序列】面板中两个素材之间，如图4-147所示。

图4-146　选择【楔形擦除】特效

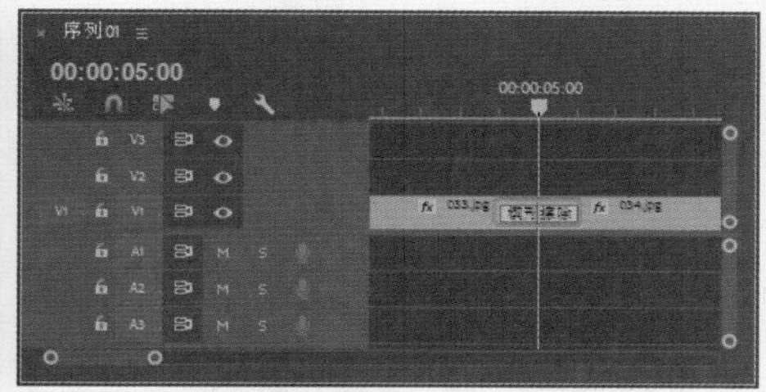

图4-147　拖到素材之间

10. 实战：【随机擦除】切换效果

【随机擦除】过渡效果：使图像B从图像A一边随机出现扫走图像A，如图4-148所示。

图4-148　【随机擦除】过渡特效

01 新建项目后，在菜单栏中单击【文件】按钮，在弹出的下拉列表中选择【新建】|【序列】命令。

02 在弹出的对话框中选择DV-PAL|【标准48kHz】，其他保持默认设置，然后单击【确定】按钮。

03 在【项目】面板的空白处双击鼠标，弹出【导入】对话框，选择“035.jpg”“036.jpg”文件，单击【打开】按钮即可导入素材，如图4-149所示。

04 将导入后的素材拖至【序列】面板的视频轨道V1中，如图4-150所示。

05 切换到【效果】面板打开【视频过渡】文件夹，选择【擦除】下的【随机擦除】过渡效果，如图4-151所示。

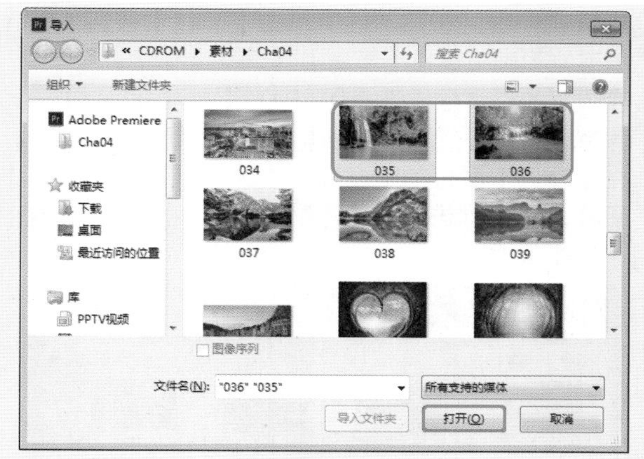

图4-149　选择素材文件

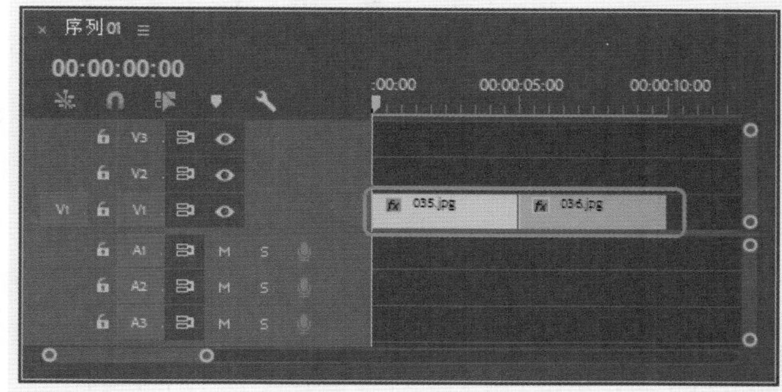

图4-150　添加素材

06 将其拖至【序列】面板中两个素材之间，如图4-152所示。

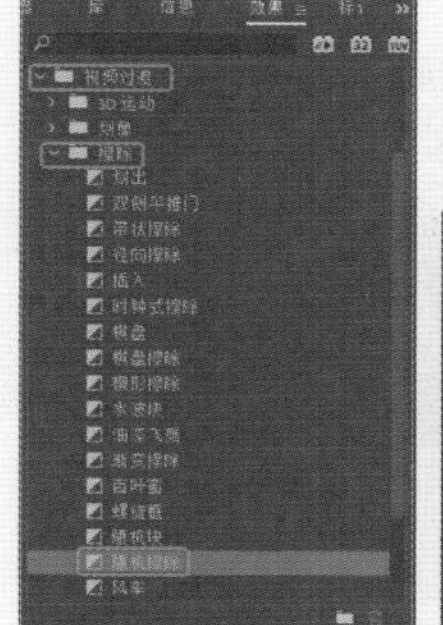

图4-151　选择【随机擦除】特效

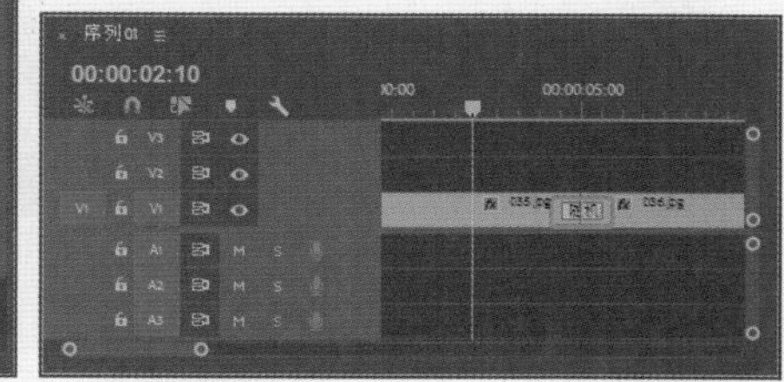

图4-152　拖到素材之间

11. 实战：【水波块】切换效果

【水波块】过渡效果：来回进行块擦除以显示图像A下面的图像B，如图4-153所示。

图4-153　【水波块】效果

01 新建项目后，在菜单栏中单击【文件】按钮，在弹出的下拉列表中选择【新建】|【序列】命令。

02 在弹出的对话框中选择DV-PAL|【标准48kHz】，其他保持默认设置，然后单击【确定】按钮。

03 在【项目】面板的空白处双击鼠标，弹出【导入】对话框，选择“037.jpg”“038.jpg”文件，单击【打开】按钮即可导入素材，如图4-154所示。

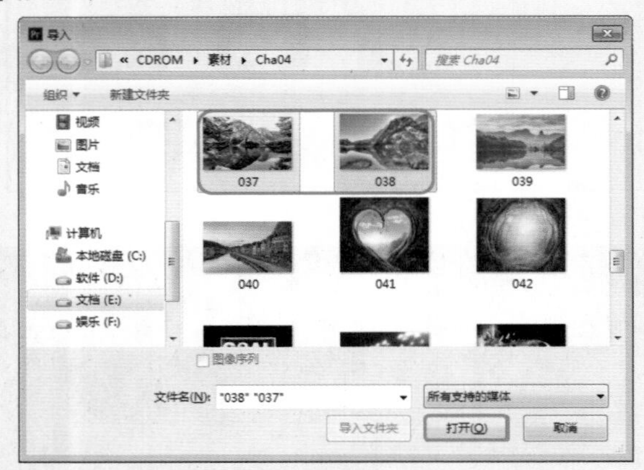

图4-154　选择素材文件

04 将导入后的素材拖至【序列】面板的视频轨道V1中，选中“037.jpg”素材文件，确定当前时间为00:00:00:00，切换到【效果控件】面板中将【缩放】设置为110，如图4-155所示。

图4-155　设置参数

05 选中“038.jpg”素材文件，确定当前时间为00:00:05:00，切换到【效果控件】面板中将【缩放】设置为105，如图4-156所示。

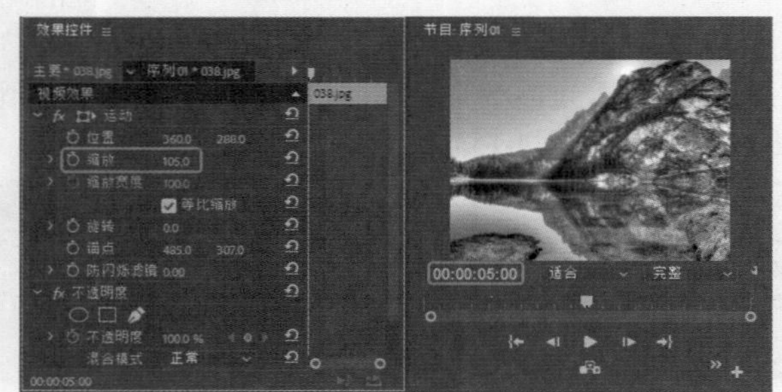

图4-156　设置当前时间及参数

06 切换到【效果】面板打开【视频过渡】文件夹，选择【擦除】下的【水波块】过渡效果，如图4-157所示。

07 将其拖至【序列】面板中两个素材之间，如图4-158所示。

图4-157　选择【水波块】特效

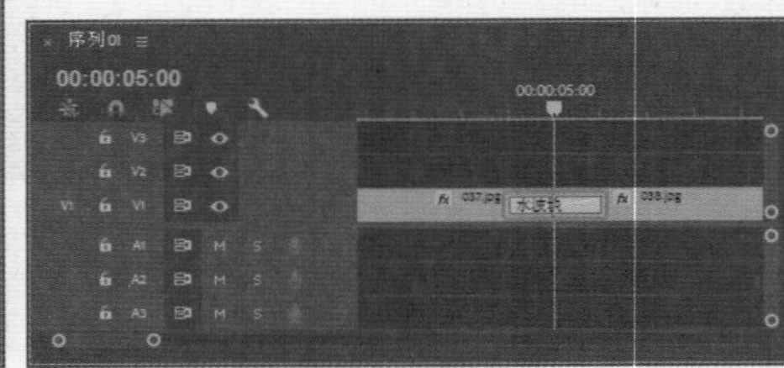

图4-158　拖到素材之间

12. 实战：【油漆飞溅】切换效果

【油漆飞溅】过渡效果：该特效是指素材图像B以油漆飞溅的形式显示出现，从而覆盖素材图像A，效果如图4-159所示。

图4-159　【油漆飞溅】效果

01 新建项目后，在菜单栏中单击【文件】按钮，在弹出的下拉列表中选择【新建】|【序列】命令。

02 在弹出的对话框中选择DV-PAL|【标准48kHz】，其他保持默认设置，然后单击【确定】按钮。

03 在【项目】面板的空白处双击鼠标，弹出【导入】对话框，选择“039.jpg”“040.jpg”文件，单击【打开】按钮即可导入素材，如图4-160所示。

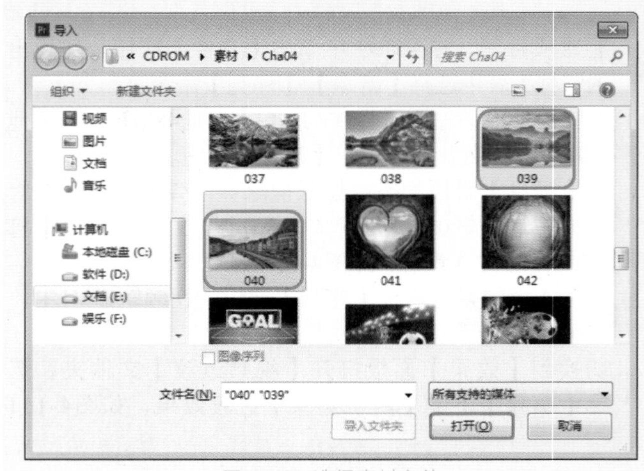

图4-160　选择素材文件

04 将导入后的素材拖至【序列】面板的视频轨道V1中，选中“039.jpg”素材文件，确定当前时间为00:00:00:00，切换到【效果控件】面板中将【缩放】设置为95，如图4-161所示。

图4-161　设置参数

05 选中“040.jpg”素材文件，确定当前时间为00:00:05:00，切换到【效果控件】面板中将【缩放】设置为110，如图4-162所示。

图4-162　设置当前时间及参数

06 切换到【效果】面板打开【视频过渡】文件夹，选择【擦除】下的【油漆飞溅】过渡效果，如图4-163所示。

07 将其拖至【序列】面板中两个素材之间，如图4-164所示。

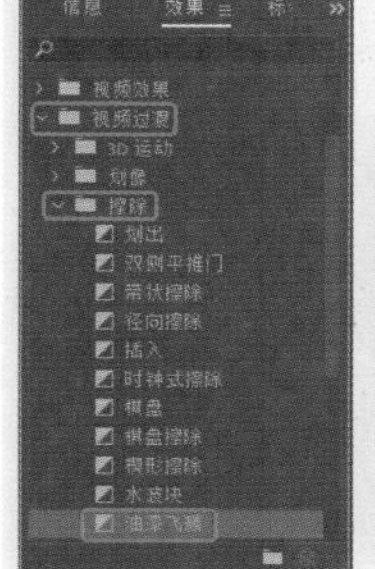

图4-163　选择【油漆飞溅】特效

图4-164　拖到素材之间

13. 实战：【百叶窗】切换效果

【百叶窗】过渡效果：水平擦除以显示图像A下面的图像B，类似于百叶窗，如图4-165所示。

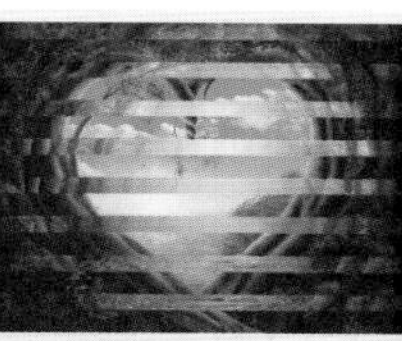
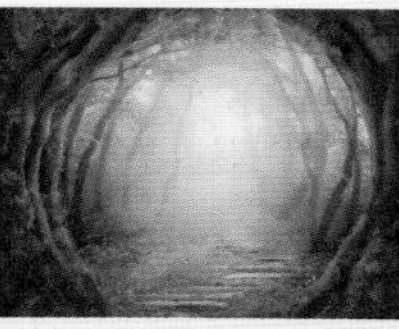

图4-165　【百叶窗】过渡效果

01 新建项目后，在菜单栏中单击【文件】按钮，在弹出的下拉列表中选择【新建】|【序列】命令。

02 在弹出的对话框中选择DV-PAL|【标准48kHz】，其他保持默认设置，然后单击【确定】按钮。

03 在【项目】面板的空白处双击鼠标，弹出【导入】对话框，选择“041.jpg”“042.jpg文件”，单击【打开】按钮即可导入素材，如图4-166所示。

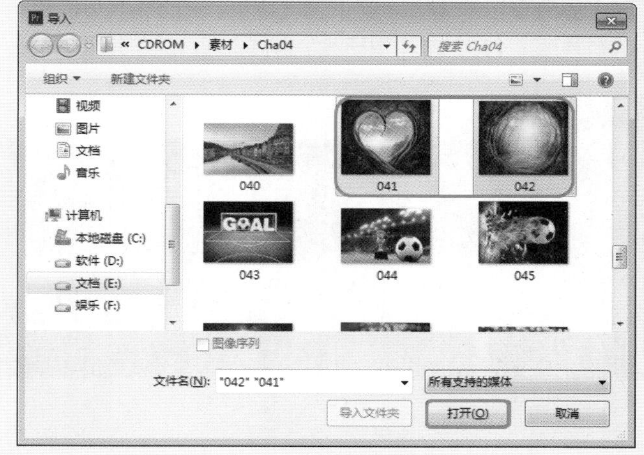

图4-166　选择素材文件

04 将导入后的素材拖至【序列】面板的视频轨道V1中，选中“041.jpg”素材文件，确定当前时间为00:00:00:00，切换到【效果控件】面板中将【缩放】设置为75，如图4-167所示。

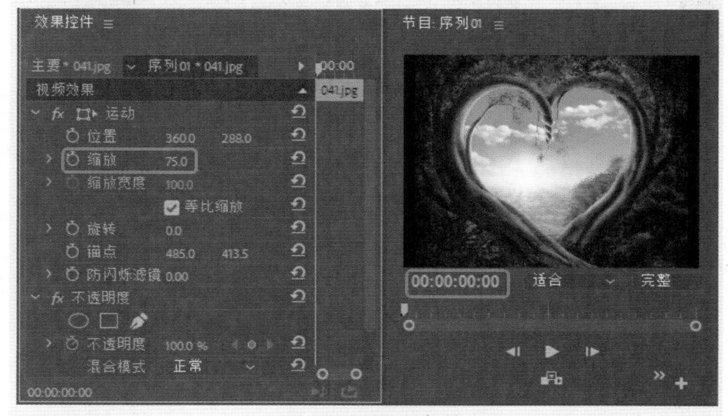

图4-167　设置参数

05 选中“042.jpg”素材文件，确定当前时间为00:00:05:00，切换到【效果控件】面板中将【缩放】设置为80，如图4-168所示。

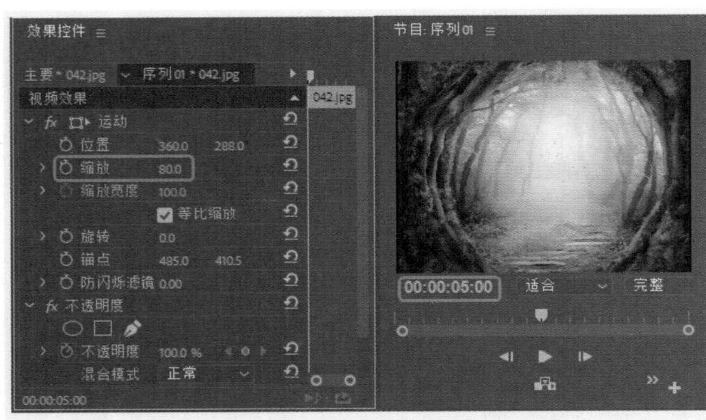

图4-168　设置当前时间及参数

06 切换到【效果】面板打开【视频过渡】文件夹，选择【擦除】下的【百叶窗】过渡效果，如图4-169所示。

07 将其拖至【序列】面板中两个素材之间，如图4-170所示。

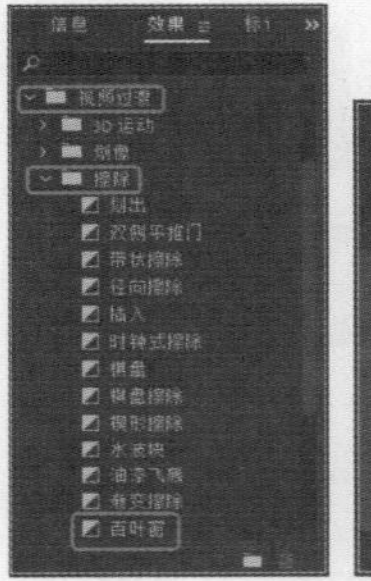

图4-169　选择【百叶窗】特效

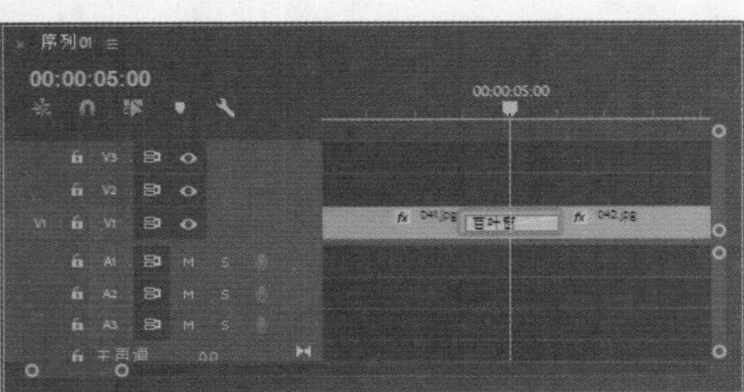

图4-170　拖到素材之间

14. 实战：【风车】切换效果

【风车】过渡效果：从图像A的中心进行多次扫掠擦除，以显示图像B，如图4-171所示。

图4-171　【风车】过渡效果

01 新建项目后，在菜单栏中单击【文件】按钮，在弹出的下拉列表中选择【新建】|【序列】命令。

02 在弹出的对话框中选择DV-PAL|【标准48kHz】，其他保持默认设置，然后单击【确定】按钮。

03 在【项目】面板的空白处双击鼠标，弹出【导入】对话框，选择“043.jpg”“044.jpg”文件，单击【打开】按钮即可导入素材，如图4-172所示。

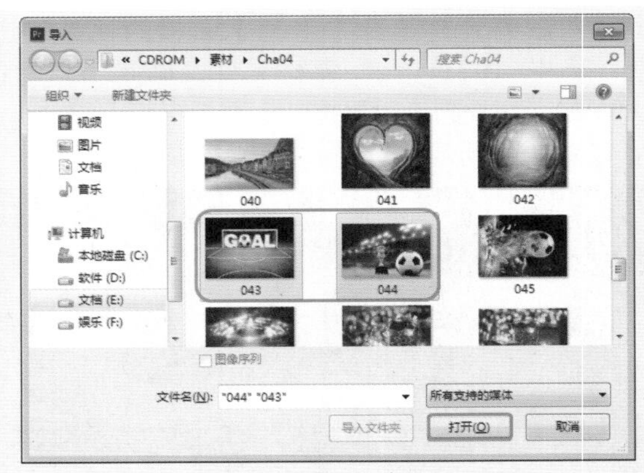

图4-172　选择素材文件

04 将导入后的素材拖至【序列】面板的视频轨道V1中，选中“043.jpg”素材文件，确定当前时间为00:00:00:00，切换到【效果控件】面板中将【缩放】设置为90，如图4-173所示。

图4-173　设置参数

05 选中“044.jpg”素材文件，确定当前时间为00:00:05:00，切换到【效果控件】面板中将【缩放】设置为95，如图4-174所示。

图4-174　设置当前时间及参数

06 切换到【效果】面板打开【视频过渡】文件夹，选择【擦除】下的【风车】过渡效果，如图4-175所示。

07 将其拖至【序列】面板中两个素材之间，如图4-176所示。

图4-175　选择【风车】特效

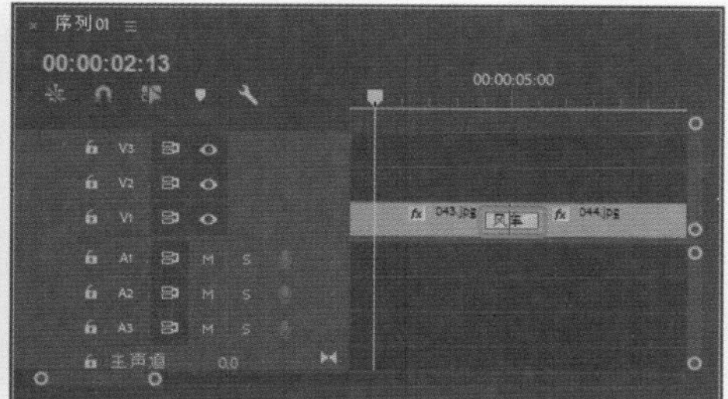

图4-176　拖到素材之间

15. 实战：【渐变擦除】切换效果

【渐变擦除】过渡效果：按照用户选定图像的渐变柔和擦除，如图4-177所示。

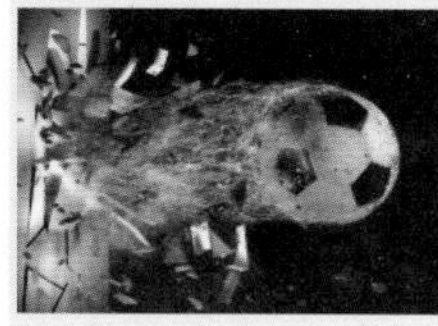

图4-177　【渐变擦除】效果

01 新建项目后，在菜单栏中单击【文件】按钮，在弹出的下拉列表中选择【新建】|【序列】命令。

02 在弹出的对话框中选择DV-PAL|【标准48kHz】，其他保持默认设置，然后单击【确定】按钮。

03 在【项目】面板的空白处双击鼠标，弹出【导入】对话框，选择“045.jpg”“046.jpg”文件，单击【打开】按钮即可导入素材，如图4-178所示。

图4-178　选择素材文件

04 将导入后的素材拖至【序列】面板的视频轨道V1中，选中“046.jpg”素材文件，确定当前时间为00:00:00:00，切换到【效果控件】面板中将【缩放】设置为90，如图4-179所示。

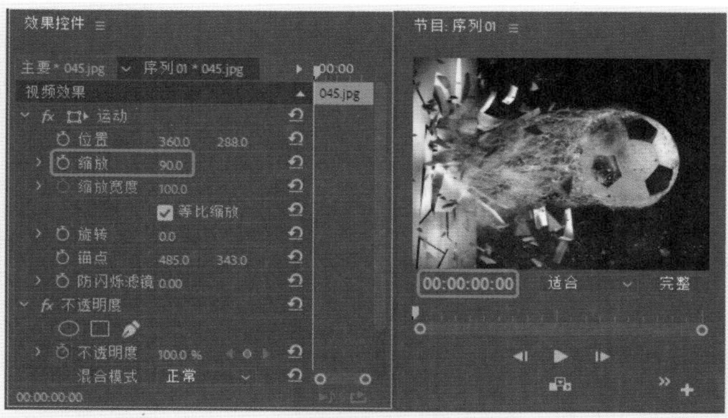

图4-179　设置参数

05 选中“046.jpg”素材文件，确定当前时间为00:00:05:00，切换到【效果控件】面板中将【缩放】设置为110，如图4-180所示。

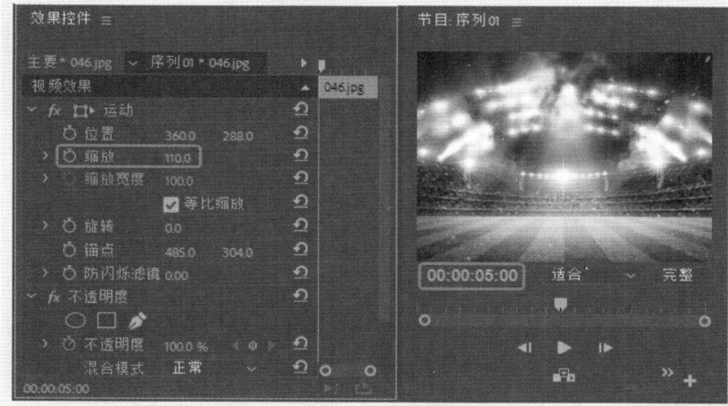

图4-180　设置当前时间及参数

06 切换到【效果】面板打开【视频过渡】文件夹，选择【擦除】下的【渐变擦除】过渡效果，如图4-181所示。

07 将其拖至【序列】面板中两个素材之间，弹出【渐变擦除设置】对话框，在弹出的对话框中单击【选择图像】按钮，如图4-182所示。

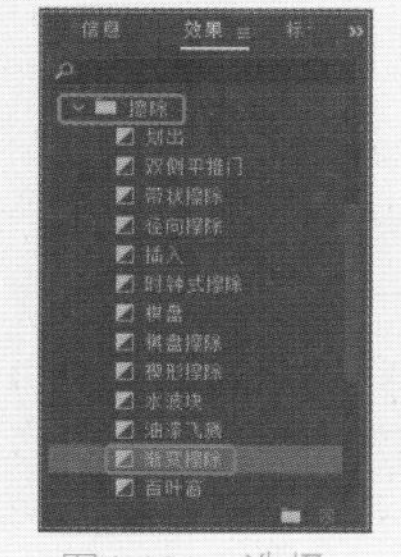

图4-181　选择【渐变擦除】特效

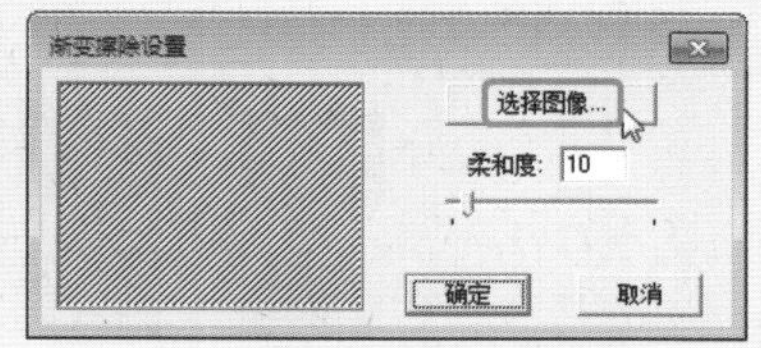

图4-182　【渐变擦除设置】对话框

08 弹出【打开】对话框，在弹出的对话框中选择“A01.jpg”文件，单击【打开】按钮，如图4-183所示。

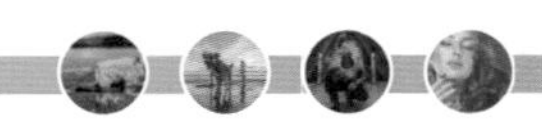

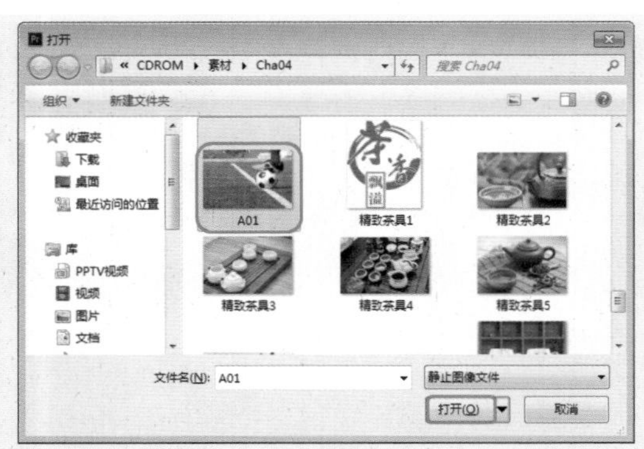

图4-183 【打开】对话框

09 返回到【渐变擦除设置】对话框，将【柔和度】设置为15，单击【确定】按钮，如图4-184所示。即可将其添加到两个素材之间。

图4-184 设置【柔和度】

16. 实战：【螺旋框】切换效果

【螺旋框】过渡效果：以螺旋框形状擦除，以显示图像A下面的图像B，如图4-185所示。

图4-185 【螺旋框】效果

01 新建项目后，在菜单栏中单击【文件】按钮，在弹出的下拉列表中选择【新建】|【序列】命令。

02 在弹出的对话框中选择DV-PAL|【标准48kHz】，其他保持默认设置，然后单击【确定】按钮。

03 在【项目】面板的空白处双击鼠标，弹出【导入】对话框，选择“047.jpg” “48.jpg”文件，单击【打开】按钮即可导入素材，如图4-186所示。

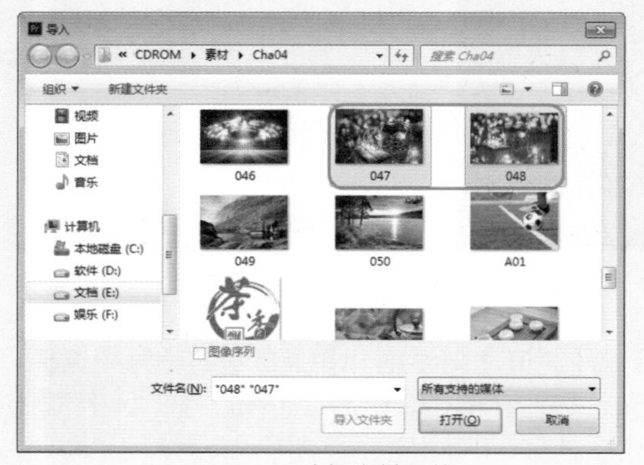

图4-186 选择素材文件

04 将导入后的素材拖至【序列】面板的视频轨道V1中，选中“047.jpg”素材文件，确定当前时间为00:00:00:00，切换到【效果控件】面板中将【缩放】设置为93，如图4-187所示。

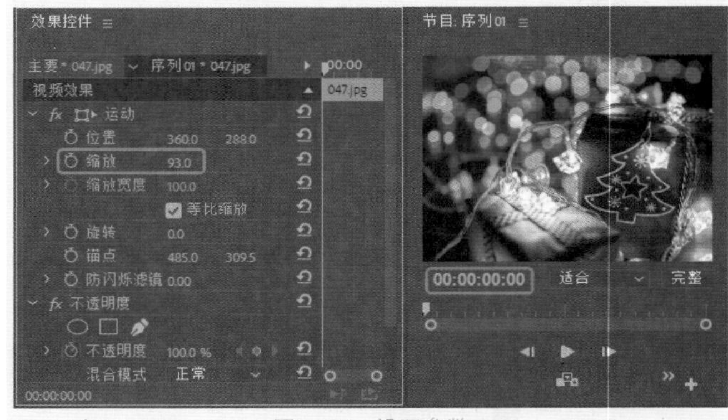

图4-187 设置参数

05 选中“048.jpg”素材文件，确定当前时间为00:00:05:00，切换到【效果控件】面板中将【缩放】设置为110，如图4-188所示。

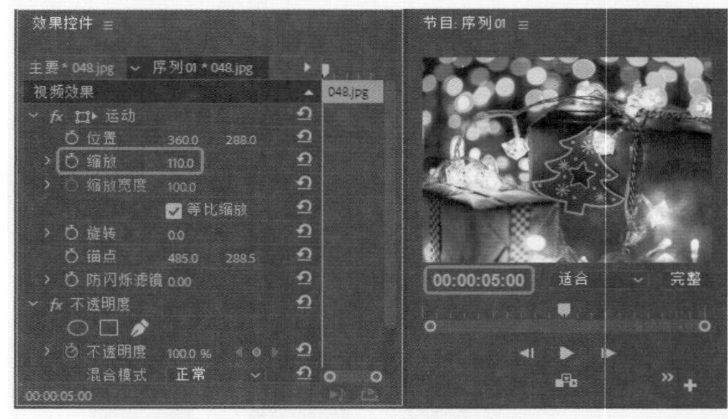

图4-188 设置当前时间及参数

06 切换到【效果】面板打开【视频过渡】文件夹，选择【擦除】下的【螺旋框】过渡效果，如图4-189所示。

07 将其拖至【序列】面板中两个素材之间，如图4-190所示。

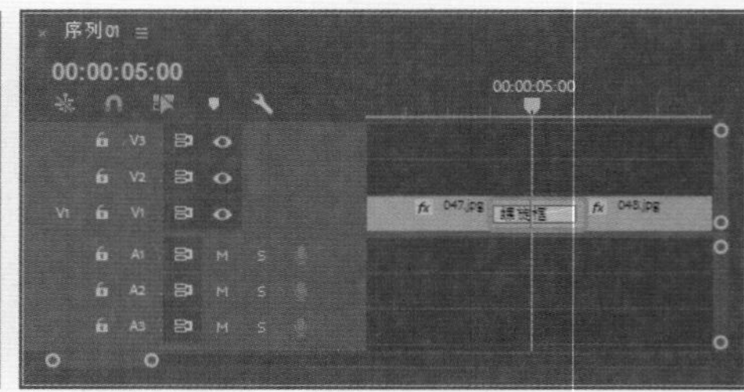

图4-189 选择【螺旋框】特效

图4-190 拖到素材之间

17. 实战：【随机块】切换效果

【随机块】过渡效果：出现随机块，以显示图像A下面的图像B，如图4-191所示。

图4-191 【随机块】效果

01 新建项目后，在菜单栏中单击【文件】按钮，在弹出的下拉列表中选择【新建】|【序列】命令。

02 在弹出的对话框中选择DV-PAL|【标准48kHz】，其他保持默认设置，然后单击【确定】按钮。

03 在【项目】面板的空白处双击鼠标，弹出【导入】对话框，选择“049.jpg”“050.jpg”文件，单击【打开】按钮即可导入素材，如图4-192所示。

04 将导入后的素材拖至【序列】面板的视频轨道V1中，选中“049.jpg”素材文件，确定当前时间为00:00:00:00，切换到【效果控件】面板中将【缩放】设置为110，如图4-193所示。

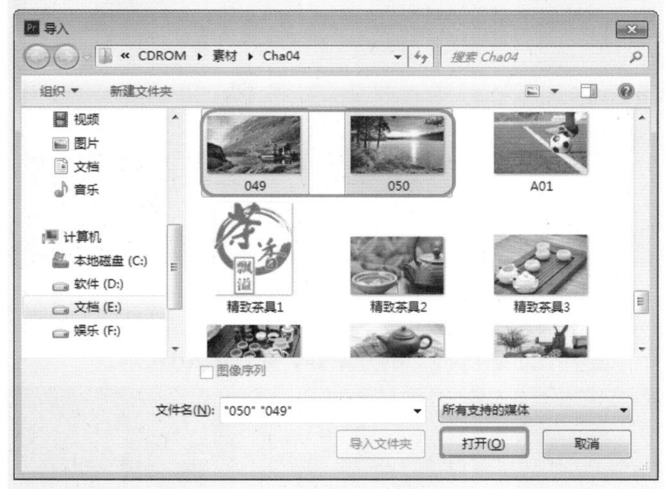

图4-192 选择素材文件

图4-193 设置参数

05 选中“050.jpg”素材文件，确定当前时间为00:00:05:00，切换到【效果控件】面板中将【缩放】设置为110，如图4-194所示。

图4-194 设置当前时间及参数

06 切换到【效果】面板打开【视频过渡】文件夹，选择【擦除】下的【随机块】过渡效果，如图4-195所示。

07 将其拖至【序列】面板中两个素材之间，如图4-196所示。

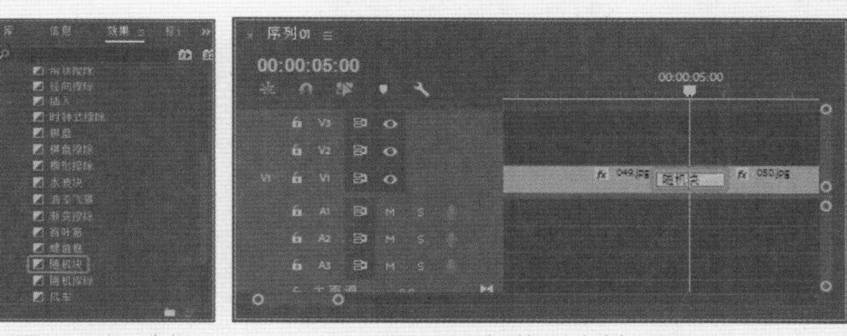

图4-195 选择【随机块】特效　　图4-196 拖到素材之间

实例操作——可爱小天使

本案例中设计的可爱小天使重在使文字按设计者的意愿进行排列，将图片的分布设计完成后通过添加不同的特效，可以使短片主次分明，效果如图4-197所示。

图4-197 效果展示

01 新建项目文件和DV-PAL选项组中的【标准48kHz】序列文件，在【项目】面板中导入“儿童1.jpg“儿童2.png”“儿童3.jpg”“儿童4.png”“文字.png”“足

球.png”文件，如图4-198所示。

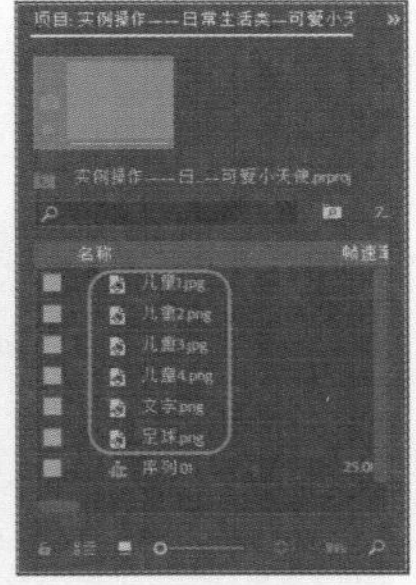

图4-198 导入的素材

02 确认当前时间为00:00:00:00，选择【项目】面板中的“儿童3.jpg”文件，将其拖至V1轨道中，使其开始处与时间线对齐，将其持续时间设置为00:00:05:12，然后将当前时间设置为00:00:03:00，并选中该素材，切换至【效果控件】面板，将【运动】选项组中的【缩放】设置为58，【位置】设置为65、287，单击其左侧的【切换动画】按钮，如图4-199所示。

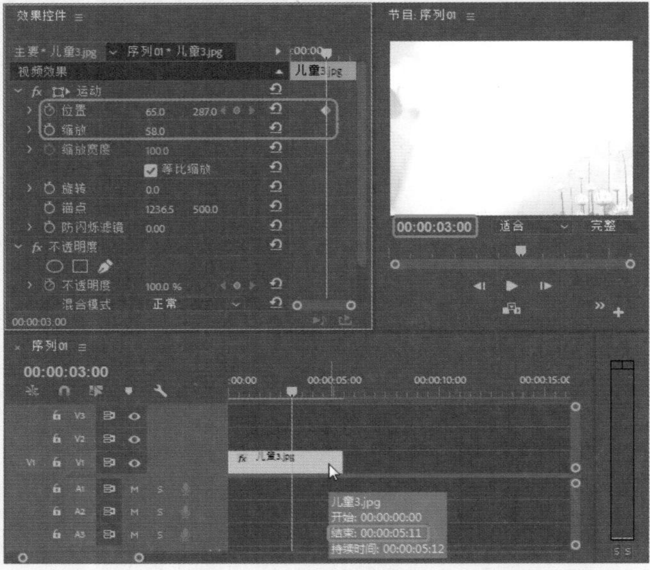

图4-199 设置位置和缩放

03 将当前时间设置为00:00:04:00，切换至【效果控件】面板，将【运动】选项组中的【位置】设置为654、287，如图4-200所示。

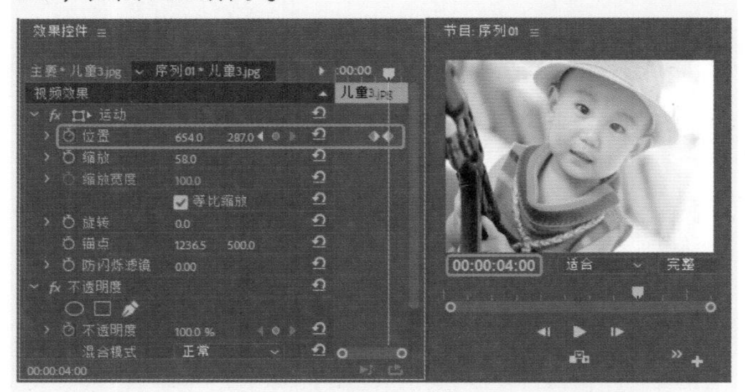

图4-200 设置素材位置

04 将当前时间设置为00:00:00:00，选择【项目】面板中的“儿童4.png”文件，将其拖至V2轨道中，使其开始处与时间线对齐，将其持续时间设置为00:00:05:00，然后将当前时间设置为00:00:03:00，并选中该素材，切换至【效果控件】面板，将【运动】选项组中的【缩放】设置为49，【位置】设置为416、252，单击其左侧的【切换动画】按钮，如图4-201所示。

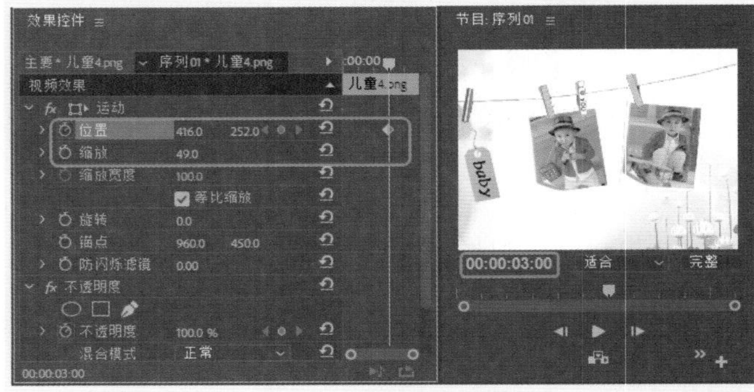

图4-201 设置素材参数

05 将当前时间设置为00:00:04:00，切换至【效果控件】面板，将【运动】选项组中的【位置】设置为1054、214，如图4-202所示。

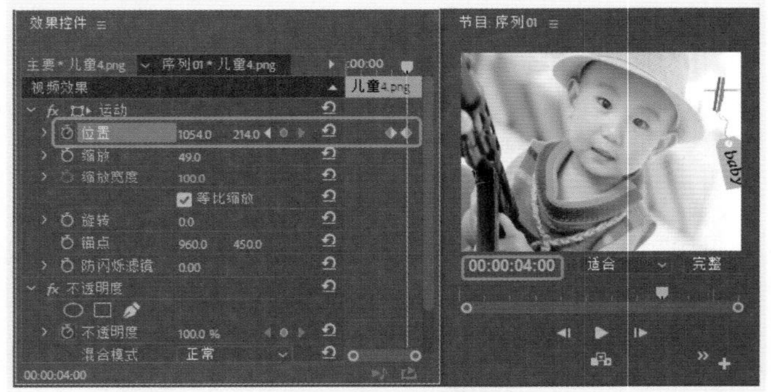

图4-202 设置位置

06 在【效果】面板中搜索【风车】效果，将其拖至V2轨道中“儿童4.png”的开始处，如图4-203所示。

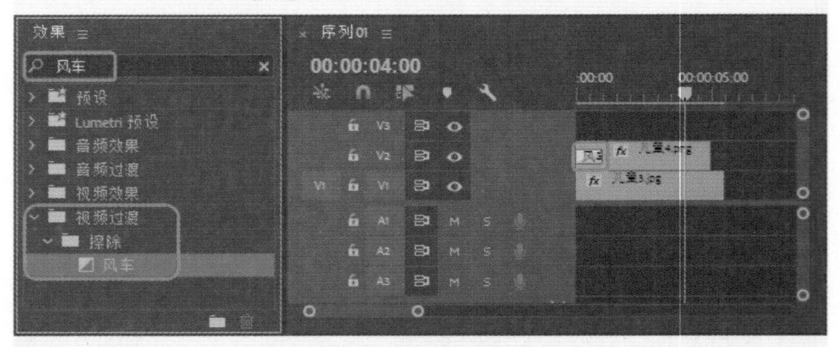

图4-203 添加效果

07 将当前时间设置为00:00:01:12，选择【项目】面板中的“文字.png”文件，将其拖至V3轨道中，使其开始处与时间线对齐，将其持续时间设置为00:00:03:13，并选中该素材，切换至【效果控件】面板，将【运动】选项组中的【缩放】设置为60，【位置】设置为209、486，将【不透明度】选项组中的【不透明度】设置为0，如图4-204所示。

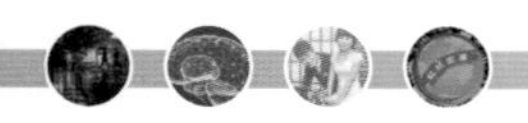

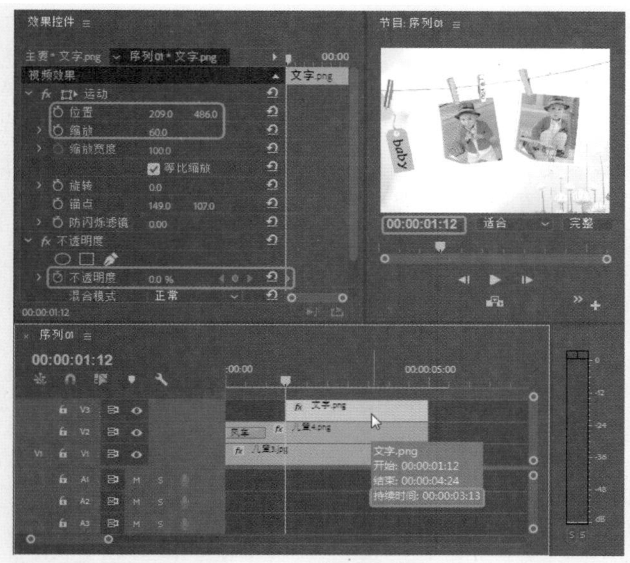

图4-204　设置参数

08 将当前时间设置为00:00:02:12，切换至【效果控件】面板，将【不透明度】选项组中的【不透明度】设置为100，如图4-205所示。

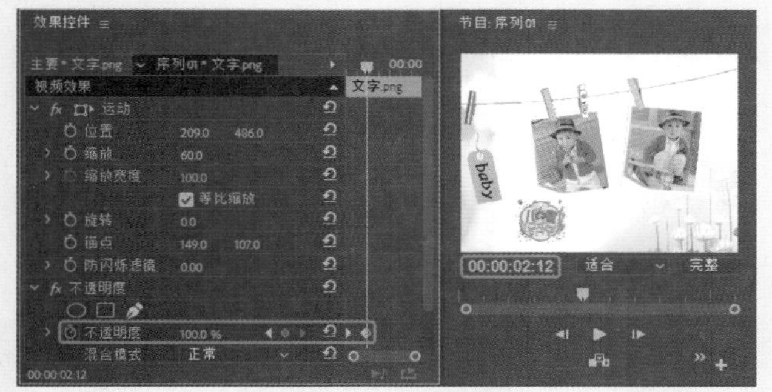

图4-205　设置参数

09 将当前时间设置为00:00:03:00，切换至【效果控件】面板，单击【运动】下【位置】左侧的【切换动画】按钮，添加关键帧，如图4-206所示。

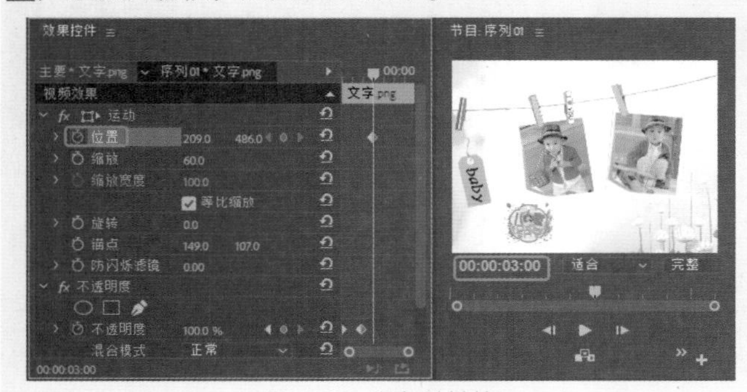

图4-206　添加关键帧

10 将当前时间设置为00:00:04:00，切换至【效果控件】面板，将【运动】选项组中的【位置】设置为853、486，如图4-207所示。

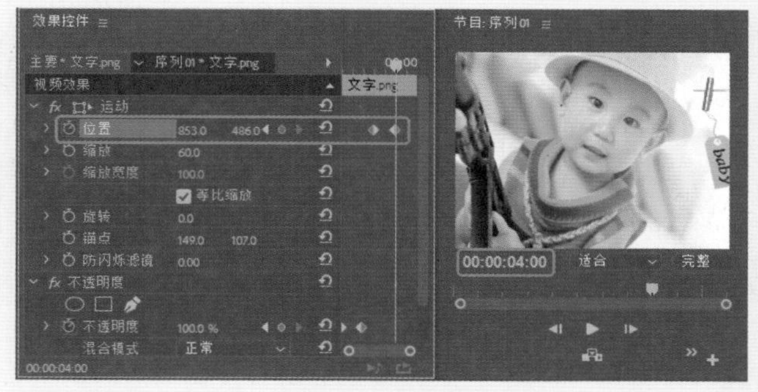

图4-207　设置位置

11 将当前时间设置为00:00:05:12，选择【项目】面板中的"儿童1.jpg"文件，将其拖至V1轨道中，使其开始处与时间线对齐，将其持续时间设置为00:00:05:13，然后将当前时间设置为00:00:06:12，并选中该素材，切换至【效果控件】面板，将【运动】选项组中的【缩放】设置为58，【位置】设置为65、288，单击其左侧的【切换动画】按钮，如图4-208所示。

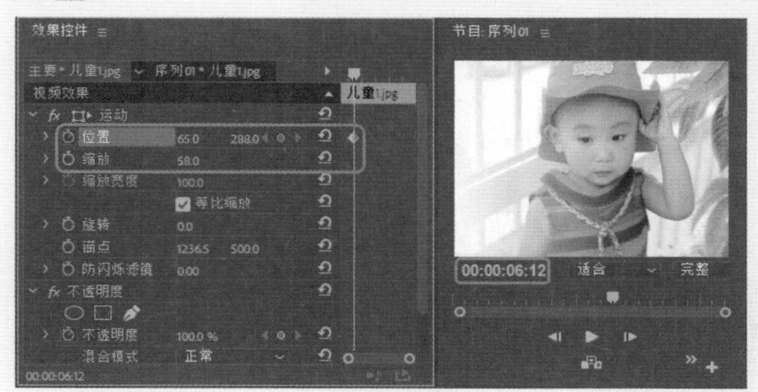

图4-208　设置素材的位置和缩放

12 将当前时间设置为00:00:07:12，切换至【效果控件】面板，将【运动】选项组中的【位置】设置为655、288，如图4-209所示。

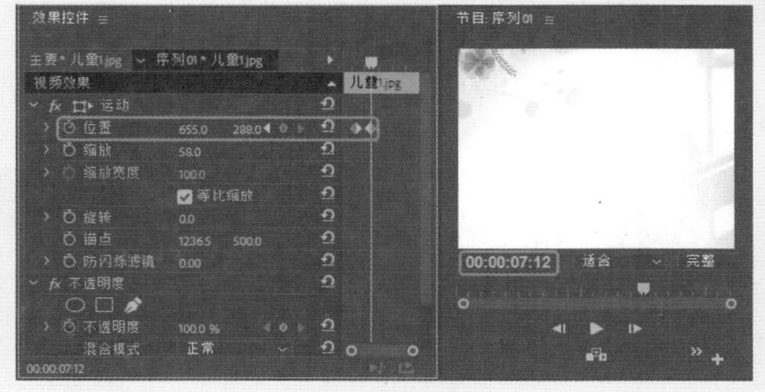

图4-209　设置位置

13 在【效果】面板中搜索【带状擦除】效果，将其拖至V1轨道中“儿童3.jpg”与“儿童1.jpg”素材之间，如图4-210所示。

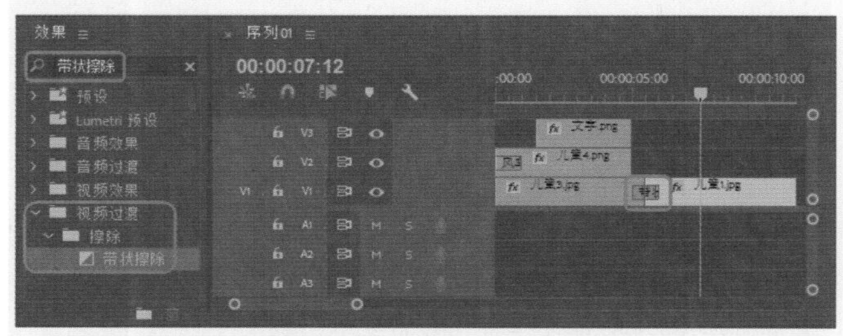

图4-210 向素材之间添加效果

14 将当前时间设置为00:00:08:00，选择【项目】面板中的“儿童2.png”文件，将其拖至V2轨道中，使其开始处与时间线对齐，将其持续时间设置为00:00:03:00，并选中该素材，切换至【效果控件】面板，将【运动】选项组中的【缩放】设置为66，如图4-211所示。

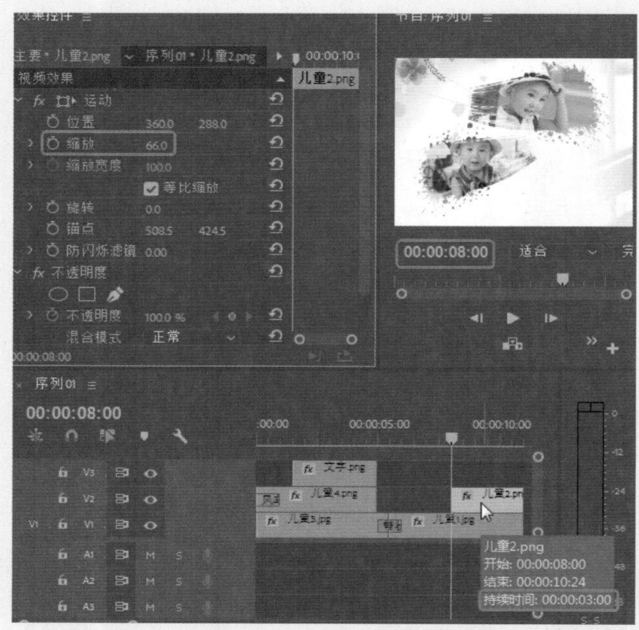

图4-211 设置缩放

15 在【效果】面板中搜索【油漆飞溅】效果，将其拖至V2轨道中“儿童2.png”素材的开始处，如图4-212所示。

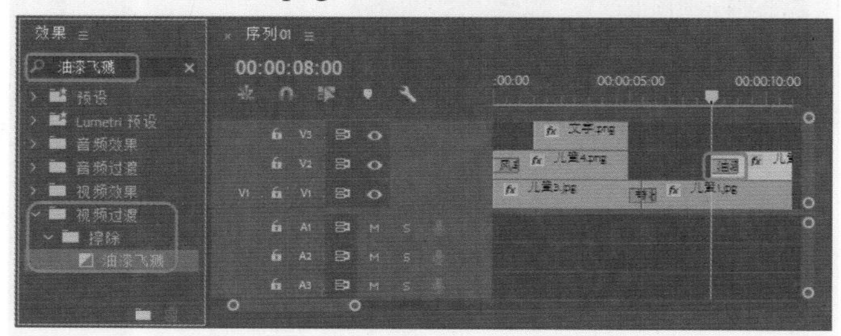

图4-212 添加效果

16 将当前时间设置为00:00:09:13，选择【项目】面板中的“足球.png”文件，将其拖至V3轨道中，使其开始处与时间线对齐，将其持续时间设置为00:00:01:12，并选中该素材，切换至【效果控件】面板，将【运动】选项组中的【缩放】设置为22，【位置】设置为559、684，单击其左侧的【切换动画】按钮，如图4-213所示。

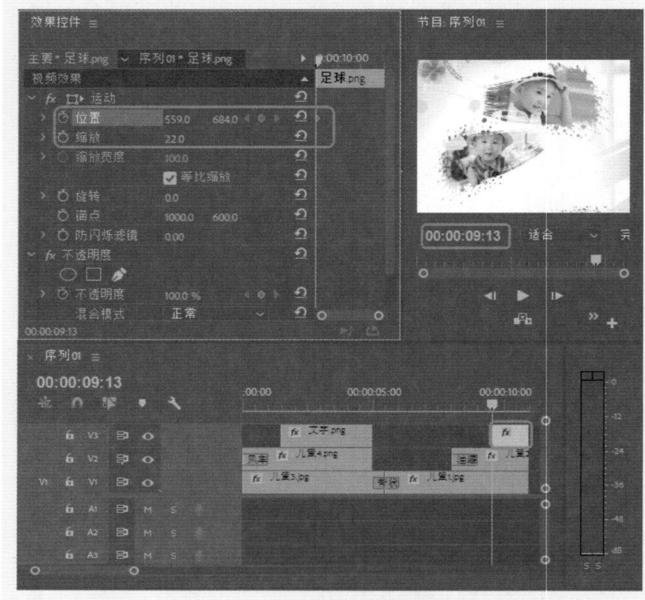

图4-213 设置位置和缩放

17 将当前时间设置为00:00:10:13，切换至【效果控件】面板，将【运动】选项组中的【位置】设置为559、438，如图4-214所示。

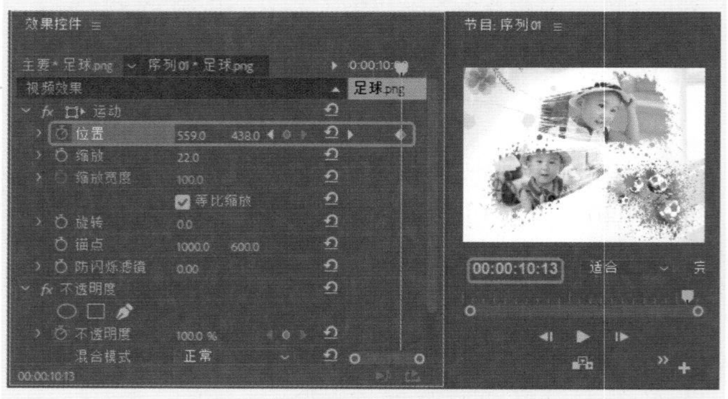

图4-214 设置位置

4.2.4 溶解

本节将详细讲解【溶解】转场特效，其中包括MorphCut、交叉溶解、胶片溶解、非叠加溶解、叠加溶解、渐隐为白色、渐隐为黑色。

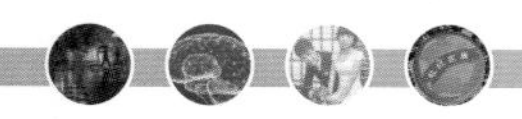

1. 实战：MorphCut 切换效果

MorphCut是 Premiere Pro 中的一种视频过渡，通过在原声摘要之间平滑跳切，帮助您创建更加完美的访谈。效果如图4-215所示，其操作步骤如下。

图4-215　MorphCut特效

01 新建项目文件，在菜单栏中单击【文件】按钮，在弹出的下拉列表中选择【新建】|【序列】命令，在弹出的对话框中选择DV-PAL|【宽屏48kHz】，单击【确定】按钮。

02 在【项目】面板的空白处双击鼠标，弹出【导入】对话框，选择“051.jpg”“052.jpg”素材文件，单击【打开】按钮即可导入素材，如图4-216所示。

图4-216　打开素材文件

03 将打开后的素材拖入【序列】面板中的视频轨道，选中“051.jpg”素材文件，将当前时间设置为00:00:00:00，将【缩放】设置为32，如图4-217所示。

图4-217　设置【缩放】参数

04 选中“052.jpg”素材文件，将当前时间设置为00:00:05:00，将【缩放】设置为120，如图4-218所示。

图4-218　设置【缩放】参数

05 在【效果】面板中，选择【视频过渡】|【溶解】|MorphCut特效，将其拖至【序列】面板两个素材之间，如图4-219所示。

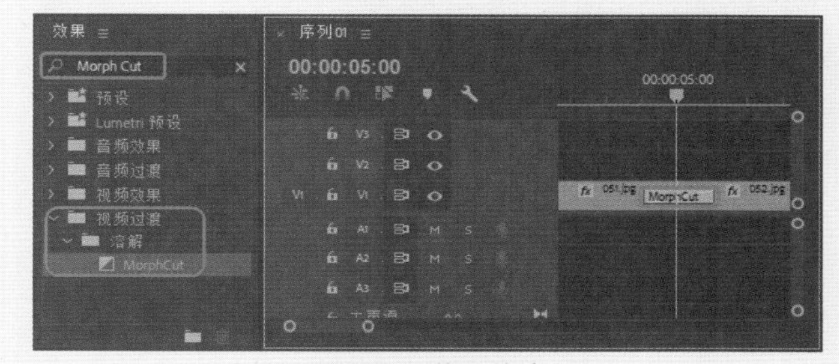

图4-219　拖入特效

2. 实战：【交叉溶解】切换效果

【交叉溶解】过渡效果使两个素材溶解转换，即前一个素材逐渐消失同时后一个素材逐渐显示，如图4-220所示，其操作步骤如下。

图4-220　【交叉溶解】特效

01 新建项目文件，在菜单栏中单击【文件】按钮，在弹出的下拉列表中选择【新建】|【序列】命令，在弹出的对话框中选择DV-PAL|【标准48kHz】，单击【确定】按钮。

02 在【项目】面板的空白处双击鼠标，弹出【导入】对话框，选择“053.jpg”“054.jpg”素材文件，单击【打开】按钮即可导入素材，如图4-221所示。

03 将打开后的素材拖入【序列】面板中的视频轨道，选中“053.jpg”素材文件，将当前时间设置为00:00:00:00，将【缩放】设置为90，如图4-222所示。

图4-221 打开素材文件

图4-222 设置【缩放】参数

04 选中“054.jpg”素材文件，将当前时间设置为00:00:05:00，将【缩放】设置为115，如图4-223所示。

图4-223 设置【缩放】参数

05 切换到【效果】面板打开【视频过渡】文件夹，选择【溶解】下的【交叉溶解】过渡效果，将其拖至【序列】面板两个素材之间，如图4-224所示。

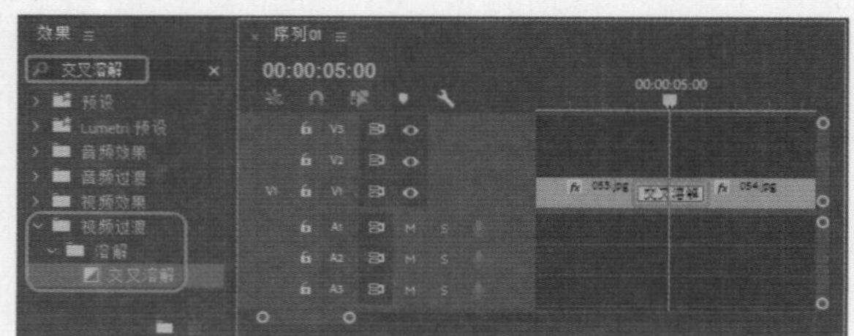
图4-224 拖入特效

3. 实战：【胶片溶解】切换效果

【胶片溶解】过渡效果使素材产生胶片朦胧的效果切换至另一个素材，效果如图4-225所示。其操作步骤如下。

图4-225 【胶片溶解】特效

01 新建项目文件，在菜单栏中单击【文件】按钮，在弹出的下拉列表中选择【新建】|【序列】命令，在弹出的对话框中选择DV-PAL|【标准48kHz】，单击【确定】按钮。

02 在【项目】面板的空白处双击鼠标，弹出【导入】对话框，选择“055.jpg”“056.jpg”素材文件，单击【打开】按钮即可导入素材，如图4-226所示。

图4-226 打开素材文件

03 将打开后的素材拖入【序列】面板中的视频轨道，选中“055.jpg”素材文件，将当前时间设置为00:00:00:00，将【缩放】设置为95，如图4-227所示。

图4-227 设置【缩放】参数

04 选中“056.jpg”素材文件，将当前时间设置为00:00:05:00，将【缩放】设置为110，如图4-228所示。

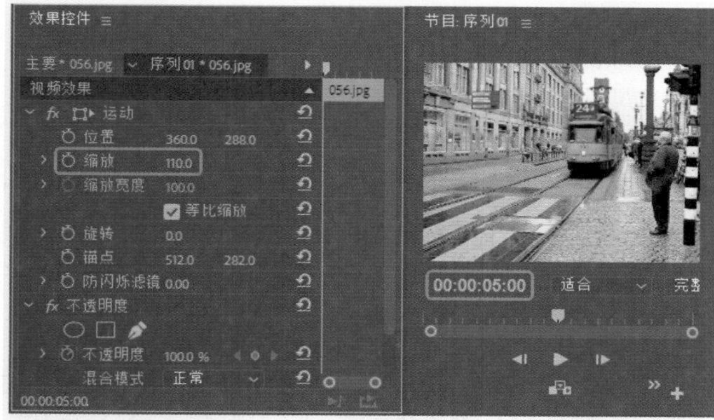

图4-228 设置【缩放】参数

05 切换到【效果】面板打开【视频过渡】文件夹，选择【溶解】下的【胶片溶解】过渡效果，将其拖至【序列】面板两个素材之间，如图4-229所示。

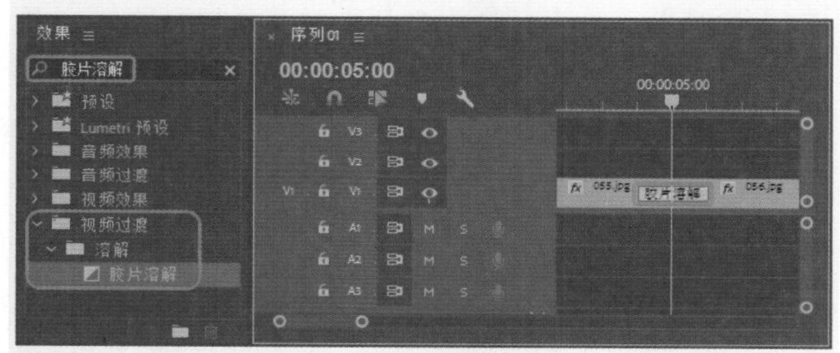

图4-229 拖入特效

4. 实战：【非叠加溶解】切换效果

【非叠加溶解】过渡效果：图像A的明亮度映射到图像B，如图4-230所示，其操作步骤如下。

图4-230 【非叠加溶解】效果

01 新建项目文件，在菜单栏中单击【文件】按钮，在弹出的下拉列表中选择【新建】|【序列】命令，在弹出的对话框中选择DV-PAL|【标准48kHz】，单击【确定】按钮。

02 在【项目】面板的空白处双击鼠标，弹出【导入】对话框，选择“057.jpg”“058.jpg”素材文件，单击【打开】按钮即可导入素材，如图4-231所示。

03 将打开后的素材拖入【序列】面板中的视频轨道，选中“057.jpg”素材文件，将当前时间设置为00:00:00:00，将【缩放】设置为130，如图4-232所示。

04 选中“058.jpg”素材文件，将当前时间设置为00:00:05:00，将【缩放】设置为125，如图4-233所示。

图4-231 打开素材文件

图4-232 设置【缩放】参数

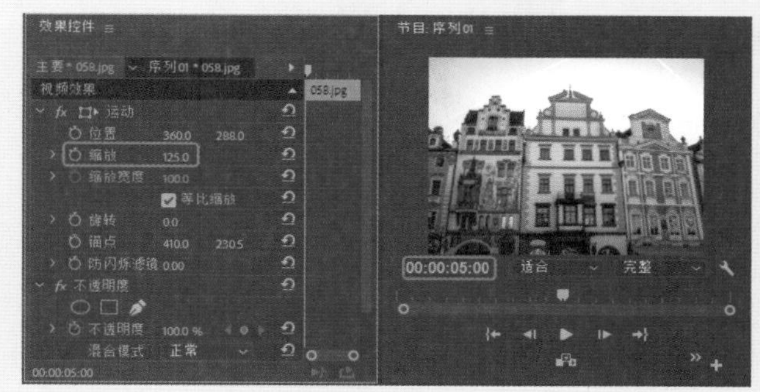

图4-233 设置【缩放】参数

05 切换到【效果】面板打开【视频过渡】文件夹，选择【溶解】下的【非叠加溶解】过渡效果，将其拖至【序列】面板两个素材之间，如图4-234所示。

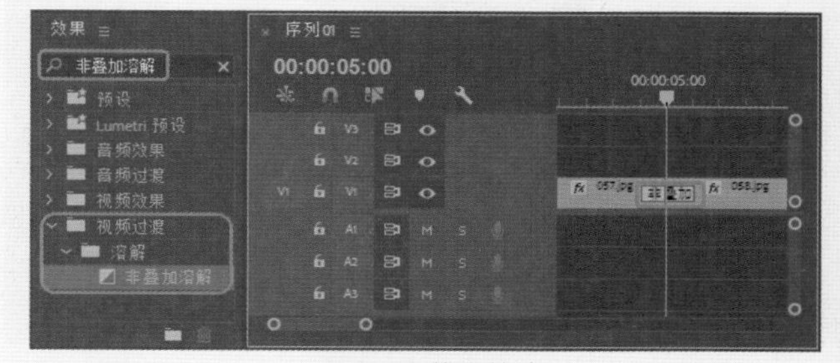

图4-234 拖入特效

5. 实战：【渐隐为白色】切换效果

【渐隐为白色】过渡效果与【渐隐为黑色】很相似，它可以使前一个素材逐渐变白，然后一个素材由白逐渐显示，效果如图4-235所示。

图4-235 【渐隐为白色】效果

01 新建项目文件，在菜单栏中单击【文件】按钮，在弹出的下拉列表中选择【新建】|【序列】命令，在弹出的对话框中选择DV-PAL|【标准48kHz】，单击【确定】按钮。

02 在【项目】面板的空白处双击鼠标，弹出【导入】对话框，选择“059.jpg”“060.jpg”素材文件，单击【打开】按钮即可导入素材，如图4-236所示。

图4-236 打开素材文件

03 将打开后的素材拖入【序列】面板中的视频轨道，选中“059.jpg”素材文件，将当前时间设置为00:00:00:00，将【缩放】设置为135，如图4-237所示。

图4-237 设置【缩放】参数

04 选中“060.jpg”素材文件，将当前时间设置为00:00:05:00，将【缩放】设置为110，如图4-238所示。

图4-238 设置【缩放】参数

05 切换到【效果】面板打开【视频过渡】文件夹，选择【溶解】下的【渐隐为白色】过渡效果，将其拖至【序列】面板两个素材之间，如图4-239所示。

图4-239 拖入特效

6. 实战：【渐隐为黑色】切换效果

【渐隐为黑色】过渡效果使前一个素材逐渐变黑，然后一个素材由黑逐渐显示，如图4-240所示，其操作步骤如下。

01 新建项目文件，在菜单栏中单击【文件】按钮，在弹出的下拉列表中选择【新建】|【序列】命令，在弹出的对话框中选择DV-PAL|【标准48kHz】，单击【确定】按钮。

图4-240 【渐隐为黑色】效果

02 在【项目】面板的空白处双击鼠标，弹出【导入】对话框，选择“061.jpg”“062.jpg”素材文件，单击【打开】按钮即可导入素材，如图4-241所示。

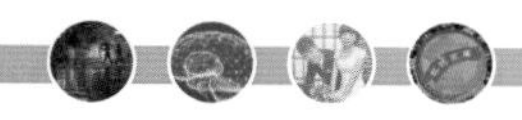

图4-241 打开素材文件

03 将打开后的素材拖入【序列】面板中的视频轨道，选中“061.jpg”素材文件，将当前时间设置为00:00:00:00，将【缩放】设置为110，如图4-242所示。

图4-242 设置【缩放】参数

04 选中“062.jpg”素材文件，将当前时间设置为00:00:05:00，将【缩放】设置为126，如图4-243所示。

图4-243 设置【缩放】参数

05 切换到【效果】面板打开【视频过渡】文件夹，选择【溶解】下的【渐隐为黑色】过渡效果，将其拖至【序列】面板两个素材之间，如图4-244所示。

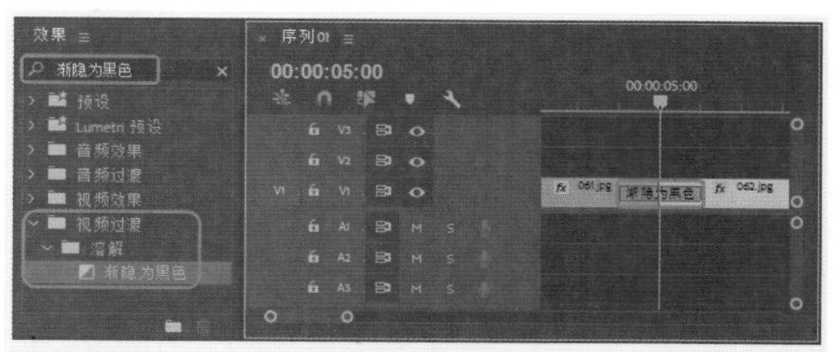

图4-244 拖入特效

7. 实战：【叠加溶解】切换效果

【叠加溶解】过渡效果：图像A渐隐于图像B，如图4-245所示，其操作步骤如下。

图4-245 【叠加溶解】效果

01 新建项目文件，在菜单栏中单击【文件】按钮，在弹出的下拉列表中选择【新建】|【序列】命令，在弹出的对话框中选择DV-PAL|【标准48kHz】，单击【确定】按钮。

02 在【项目】面板的空白处双击鼠标，弹出【导入】对话框，选择“063.jpg”“064.jpg”素材文件，单击【打开】按钮即可导入素材，如图4-246所示。

图4-246 打开素材文件

03 将打开后的素材拖入【序列】面板中的视频轨道，选中“063.jpg”素材文件，将当前时间设置为00:00:00:00，将【缩放】设置为115，如图4-247所示。

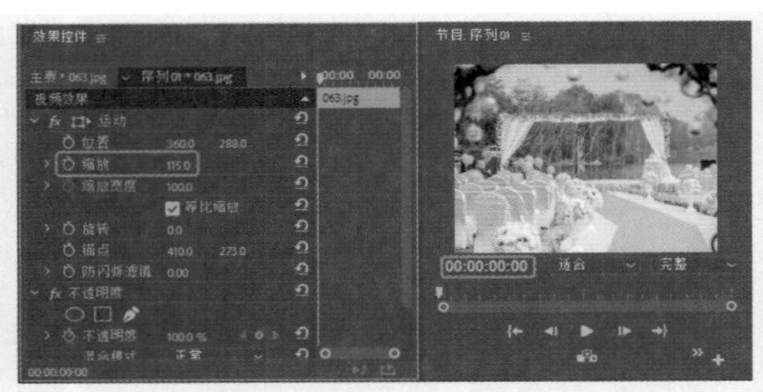

图4-247　设置【缩放】参数

04 选中“064.jpg”素材文件，将当前时间设置为00:00:05:00，将【缩放】设置为115，如图4-248所示。

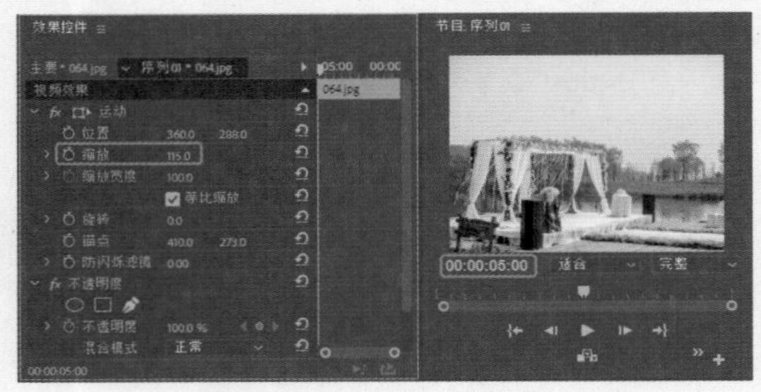

图4-248　设置【缩放】参数

05 切换到【效果】面板打开【视频过渡】文件夹，选择【溶解】下的【叠加溶解】过渡效果，将其拖至【序列】面板两个素材之间，如图4-249所示。

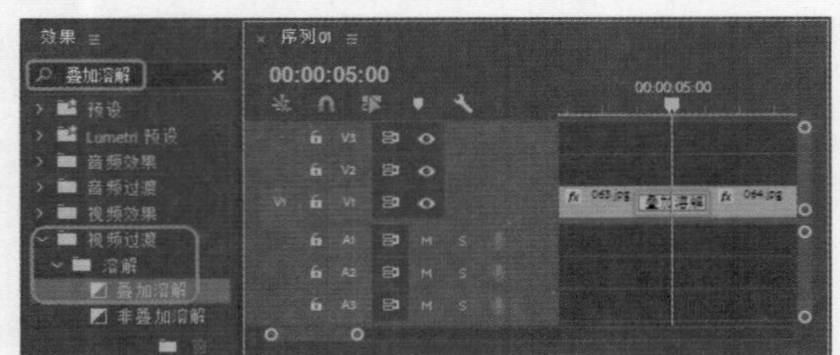

图4-249　拖入特效

实例操作——家居短片

家居短片重在体现出家居装饰的效果。本案例中设计的家居短片，通过新建字幕输入文字并进行设置，制作出主题名称，最后通过效果图展示出制作的作品。效果如图4-250所示。

图4-250　效果展示

01 新建项目文件和DV-PAL选项组中的【标准48kHz】序列文件，在【项目】面板中导入“家居（1）.jpg”“家居（2）.jpg”“家居（3）.jpg”“家居（4）.jpg”“树.png”文件，如图4-251所示。

02 在【项目】面板中右击，在弹出的快捷菜单中选择【新建项目】|【颜色遮罩】命令，如图4-252所示。

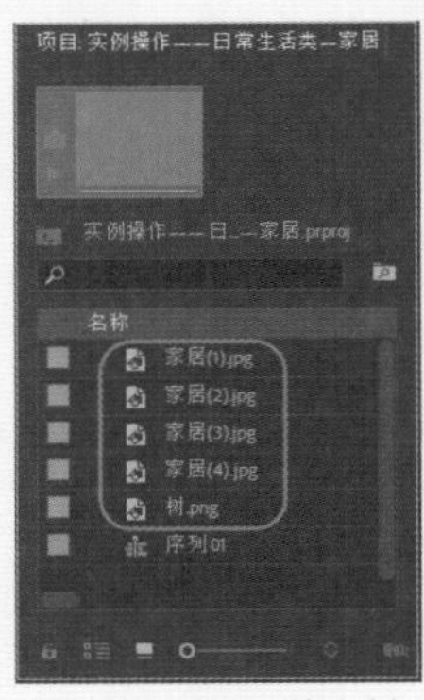

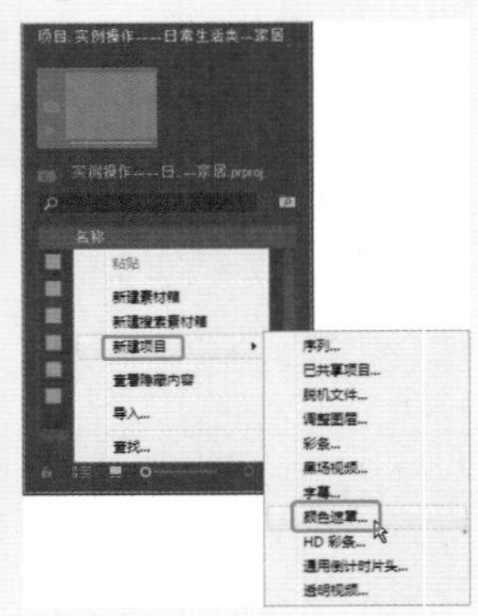

图4-251　导入的素材　　图4-252　新建颜色遮罩

03 在打开的对话框中使用默认设置，单击【确定】按钮，在打开的【拾色器】对话框中，选择白色，单击【确定】按钮，如图4-253所示。在再次弹出的对话框中，单击【确定】按钮即可。

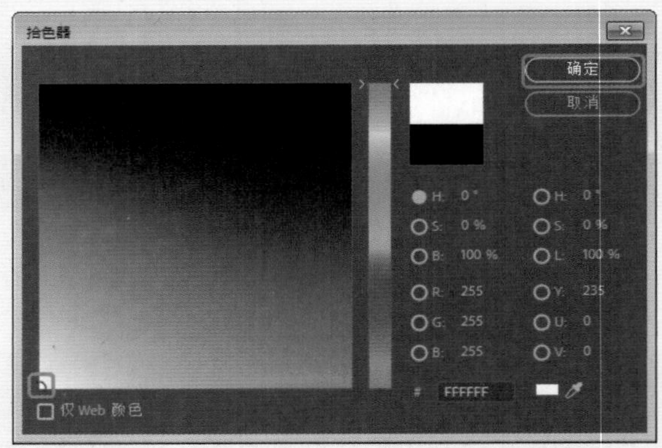

图4-253　设置彩色蒙版颜色

04 在菜单栏中选择【文件】|【新建】|【旧版标题】命令，新建字幕，在打开的对话框使用默认设置，单击【确定】按钮，进入到字幕编辑器中，使用【矩形工具】绘制矩形，将【属性】选项组中的【图形类型】设置为矩形，将【填充】选项组中的颜色设置为# 3E9EFF，在【变换】下将【宽度】和【高度】分别设置为788.7、577，【X位置】与【Y位置】分别设置为394.3、288，如图4-254所示。

05 在菜单栏中选择【文件】|【新建】|【旧版标题】命令，新建字幕，在打开的对话框使用默认设置，单击【确定】按钮，进入到字幕编辑器中，使用【文字工具】输入文字，并选中文字，在右侧将【字体系列】设置为

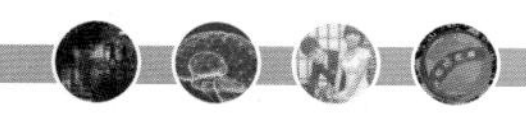

汉仪竹节体简，【字体大小】设置为80，将【填充】选项组中的颜色设置为白色，在【变换】下将【X位置】与【Y位置】分别设置为241.9、196.5，如图4-255所示。

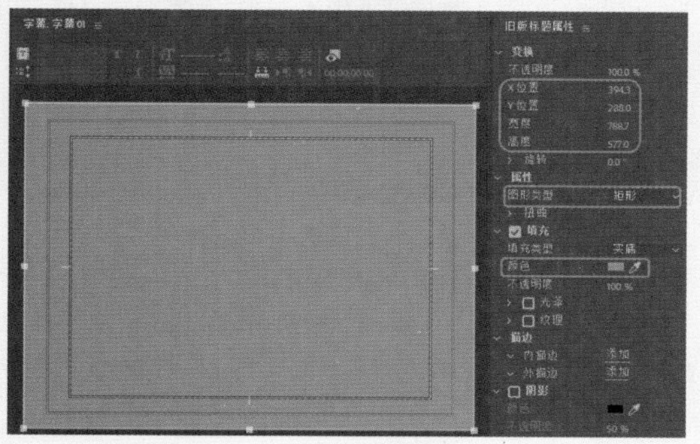

图4-254　绘制矩形并设置参数

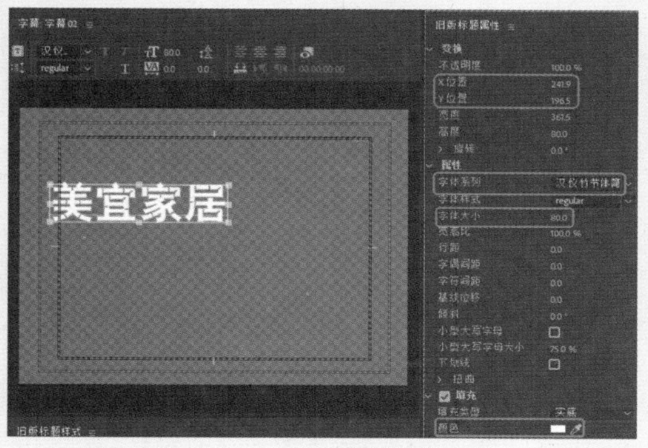

图4-255　输入文字并设置参数

06 根据前面介绍的方法，制作出其他字幕，制作完成后在【项目】面板中显示的效果，如图4-256所示。

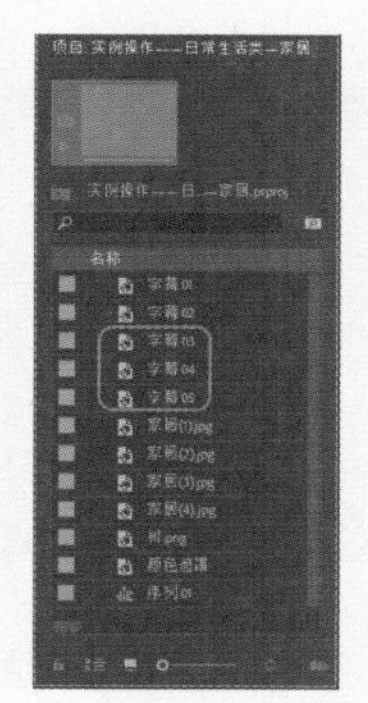

图4-256　制作其他字幕

07 确认当前时间为00:00:00:00，在【项目】面板中将颜色遮罩拖至V1轨道中，然后在【项目】面板中选择“字幕01”，将其拖至V2轨道中，并选中该字幕，将其持续时间设置为00:00:08:18，如图4-257所示。

08 在【效果】面板中搜索【渐隐为白色】效果，将其拖至V2轨道中“字幕01”的开始处，如图4-258所示。

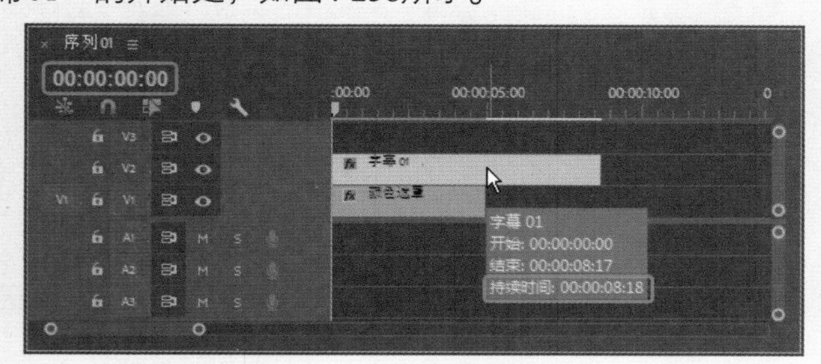

图4-257　向视频轨道中拖入字幕

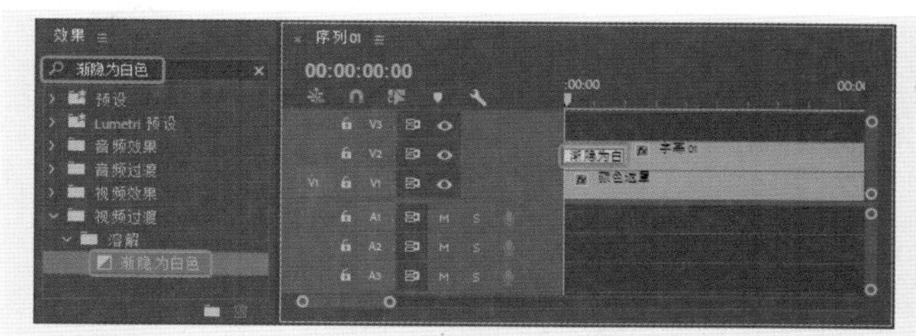

图4-258　为字幕添加效果

09 在【项目】面板中，将“树.png”素材文件拖至V3轨道中，并选中该素材，将其持续时间设置为00:00:08:18，在【效果】面板中搜索【渐隐为白色】效果，将其拖至V3轨道中“树.png”文件的开始处，将【位置】设置为532、288，将【缩放】设置为18.5，如图4-259所示。

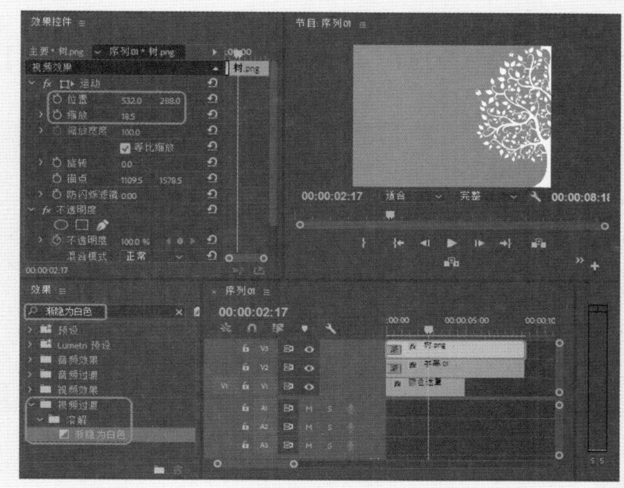

图4-259　将素材拖至视频轨道中并添加效果

10 将当前时间设置为00:00:01:00，在【项目】面板中将“字幕02”拖至V4轨道中，使其开始处与时间线对齐，并在轨道中选中该字幕，将其持续时间设置为00:00:07:18，在【效果控件】面板中将【运动】选项组中的【位置】设置为360、48，单击其左侧的【切换动画】按钮，将【不透明度】设置为0，如图4-260所示。

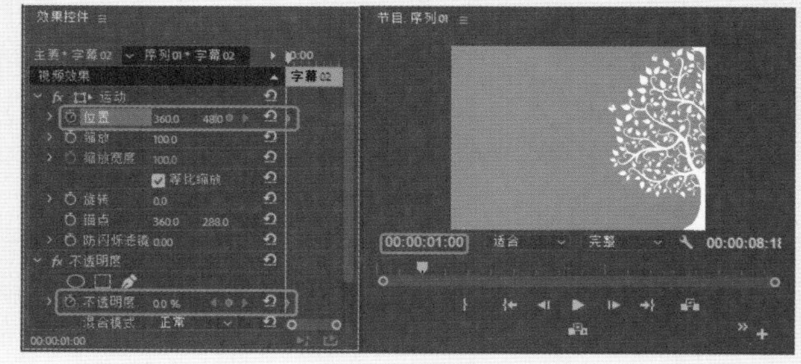

图4-260　将字幕拖入轨道中并设置参数

11 将当前时间设置为00:00:03:00，在【效果控件】面板中将【运动】选项组中的【位置】设置为360、288，将【不透明度】设置为100，如图4-261所示。

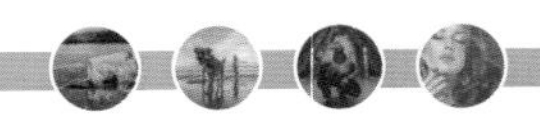

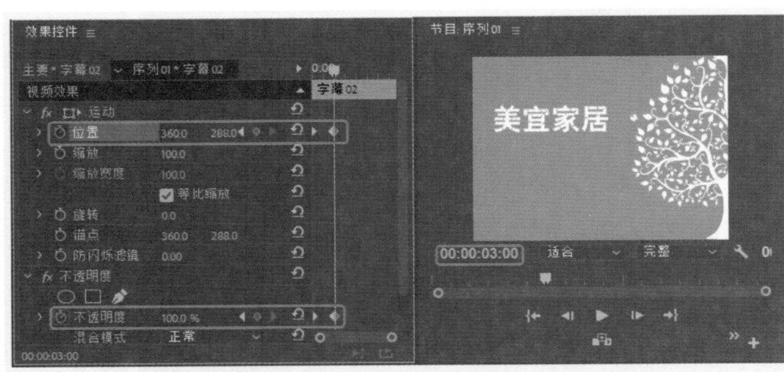

图4-261　更改时间并设置参数

12 将当前时间设置为00:00:01:00，在【项目】面板中将“字幕03”拖至V5轨道中，使其开始处与时间线对齐并在轨道中选中该字幕，将其持续时间设置为00:00:07:18，在【效果控件】面板中将【运动】选项组中的【位置】设置为360、437，单击其左侧的【切换动画】按钮，将【不透明度】设置为0，如图4-262所示。

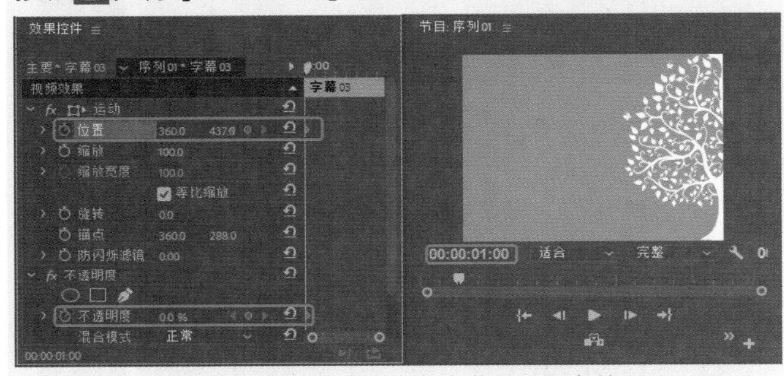

图4-262　向轨道中添加字幕并设置参数

13 将当前时间设置为00:00:03:00，在【效果控件】面板中将【运动】选项组中的【位置】设置为360、288，将【不透明度】设置为100，如图4-263所示。

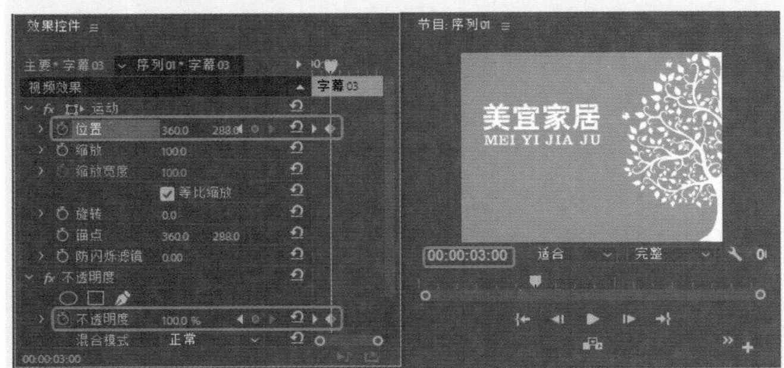

图4-263　更改时间并设置参数

14 将当前时间设置为00:00:03:05，在【项目】面板中将“字幕04”拖至V6轨道中，使其开始处与时间线对齐，并在轨道中选中该字幕，将其持续时间设置为00:00:05:13，在【效果】面板中搜索【划出】效果，将其拖至V6轨道中“字幕04”的开始处，如图4-264所示。

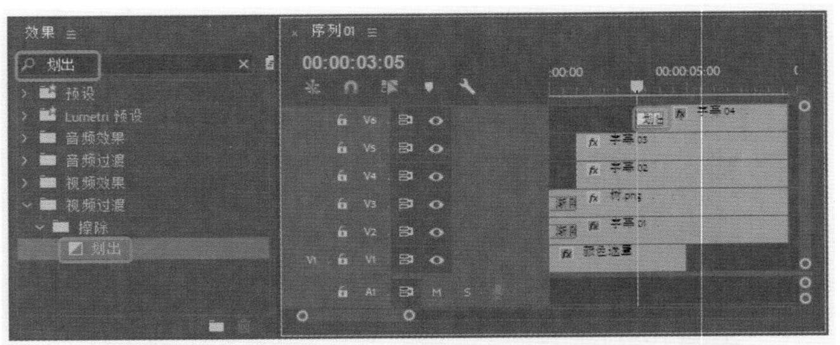

图4-264　为字幕添加效果

15 将当前时间设置为00:00:08:18，在【项目】面板中将“家居（1）.jpg”拖至V2轨道中，使其开始处与时间线对齐，并在轨道中选中该字幕，将其持续时间设置为00:00:03:20，将【缩放】设置为77，如图4-265所示。

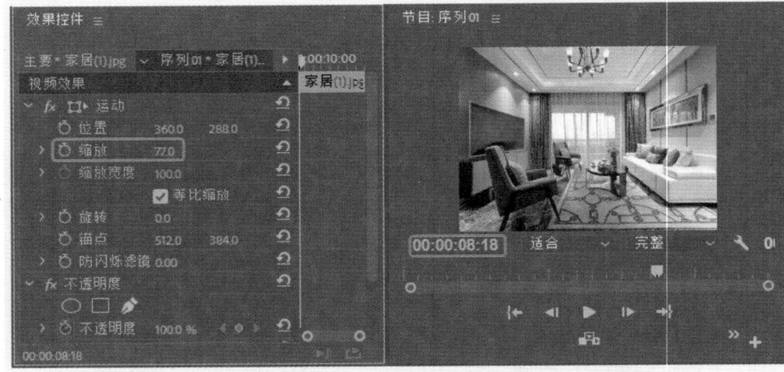

图4-265　设置【缩放】参数

16 在【效果】面板中搜索【叠加溶解】效果，将其拖至V2轨道中“字幕01”与“家居（1）.jpg”素材之间，如图4-266所示。

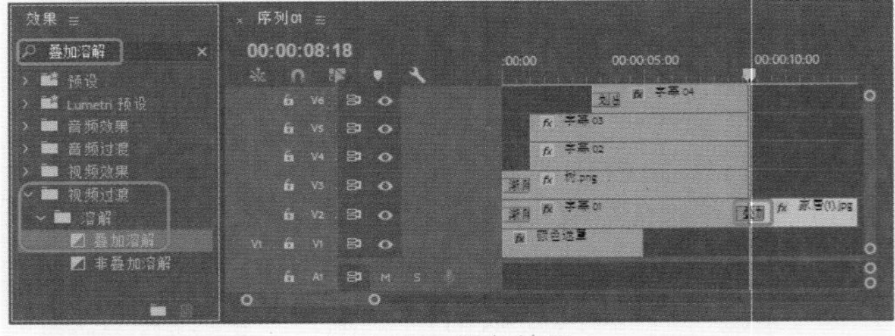

图4-266　添加效果

17 使用同样的方法，将其他素材添加至轨道中，设置参数并向素材之间添加效果，如图4-267所示。

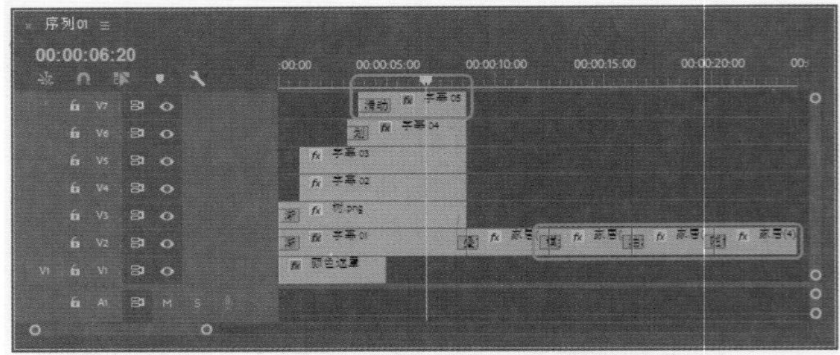

图4-267　添加其他素材和效果

4.2.5 滑动

在【滑动】文件夹共包括5种视频过渡效果。其中包括中心拆分、带状滑动、拆分、推、滑动。

1. 实战：【中心拆分】切换效果

【中心拆分】过渡效果：图像A分成四部分，并滑动到角落以显示图像B，效果如图4-268所示。其操作步骤如下。

图4-268 【中心拆分】效果

01 在【项目】面板的空白处双击鼠标，弹出【导入】对话框，选择“065.jpg”“066.jpg”素材文件，单击【打开】按钮即可导入素材，如图4-269所示。

图4-269 打开素材文件

02 在菜单栏中单击【文件】按钮，在弹出的下拉列表中选择【新建】|【序列】命令，如图4-270所示。

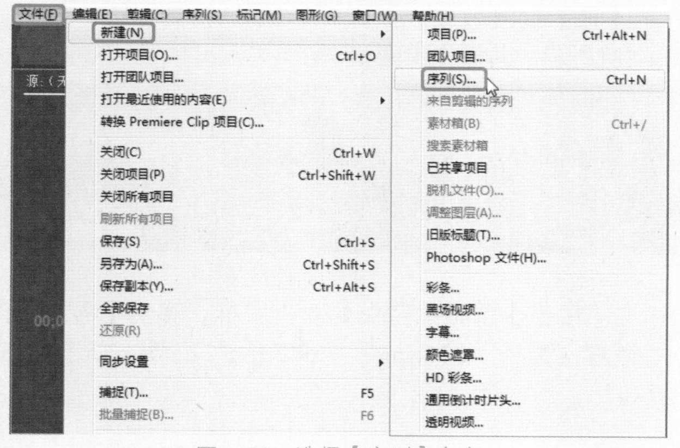

图4-270 选择【序列】命令

03 在弹出的对话框中选择DV-PAL|【标准48kHz】，然后将打开后的素材拖入【序列】面板中的视频轨道，如图4-271所示。

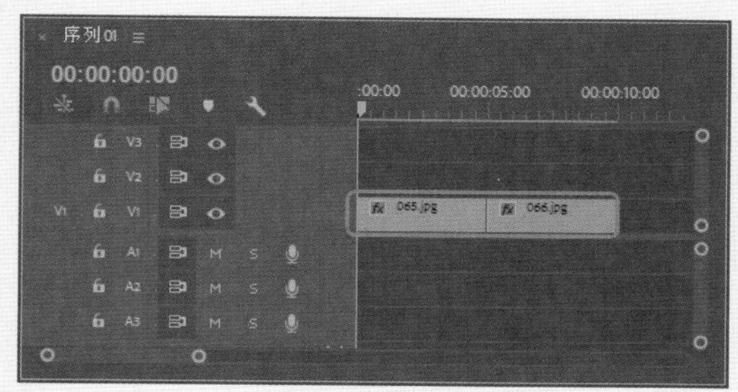

图4-271 将素材拖入视频轨道

04 切换到【效果】面板打开【视频过渡】文件夹，选择【滑动】下的【中心拆分】过渡效果，如图4-272所示。

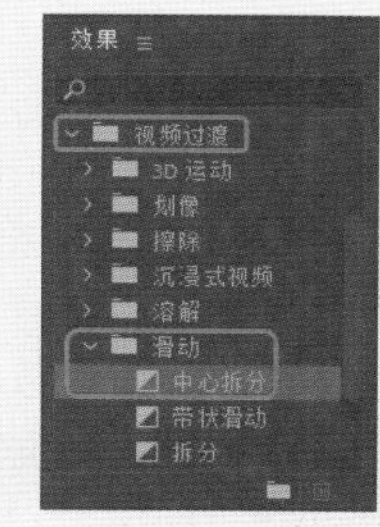

图4-272 选择【中心拆分】特效

05 将其拖至【序列】面板两个素材之间，如图4-273所示。

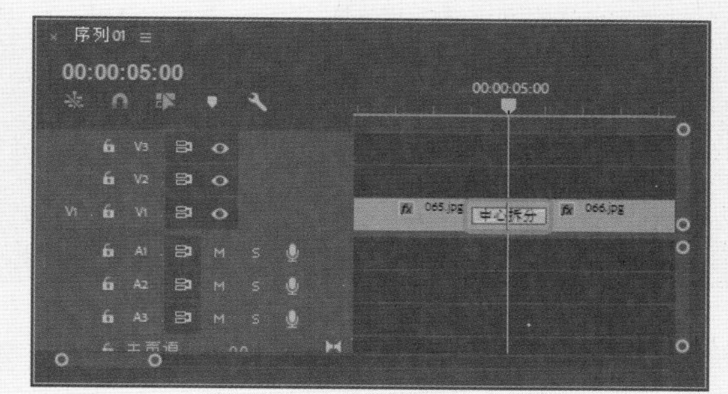

图4-273 拖入特效

2. 实战：【带状滑动】切换效果

【带状滑动】过渡效果：图像B在水平、垂直或对角线方向上以条形滑入，逐渐覆盖图像A，如图4-274所示，其操作步骤如下。

图4-274 【带状滑动】切换效果

01 新建项目文件，在菜单栏中单击【文件】按钮，在弹出的下拉列表中选择【新建】|【序列】命令，在弹出的对话框中选择DV-PAL|【标准48kHz】，单击【确定】按钮。

02 在【项目】面板的空白处双击鼠标，弹出【导入】对话框，选择“067.jpg”“068.jpg”素材文件，单击【打开】按钮即可导入素材，如图4-275所示。

图4-275　打开素材文件

03 将打开后的素材拖入【序列】面板中的视频轨道，选中“067.jpg”素材文件，将当前时间设置为00:00:00:00，将【缩放】设置为120，如图4-276所示。

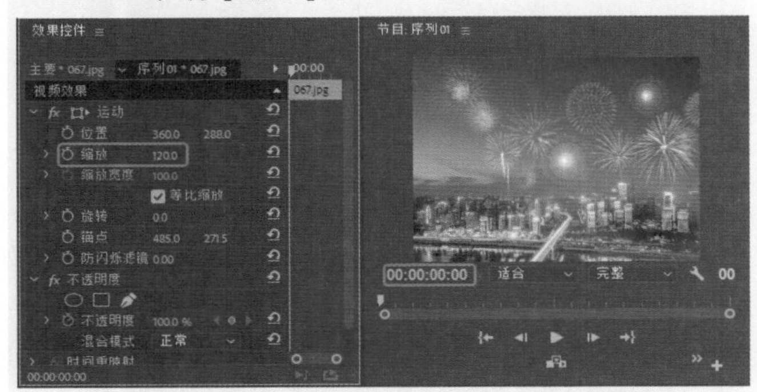

图4-276　设置【缩放】参数

04 选中“068.jpg”素材文件，将当前时间设置为00:00:05:00，将【缩放】设置为105，如图4-277所示。

05 切换到【效果】面板打开【视频过渡】文件夹，选择【溶解】下的【带状滑动】过渡效果，将其拖至【序列】面板两个素材之间，如图4-278所示。

图4-277　设置缩放参数

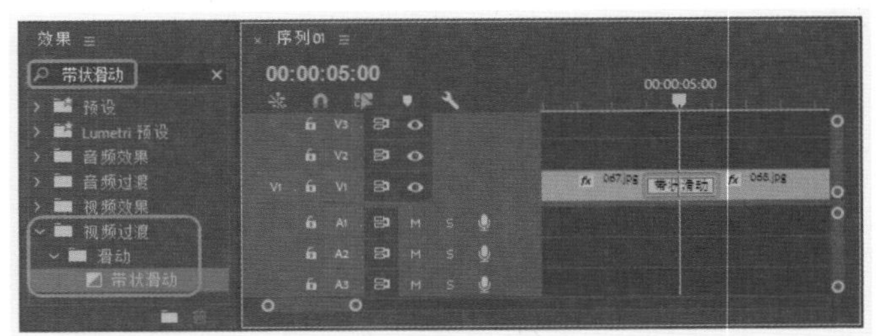

图4-278　拖入特效

06 切换到【效果控件】面板，单击【自定义】按钮，打开【带状滑动设置】对话框，将【带数量】设置为10，如图4-279所示。

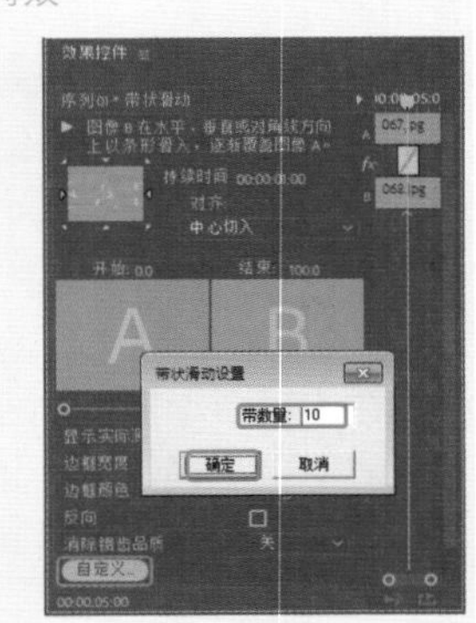

图4-279　【带状滑动设置】对话框

3. 实战：【拆分】切换效果

【拆分】过渡效果：图像A拆分并滑动到两边，显示图像B，其操作步骤如下。

01 新建项目和序列文件（DV-PAL|【标准48kHz】），打开“069.jpg”“070.jpg”素材文件，并将其拖入【序列】面板中的视频轨道。

02 切换到【效果】面板打开【视频过渡】文件夹，选择【滑动】下的【拆分】过渡效果，将其拖至【序列】面板两个素材之间。

03 按空格键进行播放，其过渡效果如图4-280所示。

图4-280　【拆分】切换效果

4. 实战：【推】切换效果

【推】过渡效果：图像B将图像A推到一边，效果如图4-281所示，其操作步骤如下。

图4-281　【推】过渡效果

01 在【项目】面板的空白处双击鼠标，弹出【导入】对话框，选择“071.jpg”“072.jpg”文件，如图4-282所示。

图4-282　打开素材文件

02 在菜单栏中单击【文件】按钮，在弹出的下拉列表中选择【新建】|【序列】命令。

03 在弹出的对话框中选择DV-PAL|【标准48kHz】，然后将打开后的素材拖入【序列】面板中的视频轨道，如图4-283所示。

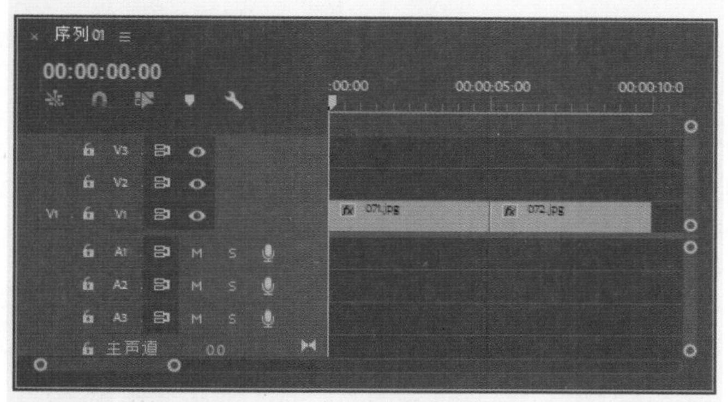

图4-283　将素材拖入视频轨道

04 切换到【效果】面板打开【视频过渡】文件夹，选择【滑动】下的【推】过渡效果，如图4-284所示。

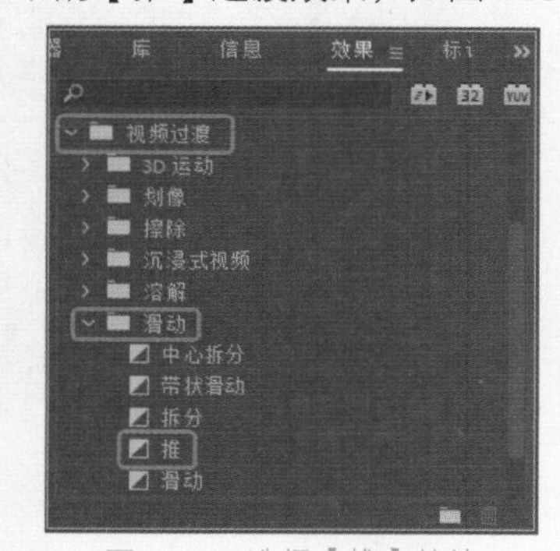

图4-284　选择【推】特效

05 将其拖至【序列】面板两个素材之间，如图4-285所示。

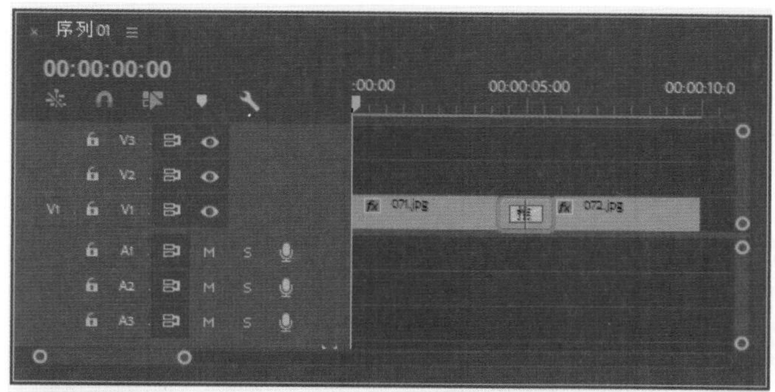

图4-285　拖入特效

5. 实战：【滑动】切换效果

【滑动】过渡效果：图像B滑动到图像A上面，其操作步骤如下。

01 新建项目和序列文件（DV-PAL|【标准48kHz】），打开“073.jpg”“074.jpg”素材文件，并将其拖入【序列】面板中的视频轨道。

02 切换到【效果】面板打开【视频过渡】文件夹，选择【滑动】下的【滑动】过渡效果，将其拖至【序列】面板两个素材之间。

03 按空格键进行播放，其过渡效果如图4-286所示。

图4-286　【滑动】过渡效果

实例操作——百变面条

在制作的过程中主要通过新建字幕，在字幕编辑器中使用【矩形工具】绘制矩形，使用【文字工具】输入文字，其中文字字幕需要创建多个，通过添加过渡特效，制作出最终效果。如图4-287所示为全部的效果展示。

图4-287　百变面条效果

01 新建项目文件和DV-PAL选项组中的【标准48kHz】序列文件，在【项目】面板中导入“云吞面.jpg”“刀削面.jpg”“扬州炒面.jpg”“油泼面.jpg”“荷兰豆鸡蛋炒面.jpg”文件，如图4-288所示。

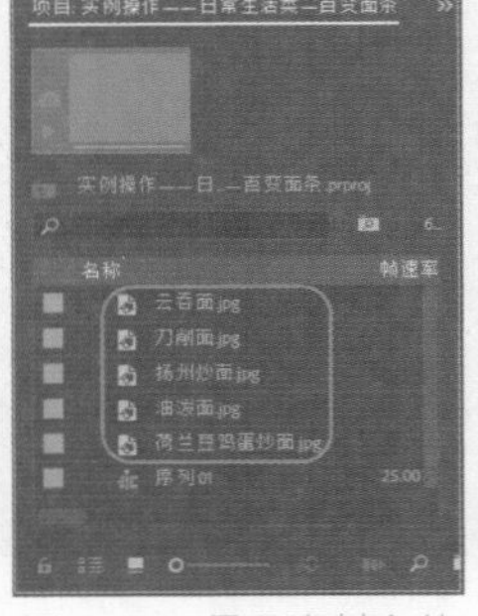

图4-288 导入素材文件

02 将当前时间设置为00:00:00:00，将“云吞面.jpg”素材文件拖曳至V1轨道中，将【缩放】设置为74，如图4-289所示。

图4-289 设置【缩放】参数

03 将当前时间设置为00:00:05:00，将“刀削面.jpg”拖曳至V1轨道中，将【缩放】设置为110，如图4-290所示。

图4-290 设置【缩放】参数

04 将其余的素材文件拖曳至V1轨道中，并分别设置其【缩放】参数，如图4-291所示。

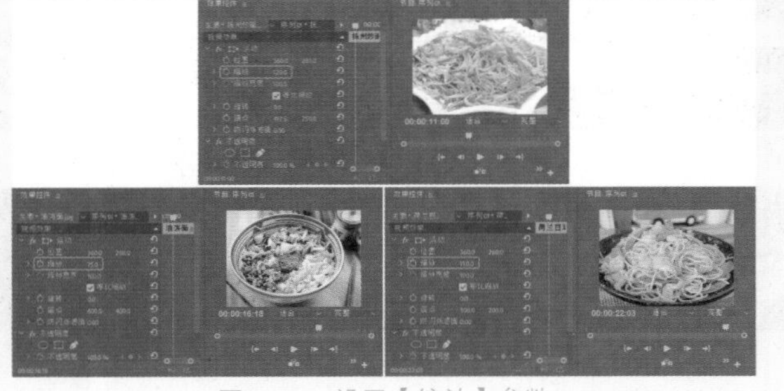

图4-291 设置【缩放】参数

05 在【效果】面板中，搜索【带状滑动】特效，将其添加至“云吞面.jpg”素材文件开始处，如图4-292所示。

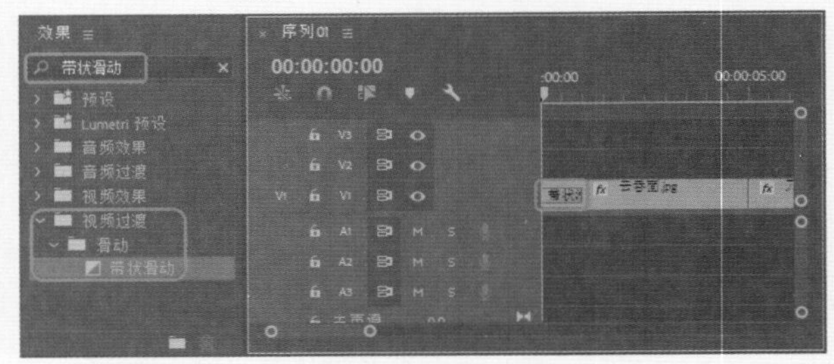

图4-292 为素材添加效果

06 搜索其他的切换特效，添加至V1轨道中，如图4-293所示。

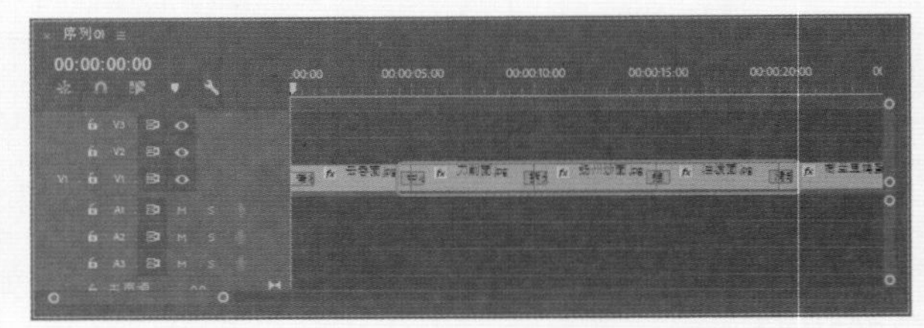

图4-293 添加切换特效

07 在菜单栏中选择【文件】|【新建】|【旧版标题】命令，在弹出的对话框中保持默认设置，单击【确定】按钮，选择【圆角矩形工具】，绘制矩形，将【属性】选项组中的【圆角大小】设置为10%，将【填充】下方的【不透明度】设置为73，将【宽度】和【高度】分别设置为250、88，将【X位置】、【Y位置】分别设置为623、515，如图4-294所示。

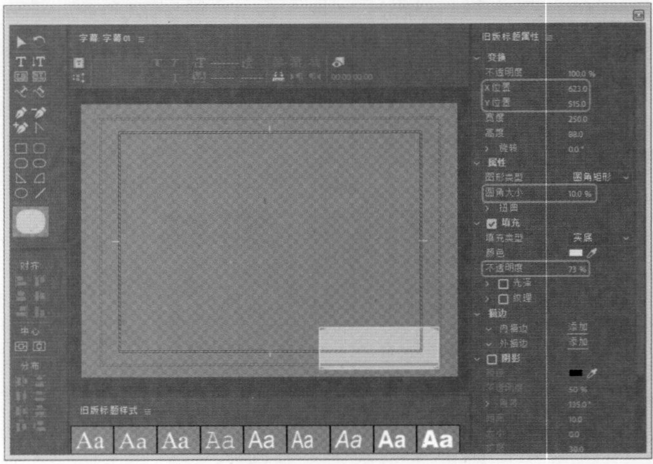

图4-294 绘制圆角矩形

08 使用【文字工具】输入文本，将【字体系列】设置为经典细隶书简，将【字体大小】设置为50，将【X位置】、【Y位置】分别设置为615、513，将【颜色】设置为黑色，如图4-295所示。

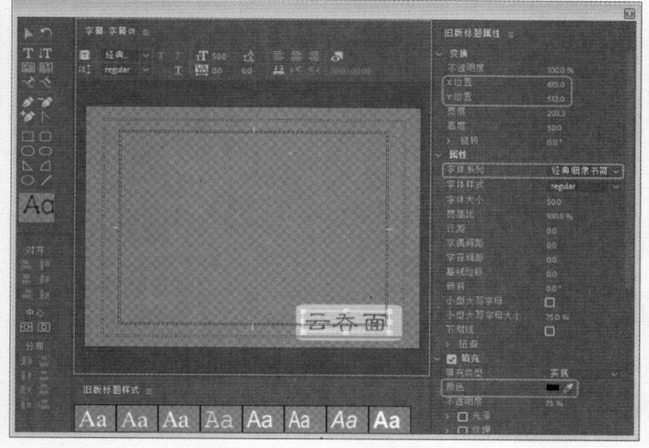

图4-295 输入文本并进行设置

09 将字幕编辑器关闭，将当前时间设置为00:00:01:09，将“字幕01”拖曳至V2轨道中，将开始处与时间线对齐，将持续时间设置为00:00:03:16，搜索【滑动】特效，将其添加至“字幕01”的开始处，将【推】效果添加至“字幕01”的结束处，如图4-296所示。

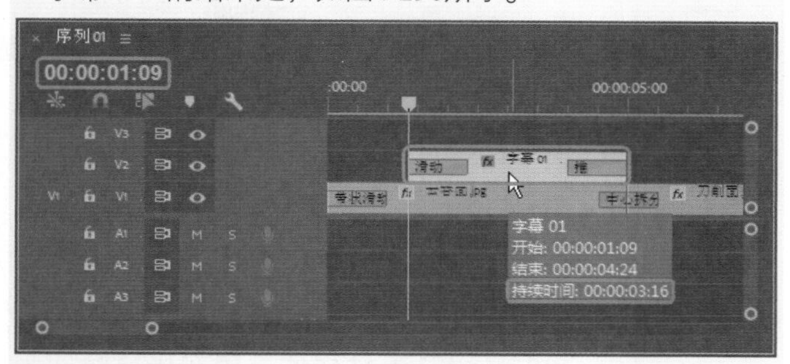

图4-296 添加特效

10 使用同样的方法，制作其他字幕，并添加不同的特效，效果如图4-297所示。

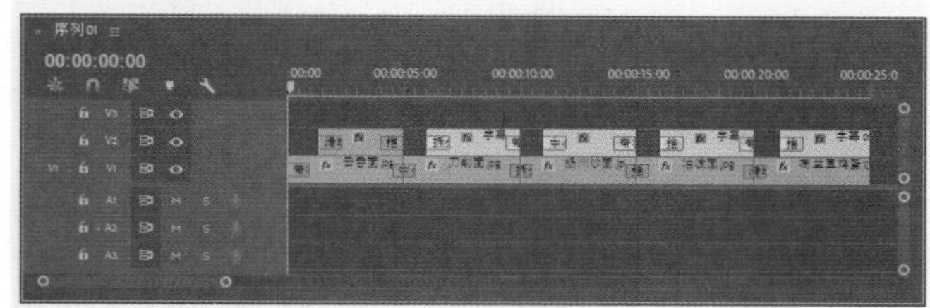

图4-297 添加其他特效

4.2.6 缩放

本节通过实例讲解【缩放】文件夹的【交叉缩放】切换效果的使用方法。

【交叉缩放】过渡效果：图像A放大，然后图像B缩小，效果如图4-298所示。

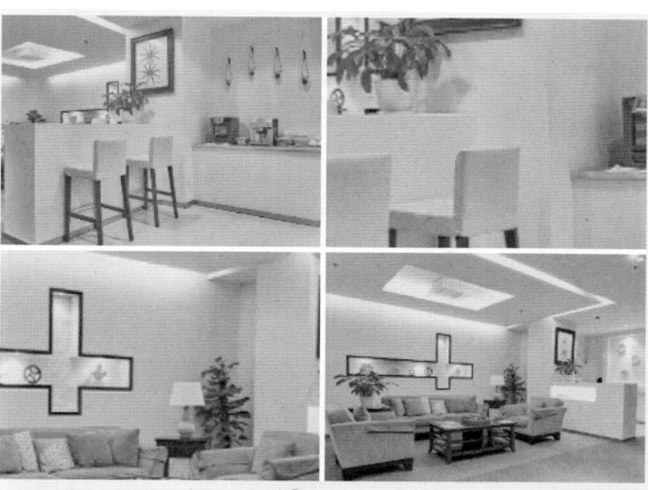

图4-298 【交叉缩放】效果

01 新建项目后，在菜单栏中单击【文件】按钮，在弹出的下拉列表中选择【新建】|【序列】命令。

02 在弹出的对话框中选择DV-PAL|【标准48kHz】，其他保持默认设置，然后单击【确定】按钮。

03 在【项目】面板的空白处双击鼠标，弹出【导入】对话框，选择“075.jpg”“076.jpg”文件，单击【打开】按钮即可导入素材，如图4-299所示。

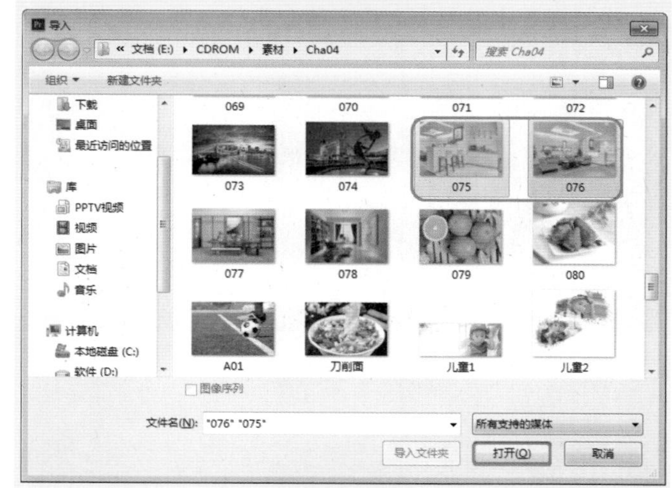

图4-299 选择素材文件

04 将导入后的素材拖至【序列】面板的视频轨道V1中，选中“075.jpg”素材文件，确定当前时间为00:00:00:00，切换到【效果控件】面板中将【缩放】设置为115，如图4-300所示。

05 选中“076.jpg”素材文件，确定当前时间为00:00:05:00，切换到【效果控件】面板中将【缩放】设置为110，如图4-301所示。

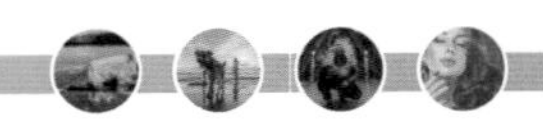

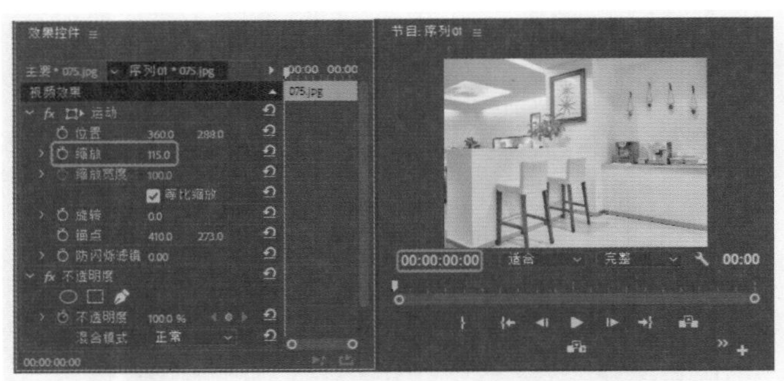

图4-300　设置参数

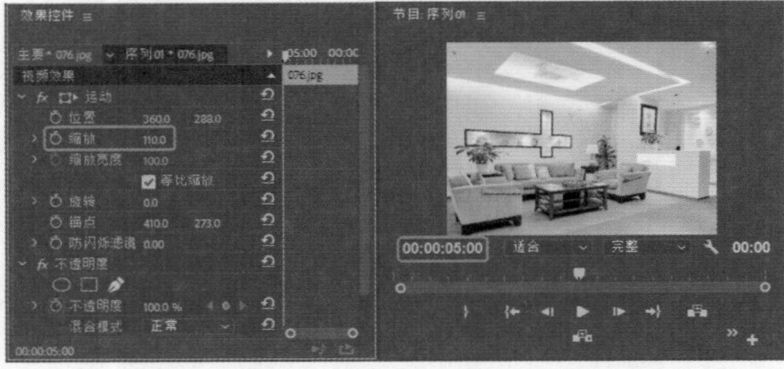

图4-301　设置当前时间及参数

06 切换到【效果】面板打开【视频过渡】文件夹，选择【缩放】下的【交叉缩放】过渡效果，如图4-302所示。

07 将其拖至【序列】面板中两个素材之间，如图4-303所示。

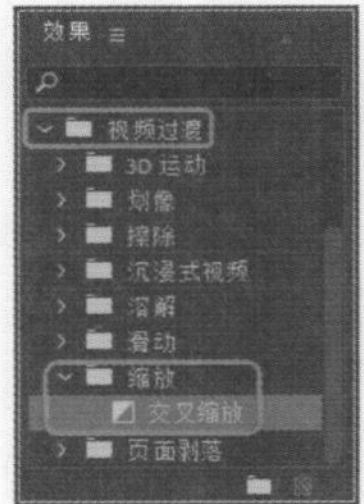

图4-302　选择【交叉缩放】特效

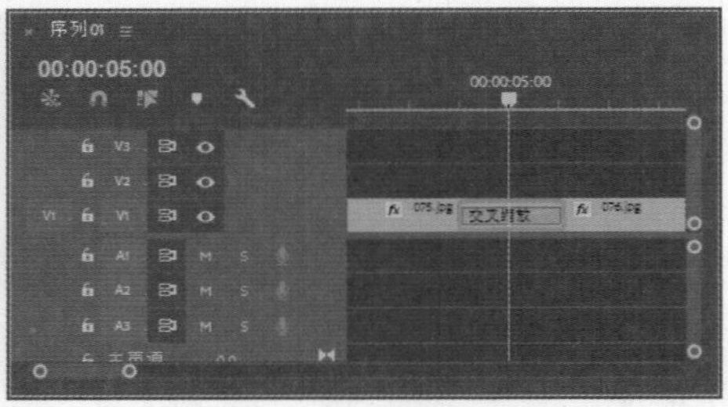

图4-303　拖到素材之间

4.2.7　页面剥落

本节将讲解【页面剥落】中的转场特效，【页面剥落】文件夹下共包括两个转场特效，分别为【翻页】和【页面剥落】。

1. 实战：【翻页】切换效果

【翻页】过渡效果和下面的【页面剥落】效果类似，但是素材卷起时，页面剥落部分仍旧是这一素材，如图4-304所示，其操作步骤如下。

01 新建项目后，在菜单栏中单击【文件】按钮，在弹出的下拉列表中选择【新建】|【序列】命令。

图4-304　【翻页】特效

02 在弹出的对话框中选择DV-PAL|【标准48kHz】，其他保持默认设置，然后单击【确定】按钮。

03 在【项目】面板的空白处双击鼠标，弹出【导入】对话框，选择“077.jpg”“078.jpg”文件，单击【打开】按钮即可导入素材，如图4-305所示。

图4-305　选择素材文件

04 将导入后的素材拖至【序列】面板的视频轨道V1中，选中“077.jpg”素材文件，确定当前时间为00:00:00:00，切换到【效果控件】面板中将【缩放】设置为110，如图4-306所示。

图4-306　设置参数

05 选中“078.jpg”素材文件，确定当前时间为00:00:05:00，切换到【效果控件】面板中将【缩放】设置为115，如图4-307所示。

图4-307　设置当前时间及参数

06 切换到【效果】面板打开【视频过渡】文件夹，选择【页面剥落】下的【翻页】过渡效果，如图4-308所示。

图4-308　选择【翻页】特效

07 将其拖至【序列】面板中两个素材之间，如图4-309所示。

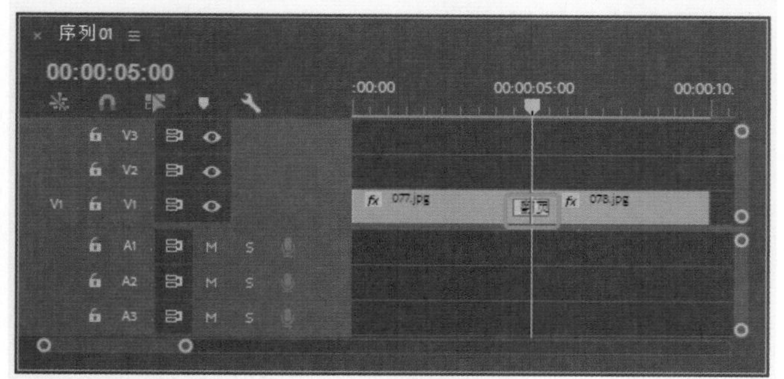

图4-309　拖到素材之间

2. 实战：【页面剥落】切换效果

【页面剥落】过渡效果产生页面剥落转换的效果，如图4-310所示。

图4-310　【页面剥落】特效

01 新建项目后，在菜单栏中单击【文件】按钮，在弹出的下拉列表中选择【新建】|【序列】命令。

02 在弹出的对话框中选择DV-PAL|【标准48kHz】，其他保持默认设置，然后单击【确定】按钮。

03 在【项目】面板的空白处双击鼠标，弹出【导入】对话框，选择“079.jpg”“080.jpg”文件，单击【打开】按钮即可导入素材，如图4-311所示。

图4-311　选择素材文件

04 将导入后的素材拖至【序列】面板的视频轨道V1中，选中“079.jpg”素材文件，确定当前时间为00:00:00:00，切换到【效果控件】面板中将【缩放】设置为110，如图4-312所示。

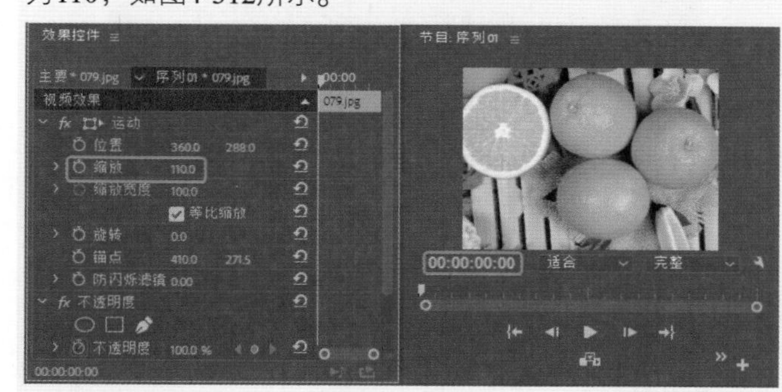

图4-312　设置参数

05 选中“080.jpg”素材文件，确定当前时间为00:00:05:00，切换到【效果控件】面板中将【缩放】设置为120，如图4-313所示。

图4-313　设置当前时间及参数

06 切换到【效果】面板打开【视频过渡】文件夹，选择【页面剥落】下的【页面剥落】过渡效果，如图4-314所示。

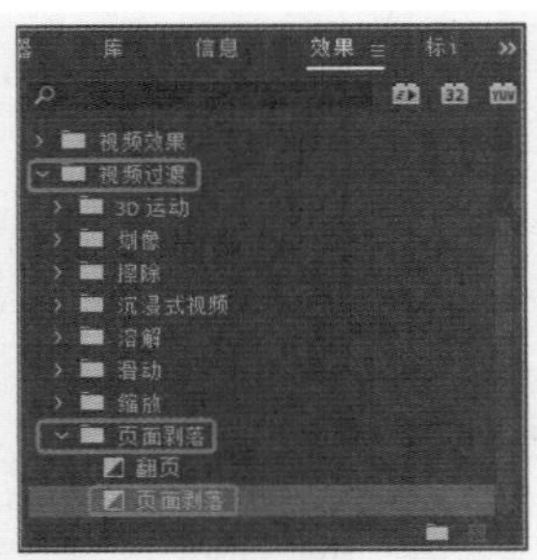

图4-314 选择【页面剥落】特效

07 将其拖至【序列】面板中两个素材之间，如图4-315所示。

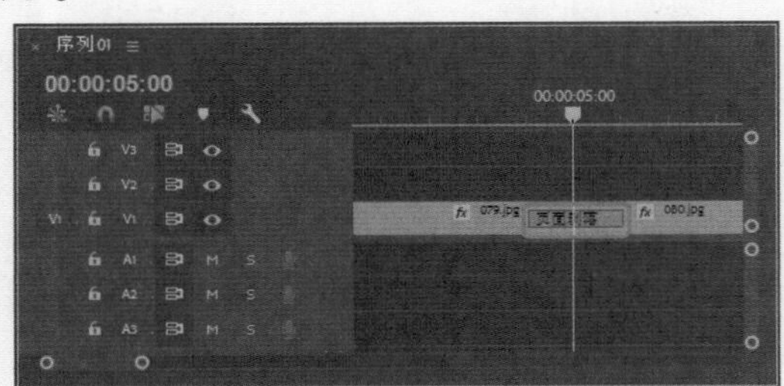

图4-315 拖到素材之间

4.3 上机练习

4.3.1 影视特效类——美甲

美甲短片重在体现出时尚效果。本案例中设计的美甲短片，从时尚前沿且与动态素材融合的角度思考，注重体现不同的美甲效果与新潮的艺术，效果如图4-316所示。

图4-316 效果展示

下面将使用本章学到的知识制作美甲视频淡入淡出的过渡效果。

01 新建项目文件和DV-PAL选项组中的【标准48kHz】序列文件，在【项目】面板中导入美甲1.jpg～美甲9.jpg、爆炸烟雾1.avi文件，如图4-317所示。

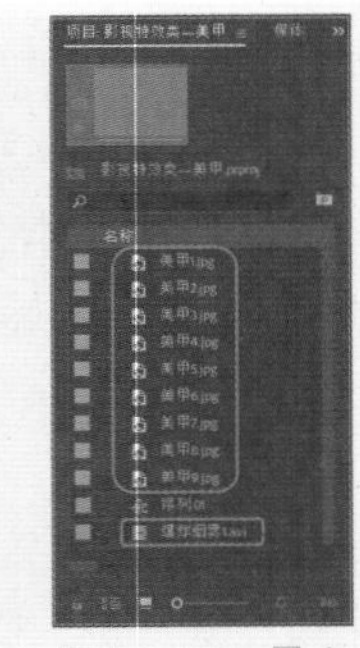

图4-317 导入的素材

02 确认当前时间为00:00:00:00，选择【项目】面板中的“美甲1.jpg”素材文件，将其拖至V1轨道中，并将持续时间设置为00:00:03:00。切换至【效果控件】面板中，将【运动】选项组中的【缩放】设置为166.5，【位置】设置为360、495，如图4-318所示。

03 在【效果】面板中搜索【渐隐为黑色】效果，将其拖至V1轨道中素材的开始处，如图4-319所示。

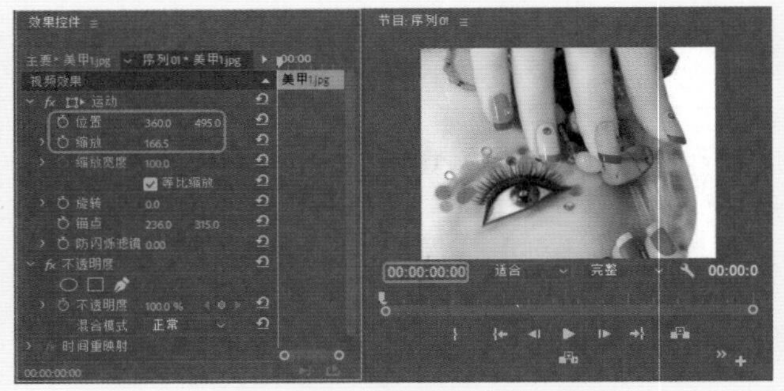

图4-318 设置素材参数

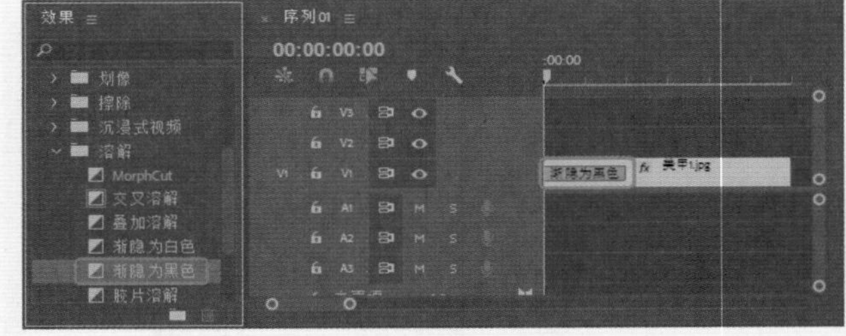

图4-319 添加效果

04 将当前时间设置为00:00:03:00，选择【项目】面板中的“美甲2.jpg”素材文件，将其拖至V1轨道中，使其开始处与时间线对齐，并选中素材，将其持续时间设置为00:00:02:13。切换至【效果控件】面板中，将【运动】选项组中的【缩放】设置为204，【位置】设置为360、423，如图4-320所示。

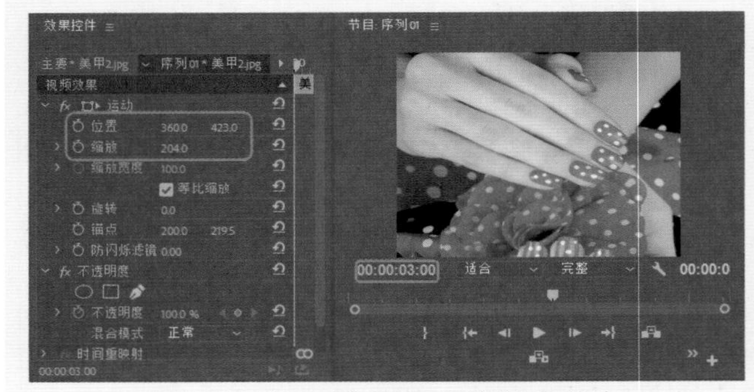

图4-320 设置“美甲2.jpg”的位置和缩放

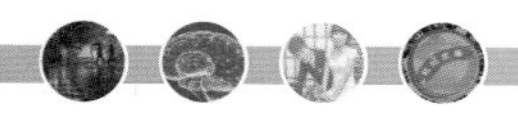

05 在【效果】面板中搜索【菱形划像】效果，将其拖至V1轨道中“美甲1.jpg”与“美甲2.jpg”素材之间，如图4-321所示。

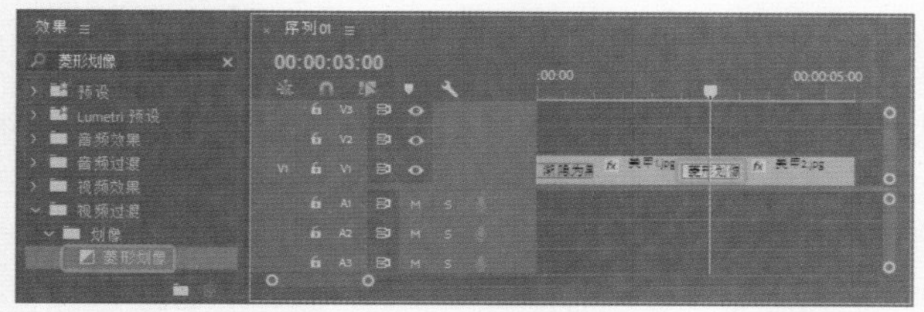

图4-321 向素材之间添加效果

06 将当前时间设置为00:00:05:13，选择【项目】面板中的“美甲3.jpg”素材文件，将其拖至V1轨道中，使其开始处与时间线对齐，并选中素材，将其持续时间设置为00:00:02:13，切换至【效果控件】面板中，将【运动】选项组中的【缩放】设置为38，如图4-322所示。

图4-322 设置“美甲3.jpg”的缩放

07 在【效果】面板中搜索【交叉划像】效果，将其拖至V1轨道中“美甲2.jpg”与“美甲3.jpg”素材之间，如图4-323所示。

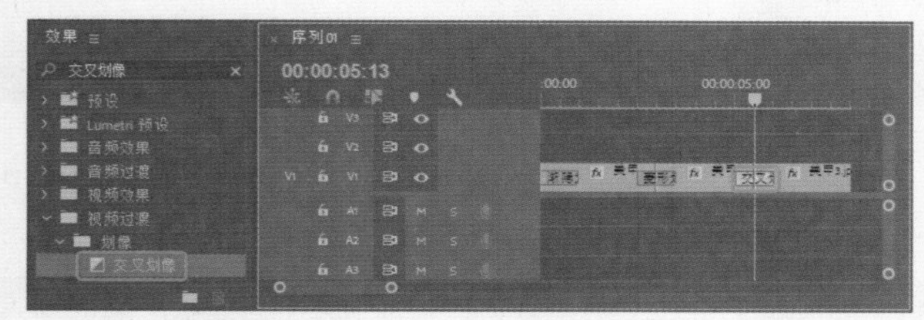

图4-323 继续向素材之间添加效果

08 将当前时间设置为00:00:08:01，选择【项目】面板中的“美甲4.jpg”素材文件，将其拖至V1轨道中，使其开始处与时间线对齐，在【效果】面板中搜索【快速模糊】效果，将其拖至V1轨道中的“美甲4.jpg”素材上，将其持续时间设置为00:00:07:10。切换至【效果控件】面板中，将【运动】选项组中的【缩放】设置为58，如图4-324所示。

图4-324 设置【缩放】参数

09 将当前时间设置为00:00:09:10，切换至【效果控件】面板中，单击【快速模糊】下【模糊度】左侧的【切换动画】按钮，如图4-325所示。

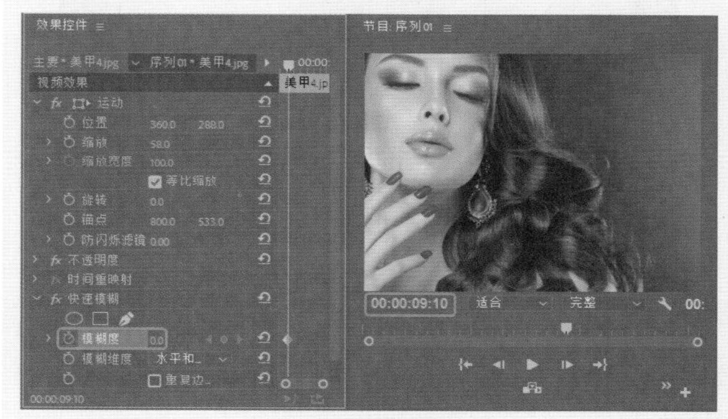

图4-325 设置快速模糊

10 将当前时间设置为00:00:10:10，切换至【效果控件】面板中，将【快速模糊】下【模糊度】设置为100，如图4-326所示。

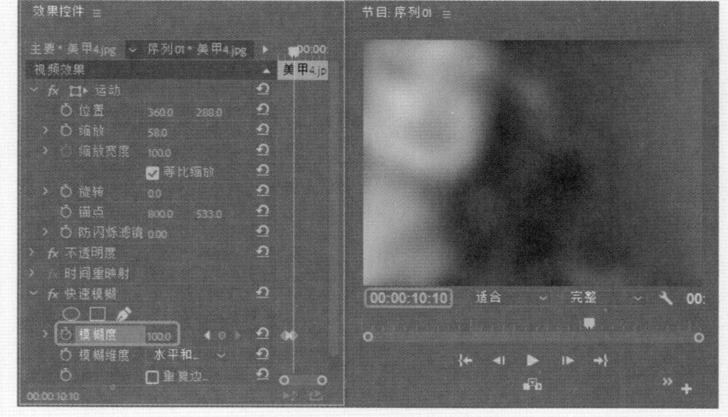

图4-326 设置模糊度

11 在【效果】面板中搜索【推】效果，将其拖至V1轨道中“美甲3.jpg”与“美甲4.jpg”素材之间，如图4-327所示。

图4-327　添加效果

12 将当前时间设置为00:00:00:00，选择【项目】面板中的“爆炸烟雾1.avi”素材文件，将其拖至V2轨道中，使其开始处与时间线对齐，将其持续时间设置为00:00:10:00，切换至【效果控件】面板中，将【运动】选项组中的【缩放】设置为53.7，将【不透明度】选项组中的【混合模式】设置为【柔光】，如图4-328所示。

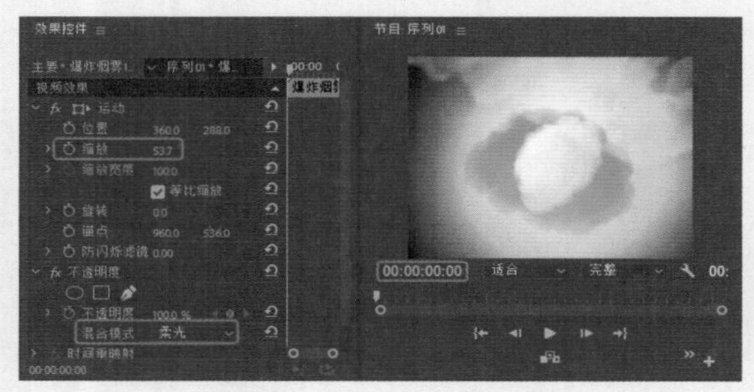
图4-328　设置缩放和混合模式

13 将当前时间设为00:00:10:00，选择【项目】面板中的“美甲5.jpg”素材文件，将其拖至V2轨道中，使其开始处与时间线对齐，结尾处与V1轨道中“美甲4.jpg”素材的结尾处对齐，并选中素材。切换至【效果控件】面板中，将【运动】选项组中的【缩放】设置为103，将【不透明度】选项组中的【混合模式】设置为【柔光】，如图4-329所示。

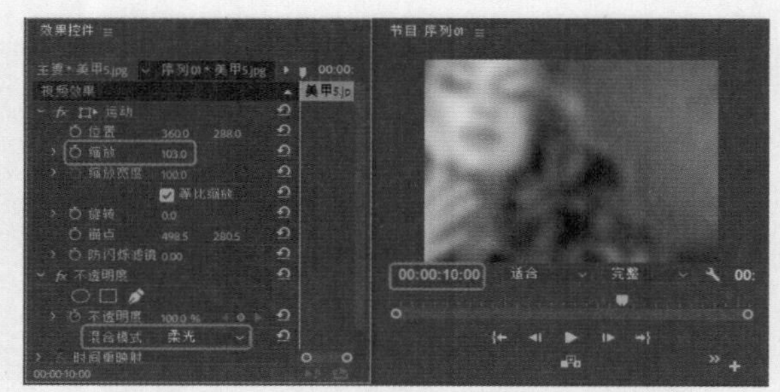
图4-329　拖入图片并设置参数

提示

【柔光】：使颜色变亮或变暗具体取决于混合色，此效果与发散的聚光灯照在图像上相似。如果混合色（光源）比50%灰色亮，则图像变亮，就像被减淡了一样。如果混合色（光源）比50%灰色暗，则图像变暗，就像加深了。用纯黑色或纯白色绘画会产生明显较暗或较亮的区域，但不会产生纯黑色或纯白色。

14 将当前时间设为00:00:10:11，选择【项目】面板中的“美甲6.jpg”素材文件，将其拖至V3轨道中，使其开始处与时间线对齐，结尾处与V2轨道中“美甲5.jpg”素材的结尾处对齐，在【效果】面板中搜索【裁剪】效果，将其拖至V3轨道中的“美甲4.jpg”素材上，并选中素材，切换至【效果控件】面板中，将【运动】选项组中的【缩放】设置为10.9，【位置】设置为93、288，将【裁剪】选项组中的【左侧】设置为36%、【顶部】设置为0%、【右侧】设置为35%、底部设置为0%，如图4-330所示。

图4-330　拖入素材并设置参数

15 在【效果】面板中搜索【交叉溶解】效果，将其拖至V3轨道中“美甲6.jpg”素材的开始处，如图4-331所示。

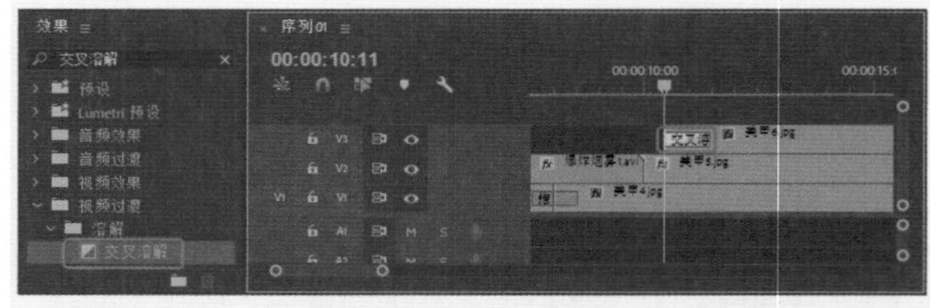
图4-331　添加效果

16 使用同样的方法将其他素材添加至轨道中，添加效果并设置参数，如图4-332所示。

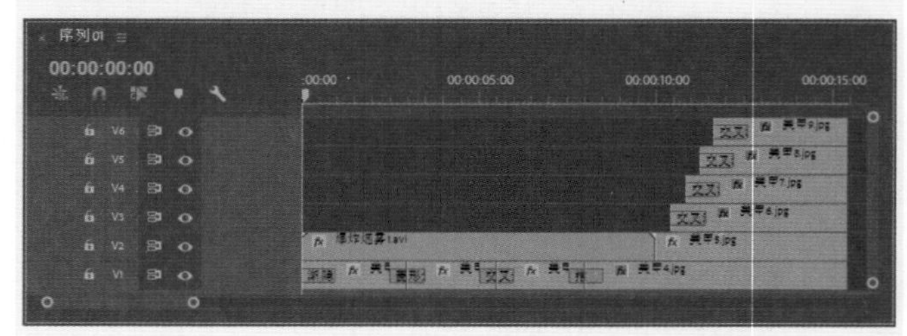
图4-332　制作出其他效果

17 按Ctrl+M组合键打开【导出设置】对话框，单击【输出名称】右侧的蓝色文字，在打开的对话框中选择保存位置，输入名称，单击【保存】按钮，然后单击【导出】按钮，如图4-333所示，视频即可导出。

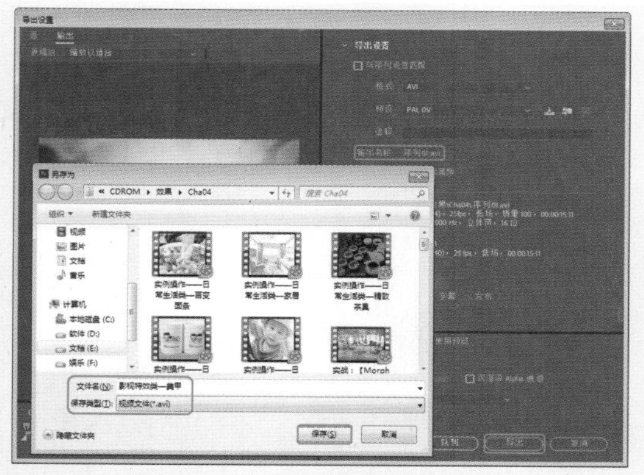

图4-333　导出视频

4.3.2　自然风景类——花之恋

本例通过对玫瑰花海报添加过渡特效，从而制作出花之恋动画，其效果如图4-334所示。

图4-334　花朵效果

01 新建项目文件，按Ctrl+N组合键，弹出【新建序列】对话框，选择【设置】选项卡，将【编辑模式】设置为【自定义】，将【帧大小】和【水平】分别设置为720、400，单击【确定】按钮，如图4-335所示。

02 在【项目】面板中导入1.jpg～6.jpg素材文件，如图4-336所示。

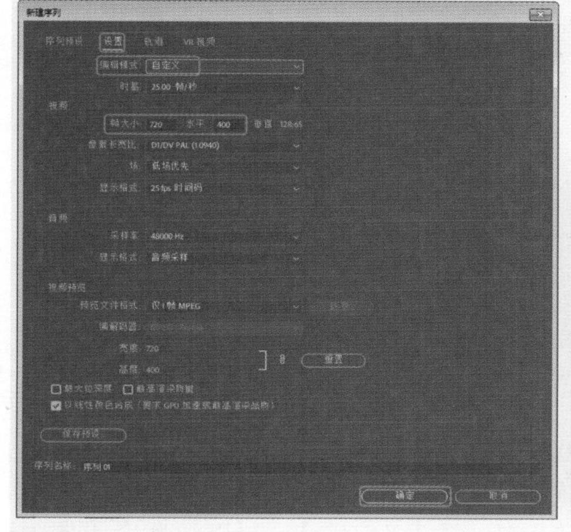

图4-335　【新建序列】对话框

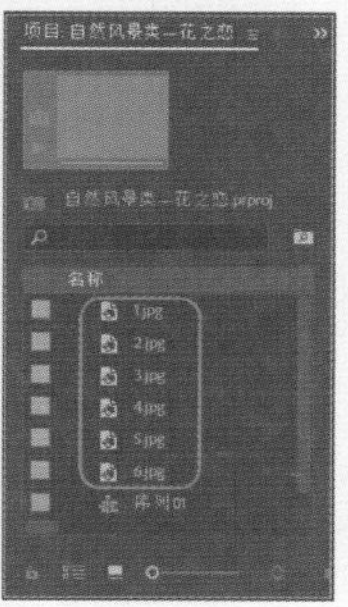

图4-336　导入素材文件

03 确认当前时间为00:00:00:00，选择【项目】面板中的“1.jpg”素材文件，将其拖至V1轨道中，将当前时间设置为00:00:01:10，切换至【效果控件】面板中，将【运动】选项组中的【缩放】设置为0，单击左侧的【切换动画】按钮，如图4-337所示。

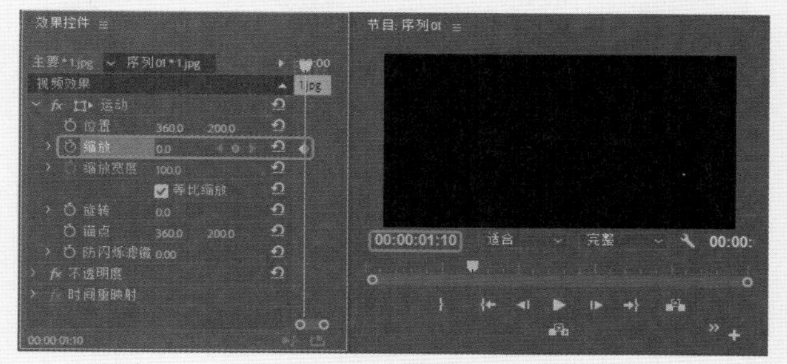

图4-337　设置【缩放】参数

04 将当前时间设置为00:00:04:10，将【缩放】设置为110，在【效果】面板中搜索【渐隐为黑色】特效，将特效添加至“1.jpg”开始处，如图4-338所示。

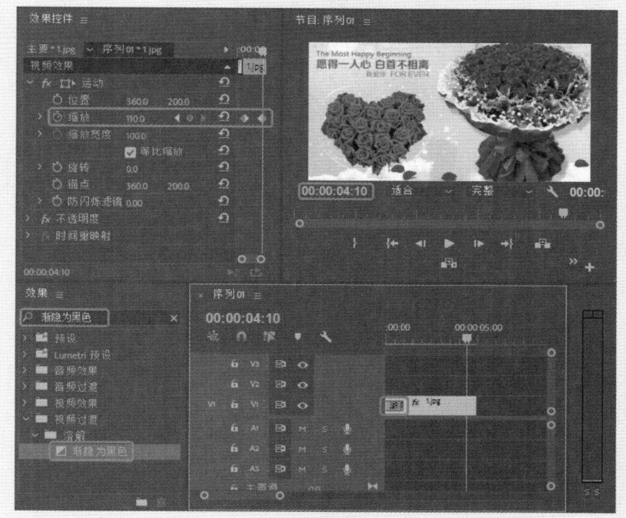

图4-338　添加特效

05 将当前时间设置为00:00:05:00，将“2.jpg”素材文件添加至V2轨道中，将【位置】设置为367、200，将【缩放】设置为125，将【交叉缩放】添加至“2.jpg”开始处，如图4-339所示。

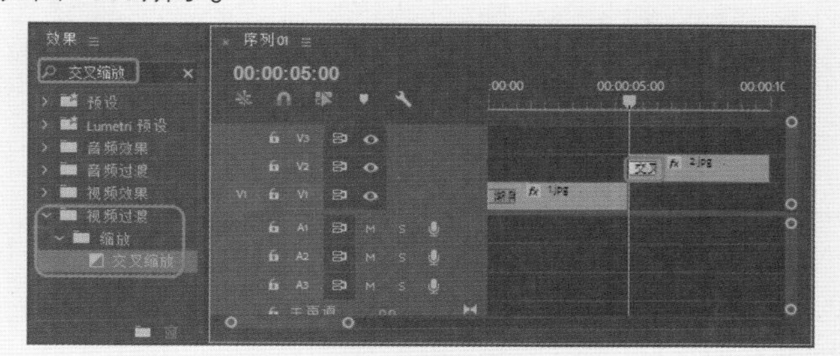

图4-339　设置位置和【缩放】参数

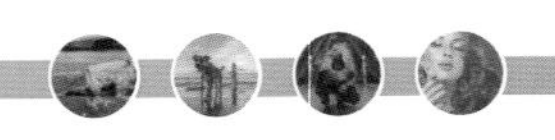

06 将当前时间设置为00:00:10:00，将“3.jpg”素材文件添加至V2轨道中，将持续时间设置为00:00:01:12，将【位置】设置为360、200，将【缩放】设置为122，如图4-340所示。

图4-340 设置位置和【缩放】参数

07 使用同样的方法，将“4.jpg”“5.jpg”素材文件拖曳至轨道中，进行相应的设置，添加相应的视频过渡特效，如图4-341所示。

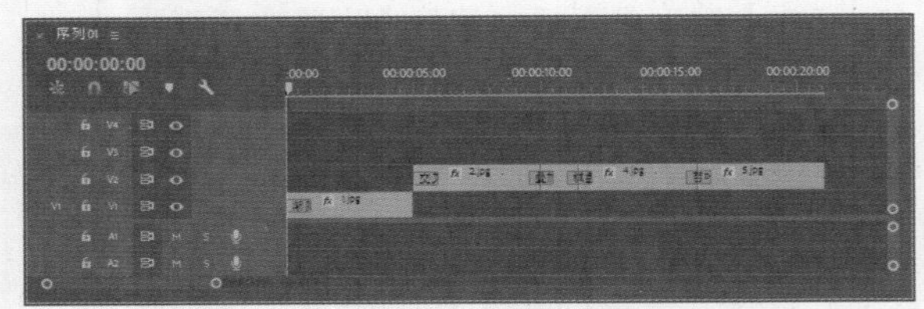

图4-341 设置完成后的效果

08 将当前时间设置为00:00:21:03，将“6.jpg”素材文件拖曳至V2轨道中，将持续时间设置为00:00:05:06，将当前时间设置为00:00:22:02，将【缩放】设置为100，单击左侧的【切换动画】按钮，如图4-342所示。

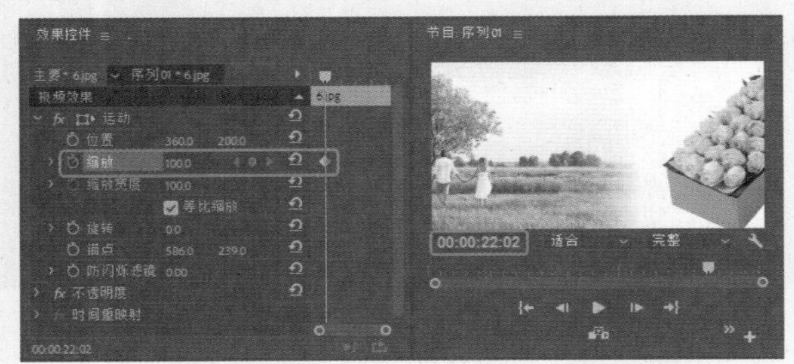

图4-342 设置参数

09 将当前时间设置为00:00:25:10，将【缩放】设置为77，如图4-343所示。

图4-343 设置【缩放】参数

10 为“6.jpg”素材文件添加【快速模糊】特效，将当前时间设置为00:00:22:02，将【模糊度】设置为0，单击左侧的【切换动画】按钮，将当前时间设置为00:00:25:10，将【模糊度】设置为10，如图4-344所示。

图4-344 设置【快速模糊】参数

11 在【效果】面板中搜索【随机擦除】特效，将其添加至“5.jpg”和“6.jpg”素材文件之间，如图4-345所示。

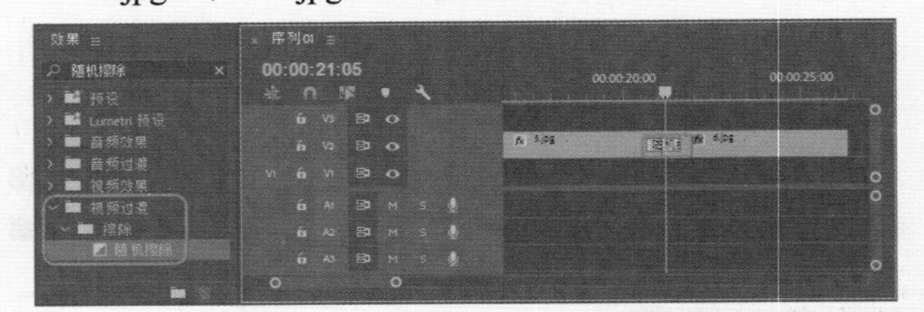

图4-345 添加特效

12 在菜单栏中选择【文件】|【新建】|【旧版标题】命令，弹出【新建字幕】对话框，保持默认设置，单击【确定】按钮，使用【文字工具】输入文本“一生”，将【字体大小】设置为58，将【字体系列】设置为方正平和简体，将【X位置】、【Y位置】设置为44.8、309.2，如图4-346所示。

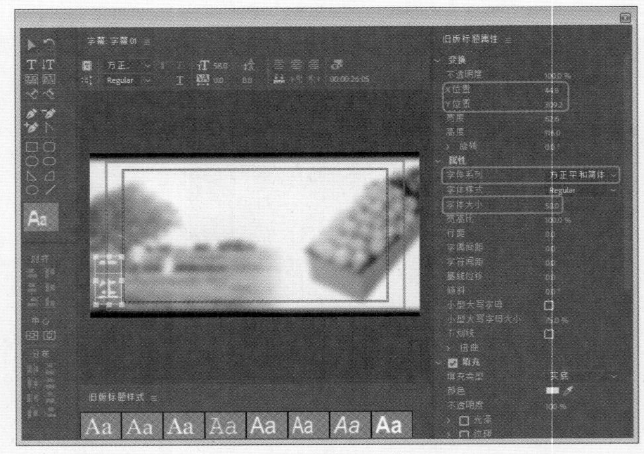

图4-346 新建“字幕01”

13 新建“字幕02”，使用【文字工具】输入文本“待一人”，将【字体大小】设置为35，将【字体系列】设置为方正平和简体，将【X位置】、【Y位置】设置为110.3、338.3，如图4-347所示。

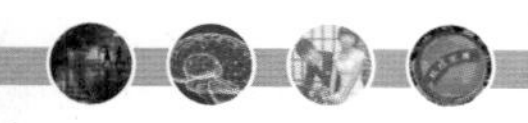

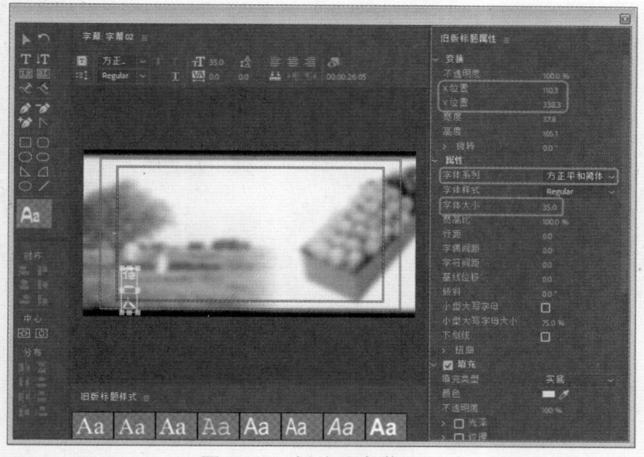

图4-347　新建“字幕02”

14 将当前时间设置为00:00:23:05，将“字幕01”拖曳至V3轨道中，将开始处与时间线对齐，将持续时间设置为00:00:03:04，将【位置】设置为360、218，如图4-348所示。

15 将当前时间设置为00:00:24:05，将“字幕02”拖曳至V4轨道中，将开始处与时间线对齐，将持续时间设置为00:00:02:04，将【位置】设置为360、213，在【效果】面板中搜索【交叉溶解】特效，将特效添加至“字幕01”和“字幕02”的开始处，如图4-349所示。

图4-348　设置【位置】参数

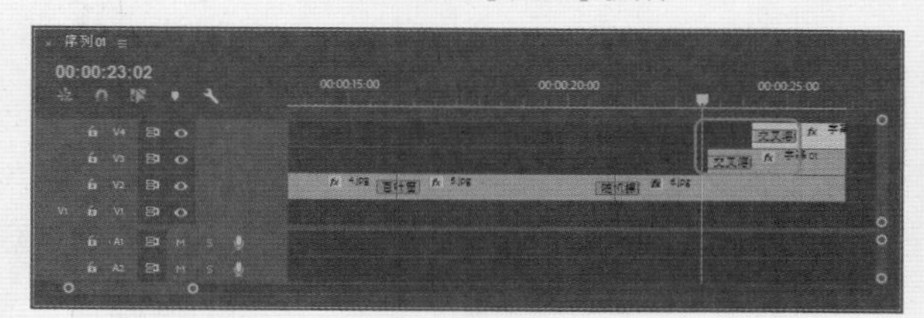

图4-349　添加特效

4.4 思考题

1. 什么是过渡特效？其主要功能是什么？
2. 常用的过渡方式有哪些？

第5章 视频特效

本章将介绍如何在影片上添加视频特效，这对于剪辑人员来说是非常重要的，对视频的好与坏起着决定性的作用，巧妙地为影片添加各式各样的视频特效可以使影片具有很强的视觉感染力。

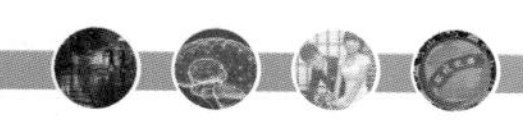

5.1 使用关键帧控制效果

在动画制作的过程中，关键帧是必不可少的，在3ds Max、Flash中，动画都是由不同的关键帧组成的，为不同的关键帧设置不同的效果，可以达到丰富多彩的动画效果。

为了设置动画效果属性，必须激活属性的关键帧，在【效果控件】面板或者【序列】面板中可以添加并控制关键帧。

任何支持关键帧的效果属性都包括【切换动画】按钮，单击该按钮可插入一个动画关键帧。插入关键帧（即激活关键帧）后，就可以添加和调整至素材所需要的属性，如图5-1所示。

图5-1　设置关键帧

知识链接

使用添加关键帧的方式可以创建动画并控制素材动画效果和音频效果，通过关键帧查看属性的数值变化，如位置、不透明度等。当为多个关键帧赋予不同的值时，Premiere会自动计算关键帧之间的值，这个处理过程称为“插补”。对于大多数标准效果，都可以在素材的整个时间长度中设置关键帧。对于固定效果，比如位置和缩放，也可以设置关键帧，使素材产生动画。可以移动、复制或删除关键帧和改变插补的模式。

5.2 视频特效与特效操作

本节将详细介绍Premiere Pro CC 2018的视频特效，添加特效后，在【效果控件】面板中选择添加的特效，然后单击特效名称左侧的三角按钮，可对特效参数进行设置。

5.2.1 【变换】视频特效

在【变换】文件夹下，选择变换效果的视频特技效果。

1.【垂直翻转】特效

【垂直翻转】特效可以使素材上下翻转，该特效的选项组如图5-2所示，效果如图5-3所示。

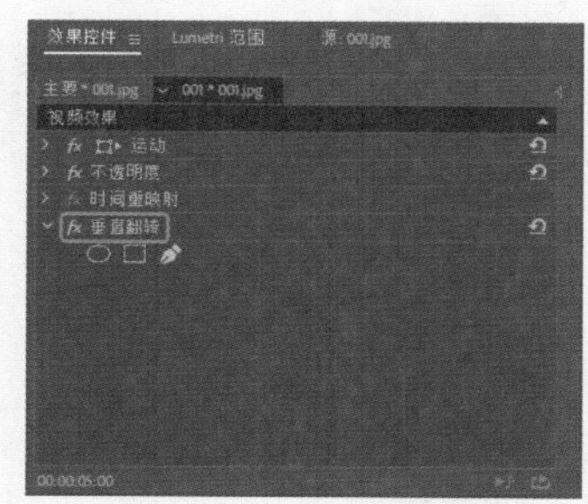

图5-2　【垂直翻转】选项组

图5-3　添加【垂直翻转】后的效果

2.【水平翻转】特效

【水平翻转】特效可以使素材水平翻转，该特效的选项组如图5-4所示，效果如图5-5所示。

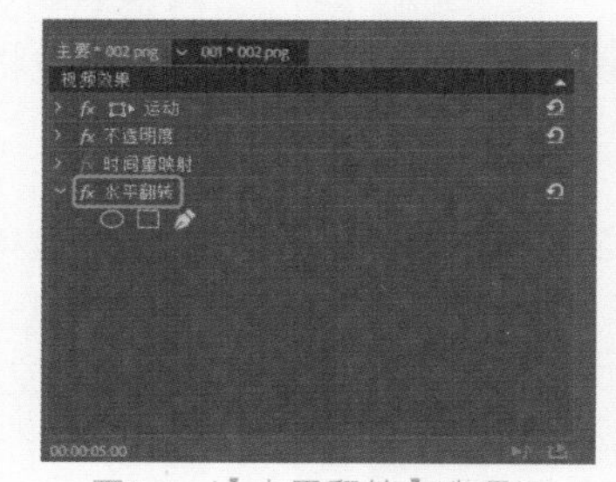

图5-4　【水平翻转】选项组

图5-5　添加【水平翻转】特效后的效果

3.【羽化边缘】特效

【羽化边缘】特效用于对素材片段的边缘进行羽化，该特效的选项组如图5-6所示，效果如图5-7所示。

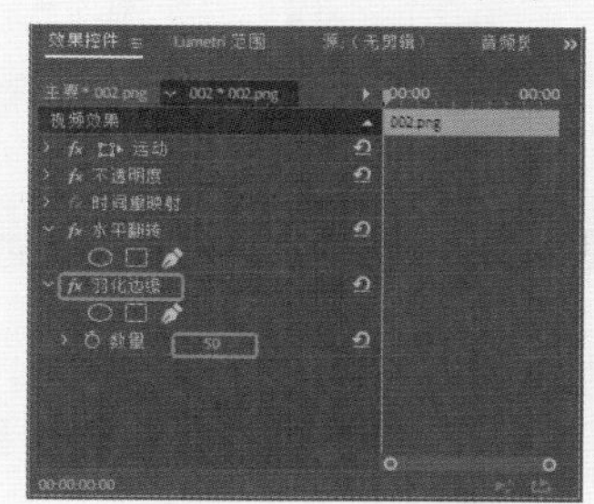

图5-6　【羽化边缘】选项组

图5-7　羽化边缘后的效果

4.【裁剪】特效

【裁剪】特效可以将素材边缘的像素剪掉，并可以自动将修剪过的素材尺寸变到原始尺寸，使用滑块控制可以修剪素材个别边缘，可以采用像素或图像百分比两种方式计算，该特效的选项组如图5-8所示，效果如图5-9所示。

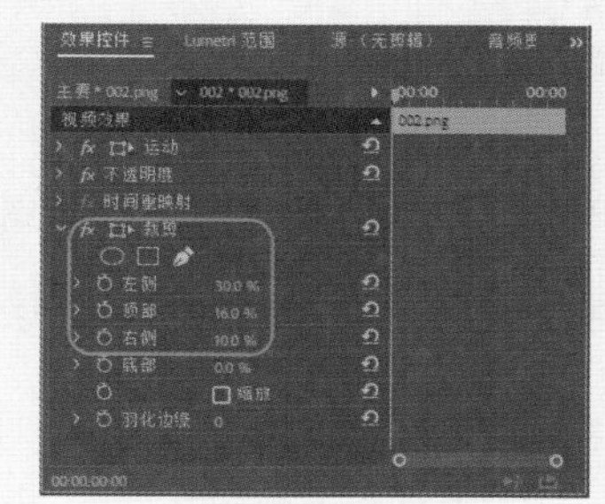

图5-8　【裁剪】特效选项组

图5-9　添加【裁剪】特效后的效果

实例操作——祝福贺卡类

祝福贺卡类视频通过祝福问候的语句来表达关怀之情，为了引导出问候的文字，本案例主要通过为字幕设置动画效果的方法，引导出字幕中的问候文字。效果如图5-10所示。

图5-10　最终效果

01 启动软件后新建项目和序列，在【新建序列】对话框中选择【设置】选项卡，将【编辑模式】设置为【自定义】，将【画面大小】设置为440×660，将【像素长宽比】设置为【方形像素】，将【场】设置为【低场优先】，将【采样率】设置为48000Hz，如图5-11所示。

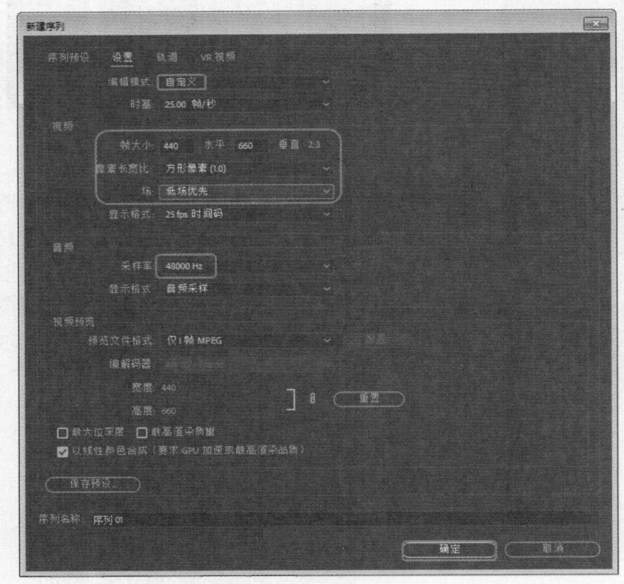

图5-11　设置序列

02 按Ctrl+I组合键打开【导入】对话框，在该对话框中选择“03.jpg”素材文件，单击【打开】按钮，如图5-12所示。

03 选择【文件】|【新建】|【旧版标题】命令，在打开的对话框中，将【宽度】设置为720，【高度】设置为576，单击【确定】按钮。打开字幕编辑器，使用【椭圆形工具】绘制椭圆，在【变换】选项组中将【宽度】、【高度】分别设置为178.5、130，将【X位置】、【Y位置】分别设置为485、81，在【填充】选项组中将【填充类型】设置为【消除】，单击【描边】选项组下【外描边】右侧的【添加】按钮，将【大小】设置为5，将【颜色】设置为白色，完成后的效果如图5-13所示。

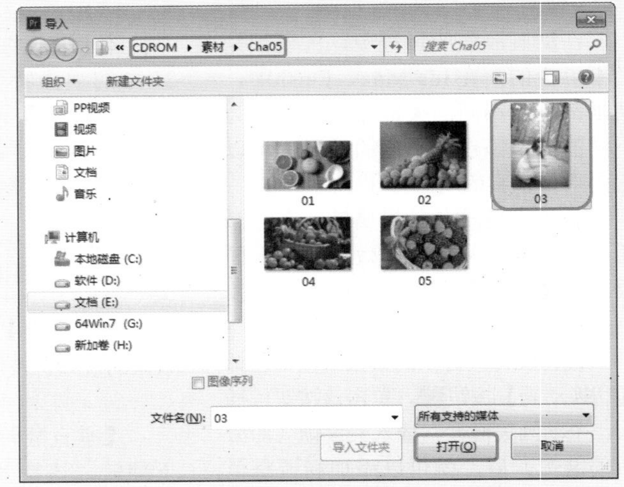

图5-12　选择素材文件

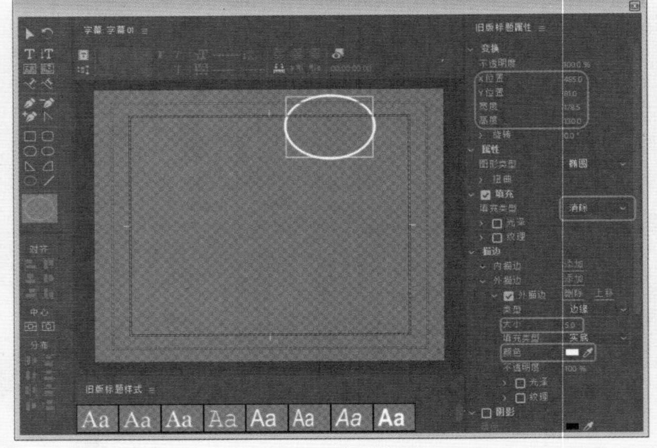

图5-13　绘制椭圆

04 对绘制的椭圆进行复制，选择复制的椭圆，在【变换】选项组中将【宽度】、【高度】分别设置为69、46，将【X位置】、【Y位置】分别设置为446、210，如图5-14所示。

05 继续对椭圆进行复制，选择复制的椭圆，在【变化】选项组中将【宽度】、【高度】分别设置为28、18，将【X位置】、【Y位置】分别设置为407、285，如图5-15所示。

06 单击【基于当前字幕新建】按钮，在弹出的对话框中保持默认设置，单击【确定】按钮，将原有的内容全部删除。使用【文字工具】输入文字“空气清新”。选择输入的文字，在【属性】选项组中将【字体系列】设置为华文中宋，将【字体大小】设置为20，将【行距】、

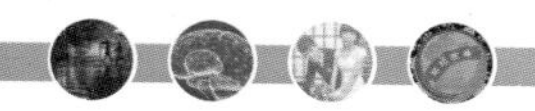

【字距】设置为10、0，在【变换】选项组中将【X位置】、【Y位置】分别设置为481.5、92，将【填充】选项组中的【颜色】设置为黑色，如图5-16所示。

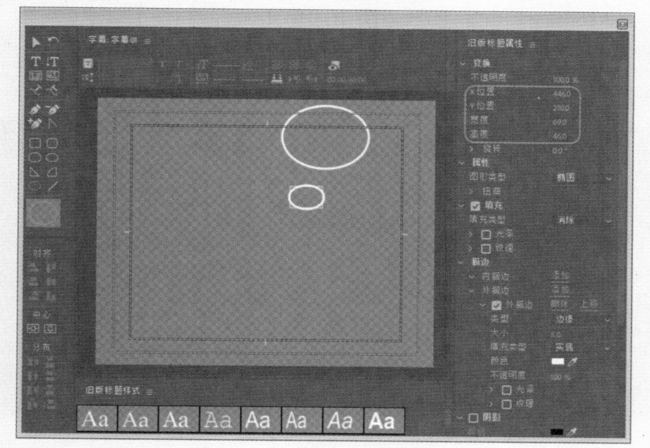

图5-14 复制椭圆并进行复制

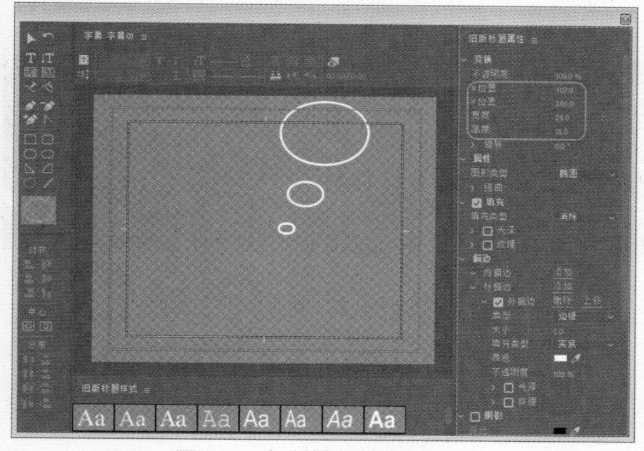

图5-15 复制椭圆并进行设置

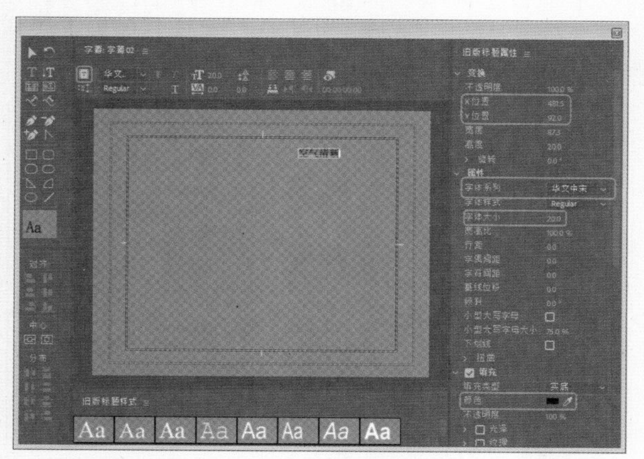

图5-16 设置参数

07 将当前时间设置为00:00:00:00，将“03.jpg”素材文件拖曳至V1轨道中，将其开始位置与时间线对齐，将【效果控件】面板中的【位置】设置为220和335，【缩放】设置为70。将“字幕01”拖曳至V2轨道中，将【效果控件】面板中的【位置】设置为222、286，如图5-17所示。

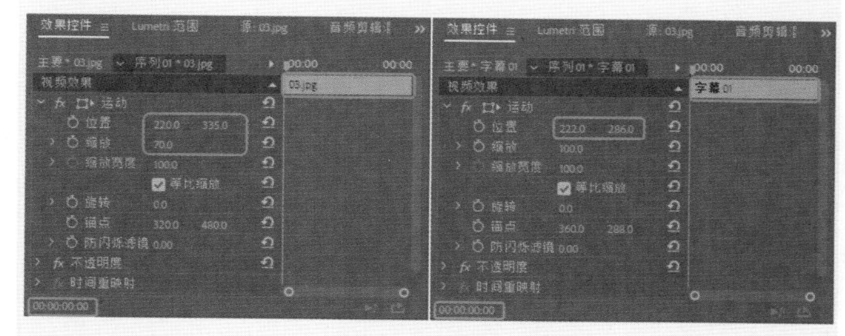

图5-17 设置位置

08 将当前时间设置为00:00:00:00，将【效果】面板中的【裁剪】视频特效拖曳至V2轨道中的素材文件上，在【效果控件】面板中将【顶部】设置为60，单击其左侧的【切换动画】按钮，如图5-18所示。

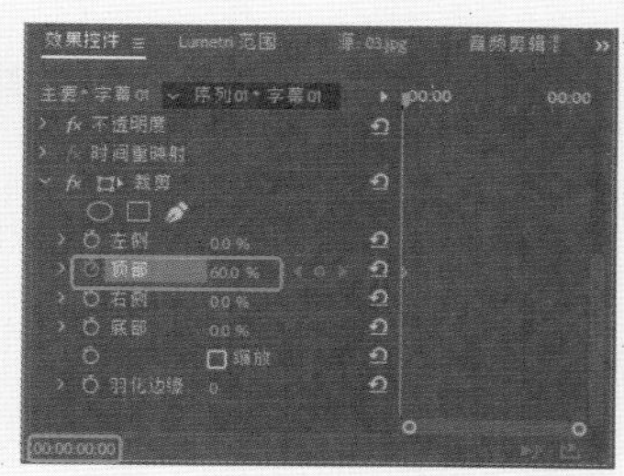

图5-18 设置【顶部】参数

09 将当前时间设置为00:00:01:00，将【顶部】设置为43。将当前时间设置为00:00:02:00，将【顶部】设置为30。将当前时间设置为00:00:03:00，将【顶部】设置为0。在【效果】面板中将【投影】视频特效拖曳至视频2轨道中的素材文件上，将【投影】选项组中的【不透明度】设置为60，将【柔和度】设置为5，如图5-19所示。

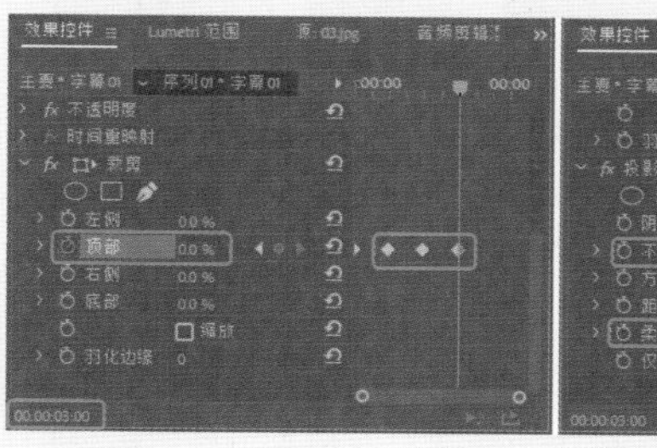

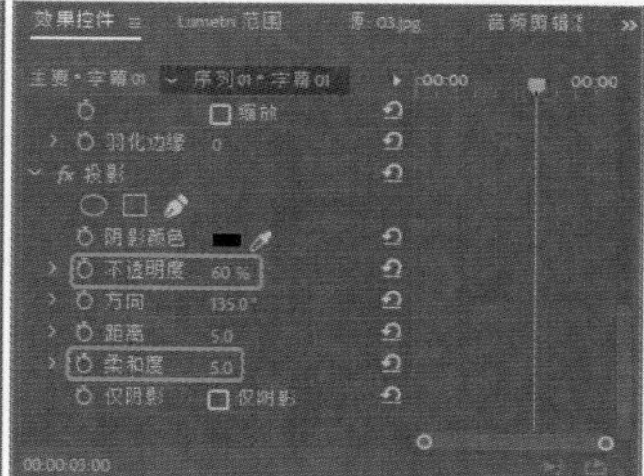

图5-19 设置顶部

10 将当前时间设置为00:00:00:00，将“字幕02”拖曳至V3轨道中，将其开始位置与时间线对齐。将【位置】设置为223、310，如图5-20所示。

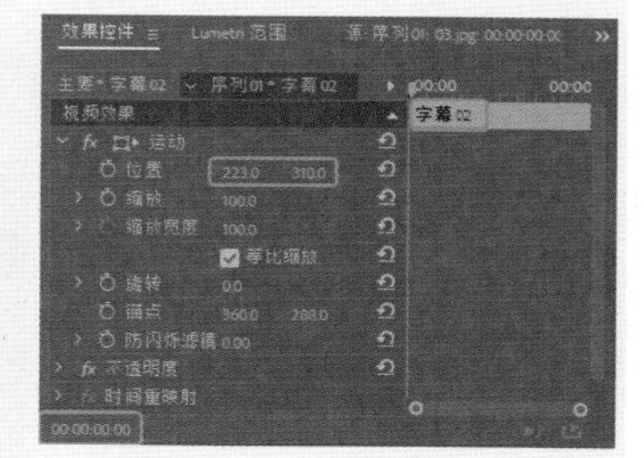

图5-20 设置位置

11 将当前时间设置为00:00:03:00，将【不透明度】设置为0，将当前时间设置为00:00:03:15，将【不透明度】设置为100，如图5-21所示。

12 至此，场景就制作完成了，场景保存后将效果导出即可。

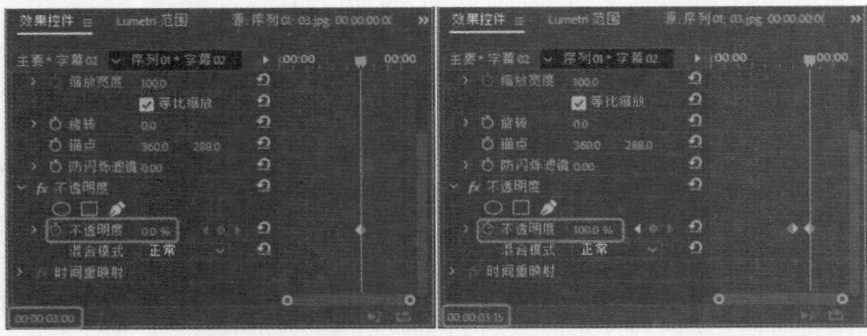

图5-21 设置不透明度

5.2.2 【图像控制】视频特效

在【图像控制】文件夹下，共包括有5种图像色彩效果的视频特技效果。

1. 实战：【灰度系数校正】特效

【灰度系数校正】特效可以使素材渐渐变亮或变暗，应用【灰度系数校正】特效操作如下。

01 在【项目】面板中双击空白处，弹出【导入】对话框，在该对话框中选择“04.jpg”文件，单击【打开】按钮，如图5-22所示。

图5-22 【导入】对话框

02 将刚刚导入的素材图片添加至【序列】面板的V1轨道中，在轨道中选择素材图片，右击鼠标，在弹出的快捷菜单中选择【缩放为帧大小】命令。打开【效果】面板，选择【效果】|【视频效果】|【图像控制】|【灰度系数校正】特效，将其拖曳至V1轨道中的素材图片上，在【效果控件】面板中显示【灰度系数校正】选项组，如图5-23所示。

图5-23 【灰度系数校正】选项组

03 将当前时间设置为00:00:00:00，单击【灰度系数】左侧的【切换动画】按钮。将当前时间设置为00:00:04:00，将【灰度系数】设置为25，如图5-24所示。

图5-24 设置【灰度系数】参数

04 在【节目】监视器中单击▶，观看效果，如图5-25所示。

图5-25 添加【灰度系数校正】后的效果

2. 【颜色过滤】特效

【颜色过滤】特效：将素材转变成灰度，除了只保留一个指定的颜色外，使用这个效果可以突出素材的某个特殊区域。

01 在【项目】面板中双击空白处，弹出【导入】对话框，在该对话框中选择“05.jpg”文件，单击【打开】按钮，如图5-26所示。

图5-26 打开素材

02 将刚刚导入的素材图片添加至【序列】面板的V1轨道中，在轨道中选择素材图片，打开【效果】面板，搜索【颜色过滤】特效，将其拖曳至V1轨道中的素材图片上，在【效果控件】面板中显示【颜色过滤】选项组，如图5-27所示。

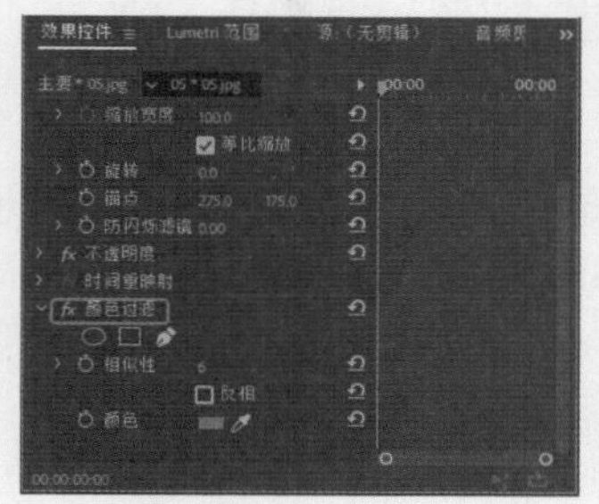

图5-27 【颜色过滤】选项组

03 将【相似性】设置为50，如图5-28所示。添加完成后的效果如图5-29所示。

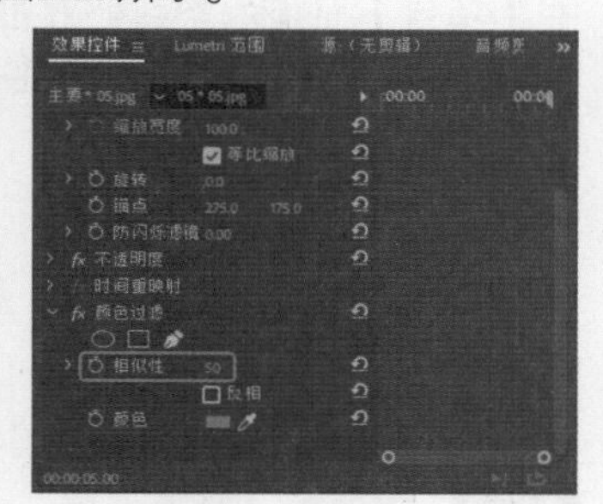

图5-28 【颜色过滤】选项组

图5-29 【颜色过滤】特效

3. 实战：【颜色平衡（RGB）】特效

【颜色平衡（RGB）】特效可以按RGB颜色模式调节素材的颜色，达到校色的目的，该特效的选项组如图5-30所示。下面将通过简单的操作步骤讲解【颜色平衡（RGB）】特效的应用方法，具体操作如下。

01 新建一个项目文件，在【项目】面板的空白处双击鼠标，在弹出的【导入】对话框中选择“05.jpg”文件，单击【打开】按钮，如图5-31所示。

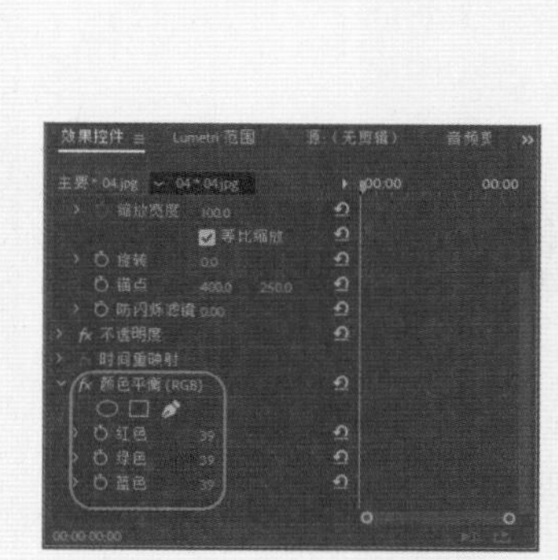

图5-30 【颜色平衡（RGB）】选项组

图5-31 【导入】对话框

02 在【项目】面板中选择导入的素材文件，按住鼠标将其拖曳至V1轨道中，如图5-32所示。

03 选中该对象，在【效果控件】面板中将【缩放】设置为77，如图5-33所示。

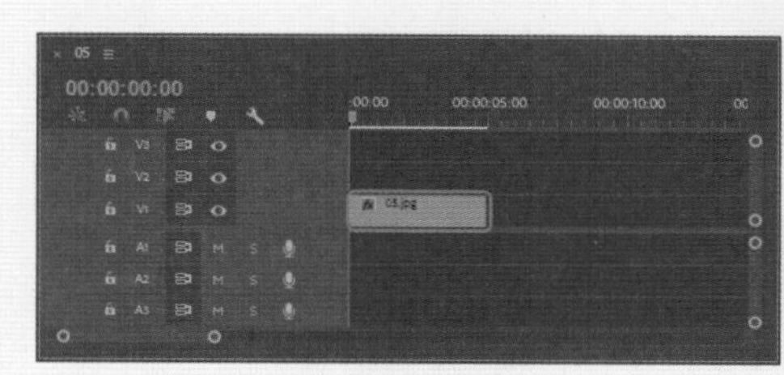

图5-32 选择导入的素材文件

图5-33 设置缩放

04 打开【效果】面板，选择【视频效果】|【图像控制】|【颜色平衡（RGB）】特效，如图5-34所示。

05 双击该特效，为选中的对象添加特效，再在【效果控件】面板中将【红色】、【绿色】、【蓝色】分别设置为173、90、190，如图5-35所示。

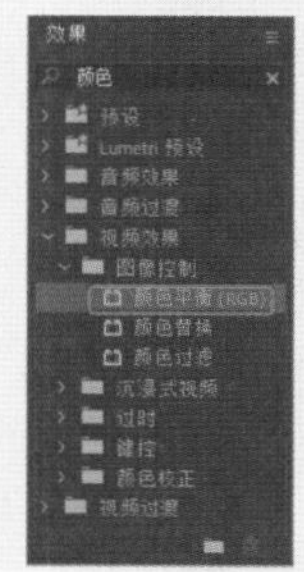

图5-34 选择视频效果

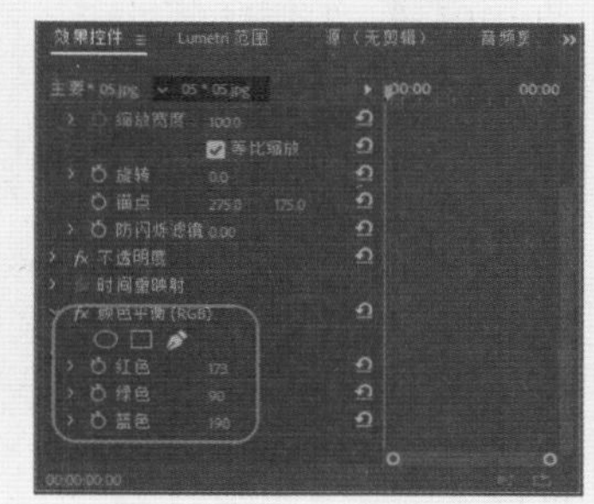

图5-35 设置参数

06 设置完成后，在【节目】监视器中查看其前后的效果对比，如图5-36所示。

图5-36 添加特效后的效果

4.【颜色替换】特效

【颜色替换】特效可以将选择的颜色替换成一个新的颜色，且保持不变的灰度级。使用这个效果可以选择图像中一个物体的颜色，然后通过调整控制器产生一个不同的颜色，达到改变物体颜色的目的，效果如图5-37所示。

图5-37 添加特效后的效果

01 新建一个项目文件，在【项目】面板的空白处双击鼠标，在弹出的【导入】对话框中选择“06.jpg”文件，如图5-38所示。

02 选择完成后，单击【打开】按钮，在【项目】面板中选择导入的素材文件，按住鼠标将其拖曳至V1轨道中，如图5-39所示。

图5-38 选择素材文件

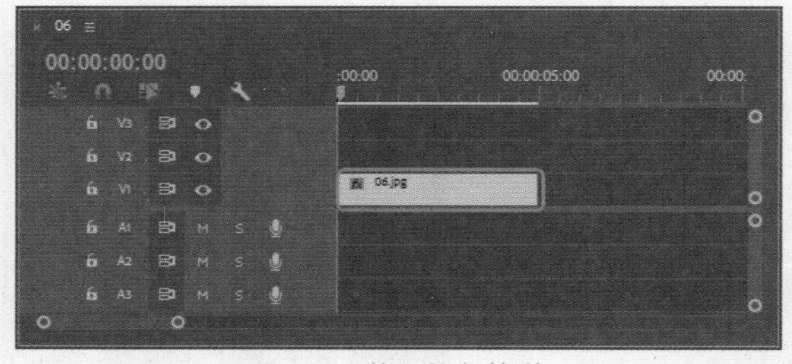

图5-39 拖入视频轨道

03 打开【效果】面板，选择【视频效果】|【图像控制】|【颜色替换】特效，如图5-40所示。

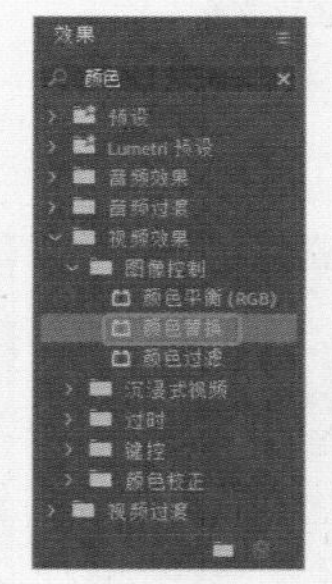

图5-40 添加【颜色替换】特效

04 在【效果控件】面板中，将【颜色替换】下的【相似性】设置为49，将【替换颜色】的RGB值设置为0、255、30，如图5-41所示。

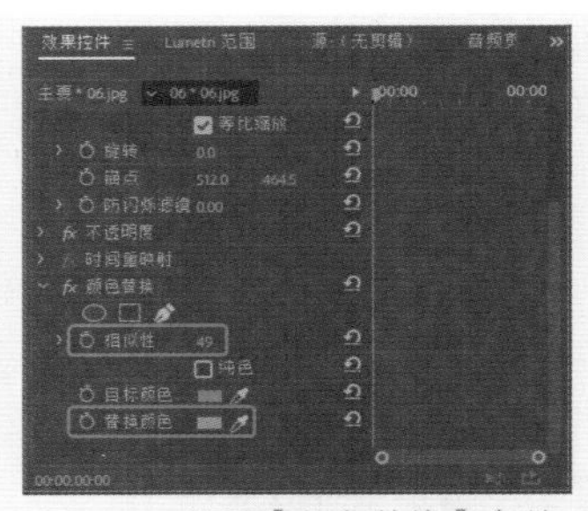

图5-41 设置【颜色替换】参数

5.【黑白】特效

【黑白】特效可以将任何彩色素材变成灰度图，也就是说，颜色由灰度的明暗来表示，源素材与添加特效后的对比效果如图5-42所示。

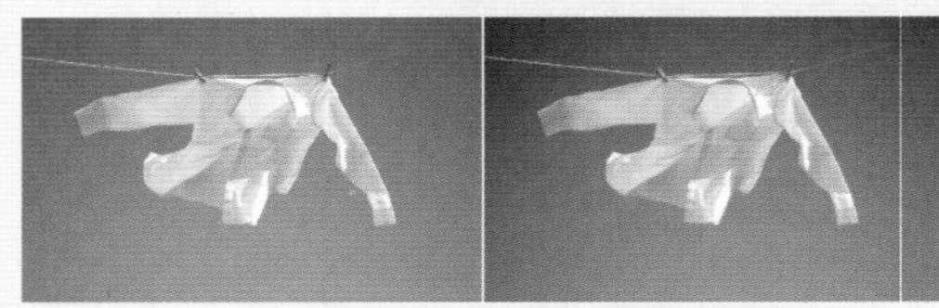

图5-42 添加特效后的效果

01 新建一个项目文件，在【项目】面板的空白处双击鼠标，在弹出的【导入】对话框中选择“07.jpg”文件，如图5-43所示。

图5-43 选择素材

02 选择完成后，单击【打开】按钮，在【项目】面板中选择导入的素材文件，按住鼠标将其拖曳至V1轨道中，如图5-44所示。

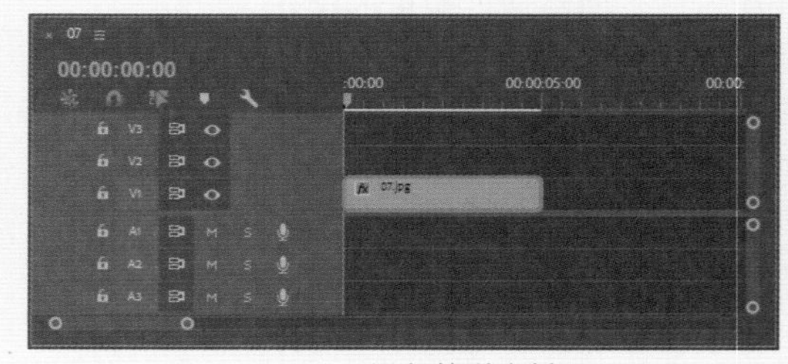

图5-44 添加轨道素材

03 打开【效果】面板，选择【视频效果】|【图像控制】|【黑白】特效，如图5-45所示。

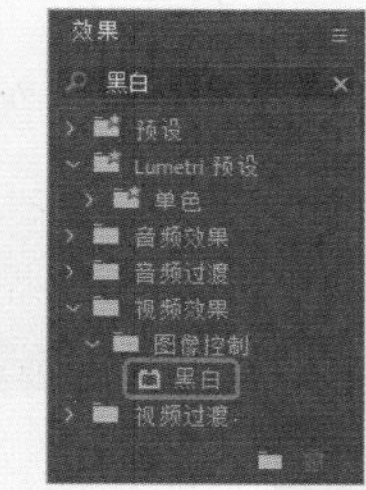

图5-45 添加【黑白】特效

实例操作——怀旧照片

本案例在一个独立的序列中，将制作的胶卷相片素材作为怀旧照片的载体，通过设置【黑白】特效，将图片制作成旧照片。然后设置序列的【位置】，为视频增加动态效果，效果如图5-46所示。

图5-46 怀旧照片

01 新建项目，按Ctrl+N组合键，弹出【新建序列】对话框，在弹出的对话框中选择DV-PAL|【标准48kHz】，单击【确定】按钮，如图5-47所示。

图5-47 新建序列

02 在【项目】面板中导入“HJ01.jpg”“HJ02.jpg”素材文件，如图5-48所示。

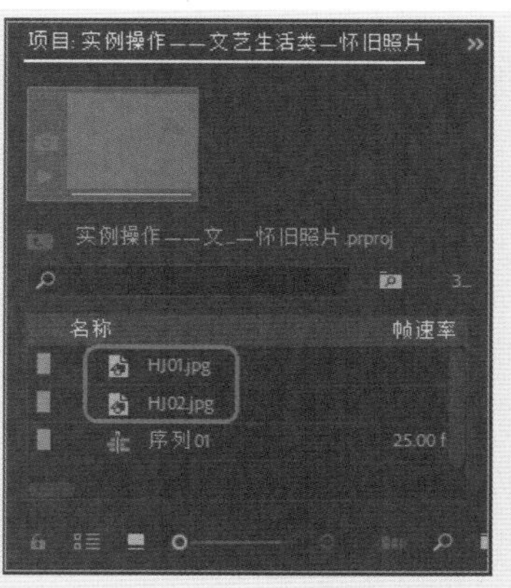

图5-48 导入素材

03 将当前时间设置为00:00:00:00，将“HJ01.jpg”拖曳至V1轨道中，将【缩放】设置为85，如图5-49所示。

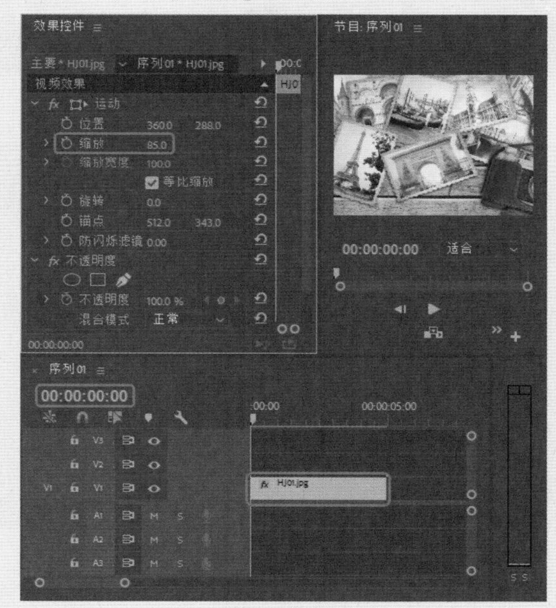

图5-49 设置【缩放】参数

04 按Ctrl+N组合键，弹出【新建序列】对话框，选择【设置】选项卡，将【编辑模式】设置为【自定义】，将【帧大小】设置为1440，将【水平】设置为576，单击【确定】按钮，如图5-50所示。

05 在菜单栏中选择【文件】|【新建】|【旧版标题】命令，弹出【新建字幕】对话框，将【宽度】和【高度】分别设置为720、576，使用【矩形工具】绘制矩形，将【宽度】和【高度】分别设置为790、574，将【X位置】、【Y位置】分别设置为392、287，将【颜色】设置为黑色，如图5-51所示。

06 使用【矩形工具】绘制矩形，将【宽度】和【高度】分别设置为600、460，将【X位置】、【Y位置】分别设置为395、288，将【颜色】设置为白色，如图5-52所示。

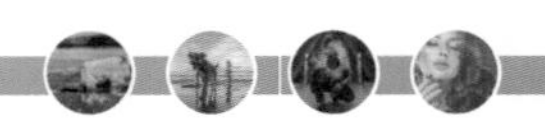

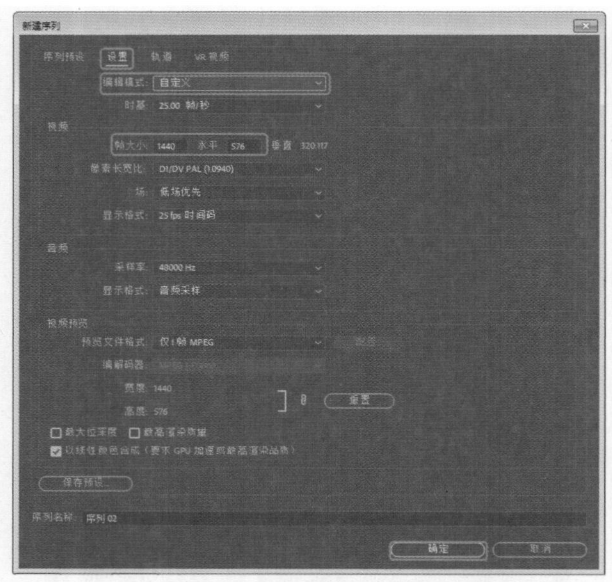

图5-50 设置序列参数

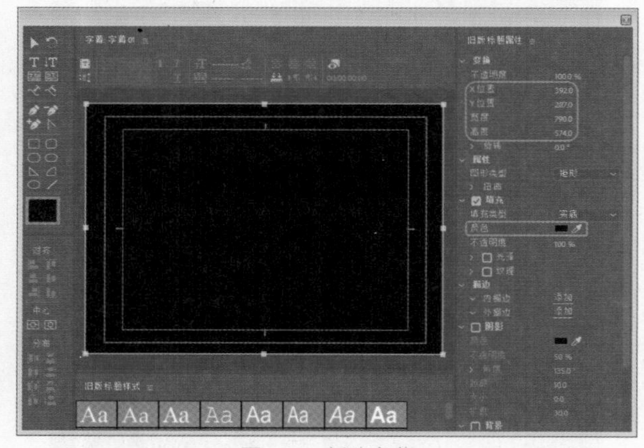

图5-51 新建字幕

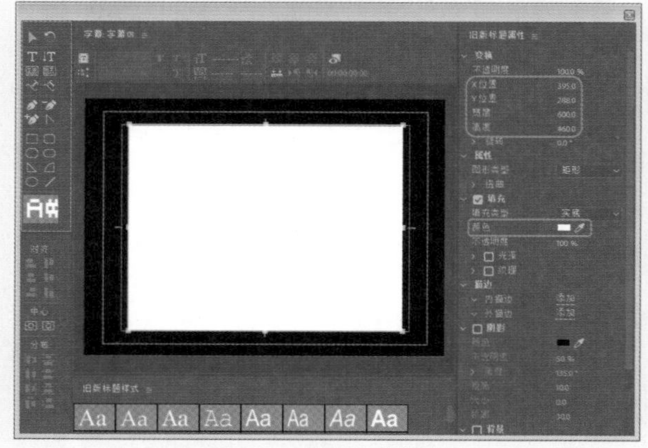

图5-52 设置矩形参数

07 使用【圆角矩形工具】绘制圆角矩形，将【圆角大小】设置为20，将【宽度】和【高度】分别设置为70、50，将【X位置】、【Y位置】分别设置为41、63，将【颜色】设置为白色，如图5-53所示。

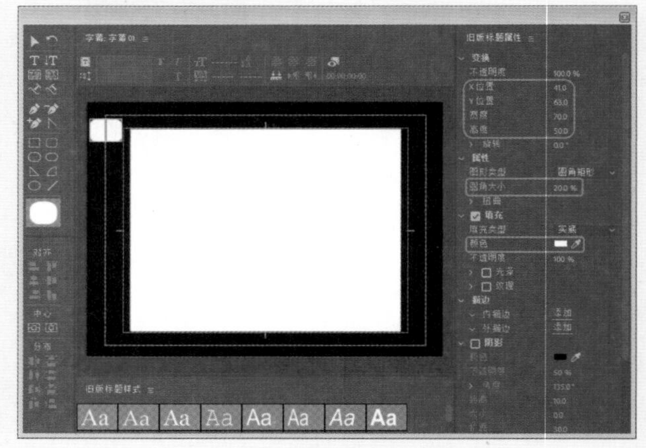

图5-53 设置圆角矩形参数

08 对圆角矩形进行复制，并调整位置，效果如图5-54所示。

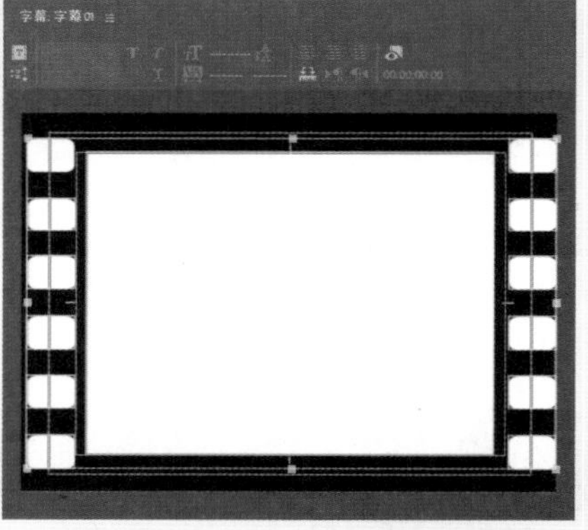

图5-54 复制并调整位置

09 将“字幕01”拖曳至【序列02】面板V1轨道中，将【位置】设置为360、288，如图5-55所示。

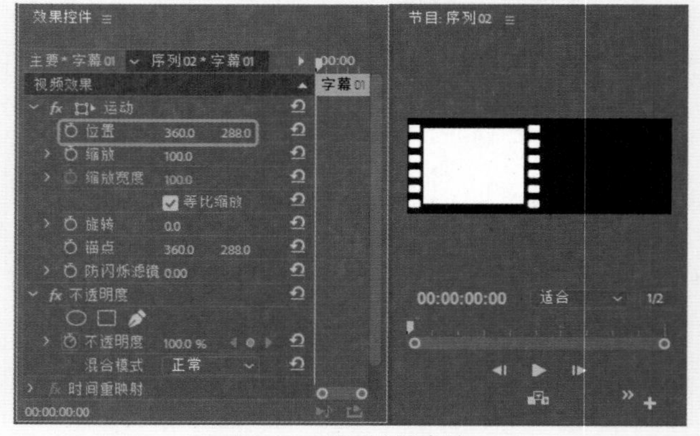

图5-55 设置位置参数

10 将“字幕01”拖曳至V2轨道中，将【位置】设置为1080、288，如图5-56所示。

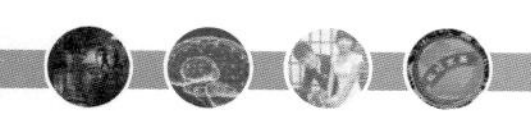

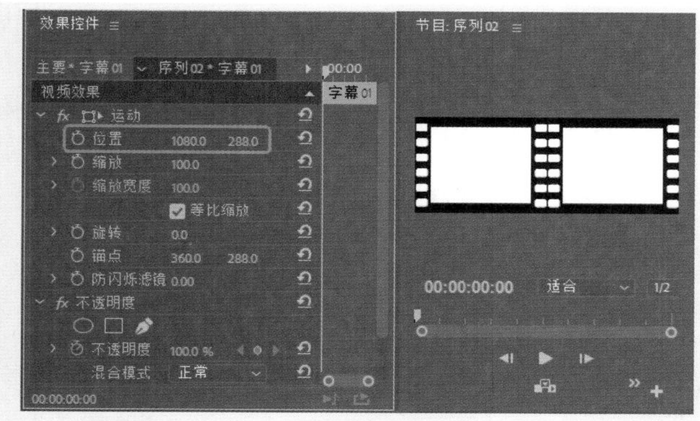

图5-56 设置【位置】参数

11 将当前时间设置为00:00:00:00，将“HJ01.jpg”素材文件拖曳至V3轨道中，将【位置】设置为359.4、289.4，将【缩放】设置为50，在【效果】面板中搜索【黑白】特效，将其添加至素材文件，效果如图5-57所示。

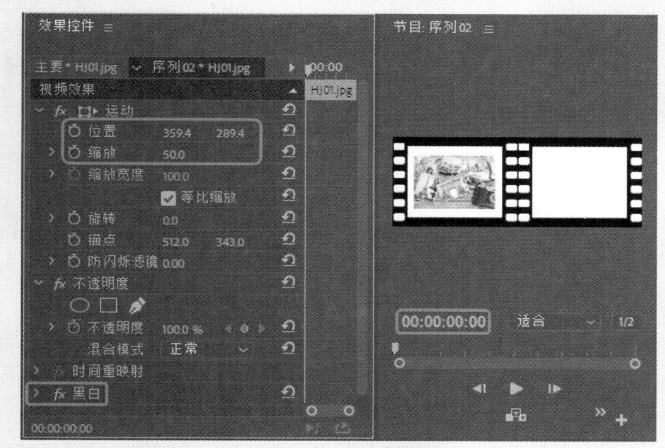

图5-57 设置参数

12 将“HJ02.jpg”素材文件拖曳至V4轨道中，将【位置】设置为1080.6、283.8，将【缩放】设置为85.1，在【效果】面板中搜索【黑白】特效，将其添加至素材文件，效果如图5-58所示。

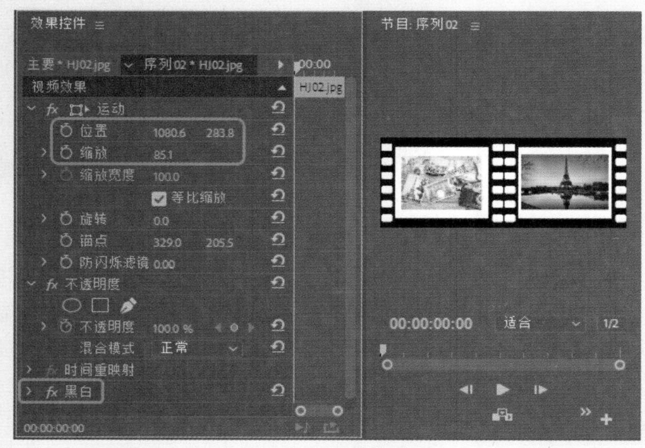

图5-58 设置参数

13 选择【序列01】面板，在【项目】面板中将【序列02】拖曳至V2轨道中，将当前时间设置为00:00:00:00，将【位置】设置为1090、288，单击左侧的【切换动画】按钮，将【缩放】设置为50，如图5-59所示。

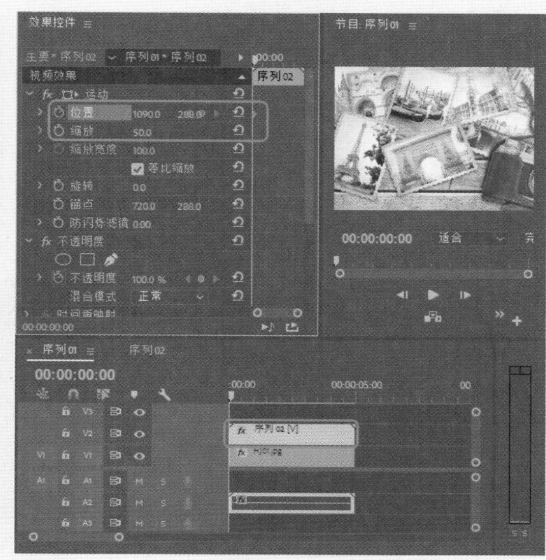

图5-59 设置【位置】和【缩放】参数

14 将当前时间设置为00:00:03:10，将【位置】设置为357、288，如图5-60所示。

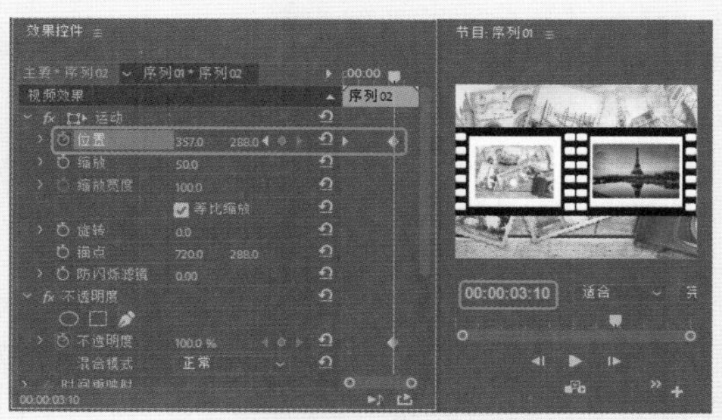

图5-60 设置【位置】参数

5.2.3 【实用程序】视频特效

在【实用程序】视频特效文件夹下，只有一种电影转换效果的视频特技效果。

【Cineon转换器】特效：提供一个高度数的Cineon图像的颜色转换器，该特效的选项组如图5-61所示，效果如图5-62所示。

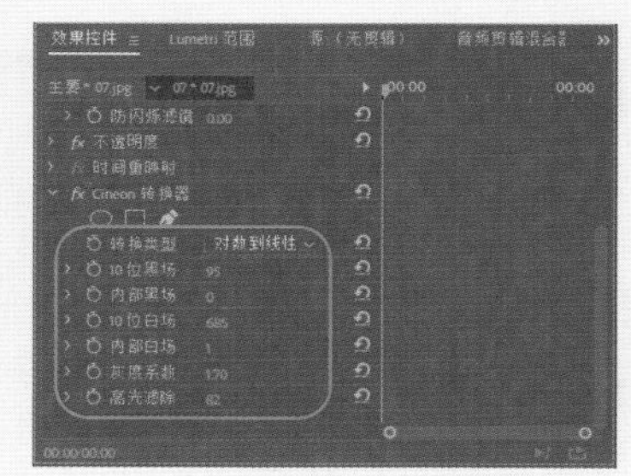

图5-61 【Cineon转换器】选项组

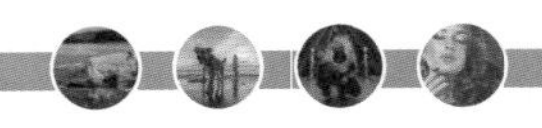

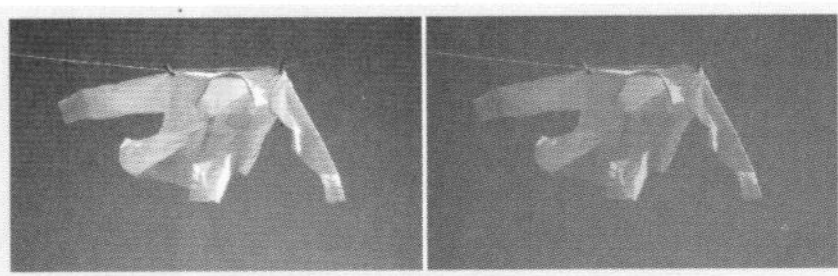

图5-62 添加特效后的效果

知识链接

【Cineon转换器】特效选项组中各项命令说明如下。

- 【转换类型】：指定Cineon文件如何被转换。
- 【10位黑场】：为转换为10Bit对数的Cineon层指定黑点（最小密度）。
- 【内部黑场】：指定黑点在层中如何使用。
- 【10位白场】：为转换为10Bit对数的Cineon层指定白点（最大密度）。
- 【内部白场】：指定白点在层中如何使用。
- 【灰度系数】：指定中间色调值。
- 【高光滤除】：指定输出值校正高亮区域的亮度。

下面将通过简单的操作步骤来介绍如何使用【Cineon转换器】特效，操作如下。

01 导入"07.jpg"，将其拖曳至V1轨道中，如图5-63所示。

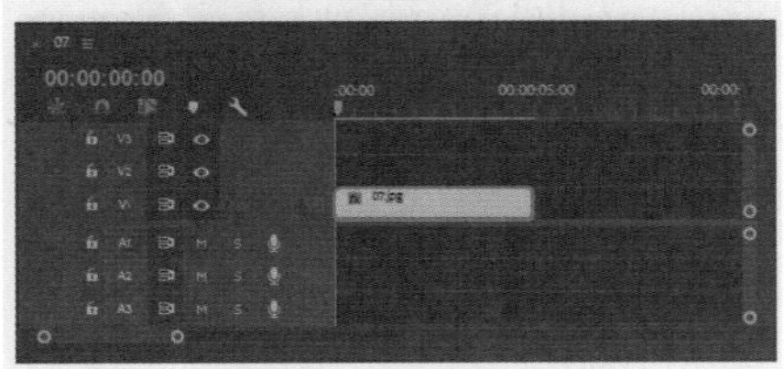

图5-63 将素材文件拖曳至视频轨道上

02 在【效果控件】面板中调整其大小，确认该对象处于选中状态，激活【效果】面板，在【视频特效】文件夹中选择【实用程序】中的【Cineon转换器】特效，如图5-64所示。

03 双击该特效，为选中的对象添加特效，在【效果控件】面板中将【10位黑场】设置为95，将【内部黑场】设置为0，将【10位白场】设置为685，将【内部白场】设置为1，将【灰度系数】和【高光滤除】分别设置为1.7、82，如图5-65所示。

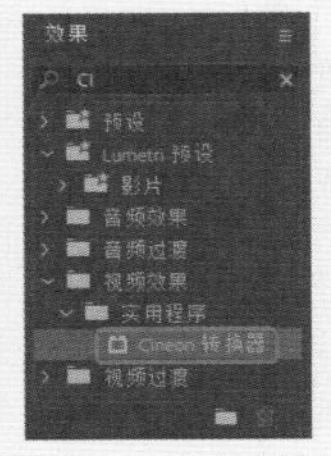

图5-64 选择特效

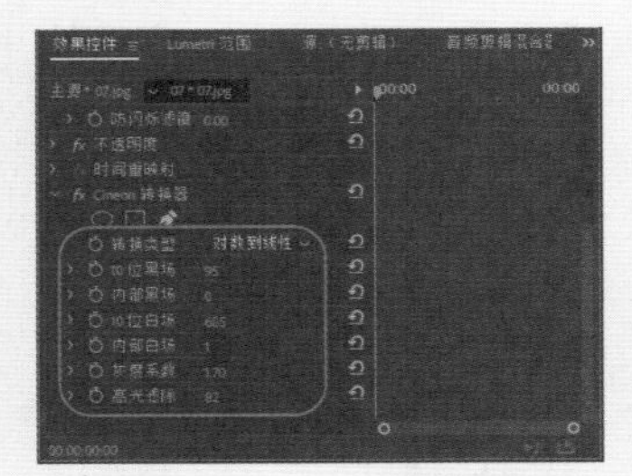

图5-65 设置参数

04 设置完成后，用户可以在【节目】监视器中查看效果，添加特效的前后效果对比如图5-66所示。

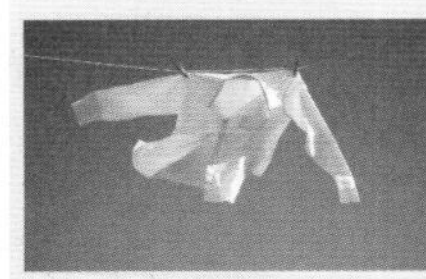

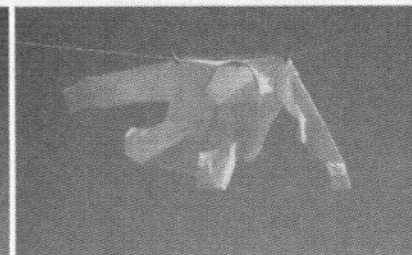

图5-66 设置特效后的效果

5.2.4 【扭曲】视频特效

在【扭曲】文件夹下，共包括12种扭曲效果的视频特技效果。

1.【变形稳定器VFX】特效

在添加【变形稳定器VFX】效果之后，会在后台立即开始分析剪辑。当分析开始时，【项目】面板中会显示第一个栏（共两个），指示正在进行分析。当分析完成时，第二个栏会显示正在进行稳定的消息，效果如图5-67所示。

图5-67 添加特效后的效果

01 导入"08.jpg"，将其拖曳至V1轨道中，如图5-68所示。

图5-68 导入素材

02 在【效果控件】面板中调整其大小，确认该对象处于选中状态，激活【效果】面板，在【视频特效】文件夹中选择【扭曲】中的【变形稳定器VFX】特效，如图5-69所示。

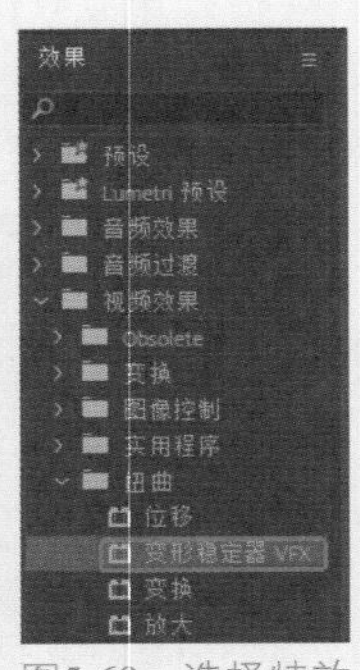

图5-69 选择特效

03 双击该特效，为选中的对象添加特效，【变形稳定器VFX】选项组如图5-70所示。

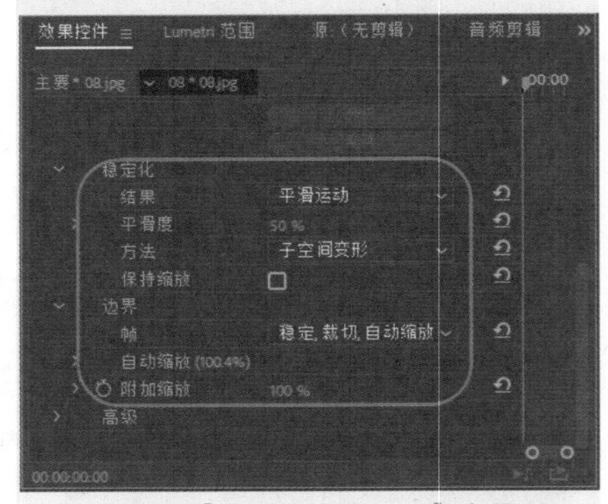

图5-70 【变形稳定器VFX】选项组

2.【位移】特效

【位移】特效是将原来的图片进行偏移复制，并通过【混合】进行显示图片上的图像，该特效的选项组如图5-71所示，效果如图5-72所示。

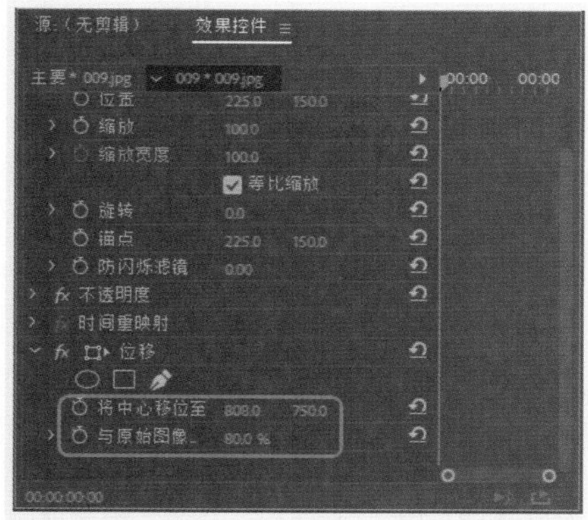

图5-71　【位移】选项组

图5-72　添加特效后的效果

3.【变换】特效

【变换】特效是对素材进行二维几何转换。使用【变换】特效可以沿任何轴向使素材歪斜，该特效的选项组如图5-73所示，效果如图5-74所示。

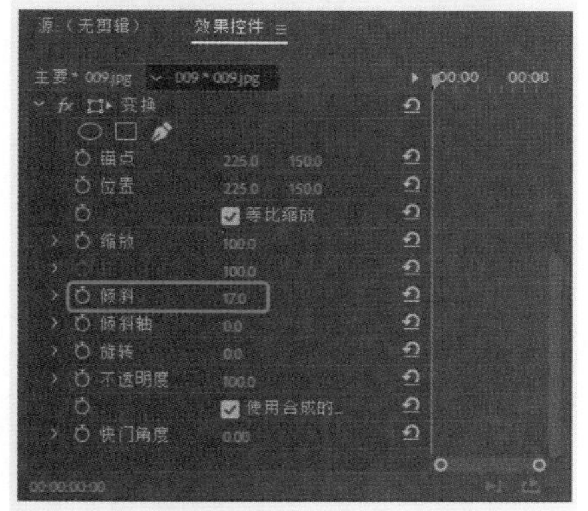

图5-73　【变换】选项组

图5-74　添加特效后的效果

4.【放大】特效

【放大】特效可以将图像局部呈圆形或方形地放大，可以对放大的部分进行【羽化】、【不透明度】等设置，该特效的选项组如图5-75所示，效果如图5-76所示。

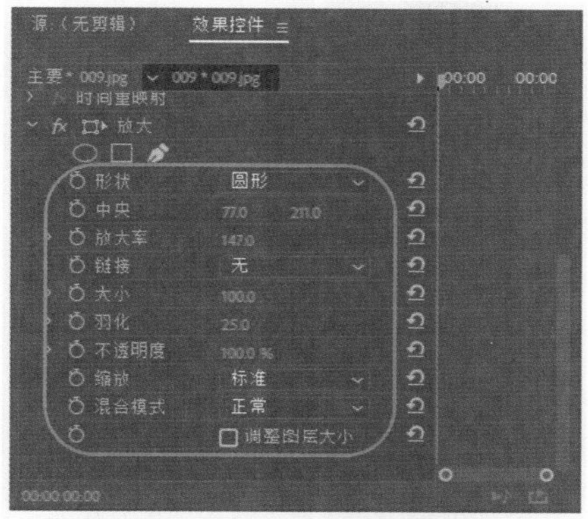

图5-75　【放大】选项组

图5-76　【放大】后的效果

5.【旋转】特效

【旋转】特效可以使素材围绕它的中心旋转，形成一个旋涡，该特效的选项组如图5-77所示，效果如图5-78所示。

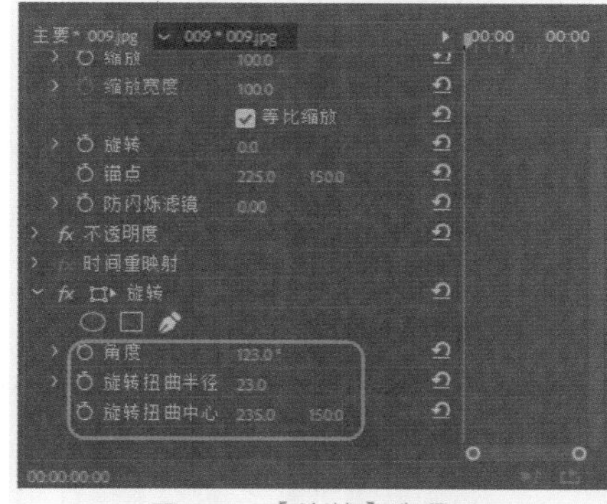

图5-77　【旋转】选项组

图5-78　添加特效后的效果

6.【果冻效应修复】特效

DSLR 及其他基于 CMOS 传感器的摄像机都有一个常见问题：在视频的扫描线之间通常有一个延迟时间。由于扫描之间的时间延迟，无法准确地同时记录图像的所有部分，导致果冻效应扭曲。如果摄像机或拍摄对象移动就会发生这些扭曲。

利用Premiere 中的【果冻效应修复】效果可以去除这些扭曲伪像。

- 【果冻效应比率】：指定帧速率（扫描时间）的百分比。DSLR 在 50%～70% 范围内，而 iPhone 接近 100%。调整【果冻效应比率】，直至扭曲的线变为竖直。
- 【扫描方向】：指定发生果冻效应扫描的方向。大多数摄像机从顶部到底部扫描传感器。对于智能手机，可颠倒或旋转式操作摄像机，这样可能需要不同的扫描方向。
- 【方法】：指示是否使用光流分析和像素运动重定时来生成变形的帧（像素运动），或者是否使用稀疏点跟踪以及变形方法（变形）。
- 【详细分析】：在变形中执行更为详细的点分析。在使用【变形】方法时可用。
- 【像素运动细节】：指定光流矢量场计算的详细程度，在使用【像素移动】方法时可用。

7.【波形变形】特效

【波形变形】特效可以使素材变形为波浪的形状，该特效的选项组如图5-79所示，效果如图5-80所示。

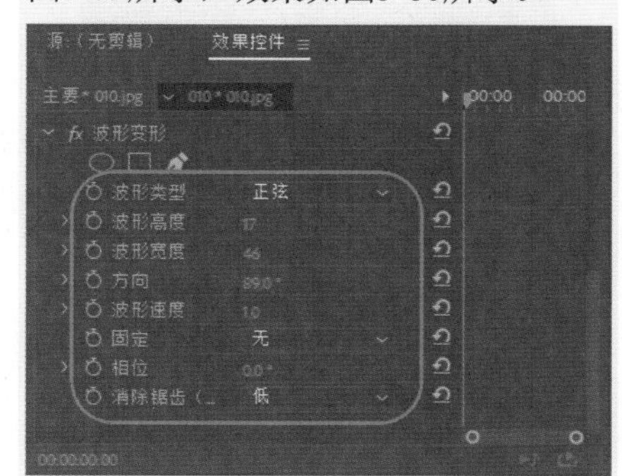

图5-79　【波形变形】选项组

图5-80　添加特效后的效果

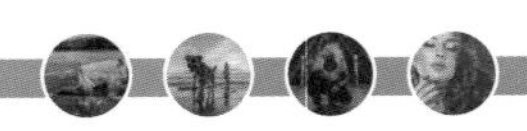

8.【球面化】特效

【球面化】特效将素材包裹在球形上，可以赋予物体和文字三维效果，该特效的选项组如图5-81所示，效果如图5-82所示。

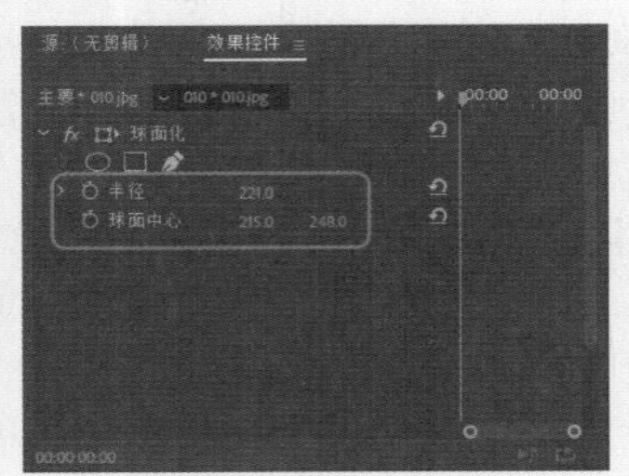

图5-81 【球面化】选项组

图5-82 添加特效后的效果

9.【紊乱置换】特效

【紊乱置换】特效可以使图片中的图像变形，该特效的选项组如图5-83所示，添加特效后的效果如图5-84所示。

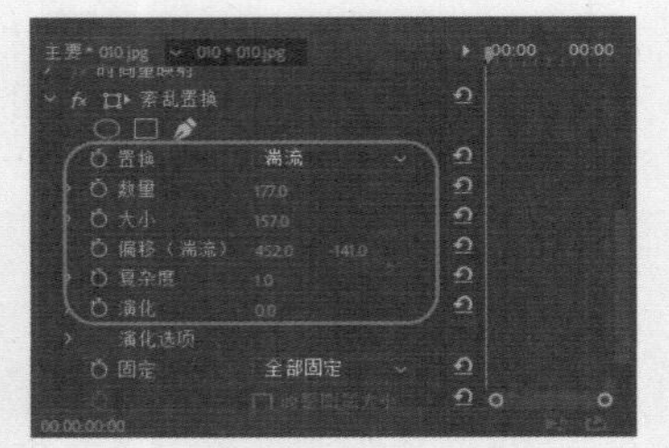

图5-83 【紊乱置换】选项组

图5-84 添加特效后的效果

10.【边角定位】特效

【边角定位】特效是通过分别改变一个图像的四个顶点，而使图像产生变形，比如伸展、收缩、歪斜和扭曲，模拟透视或者模仿支点在图层一边的运动，该特效的选项组如图5-85所示，添加特效后的效果如图5-86所示。

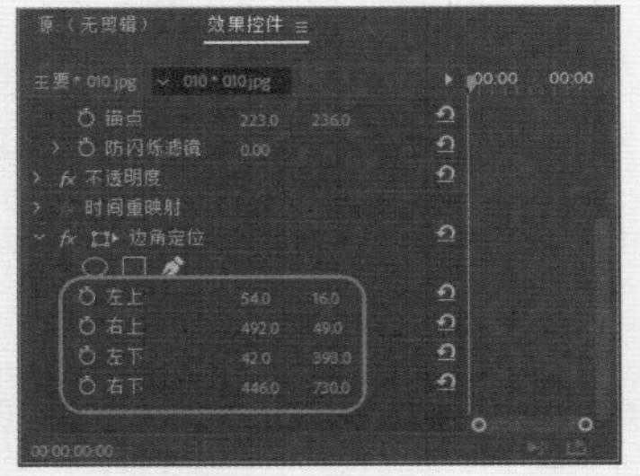

图5-85 【边角定位】选项组

图5-86 添加特效后的效果

11. 实战：【镜像】特效

【镜像】特效用于将图像沿一条线裂开并将其中一边反射到另一边。反射角度决定哪一边被反射到什么位置，可以随时改变镜像轴线和角度，下面介绍如何应用【镜像 】特效，其具体操作步骤如下。

01 新建一个项目文件，在【项目】面板的空白处双击鼠标，在弹出的【导入】对话框中选择“011.jpg”文件，如图5-87所示。

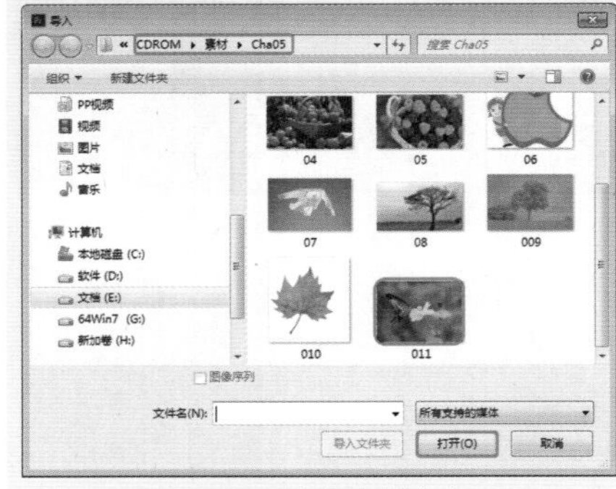

图5-87 选择素材文件

02 选择完成后，单击【打开】按钮，在【项目】面板中选择导入的素材文件，如图5-88所示。

03 按住鼠标将其拖曳至V1轨道中，并选中该对象，单击鼠标右键，在弹出的快捷菜单中选择【缩放为帧大小】命令，如图5-89所示。

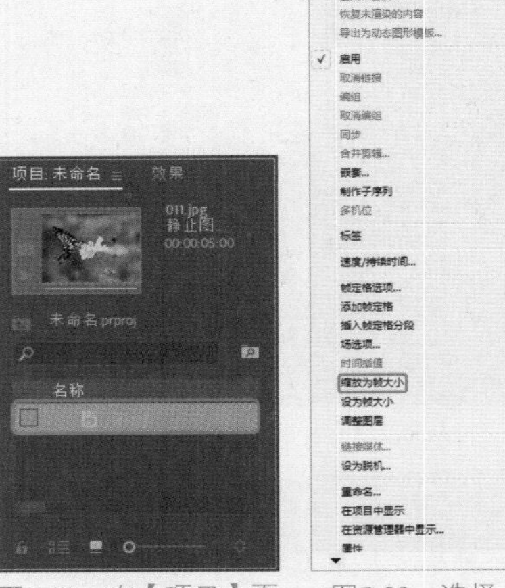

图5-88 在【项目】面板中选择素材文件　图5-89 选择【缩放为帧大小】命令

04 在【效果控件】面板中将【位置】设置为911、660，将【缩放】设置为112，如图5-90所示。

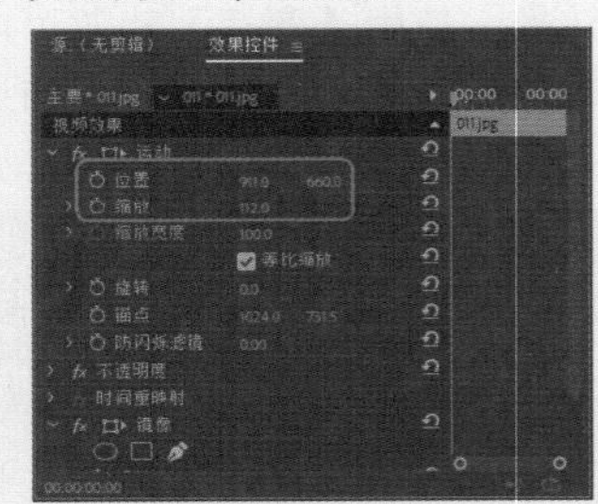

图5-90 设置位置及缩放

05 选择V1轨道上的素材文件，打开【效果】面板，在【视频效果】文件夹中选择【扭曲】中的【镜像】特效，如图5-91所示。

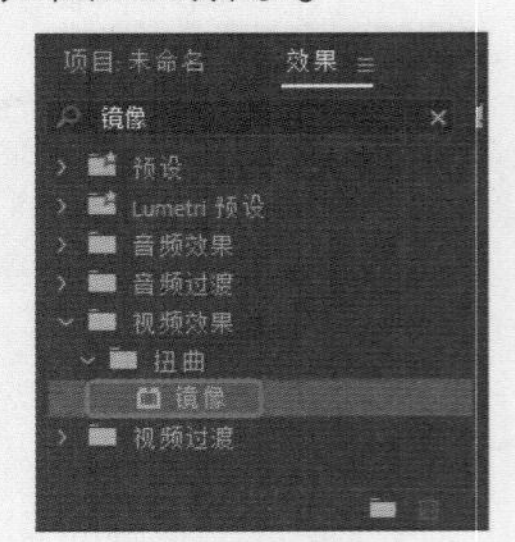

图5-91 选择【镜像】特效

06 双击该特效，在【效果控件】面板中将【镜像】选项组中的【反射中心】设置为1048、0，将【反射角度】设置为0°，如图5-92所示。

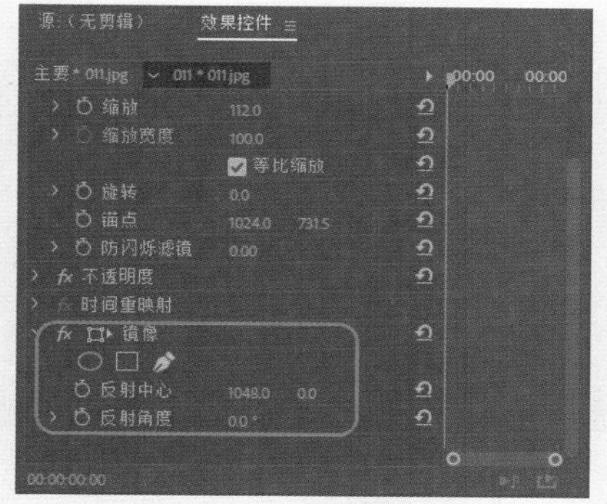

图5-92　设置【镜像】参数

07 设置完成后，即可对选中的对象进行镜像，效果如图5-93所示。

图5-93　镜像后的效果

12.【镜头扭曲】特效

【镜头扭曲】特效是模拟一种从变形透镜观看素材的效果，该特效的选项组如图5-94所示，效果如图5-95所示。

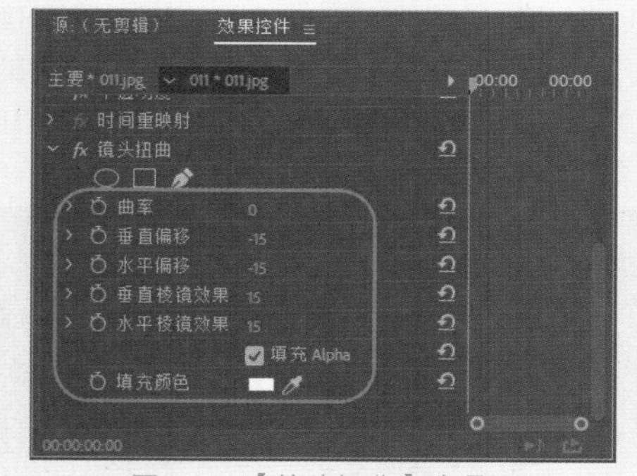

图5-94　【镜头扭曲】选项组

图5-95　添加特效后的效果

实例操作——场景镜像效果

为了表现镜像效果，首先需要选择素材场景。由于镜面效果一般出现在镜面反射或水面反射中，所以本案例选择了一张带有水面的场景图片。为了使视频具有动态的画面，本案例设置【镜像】特效的关键帧，通过控制【反射中心】的位置制作动画效果。本案例制作的场景镜像效果如图5-96所示。

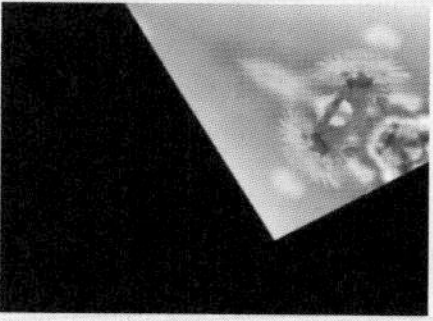
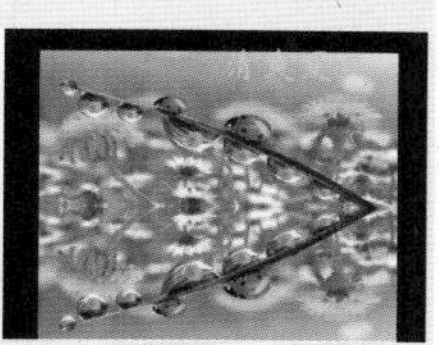

图5-96　效果展示

01 新建项目和序列，将【序列】设置为DV-PAL|【标准48kHz】选项。按Ctrl+I组合键打开【导入】对话框，在该对话框中选择“镜像.jpg”素材文件，如图5-97所示。

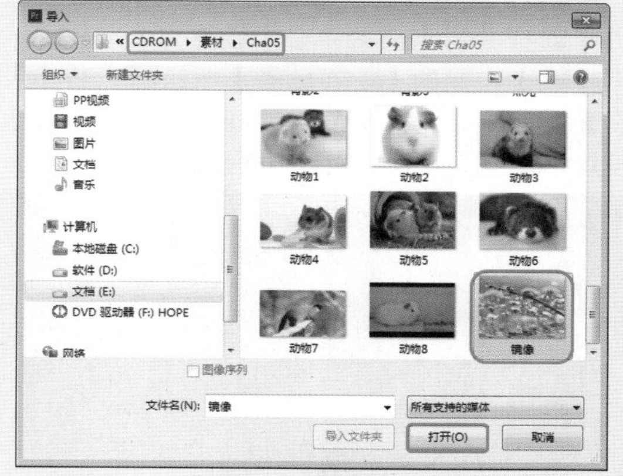

图5-97　选择素材文件

02 选择【文件】|【新建】|【旧版标题】命令，在该对话框中保持默认设置，单击【确定】按钮，在打开的对话框中使用【文字工具】输入文字“清爽夏日”，选择输入的文字，在【属性】选项组中将【字体系列】设置为华文新魏，将【字体大小】设置为64，将【X位置】、【Y位置】设置为535.7、65.3，将【填充】选项组中的【颜色】设置为246、255、98，如图5-98所示。

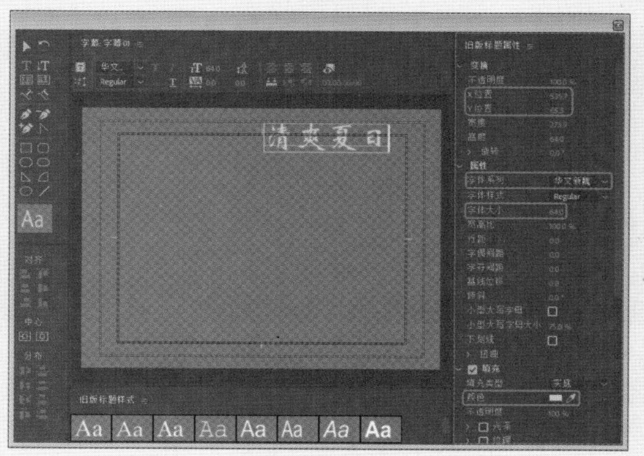

图5-98　输入文字并进行设置

03 将当前时间设置为00:00:00:00，将“镜像.jpg”素材文件拖曳至V1轨道中，将其开始位置与时间线对齐。将其持续时间设置为00:00:05:24，将【缩放】设置为120，如图5-99所示。

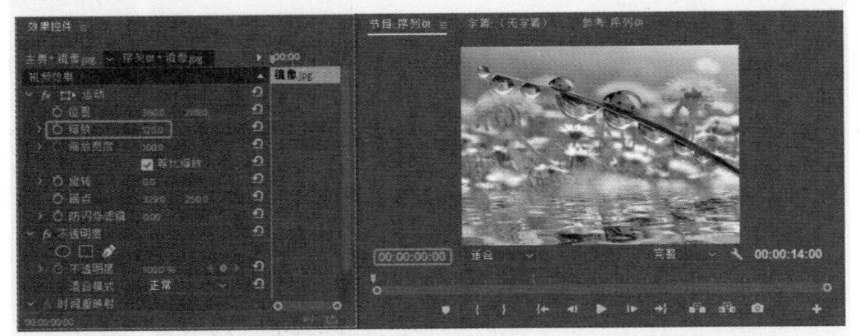

图5-99　设置参数

04 将当前时间设置为00:00:00:00，在【效果】面板中将【镜像】特效拖曳至V1轨道中的素材文件上。在【效果控件】面板中将【反射中心】设置为0、286.4，单击【反射中心】左侧的【切换动画】按钮，将【反射角度】设置为0，将当前时间设置为00:00:05:24，将【反射中心】设置为658、286.4，如图5-100所示。

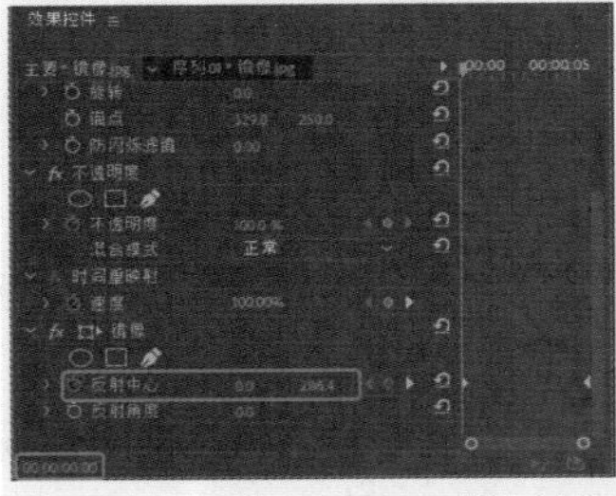
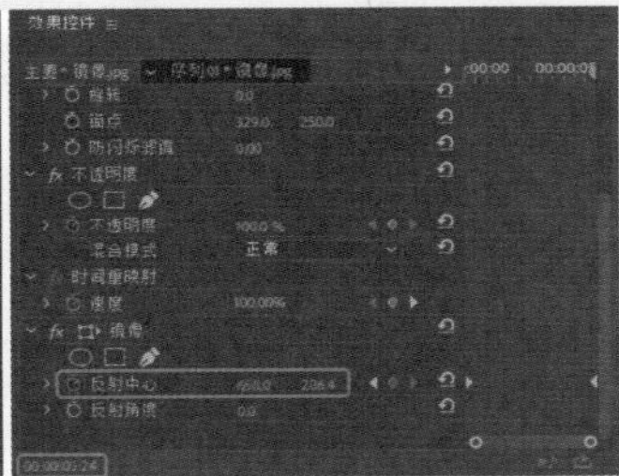

图5-100　设置参数

05 继续将“镜像.jpg”素材文件拖曳至V1轨道中，与视频1轨道中素材首尾相连，将该素材的持续时间设置为00:00:03:01。将【缩放】设置为120，将【镜像】视频特效拖曳至V1轨道中的第二段素材文件上，将【反射中心】设置为658、250，将【反射角度】设置为0，将当前时间设置为00:00:07:00，单击其左侧的【切换动画】按钮，如图5-101所示。

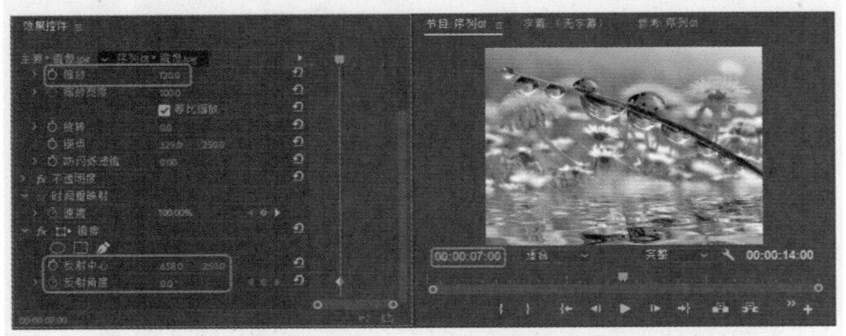

图5-101　设置参数

06 将当前时间设置为00:00:07:18，将【反射角度】设置为1×0.0°。将当前时间设置为00:00:08:12，将【反射角度】设置为0，如图5-102所示。

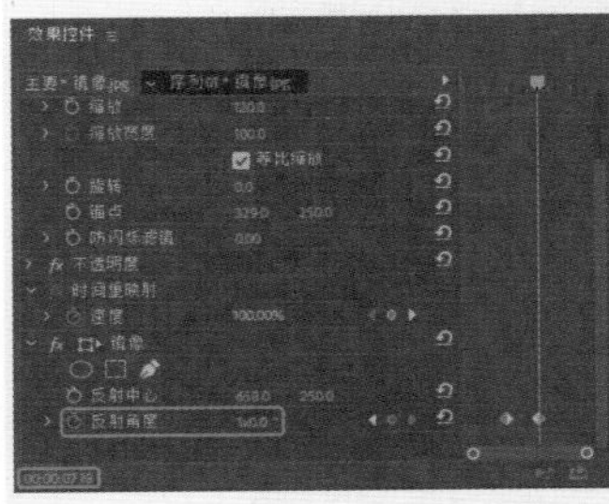
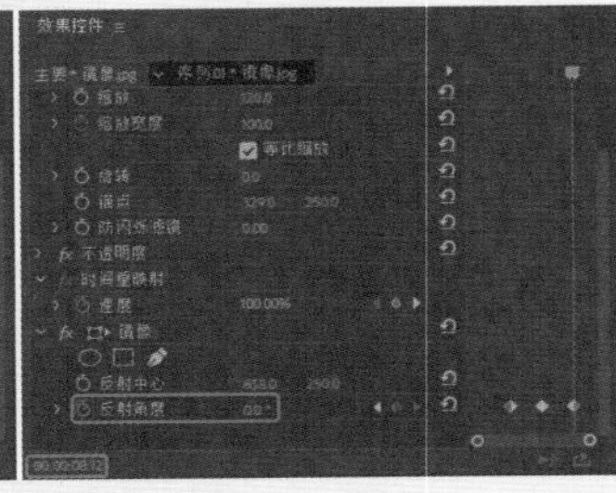

图5-102　设置关键帧

07 将“镜像.jpg”素材文件拖曳至V1轨道中，将其与该视频轨道中的原素材首尾相连，将【缩放】设置为120。将【镜像】视频特效拖曳至V1轨道中，将【反射中心】设置为658、289，将【反射角度】设置为90，如图5-103所示。

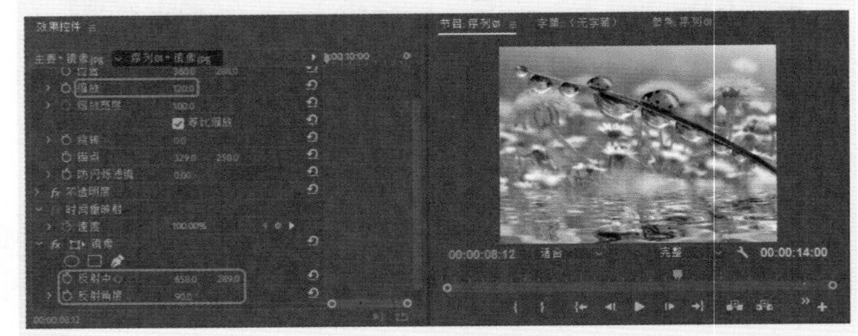

图5-103　设置参数

08 将当前时间设置为00:00:09:00，将“镜像.jpg”素材文件拖曳至V2轨道中，将其与开始位置与时间线对齐。将【缩放】设置为120，单击【不透明度】右侧的【添加/移除关键帧】按钮。将当前时间设置为00:00:10:00，将【不透明度】设置为0，如图5-104所示。

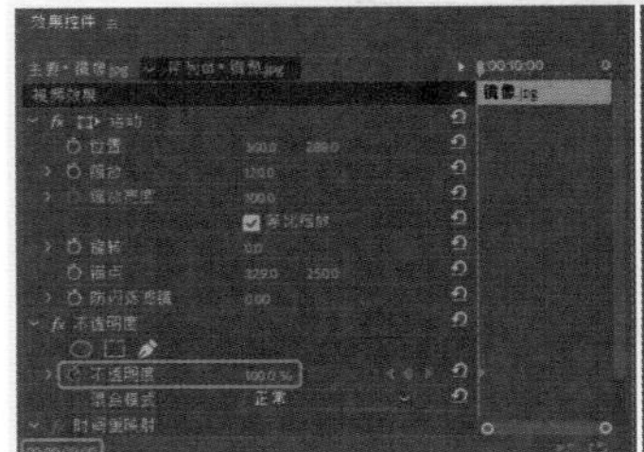
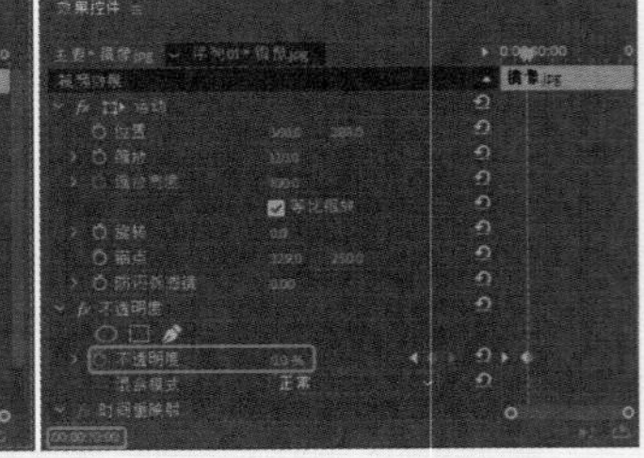

图5-104　设置关键帧

09 将当前时间设置为00:00:11:00，将“字幕01”拖曳至V3轨道中，将其开始位置与时间线对齐。将【持续时间】设置为00:00:03:00，将当前时间设置为00:00:11:10，单击【位置】左侧的【切换动画】按钮，将当前时间设置为00:00:13:10，将【位置】设置为360、280，如图5-105所示。

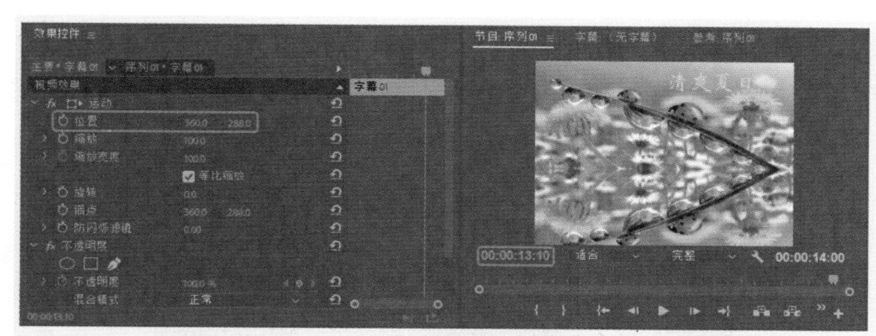
图5-105　设置位置关键帧

5.2.5　【时间】视频特效

在【时间】文件夹下，包括两种时间变形效果的视频特技效果。

1.【抽帧】特效

使用该特效后素材将被锁定到一个指定的帧率，以跳帧播放产生动画效果，能够生成抽帧的效果。

2.【残影】特效

【残影】特效可以混合一个素材中很多不同的时间帧。该特效的选项组如图5-106所示，效果如图5-107所示。

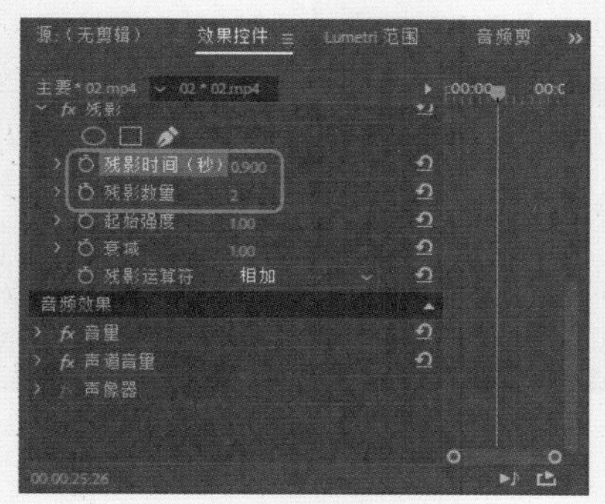
图5-106　【残影】选项组

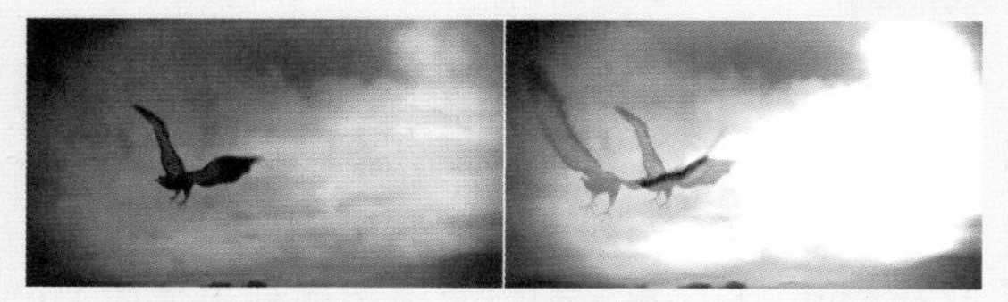
图5-107　添加特效后的效果

5.2.6　【杂色与颗粒】视频特效

在【杂色与颗粒】视频特效文件夹下，共包括6种杂色、颗粒效果的视频特技效果。

1. 实战：【中间值】特效

【中间值】特效指使用指定半径内相邻像素的中间像素值替换像素。如果使用低的值，这个效果可以降低噪波；如果使用高的值，可以将素材处理成一种美术作品。

知识链接

【中间值】特效选项组中各项说明如下。

- 【半径】：指定使用【中间值】效果的像素数量。
- 【在Alpha通道上操作】：对素材的Alpha通道应用该效果。

01 在【项目】面板的空白处双击鼠标，弹出【导入】对话框，在弹出的对话框中选择“013.jpg”文件，如图5-108所示。

图5-108　【导入】对话框

02 单击【打开】按钮，选择刚刚导入的素材文件，将其拖曳至【序列】面板的V1轨道中，如图5-109所示。

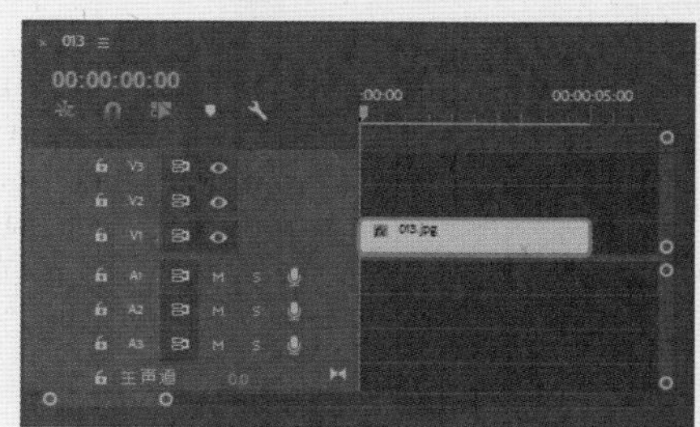
图5-109　拖曳素材文件

03 打开【效果】面板，选择【视频效果】|【杂色与颗粒】|【中间值】特效，双击该特效，在【效果控件】面板中展开【中间值】选项组，将【半径】设置为15，如图5-110所示。

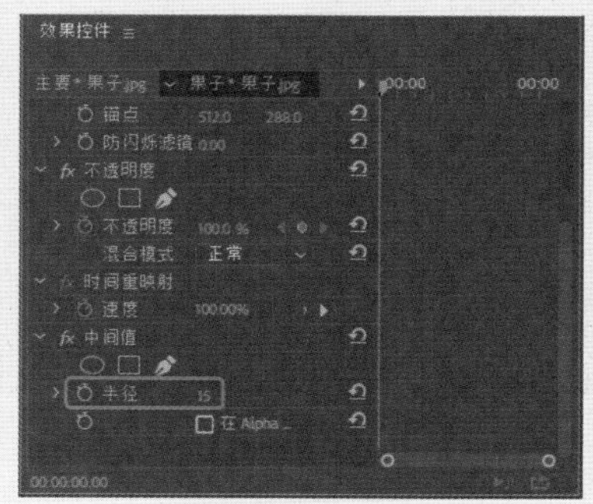
图5-110　【中间值】选项组

04 在【节目】监视器中观看效果，如图5-111所示。

图5-111　添加特效后的效果

2.【杂色】特效

【杂色】特效将未受影响和素材中像素中心的颜色赋予每一个分片，其余的分片将被赋予未受影响的素材中相应范围的平均颜色。该特效的选项组如图5-112所示，效果如图5-113所示。

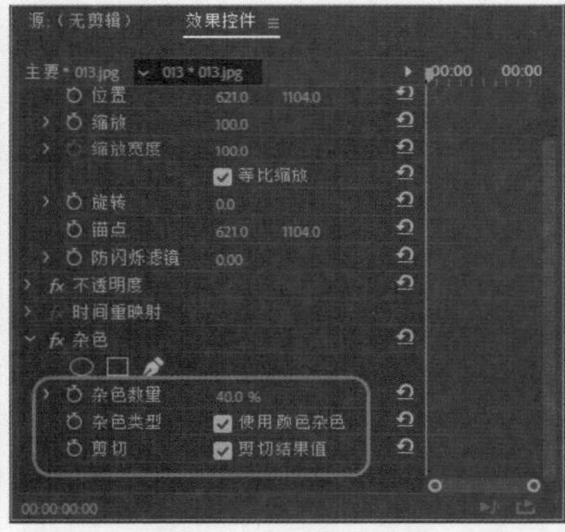

图5-112　【杂色】选项组

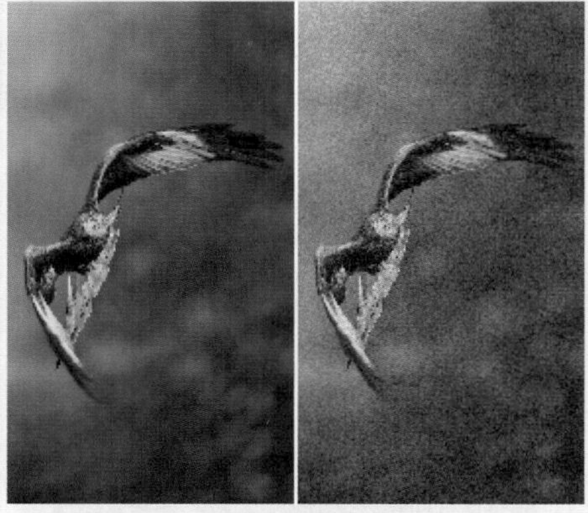

图5-113　添加特效后的效果

3.【杂色Alpha】特效

【杂色Alpha】特效：在图像的Alpha通道中添加统一的或方形杂色，该特效的选项组如图5-114所示，效果如图5-115所示。

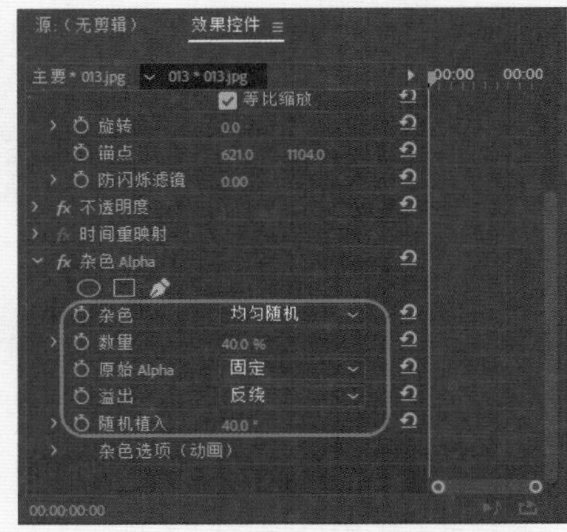

图5-114　【杂色Alpha】选项组

图5-115　添加特效后的效果

知识链接

【杂色Alpha】特效选项组各项说明如下。

- 【杂色】：指定效果使用的杂色的类型。
- 【数量】：指定添加到图像中杂色的数量。
- 【原始Alpha】：指定如何应用杂色到图像的Alpha通道中。
- 【溢出】：指定效果重新绘制超出0～255灰度缩放范围的值。
- 【随机植入】：指定杂色的随机值。
- 【杂色选项（动画）】：指定杂色的动画效果。

4.【杂色HLS】特效

【杂色HLS】特效：可以为指定的色度、亮度、饱和度添加噪波，调整杂波色的尺寸和相位，该特效的选项组如图5-116所示，效果如图5-117所示。

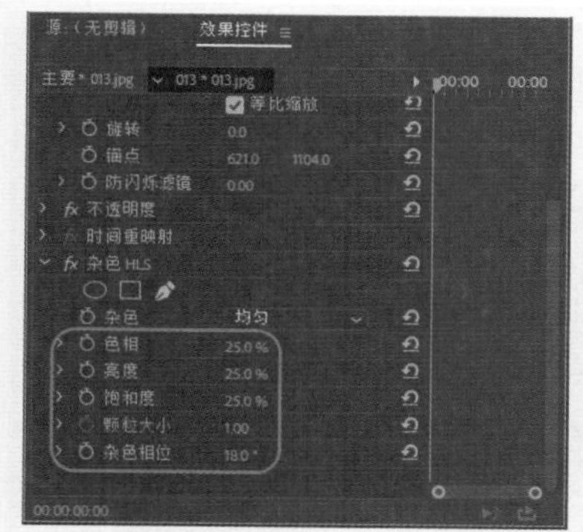

图5-116 【杂色HLS】选项组

图5-117 添加特效后的效果

5.【蒙尘与划痕】特效

【蒙尘与划痕】特效：通过改变不同的像素减少噪波。调试不同的范围组合和阈值设置，达到锐化图像和隐藏缺点之间的平衡，该特效的选项组如图5-118所示，效果如图5-119所示。

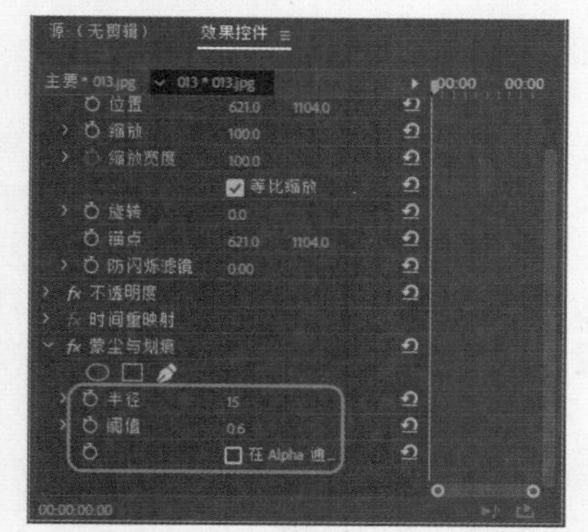

图5-118 【蒙尘与划痕】选项组

6.【杂色HLS自动】特效

【杂色HLS自动】特效与【杂色HLS】特效相似，该特效的选项组和效果如图5-120所示。

图5-119 添加特效后的效果

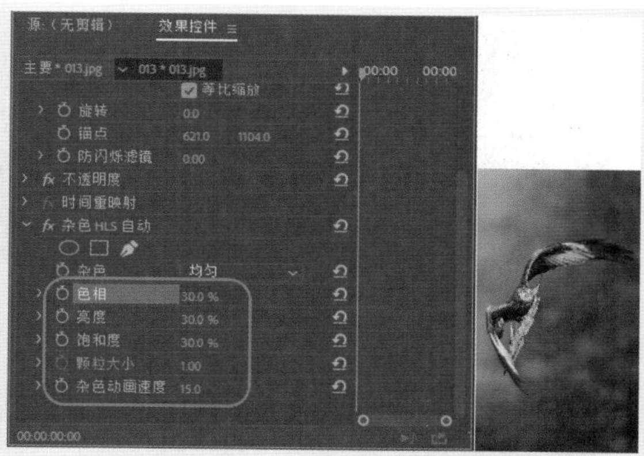

图5-120 【杂色HLS自动】特效选项组和效果

实例操作——离别背影

本案例选用三幅女孩的背影图片作为素材，然后为图片设置【不透明度】，实现切换效果。通过为图片设置视频特效，制造一种伤离别的情景。在字幕编辑器中输入诗句，与本案例的主题相呼应，效果如图5-121所示。

图5-121 效果展示

01 新建一个项目，设置【名称】与【位置】。按Ctrl+N组合键新建序列，选择序列预设选项中DV-PAL项目下的【标准48kHz】，完成后单击【确定】按钮。

02 导入素材文件夹中的背影1、背影2和背影3图片。选择【文件】|【新建】|【旧版标题】命令。使用默认选项，然后单击【确定】按钮。在打开的字幕编辑器中使用【垂直文字工具】输入我们所需要的文字，可以根据个人喜好输入，并设置字体、大小及位置，如图5-122所示。

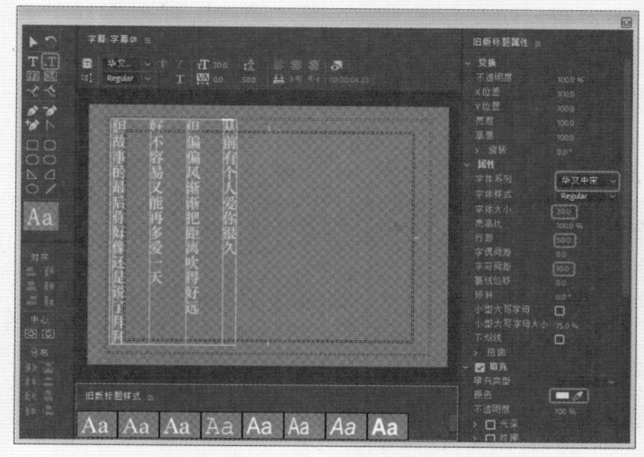

图5-122 新建字幕

03 将背影1文件拖曳至V3轨道中，将持续时间设置为00:00:02:00，在【效果控件】面板中将【位置】设置为150、288，将【缩放】设置为100，如图5-123所示。

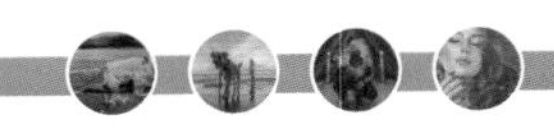

图5-123 设置参数

04 将当前时间设置为00:00:01:00，单击【不透明度】左边的关键帧按钮，添加一处关键帧。将当前时间设置为00:00:02:00，将【不透明度】设置为0，如图5-124所示。

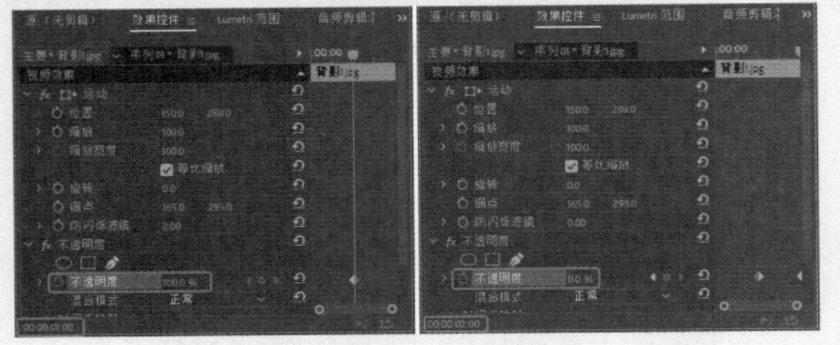

图5-124 添加关键帧

05 在【效果】面板中搜索【灰度系数校正】特效，将其拖动至V3轨道中的文件上，将【灰度系数】设置为10，如图5-125所示。

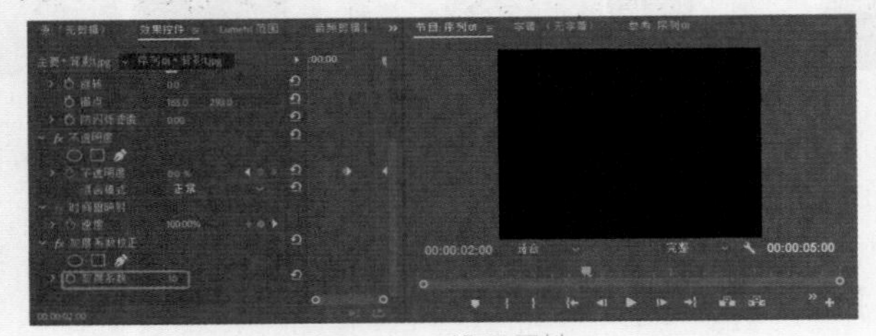

图5-125 设置属性

06 将当前时间设置为00:00:01:00，将背景2素材文件拖曳至V2轨道中，将开始处与时间线对齐，将持续时间设置为00:00:02:00。将当前时间设置为00:00:02:00，将【位置】设置为369，288。将【缩放】设置为27，将【不透明度】设置为100。将当前时间设置为00:00:03:00，将【不透明度】设置为0，如图5-126所示。

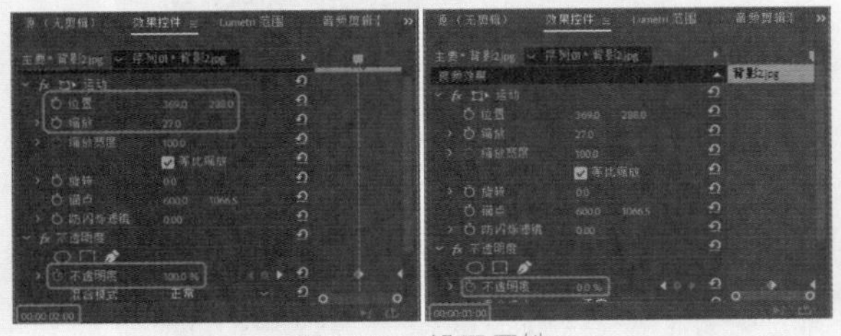

图5-126 设置属性

07 将当前时间设置为00:00:02:00，将背影3素材文件拖曳至V1轨道中，将开始处与时间线对齐。将持续时间设置为00:00:03:00，将【位置】设置为567，288，将【缩放】设置为63，将【不透明度】设置为0，将当前时间设置为00:00:03:00，将【不透明度】设置为100，如图5-127所示。

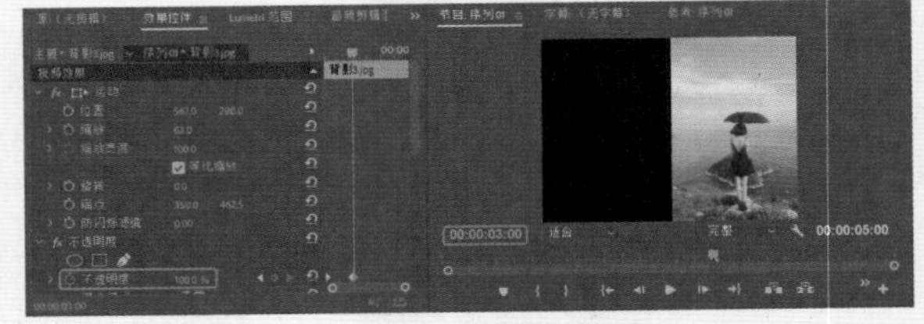

图5-127 设置属性

08 在【效果】面板中搜索【颜色平衡（RGB）】特效，将其拖曳至V1轨道中的素材文件上。将【效果控件】面板中的红色、绿色、蓝色分别设置为90、100、100，如图5-128所示。

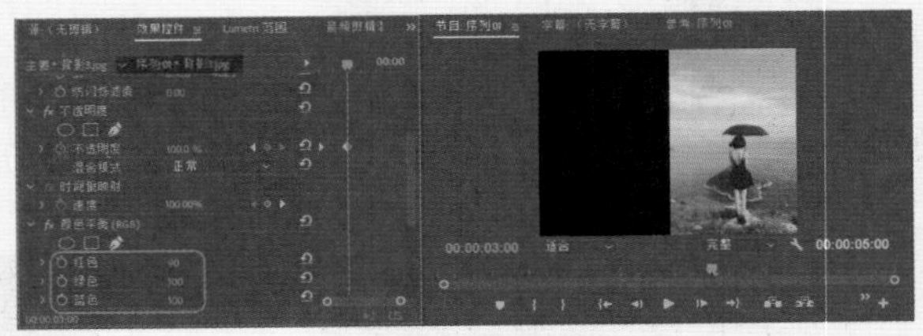

图5-128 设置属性

09 在【效果】面板中搜索【杂色HLS】特效，将其拖曳至V1轨道中的素材文件上。将【效果控件】面板中的【色相】设置为0，【亮度】设置为0，【饱和度】设置为0，【杂色相位】设置为159，如图5-129所示。

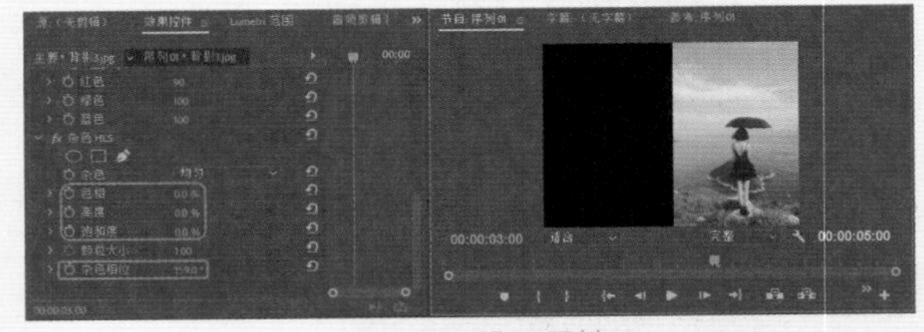

图5-129 设置属性

10 将当前时间设置为00:00:03:05，将“字幕1”拖曳至V2轨道中，将开始处与时间线对齐，将持续时间设置为00:00:01:20。将【效果控件】面板中的【位置】设置为360，288，将【缩放】设置为0，单击【位置】左侧的【切换动画】按钮，当前时间设置为00:00:04:23，将【缩放】设置为100，如图5-130所示。

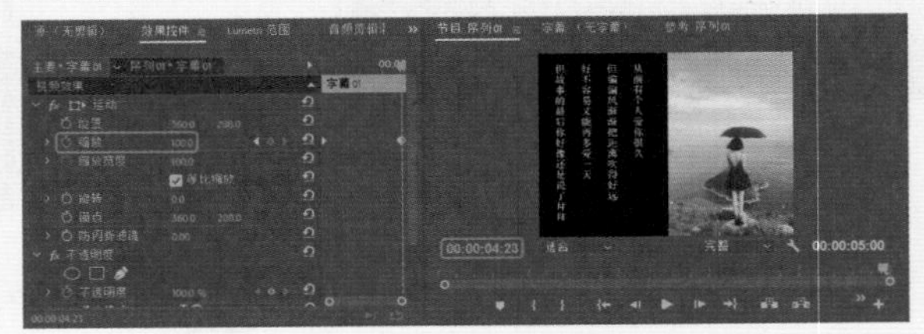

图5-130 设置属性

5.2.7 【模糊和锐化】视频特效

在【模糊和锐化】文件夹下，共包括有7种模糊、锐化效果的视频特技效果。

1. 【复合模糊】特效

【复合模糊】特效对图像进行复合模糊，为素材增加全面的模糊，该特效的选项组如图5-131所示，效果如图5-132所示。

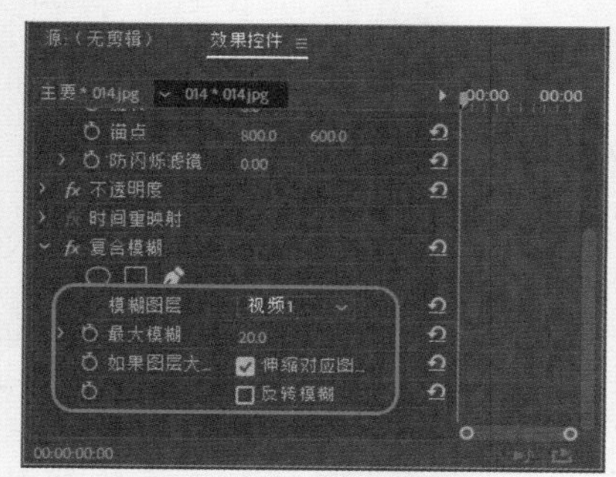

图5-131　【复合模糊】选项组

图5-132　添加特效后的效果

2. 【方向模糊】特效

【方向模糊】特效是对图像选择一个方向性的模糊，为素材添加运动感觉，该特效的选项组如图5-133所示，效果如图5-134所示。

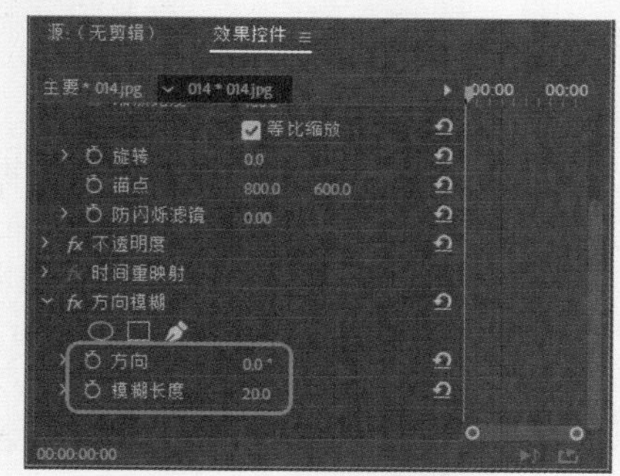

图5-133　【方向模糊】选项组

图5-134　添加特效后的效果

3. 【相机模糊】特效

【相机模糊】特效用于模仿在相机焦距之外的图像模糊效果，该特效的选项组如图5-135所示，效果如图5-136所示。

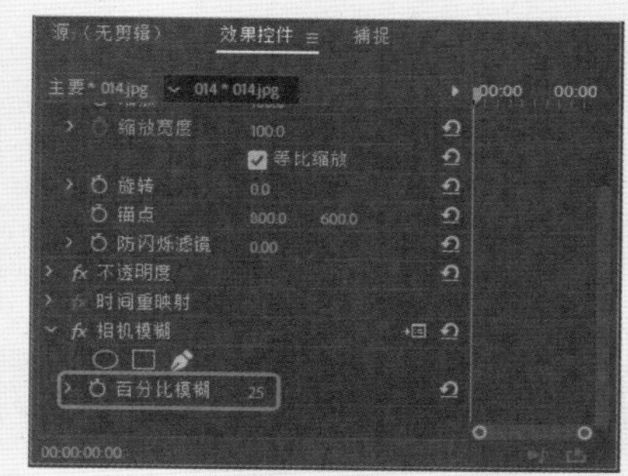

图5-135　【相机模糊】选项组

图5-136　添加特效后的效果

4. 【通道模糊】特效

【通道模糊】特效可以对素材的红、绿、蓝和Alpha通道个别进行模糊，可以指定模糊的方向是水平、垂直或双向。使用这个效果可以创建辉光效果或控制一个图层的边缘附近的透明度，该特效的选项组如图5-137所示，效果如图5-138所示。

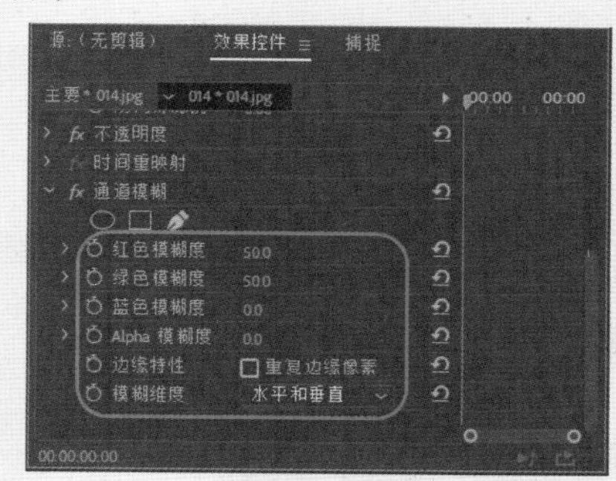

图5-137　【通道模糊】选项组

图5-138　添加特效后的效果

5. 【钝化蒙版】特效

【钝化蒙版】特效能够将图片中模糊的地方变亮，该特效的选项组如图5-139所示，添加特效后的效果如图5-140所示。

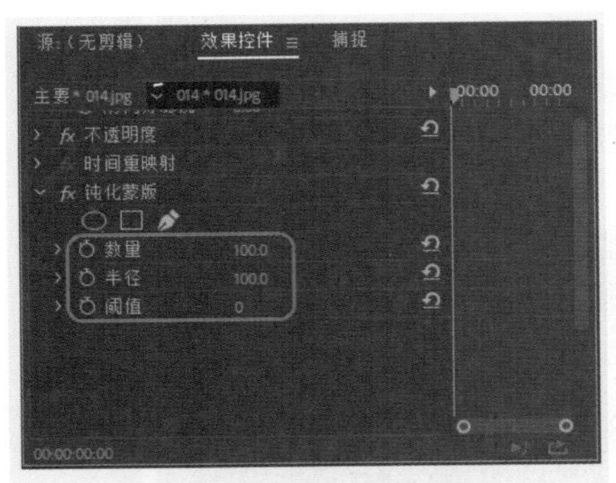

图5-139　【钝化蒙版】选项组

图5-140　添加特效后的效果

6.【锐化】特效

【锐化】特效将未受影响的素材中像素中心的颜色赋予每一个分片，其余的分片被赋予未受影响的素材中相应范围内的平均颜色，该特效的选项组如图5-141所示，添加特效后的效果如图5-142所示。

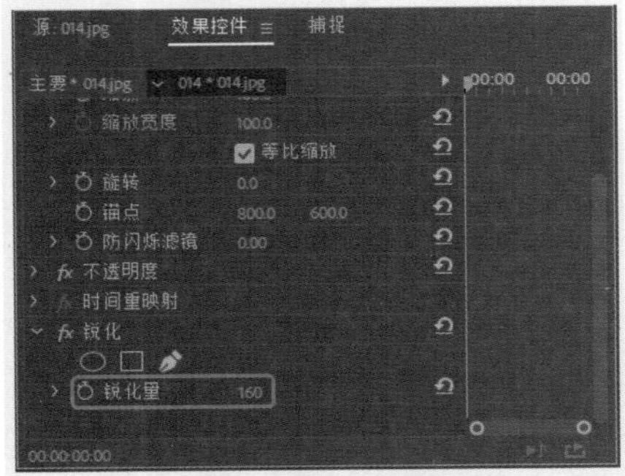

图5-141　【锐化】选项组

图5-142　添加特效后的效果

7.【高斯模糊】特效

【高斯模糊】特效能够模糊和柔化图像并能消除噪波。可以指定模糊的方向为水平、垂直或双向，该特效的选项组如图5-143所示，效果如图5-144所示。

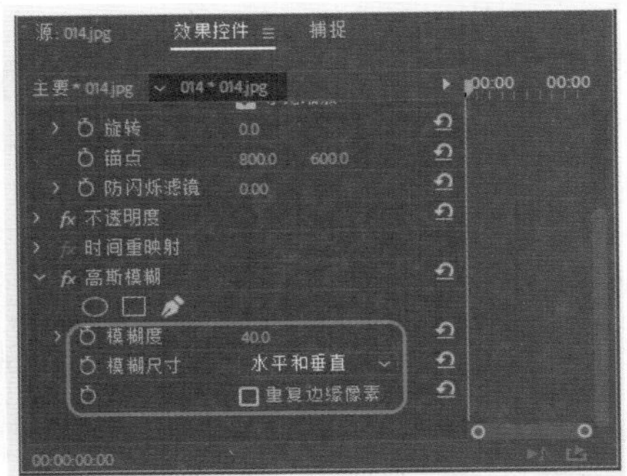

图5-143　【高斯模糊】选项组

图5-144　添加特效后的效果

实例操作——异域假面

本案例首先在序列中制作两张面具图片，并利用【基本3D】特效设置旋转动画效果。然后新建一个序列，添加背景图片和图片序列，并为背景图片设置【方向模糊】。在图片序列逐渐缩小时，背景图片逐渐清晰显示。案例效果如图5-145所示。

图5-145　效果展示

01 新建项目和序列，将【序列】设置为DV-24P|【标准48kHz】选项，按Ctrl+I组合键，在打开的对话框中选择“假面1.jpg”“假面2.jpg”“假面3.jpg”素材文件，单击【打开】按钮。选择【文件】|【新建】|【旧版标题】命令，在打开的对话框中保持默认设置，单击【确定】按钮，使用【矩形工具】绘制矩形，在【属性】选项组中将【图形类型】设置为闭合贝塞尔曲线，将【线宽】设置为5，在【变换】选项组中将【宽度】、【高度】设置为269、401.3，将【X位置】、【Y位置】设置为159.4、241，如图5-146所示。

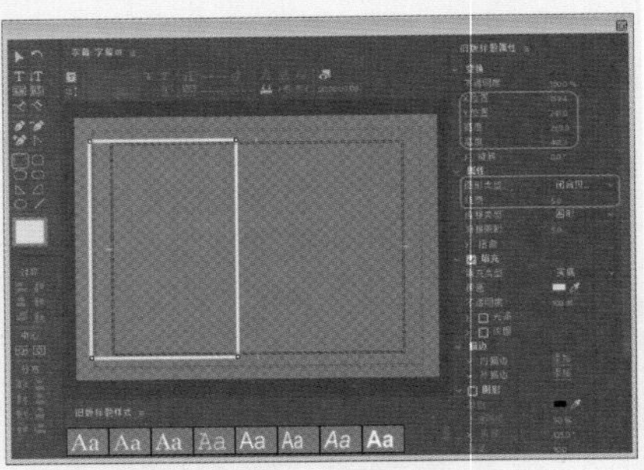

图5-146　绘制矩形并设置参数

02 对绘制的矩形进行复制，然后调整复制矩形的位置，将【宽度】、【高度】设置为264、396.3，将【X位置】、【Y位置】设置为453.8、241，如图5-147所示。

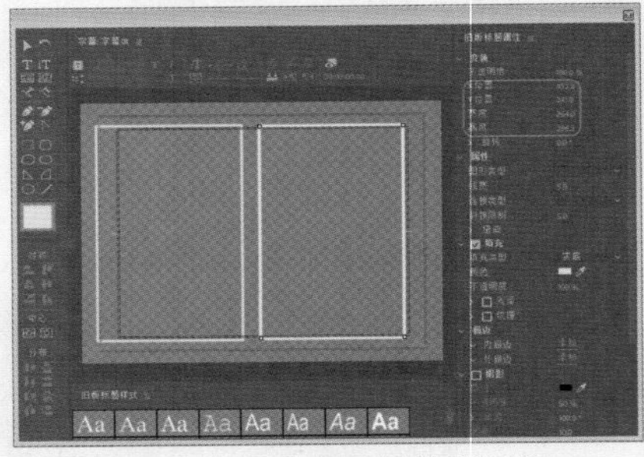

图5-147　复制矩形并进行设置

03 将字幕编辑器关闭，将“假面2.jpg”素材文件拖曳至V1轨道中，将其持续时间设置为00:00:05:00，将【位置】设置为175、240，将【缩放】设置为63，如图5-148所示。

04 在【效果】面板中将【基本3D】视频特效拖曳至V1轨道中的素材文件上，将当前时间设置为00:00:01:14，单击【旋转】左侧的【切换动画】按钮，将当前时间设置为00:00:04:00，将【旋转】设置为-1×0.0°，如图5-149所示。

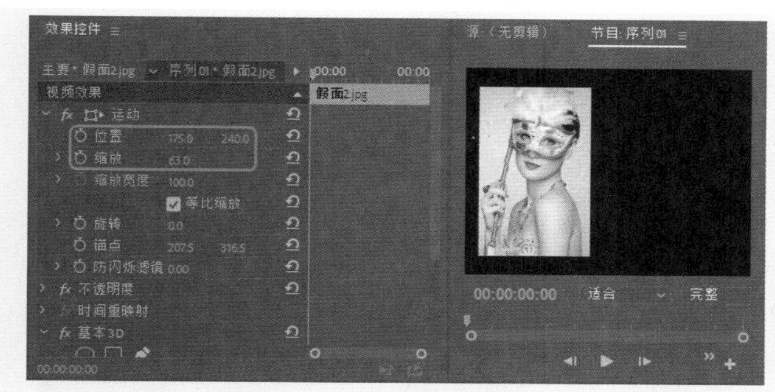

图5-148 设置参数

05 将当前时间设置为00:00:00:00，将“假面3.jpg”素材文件拖曳至V2轨道中，将其开始位置与时间线对齐。将【位置】设置为500、240，将【缩放】设置为49，如图5-150所示。

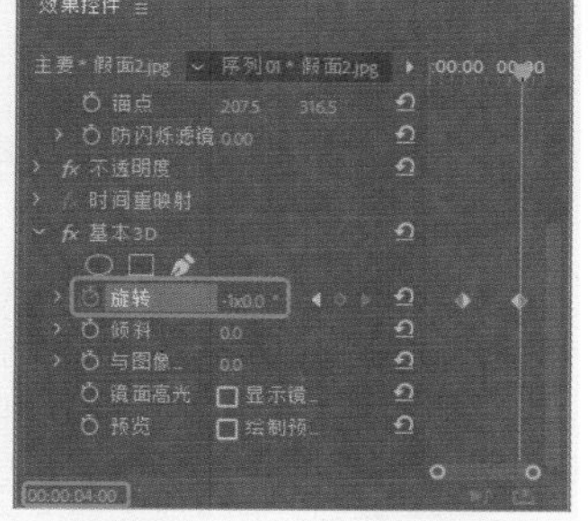

图5-149 设置关键帧

06 选择V1轨道中的素材文件，在【效果控件】面板中选择【基本3D】视频特效，按Ctrl+C组合键进行复制。然后选择V2轨道中的素材文件，在【效果控件】面板中按Ctrl+V组合键进行粘贴，将当前时间设置为00:00:04:00，将【旋转】设置为1×0.0°，如图5-151所示。

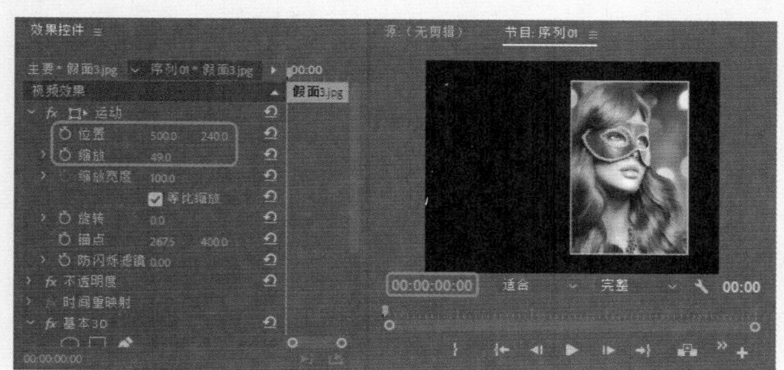

图5-150 设置参数

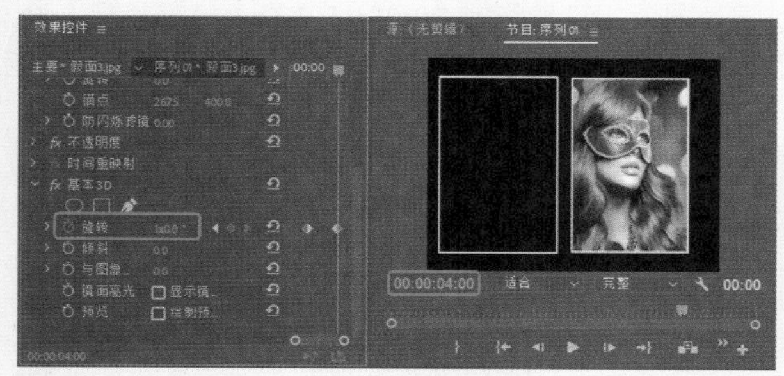

图5-151 更改参数

07 将当前时间设置为00:00:00:00，将“字幕01”拖曳至V3轨道中，将其开始位置与时间线对齐。按Ctrl+N组合键打开【新建序列】对话框，在该对话框中选择【序列预设】选项卡，在【可用预设】选项组中选择DV-PAL|【标准48kHz】选项，并单击【确定】按钮。

08 将“假面1.jpg”素材文件拖曳至【序列02】面板中的V1轨道中，将当前时间设置为00:00:03:06，将【位置】设置为360、288，单击其左侧的【切换动画】按钮，将【缩放】设置为85，如图5-152所示。

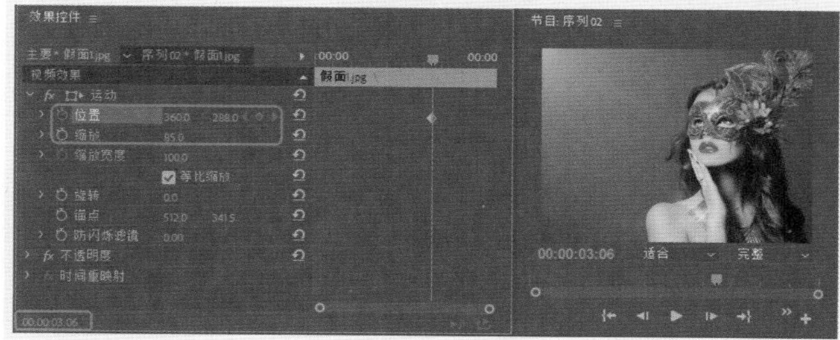

图5-152 设置关键帧

09 将当前时间设置为00:00:04:20，将【位置】设置为395、288，将【效果】面板中的【方向模糊】特效拖曳至V1轨道中的素材文件上，将【方向】设置为45°，将当前时间设置为00:00:02:16，将【模糊长度】设置为52，单击其左侧的【切换动画】按钮，如图5-153所示。

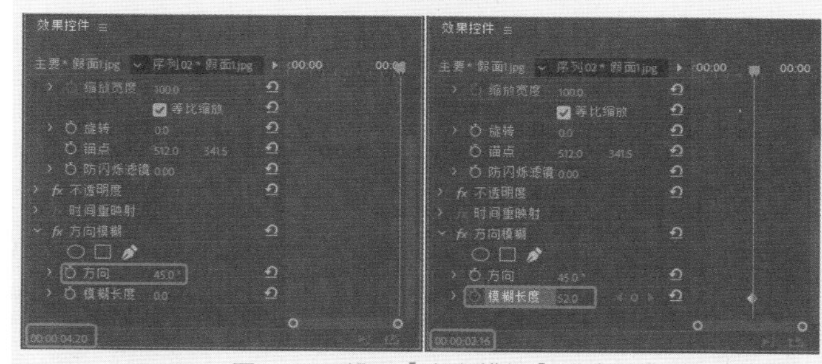

图5-153 设置【方向模糊】特效

10 将当前时间设置为00:00:03:06，将【模糊长度】设置为0。将“序列01”拖曳至【序列02】面板中的V2轨道中，将其开始位置设置为00:00:00:00。将当前时间设置为00:00:01:14，单击【位置】、【缩放】左侧的【切换动画】按钮，将当前时间设置为00:00:02:15，将【位置】设置为150.3、454.2，将【缩放】设置为45，如图5-154所示。

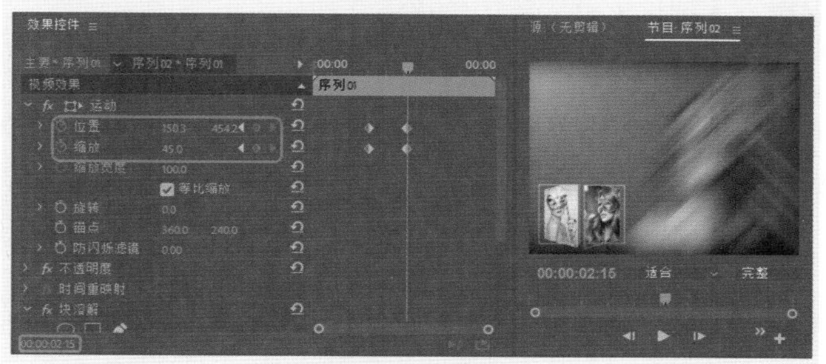

图5-154 设置关键帧

11 将当前时间设置为00:00:00:00，在【效果】面板中将【块溶解】特效拖曳至V2轨道中的素材文件上，将【过渡完成】设置为100，单击其左侧的【切换动画】按钮，将【块宽度】、【块高度】设置为20、5，如图5-155所示。

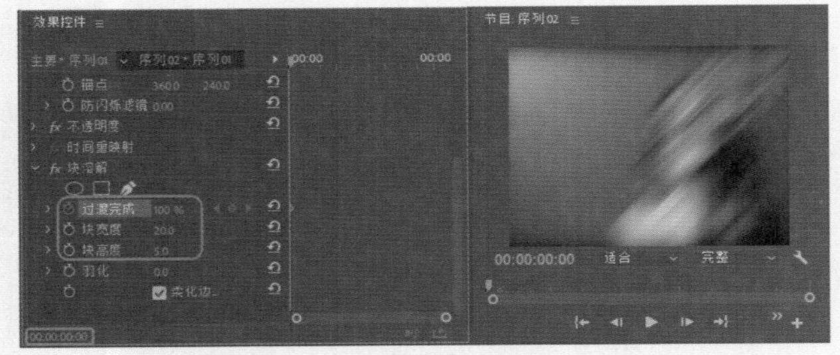

图5-155 设置参数

12 将当前时间设置为00:00:01:00，将【过渡完成】设置为0。确定【序列02】面板处于激活状态，选择【文件】|【新建】|【旧版标题】命令，在打开的对话框中保持默认设置，单击【确定】按钮。使用【垂直文字工具】输入文字“异域假面”，在【属性】选项组中将【字体系列】设置为华文新魏，将【字体大小】设置为30，将【字符间距】设置为10，将【填充】选项组中的【颜色】设置为白色，在【变换】选项组中将【X位置】、【Y位置】设置为725.9、460.8，如图5-156所示。

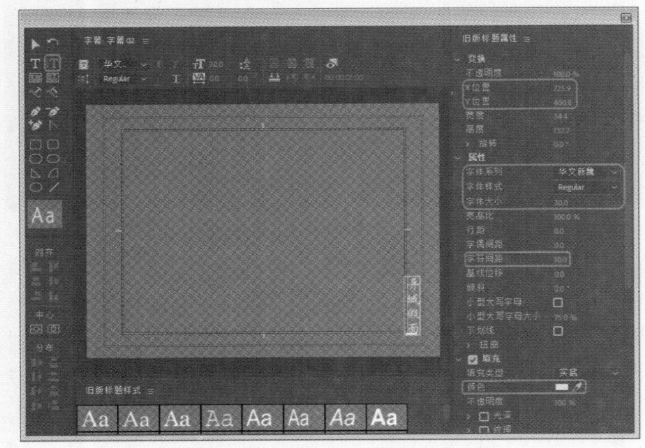

图5-156 输入文字并进行设置

13 在【描边】选项组中单击【外描边】右侧的【添加】按钮，将【大小】设置为60，将【颜色】RGB值设置为230、120、2，如图5-157所示。

14 将字幕编辑器关闭，将当前时间设置为00:00:00:00，将“字幕02”拖曳至视频3轨道中，将其开始位置与时间线对齐。将【位置】设置为32、26，将【缩放】设置为200，如图5-158所示。

15 将当前时间设置为00:00:02:16，将【效果】面板中的【方向模糊】视频特效拖曳至V3轨道中的素材文件上，将【方向】设置为135，将【模糊长度】设置为50，单击【模糊长度】左侧的【切换动画】按钮，如图5-159所示。

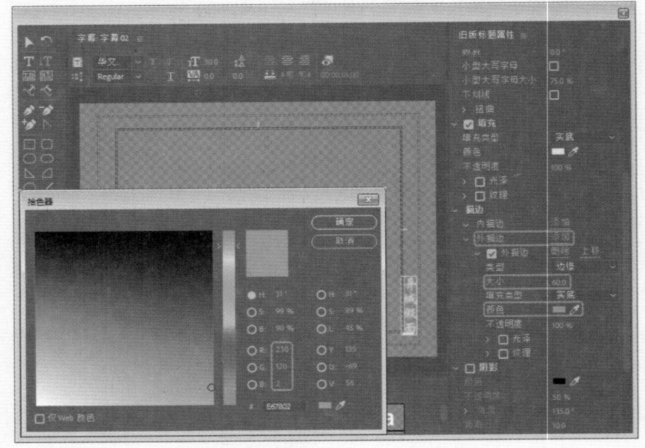

图5-157 设置描边

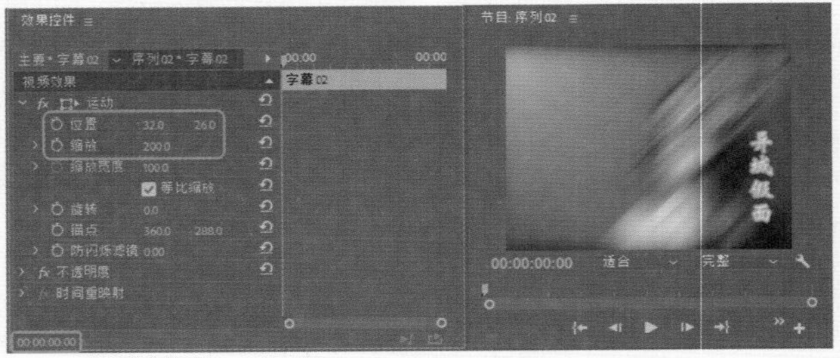

图5-158 设置参数

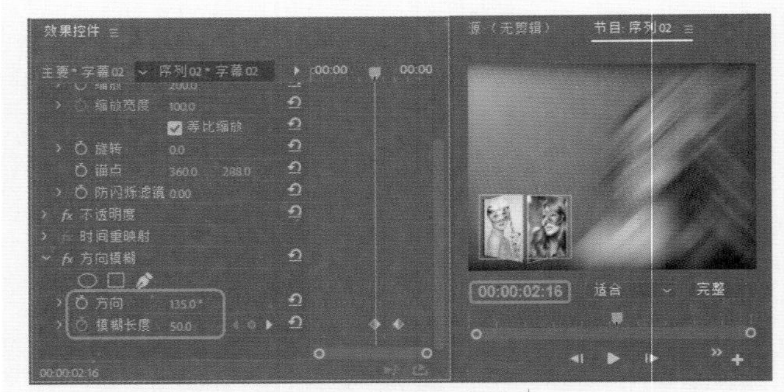

图5-159 设置参数

16 将当前时间设置为00:00:03:15，将【模糊长度】设置为0，如图5-160所示。至此，异域假面场景就制作完成了，场景保存后将效果导出即可。

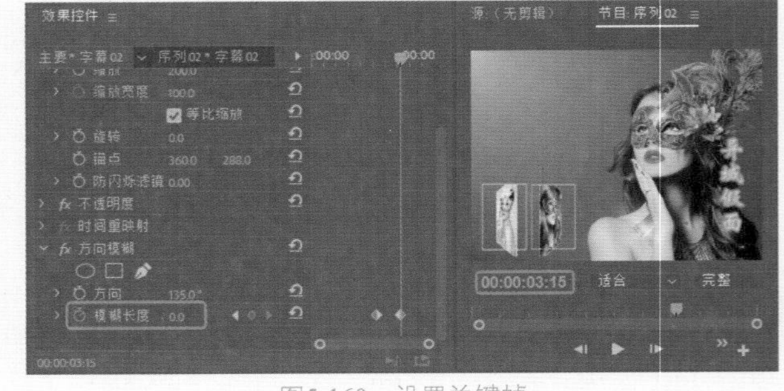

图5-160 设置关键帧

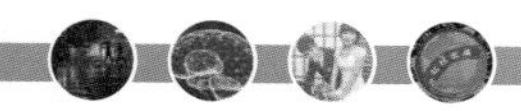

5.2.8 【生成】视频特效

在【生成】文件夹下，共包括12种生成效果的视频特技效果。

1. 实战：【书写】特效

【书写】特效可以在图像中产生书写的效果，通过为特效设置关键点并不断地调整笔触的位置，可以产生水彩笔书写的效果，下面介绍【书写】特效的具体操作步骤。

01 在【项目】面板的空白处双击鼠标，在弹出的对话框中选择“015.jpg”素材文件，如图5-161所示。

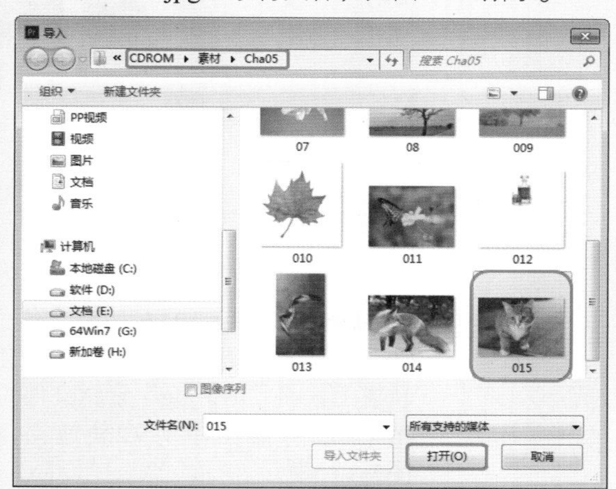

图5-161 【导入】对话框

02 单击【打开】按钮，在【项目】面板中选择素材文件，将其添加至【序列】面板中的视频轨道，如图5-162所示。

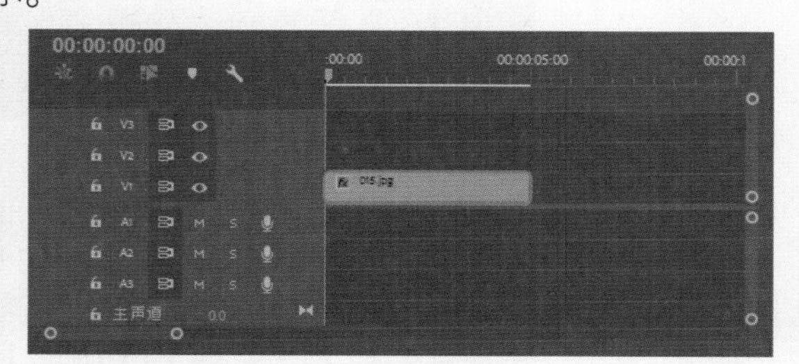

图5-162 将素材文件导入到【序列】面板中

03 在【序列】面板中选择素材文件，打开【效果控件】面板，展开【运动】选项组，将【缩放】设置为104，如图5-163所示。

04 打开【效果】面板，选择【视频效果】|【生成】|【书写】特效，双击该特效，打开【效果控件】面板，将当前时间设置为00:00:00:00，单击【画笔位置】左侧的【切换动画】按钮，将【画笔位置】设置为47.0、120.0，将【颜色】RGB的值设置为255、0、0，将【画笔大小】设置为15，将【画笔硬度】设置为50%，其他保持默认设置，如图5-164所示。

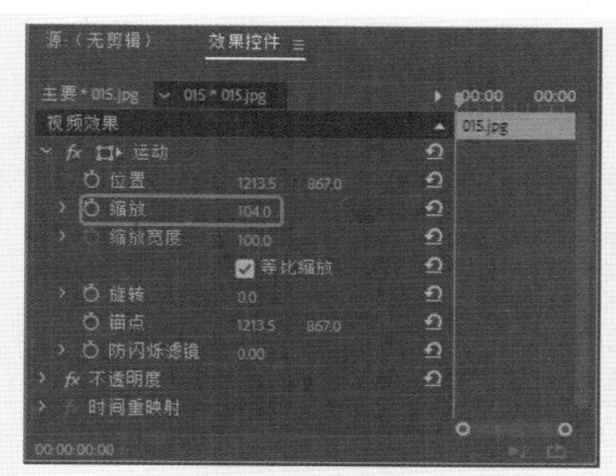

图5-163 设置缩放

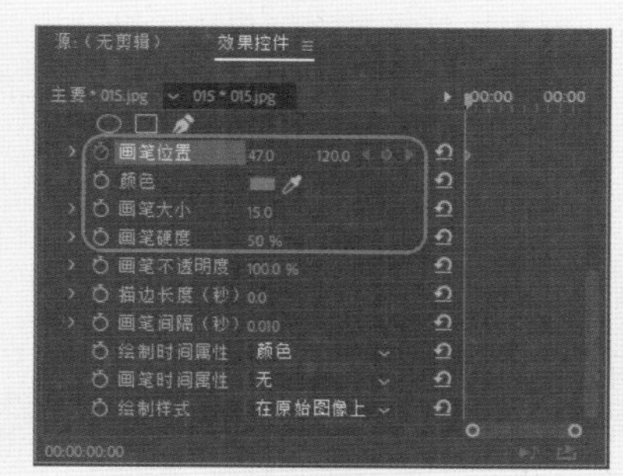

图5-164 设置参数

05 将当前时间设置为00:00:04:00，将【画笔位置】设置为47.0、465.0，如图5-165所示。

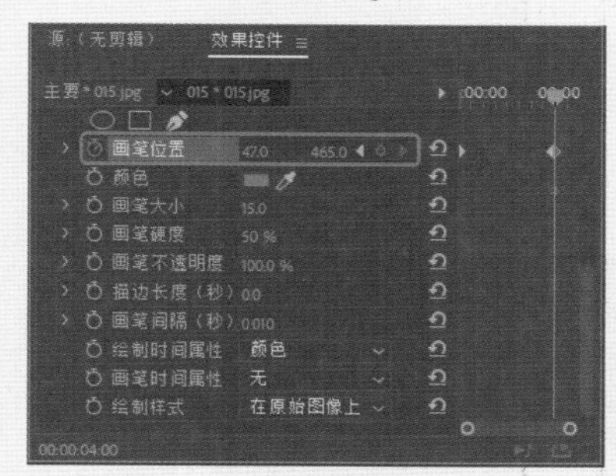

图5-165 设置参数

06 设置完成后在【节目】监视器中观看效果，如图5-166所示。

图5-166 添加特效后的效果

2. 【单元格图案】特效

【单元格图案】特效在基于噪波的基础上可产生蜂巢的图案。使用【单元格图案】特效可产生静态或移动的背景纹理和图案。可用于做原素材的替换图片，该特效的选项组如图5-167所示，效果如图5-168所示。

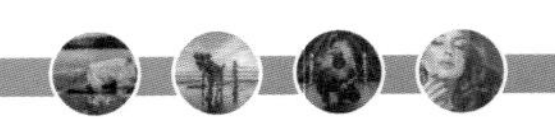

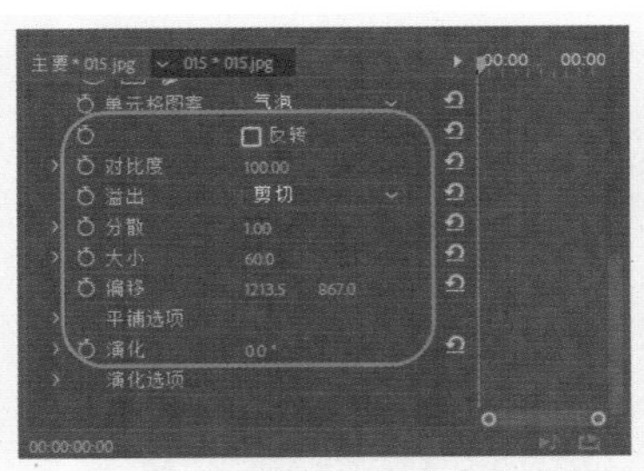

图5-167 【单元格图案】选项组

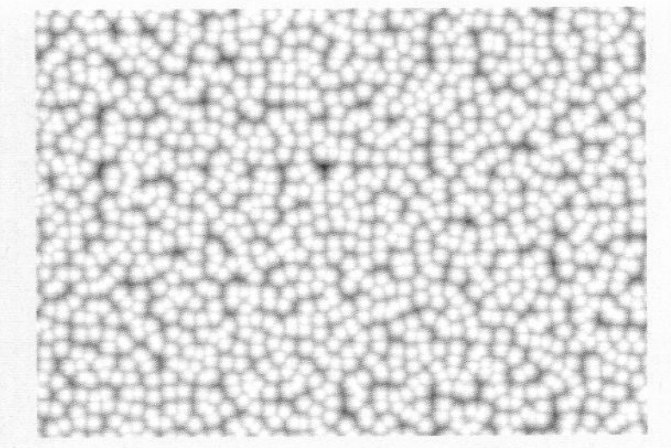

图5-168 添加特效后的效果

3.【吸管填充】特效

【吸管填充】特效通过调节采样点的位置，将采样点所在位置的颜色覆盖于整个图像上。这个特效有利于在最初的素材的一个点上很快地采集一种纯色或从一个素材上采集一种颜色并利用混合方式应用到第二个素材上，该特效的选项组如图5-169所示，效果如图5-170所示。

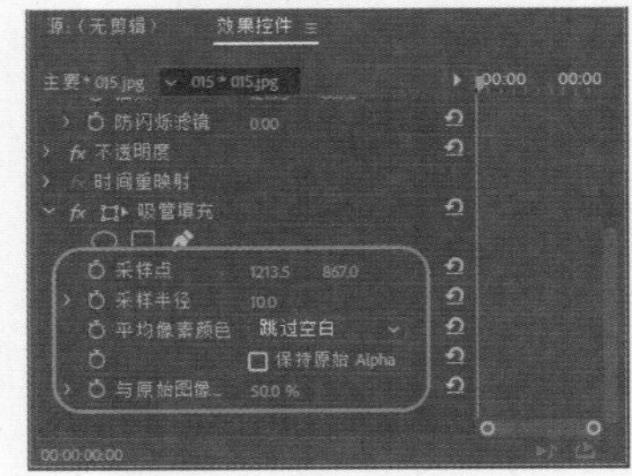

图5-169 【吸管填充】特效

图5-170 添加特效后的效果

4.【四色渐变】特效

【四色渐变】特效可以使图像产生4种混合渐变颜色，该特效的选项组如图5-171所示，效果如图5-172所示。

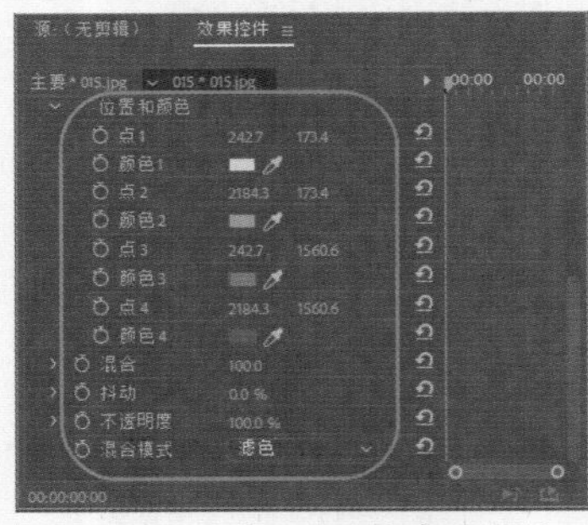

图5-171 【四色渐变】选项组

图5-172 添加特效后的效果

5. 实战：【圆形】特效

【圆形】特效可任意制作一个实心圆或圆环，通过设置它的混合模式来形成素材轨道之间的区域混合的效果，如图5-173所示。

图5-173 最终效果

下面介绍【圆形】特效的具体操作步骤。

01 在【项目】面板的空白处双击鼠标，在弹出的对话框中选择“015.jpg”“016jpg”文件，如图5-174所示。

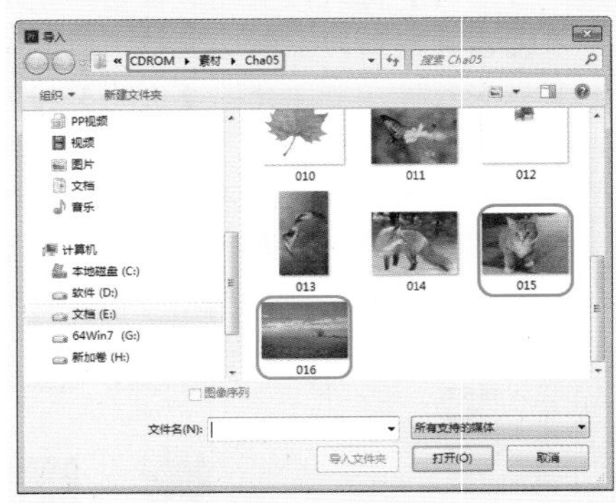

图5-174 选择素材文件

02 单击【打开】按钮，在【项目】面板中选择“016.jpg”素材文件，将其添加至【序列】面板中的V1轨道上，将“015.jpg”素材文件添加至【序列】面板中的V2轨道上，如图5-175所示。

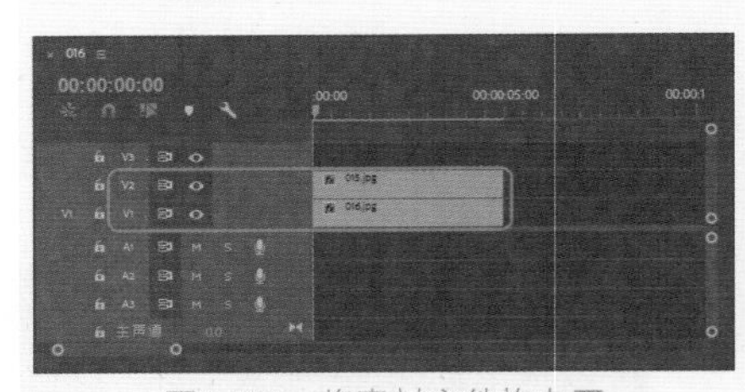

图5-175 将素材文件拖曳至【序列】面板中

03 在【序列】面板中选择“015.jpg”，打开【效果】面板，选择【视频效果】|【生成】|【圆形】特效，双击该特效，打开【效果控件】面板，展开【圆形】选项，将当前时间设置为00:00:00:00，将【中心】设置为1197.5、622，单击【半径】左侧的【切换动画】按钮，将【半径】设置为50，将【混合模式】设置为【模板Alpha】，将当前时间设置为00:00:04:00，将【半径】设置为400，如图5-176所示。

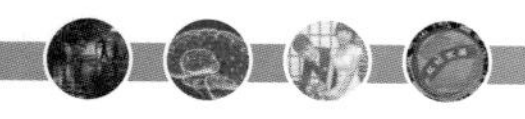

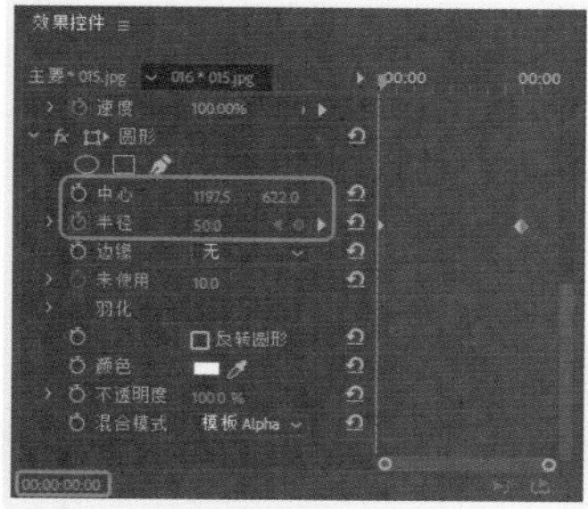

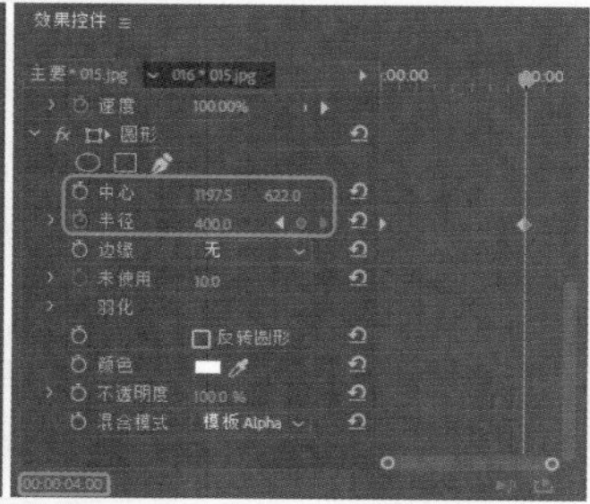

图5-176 设置参数

6.【棋盘】特效

【棋盘】特效可制作国际跳棋棋盘式的长方形的图案，它有一半的方格是透明的，通过它自身提供的参数可以对该特效进行设置，该特效的选项组如图5-177所示，效果如图5-178所示。

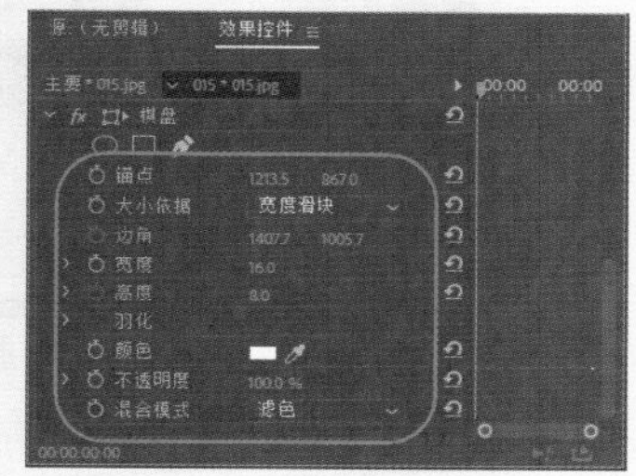

图5-177 【棋盘】选项组

图5-178 添加特效后的效果

7.【椭圆】特效

【椭圆】特效可以制作一个实心椭圆或椭圆环，该特效的选项组如图5-179所示，效果如图5-180所示。

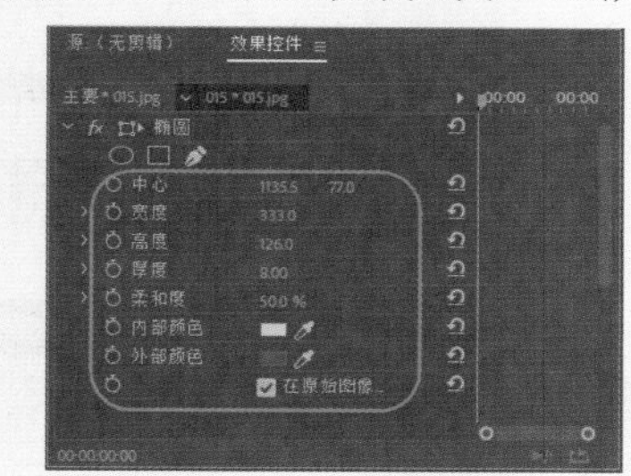

图5-179 【椭圆】选项组

图5-180 添加特效后的效果

8.【油漆桶】特效

【油漆桶】特效是将一种纯色填充到一个区域。它用起来很像在Adobe Photoshop里使用油漆桶工具。在一个图像上使用【油漆桶】特效可将一个区域的颜色替换为其他的颜色，该特效的选项组如图5-181所示，效果如图5-182所示。

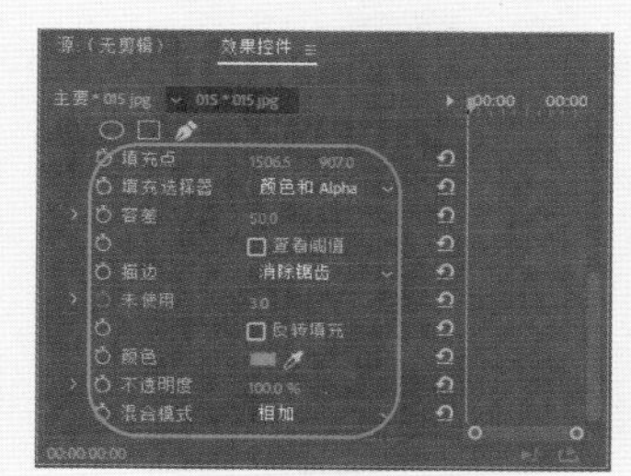

图5-181 【油漆桶】选项组

图5-182 添加特效后的效果

9.【渐变】特效

【渐变】特效能够产生一个颜色渐变，并能够与源图像内容混合。可以创建线性或放射状渐变，并可以随着时间改变渐变的位置和颜色，该特效的选项组如图5-183所示，效果如图5-184所示。

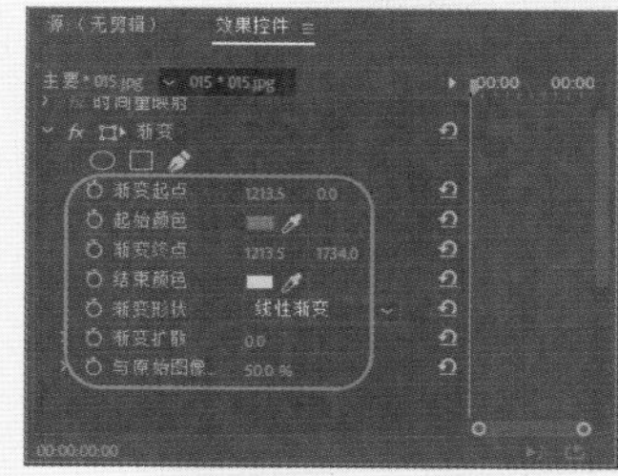

图5-183 【渐变】选项组

图5-184 添加特效后的效果

10. 实战：【网格】特效

【网格】特效可制作一组可任意改变的网格。可以为网格的边缘调节大小和进行羽化，作为一个可调节透明度的蒙版用于源素材上。此特效有利于设计图案，还有其他的实用效果，下面将通过简单的操作来介绍如何应用【网格】特效，具体操作步骤如下。

01 新建一个项目文件，在【项目】面板中双击鼠标，在弹出的【导入】对话框中选择“015.jpg”文件，如图5-185所示。

图5-185 【导入】对话框

02 选择完成后，单击【打开】按钮，在【项目】面板中选择导入的素材文件，如图5-186所示。

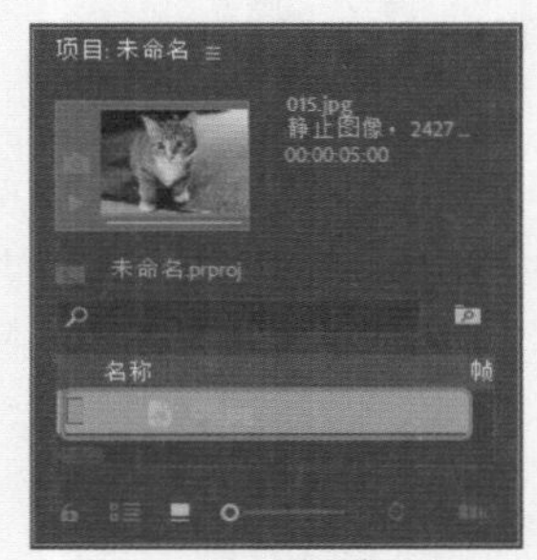
图5-186 选择导入的素材文件

03 按住鼠标将其拖曳至V1轨道中，并选中该对象，在【节目】监视器中查看导入的素材文件，如图5-187所示。

图5-187 查看导入的素材文件

04 在【效果控件】面板中将【缩放】设置为80，如图5-188所示。

05 打开【效果】面板，在【视频效果】文件夹中选择【生成】中的【网格】特效，如图5-189所示。

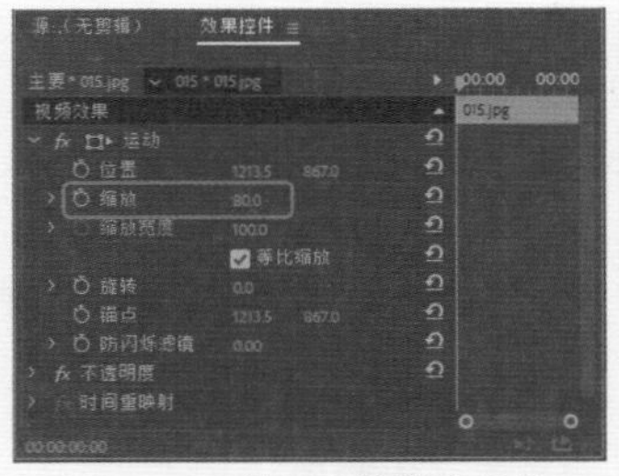
图5-188 设置【缩放】参数

图5-189 选择【网格】特效

06 双击该特效，为选中的对象添加该特效，将当前时间设置为00:00:00:00，在【效果控件】面板中将【大小依据】设置为【边角点】，将【边角】设置为461、419，单击【边框】左侧的【切换动画】按钮，将【边框】设置为35，将【混合模式】设置为【正常】，如图5-190所示。

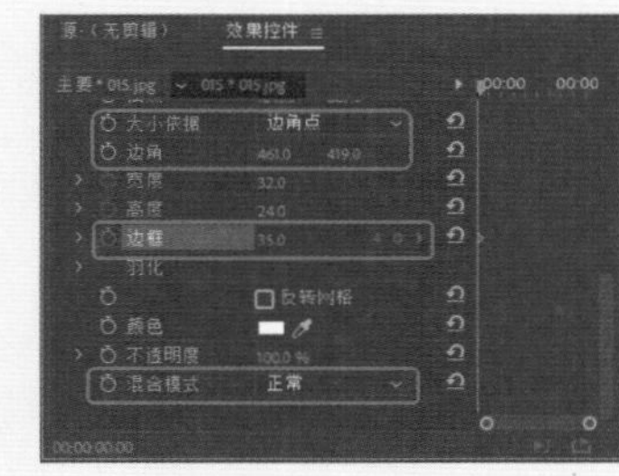
图5-190 设置参数

07 在【序列】面板中将当前时间设置为00:00:04:20，如图5-191所示。

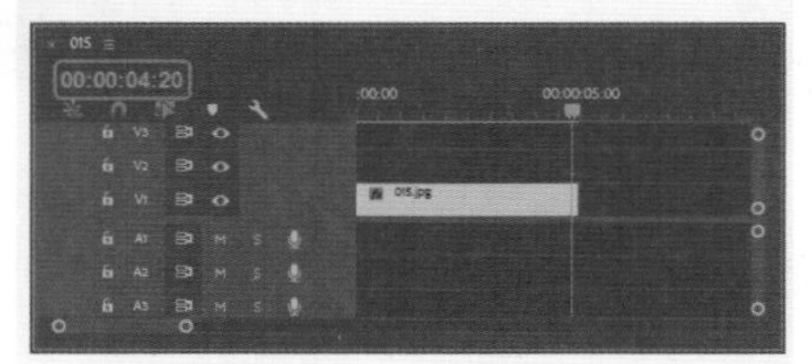
图5-191 设置时间

08 在【效果控件】面板中将【边框】设置为0，如图5-192所示。

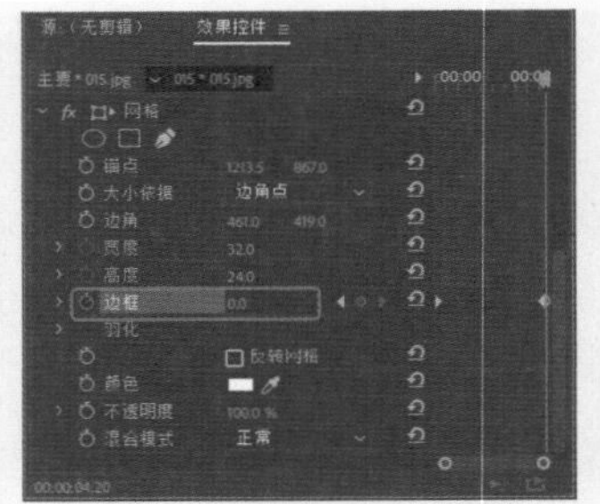
图5-192 设置【边框】参数

09 用户可以通过按空格键查看效果，其效果如图5-193所示。

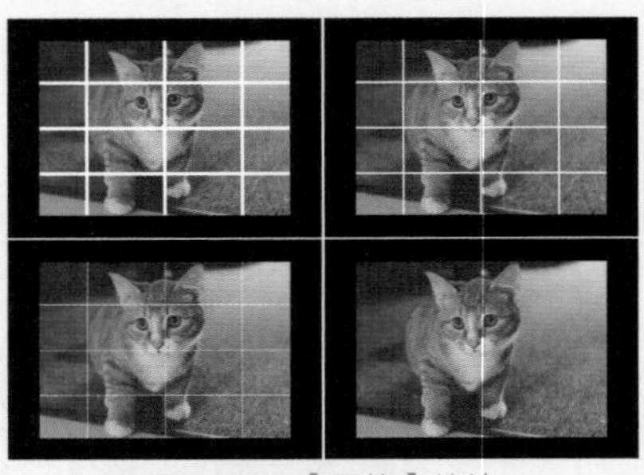
图5-193 【网格】特效

11. 实战：【镜头光晕】特效

【镜头光晕】特效能够产生镜头光斑效果，它是通过模拟亮光透过摄像机镜头时的折射而产生的。

下面介绍如何应用【镜头光晕】特效，其具体操作步骤如下。

01 新建一个项目文件，在【项目】面板中双击鼠标，在弹出的【导入】对话框中选择“017.jpg”文件，如图5-194所示。

图5-194 【导入】对话框

02 选择完成后，单击【打开】按钮，在【项目】面板中选择导入的素材文件，如图5-195所示。

03 按住鼠标将其拖曳至V 1轨道中，如图5-196所示。

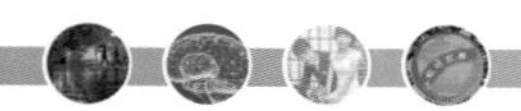

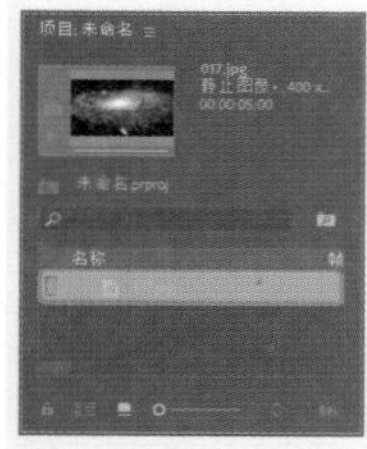

图5-195 选择导入的素材文件

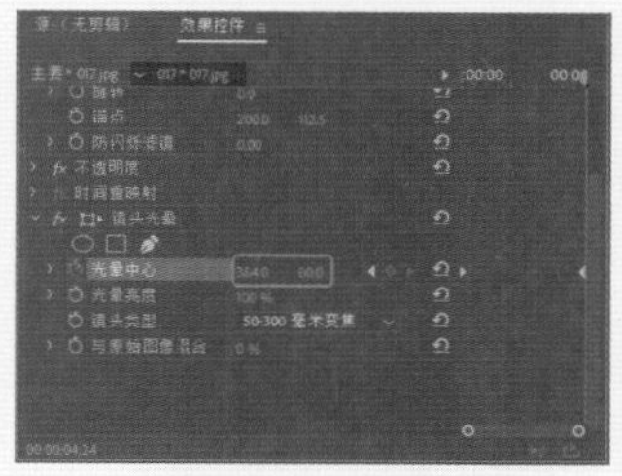

图5-196 将素材拖曳至【序列】面板中

04 选中该对象，在【效果控件】面板中将【缩放】设置为110，缩放后的效果如图5-197所示。

05 激活【效果】面板，在【视频效果】面板文件夹中选择【生成】中的【镜头光晕】特效，如图5-198所示。

图5-197 缩放后的效果

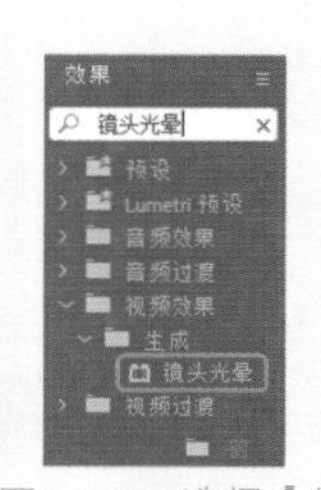

图5-198 选择【镜头光晕】特效

06 双击该特效，为选中的对象添加该特效，将当前时间设置为00:00:00:00，在【效果控件】面板中单击【光晕中心】左侧的【切换动画】按钮，将【光晕中心】设置为143、80，如图5-199所示。

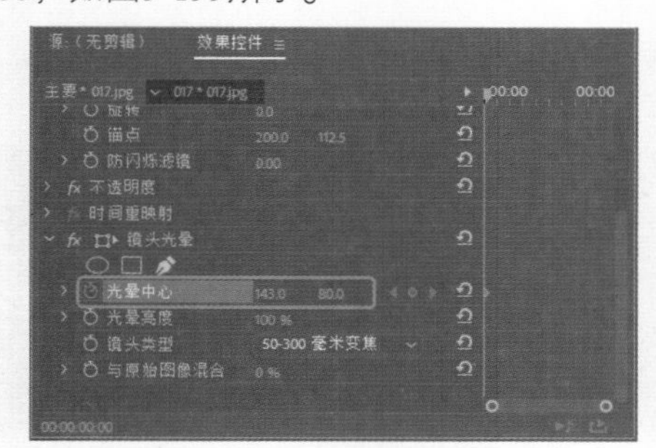

图5-199 设置光晕中心

07 在【序列】面板中将当前时间设置为00:00:04:24，如图5-200所示。

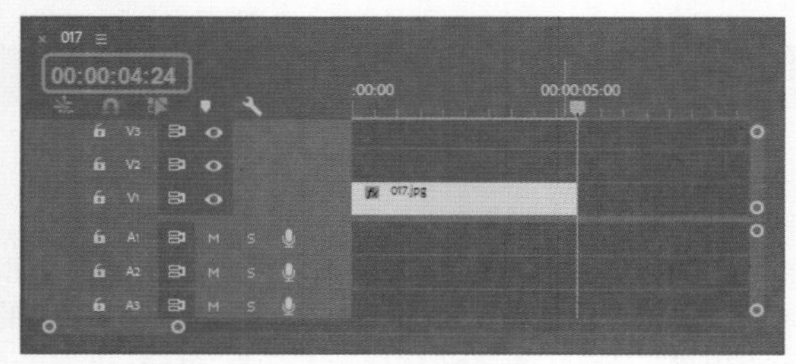

图5-200 设置时间

08 在【效果控件】面板中将【光晕中心】设置为384、80，如图5-201所示。

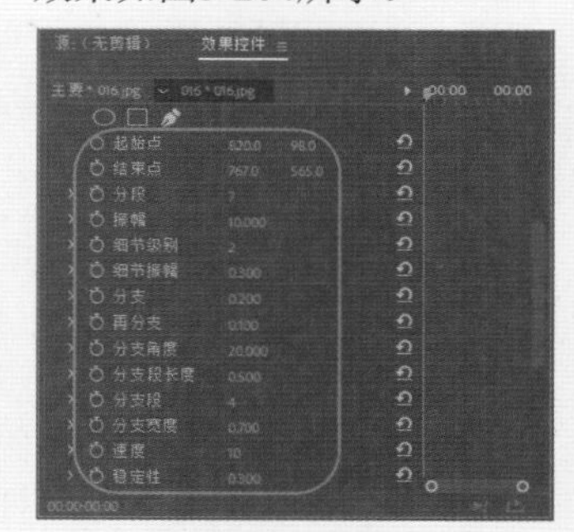

图5-201 设置参数

09 按空格键查看效果，如图5-202所示。

图5-202 添加特效后的效果

12.【闪电】特效

【闪电】特效用于产生闪电和其他类似放电的效果，不用关键帧就可以自动产生动画，该特效的选项组如图5-203所示，效果如图5-204所示。

图5-203 【闪电】选项组

图5-204 添加特效后的效果

实例操作——动物欣赏

动物欣赏动画主要使用多个视频特效对素材进行美化。根据不同时间添加合适的素材与特效，从而制作出最终的效果，如图5-205所示。

01 新建项目文件和DV-PAL选项组中的【标准48kHz】序列文件，在【项目】面板中导入“动物1.jpg”“动物

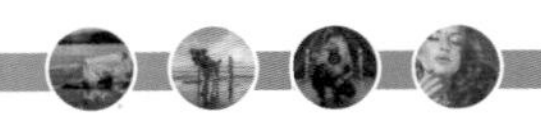

2.jpg”“动物3.jpg”“动物4.jpg”“动物5.jpg”“动物6.jpg”“动物7.jpg”“动物8.jpg”“点光.avi”文件，如图5-206所示。

图5-205 效果展示

02 将当前时间设置为00:00:00:00，选择【项目】面板中的“动物1.jpg”文件，将其拖至V1轨道中，使其开始处与时间线对齐，将其持续时间设置为00:00:02:10，在【效果】面板中搜索【四色渐变】效果并拖至V1轨道中的素材上，选中该素材，切换至【效果控件】面板，将【运动】选项组中的【缩放】设置为35，将【四色渐变】选项组中的【混合模式】设置为【滤色】，如图5-207所示。

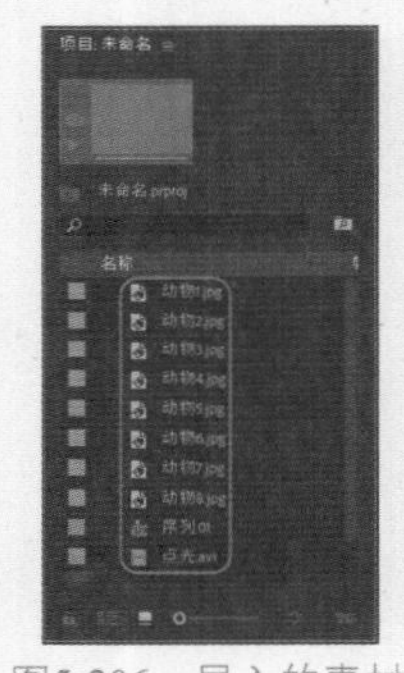

图5-206 导入的素材　图5-207 设置缩放并添加特效

03 选择【项目】面板中的“点光.avi”文件，将其拖至V2轨道中，使其开始处与时间线对齐，将其持续时间设置为00:00:11:21，并选中素材，切换至【效果控件】面板，将【运动】选项组中的【缩放】设置为100，将【不透明度】选项组中的【混合模式】设置为【滤色】，如图5-208所示。

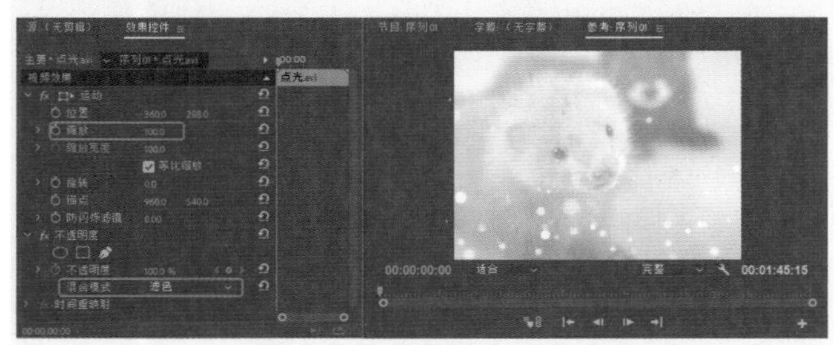

图5-208 设置缩放与不透明度的混合模式

> 提示
>
> 【滤色】：原理就是查看每个通道的颜色信息，并将混合色的互补色与基色复合，结果色总是较亮的颜色。用黑色过滤时颜色保持不变，用白色过滤将产生白色。

04 将当前时间设置为00:00:02:10，在【项目】面板中，将“动物2.jpg”素材拖至V1轨道中，将开始处与时间线对齐，并选中轨道中的素材，将其持续时间设置为00:00:02:10，切换至【效果控件】面板中，将【运动】选项组中的【缩放】设置为86，如图5-209所示。

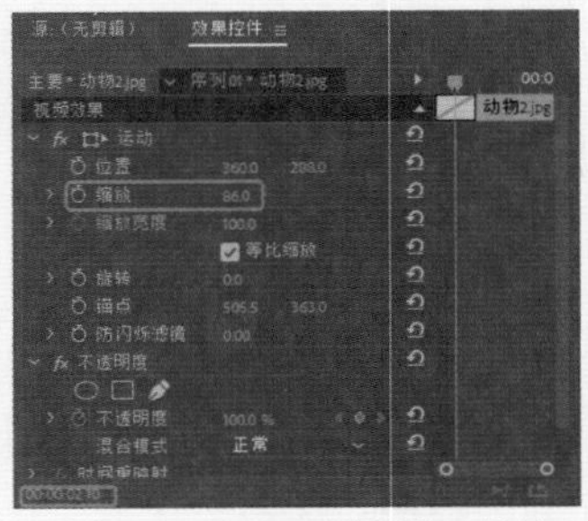

图5-209 添加素材并设置缩放

05 在【效果】面板中，搜索【交叉划像】效果，将其拖至V1轨道中“动物1.jpg”与“动物2.jpg”素材之间，如图5-210所示。

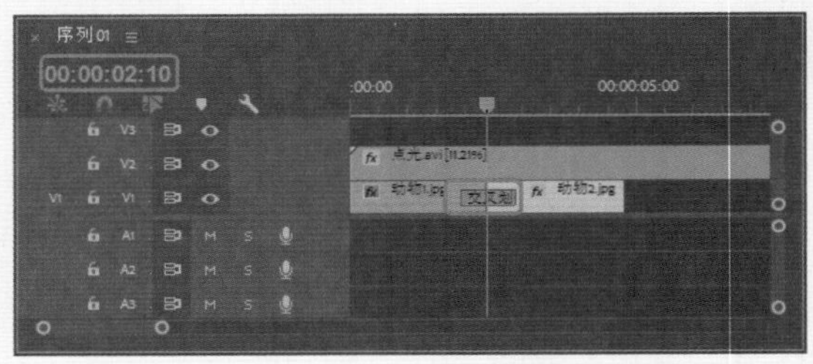

图5-210 添加效果

06 使用同样的方法将其他素材拖至视频轨道中，并向素材之间添加效果，如图5-211所示。

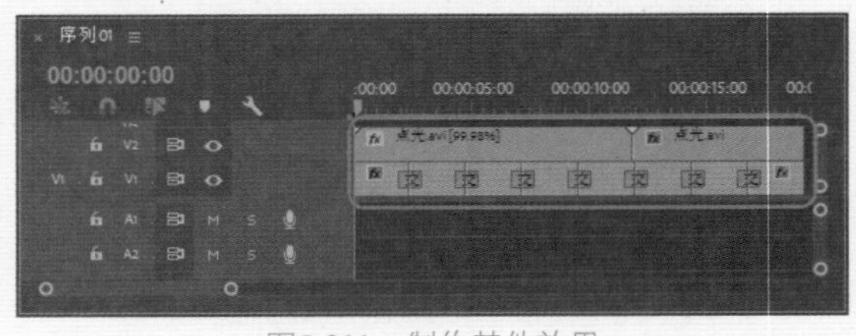

图5-211 制作其他效果

07 最后将场景进行保存，并将视频导出即可。

5.2.9 【视频】特效

在【视频】文件夹下，共包括两种视频特技效果。

1.【剪辑名称】特效

【剪辑名称】特效可以根据【效果控件】面板中指定的位置、大小和透明度渲染节目中的剪辑名称。该特效的选项组如图5-212所示，添加该特效后的效果如图5-213所示。

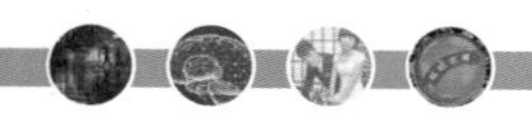

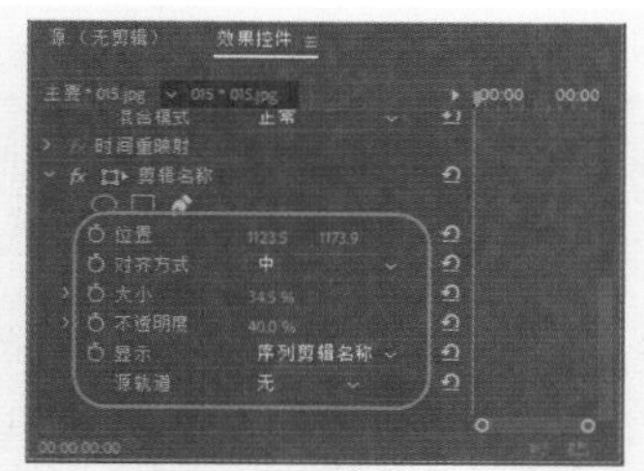
图5-212　【剪辑名称】选项组

图5-213　添加特效后的效果

2.【时间码】特效

【时间码】特效可以将素材边缘的像素剪掉，并可以自动将修剪过的素材尺寸变到原始尺寸。使用滑块控制可以修剪素材个别边缘。可以采用像素或图像百分比两种方式计算。该特效的选项组如图5-214所示，添加特效后的效果如图5-215所示。

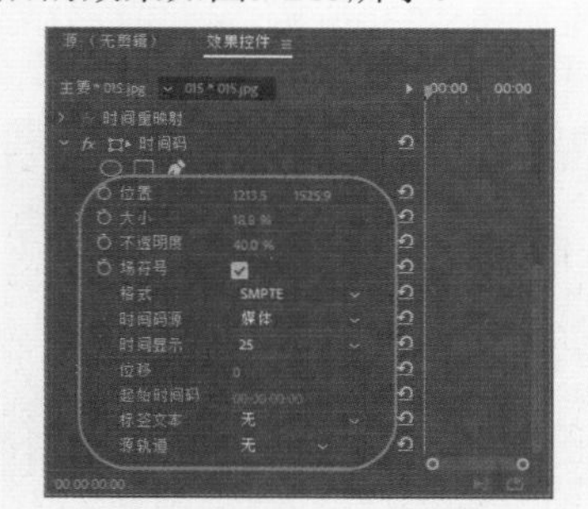
图5-214　【时间码】选项组

图5-215　添加特效后的效果

5.2.10　【调整】特效

在【调整】文件夹下，选择使用调节效果的视频特技效果。

1. ProcAmp特效

ProcAmp特效可以分别调整影片的亮度、对比度、色相和饱和度。该特效的选项组如图5-216所示，效果如图5-217所示。

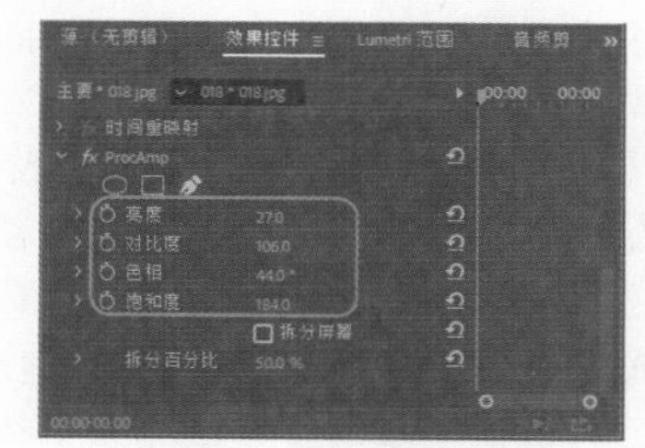
图5-216　ProcAmp选项组

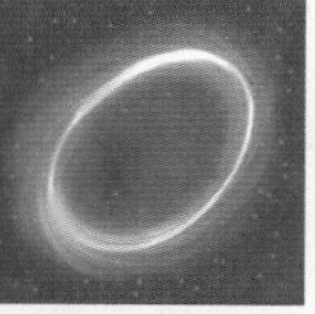
图5-217　添加特效后的效果

- 【亮度】：控制图像亮度。
- 【对比度】：控制图像对比度。
- 【色调】：控制图像色相。
- 【饱和度】：控制图像颜色饱和度。
- 【拆分百分比】：该参数被激活后，可以调整范围，对比调节前后的效果。

2.【光照效果】特效

【光照效果】特效可以在一个素材上同时添加5个灯光特效，并可以调节它们的属性。包括灯光类型、照明颜色、中心、主半径、次要半径、角度、强度、聚焦。还可以控制表面光泽和表面材质，也可引用其他视频片段的光泽和材质。该特效的选项组如图5-218所示，对比效果如图5-219所示。

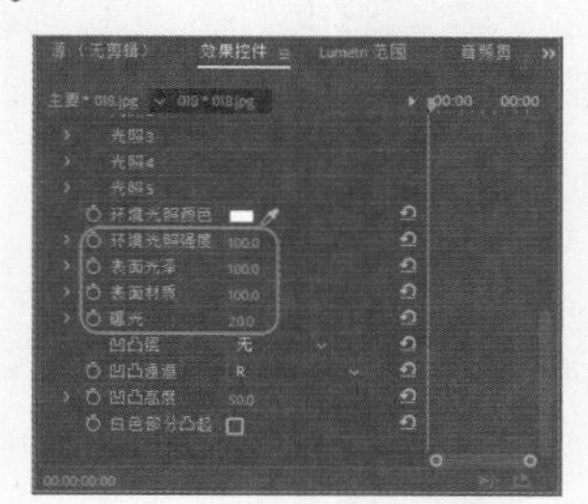
图5-218　【光照效果】选项组

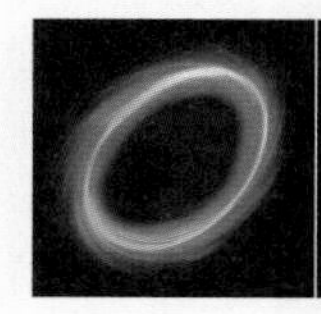

图5-219　对比效果

3.【卷积内核】特效

【卷积内核】特效根据数学卷积分的运算来改变素材中每个像素的值。在【效果】面板中，我们将【视频特效】|【调整】下面的【卷积内核】拖到【序列】面板中的图片上，该特效的选项组如图5-220所示，添加特效后的对比效果如图5-221所示。

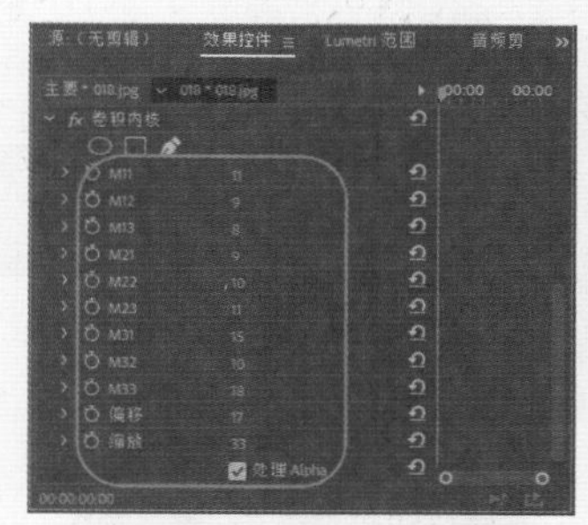
图5-220　【卷积内核】选项组

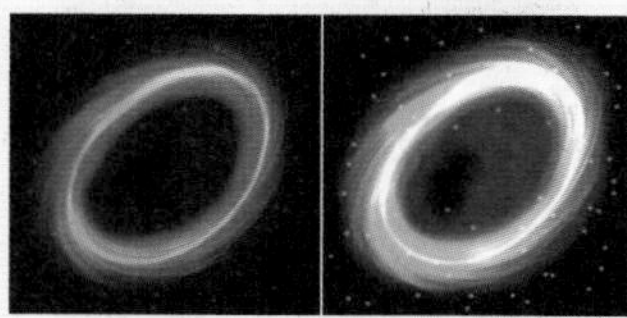
图5-221　对比效果

4.【提取】特效

【提取】特效可从视频片段中提取颜色，然后通过设置灰色的范围控制影像的显示。单击选项组中【提取】右侧的【设置】按钮，如图5-222所示，对比效果如图5-223所示。

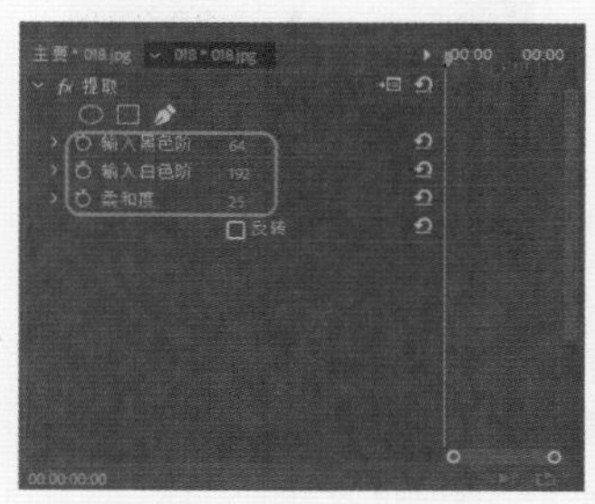
图5-222　【提取】选项组

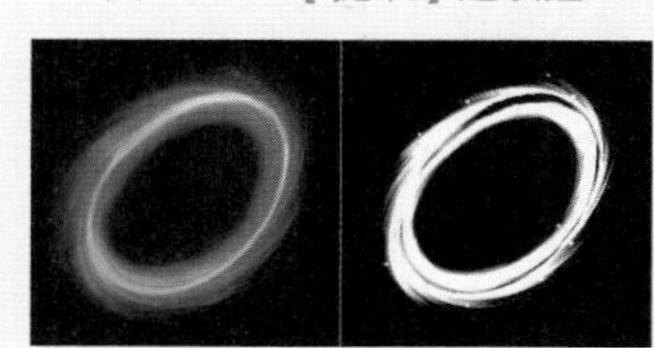
图5-223　【提取】特效

5.【色阶】特效

【色阶】特效可以控制影视素材片段的亮度和对比度。单击选项组中【色阶】右侧的按钮，弹出【色阶设置】对话框，如图5-224所示，图5-225所示为应用该特效后，图像效果前后的对比。

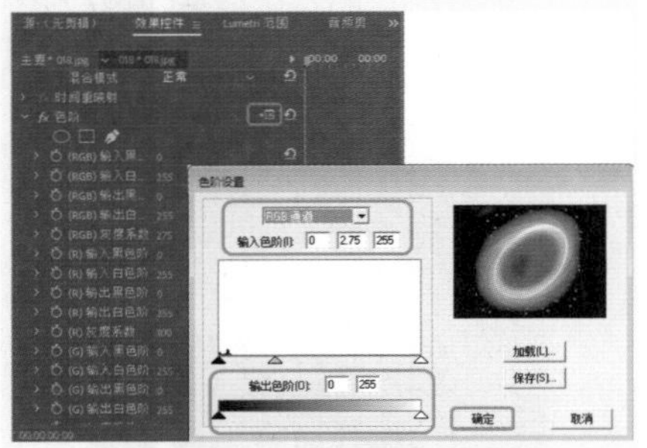

图5-224 【色阶设置】对话框

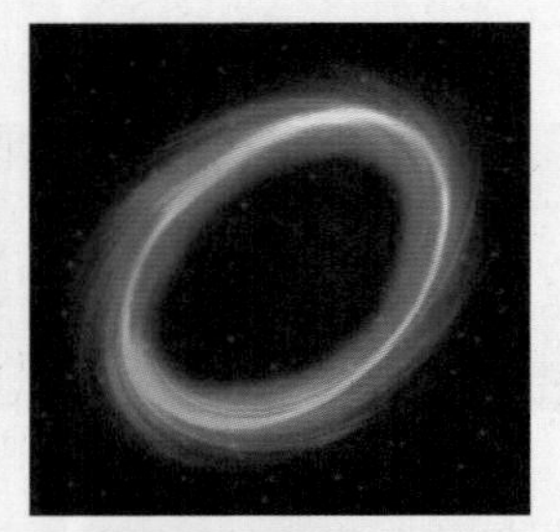

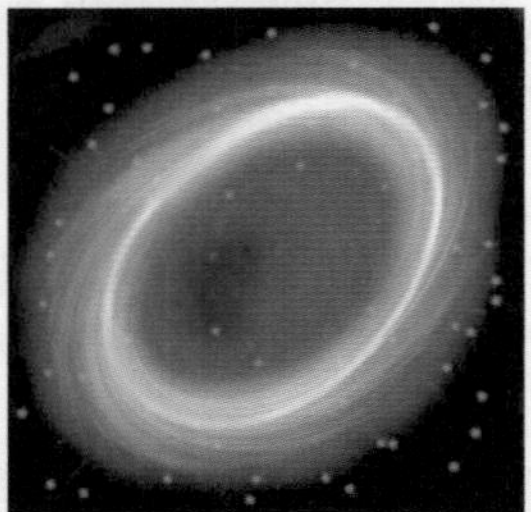

图5-225 【色阶】特效

知识链接

- 在通道选择下拉列表框中，可以选择调节影视素材片段的R通道、G通道、B通道及统一的RGB通道。
- 【输入色阶】：当前画面帧的输入灰度级显示为柱状图。柱状图的横向X轴代表了亮度数值，从左边的最黑（0）到右边的最亮（255）；纵向Y轴代表了在某一亮度数值上总的像素数目。将柱状图下的黑三角形滑块向右拖动，使影片变暗，向左拖动白色滑块增加亮度；拖动灰色滑块可以控制中间色调。
- 【输出色阶】：使用【输出色阶】输出水平栏下的滑块可以减少影视素材片段的对比度。向右拖动黑色滑块可以减少影视素材片段中的黑色数值；向左拖动白色滑块可以减少影视素材片段中的亮度数值。

5.2.11 【过时】特效

在【过时】文件夹下，共包括10种过渡效果的视频特技效果。

1.【RGB颜色校正器】特效

【RGB 颜色校正器】效果将调整应用于高光、中间调和阴影定义的色调范围，从而调整剪辑中的颜色。此效果可用于分别对每个颜色通道进行色调调整。通过使用【辅助颜色校正】控件，还可以指定要校正的颜色范围。该特效的选项组如图5-226所示，添加特效后的效果如图5-227所示。

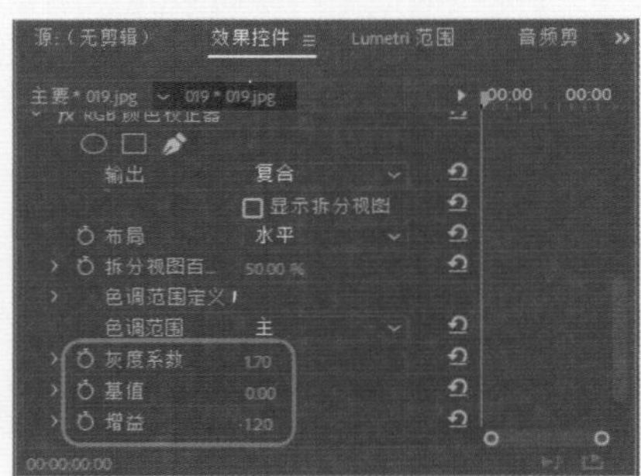

图5-226 【RGB颜色校正器】选项组

图5-227 添加特效后的效果

2.【三向颜色校正器】特效

【三向颜色校正器】效果可针对阴影、中间调和高光调整剪辑的色相、饱和度和亮度，从而进行精细校正。通过使用【辅助颜色校正】控件指定要校正的颜色范围，可以进一步精细调整。该特效的选项组如图5-228所示，添加特效后的效果如图5-229所示。

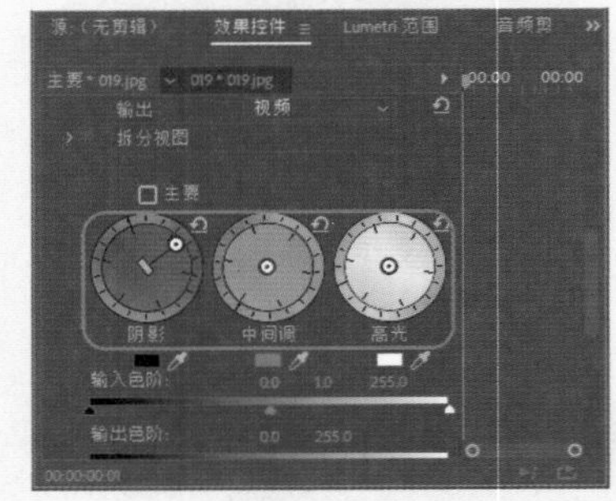

图5-228 【三向颜色校正器】选项组

图5-229 添加特效后的效果

3.【亮度曲线】特效

【亮度曲线】效果使用曲线来调整剪辑的亮度和对比度。通过使用【辅助颜色校正】控件，还可以指定要校正的颜色范围。该特效的选项组如图5-230所示，添加特效后的效果如图5-231所示。

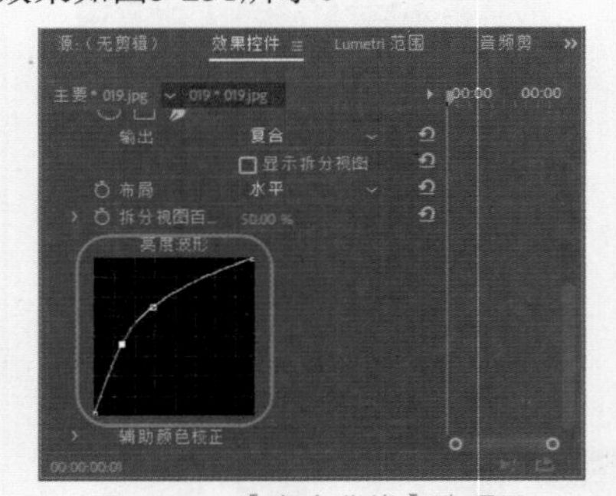

图5-230 【亮度曲线】选项组

图5-231 添加特效后的效果

4.【亮度校正器】特效

【亮度校正器】效果可用于调整剪辑高光、中间调和阴影中的亮度和对比度。通过使用【辅助颜色校正】控件，还可以指定要校正的颜色范围。该特效的选项组如图5-232所示，添加特效后的效果如图5-233所示。

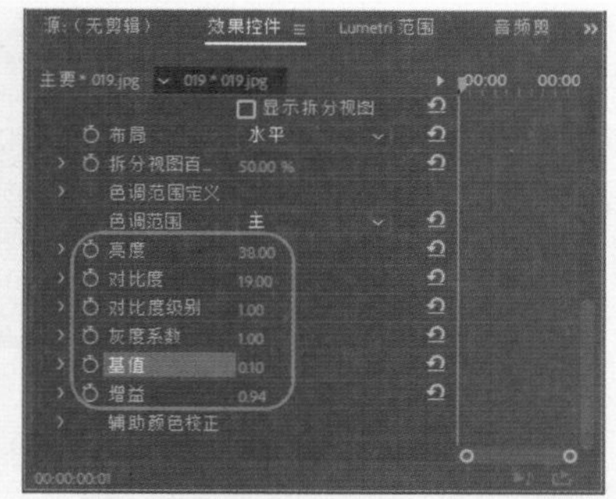

图5-232 【亮度校正器】选项组

图5-233 添加特效后的效果

5.【均衡】特效

【均衡】特效是利用均衡量来调整整体颜色效果的一种方式，可对整体的亮度、对比度、饱和度进行全面细致的调整。该特效的选项组如图5-234所示，添加特效后的效果如图5-235所示。

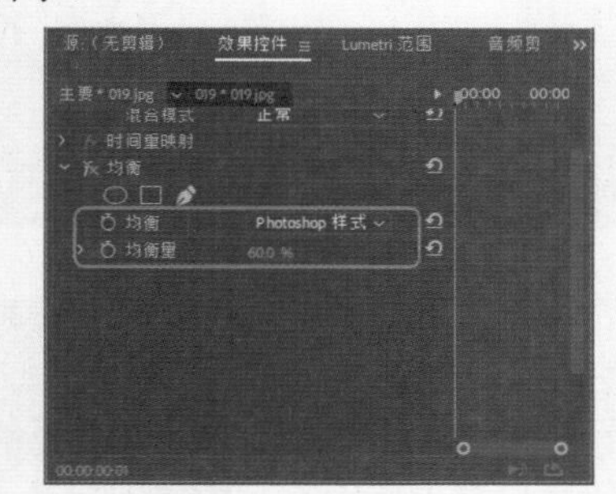

图5-234 【均衡】选项组

图5-235 添加特效后的效果

6.【快速颜色校正器】特效

【快速颜色校正器】效果使用色相和饱和度控件来调整剪辑的颜色。此效果也有色阶控件，用于调整图像阴影、中间调和高光的强度。建议使用此效果执行在【节目】监视器中快速预览的简单颜色校正。该特效的选项组如图5-236所示，添加特效后的效果如图5-237所示。

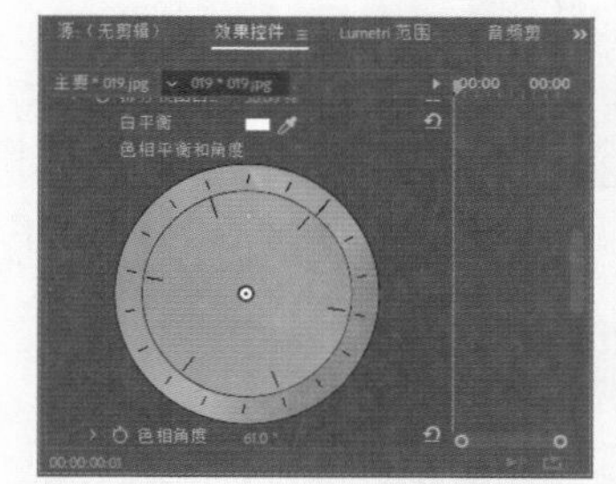

图5-236 【快速颜色校正器】选项组

图5-237 添加特效后的效果

7.【自动对比度】特效

【自动对比度】特效调整总的色彩的混合模式。该特效的选项组如图5-238所示，对比效果如图5-239所示。

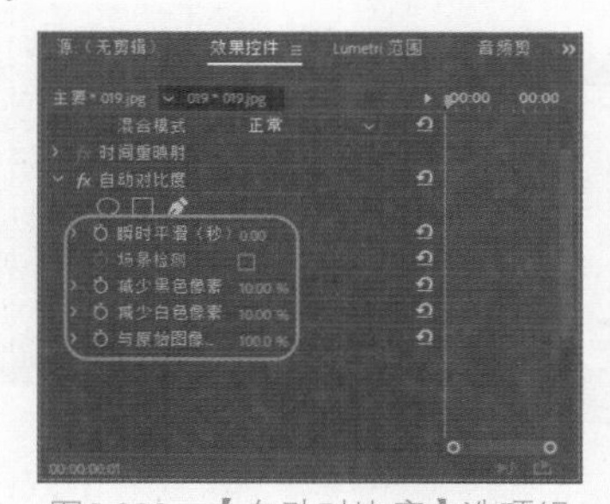

图5-238 【自动对比度】选项组

图5-239 添加特效后的效果

8.【自动色阶】特效

【自动色阶】特效自动调节高光、阴影，因为【自动色阶】特效调节每一处颜色，它可能移动或传入颜色。该特效的选项组如图5-240所示，对比效果如图5-241所示。

9.【自动颜色】特效

【自动颜色】特效调节黑色和白色像素的对比度。该特效的选项组如图5-242所示，对比效果如图5-243所示。

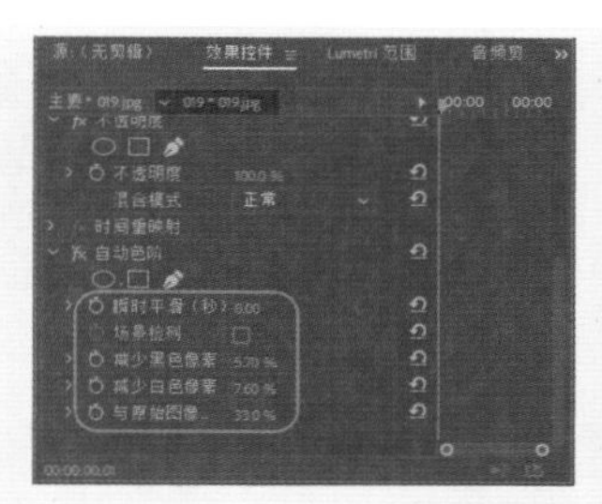

图5-240 【自动色阶】选项组

图5-241 添加特效后的效果

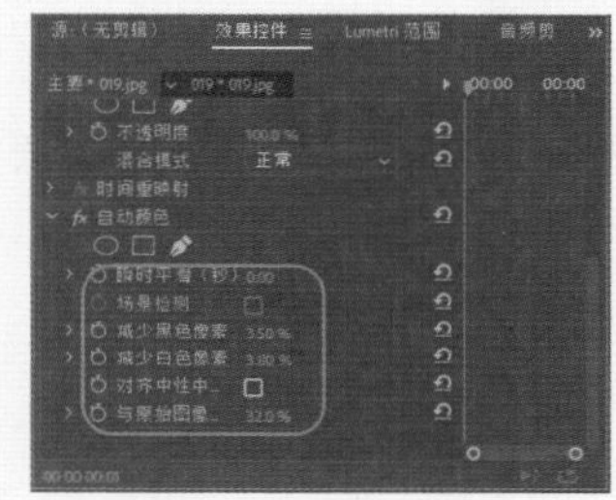

图5-242 【自动颜色】选项组

图5-243 添加特效后的效果

10.【阴影/高光】特效

【阴影/高光】特效可以使一个图像变亮并附有阴影，还原图像的高光值。这个特效不会使整个图像变暗或变亮，它基于周围的环境像素独立地调整阴影和高光的数值。也可以调整一幅图像总的对比度，设置的默认值可解决图像的高光问题。该特效的选项组如图5-244所示，添加特效后的效果如图5-245所示。

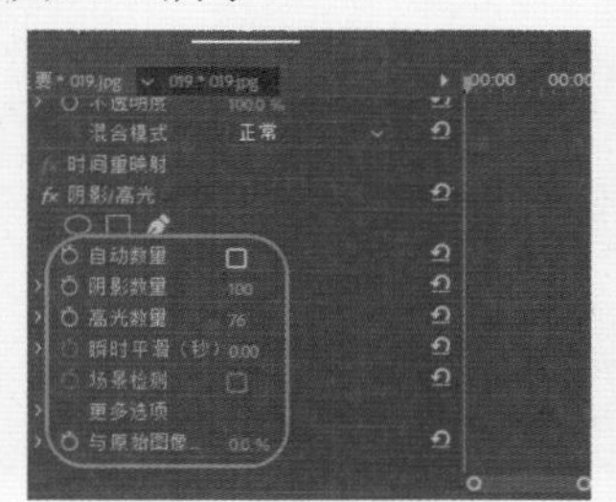

图5-244 【阴影/高光】选项组

图5-245　添加特效后的效果

5.2.12　【过渡】特效

在【过渡】文件夹下，共包括5种过渡效果的视频特技效果。

1. 实战：【块溶解】特效

【块溶解】特效可使素材随意地一块块地消失。块宽度和块高度可以设置溶解时块的大小。

下面将介绍如何应用【块溶解】特效，其具体操作步骤如下。

01 新建一个项目文件，在【项目】面板中双击鼠标，在弹出的【导入】对话框中选择“020.jpg”“021.jpg”文件，如图5-246所示。

图5-246　选择素材文件

02 选择完成后，单击【打开】按钮，在【项目】面板中选择“020.jpg”素材文件，如图5-247所示。

03 按住鼠标将其拖曳至V1轨道中，选中该对象，在【项目】面板中将【缩放】设置为114，如图5-248所示。

图5-247　选择导入的素材文件

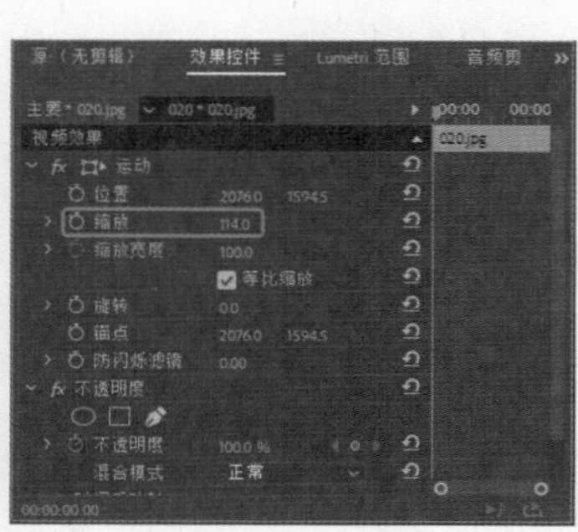

图5-248　设置缩放

04 设置完成后，用户可以在【节目】监视器中查看设置后的效果，如图5-249所示。

05 在【项目】面板中选择“021.jpg”，将其拖曳至V2轨道中，如图5-250所示。

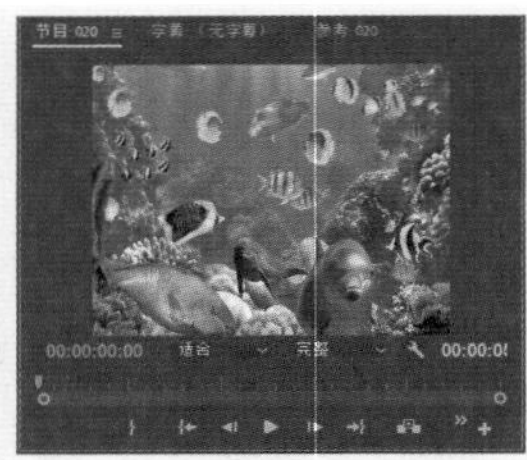

图5-249　在【节目】监视器中查看效果

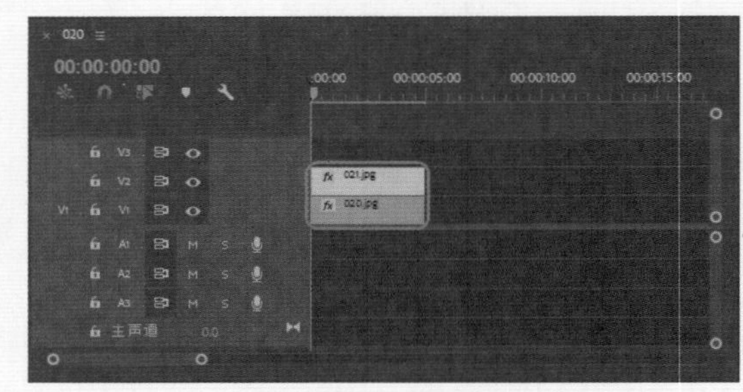

图5-250　将素材文件添加至【序列】面板中

06 选中“021.jpg”文件，在【效果控件】面板中将【缩放】设置为495，如图5-251所示。

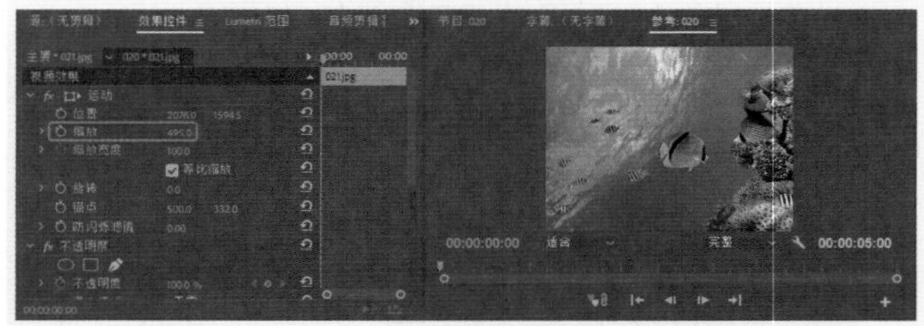

图5-251　设置参数

07 激活【效果】面板，在【视频效果】文件夹中选择【过渡】中的【块溶解】特效，如图5-252所示。

08 双击该特效，在【效果控件】面板中单击【过渡完成】左侧的【切换动画】按钮，将【过渡完成】设置为0，将【块高度】设置为15，将【块宽度】设置为15，如图5-253所示。

图5-252　选择【块溶解】特效

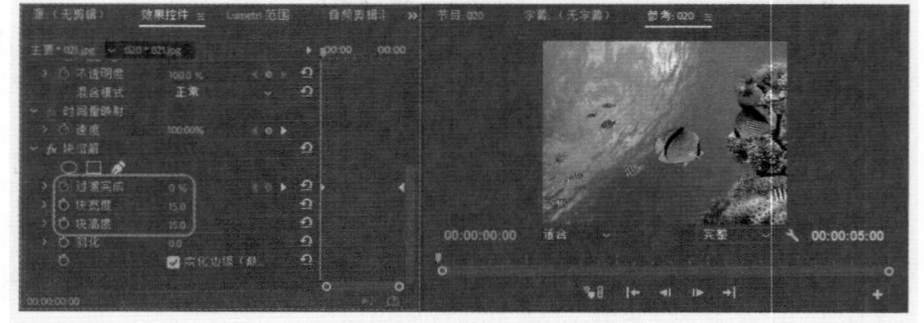

图5-253　设置参数

09 将当前时间设置为00:00:04:24，在【效果控件】面板中将【过渡完成】设置为100，如图5-254所示。

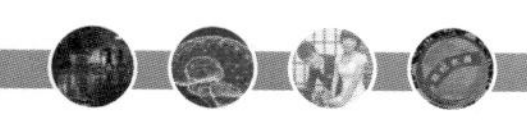

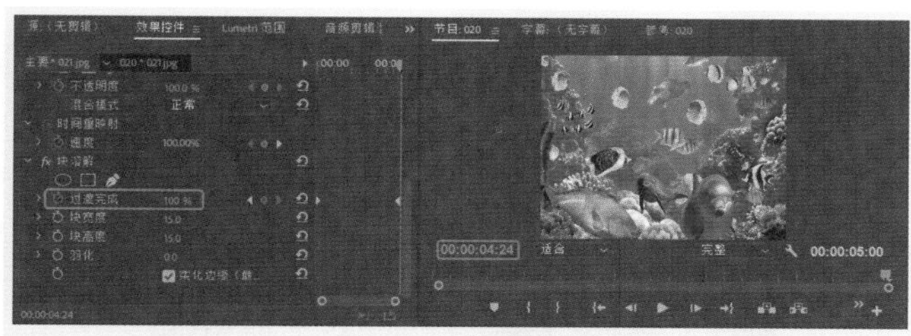

图5-254 设置参数

10 设置完成后，按空格键预览效果，如图5-255所示。

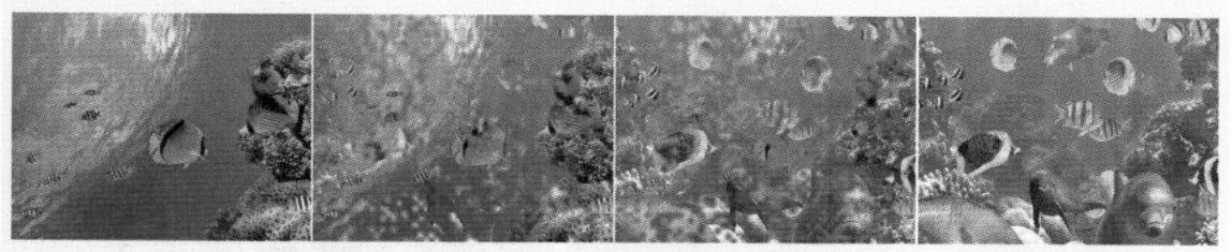

图5-255 添加【块溶解】特效后的效果

2. 实战：【径向擦除】特效

【径向擦除】特效是素材在指定的一个点为中心进行旋转从而显示出下面的素材。应用【镜像擦出】特效的方法如下。

01 在【项目】面板中双击空白处，在弹出的对话框中选择“022.jpg”“023.jpg”文件，如图5-256所示。

图5-256 【导入】对话框

02 单击【打开】按钮，在【项目】面板中将“22.jpg”拖曳至【序列】面板的V1轨道中，选择素材文件并右击，在弹出的快捷菜单中选择【缩放为帧大小】命令，在【效果控件】面板中将【缩放】设置为110，如图5-257所示。

03 将“23.jpg”拖曳至【序列】面板的V2轨道中，选择素材文件并右击，在弹出的快捷菜单中选择【缩放为帧大小】命令，在【效果控件】面板中将【缩放】设置为103，如图5-258所示。

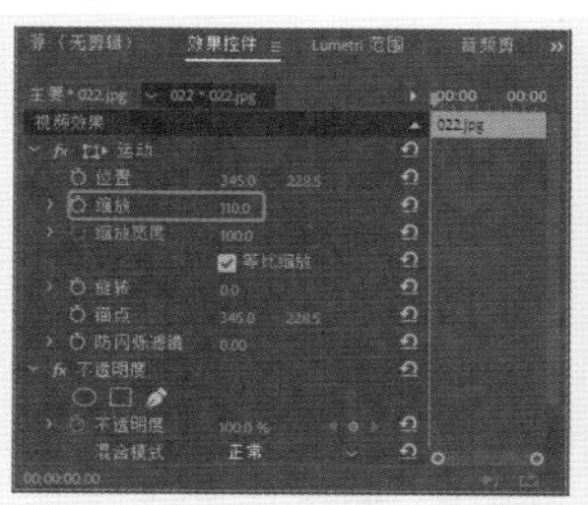

图5-257 设置缩放

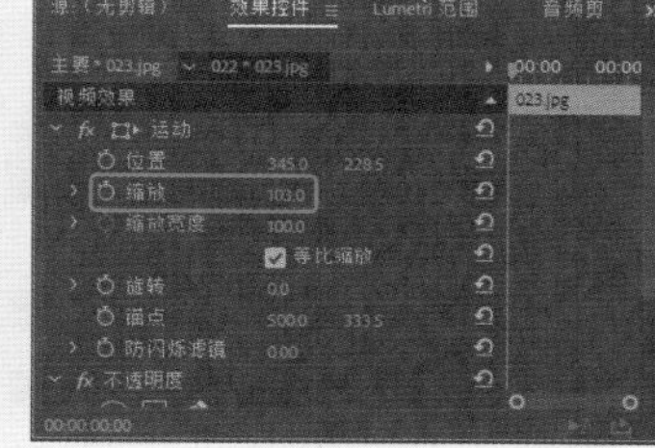

图5-258 设置缩放

04 在【序列】面板中选择“23.jpg”，打开【效果】面板，选择【过渡】|【径向擦除】特效，将当前时间设置为00:00:00:00，单击【径向擦除】选项组中【过渡完成】选项左侧的【切换动画】按钮，将【过渡完成】设置为0，如图5-259所示。

05 将当前时间设置为00:00:04:24，将【过渡完成】设置为100，如图5-260所示。

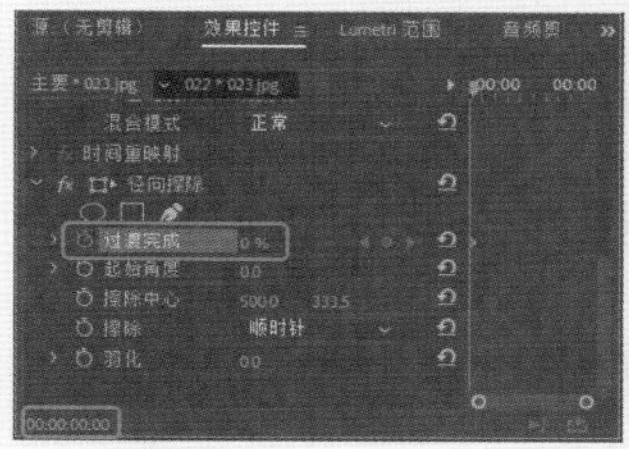

图5-259 设置【过渡完成】

图5-260 设置参数

06 设置完成后按空格键观看效果，如图5-261所示。

图5-261 添加特效后的效果

3. 实战：【渐变擦除】特效

【渐变擦除】特效中一个素材基于另一个素材相应的亮度值渐渐变为透明，这个素材叫渐变层。渐变层的黑色像素引起相应的像素变得透明。

应用【渐变擦除】特效的方法如下。

01 打开两个图像素材文件，如图5-262所示。

02 打开素材文件后，将其拖入【序列】面板中，如图5-263所示。

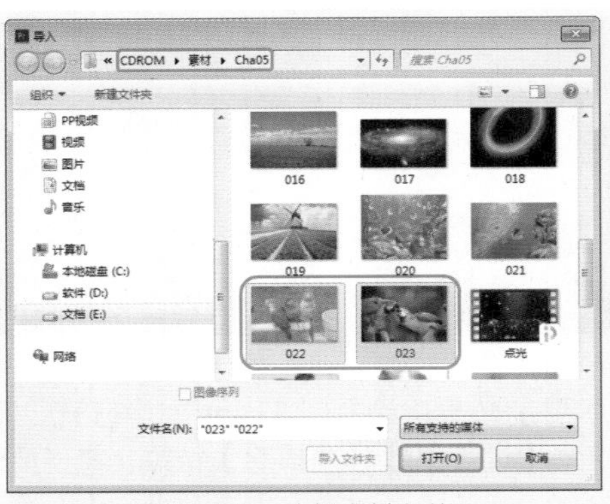

图5-262　选择素材文件

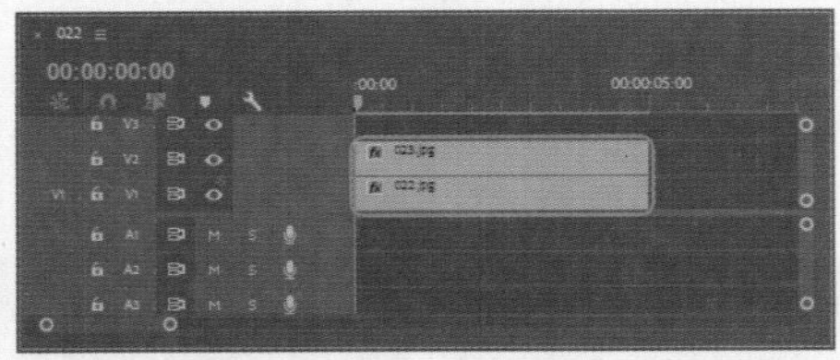

图5-263　将素材拖曳至【序列】面板中

03 打开【效果】面板，选择【视频效果】|【过渡】|【渐变擦除】特效，将其拖到【序列】面板中“23.jpg”上，将当前时间设置为00:00:00:00，在【渐变擦除】选项组中单击【过渡完成】左侧的【切换动画】按钮，将【过渡完成】设置为0，将【过渡柔和度】设置为100，如图5-264所示。

04 将当前时间设置为00:00:04:24，将【过渡完成】设置为100，如图5-265所示。

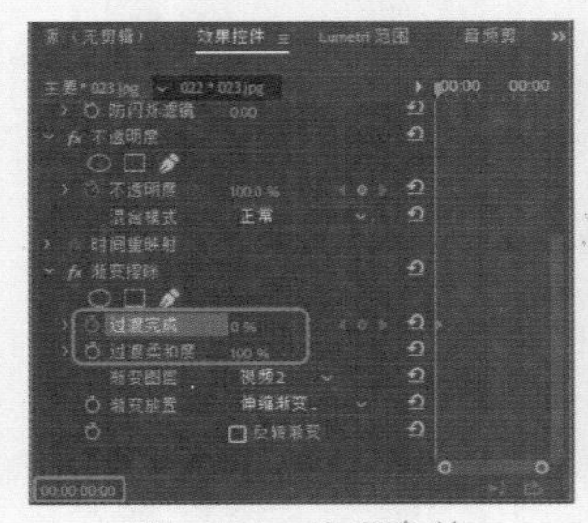

图5-264　设置参数

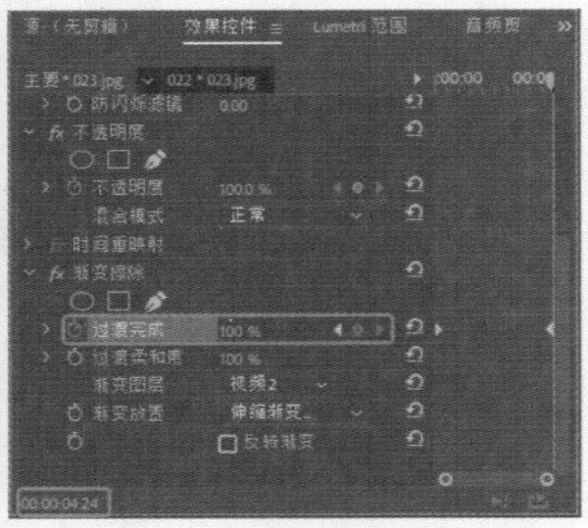

图5-265　设置参数

05 在【节目】监视器中观看效果，如图5-266所示。

图5-266　添加特效后的效果

4.【百叶窗】特效

【百叶窗】特效可以将图像分割成类似百叶窗的长条状，效果如图5-267所示。

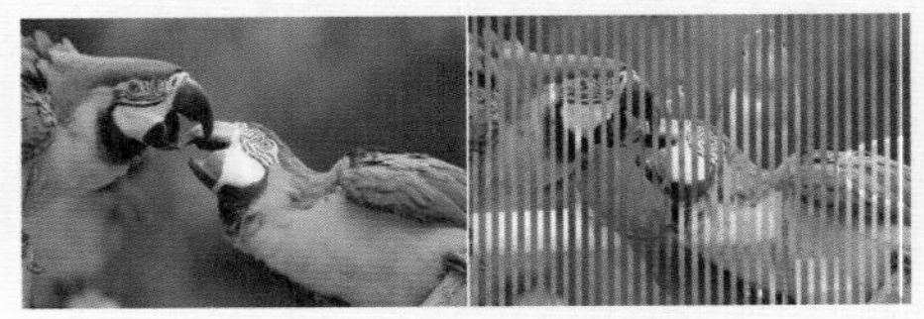

图5-267　添加百叶窗后的效果

01 打开两个图像素材文件，如图5-268所示。

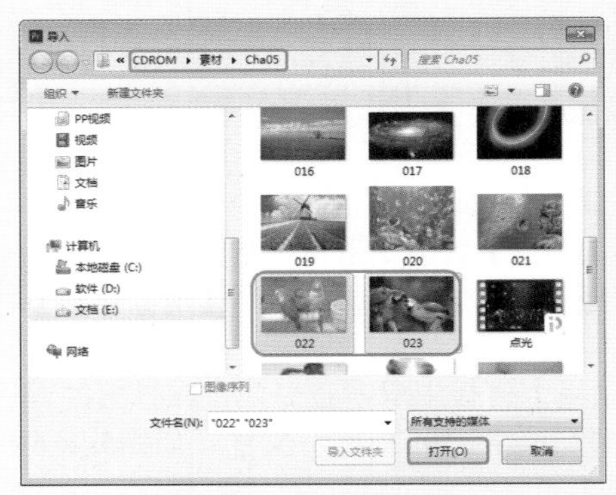

图5-268　选择素材文件

02 打开素材文件后，将其拖入【序列】面板中，如图5-269所示。

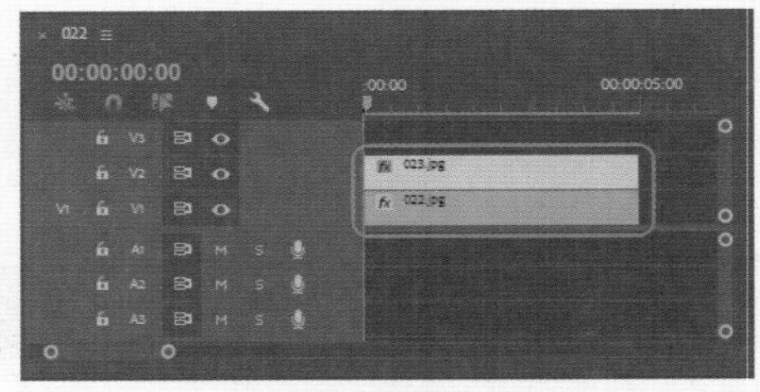

图5-269　将素材拖曳至【序列】面板中

03 打开【效果】面板，选择【视频效果】|【过渡】|【百叶窗】特效，将其拖到【序列】面板中“23.jpg”上，将当前时间设置为00:00:00:00，在【百叶窗】选项组中单击【过渡完成】左侧的【切换动画】按钮，将【过渡完成】设置为0，如图5-270所示。

04 将当前时间设置为00:00:04:24，将【过渡完成】设置为100，如图5-271所示。

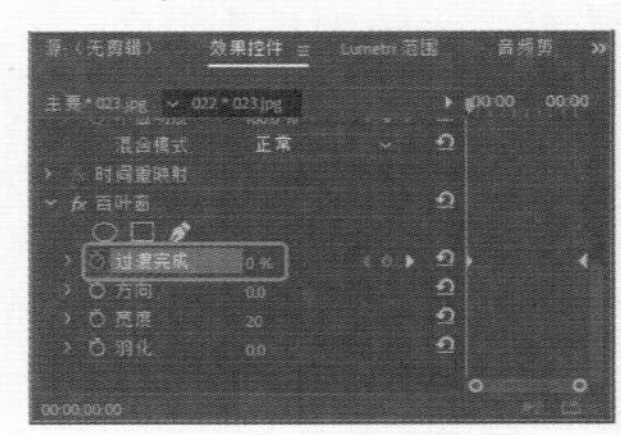

图5-270　设置参数

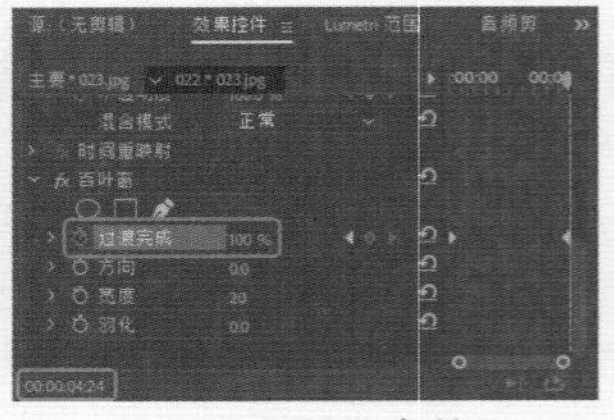

图5-271　设置参数

在【百叶窗】选项组中，我们可以对【百叶窗】特效进行以下设置。

- 【过渡完成】：可以调整分割后图像之间的缝隙。
- 【方向】：通过调整方向的角度来调整百叶窗的角度。
- 【宽度】：可以调整图像被分割后的每一条的宽度。
- 【羽化】：通过调整羽化值，可以对图像的边缘进行不同程度的模糊。

5.【线性擦除】特效

【线性擦除】特效是利用黑色区域从图像的一边向另一边抹去，最后图像完全消失。【线形擦除】的选项组如图5-272所示，添加特效后的效果如图5-273所示。

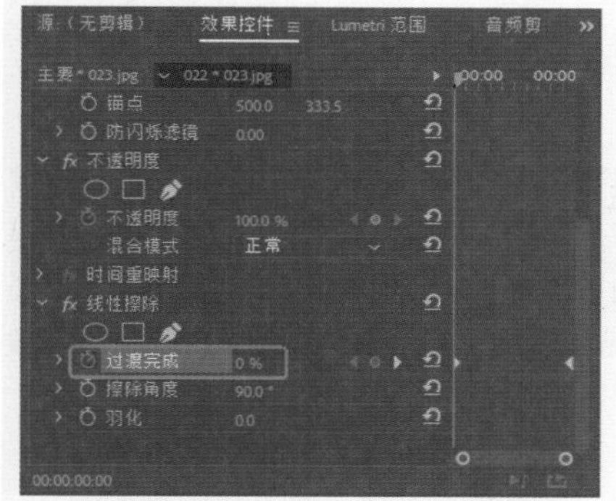

图5-272 【线性擦除】特效选项组

图5-273 添加特效后的效果

在【效果控件】面板中，我们可以对【线形擦除】特效进行以下设置。

- 【完成过渡】：可以调整图像中黑色区域的覆盖面积。
- 【擦除角度】：用来调整黑色区域的角度。
- 【羽化】：通过调整羽化值，可以对黑色区域与图像的交接处进行不同程度的模糊。

本例的制作方法与前面例子相同。

实例操作——山清水秀

本案例首先制作字幕，然后设置图片背景。为新的图片添加【百叶窗】特效，设置其切换方式。为最后的图片设置【缩放】，用于结束本段视频。

本案例制作的效果如图5-274所示。

图5-274 效果展示

01 新建项目和序列，将【序列】设置为DV-PAL|【宽银幕48kHz】选项，按Ctrl+I组合键，在打开的对话框中选择“风景1.jpg”“风景2.jpg”“风景3.jpg”素材文件，单击【打开】按钮。选择【文件】|【新建】|【旧版标题】命令，在该对话框中保持默认设置，单击【确定】按钮。在打开的对话框中使用【文字工具】输入文字“山清水秀”，选择输入的文字，在【属性】选项组中将【字体系列】设置为方正舒体，将【字体大小】设置为80，将【变换】选项组中的【X位置】、【Y位置】设置为389、288，将【填充】选项组中的【颜色】设置为白色，如图5-275所示。

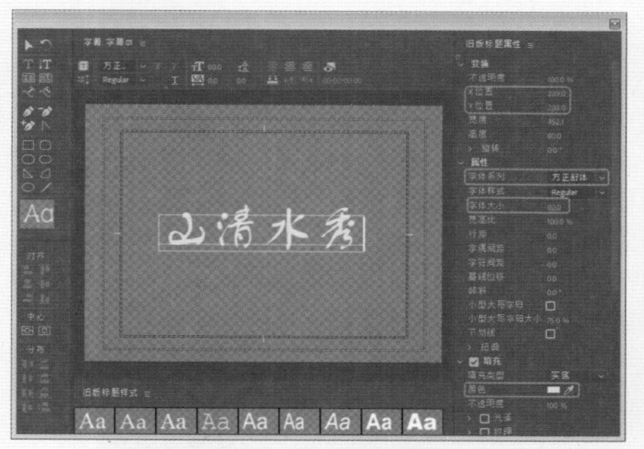

图5-275 输入并设置文字

02 将字幕编辑器关闭，将“字幕01”拖曳至V1轨道中。将“风景1.jpg”素材文件拖曳至V2轨道中，将当前时间设置为00:00:00:00，将【位置】设置为356、288，单击其左侧的【切换动画】按钮，将【缩放】设置为140，如图5-276所示。

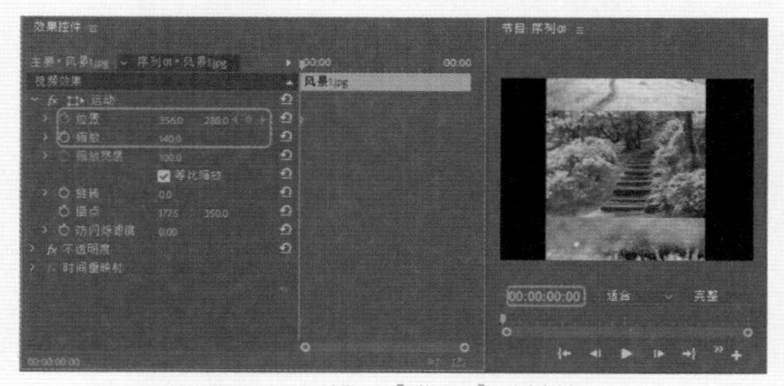

图5-276 设置【位置】关键帧

03 将当前时间设置为00:00:04:24，将【位置】设置为356、-288，如图5-277所示。

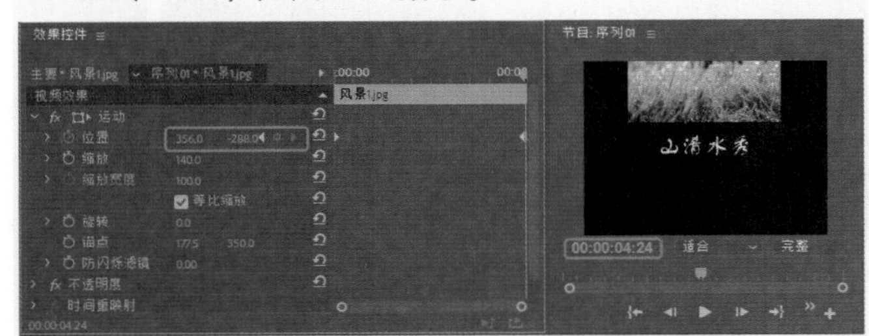

图5-277　设置【位置】关键帧

04 在【效果】面板中将【复制】视频特效拖曳至V2轨道中的素材文件上，将【计数】设置为2，如图5-278所示。

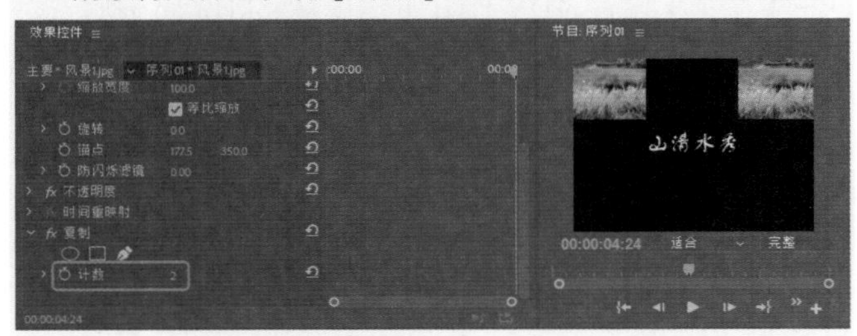

图5-278　设置【复制】特效

05 将当前时间设置为00:00:00:00，将“风景2.jpg”素材文件拖曳至V3轨道中，将其开始位置与时间线对齐。在【效果】面板中将【百叶窗】视频特效拖曳至V3轨道中的素材文件上，将当前时间设置为00:00:02:00，将【过渡完成】设置为100，单击其左侧的【切换动画】按钮，将【方向】设置为0，将【宽度】设置为20，将【羽化】设置为0，如图5-279所示。

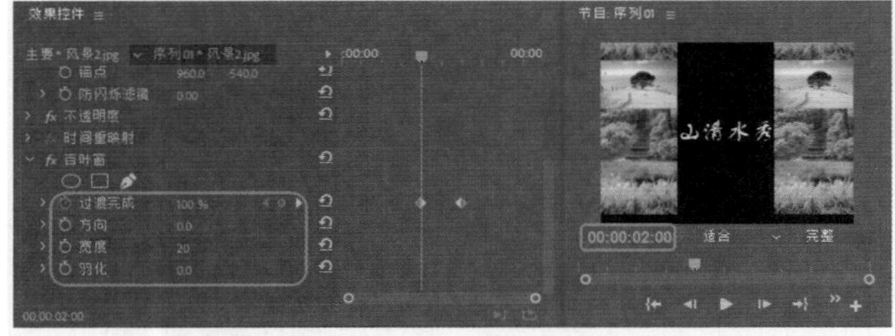

图5-279　设置【百叶窗】视频特效

06 将当前时间设置为00:00:03:00，将【过渡完成】设置为0。将“风景3.jpg”素材文件拖曳至V3轨道中，将其与V3轨道中的素材首尾相连，将当前时间设置为00:00:05:00，将【缩放】设置为128，并单击左侧的【切换动画】按钮，将当前时间设置为00:00:09:00，将【缩放】设置为87，并单击【添加/删除关键帧】按钮，如图5-280所示。

07 至此，场景就制作完成了，场景保存后将效果导出即可。

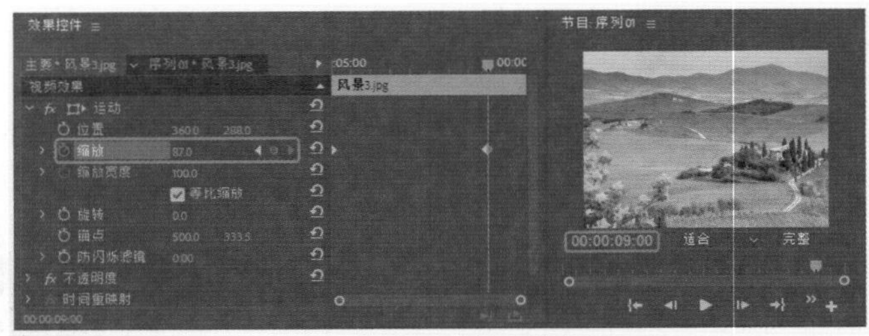

图5-280　设置【缩放】参数

5.2.13 【透视】特效

在【透视】文件夹下，共包括5种透视效果的视频特技效果。

1. 实战：【基本3D】特效

【基本3D】特效可以在一个虚拟的三维空间中操纵素材，围绕水平或垂直旋转图像，使其移动或远离屏幕。使用简单3D效果，还可以使一个旋转的表面产生镜面反射高光，而光源位置总是在观看者的左后上方，因为光来自上方，图像就必须向后倾斜才能看见反射。其效果如图5-281所示。

图5-281　【基本3D】特效

应用【基本3D】特效的方法如下。

01 打开素材文件，如图5-282所示。

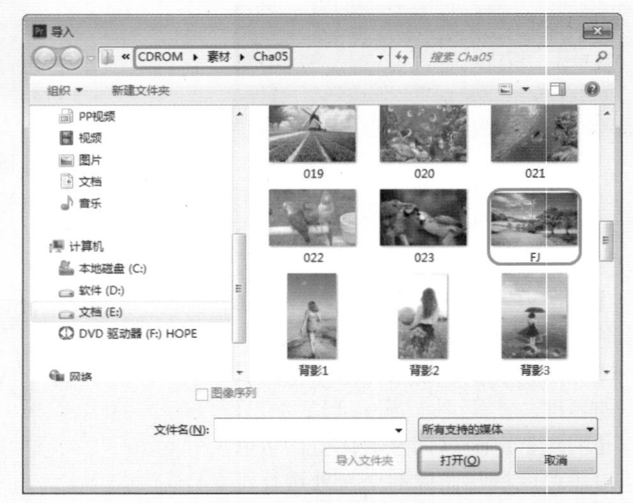

图5-282　打开素材文件

02 打开素材文件后，将其拖入【序列】面板中，如图5-283所示。

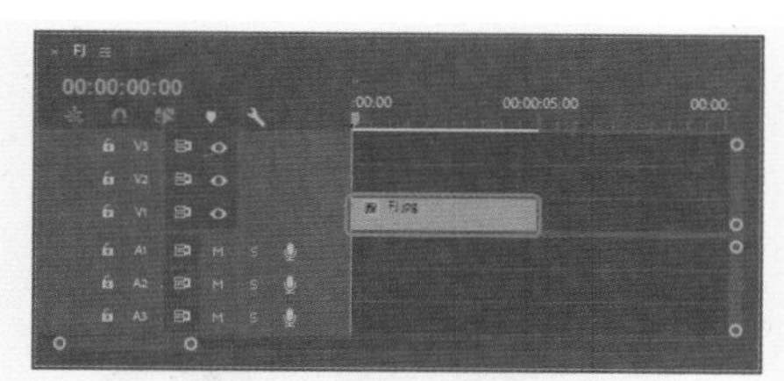

图5-283 将其添加至【序列】面板中

03 切换到【效果】面板，将【视频特效】|【透视】下面的【基本3D】拖到【序列】面板中图片上。然后打开【效果控件】面板，将当前时间设置为00:00:00:00，单击【基本3D】选项组中【旋转】左侧的【切换动画】按钮，将【旋转】设置为0，如图5-284所示。

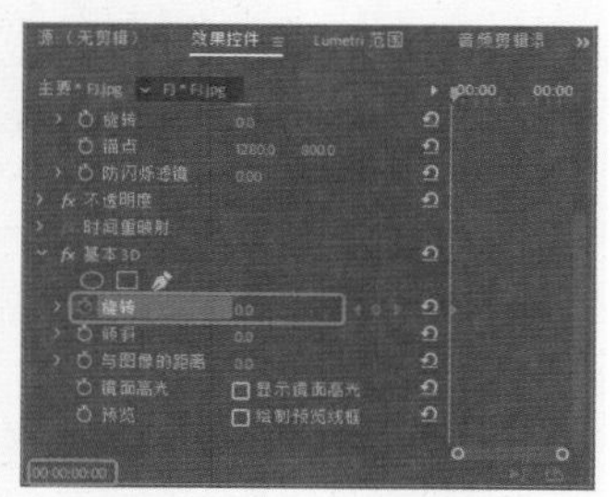

图5-284 设置参数

04 将当前时间设置为00:00:04:24，将【旋转】设置为28，如图5-285所示。

图5-285 设置参数

2.【投影】特效

【投影】特效用于给素材添加一个阴影效果。该特效的选项组如图5-286所示，添加特效后的效果如图5-287所示。

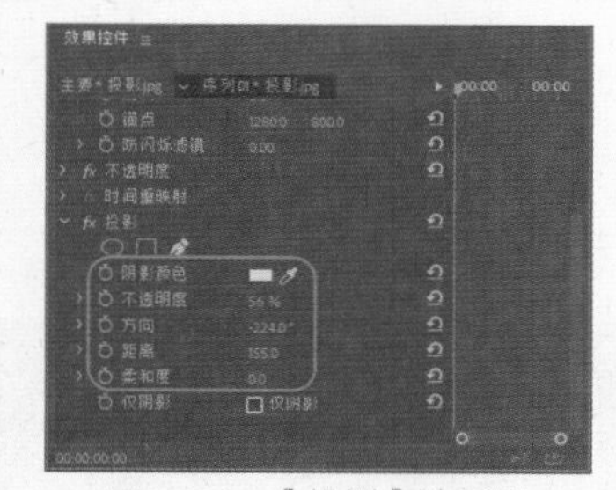

图5-286 【投影】选项组

图5-287 添加特效后的效果

3.【放射阴影】特效

【放射阴影】特效：利用素材上方的电光源来造成阴影效果，而不是无限地光源投射。阴影从源素材上通过Alpha通道产生影响。该特效的选项组如图5-288所示，添加特效后的效果如图5-289所示。

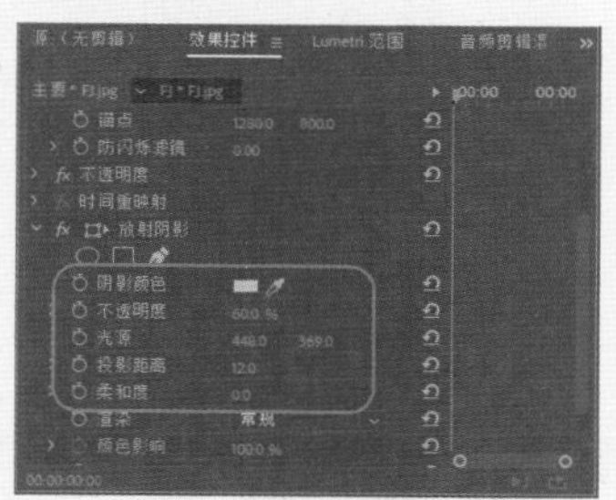

图5-288 【放射阴影】选项组

图5-289 添加特效后的效果

4.【斜角边】特效

【斜角边】特效能给图像边缘产生一个凿刻的高亮的三维效果。边缘的位置由源图像的Alpha通道来确定。与Alpha边框效果不同，该效果产生的边缘总是成直角的。该特效的选项组如图5-290所示，添加特效后的效果如图5-291所示。

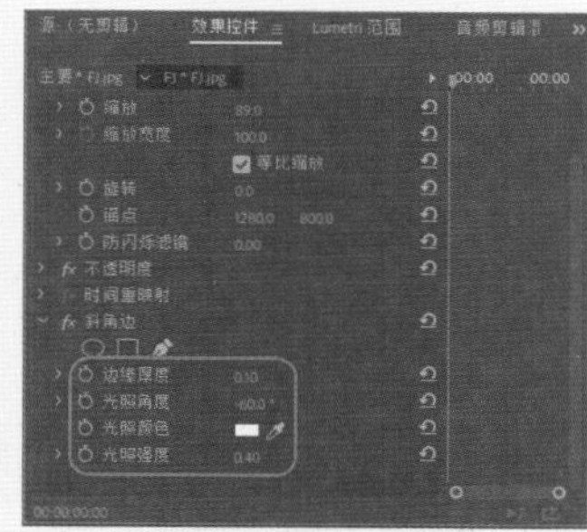

图5-290 【斜角边】选项组

图5-291 添加特效后的效果

5.【斜面Alpha】特效

【斜面Alpha】特效能够产生一个倒角的边，而且图像的Alpha通道边界变亮。通常是将一个二维图像赋予三维效果。如果素材没有Alpha通道或它的Alpha通道是完全不

透明的，那么这个效果就全应用到素材的缘。该特效的选项组如图5-292所示，添加特效后的效果如图5-293所示。

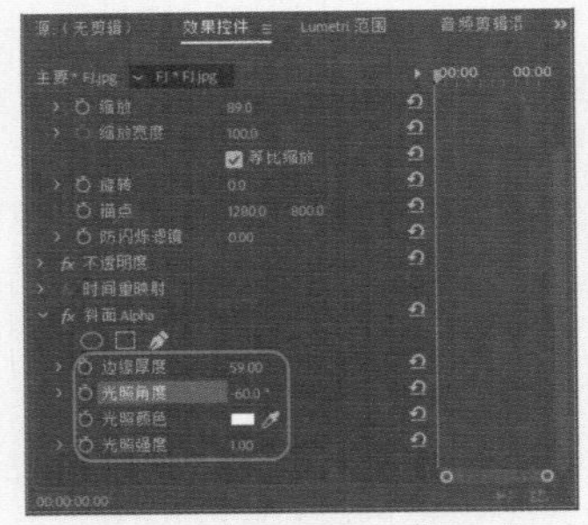

图5-292 【斜面Alpha】选项组

图5-293 添加特效后的效果

5.2.14 【通道】视频特效

在【通道】文件夹下，共包括7种通道效果的视频特技效果。

1.【反转】特效

【反转】特效用于将图像的颜色信息反相。该特效的选项组如图5-294所示，添加该特效后的效果如图5-295所示。

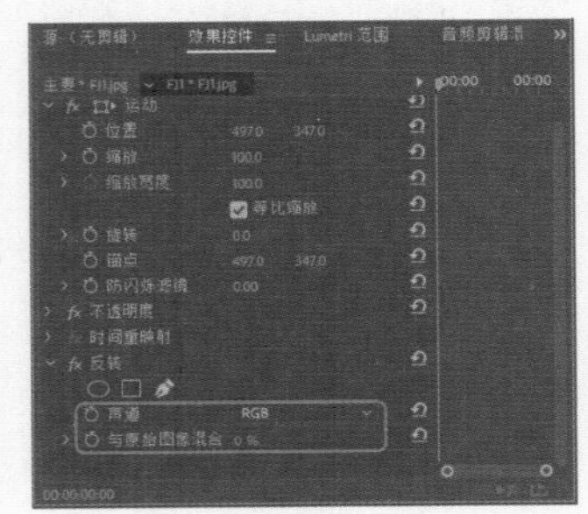

图5-294 【反转】选项组

图5-295 添加特效后的效果

2.【复合运算】特效

【复合运算】特效的选项组如图5-296所示，添加该特效后的效果如图5-297所示。

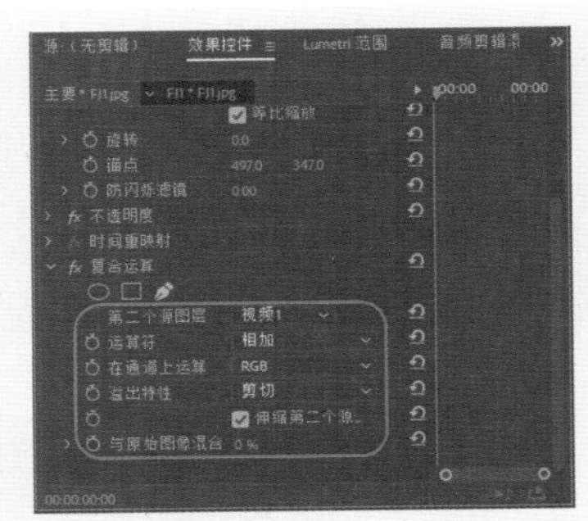

图5-296 【复合运算】选项组

图5-297 添加特效后的效果

3.【混合】特效

【混合】特效能够采用5种模式中的任意一种来混合两个素材。首先打开素材文件，如图5-298所示，并将其分别拖入【序列】面板的V1和V2轨道中，该特效的选项组如图5-299所示。

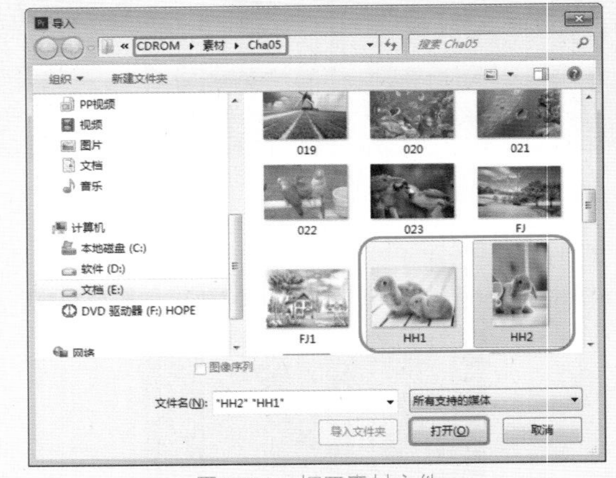

图5-298 打开素材文件

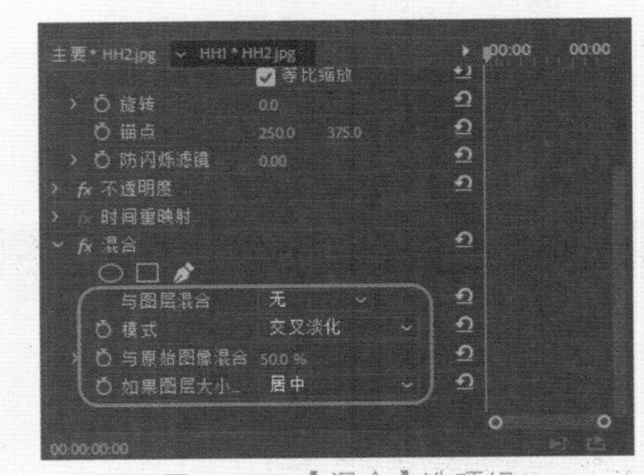

图5-299 【混合】选项组

添加【混合】特效后的效果如图5-300所示。

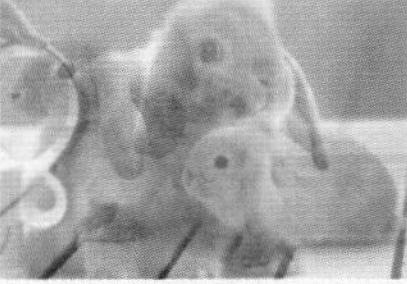

图5-300 添加特效后的效果

4.【算术】特效

【算术】特效对一个图像的红、绿、蓝通道进行某种算法操作和通道的分色调整，以及对图像进行色彩效果的改变。该特效的选项组如图5-301所示，添加特效后的效果如图5-302所示。

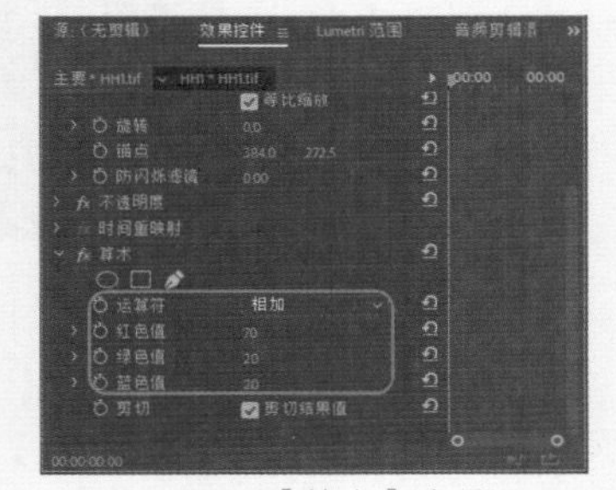

图5-301 【算术】选项组

图5-302 添加特效后的效果

5.【纯色合成】特效

【纯色合成】特效将图像进行单色混合可以改变混合颜色。该特效的选项组如图5-303所示，添加特效后的效果如图5-304所示。

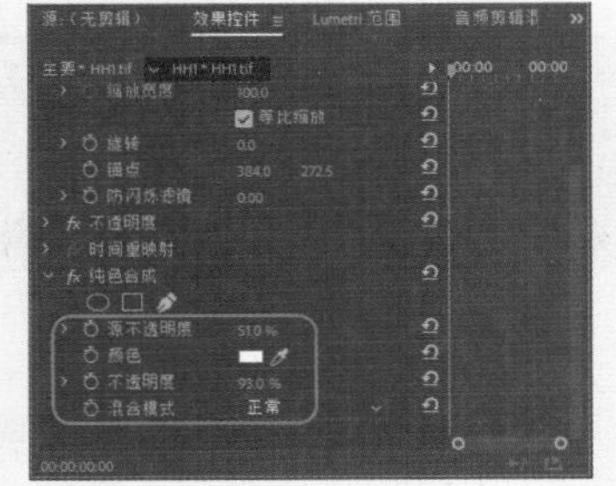

图5-303 【纯色合成】选项组

图5-304 添加特效后的效果

6.【计算】特效

【计算】特效将一个素材的通道与另一个素材的通道结合在一起。打开的素材如图5-305所示。

图5-305 素材文件

该特效的选项组如图5-306所示，添加特效后的效果如图5-307所示。

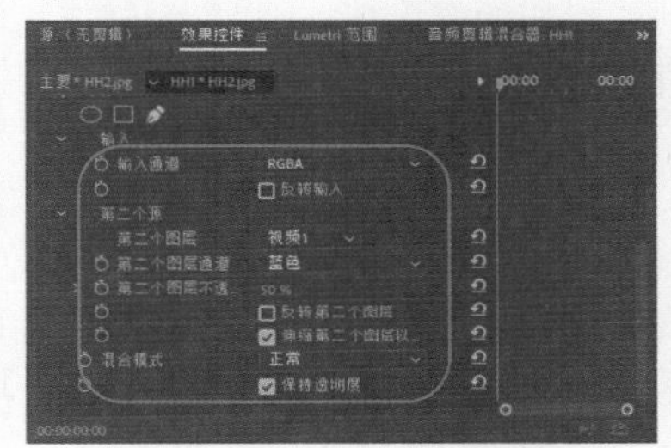

图5-306 【计算】选项组

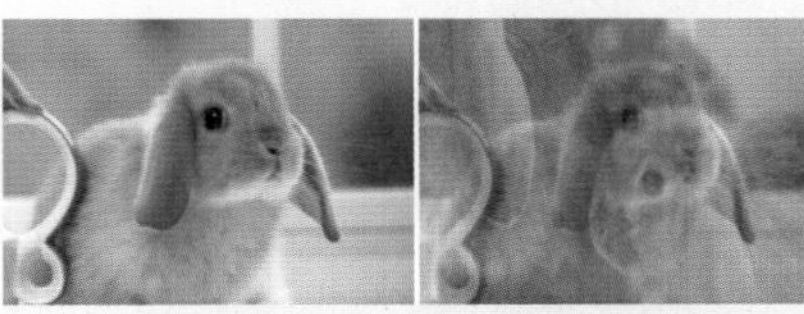

图5-307 添加特效后的效果

7.【设置遮罩】特效

【设置遮罩】特效的选项组如图5-308所示，对比效果如图5-309所示。

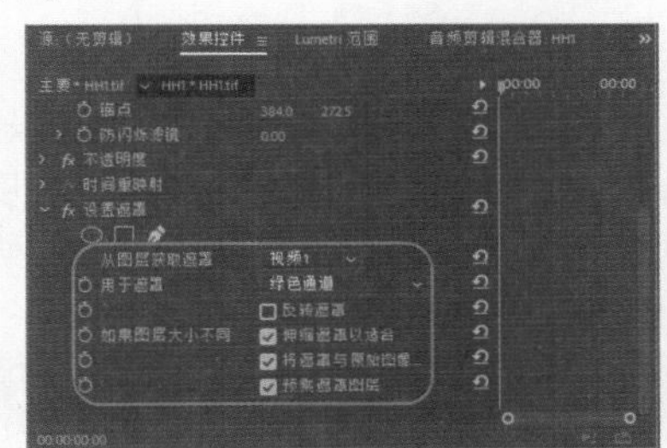

图5-308 【设置遮罩】选项组

图5-309 添加特效后的效果

5.2.15 【键控】视频特效

在【键控】文件夹下，共包括9种键控效果的视频特技效果。

1.【Alpha调整】特效

当需要改变默认的固定效果，来改变不透明度的百分比时，可以使用【Alpha 调整】特效来代替不透明度效果。

【Alpha调整】特效位于【视频效果】中的【键控】文件夹下。应用该特效后，其选项组如图5-310所示，添加特效后的效果如图5-311所示。

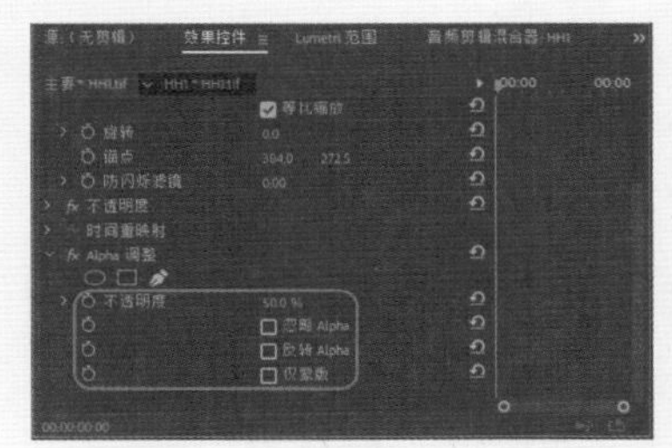

图5-310 【Alpha调整】选项组

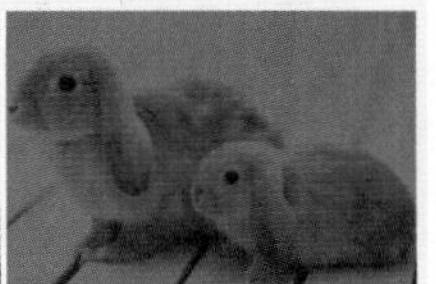

图5-311 添加特效后的效果

2. 实战：【亮度键】特效

【亮度键】特效可以在键出图像的灰度值的同时保持它的色彩值。【亮度键】特效常用来在纹理背景上附加影片。以使附加的影片覆盖纹理背景，该特效的选项组如图5-312所示。

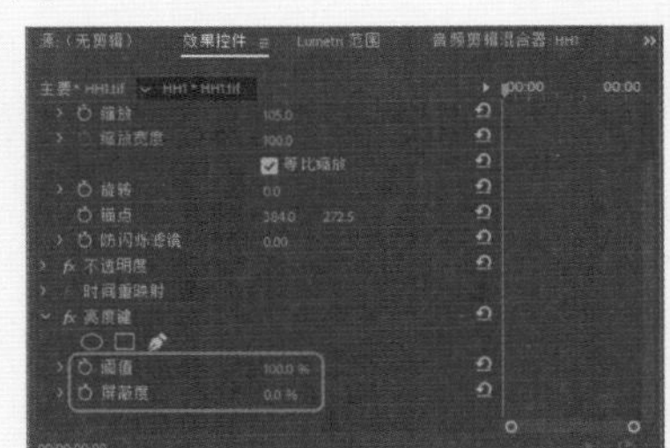

图5-312 【亮度键】选项组

下面将介绍如何应用【亮度键】特效，具体操作步骤如下。

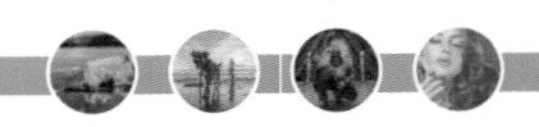

01 新建一个项目文件，在【项目】面板中双击鼠标，在弹出的【导入】对话框中选择“HH1.jpg”文件，选择完成后，单击【打开】按钮，在【项目】面板中选择“HH1.jpg”素材文件，将其拖曳至V1轨道中，如图5-313所示。

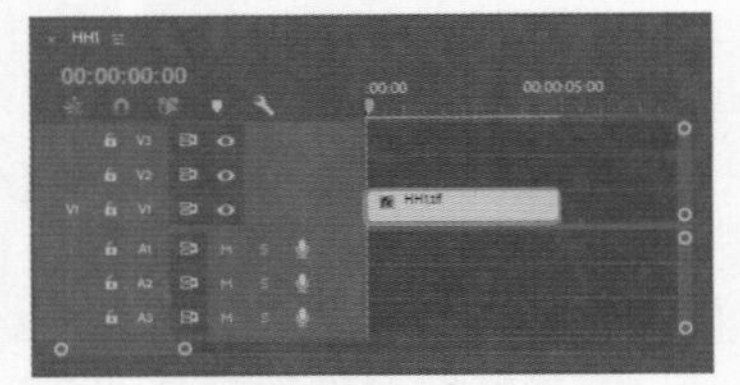

图5-313 将素材文件拖曳至【序列】面板中

02 选中该对象，右击，在弹出的快捷菜单中选择【缩放为帧大小】命令，在【效果控件】面板中将【缩放】设置为102，如图5-314所示。

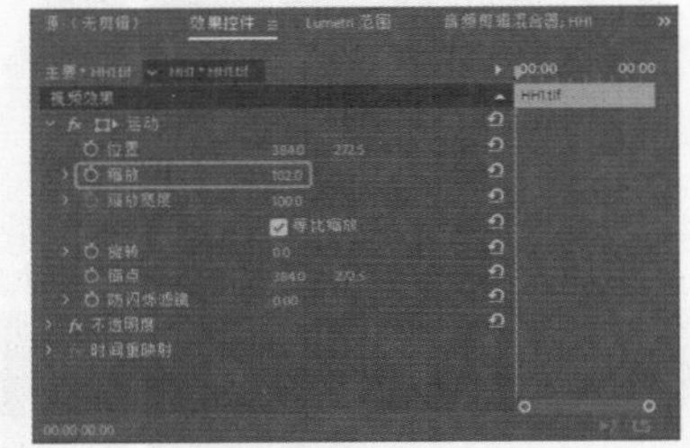

图5-314 设置缩放

03 选中该对象，切换至【效果】面板，在【视频效果】文件夹中选择【键控】中的【亮度键】特效，如图5-315所示。

图5-315 选择【亮度键】特效

04 双击该特效，为选中的对象添加该特效，将【阈值】和【屏蔽度】分别设置为27、26，如图5-316所示。

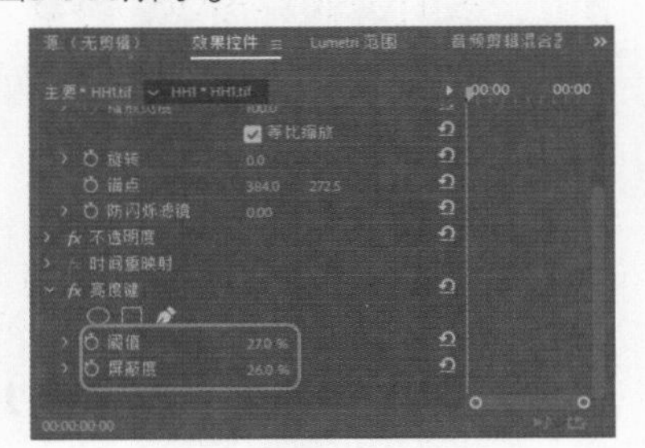

图5-316 设置参数

05 设置完成后的效果如图5-317所示。

图5-317 设置完成后的效果

在使用【亮度键】特效的时候，如果用大范围的灰度值图像进行编辑，效果会很好，因为【亮度键】特效只键出图像的灰度值，而不键出图像的彩色值。通过拖动参数选项组中的【阈值】和【屏蔽度】滑块，来控制要附加的灰度值，并调节这些灰度值的亮度。

3.【图像遮罩键】特效

【图像遮罩键】特效是在图像素材的亮度值基础上去除素材图像，透明的区域可以将下方的素材显示出来，同样也可以使用【图像蒙版键】特效进行反转。该应用的选项组如图5-318所示。

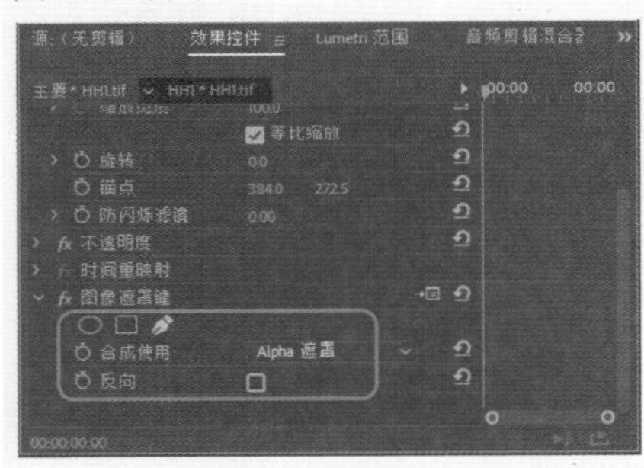

图5-318 【图像遮罩键】特效选项组

4. 实战：【差异遮罩】特效

使用【差异遮罩】可以去除叠加片段中移动物体后的静止物体，然后把移动物体合并到底层的片段上，其效果如图5-319所示。

图5-319 效果图

下面将简单介绍【差异遮罩】特效的应用方法，其具体操作步骤如下。

01 导入“ZW.jpg”素材图片，将其拖至V1轨道中，如图5-320所示。

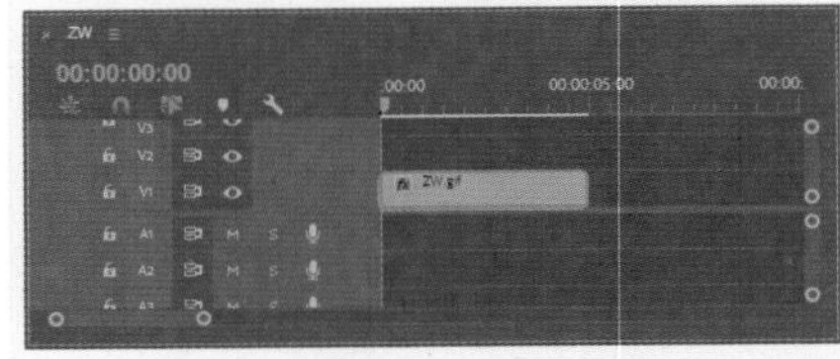

图5-320 将素材拖至【序列】面板中

02 激活【效果】面板，在【视频特效】文件夹中选择【键控】中的【差异遮罩】特效，如图5-321所示。

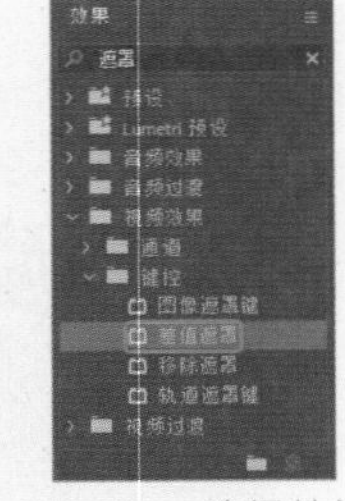

图5-321 选择特效

03 在【效果控件】面板中将【视图】设置为【仅限遮罩】，将【差异图层】设置为【视频2】，将【匹配宽容差】、【匹配柔和度】、【差值前模糊】分别设置为11、61、0，如图5-322所示。

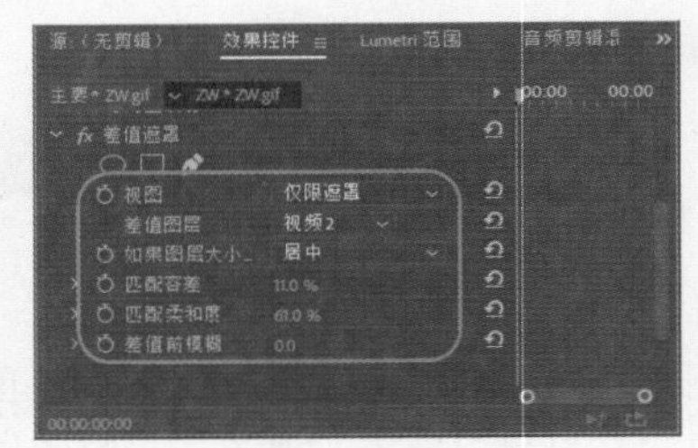

图5-322 设置属性

04 添加特效后的效果，如图5-323所示。

图5-323 添加特效后的效果

5.【移除遮罩】特效

【移除遮罩】特效可以移动素材的颜色。如果从一个透明通道导入影片或者用After Effects创建透明通道，需要除去来自一个图像的光晕。光晕是由图像色彩与背景或表面粗糙的色彩之间有大的差异而引起的。除去或者改变表面粗糙的颜色能除去光晕。

6.【超级键】特效

【超级键】特效可以快速、准确地在复杂的素材上进行抠像，可以对HD高清素材进行实时抠像，该特效对于照明不均匀、背景不平滑的素材都有很好的抠像效果，该特效的选项组如图5-324所示，对比效果如图5-325所示。

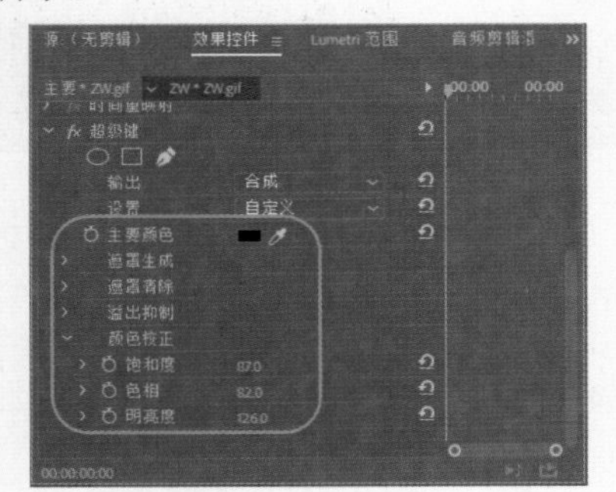

图5-324 【超级键】选项组

图5-325 添加特效后的效果

7.【轨道遮罩键】特效

【轨道遮罩键】特效是把序列中一个轨道上的影片作为透明用的蒙版。可以使用任何素材片段或静止图像作为轨道蒙版，可以通过像素的亮度值定义轨道蒙版层的透明度。在屏蔽中的白色区域不透明，黑色区域可以创建透明的区域，灰色区域可以生成半透明区域。为了创建叠加片段的原始颜色，可以用灰度图像作为屏蔽。【轨道遮罩键】特效与【图像遮罩键】特效的工作原理相同，都是利用指定遮罩对当前抠像对象进行透明区域定义，但是【轨道遮罩键】特效更加灵活。由于使用序列中的对象作为遮罩，所以可以使用动画遮罩或者为遮罩设置运动。

8. 实战：【非红色键】特效

【非红色键】特效用在蓝、绿色背景的画面上创建透明对象。类似于前面所讲到的【蓝屏键】。可以混合两素材片段或创建一些半透明的对象。它与绿背景配合工作时效果尤其好，该特效的效果如图5-326所示。

图5-326 【非红色键】效果

下面介绍如何应用【非红色键】特效，其具体操作步骤如下。

01 新建一个项目文件，在【项目】面板中双击鼠标，在弹出的【导入】对话框中选择“ZW.jpg”文件，如图5-327所示。

图5-327 【导入】对话框

02 选择完成后，单击【打开】按钮，在【项目】面板中选择“ZW.jpg”，按住鼠标将其拖曳至V1轨道中，选中该对象，在【效果控件】面板中将【缩放】设置为100，如图5-328所示。

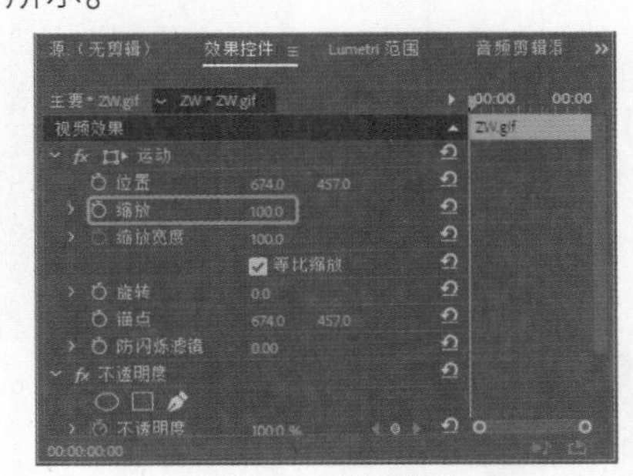

图5-328 设置缩放

03 激活【效果】面板，在【视频特效】文件夹中选择【键控】中的【非红色键】特效，如图5-329所示。

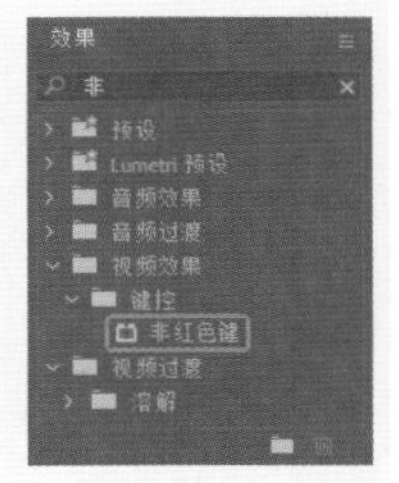

图5-329 选择特效

04 双击该特效，在【效果控件】面板中将【屏蔽度】设置为100，将【去边】设置为【绿色】，如图5-330所示。

05 设置完成后，用户可以在【节目】监视器中预览效果，其效果如图5-331所示。

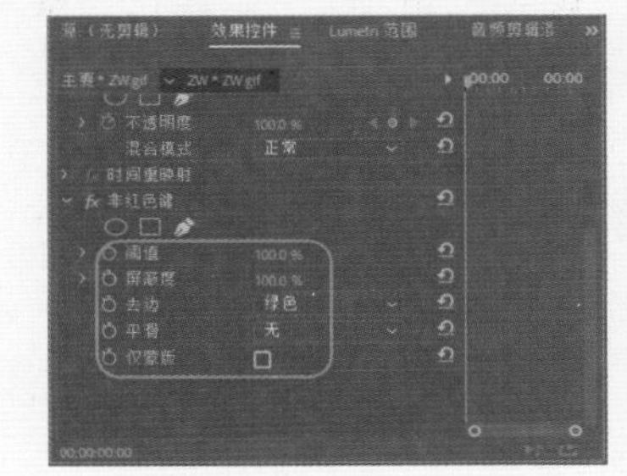

图5-330 设置参数

图5-331 添加特效后的效果

9.【颜色键】特效

【颜色键】特效可以去掉图像中所指定颜色的像素，这种特效只会影响素材的Alpha通道，该特效的选项组如图5-332所示，对比效果如图5-333所示。

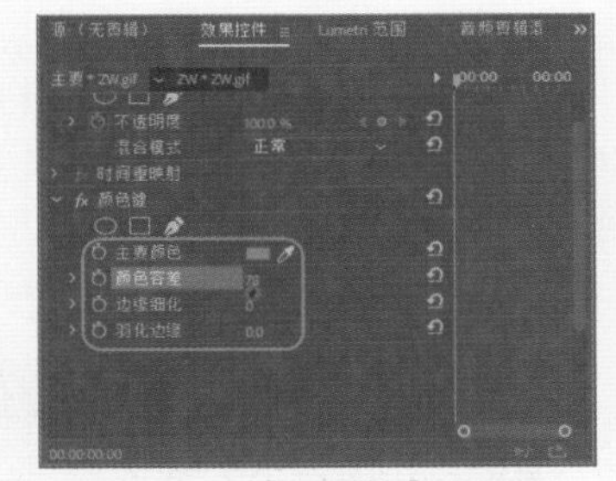

图5-332 【颜色键】选项组

图5-333 添加特效后的效果

实例操作——倒计时效果

本案例中设计的倒计时效果重在使文字按设计者的意愿进行排列。本案例的制作过程通过输入文字设置参数，并创建多个字幕，使用【通用倒计时片头】制作出倒计时效果。

本案例比较简单，导出后的效果为avi格式，效果如图5-334所示。

图5-334 效果展示

01 新建项目和序列，将【序列】设置为DV-24P|【标准48kHz】选项，在【项目】面板的空白处双击鼠标，在弹出的对话框中选择“电视1.jpg”素材文件，如图5-335所示。

图5-335 选择素材

02 在【项目】面板的空白处单击鼠标右键，在弹出的快捷菜单中选择【新建项目】|【通用倒计时片头】选项，在弹出的对话框中保持默认设置，单击【确定】按钮，然后在弹出的对话框中将【擦除颜色】的RGB值设置为76、231、76，【线条颜色】、【目标颜色】均设置为白色，将【背景色】的RGB设置为201、1、189，将【数字色】的RGB设置为255、0、0，如图5-336所示。

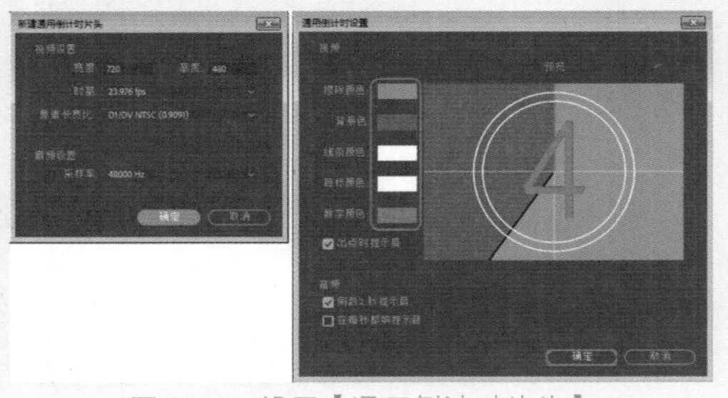

图5-336 设置【通用倒计时片头】

03 单击【确定】按钮，将新建的通用倒计时片头拖曳至V1轨道中，在【效果控件】面板中将【运动】下的【位置】设置为361、240，将【缩放】设置为32，如图5-337所示。

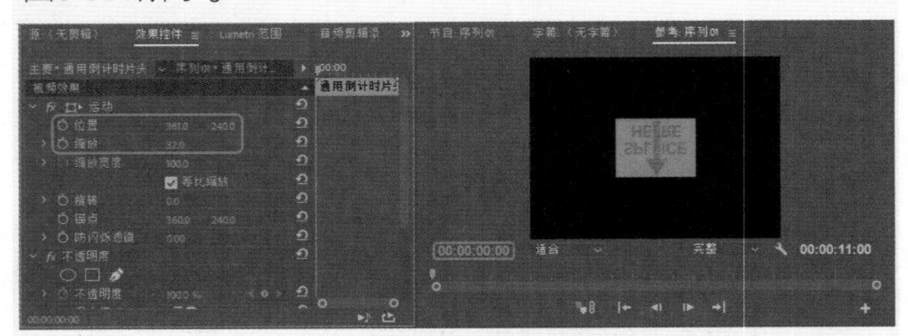

图5-337 设置参数

04 将当前时间设置为00:00:00:00，将“电视1.jpg”拖曳至V2轨道中，将其开始位置与时间线对齐，将持续时间设置为00:00:11:00。在【效果控件】面板中将【位置】设置为360、240，将【缩放】设置为124，如图5-338所示。

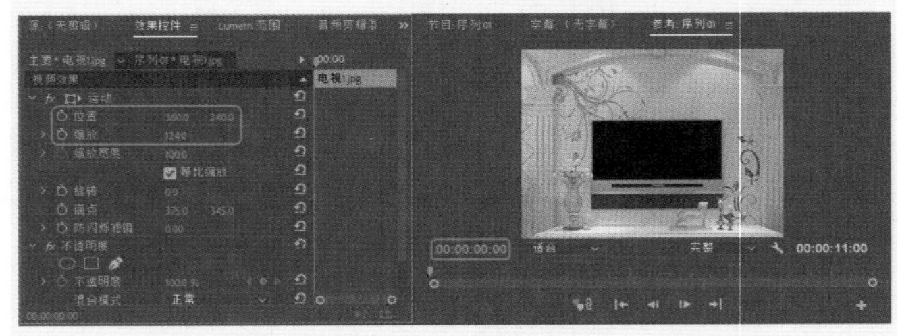

图5-338 设置参数

05 在【效果】面板中将【颜色键】特效拖曳至V2轨道中的素材文件上。在【效果控件】面板中将【主要颜色】的RGB设置为1、0、1，将【颜色容差】设置为68，【边缘细化】设置为0，将【羽化边缘】设置为0，如图5-339所示。

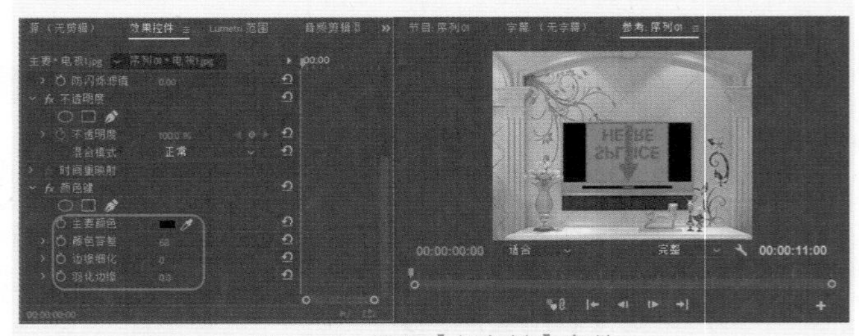

图5-339 设置【颜色键】参数

5.2.16 【颜色校正】特效

在【颜色校正】文件夹下，共包括10种色彩校正效果的视频特技效果。

1. Lumetri特效

在 Premiere 中Lumetri特效可以应用SpeedGrade 颜

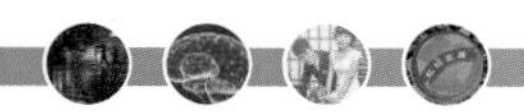

色校正，在【效果】面板中的Lumetri Looks文件夹为用户提供了许多预设Lumetri Looks库。用户可以为【序列】面板中的素材应用SpeedGrade颜色校正图层和预制的查询表（LUT），而不必退出应用程序。Lumetri Looks文件夹还可以帮助您从来自其他系统的SpeedGrade或LUT查找并使用导出的.look文件。

2.【亮度与对比度】特效

【亮度与对比度】特效可以调节画面的亮度和对比度。该效果同时调整所有像素的亮部区域、暗部区域和中间色区域，但不能对单一通道进行调节，该特效的选项组如图5-340所示，对比效果如图5-341所示。

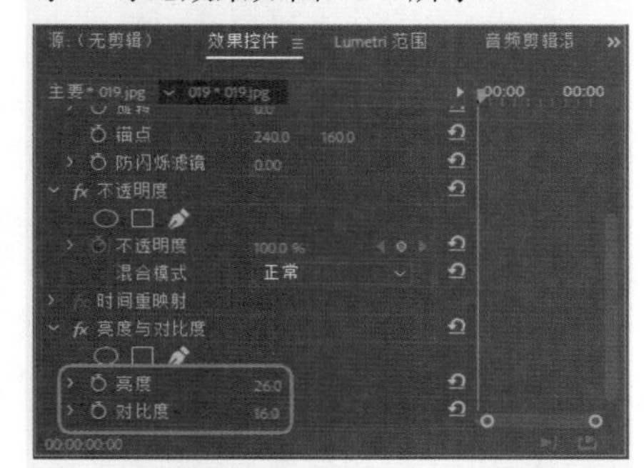

图5-340 【亮度与对比度】选项组

图5-341 添加特效后的效果

3.【分色】特效

【分色】特效用于将素材中除被选中的颜色及相类似颜色以外的其他颜色分离，该特效的选项组如图5-342所示，添加特效后的效果如图5-343所示。

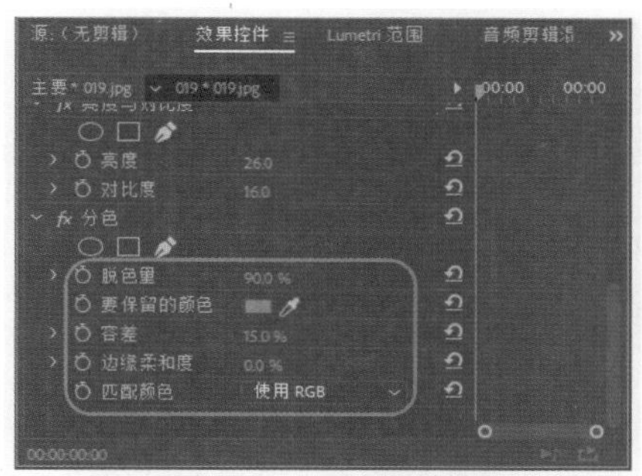

图5-342 【分色】选项组

图5-343 添加特效后的效果

4.【均衡】特效

【均衡】特效可改变图像像素的值。与Adobe Photoshop中【色调均化】命令类似，不透明度为0（完全透明）不被考虑，该特效的选项组如图5-344所示，添加特效后的效果如图5-345所示。

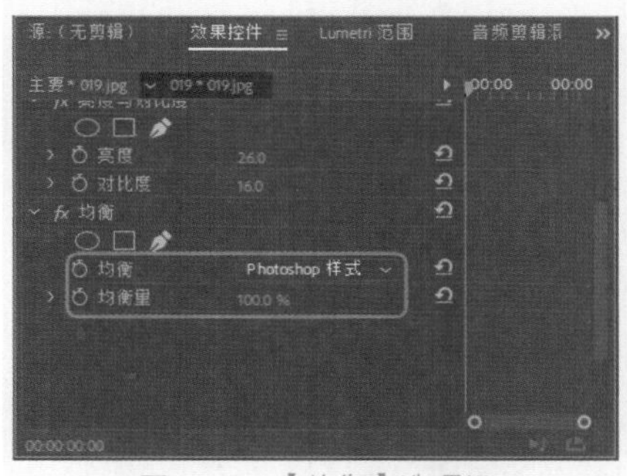

图5-344 【均衡】选项组

图5-345 添加特效后的效果

5.【更改为颜色】特效

【更改为颜色】特效可以指定某种颜色，然后使用一种新的颜色替换指定的颜色。该特效的选项组如图5-346所示，添加特效后的效果如图5-347所示。

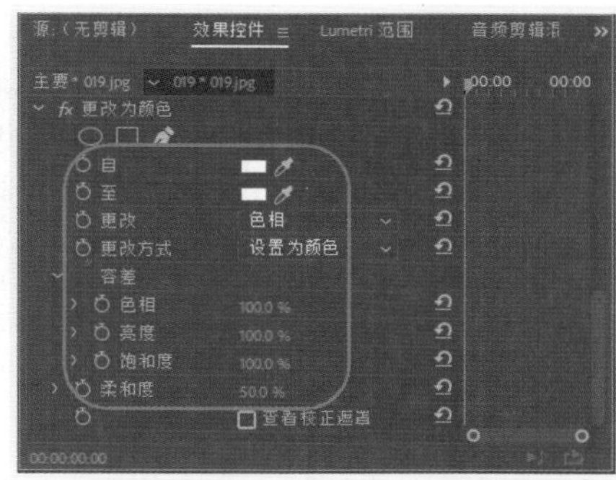

图5-346 【更改为颜色】选项组

图5-347 添加特效后的效果

6.【更改颜色】特效

【更改颜色】特效通过在素材色彩范围内调整色相、亮度和饱和度，来改变色彩范围内的颜色，该特效的选项组如图5-348所示，添加特效后的效果如图5-349所示。

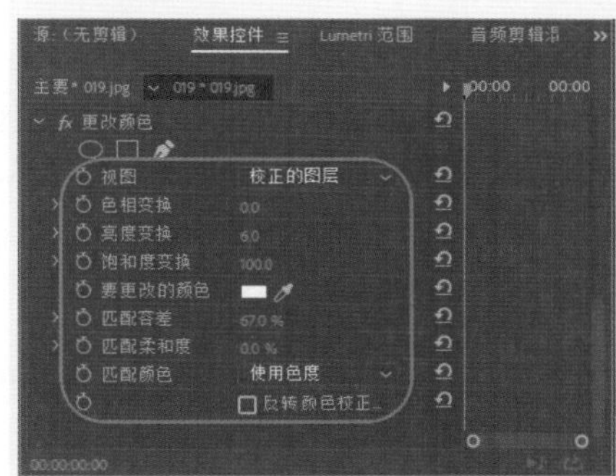

图5-348 【更改颜色】选项组

图5-349 添加特效后的效果

7.【视频限幅器】特效

【视频限幅器】效果用于限制剪辑中的明亮度和颜色，使它们位于用户定义的参数范围，这些参数可用于在使视频信号满足广播限制的情况下尽可能保留视频，该特效的选项组如图5-350所示。

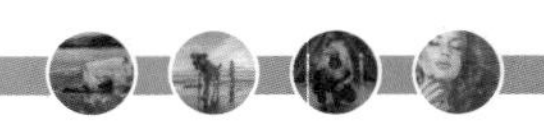

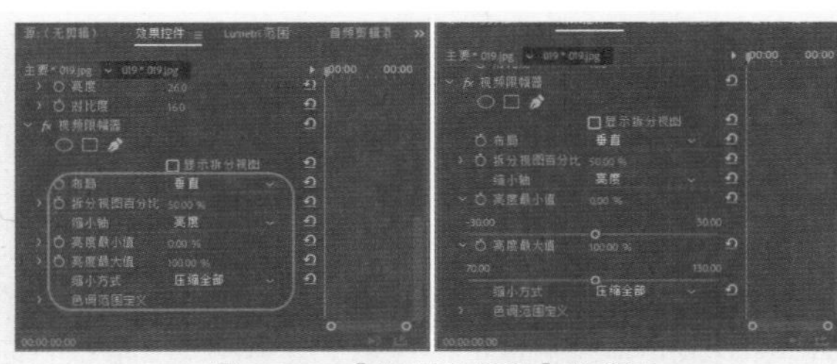
图5-350 【视频限幅器】选项组

8.【通道混合器】特效

【通道混合器】特效可以用当前颜色通道的混合值修改一个颜色通道。通过为每个通道设置不同的颜色偏移量，来校正图像的色彩。

通过【效果控件】面板中各通道的滑块调节，可以调整各个通道的色彩信息。对各项参数的调节，控制着选定通道到输出通道的强度，该特效的选项组如图5-351所示，添加特效后的效果如图5-352所示。

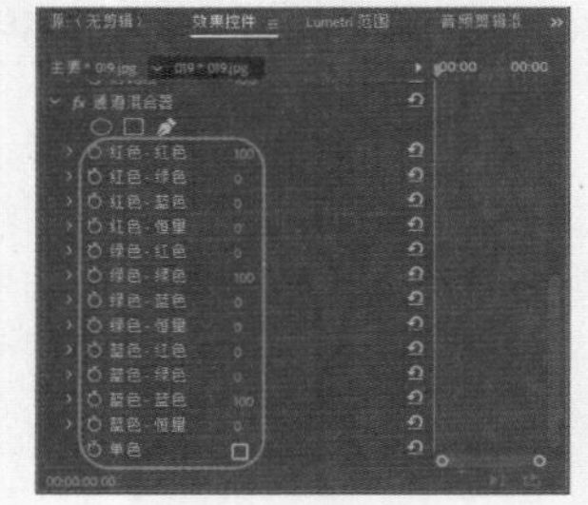
图5-351 【通道混合器】选项组

图5-352 添加特效后的效果

9.【颜色平衡】特效

【颜色平衡】特效设置图像在阴影、中值和高光下的红、绿、蓝三色的参数，该特效的选项组如图5-353所示，添加特效后的效果如图5-354所示。

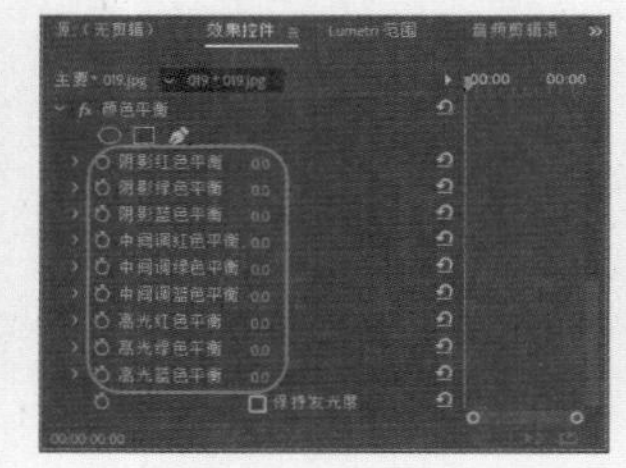
图5-353 【颜色平衡】选项组

图5-354 添加特效后的效果

10.【颜色平衡（HLS）】特效

【颜色平衡（HLS）】特效通过调整色相、饱和度和亮度对颜色的平衡度进行调节。参数选项组如图5-355所示，添加特效后的效果如图5-356所示。

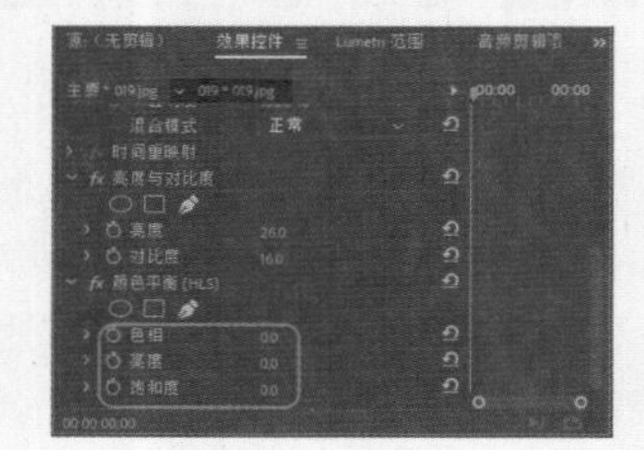
图5-355 【颜色平衡（HLS）】选项组

图5-356 添加特效后的效果

5.2.17 【风格化】视频特效

在【风格化】文件夹下，共包括13种风格化效果的视频特技效果。

1.【Alpha 发光】特效

【Alpha发光】特效可以对素材的Alpha通道起作用，从而产生一种辉光效果，如果素材拥有多个Alpha通道，那么仅对第一个Alpha通道起作用，该特效的选项组如图5-357所示，对比效果如图5-358所示。

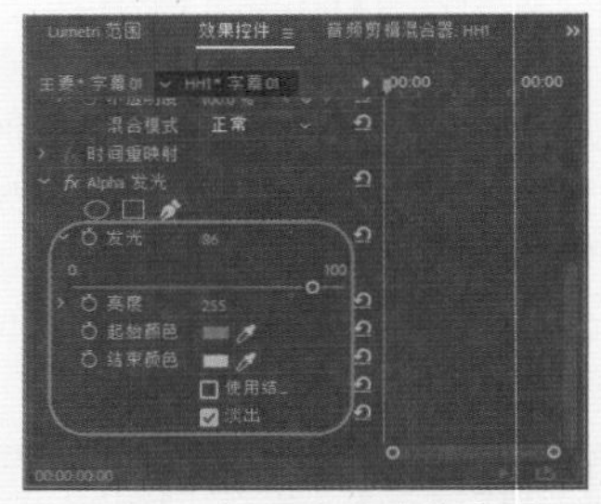
图5-357 【Alpha发光】选项组

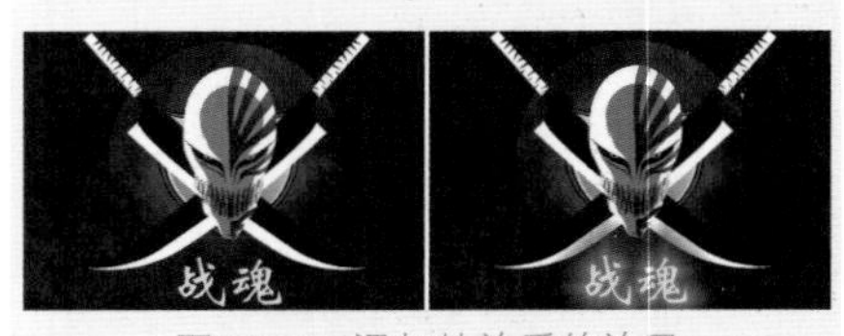

图5-358 添加特效后的效果

2.【复制】特效

【复制】特效将屏幕分块，并在每一块中都显示整个图像，用户可以通过拖动滑块设置每行或每列的分块数目，该特效的选项组如图5-359所示，添加特效后的效果如图5-360所示。

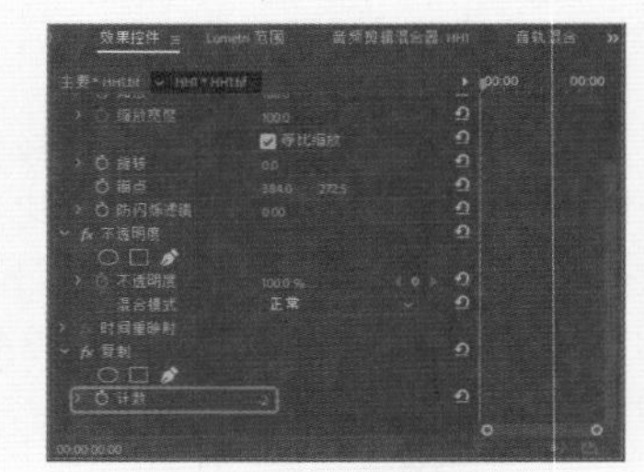
图5-359 【复制】选项组

图5-360 添加特效后的效果

3.【彩色浮雕】特效

【彩色浮雕】特效用于锐化图像中物体的边缘并修改图像颜色。这个效果会从一个指定的角度使边缘高光显示，该特效的选项组如图5-361所示，添加特效后的效果如图5-362所示。

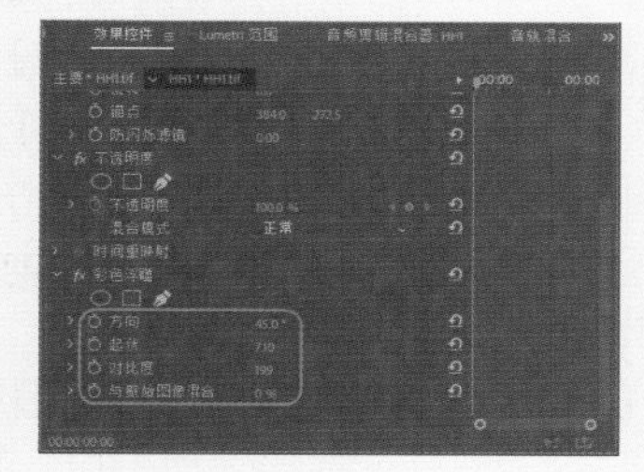

图5-361 【彩色浮雕】选项组

图5-362 添加特效后的效果

4.【抽帧】特效

【抽帧】特效通过对色阶值进行调整来控制影视素材片段的亮度和对比度，从而产生类似于海报的效果，该特效的选项组如图5-363所示，添加特效后的效果如图5-364所示。

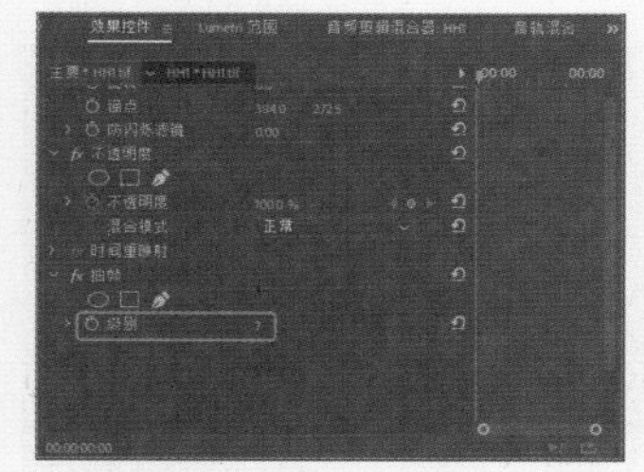

图5-363 【抽帧】选项组

图5-364 添加特效后的效果

5.【曝光过度】特效

【曝光过度】特效将产生一个正片与负片之间的混合，引起晕光效果。类似一张相片在显影时快速曝光，该特效的选项组如图5-365所示，添加特效后的效果如图5-366所示。

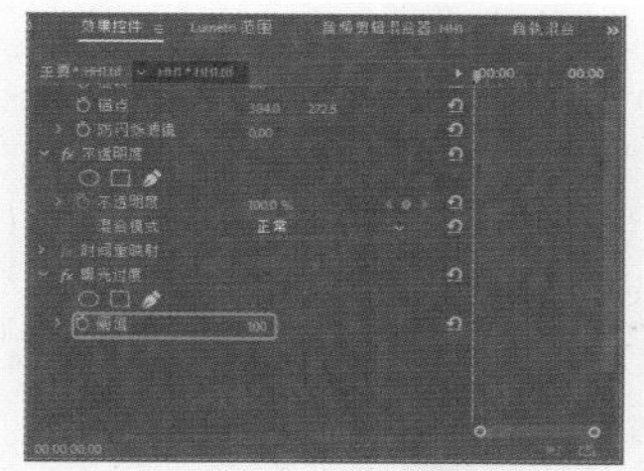

图5-365 【曝光过度】选项组

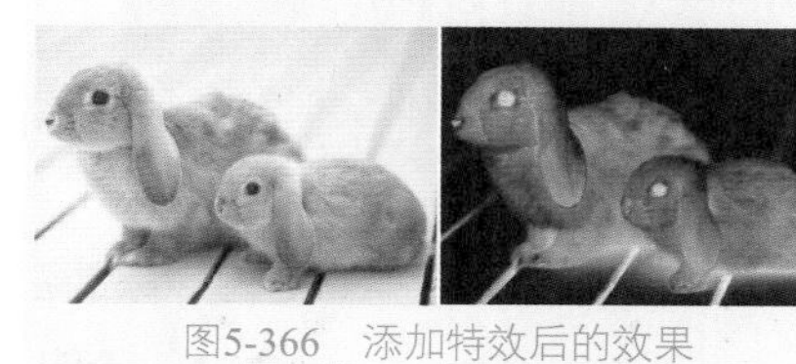

图5-366 添加特效后的效果

6.【查找边缘】特效

【查找边缘】特效用于识别图像中有显著变化和明显的边缘，边缘可以显示为白色背景上的黑线和黑色背景上的彩色线，该特效的选项组如图5-367所示，添加特效后的效果如图5-368所示。

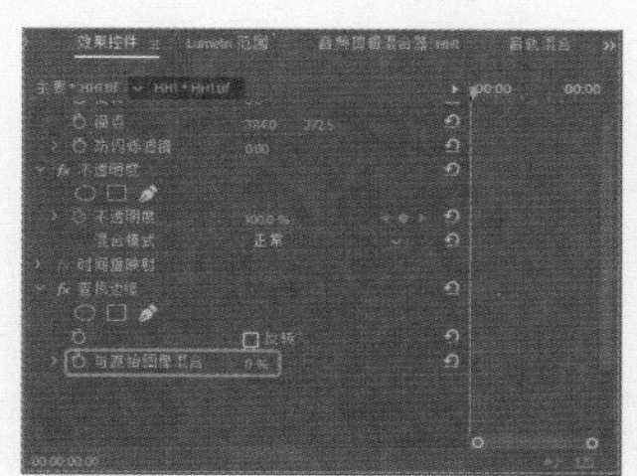

图5-367 【查找边缘】选项组

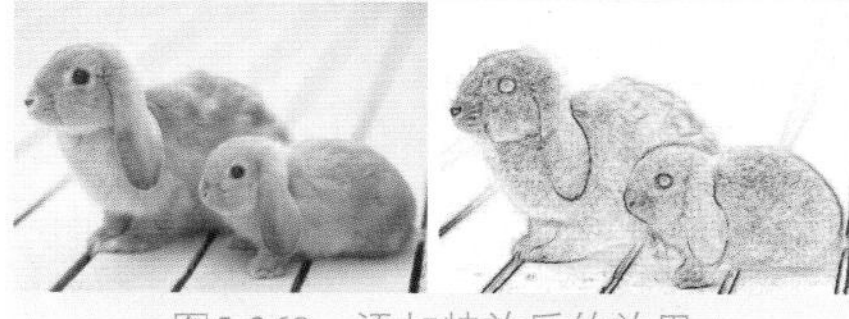

图5-368 添加特效后的效果

7.【浮雕】特效

【浮雕】特效用于锐化图像中物体的边缘并修改图像颜色。这个效果会从一个指定的角度使边缘高光显示，该特效的选项组如图5-369所示，添加特效后的效果如图5-370所示。

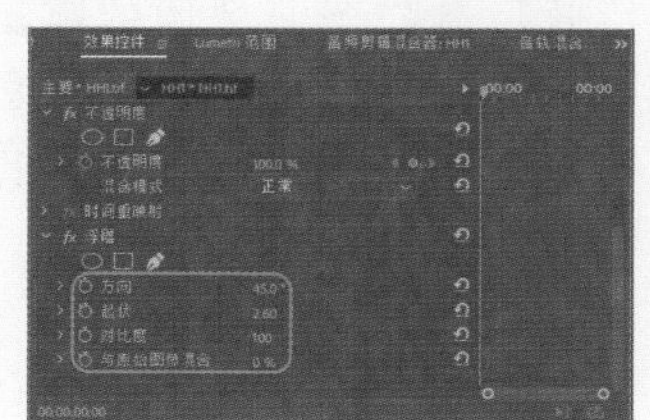

图5-369 【浮雕】选项组

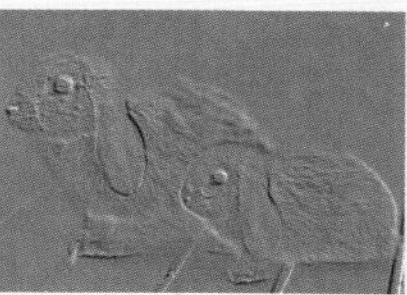

图5-370 添加特效后的效果

8.【画笔描边】特效

【画笔描边】特效可以为图像添加一个粗略的着色效果，也可以通过设置该特效笔触的长短和密度制作出油画风格的图像，该特效的选项组如图5-371所示，添加特效后的效果如图5-372所示。

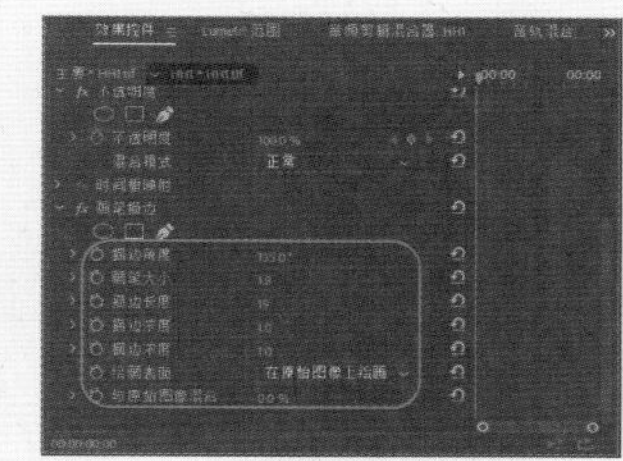

图5-371 【画笔描边】选项组

图5-372 添加特效后的效果

9.【粗糙边缘】特效

【粗糙边缘】特效可以使图像的边缘产生粗糙效果，使图像边缘变得粗糙，在【边缘类型】列表中可以选择图像的粗糙类型，如腐蚀、影印等，该特效的选项组如图5-373所示，添加特效后的效果如图5-374所示。

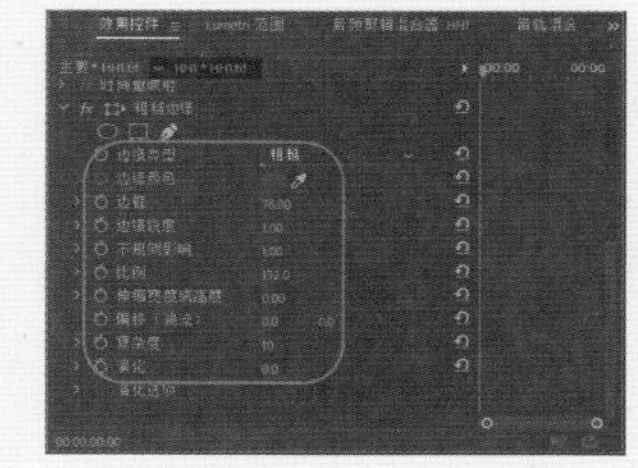

图5-373 【粗糙边缘】选项组

图5-374 添加特效后的效果

10.【纹理化】特效

【纹理化】特效将使素材看起来具有其他素材的纹理效果，该特效的选项组如图5-375所示，添加特效后的效果如图5-376所示。

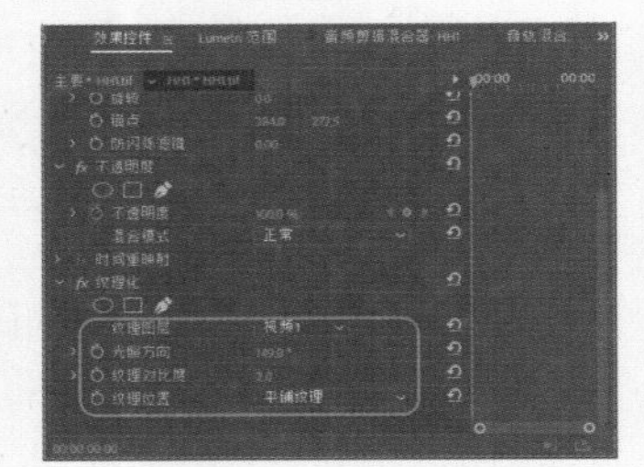

图5-375 【纹理化】选项组

图5-376 添加特效后的效果

11.【闪光灯】特效

【闪光灯】特效用于模拟频闪或闪光灯效果，它随着片段的播放按一定的控制率隐掉一些视频帧。该特效的选项组如图5-377所示，添加特效后的效果如图5-378所示。

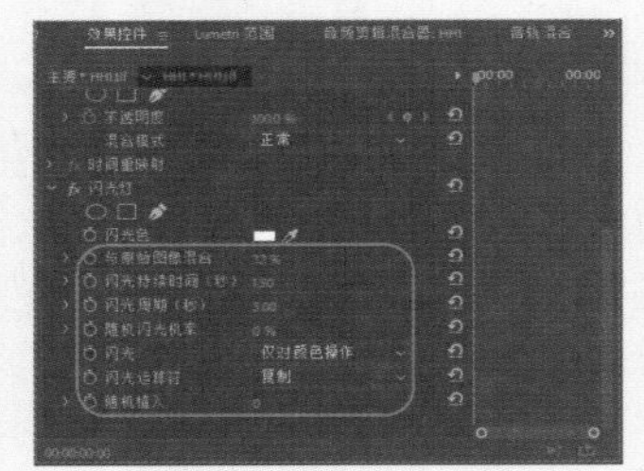

图5-377 【闪光灯】选项组

图5-378 添加特效后的效果

12.【阈值】特效

【阈值】特效将素材转化为黑、白两种色彩，通过调整电平值来影响素材的变化，当值为0时素材为白色，当值为255时素材为黑色，一般情况下我们可以取中间值，该特效的选项组如图5-379所示，添加特效后的效果如图5-380所示。

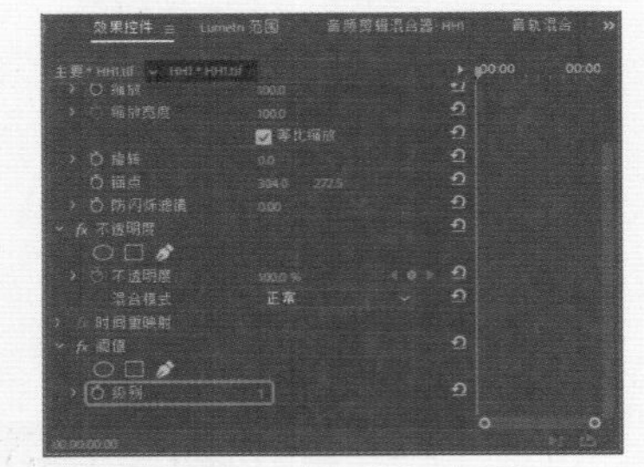

图5-379 【阈值】选项组

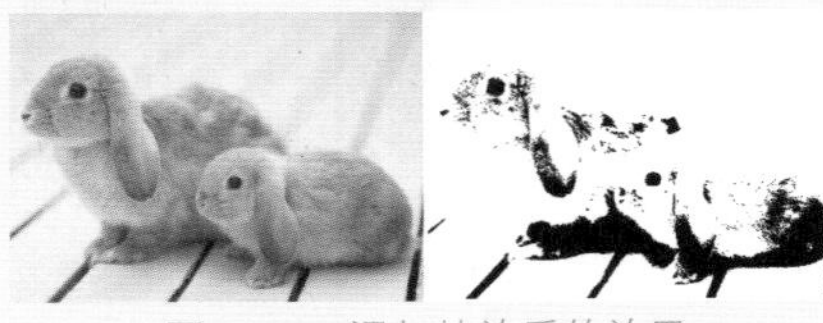

图5-380 添加特效后的效果

13.【马赛克】特效

【马赛克】特效将使用大量的单色矩形填充一个图层，该特效的选项组如图5-381所示，添加特效后的效果如图5-382所示。

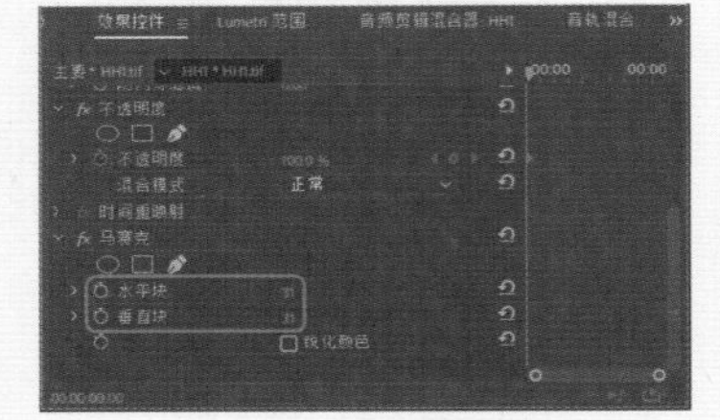

图5-381 【马赛克】选项组

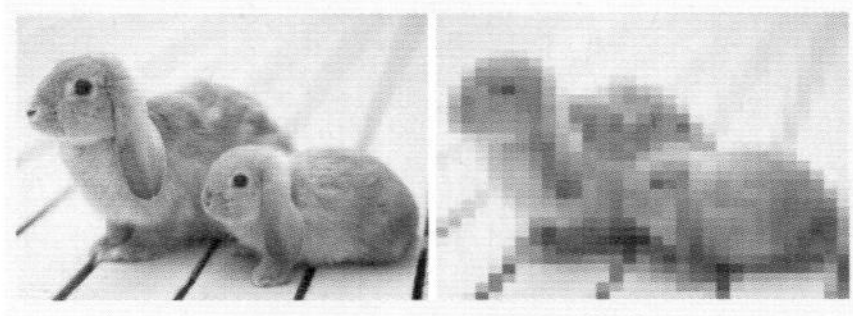

图5-382 添加特效后的效果

实例操作——圣诞麋鹿

本案例以画框作为雕刻的背景，为图片分别添加【浮雕】和【卷积内核】特效，制作圣诞麋鹿的雕刻效果。其中，【浮雕】特效制作无色的浮雕，【卷积内核】特效制作彩色浮雕，其效果如图5-383所示。

图5-383 效果展示

01 新建项目和序列，在【新建序列】对话框中选择【序列预设】选项卡中的DV-PAL|【标准48kHz】选项，按Ctrl+I组合键，在打开的对话框中选择“相框.png”与“麋鹿.jpg”素材文件，如图5-384所示。

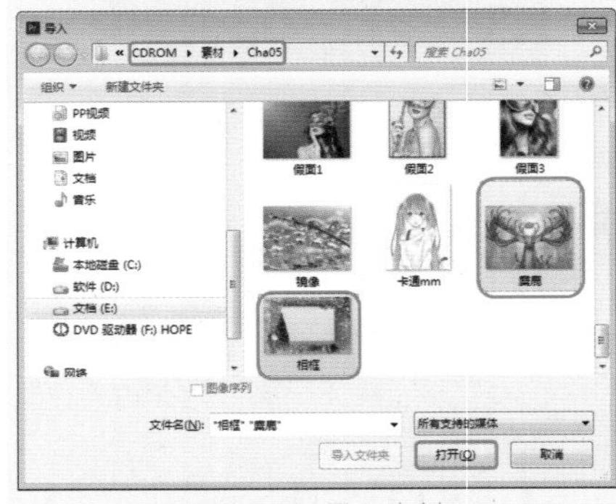

图5-384 导入素材

02 将“麋鹿.jpg”素材文件拖曳至V1轨道中，将【位置】设置为369、265，将【缩放】设置为62，如图5-385所示。

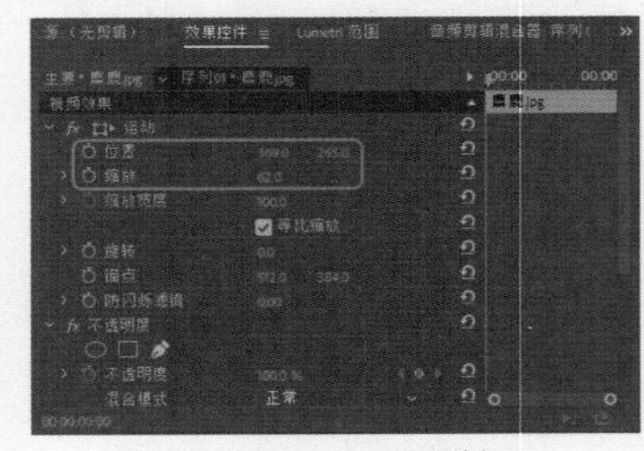

图5-385 设置属性

03 将“相框.png”素材文件拖曳至V2轨道中，将【位置】设置为360、288，将【缩放】设置为100，如图5-386所示。

04 在【效果】面板中将【浮雕】视频特效拖曳至V1轨道中的素材文件上，将【选项】中的【方向】设置为-7，【起伏】设置为8.5，【对比度】设置为69，【与原始图像混合】设置为100%，并单击其左侧的【关键帧】按钮，如图5-387所示。

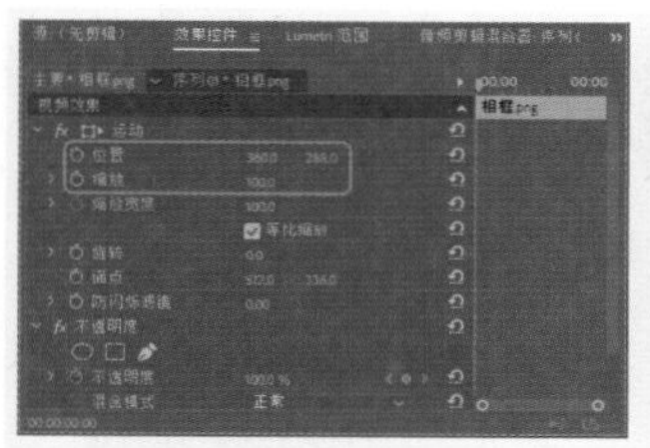

图5-386 设置属性

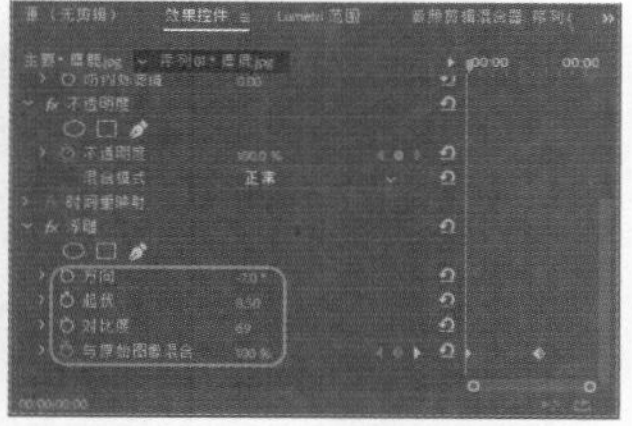

图5-387 设置属性并添加关键帧

05 将当前时间设置为00:00:03:00，单击【与原始图像混合】右侧的【添加/删除关键帧】按钮，如图5-388所示。

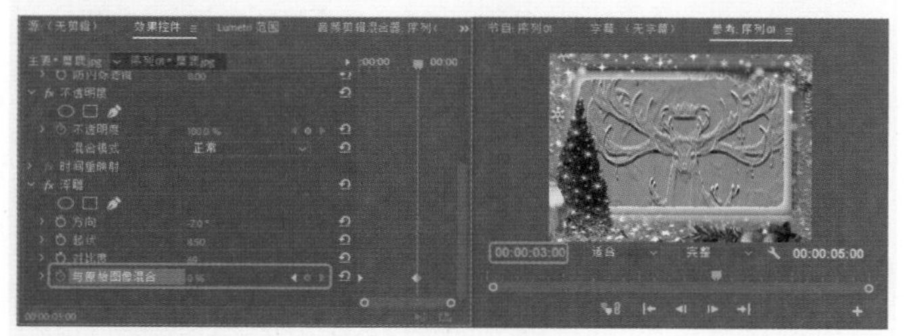

图5-388 添加关键帧

5.3 上机练习——月夜视频

本案例选用具有动漫风格的天空场景作为背景素材，然后添加【镜头光晕】特效，用于模拟月光。在字幕编辑器中制作直线和字幕文字。通过添加【裁剪】特效，将文字制作为上、下两部分。通过设置直线的运动关键帧，并控制文字的位置，实现文字被直线斩断的效果，如图5-389所示。

图5-389 效果展示

01 新建项目和序列，在【新建序列】对话框中选择【序列预设】选项卡中的DV-PAL|【标准48kHz】选项，然后选择【设置】选项卡，将【帧大小】设置为600，将【水平】设置为400，单击【确定】按钮，如图5-390所示。

02 按Ctrl+I组合键，在打开的对话框中选择“黑夜1.jpg”素材文件，如图5-391所示。

03 将“黑夜1.jpg”素材文件拖曳至V1轨道中，将【位置】设置为300、196.7，如图5-392所示。

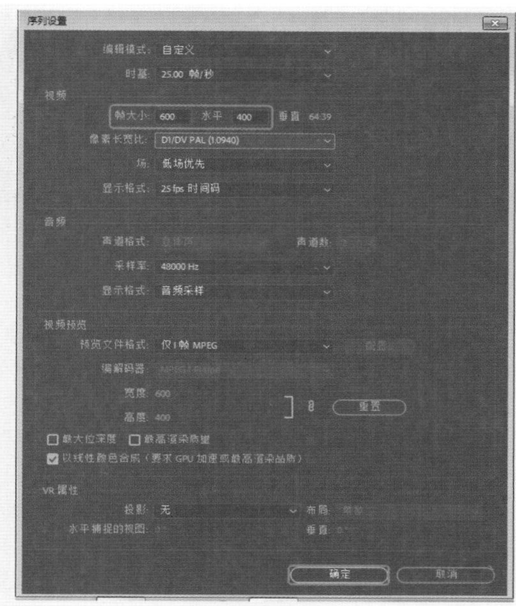

图5-390 设置序列

图5-391 选择素材文件

图5-392 设置【位置】

04 在【效果】面板中将【镜头光晕】视频特效拖曳至V1轨道的素材文件中，将【光晕中心】设置为213.9、129.0，单击其左侧的【切换动画】按钮，将【光晕亮度】设置为100，将【镜头类型】设置为【105毫米定焦】，【与原始图】设置为5，如图5-393所示。

图5-393 设置【镜头光晕】特效参数

05 将当前时间设置为00:00:04:01，将【光晕中心】设置为465.9、120。选择【文件】|【新建】|【旧版标题】命令，在打开的对话框使用默认选项，单击【确定】按钮。打开字幕编辑器，使用【文字工具】输入文字“月黑风高”，在【属性】选项组中将【字体系列】设置为方正舒体，将【字体大小】设置为40，将【X位置】、【Y位置】都设置为100，将【填充】选项组中的【颜色】设置为绿色，RGB值为88、165、159，如图5-394所示。

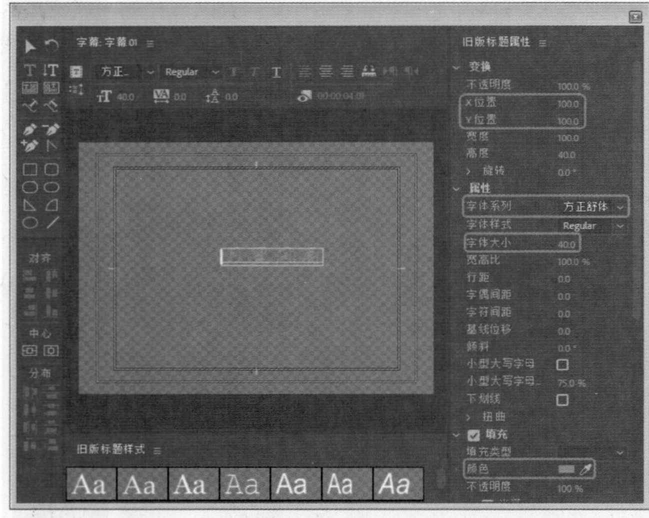

图5-394 输入文字并进行设置

06 单击【基于当前字幕新建】按钮，使用默认选项，单击【确定】按钮。将原有的文字删除，使用【直线工具】绘制水平的直线，在【属性】选项组中将【线宽】设置为2，将【变换】选项组中的【X位置】、【Y位置】设置为406.4、253.5，将【宽度】、【高度】设置为291.8、2，将【填充】选项组中的【颜色】设置为绿色，RGB值设置为33、150、30，如图5-395所示。

07 单击【滚动/游动选项】按钮，在弹出的对话框中将【字幕类型】设置为【向右游动】，勾选【开始于屏幕外】和【结束于屏幕外】复选框，单击【确定】按钮，如图5-396所示。

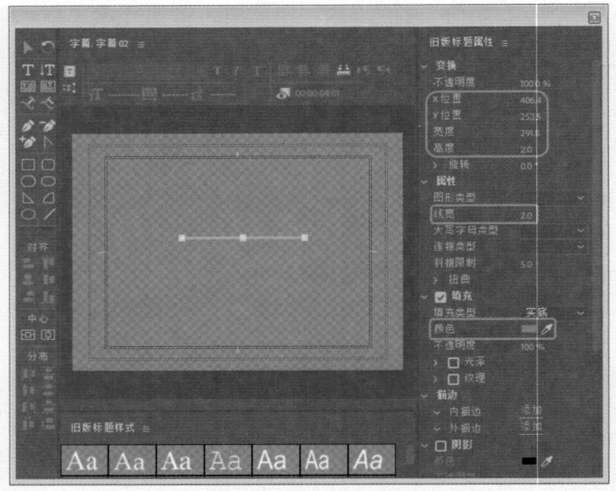

图5-395 绘制直线并进行设置

08 将字幕编辑器关闭，将“字幕01”拖曳至V2轨道中，将当前时间设置为00:00:02:01，单击【位置】左侧的【切换动画】按钮，将当前时间设置为00:00:04:03，将【位置】设置为308.4、193.1，将【不透明度】设置为0，如图5-397所示。

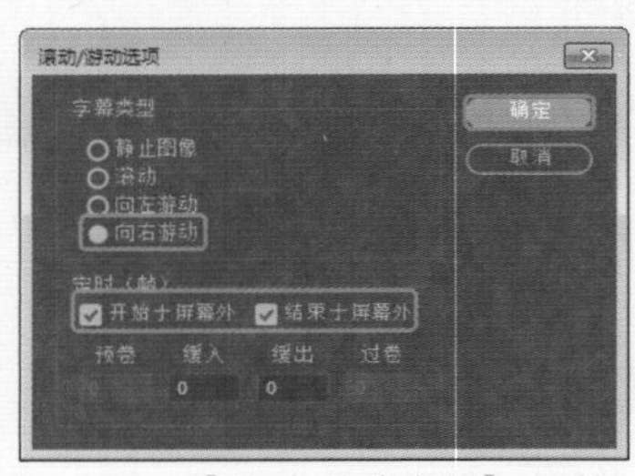

图5-396 【滚动/游动选项】对话框

图5-397 设置关键帧

09 将当前时间设置为00:00:03:08，将【不透明度】设置为100。在【效果】面板中将【裁剪】视频特效拖曳至V2轨道中的素材文件上，将【底部】设置为55.5，如图5-398所示。

图5-398 设置【裁剪】参数

10 选择V2轨道中的素材文件，按Ctrl+C组合键进行复制，然后确定只选择了V3轨道，将当前时间设置为00:00:00:00，按Ctrl+V组合键进行粘贴，选择V3轨道中的素材文件，将【裁剪】下的【顶部】设置为44.5，【底部】设置为0，如图5-399所示。

图5-399　设置关键帧

11 将当前时间设置为00:00:04:03，将【位置】设置为291.7、208.3，如图5-400所示。

图5-400　设置【位置】关键帧

12 将当前时间设置为00:00:00:00，将“字幕02”拖曳至V3轨道的上方，系统自动创建V4轨道，将素材的开始位置与时间线对齐，将【位置】设置为300、200，将当前时间设置为00:00:02:13，观看效果如图5-401所示。

图5-401　将“字幕02”拖曳至V4轨道中的效果

5.4 思考题

1. 什么是键控?

2. 什么是关键帧？如何利用【效果控件】面板设置关键帧？如何利用【序列】面板设置关键帧？

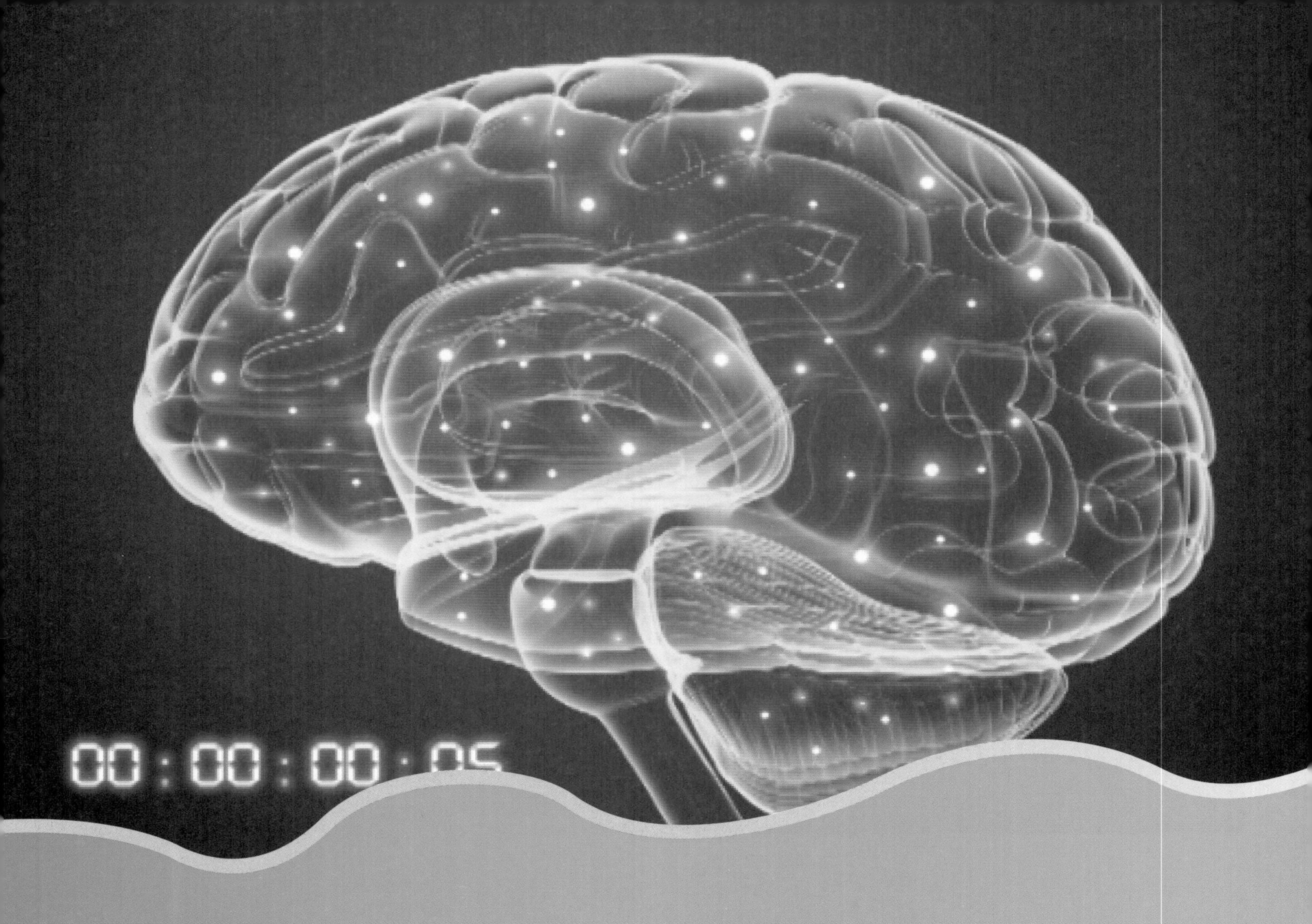

第6章 常用字幕的创建

在各种影视节目中，字幕是不可缺少的。字幕起到解释画面、补充内容等作用。作为专业处理影视节目的Premiere Pro CC 2018来说，也必然包括字幕的制作和处理。这里所讲的字幕，包括文字、图形等内容。字幕本身是静止的，但是利用Premiere Pro CC 2018可以制作出各种各样的动画效果。

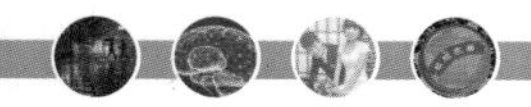

6.1 【字幕】面板工具简介

对于Premiere Pro CC 2018来说，字幕是一个独立的文件，如同【项目】面板中的其他片段一样，只有把字幕文件加入到【序列】面板视频轨道中，字幕才能真正地成为影视节目的一部分。

字幕的制作主要是在【字幕】面板中进行的。创建字幕的具体操作步骤如下。

01 在菜单栏中选择【文件】|【新建】|【旧版标题】命令，如图6-1所示。

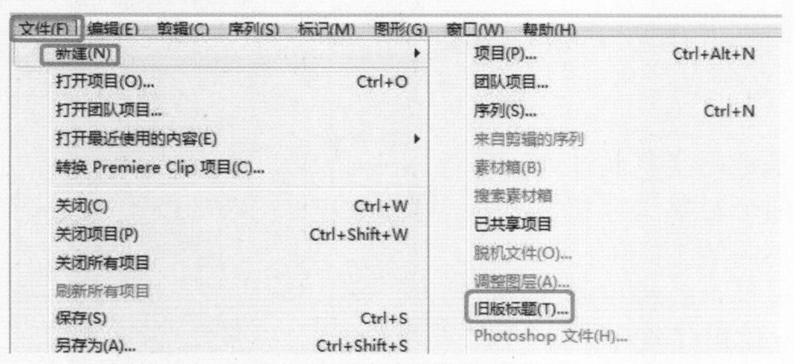

图6-1　选择【旧版标题】命令

02 执行完该操作后即可打开【新建字幕】对话框，用户可在弹出的对话框中为其字幕重命名，也可以使用其默认名称，设置完成后单击【确定】按钮，如图6-2所示。

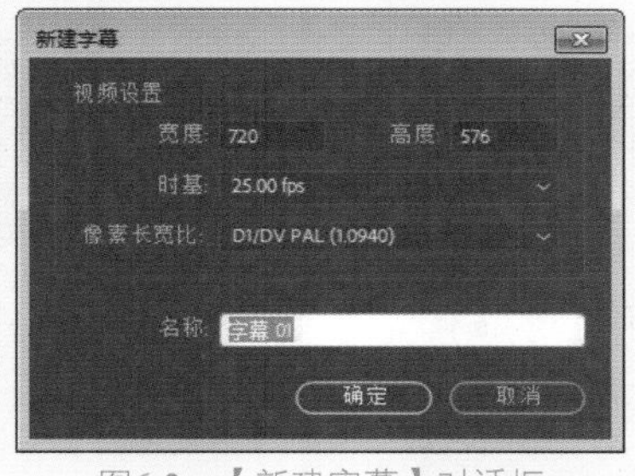

图6-2　【新建字幕】对话框

03 单击【确定】按钮后即可打开字幕编辑器，如图6-3所示，用户可在该面板中进行操作，以便制作出更好的效果。

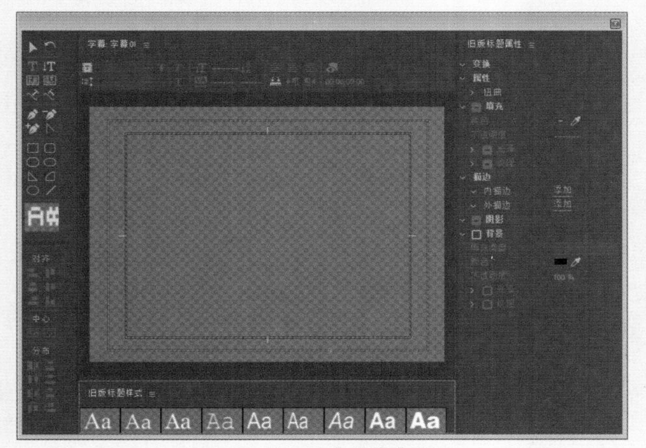

图6-3　新建的【字幕】面板

还可以在【序列】面板中使用【文字工具】，在【节目】监视器中直接创建文字，如图6-4所示。

图6-5所示为字幕工具箱，【字幕】面板左侧工具箱中包括生成、编辑文字与物体的工具。

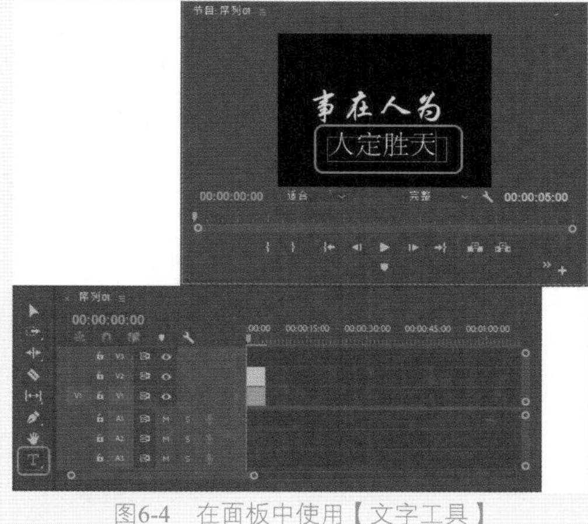

图6-4　在面板中使用【文字工具】

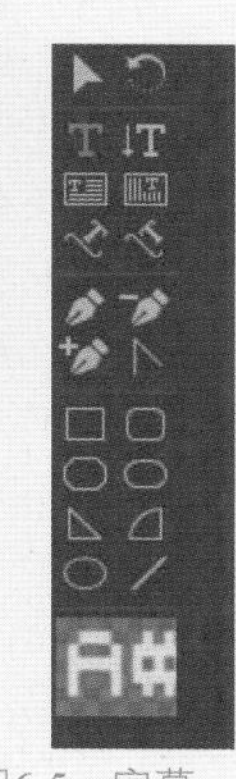

图6-5　字幕工具箱

知识链接

下面我们将介绍字幕工具箱中各工具的具体功能。

- 【选择工具】：用于选择一个物体或文字。按住Shift键使用【选择工具】可选择多个物体，直接拖动对象控制手柄改变对象区域和大小。对于贝塞尔曲线物体来说，还可以使用【选择工具】编辑节点。
- 【旋转工具】：该工具可以旋转对象。
- 【文字工具】：该工具可以建立并编辑文字，如图6-6所示。

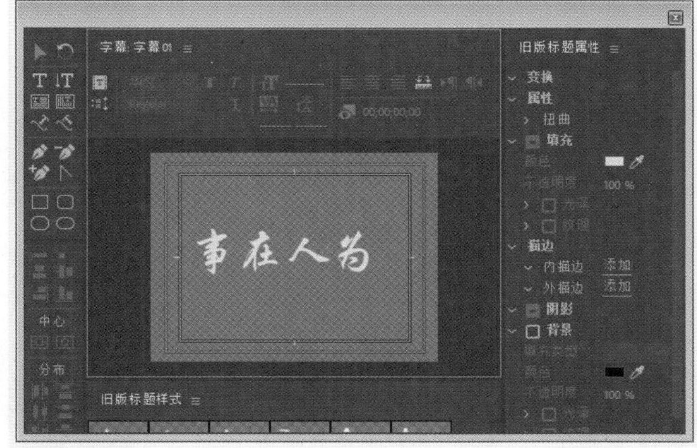

图6-6　创建文字

- 【垂直文字工具】：该工具用于建立竖排文本。

- 【区域文字工具】：此工具可以用于建立段落文本。【段落文字工具】与普通文字工具的不同在于，它建立文本的时候，首先要限定一个范围框，调整文本属性，范围框不会受到影响。
- 【垂直文字工具】：此工具用于建立竖排段落文本。
- 【路径文字工具】：此工具可以建立一段沿路径排列的文本。
- 【垂直路径文字工具】：此工具的功能与【路径文字工具】相似。不同在于，工具创建垂直于路径的文本，工具创建平行于路径的文本。
- 【钢笔工具】：此工具可以创建复杂的曲线。
- 【添加锚点工具】：此工具可以在线段上增加控制点。
- 【删除锚点工具】：使用此工具可以在线段上减少控制点。
- 【转换锚点工具】：使用此工具可以产生一个尖角或用来调整曲线的圆滑程度。
- 【矩形工具】：此工具可用来绘制矩形。
- 【切角矩形工具】：使用此工具可以绘制一个矩形，并且对矩形的边界进行剪裁控制。
- 【圆角矩形工具】：使用此工具可以绘制一个带有圆角的矩形。
- 【圆矩形工具】：使用此工具可以绘制一个偏圆的矩形。
- 【三角形工具】：使用此工具可以绘制一个三角形。
- 【圆弧工具】：使用此工具可绘制一个圆弧。
- 【椭圆工具】：此工具可用来绘制椭圆。在拖动鼠标绘制图形的同时按住Shift键，可绘制出一个正圆。
- 【直线工具】：使用此工具可以绘制一条直线。

6.2 建立字幕素材

在Premiere Pro CC 2018中，可以通过字幕编辑器创建丰富的文字和图形字幕，字幕编辑器可以识别每一个作为对象所创建的文字和图形。

6.2.1 【字幕】面板主要设置

下面对【字幕】面板的各个功能属性参数进行讲解。

1. 字幕属性

字幕属性的设置是使用字幕属性参数栏对文本或者是图形对象进行相应的参数设置。使用不同的工具创建不同的对象时，字幕属性参数栏也略有不同。图6-7所示为使用【文字工具】创建文字对象时的属性栏。

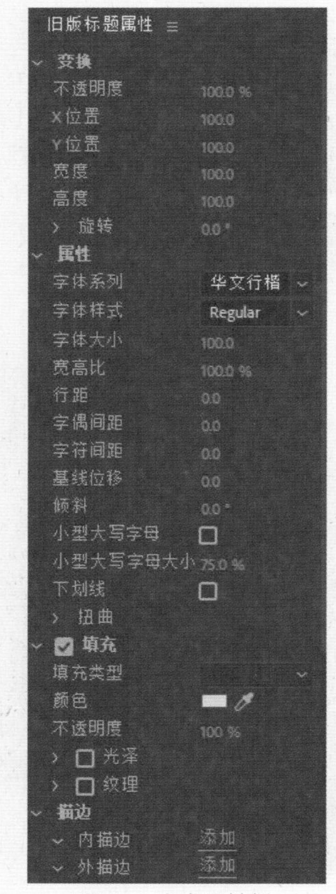

图6-7　文字属性栏

图6-8所示为使用【矩形工具】创建形状对象时的属性栏。

图6-8　形状属性栏

在属性栏中可以对字幕的属性进行设置。对于不同的对象，可调整的属性也有所不同。下面以文本为例，讲解一下有关字体的设置。

- 【字体系列】：在该下拉列表中，显示系统中所有安装的字体，可以在其中选择需要的字体进行使用。
- 【字体样式】：Bold（粗体）、Bold Italic（粗体倾斜）、Italic（倾斜）、Regular（常规）、Semibold（半粗体）、Semibold Italic（半粗体 倾斜）。
- 【字体大小】：设置字体的大小。
- 【宽高比】：设置字体的长宽比。
- 【行距】：设置行与行之间的行间距。
- 【字偶间距】：设置光标位置处前后字符之间的距离，可在光标位置处形成两段有一定距离的字符。

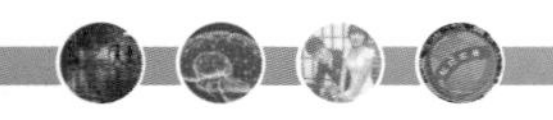

- 【字符间距】：设置所有字符或者所选字符的间距，调整的是单个字符间的距离。
- 【基线位移】：设置字符所有字符基线的位置。通过改变该选项的值，可以方便地设置上标和下标。
- 【倾斜】：设置字符的倾斜。
- 【小型大写字母】：激活该选项，可以输入大写字母，或者将已有的小写字母改为大写字母，如图6-9所示。

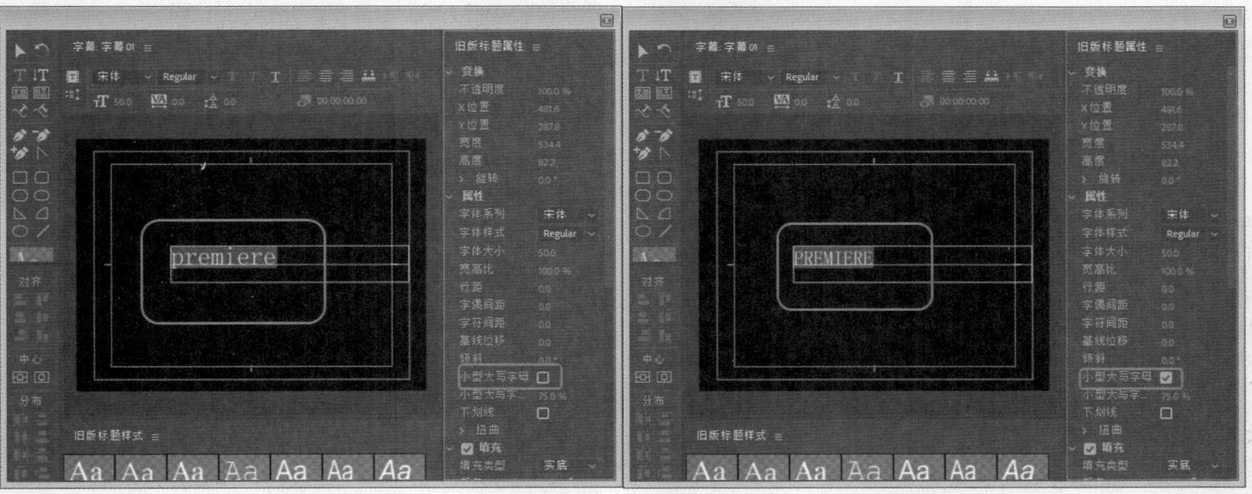

图6-9　取消勾选与勾选【小型大写字母】选项的效果对比

- 【小型大写字母大小】：小写字母改为大写字母后，可以利用该选项来调整大小。
- 【下划线】：激活该选项，可以在文本下方添加下划线，如图6-10所示。

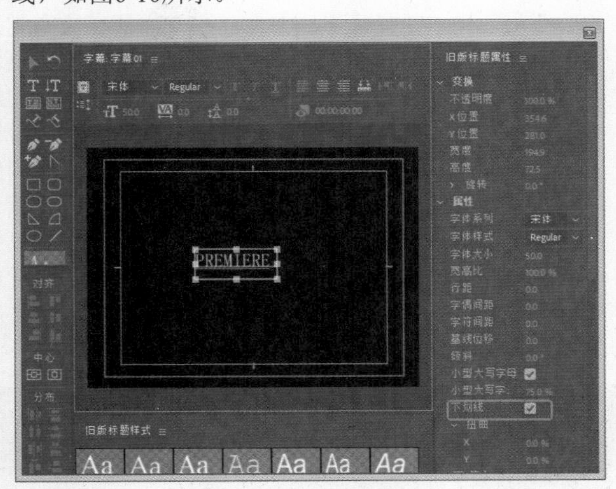

图6-10　添加下划线

- 【扭曲】：在该参数栏中可以对文本进行扭曲设定。调节【扭曲】参数栏下的X和Y轴向扭曲度，可以产生变化多端的文本形状，如图6-11所示。

对于图形对象来说，属性栏中又有不同的参数设置，这将在后面结合不同的图形对象进行具体的介绍。

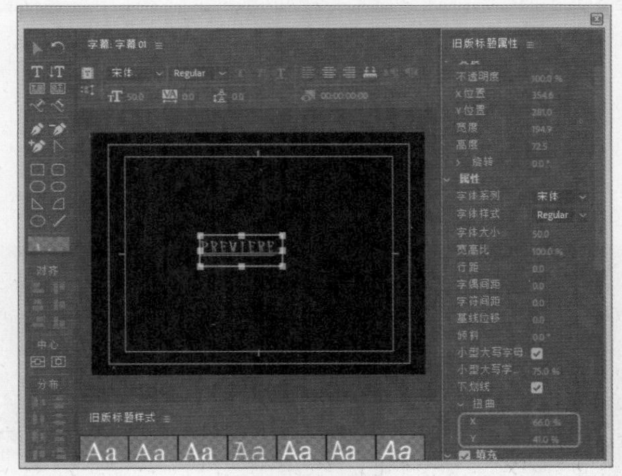

图6-11　设置扭曲

2. 填充设置

在【填充】区域中，可以指定文本或者图形的填充状态，即使用颜色或者纹理来填充对象。

单击【填充类型】右侧的下拉按钮，在弹出的下拉列表中选择一个选项，可以决定使用何种方式填充对象，其下拉列表如图6-12所示。在默认情况下是以【实底】为其填充颜色，可单击【颜色】右侧的颜色缩略图，在弹出的【颜色拾取】对话框中为其选择一个颜色。

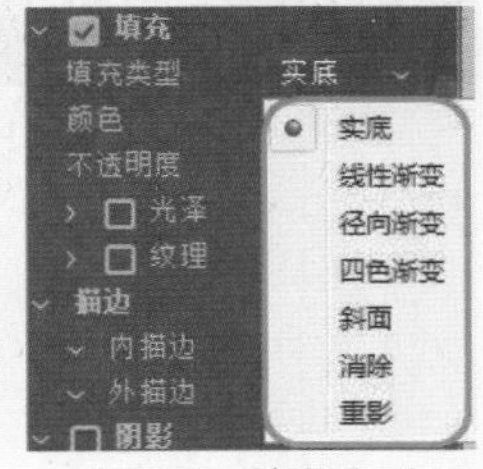

图6-12　填充类型

下面我们将介绍各种填充类型的使用方法。

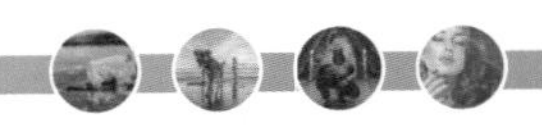

- 【实底】：该选项为默认选项。
- 【线性渐变】：当选择【线性渐变】进行填充时，可以单击如图6-13所示的两个颜色滑块，在弹出的对话框中选择渐变开始和渐变结束的颜色。单击颜色滑块后，按住鼠标左键可以拖动滑块改变位置，以决定该颜色在整个渐变色中所占的比例，效果如图6-14所示。

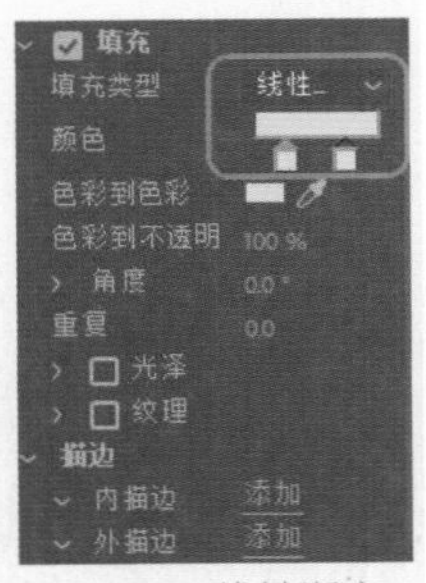

图6-13 线性渐变

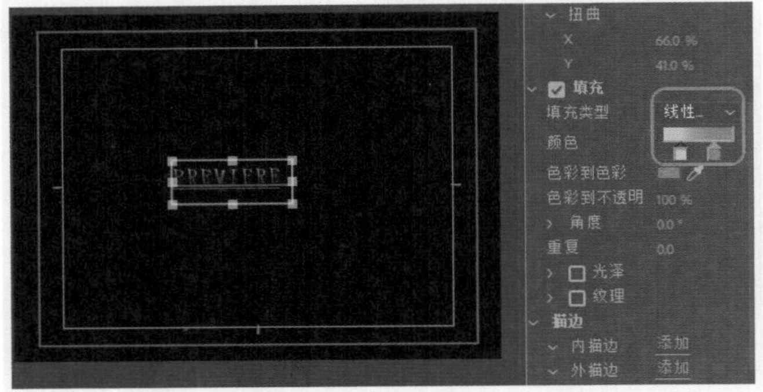

图6-14 调整渐变比例

【色彩到不透明】：设置该参数则可以控制该点颜色的不透明度，这样就可以产生一个有透明效果的渐变。通过调整【角度】数值，可以控制渐变的角度。

【重复】：这项参数可以为渐变设置一个重复值，效果如图6-15所示。

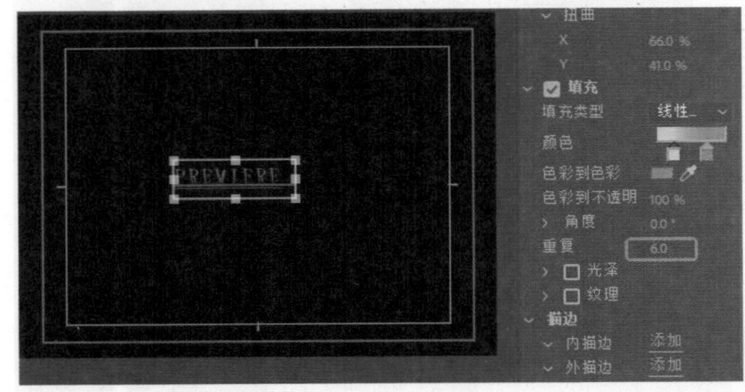

图6-15 设置重复值

- 【径向渐变】：【径向渐变】与【线性渐变】相似，唯一不同的是，【线性渐变】是由一条直线发射出去，而【径向渐变】是由一个点向周围渐变，呈放射状，如图6-16所示。
- 【四色渐变】：与上面两种渐变类似，但是四角上的颜色块允许重新定义，如图6-17所示。

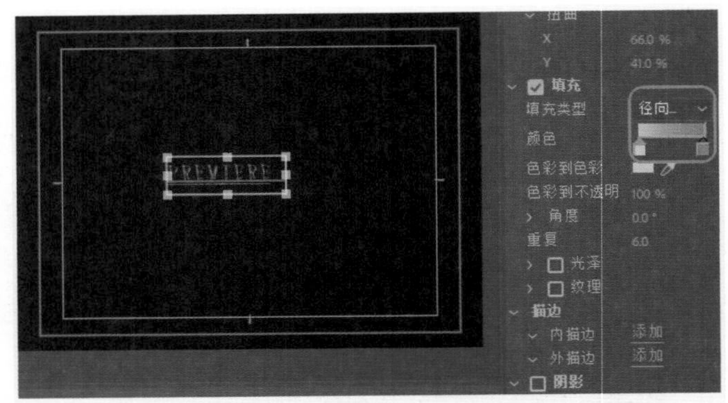

图6-16 径向渐变

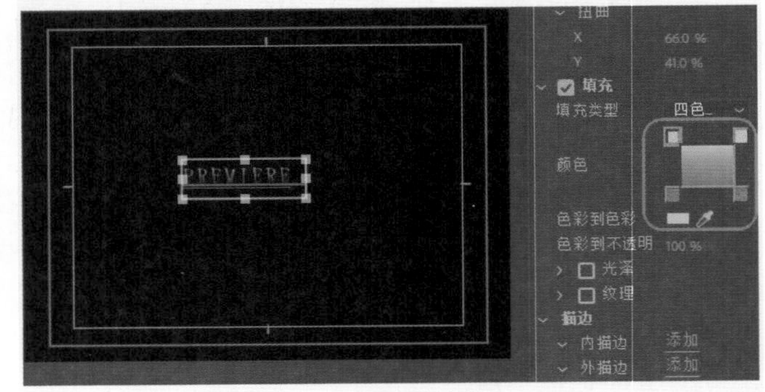

图6-17 四色渐变效果

- 【斜面】：使用【斜面】方式，可以为对象产生一个立体的浮雕效果。选择【斜面】后，首先需要在【高光颜色】中指定立体字的受光面颜色，然后在【阴影颜色】栏中指定立体字的背光面颜色，还可以分别在各自的透明度栏中指定不透明度。【平衡】参数栏调整明暗对比度，数值越高，明暗对比越强。【大小】参数可以调整浮雕的尺寸高度。激活【变亮】选项，可以在【光照角度】选项中调整数值，让浮雕对象产生光线照射效果。【光照强度】选项可以调整灯光强度。激活【管状】选项，可在明暗交接线上勾边，产生管状效果。使用【斜面】的效果如图6-18所示。

图6-18 设置斜面参数后的效果

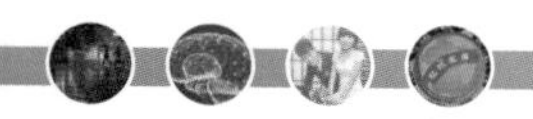

● 【消除】：在【消除】模式下，无法看到对象。如果为对象设置了阴影或者描边，就可以清楚地看到效果。对象被阴影减去部分镂空，而其他部分的阴影则保留下来，如图6-19所示。需要注意的是，在【消除】模式下，阴影的尺寸必须大于对象，如果相同的话，同尺寸相减后是不会出现镂空效果的。

图6-19　设置消除参数后的效果

● 【重影】：在【重影】模式下，隐藏了对象，却保留了阴影。这与【消除】模式类似，但是对象和阴影没有发生相减的关系，而是完整地显现了阴影，如图6-20所示。

图6-20　设置重影参数后的效果

【光泽】和【纹理】：在【光泽】选项中，可以为对象添加光晕，产生金属光泽等一些迷人的效果。【颜色】栏一般用于指定光泽的颜色，【不透明度】参数控制光泽不透明度，【大小】则用来控制光泽的扩散范围，可以在【角度】参数栏中调整光泽的方向，【偏移】参数栏用于对光泽位置产生偏移，如图6-21所示。

图6-21　设置光泽参数后的效果

除了指定不同的填充模式外，还可以为对象填充一个纹理。为对象应用纹理的前提是，此时颜色填充的类型不应是【消除】和【重影】。

为对象填充【纹理】的具体操作步骤如下。

01 在【字幕】面板中创建一个矩形，展开【填充】选项组，在该选项下勾选【纹理】复选框，单击该选项下材质右侧的纹理缩略图，如图6-22所示。

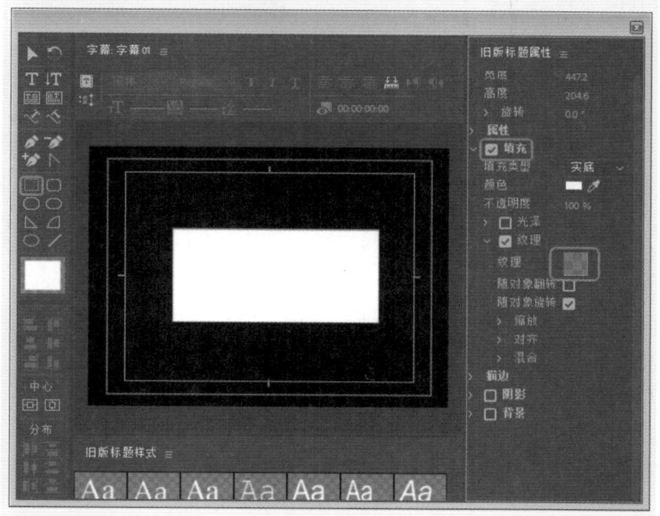

图6-22　创建矩形

02 在弹出的【选择纹理图像】对话框中随意选择一幅图像，如图6-23所示。

03 单击【打开】按钮，即可将选择的图像填充到矩形框中，如图6-24 所示。

勾选【随对象翻转】和【随对象旋转】后，当对象移动旋转时，纹理也会跟着一起动。【缩放】栏可以对纹理

进行缩放，可以在【水平】和【垂直】栏中水平或垂直缩放纹理图。

图6-23 【选择纹理图像】对话框

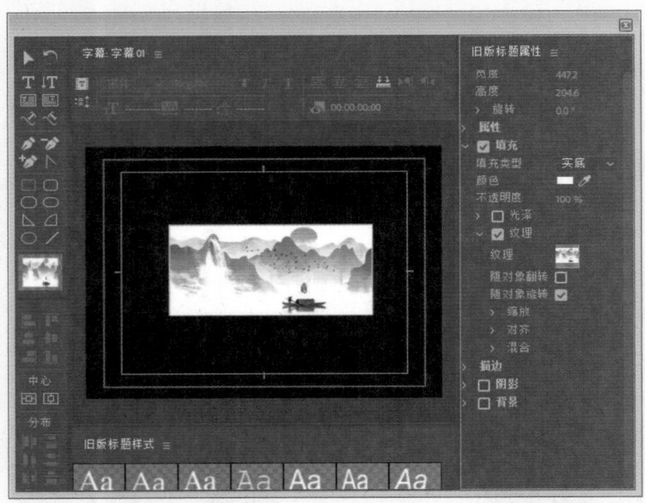

图6-24 填充后的效果

3. 描边设置

可以在【描边】参数栏中为对象设置一个描边效果。Premiere Pro CC 2018提供了两种形式的描边。用户可以选择使用【内描边】或【外描边】，也可以两者一起使用。要应用描边效果首先必须单击【添加】按钮，添加需要的描边效果，如图6-25所示。两种描边效果的参数设置基本相同。

应用描边效果后，可以在描边【类型】下拉列表中选择描边模式，分别为【边缘】、【深度】、【凹进】，下面我们将依次进行讲解。

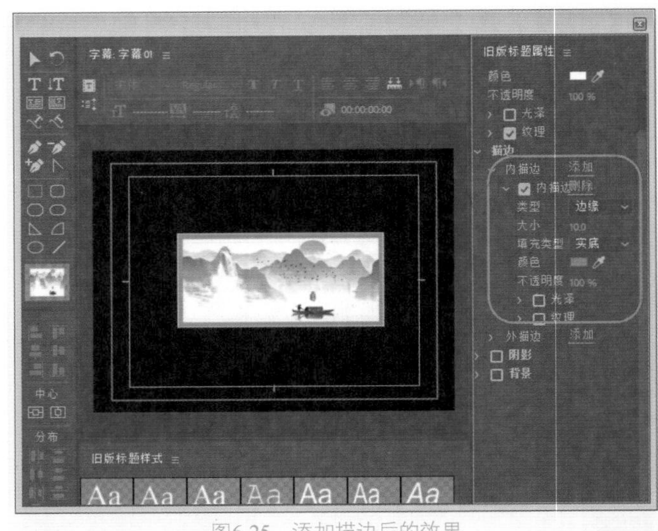

图6-25 添加描边后的效果

- 【边缘】：在【边缘】模式下，对象产生一个厚度，呈现立体字的效果。可以在【大小】设置栏调整数值，改变透视效果，如图6-26所示。

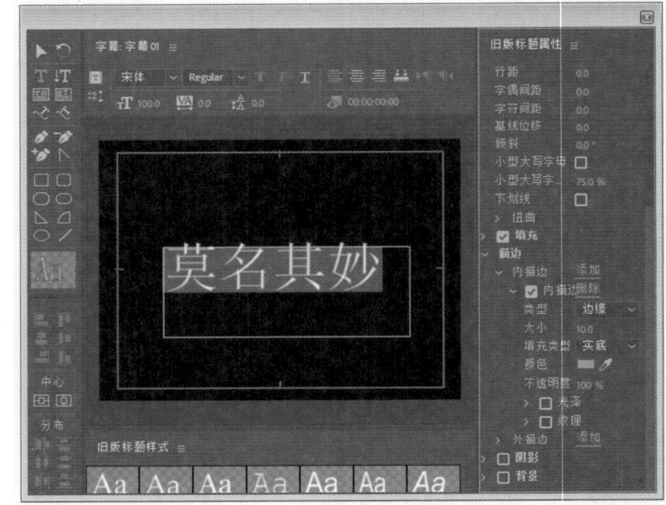

图6-26 设置边缘参数后的效果

- 【深度】：这是正统的描边效果。选择【深度】选项，可以在【大小】参数栏设置边缘宽度，在【颜色】栏指定边缘颜色，在【不透明度】栏控制描边不透明度，在【填充类型】栏控制描边的填充方式，这些参数和前面学习的填充模式基本一样。【深度】模式的效果如图6-27所示。
- 【凹进】：在【凹进】模式下，对象产生一个分离的面，类似于产生透视的投影，效果如图6-28所示。可以在【强度】设置栏控制强度，在【角度】栏调整分离面的角度。

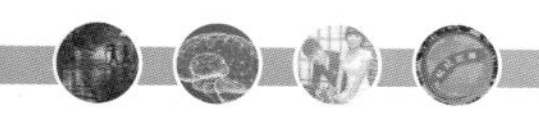

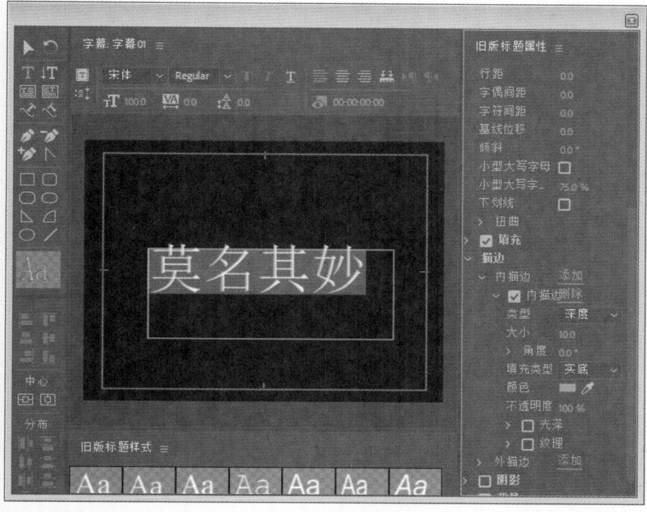

图6-27　设置深度参数后的效果

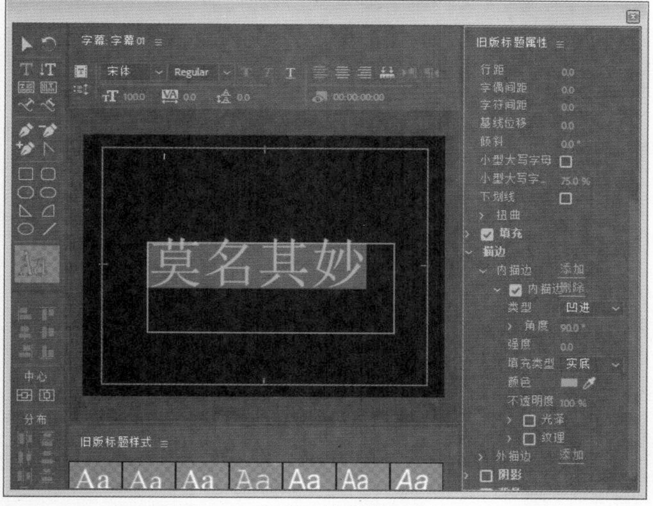

图6-28　设置凹进参数后的效果

4. 阴影设置

勾选【阴影】复选框，可以为字幕设置一个投影，如图6-29所示。字幕属性面板的【阴影】选项组中各参数的讲解如下。

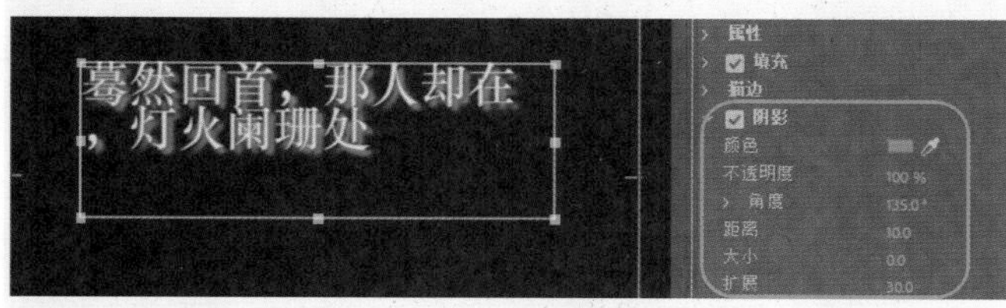

图6-29　设置阴影的效果

- 【颜色】：可以指定阴影的颜色。
- 【不透明度】：控制阴影的不透明度。
- 【角度】：控制阴影角度。
- 【距离】：控制阴影距离对象的远近。
- 【大小】：控制阴影的大小。
- 【扩展】：制作阴影的柔度，较高的参数产生柔和的阴影。

5. 背景设置

勾选【背景】复选框，可以为对象设置一个背景，【背景】区域中的所有选项与上述【填充】区域中的用法一样。

6.2.2　建立文字对象

在Premiere Pro CC 2018中可以使用字幕编辑器对影片或图形添加文字，即创建字幕。使用字幕编辑器可以创建具有多种特性的文字和图形的字幕，可以使用系统中的任何矢量字体，包括PostScript、Open Type以及TrueType字体。

1. 使用【文字工具】创建文字对象

字幕编辑器中包括几个创建文字对象的工具，使用这些工具，可以创建出水平或垂直排列的文字，或沿路径行走的文字，以及水平或垂直范围文字（段落文字）。

1）创建水平或垂直排列文字

创建水平或垂直排列文字的具体操作步骤如下。

01 新建一个字幕，在工具箱中选择【文字工具】或【垂直文字工具】。

02 将鼠标放置在字幕编辑器窗口并单击，激活文本框后，输入文字即可，如图6-30所示。

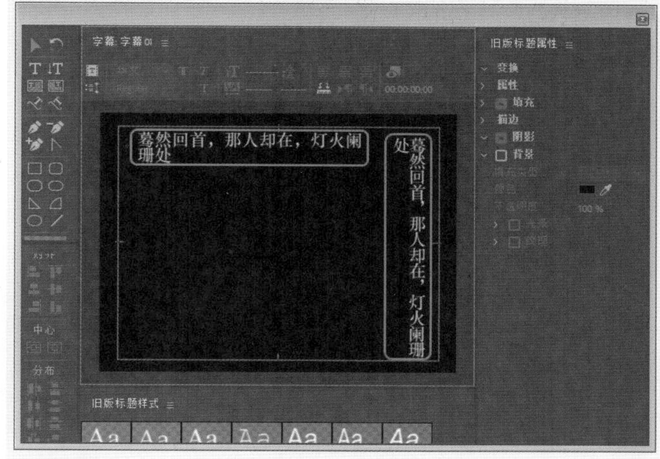

图6-30　创建水平或垂直排列文字

2）创建范围文字

创建范围文字的具体操作步骤如下。

01 在工具箱中选择【区域文字工具】或【垂直区域文字工具】。

02 将鼠标放置在字幕编辑器窗口单击并将其拖曳出文本区域，然后输入文字即可，如图6-31所示。

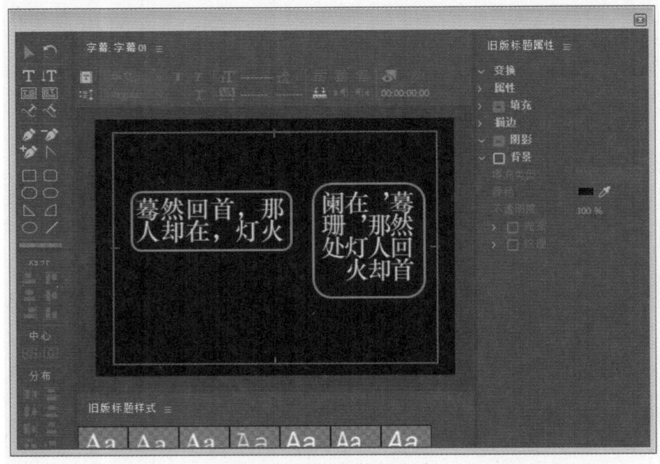

图6-31　创建范围文字

3）创建路径文字

创建路径文字的具体操作步骤如下。

01 在工具箱中选择【路径文字工具】或【垂直路径文字工具】。

02 将鼠标移动至字幕编辑器中，此时，鼠标指针将会处于钢笔状态，在该窗口中文字的开始位置单击，然后在另一个位置处单击创建一个路径，如图6-32 所示。

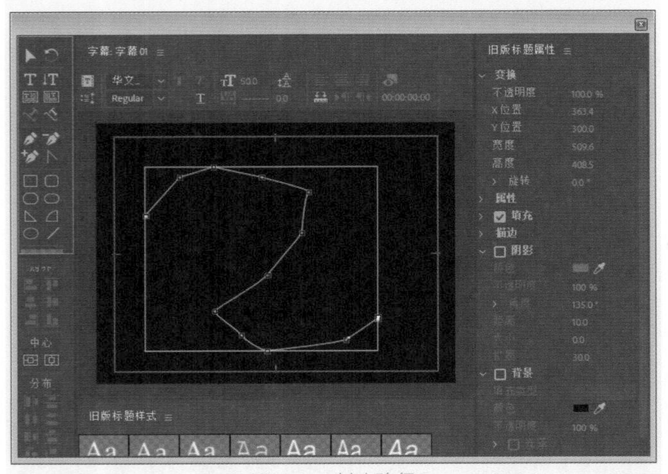

图6-32　创建路径

03 创建完路径后，输入文本内容，如图6-33所示。

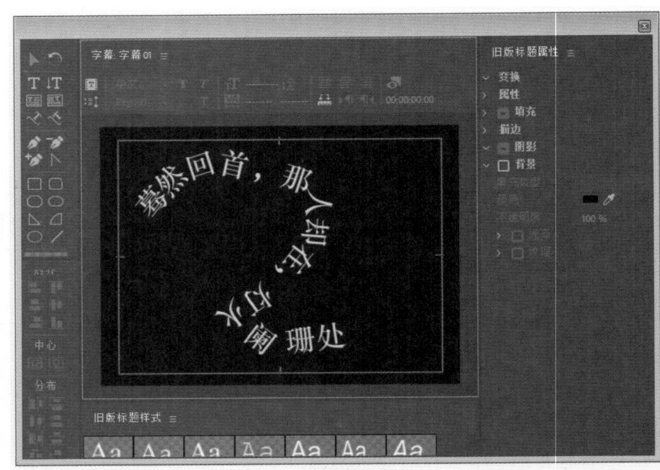

6-33　创建路径文字

2. 文字对象的编辑

1）文字对象的选择与移动

文字对象的选择与移动的操作步骤如下。

01 在工具箱中选择【选择工具】，单击文本对象即可将其选中。

02 在文字对象处于被选择的状态下，单击并移动鼠标即可实现对文字对象的移动操作。也可以使用键盘上的方向键对其进行移动操作。

2）文字对象的缩放与旋转

文字对象的缩放与旋转的具体操作步骤如下。

01 在工具箱中选择【选择工具】，在【字幕】面板中单击使用【文字工具】或【垂直文字工具】创建的文字对象并将其选中。

02 被选择的文字对象周围会出现八个控制点，将鼠标指针放置在控制点上，当鼠标指针处于双向箭头的状态下，按住鼠标并拖曳即可对其实现缩放操作，如图6-34所示。

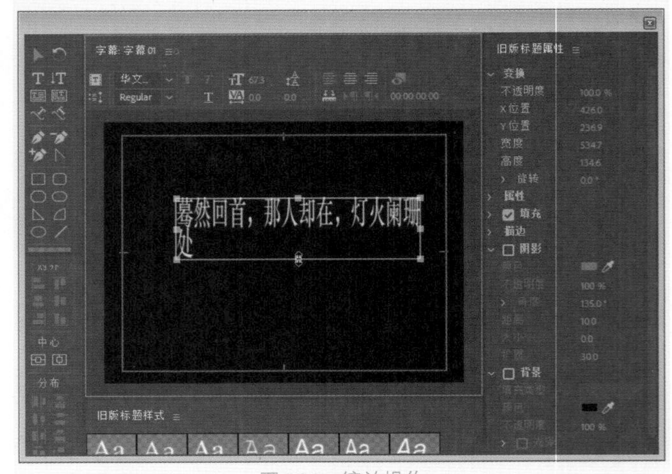

图6-34　缩放操作

03 在文字对象处于被选择的状态下，在工具箱中选择【旋转工具】，将鼠标指针移动到编辑窗口，按住鼠标左键并拖曳，即可对其实现旋转操作，如图6-35所示。

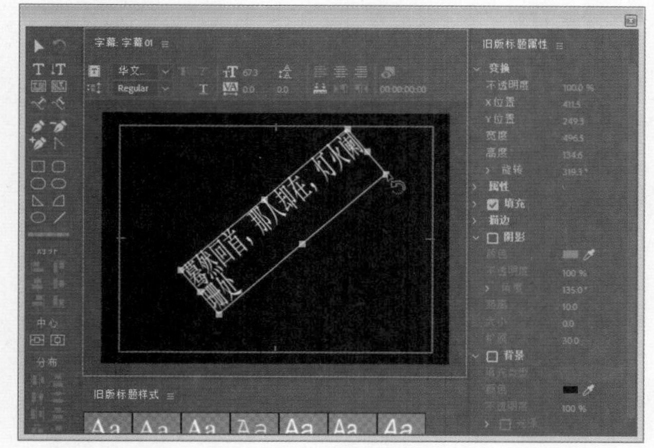

图6-35 旋转操作

3）改变文字对象的方向

改变文字对象方向的具体操作步骤如下。

01 在工具箱中选择【选择工具】，在字幕编辑器中单击文字对象即可将其选中。

02 在文字对象被选择的情况下单击鼠标右键，选择位置命令，选择水平或垂直，如图6-36所示。

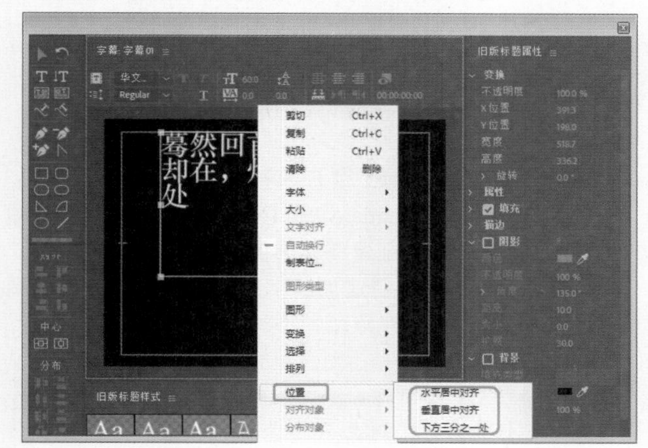

图6-36 选择水平/垂直

范围文本框的缩放与旋转的具体操作步骤如下。

01 在工具箱中选择【选择工具】，在字幕编辑中将文本框选取。

02 将鼠标指针移动至四周的控制点上，当鼠标指针变为双向箭头时，拖动这个控制点，就可以缩放范围文本框了。

03 如果想要旋转范围文本框时，可以使用前面讲到的【旋转工具】，或者将鼠标指针移动到控制点上，当鼠标指针变为可旋转的双向箭头时，即可对其进行旋转操作。

4）设置文本对象的字体与大小

设置文本对象的字体与大小的具体操作步骤如下。

01 使用【选择工具】，在字幕编辑器中将文本对象选取。

02 在文本对象处于被选择的状态下，在文本对象上单击鼠标右键，在弹出的快捷菜单中选择【字体】|【大小】命令，在其弹出的子菜单中选择一种选项，如图6-37所示。

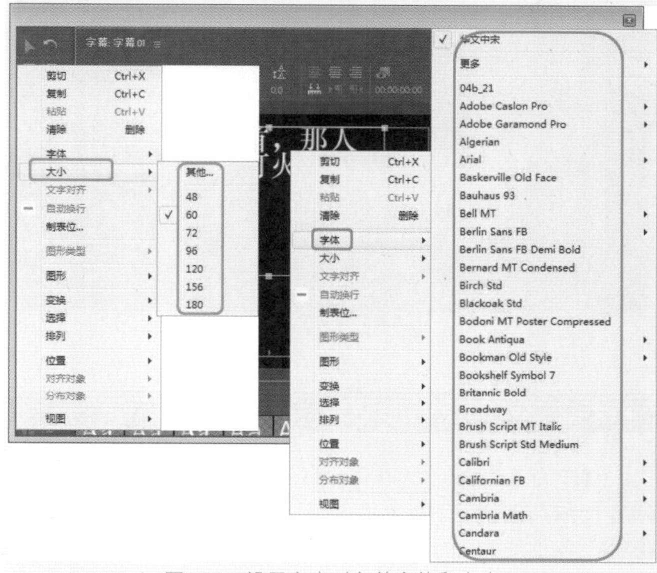

图6-37 设置文本对象的字体和大小

5）设置文本的对齐方式

设置文本的对齐方式的具体操作步骤如下。

01 使用【选择工具】，在字幕编辑器中将多个文本对象框选。

02 单击字幕编辑器左侧的对齐按钮，效果如图6-38所示。

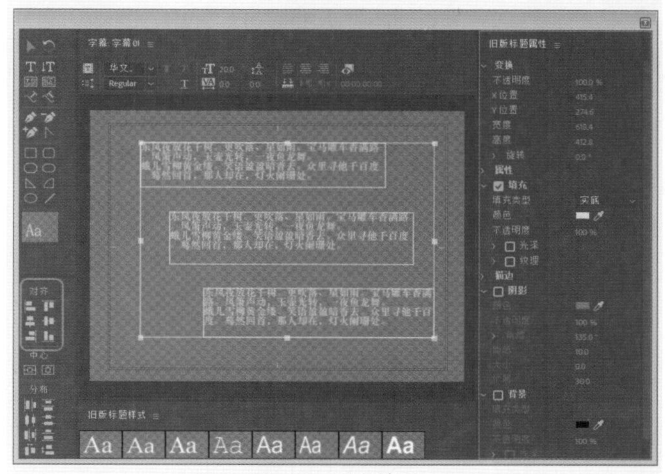

图6-38 对齐效果

03 编辑文本对象时也可在字幕编辑器上方单击【左对齐】、【居中】、【右对齐】按钮，如图6-39所示。

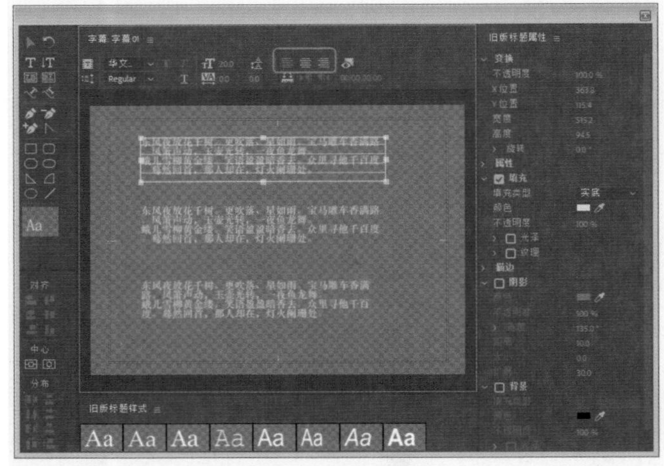

图6-39 字幕编辑器

6.2.3 创建图形对象

【字幕】面板的工具箱中除了文本创建工具外，还包括各种图形创建工具，能够建立直线、矩形、椭圆、多边形等。各种线和形状对象一开始都使用默认的线条、颜色和阴影属性，可以随时更改这些属性。有了这些工具，在影视节目的编辑过程中就可以方便地绘制一些简单的图形。

下面我们通过一个具体的实例介绍这些工具中常用工具的使用方法。

1. 使用形状工具绘制图形

01 在工具箱中选择任意一个绘图工具，在此我们选择的是工具箱中的【矩形工具】。

02 将鼠标指针移动至字幕编辑器中，单击鼠标并拖曳，即可在【字幕】面板中创建一个矩形。

2. 实战：改变图形的形状

在字幕编辑器中绘制的形状图形，它们之间可以相互转换。改变图形的形状的具体操作步骤如下。

01 在字幕编辑器中选择一个绘制的图形。

02 在字幕属性栏中单击【属性】左侧的三角按钮，将其展开。

03 单击【图形类型】右侧的下拉按钮，即可弹出一个下拉列表，如图6-40所示。

04 在该列表中选择一种绘图类型，所选择的图像即可转换为所选绘图类型的形状，如图6-41所示。

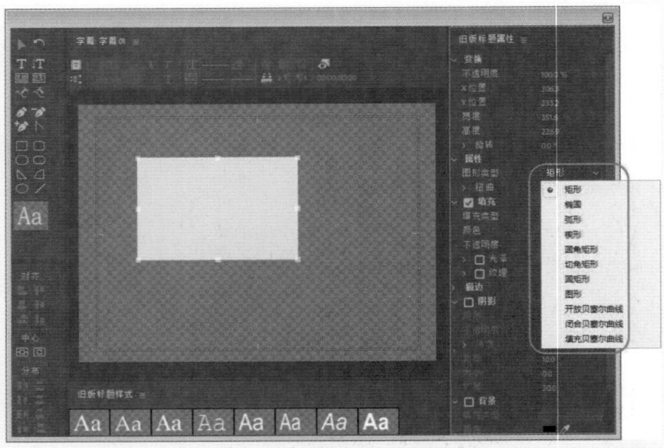

图6-40 【图形类型】下拉列表

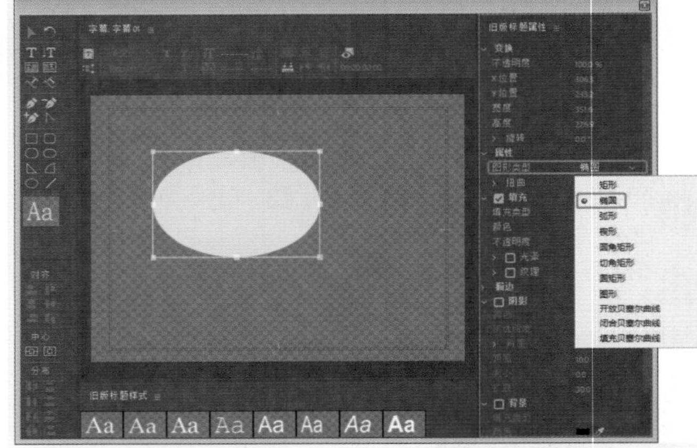

图6-41 改变后的图像

3. 实战：使用【钢笔工具】创建自由图形

【钢笔工具】是Premiere Pro CC 2018中最为有效的图形创建工具，可以用它创建任何形状的图形。

【钢笔工具】通过创建贝塞尔曲线创建图形，通过调整曲线路径控制点可以修改路径形状。

> 提示　通过路径创建图形时，路径上的控制点越多，图形形状越精细，但过多的控制点不利于后边的修改。建议路径上的控制点在不影响效果的情况下，尽量减少使用。

下面我们利用【钢笔工具】来绘制一个简单的图形。

01 在菜单栏中选择【文件】|【新建】|【旧版标题】命令，将打开一个新的字幕编辑器，如图6-42所示。

02 在工具箱中选择【钢笔工具】，在字幕编辑器中绘制一个闭合的图形，如图6-43所示。

03 绘制完成后，在工具箱中选择【转换锚点工具】，调整曲线上的每一个控制点，使曲线变得圆滑，如图6-44所示。

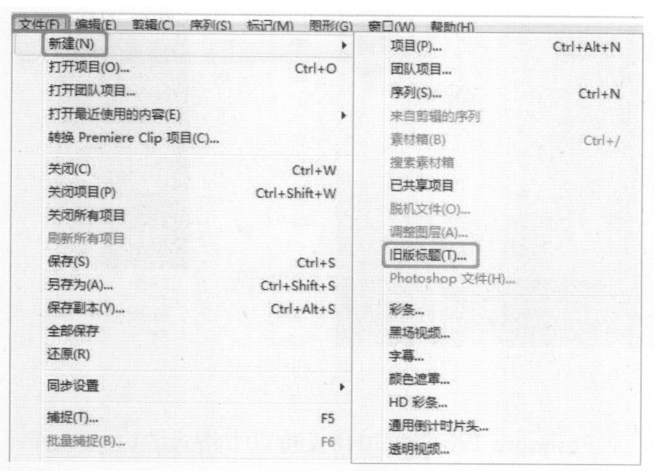

图6-42　选择【旧版标题】命令

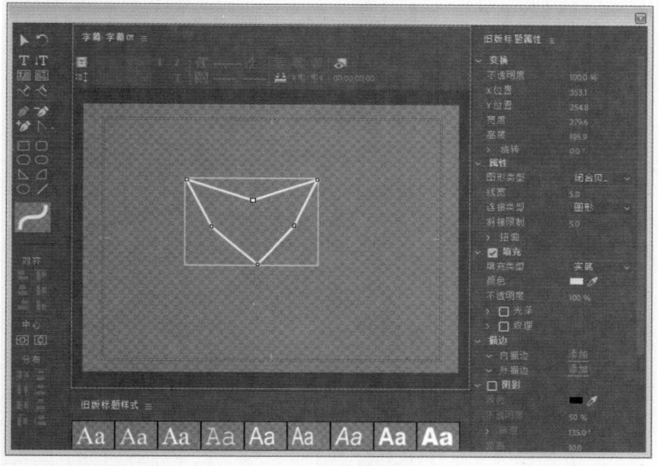

图6-43　闭合的图形

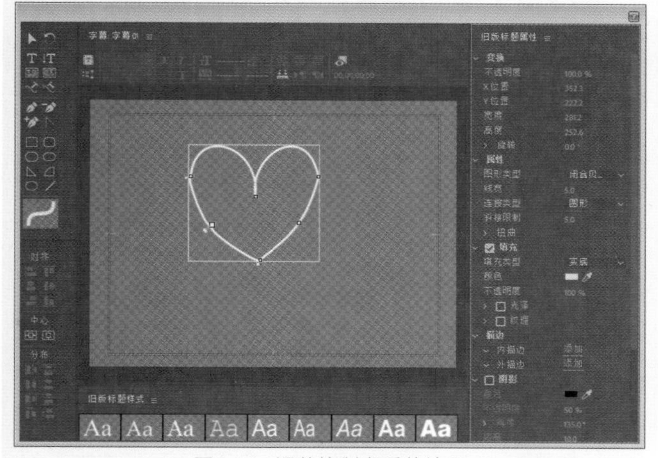

图6-44　调整控制点后的效果

04 确认曲线处于编辑状态，在【属性】选项组中将其【图形类型】设置为【填充贝塞尔曲线】选项，如图6-45所示。

05 将其【填充类型】设置为【实底】，将其填充颜色设置为白色，如图6-46所示。

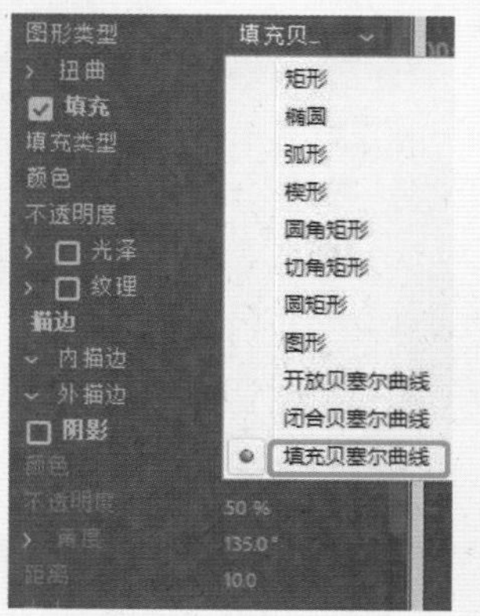

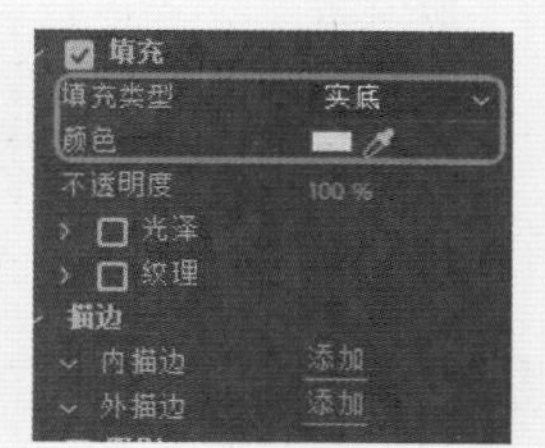

图6-45　选择【填充贝塞尔曲线】选项　　图6-46　为其填充颜色

至此，创建的心形就制作完成了，用户可使用类似的方法制作其他图形。

在Premiere Pro CC 2018中，可以通过移动、增加或减少遮罩路径上的控制点以及对线段的曲率进行调整来改变遮罩的形状。

- 【添加锚点工具】：在图形上需要增加控制点的位置单击即可增加新的控制点。
- 【删除锚点工具】：在图形上单击控制点可以删除该点。
- 【转换锚点工具】：单击控制点，可以在尖角和圆角间进行转换。也可拖动控制手柄对曲线进行调节。

在更多时候，可能需要创建一些规则的图形，这时，使用【钢笔工具】来创建非常方便。

4. 改变对象排列顺序

在默认情况下，字幕编辑器中的多个物体是按创建的顺序分层放置的，新创建的对象总是处于上方，挡住下面的对象。为了方便编辑，也可以改变对象的排列顺序。

改变对象排列顺序的具体操作步骤如下。

01 在字幕编辑器中选择需要改变顺序的对象。

02 右击鼠标，在弹出的快捷菜单中选择【排列】|【前移】命令，如图6-47所示。

- 【移到最前】：顺序置顶。该命令将选择的对象置于所有对象的最顶层。
- 【前移】：顺序提前。该命令改变当前对象在字幕中的排列顺序，使它的排列顺序提前一层。
- 【移到最后】：顺序置底。该命令将选择的对象置于所有对象的最底层。
- 【后移】：顺序置后。该命令改变当前对象在字幕中的排列顺序，使它的排列顺序置后一层。

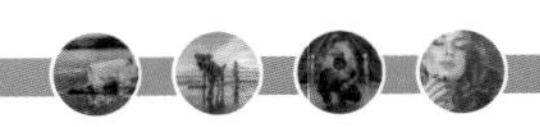

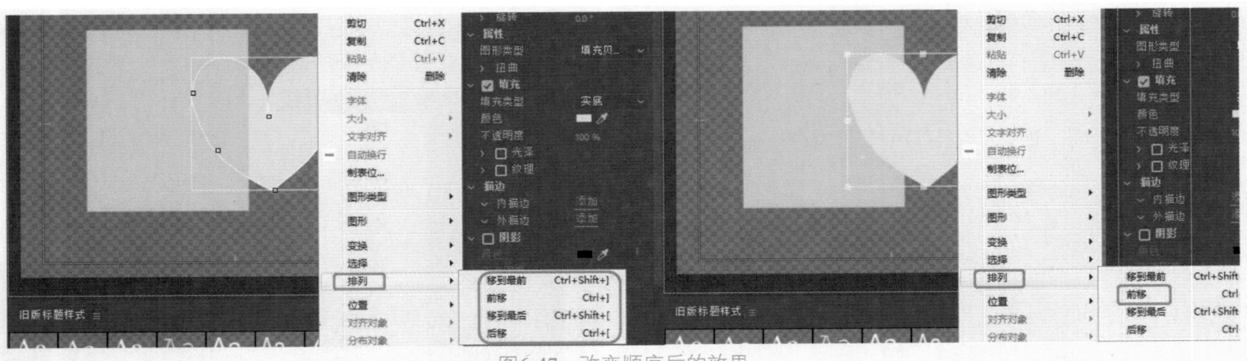

图6-47　改变顺序后的效果

6.2.4　实战：插入标记

在制作节目的过程中，经常需要在影片中插入标记，Premiere Pro CC 2018也提供了这一功能。

插入标志Logo的具体操作步骤如下。

01 在【字幕】面板中单击鼠标右键，在弹出的快捷菜单中选择【图形】|【插入图形】命令，如图6-48所示。

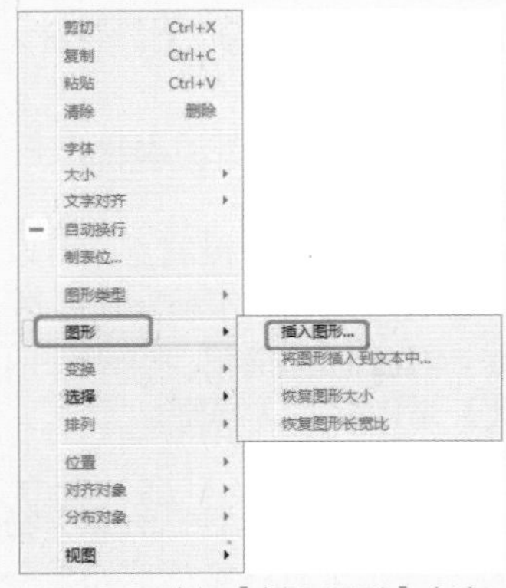

图6-48　选择【插入图形】命令

02 在弹出的【导入图形】对话框中，找到要导入的图像，单击【打开】按钮即可，如图6-49所示。

图6-49　【导入图形】对话框

Premiere Pro CC 2018支持以下格式的Logo文件：AI File、Bitmap、EPS File、PCX、Targa、TIFF、PSD及Windows Metafile。

实例操作——水平滚动字幕

本案例中设计的水平滚动字幕，从美观且与背景融合的角度思考，注重体现主题字幕的效果。

本案例制作的水平滚动字幕部分效果展示如图6-50所示。

图6-50　水平滚动字幕效果

01 新建项目文件和DV-PAL选项组下的【标准48kHz】序列文件，在【项目】面板中导入“绿水青山.jpg”文件，如图6-51所示。

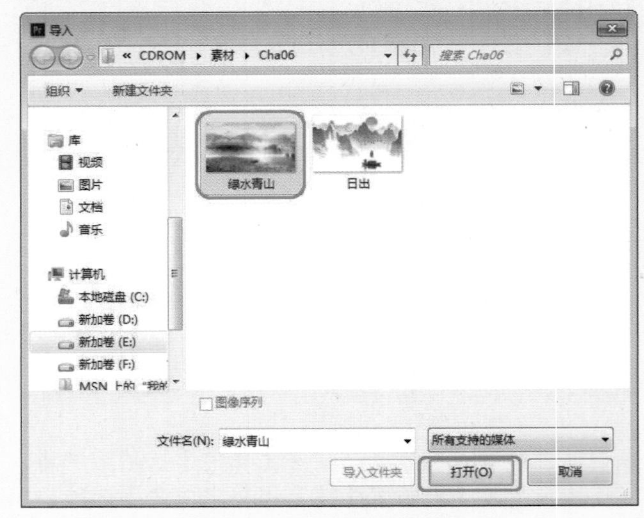

图6-51　【导入】对话框

02 选择【项目】面板中的“绿水青山.jpg”文件，将其拖至V1轨道中，将其持续时间设置为00:00:15:00，如图6-52所示。

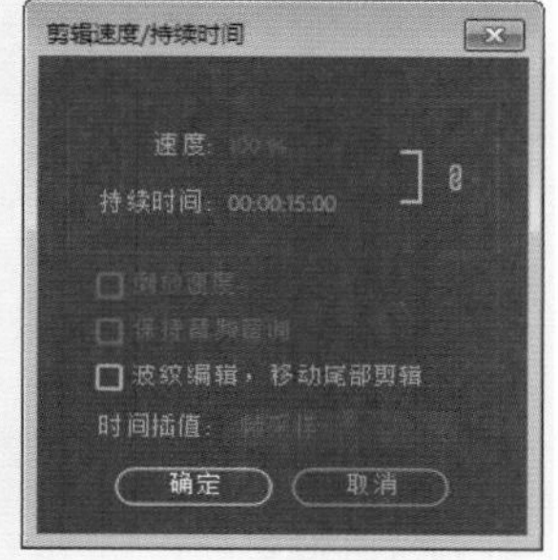

图6-52　设置持续时间

03 在【序列】面板中选定V1上的“绿水青山.jpg”文件，打开【效果控件】面板，将当前时间设置为00:00:00:00，单击【缩放】左边的按钮，将当前时间设置为00:00:05:00，将【缩放】设置为53.5，如图6-53所示。

图6-53　设置缩放

04 选择【文件】|【新建】|【旧版标题】命令，在字幕编辑器中使用【文字工具】输入文本，如图6-54所示。

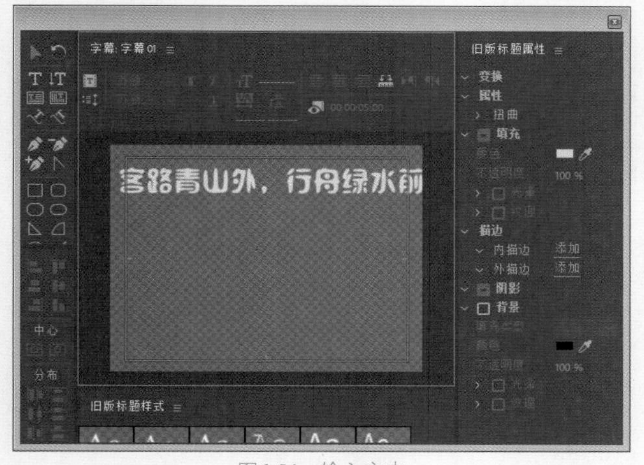

图6-54　输入文本

05 将【字体系列】设置为【苏新诗卵石体】，【字体大小】设置为35，【字符间距】设置为5，【变换】中的【X位置】设置为290.3，【Y位置】设置为106.1，【宽度】设置为507.7，【高度】设置为35.0，【填充】选项组下的【类型】设置为【实底】，【颜色】RGB值设置为5、99、58。展开【描边】选项组，单击【外描边】下的【添加】按钮，将【类型】设置为【深度】，【填充类型】设置为【实底】，【颜色】设置为黑色，如图6-55所示。

06 在字幕编辑器中单击【滚动/游动选项】按钮，选择【向左游动】单选按钮和【开始于屏幕外】复选框，单击【确定】按钮，如图6-56所示。

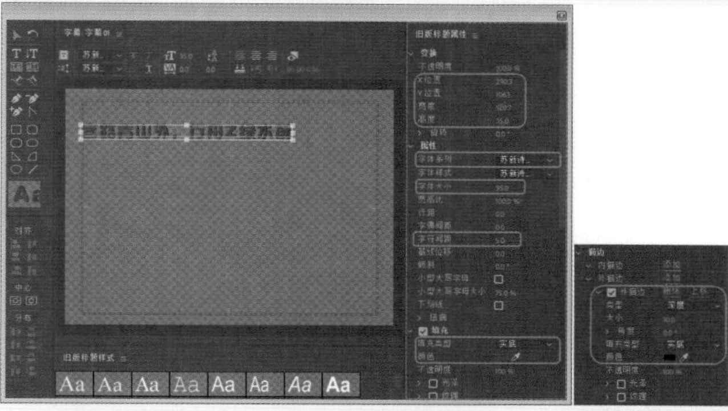
图6-55　设置文本属性

07 关闭字幕编辑器，将“字幕01”拖曳到V2轨道中，将持续时间设置为00:00:15:00，如图6-57所示。

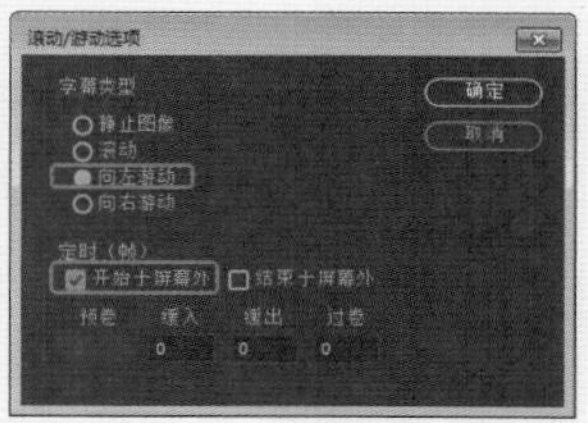
图6-56　设置游动滚动

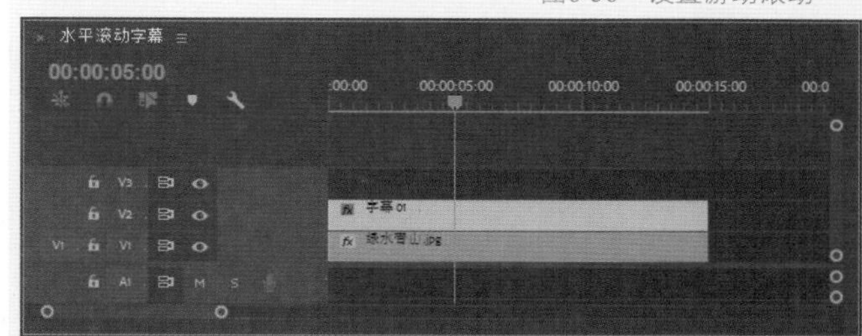

图6-57　完成后的效果

08 在【效果】面板中选择【视频效果】|【扭曲】|【球面化】效果，双击【球面化】，在【效果控件】面板中将【球面化】展开，将【半径】设置为47，【球面中心】设置为577.5和103.4，如图6-58所示。将时间设置为00:00:00:00，在【节目】监视器中查看效果，导出保存即可。

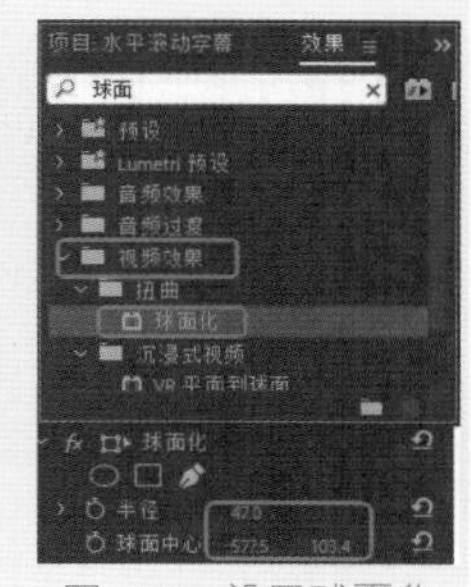
图6-58　设置球面化

实例操作——渐变文字

制作渐变文字的过程主要是通过新建字幕输入文字并设置参数，完成最终渐变文字的效果，如图6-59所示。

01 新建项目文件和DV-PAL选项组下的【标准48kHz】序列文件，在【项目】面板中导入“背景图片.jpg”文件，如图6-60所示。

图6-59 效果展示

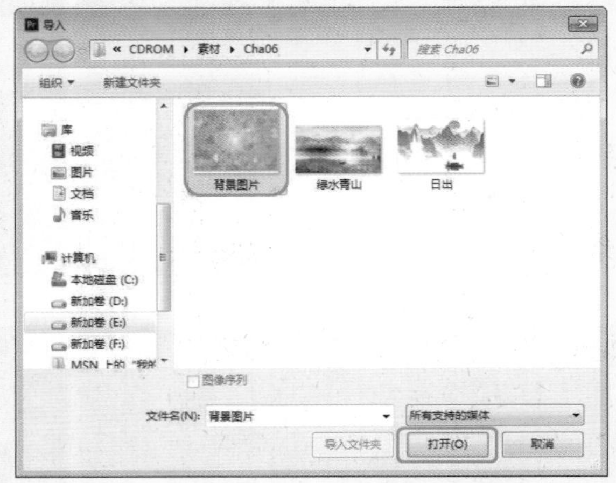

图6-60 【导入】对话框

02 选择【项目】面板中的“背景图片.jpg”文件，将其拖至V1轨道中，将其持续时间设置为00:00:05:00，如图6-61所示。

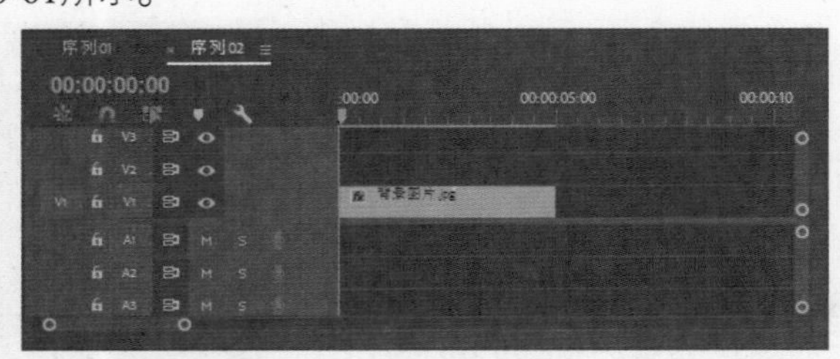

图6-61 拖曳到V1轨道中

03 选择【文件】|【新建】|【旧版标题】命令，在字幕编辑器中使用【椭圆工具】按住Shift键拖曳出一个正圆，如图6-62所示。

04 设置字幕编辑器【旧版标题属性】下的【变换】中的【宽度】为391.0，【高度】为364.6，【X位置】为402.5，【Y位置】为284.4，如图6-63所示。

05 将字幕编辑器【旧版标题属性】下的【填充】中的【填充类型】设置为【径向渐变】，【颜色】默认为白色，调整颜色滑块，设置右侧滑块【色彩到不透明】为0，如图6-64所示。

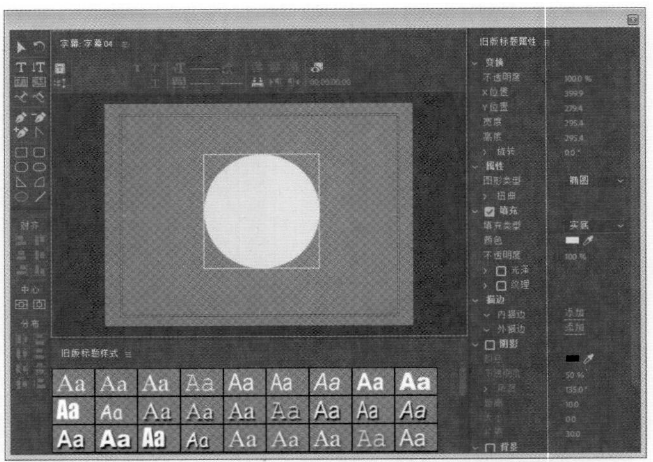

图6-62 绘制一个圆

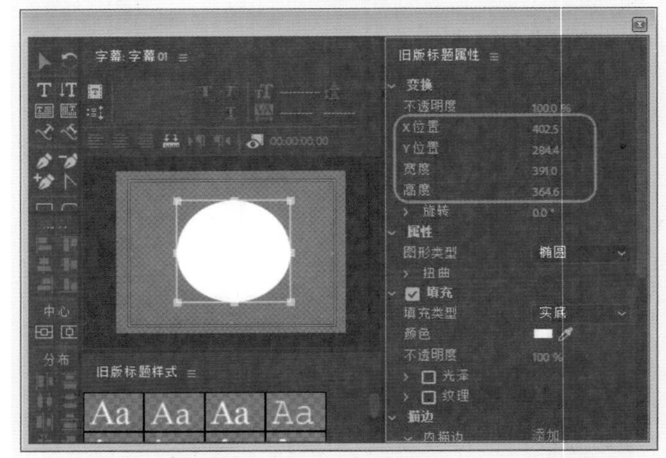

图6-63 设置属性

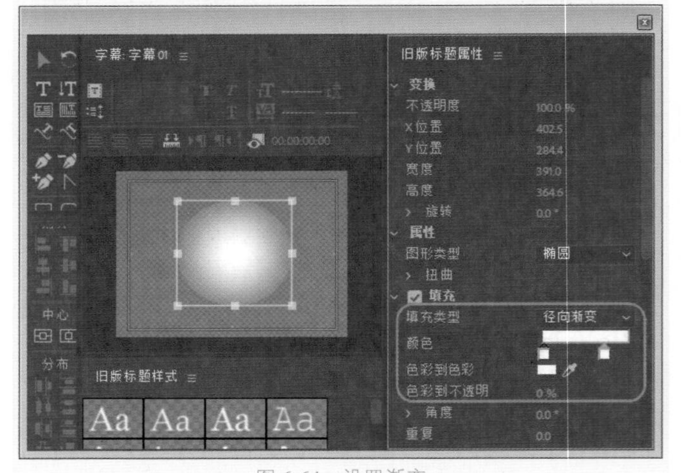

图 6-64 设置渐变

06 关闭字幕编辑器，新建“字幕02”，使用【文字工具】输入文本，将字幕编辑器中【旧版标题属性】下的【字体系列】设置为【华文隶书】，【字体大小】设置为100。将第一行英文中的【宽度】设置为284.9，【高度】设置为100，【X位置】设置为393.7，【Y位置】设置为173.9，如图6-65所示。

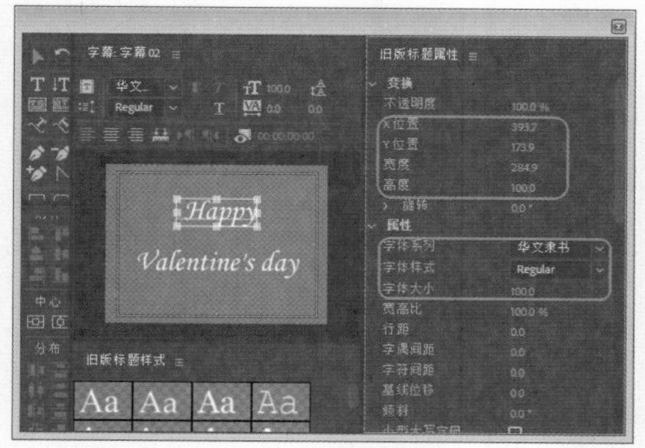

图6-65 输入并设置文本

07 第二行英文的【宽度】设置为584.5，【高度】设置为100，【X位置】设置为396.6，【Y位置】设置为360.2，如图6-66所示。

图6-66 设置字体属性

08 分别选中两行英文字母，将字幕编辑器中【旧版标题属性】下的【填充类型】设置为【四色渐变】，将【颜色】中的左上角和右上角RGB值设置为255、0、234，左下角和右下角RGB值设置为143、0、243，选择【阴影】复选框，如图6-67所示。

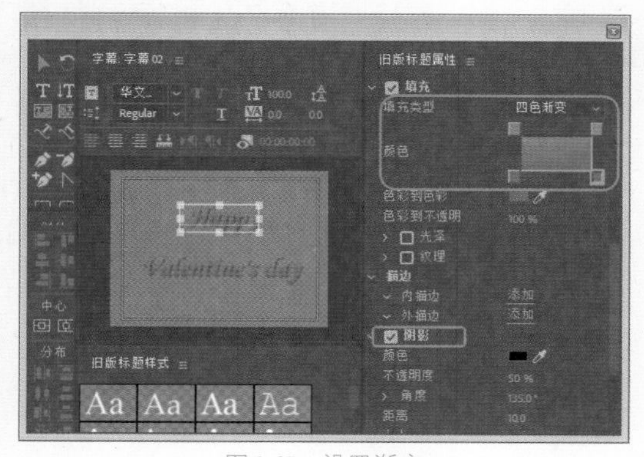

图6-67 设置渐变

09 关闭字幕编辑器，将“字幕01”拖曳到V2轨道中，将“字幕02”拖曳到V3字幕中，在【节目】监视器中观看效果，如图6-68所示。

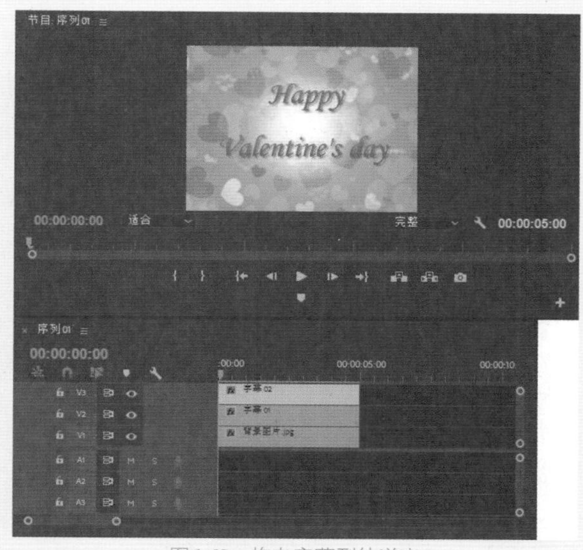

图6-68 拖曳字幕到轨道中

10 按Ctrl+M组合键打开【导出设置】对话框，将【格式】设置为JPEG，单击【输出名称】右侧的蓝色文字，在打开的对话框中选择保存位置并输入名称，单击【保存】按钮，取消选中【视频】下【导出为序列】选项，然后单击【导出】按钮，视频即可导出，如图6-69所示。

图6-69 【导出设置】对话框

6.3 应用与创建字幕样式效果

如果对编辑完的字幕不满意，可以在字幕样式中应用预设的风格化效果。如果对创建的风格化效果很满意，还可以创建样式效果对其进行保存。

6.3.1 应用风格化效果

如果要为一个对象应用预设的风格化效果，只需要选择该对象，然后在编辑窗口下方单击字幕样式栏中的样式效果即可，如图6-70所示。

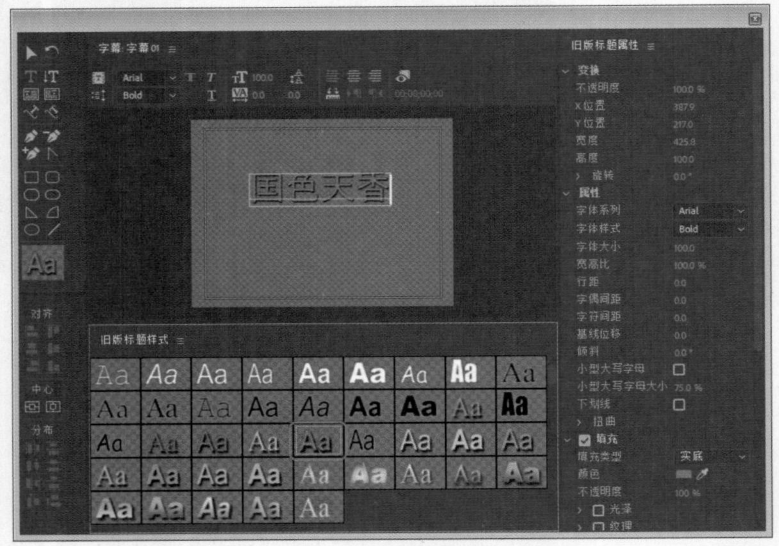

图6-70 字幕样式效果

知识链接

选择一个样式效果后，单击【字幕样式】栏右侧的菜单按钮，可以弹出下拉菜单，如图6-71所示，该菜单中各选项讲解如下。

关闭面板
浮动面板
关闭组中的其他面板
面板组设置
新建样式...
应用样式
应用带字体大小的样式
仅应用样式颜色
复制样式
删除样式
重命名样式...
重置样式库...
追加样式库...
保存样式库...
替换样式库...
仅文本
小缩览图
✓ 大缩览图

图6-71 【字幕样式】下拉菜单

- 【新建样式】：新建一个风格化样式。
- 【应用样式】：使用当前所显示的样式。
- 【应用带字体大小的样式】：在使用样式时只应用样式的字号。
- 【仅应用样式颜色】：在使用样式时只应用样式的当前色彩。
- 【复制样式】：复制一个风格化效果。
- 【删除样式】：删除选定的风格化效果。
- 【重命名样式】：给选定的风格化效果另设一个名称。
- 【重置样式库】：用默认样式替换当前样式。
- 【追加样式库】：读取风格化效果库。
- 【保存样式库】：可以把定制的风格化效果存储到硬盘上，产生一个Prsl文件，以供随时调用。
- 【替换样式库】：替换当前风格化效果库。
- 【仅文本】：在风格化效果库中仅显示名称。
- 【小缩览图】：小图标显示风格化效果。
- 【大缩览图】：大图标显示风格化效果。

6.3.2 实战：创建样式效果

当我们费尽心思为一个对象指定了满意的效果后，一定希望可以把这个效果保存下来，以便随时使用。为此，Premiere Pro CC 2018提供了定制风格化效果的功能。

定制风格化效果的方法如下。

01 选择完成风格化设置的对象。

02 单击【字幕样式】栏右侧的菜单按钮，在弹出的下拉菜单中选择【新建样式】命令。

03 执行完该命令后，即可在弹出的对话框中输入新样式效果的名称，单击【确定】按钮即可，如图6-72所示。至此，新建的样式就会出现在【字幕样式】选项列表中。

图6-72 【新建样式】对话框

实例操作——卡通文字

本案例中设计的可爱卡通文字重在通过字体体现出文字的可爱之处，通过新建字幕，使用【文字工具】输入文字，并选择一个合适的字体，为可爱卡通文字片添加合适的装饰图片，效果如图6-73所示。

01 新建项目文件和序列，将【编辑模式】改为【自定义】，将【视频】下的【帧大小】设置为380，【水平】设置为630，单击【确定】按钮，如图6-74所示。

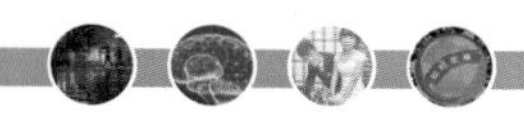

图6-73 效果展示

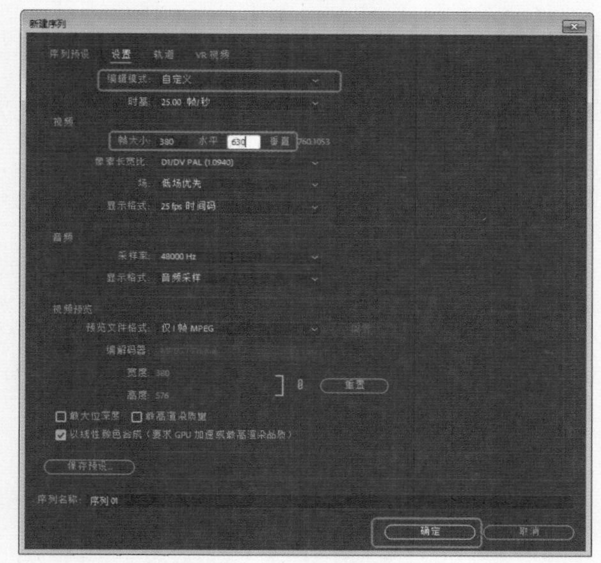

图6-74 【新建序列】对话框

02 在【项目】面板中导入“星星女孩.jpg”“苹果.png”文件，如图6-75所示。

03 选择【项目】面板中的“星星女孩.jpg”文件，将其拖到V1轨道中，切换到【效果控件】面板，将【运动】选项组下的【缩放】值设为12，【位置】设置为190、315，如图6-76所示。

04 选择【文件】|【新建】|【旧版标题】命令，进入到字幕编辑器中，使用【文字工具】输入文字，并选中文字，将【字体系列】设置为【腾祥孔淼卡通繁】，【字体大小】设置为90，【填充类型】设置为【实底】，【颜色】设置为白色，添加外描边和阴影效果并使用其默认值，如图6-77所示。将【变换】选项组下的【宽度】改为320.4，【高度】设置为90，【X位置】设置为209.8，【Y位置】设置为267.9，如图6-78所示。

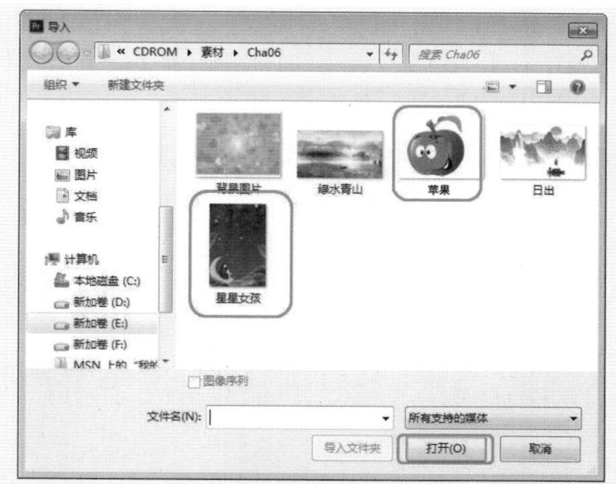

图6-75 【导入】对话框

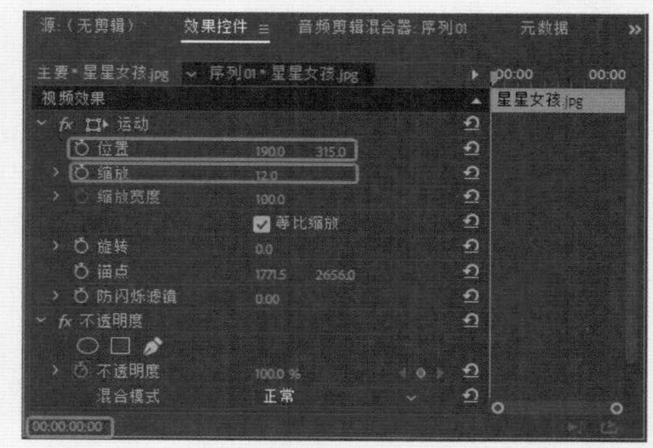

图6-76 设置属性

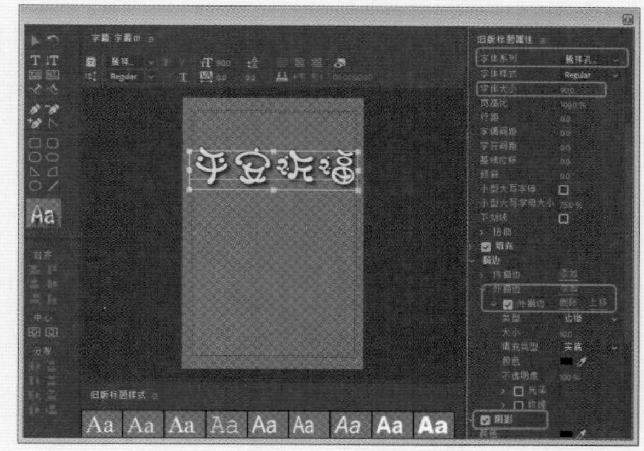

图6-77 设置属性

05 关闭字幕编辑器，选择【文件】|【新建】|【旧版标题】命令，使用默认设置单击【确定】按钮，进入到字幕编辑器中，使用【文字工具】输入文字并选中输入的文字，在右侧将【字体系列】设置为【腾祥孔淼卡通繁】，【字体大小】设置为90，【填充类型】设置为【实底】，【颜色】设置为白色，添加外描边和阴影并使用其

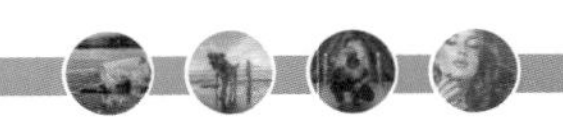

默认值，如图6-79所示，将【变换】选项组下【宽度】设置为203.7，【高度】设置为90，【X位置】与【Y位置】分别设置为195.2、155.7，如图6-80所示。

图6-78　设置变换属性

图6-79　设置属性

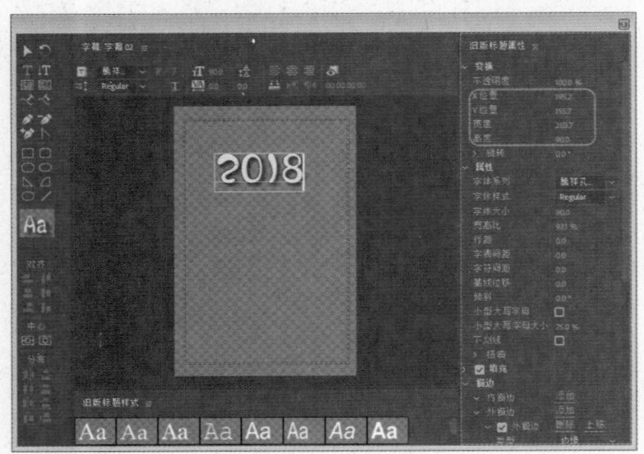

图6-80　设置变换属性

06 关闭字幕编辑器，选择【文件】|【新建】|【旧版标题】命令，使用默认设置，单击【确定】按钮，进入到字幕编辑器中，使用【矩形工具】绘制一个矩形，选中该矩形，将【属性】选项组下的【图形类型】设置为【圆矩形】，如图6-81所示。将【填充】选项组下的【填充类型】设置为【径向渐变】，调整颜色滑块，单击右侧滑块将【色彩到不透明】设置为42，如图6-82所示。将【变换】选项组下的【宽度】设置为218.1，【高度】设置为99，【X位置】设置为197，【Y位置】设置为145.6，如图6-83所示。

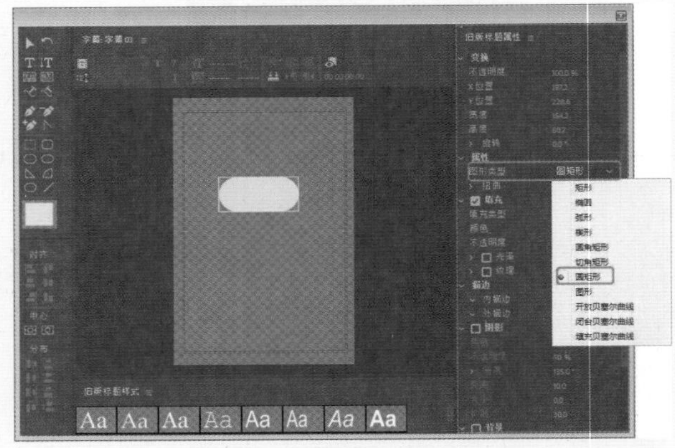

图6-81　改为圆矩形

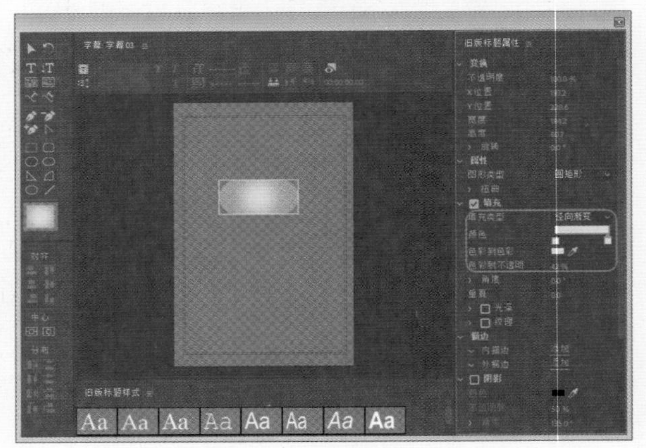

图6-82　设置渐变

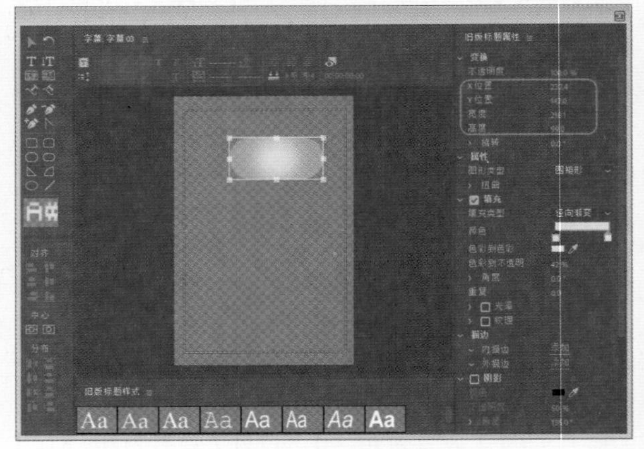

图6-83　设置变换属性

07 关闭该窗口，在【项目】面板中将“字幕01”文件拖至V2轨道中，将“字幕03”拖至V3轨道中，将“字幕02”拖至V4轨道中，将“苹果.png”素材文件拖至V5轨道中，并选中该轨道中的素材，切换至【效果控件】面板，将【运动】选项组下的【缩放】设置为8，【位置】设置为337、138.1，如图6-84所示。

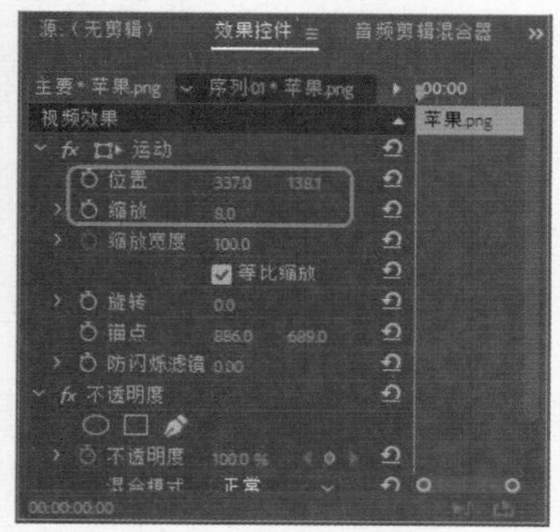

图6-84　设置【位置】和【缩放】参数

08 在【节目】监视器中观看效果，按Ctrl+M组合键打开【导出设置】对话框，将格式设置为JPEG，单击【输出名称】右侧的蓝色文字，在打开的对话框中选择保存位置并输入名称，单击【保存】按钮，取消选中【视频】下【导出为序列】选项，然后单击【导出】按钮，如图6-85所示，视频即可导出。

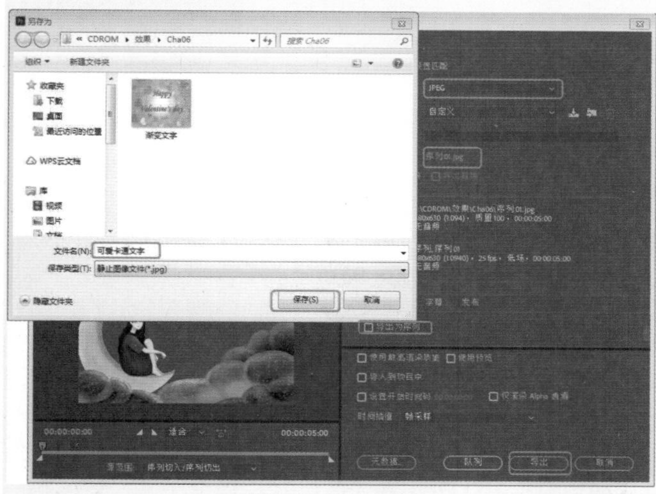

图6-85　导出视频

实例操作——纹理效果字幕

纹理效果字幕的制作过程主要包括新建字幕，在字幕编辑器中使用【文字工具】输入文字，设置文字的位置，并为文字添加材质纹理制作出最终效果。本案例制作的纹理效果字幕部分展示如图6-86所示。

图6-86　纹理效果字幕

01 新建项目文件和DV-PAL选项组下的【标准48kHz】序列文件，在【项目】面板中导入“麦克风.jpg”文件，如图6-87所示。

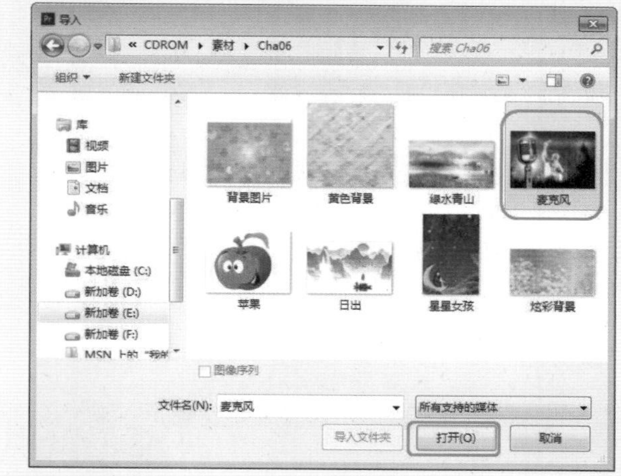

图6-87　【导入】对话框

02 将【项目】面板中的“麦克风.jpg”文件拖曳至V1轨道中，在轨道中选中该文件，打开【效果控件】面板，将【运动】下的【缩放】设置为10.5，如图6-88所示。

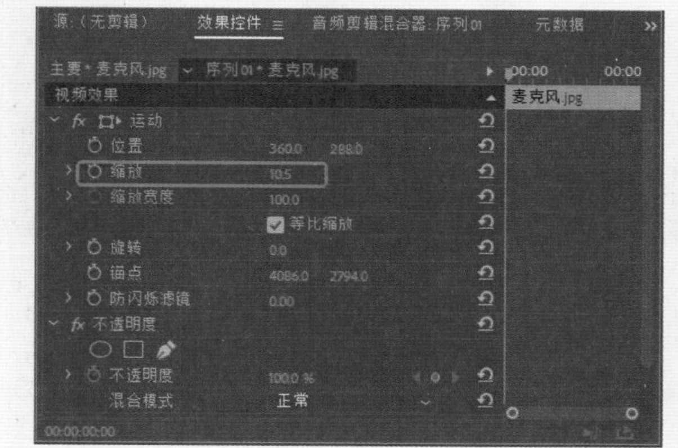

图6-88　设置缩放

03 选择【文件】|【新建】|【旧版标题】命令，使用【文字工具】输入文本并选中该文本，将【字体系列】设置为【隶书】，【字体大小】设置为167，【宽高比】设置为115.4。将【宽度】设置为456.1，【高度】设置

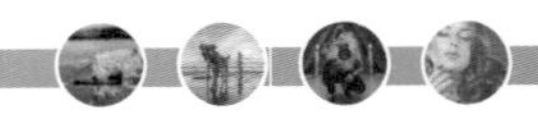

为167，【X位置】设置为513.6，【Y位置】设置为178.7，如图6-89所示。

图6-89　设置属性

04 将【填充类型】设置为【实底】，颜色为白色，勾选【纹理】复选框，单击【纹理】右侧的▇按钮，在【选择纹理图像】对话框中选择“炫彩背景.jpg”文件，单击【打开】按钮，如图6-90所示。添加外描边，将颜色RGB值设置为215、220、131。勾选【阴影】复选框并使用其默认值。

图6-90　【选择纹理图像】对话框

05 使用【文字工具】输入英文字母，将【字体系列】设置为【楷体】，【字体大小】设置为162，【宽高比】设置为100，【宽度】设置为444.8，【高度】设置为162，【X位置】设置为509，【Y位置】设置为402.5，【字偶间距】设置为46，如图6-91所示。

06 选择文本，将【填充类型】设置为【实底】，【颜色】设置为白色，勾选【纹理】复选框，单击【纹理】右侧的按钮，在【选择纹理图像】对话框中选择“炫彩背景.jpg”文件并将其打开，如图6-92所示。

图6-91　设置属性

图6-92　导入纹理图片

07 选择【描边】选项组下的【外描边】复选框，将【类型】设置为【边缘】，【填充类型】设置为【实底】，【颜色】设置为215、220、131。勾选【阴影】复选框，将【颜色】设置为192、9、238，【距离】设置为20，【扩展】设置为0，如图6-93所示。

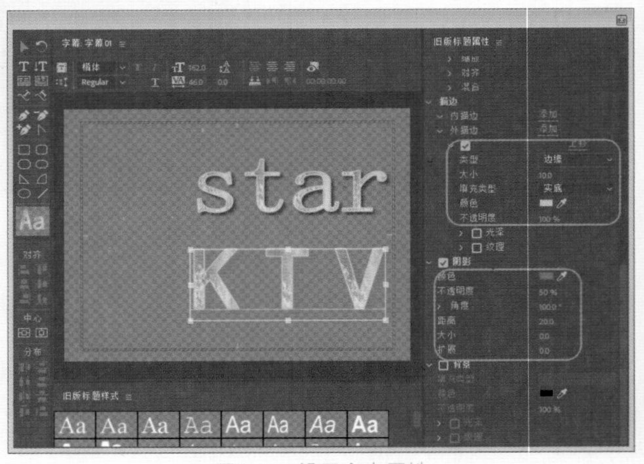

图6-93　设置文本属性

08 关闭字幕编辑器，将“字幕01”拖曳至V2轨道中，在【节目】监视器中观看效果，按Ctrl+M组合键打开【导出设置】对话框，将格式设置为JPEG，单击【输出名称】右侧的蓝色文字，在打开的对话框中选择保存位置并输入名称，单击【保存】按钮，取消选中【视频】下【导出为序列】选项，然后单击【导出】按钮，如图6-94所示，视频即可导出。

图6-94 导出设置

6.4 运动设置与动画实现

在Premiere Pro CC 2018中不仅可以创建静态字幕，也可以实现动态字幕，以表现出更好的效果。

6.4.1 Premiere 运动选项简介

将素材拖入轨道后，切换到【效果控件】面板，可以看到Premiere的【运动】选项组，如图6-95所示。

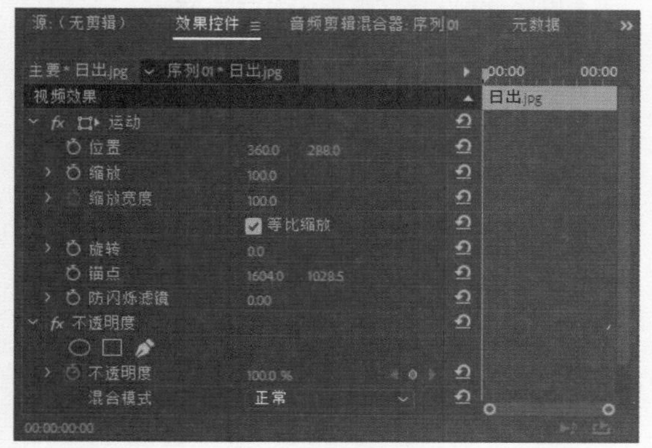

图6-95 【运动】选项组

- 【位置】：可以设置被设置对象在屏幕中的位置坐标。
- 【缩放】：可调节被设置对象缩放度。
- 【缩放宽度】：在不选择【等比缩放】的情况下可以设置被设置对象的宽度。
- 【旋转】：可以设置被设置对象在屏幕中的旋转角度。
- 【锚点】：可以设置被设置对象的旋转或移动控制点。
- 【防闪烁滤镜】：消除视频中闪烁的现象。

6.4.2 设置动画的基本原理

Premiere Pro CC 2018是基于关键帧的概念对目标的运动、缩放、旋转以及特效等属性进行动画设定。所谓关键帧，即在不同的时间点对对象属性进行改变，而时间点间的变化则由计算机来完成。例如，我们来设置两处关键帧，在第00:00:00:00时间处设置对象【缩放】值为30，单击该选项左侧的【切换动画】按钮，在第00:00:02:00时间处设置对象【缩放】值为100，则在两处产生两处关键帧，如图6-96与图6-97所示。计算机通过给定的关键帧，可以计算出对象在两处之间缩放的变化过程。在一般情况下，为对象指定的关键帧越多，所产生的运动变化越复杂，计算机的计算时间也就越长。

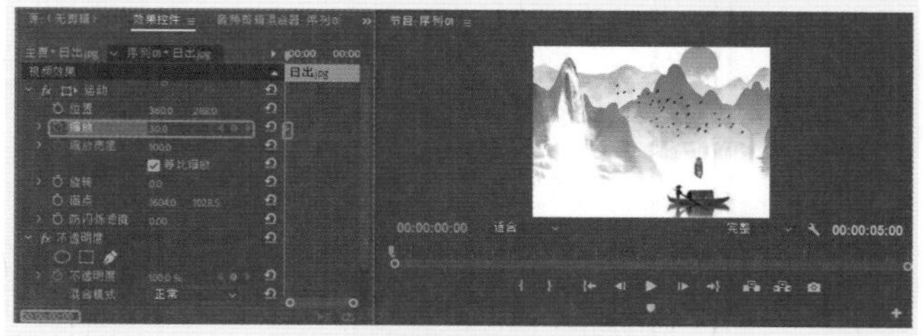

图6-96 设置第一处关键帧

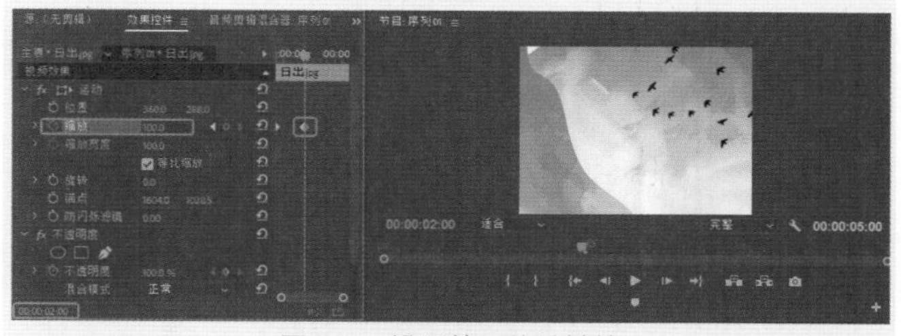

图6-97 设置第二处关键帧

实例操作——文字雨

本案例通过在字幕编辑器中制作文字并设置运动动画，然后将字幕序列设置为倒放，添加【残影】视频特效来模拟运动模糊效果。效果展示如图6-98所示。

图6-98 文字雨效果

01 新建项目和序列，将序列设置为DV-PAL下的【标准48kHz】选项。在【项目】面板的空白处双击鼠标，在弹出的对话框中选择“数字背景.jpg”素材文件，单击【打开】按钮，如图6-99所示。

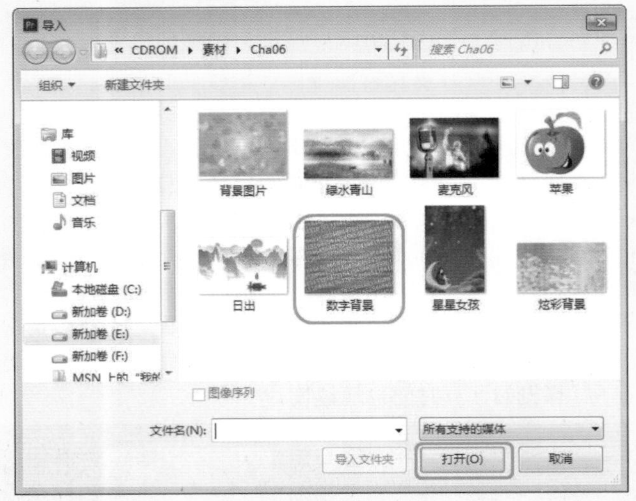

图6-99 选择素材文件

02 选择【文件】|【新建】|【旧版标题】命令，在打开的对话框中保持默认设置，单击【确定】按钮，在弹出的字幕编辑器中，使用【垂直文字工具】输入垂直文本，在【属性】选项组中将【字体系列】设置为Adobe Caslon Pro，将【字体大小】设置为100，在【填充】选项组中，将【颜色】设置为黑色，将【X位置】、【Y位置】设置为52.6、356.9，如图6-100所示。

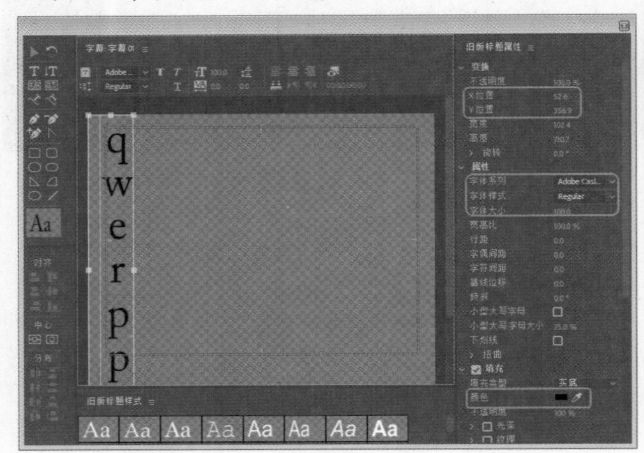

图6-100 输入垂直文本并进行设置

03 使用同样的方法输入其他文字，并进行相应的设置，完成后的效果如图6-101所示。

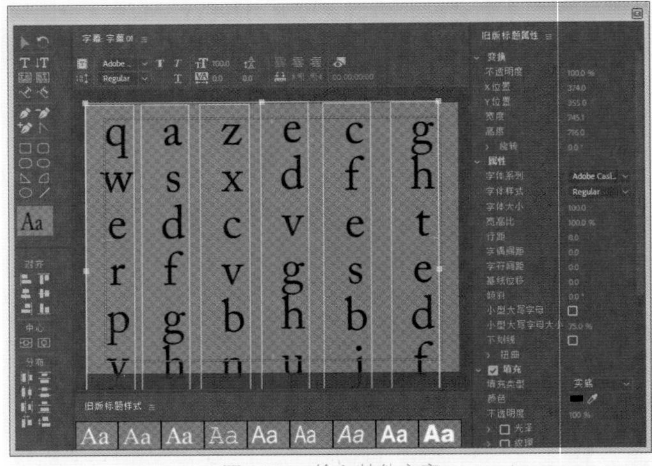

图6-101 输入其他文字

04 选择所有的文字，单击【滚动/游动选项】按钮，在弹出的对话框中选择【滚动】单选按钮，勾选【开始于屏幕外】和【结束于屏幕外】复选框，如图6-102所示。

05 将字幕编辑器关闭，将“字幕01”拖曳至V1轨道中。按Ctrl+N组合键打开【新建序列】对话框，在该对话框中选择【序列预设】选项卡，选择DV-PAL下的【标准48kHz】选项，单击【确定】按钮，将“数字背景.jpg”拖曳至【序列2】面板的V1轨道中，选中该素材，在【效果控件】面板中将【缩放】设置为30，如图6-103所示。

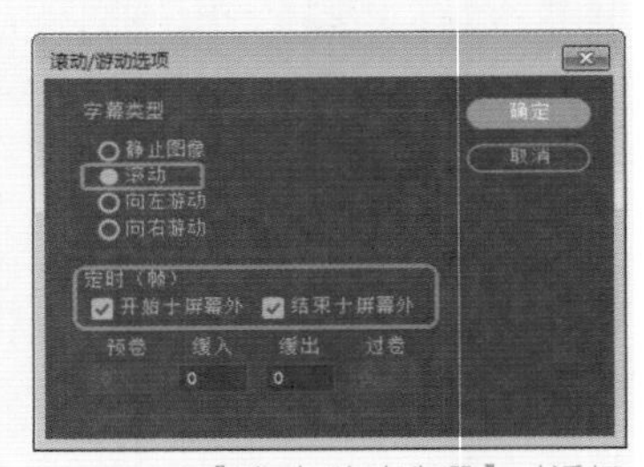

图6-102 【滚动/游动选项】对话框

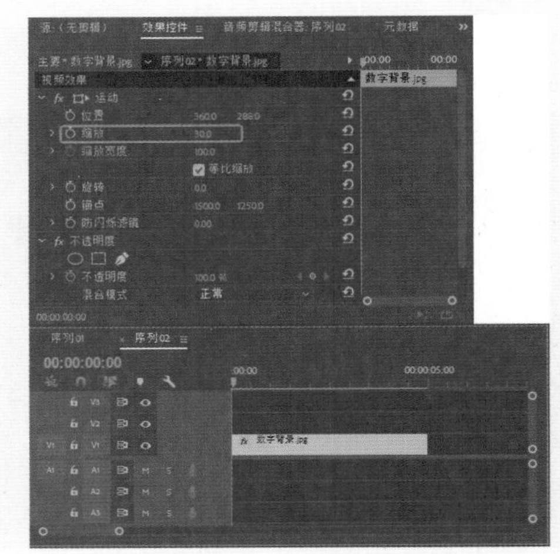

图6-103 设置缩放

06 将【序列01】拖曳至【序列02】的V2轨道中。在【效果】面板中，将【残影】视频特效添加至V2轨道中的素材文件上，如图6-104所示。

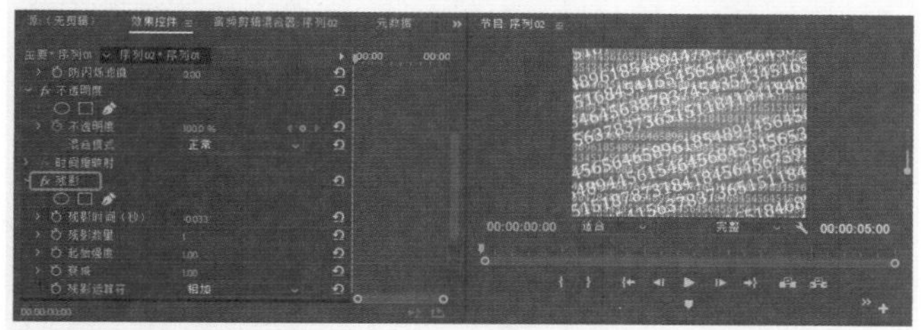

图6-104 为素材添加残影效果

07 在V2轨道中的素材上右击鼠标，在弹出的快捷菜单中选择【速度/持续时间】命令，在弹出的对话框中勾选【倒放速度】复选框，单击【确定】按钮，如图6-105所示。

08 将【面板】中的“字幕01”拖曳至V3轨道中。至此，文字雨效果就制作完成了，效果导出后将场景进行保存即可。

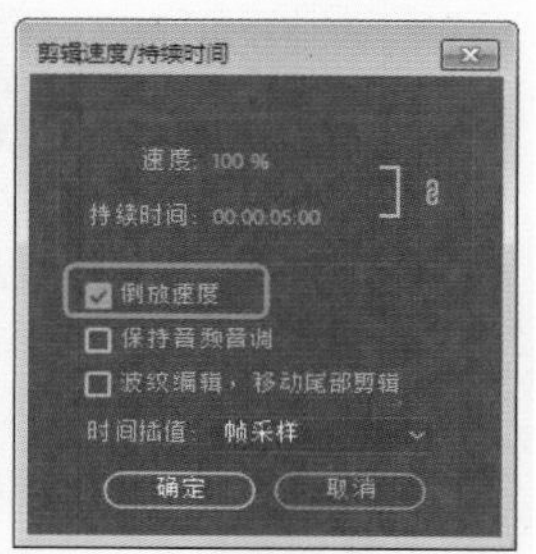

图6-105 勾选【倒放速度】复选框

实例操作——打字效果

在本案例中将介绍如何制作打字效果。制作过程中的主要操作有：新建字幕，在字幕编辑器中使用【矩形工具】绘制矩形，当作光标进行使用，使用【文字工具】输入文字，其中文字字幕需要创建多个，直线字幕可以多次使用，效果展示如图6-106所示。

图6-106 打字效果

01 新建项目文件和DV-PAL选项组下的【标准48kHz】序列文件，在【项目】面板中导入“睡莲.jpg”文件，如图6-107所示。

02 选择【项目】面板中的“睡莲.jpg”文件，将其拖至V1轨道中，将持续时间设置为00:00:04:20，选择添加的素材文件，切换至【效果控件】面板，将【运动】选项组下的【缩放】值设为28，如图6-108所示。

03 选择【文件】|【新建】|【旧版标题】命令，保持默认值，将【名称】设置为“光标”，然后单击【确定】按钮，如图6-109所示。

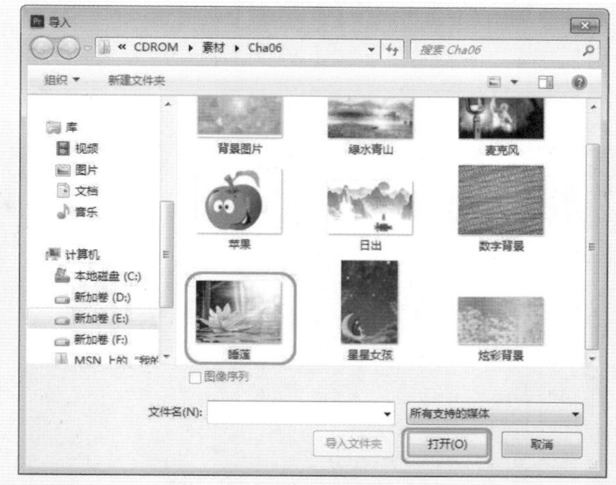

图6-107 【导入】对话框

图6-108 设置缩放

04 进入字幕编辑器中，选择【矩形工具】，绘制矩形，在右侧将【填充】选项组下的【颜色】设置为黑色，勾选【阴影】复选框，将【不透明度】设置为50，【角度】设置为135°，【距离】设置为3，【扩散】设置为30，如图6-110所示。

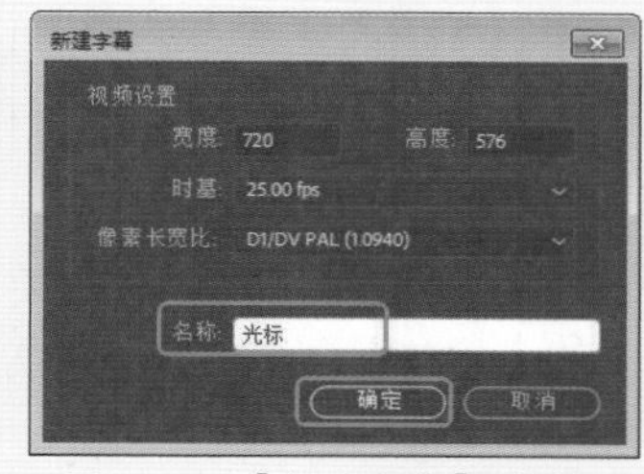

图6-109 【新建字幕】对话框

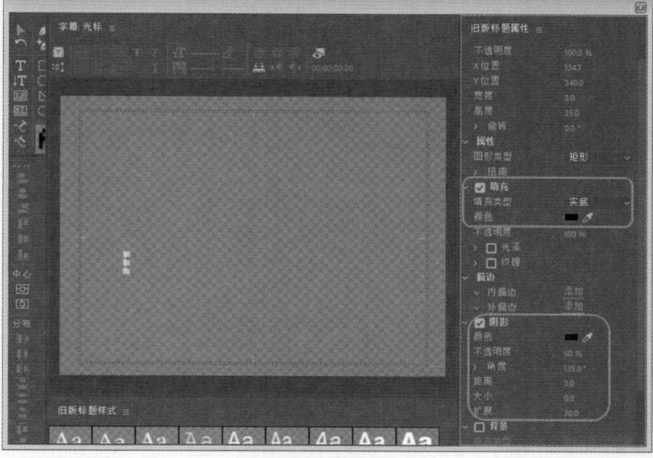

图6-110 设置参数

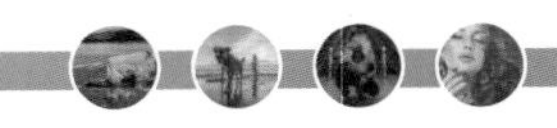

05 在【变换】选项组下将【宽度】和【高度】分别设置为3、35，【X位置】和【Y位置】分别设置为134.7、340，如图6-111所示。

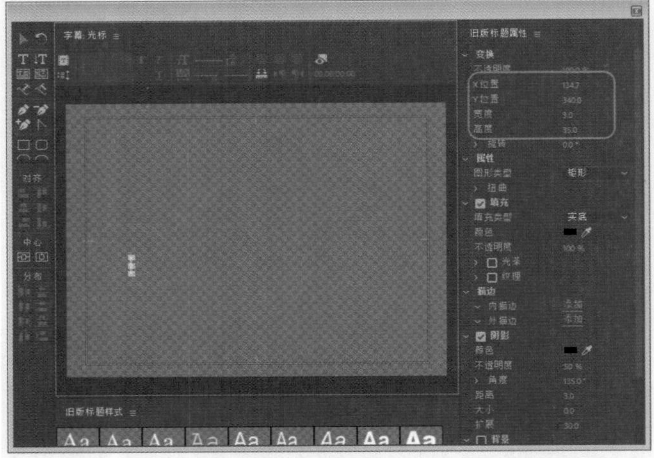

图6-111 设置位置

06 选择【文件】|【新建】|【旧版标题】命令，新建字幕，使用默认设置，将【名称】设置为“是”，单击【确定】按钮，如图6-112所示。

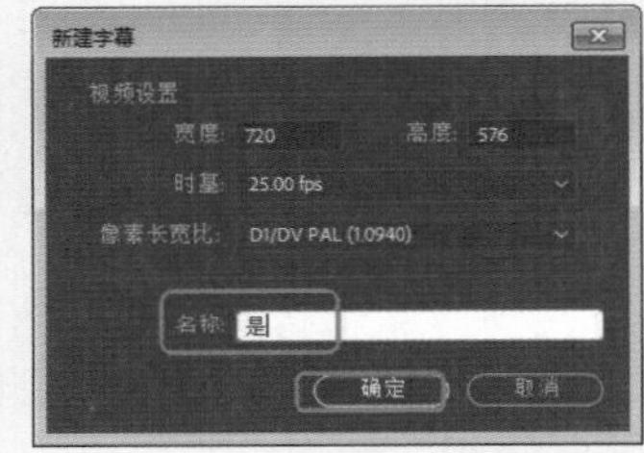

图6-112 新建字幕

07 进入字幕编辑器中，选择【文字工具】T，输入文字，并选中输入的文字，在右侧将【属性】选项组下的【字体系列】设置为【华文细黑】，【字体大小】设置为35，【行距】设置为28，将【填充】选项组下的【颜色】设置为黑色，如图6-113所示。

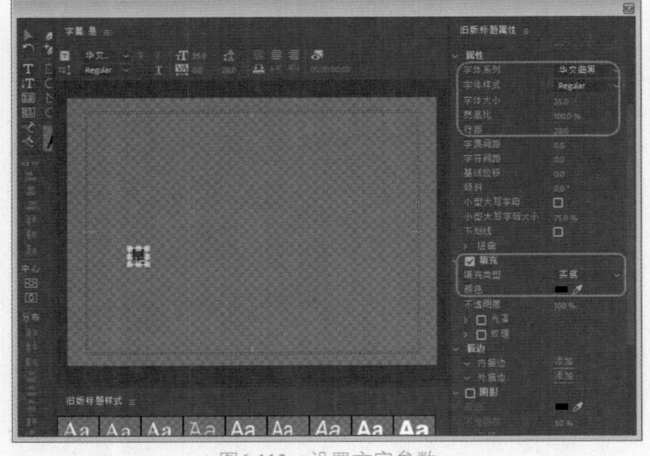

图6-113 设置文字参数

08 在【变换】选项组下将【X位置】和【Y位置】分别设置为151、341.5，如图6-114所示。

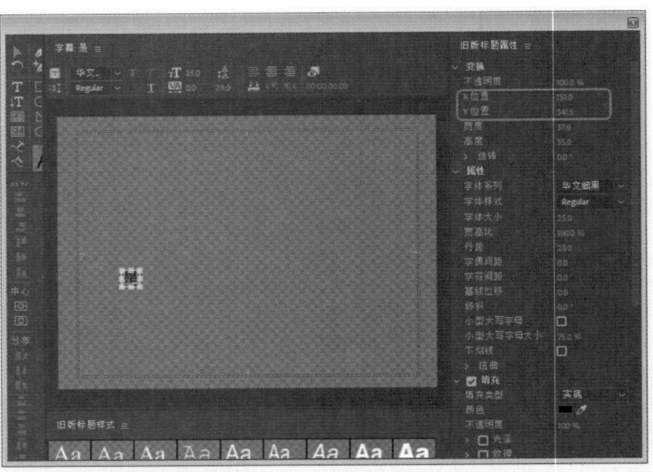

图6-114 设置位置

09 使用同样的方法新建多个字幕，分别输入文字并进行设置，完整字幕内容为“是你苍白了我的等待，讽刺了我的执着……”。

10 将当前时间设置为00:00:00:00，在【项目】面板中将“光标”字幕拖至V2轨道中，使其开始处与时间线对齐，并将其持续时间设置为00:00:00:05，单击【确定】按钮，如图6-115所示。

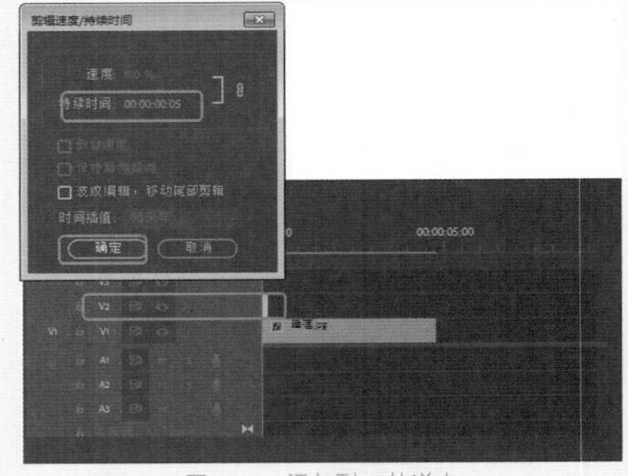

图6-115 添加到V2轨道中

11 将当前时间设置为00:00:00:10，在【项目】面板中将“光标”字幕拖至V2轨道中，使其开始处与时间线对齐，并将其持续时间设置为00:00:00:05，单击【确定】按钮，如图6-116所示。

12 使用相同的方法在V3轨道的00:00:02:15处拖入“光标”字幕，将【运动】选项组下的【位置】设置为429、353，如图6-117所示。设置其持续时间为00:00:00:05，在V3轨道的00:00:03:00处拖入“光标”字幕，并设置持续时间为00:00:00:05，如图6-118所示。

13 根据前面介绍的方法，在不同的时间将其他字幕拖至V2轨道中，并设置持续时间。将其他字幕拖至轨道中

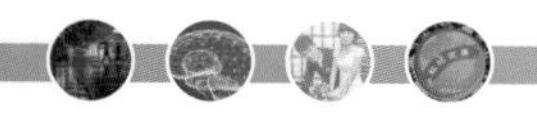

的效果如图6-119所示。

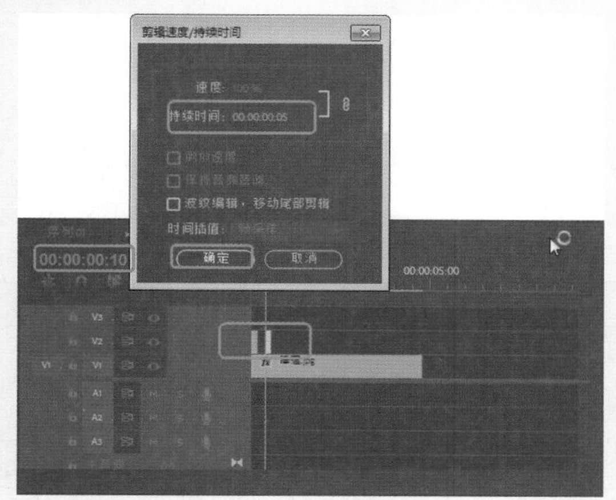

图6-116 设置时间并拖入字幕

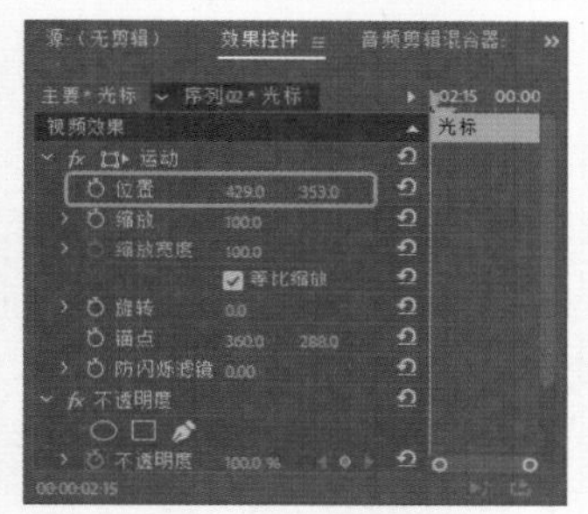

图6-117 设置位置

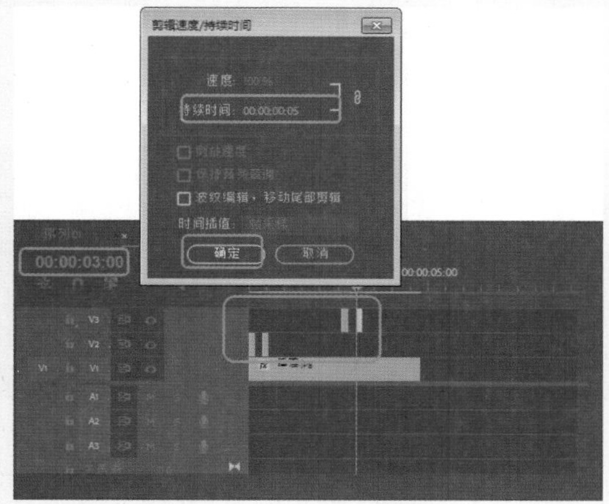

图6-118 设置时间并拖入字幕

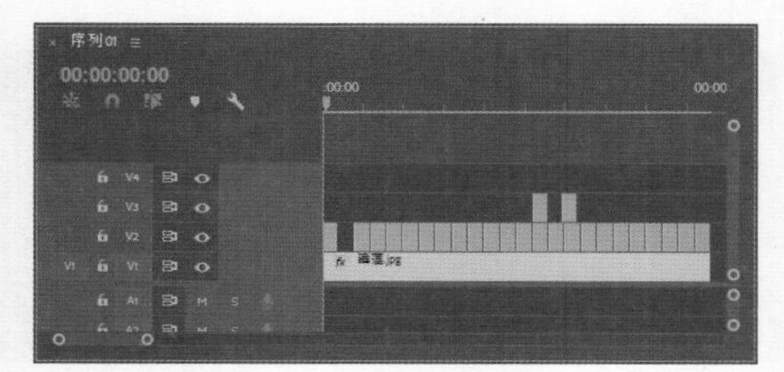

图6-119 拖曳后效果

实例操作——数字化字幕

本案例制作数字化字幕，在制作的过程中主要通过新建字幕，在字幕编辑器中使用【文字工具】输入文字（其中文字字幕需要创建多个）制作出最终效果，如图6-120所示。

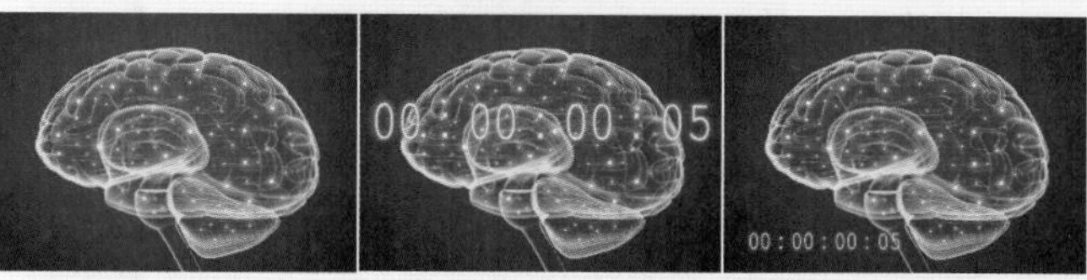

图6-120 数字化字幕

01 新建项目文件和DV-PAL选项组下的【标准48kHz】序列文件，在【项目】面板中导入“科技大脑背景图1.jpg”文件，如图6-121所示。

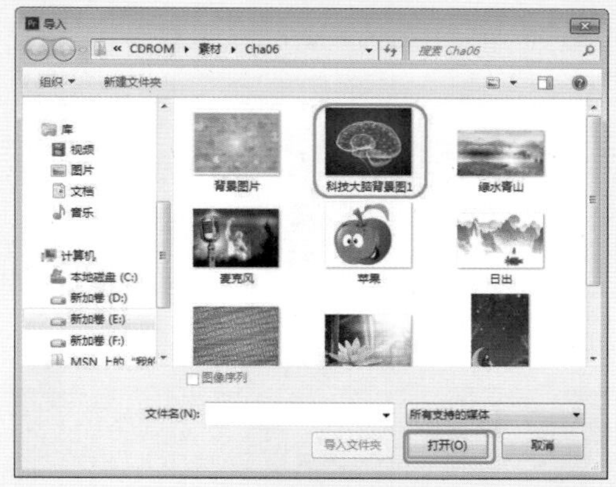

图6-121 【导入】对话框

02 选择【项目】面板中的“科技大脑背景图.jpg”文件，将其拖至V1轨道中，将【持续时间】设置为00:00:06:03，并选择添加的素材文件，切换至【效果控件】面板，将【运动】选项组下的【缩放】值设为16，如图6-122所示。

03 选择【文件】|【新建】|【旧版标题】命令，保持默认值，然后单击【确定】按钮，进入字幕编辑器，使用【文字工具】输入文本，将【属性】选项组中的【字体系列】设置为Courier New，【字体大小】设置为100，【宽高比】设置为79.8，【填充类型】设置为【实底】，【颜色】设置为白色，如图6-123所示。

04 选择【描边】选项组下的【外描边】复选框，将外描边【类型】设置为【边缘】，【大小】设置为10，【填充类型】设置为【实底】，【颜色】设置为0、178、255。勾选【阴影】复选框，设置【颜色】为0、178、255，【不透明度】设置为50，【角度】设置为45，【距离】设置为0，【大小】设置为40，【扩展】设置为50，如图6-124所示。

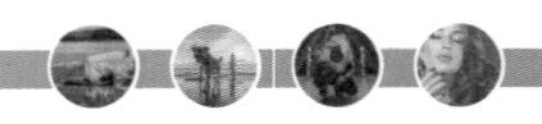

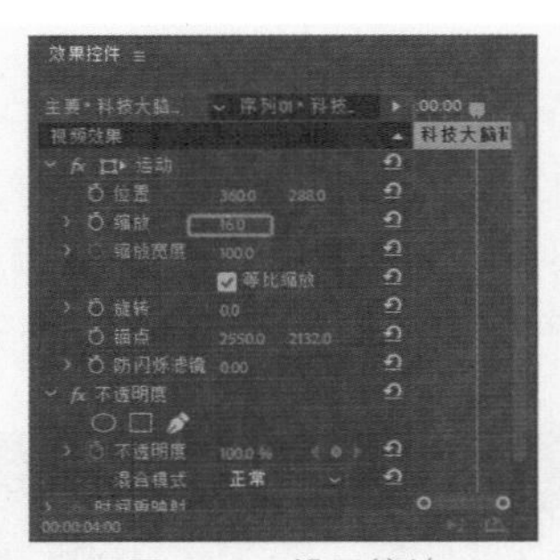

图6-122　设置缩放

图6-123　设置属性

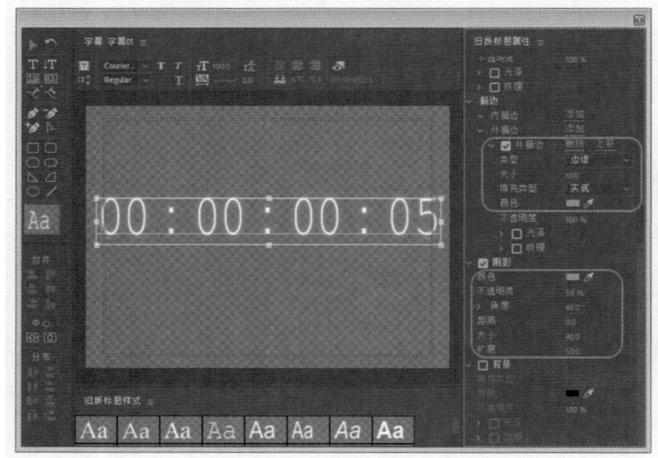

图6-124　设置属性

05 关闭字幕编辑器，将“字幕01”拖曳至V2轨道中，选中该字幕，设置持续时间为00:00:06:03，打开【效果控件】面板，确认时间在00:00:00:00处，单击【缩放】和【旋转】左侧的【切换动画】按钮，添加关键帧，将【缩放】设置为0，如图6-125所示。

06 将当前时间设置为00:00:02:00，将【缩放】设置为100，将【旋转】设置为3×0.0，单击【不透明度】左侧的【切换动画】按钮，如图6-126所示。

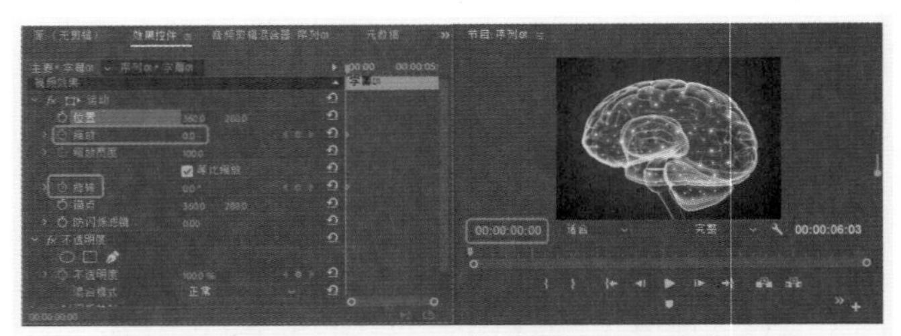

图6-125　设置效果

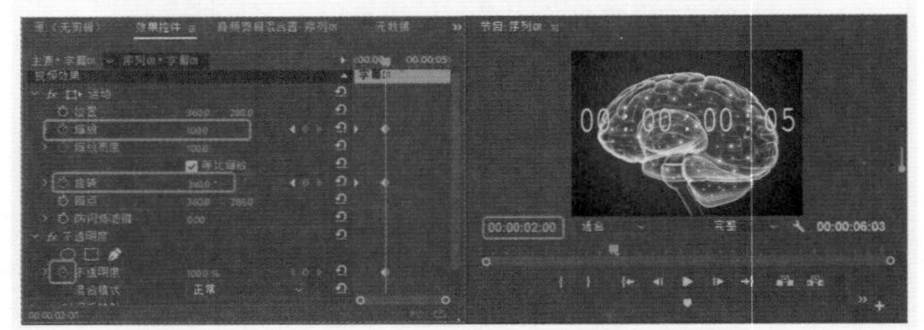

图6-126　设置效果

07 将当前时间设置为00:00:03:00，将【缩放】设置为230，将【不透明度】设置为0，如图6-127所示。

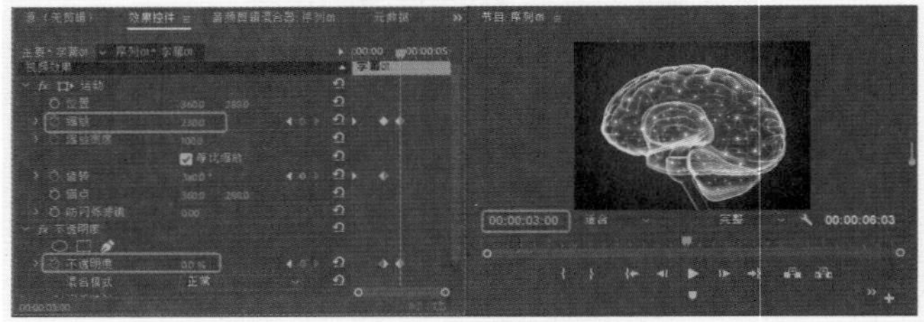

图6-127　再设置效果

08 将当前时间设置为00:00:04:00，将【缩放】设置为100，将【不透明度】设置为100，如图6-128所示。

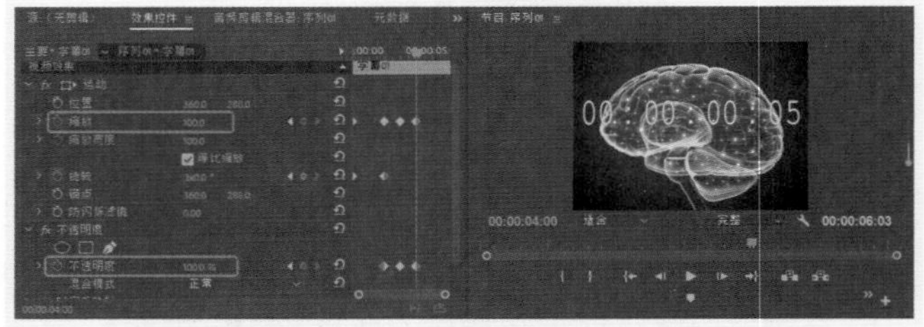

图6-128　继续设置效果

09 将当前时间设置为00:00:05:00，单击【位置】左侧的【切换动画】按钮，单击【缩放】右侧的【移除/添加关键帧】按钮，如图6-129所示。

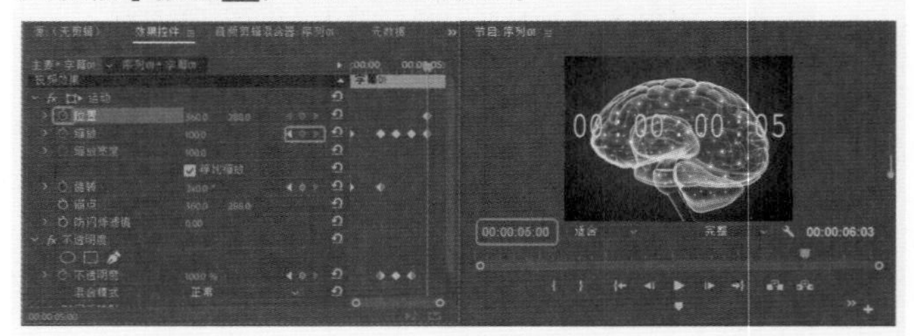

图6-129　再次设置效果

10 将当前时间设置为00:00:06:00，将【位置】设置为185.2、547.2，将【缩放】设置为40，如图6-130所示。

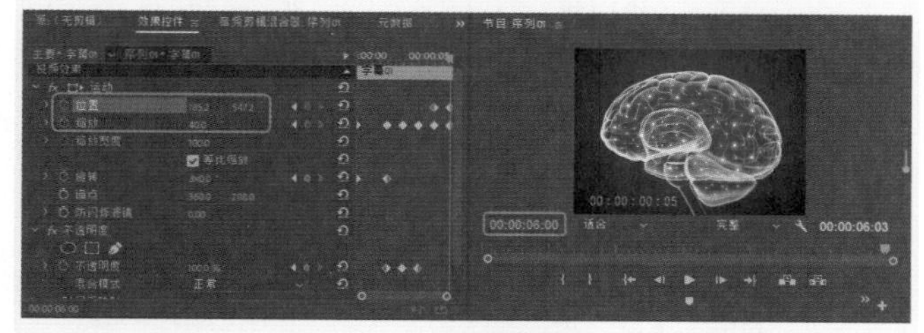

图6-130　设置位置和缩放

实例操作——数字运动

本案例将介绍如何创建数字运动效果。本案例选用服务器图片作为素材背景，并为其设置【高斯模糊】特效。创建白色的颜色遮罩并设置【网格】特效，作为环境网格背景。在字幕编辑器中输入数字并设置滚动效果。最后为数字字幕添加【基本3D】特效，完成数字运动效果的制作。本案例制作的数字运动动画部分效果展示如图6-131所示。

图6-131　数字运动效果

01 新建项目和序列，将序列设置为DV-PAL下的【标准48kHz】。在【项目】面板的空白处单击鼠标右键，在弹出的快捷菜单中选择【新建项目】|【颜色遮罩】选项，在弹出的对话框中保持默认设置，单击【确定】按钮，如图6-132所示。

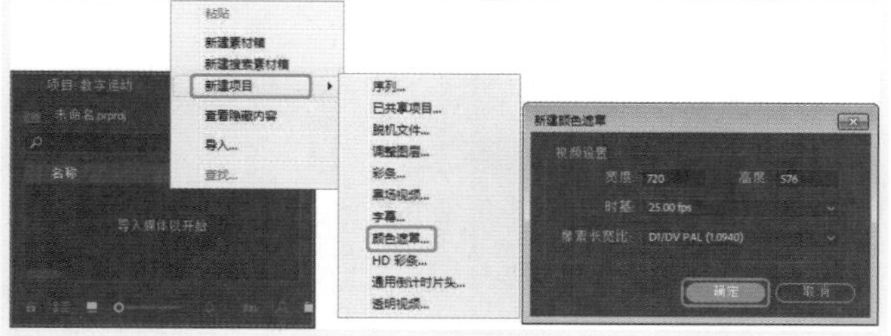

图6-132　【新建颜色遮罩】对话框

02 在弹出的【拾色器】对话框中将RGB设置为255、255、255，单击【确定】按钮，在弹出的【选择名称】对话框中保持默认设置，单击【确定】按钮，如图6-133所示。

03 选择【文件】|【新建】|【旧版标题】命令，保持默认设置，单击【确定】按钮，再在弹出的对话框中使用【垂直文字工具】输入垂直文字，选择输入的文字，在【属性】下方将【字体系列】设置为Adobe Caslon Pro，将【字体大小】设置为50，将【填充】下方的【颜色】设置为白色，将【变换】选项组中的【X位置】、【Y位置】设置为36.2、288.5，如图6-134所示。

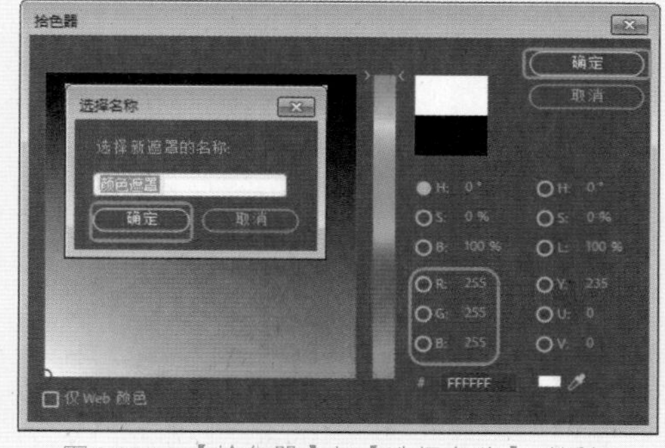

图6-133　【拾色器】与【选择名称】对话框

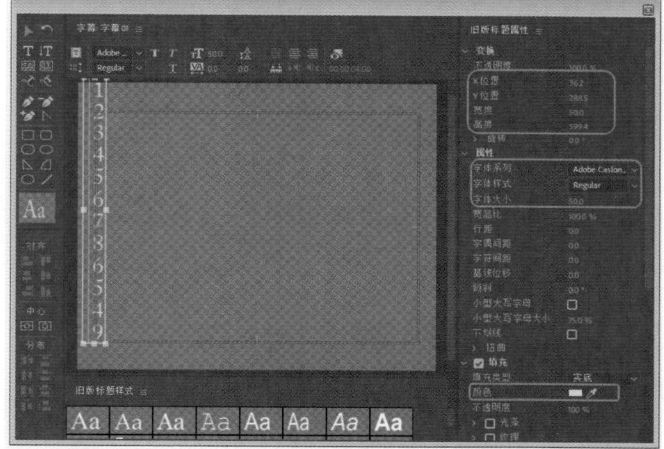

图6-134　设置属性

04 使用同样的方法输入剩余的文字，完成后的效果如图6-135所示。

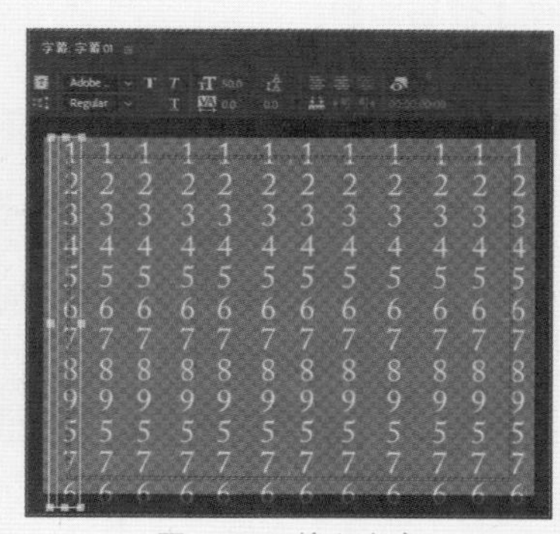

图6-135　输入文字

05 选择所有的文字，单击【滚动/游动选项】按钮，在弹出的对话框中选择【滚动】单选按钮，勾选【开始于屏幕外】、【结束于屏幕外】复选框，如图6-136所示。

06 单击【确定】按钮，将字幕编辑器关闭。按Ctrl+I组合键，在打开的对话框中选择素材“蓝色.jpg”，单击【打开】按钮，如图6-137所示。

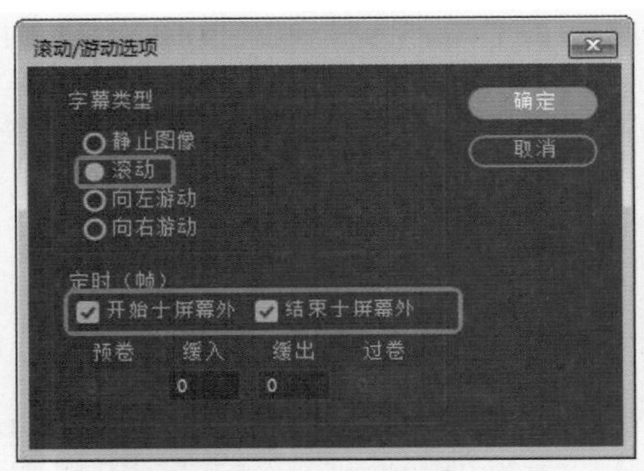

图6-136 【滚动/游动选项】对话框

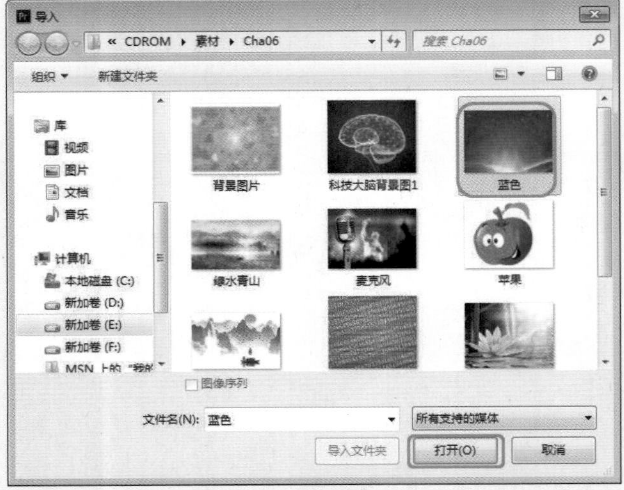

图6-137 【导入】对话框

07 将导入的素材图片拖曳至V1轨道中，在【效果控件】面板中将【缩放】设置为82。在【效果】面板中将【高斯模糊】拖曳至V1轨道中的素材文件上，在【效果控件】面板中将【高斯模糊】选项组下的【模糊度】设置为30，如图6-138所示。

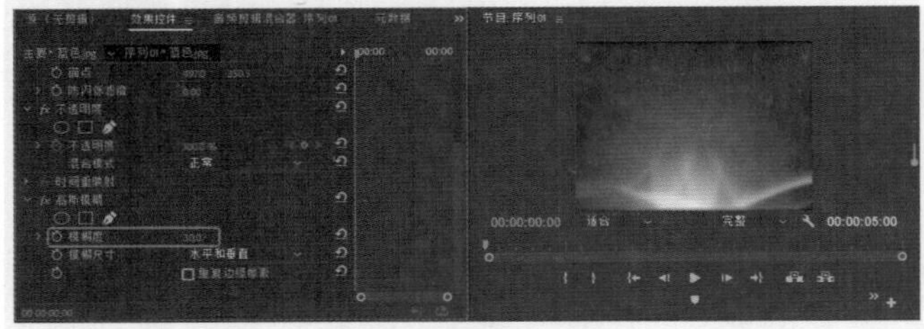

图6-138 设置参数

08 在【项目】面板中将【颜色遮罩】拖曳至V2轨道中，将【位置】设置为360、288，将【缩放】设置为190，将【旋转】设置为-28，将【不透明度】选项组中的【不透明度】设置为66，如图6-139所示。

09 在【效果】面板中将【网格】视频特效拖曳至V2轨道中素材文件上。展开【网格】选项组，将【大小依据】设置为【宽度和高度滑块】，将【宽度】、【高度】、【边框】设置为55、55、2，如图6-140所示。

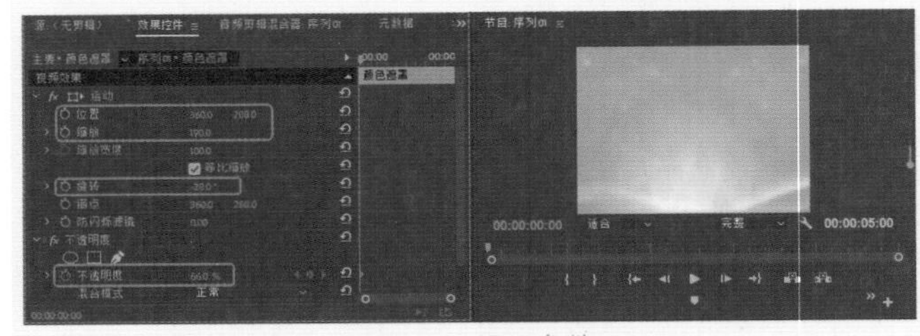

图6-139 设置参数

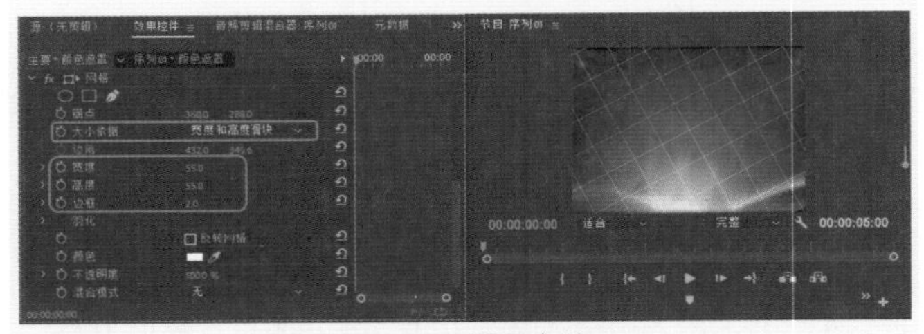

图6-140 设置参数

10 在【效果】面板中将【基本3D】特效拖曳至V2轨道中的素材文件上。在【效果控件】面板中展开【基本3D】选项，将【倾斜】设置为-28，如图6-141所示。

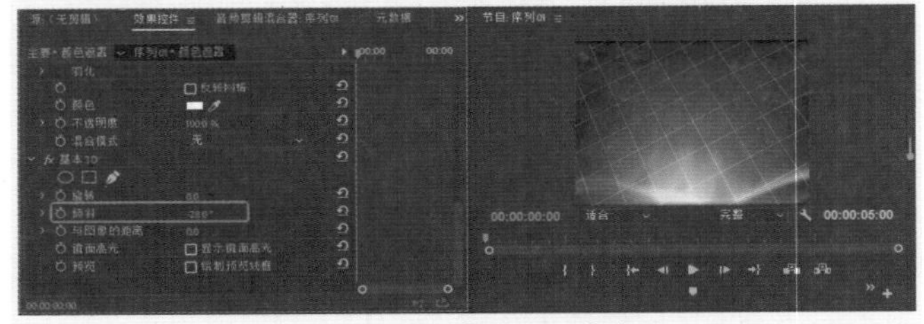

图6-141 设置【基本3D】参数

11 将“字幕01”拖曳至V3轨道中，将【位置】设置为360、288，将【缩放】设置为180，将【旋转】设置为-30，如图6-142所示。

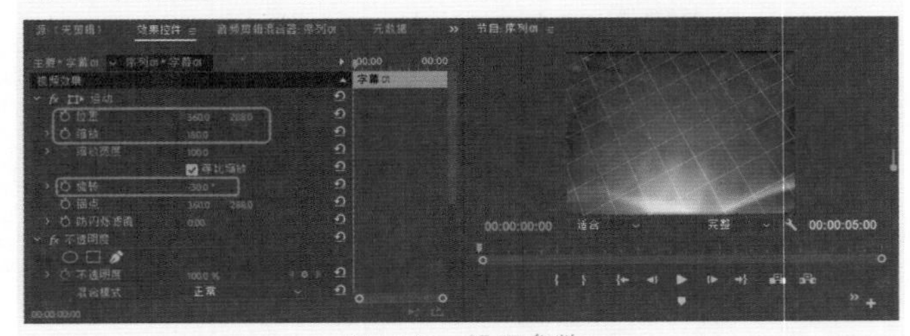

图6-142 设置参数

12 在【效果】面板中将【基本3D】视频特效拖曳至V3轨道中的素材文件上，将【基本3D】选项组展开，将【倾斜】设置为-28，将【与图像的距离】设置为-20，如图6-143所示。

至此，数字运动就制作完成了，效果导出后将场景进行保存即可。

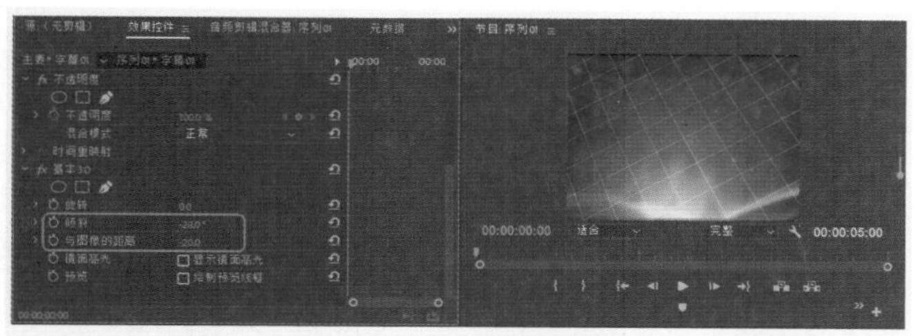

图6-143 设置【基本3D】参数

6.5 上机练习

下面通过几个实例巩固本章所学习的内容。

6.5.1 图案文字字幕

本节中介绍的图案文字字幕，是通过在字幕编辑器中为文字添加纹理材质来进行制作的。在字幕编辑器中使用【文字工具】输入文字，设置文字的位置，并为文字添加材质纹理制作出最终效果。

本案例制作得比较简单，导出后的效果为JPEG格式，效果如图6-144所示。

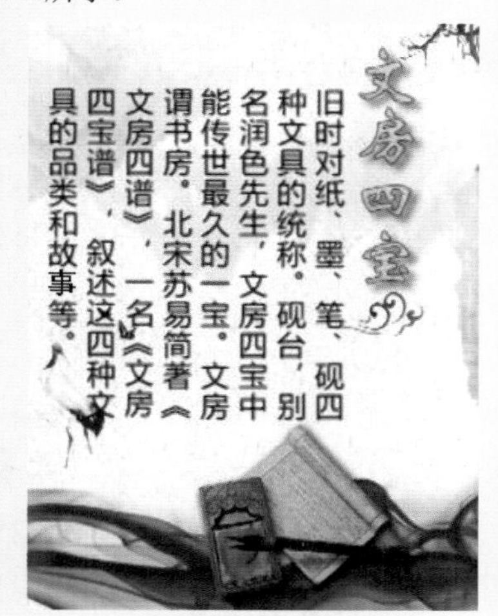

图6-144 效果展示

01 新建项目文件和序列，将【编辑模式】设置为【自定义】，【帧大小】设置为400，【水平】设置为576，【像素长宽比】设置为D1/DV PAL（1.0940），【显示格式】为25fps时间码的序列文件，如图6-145所示。

02 在【项目】面板中导入“文房四宝.jpg”文件，选择【项目】面板中的“文房四宝.jpg”文件，将其拖至V1轨道中，切换至【效果控件】面板，将【运动】选项组下的【缩放】值设为20，【位置】设置为200、288，如图6-146所示。

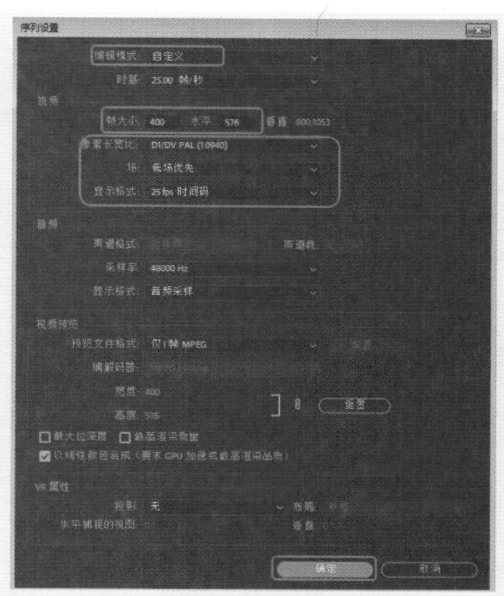

图6-145 新建序列

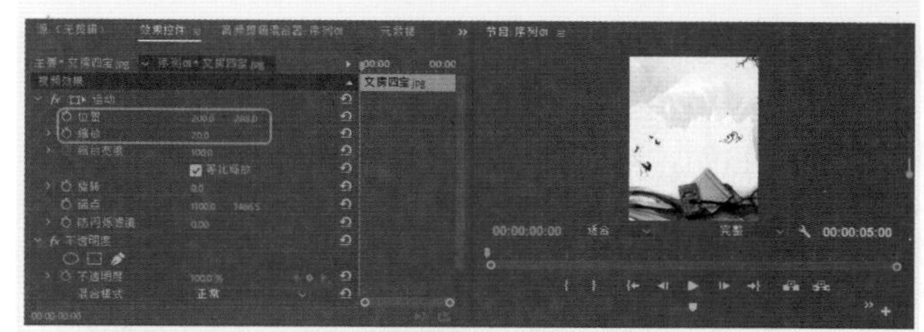

图6-146 设置【缩放】和【位置】

03 选择【文件】|【新建】|【旧版标题】命令，使用默认设置，单击【确定】按钮，进入到字幕编辑器中，使用【垂直文字工具】输入文字，并选中文字，在右侧将【字体系列】设置为【华文新魏】，【字体大小】设置为60，【宽高比】设置为100，将【填充】选项组下的【纹理】复选框勾选，单击【纹理】右侧的纹理框，在打开的对话框中选择“黄色背景.jpg”，单击【确定】按钮，如图6-147所示。

图6-147 添加纹理

04 在【描边】下方添加两个外描边，第一个外描边使用默认设置，将第二个外描边的【类型】设置为【深

度】，勾选【阴影】复选框，如图6-148所示。

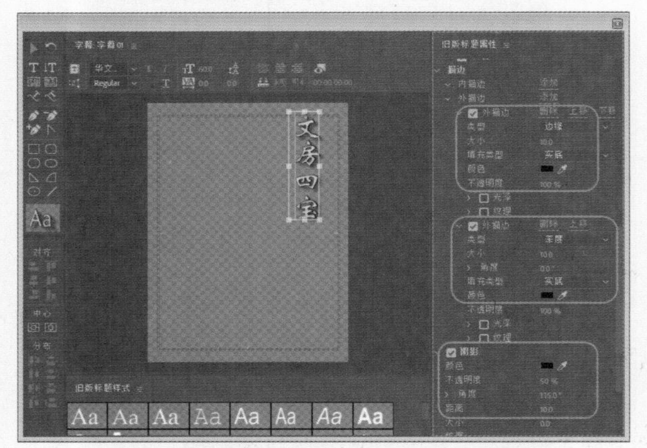

图6-148 添加描边

05 在【变换】下将【X位置】与【Y位置】分别设置为340.9、138.6，如图6-149所示。

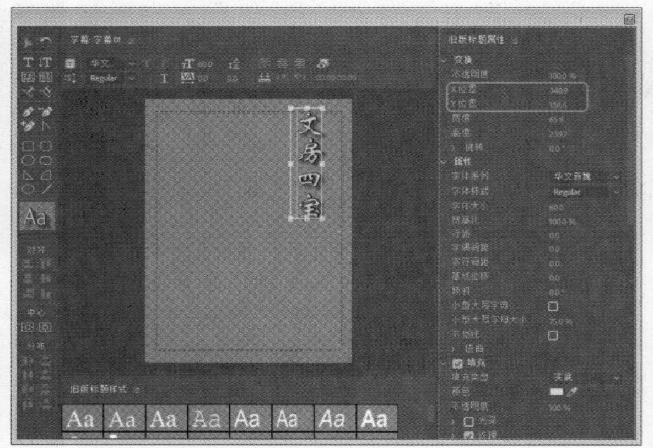

图6-149 设置位置

06 使用【区域垂直文字工具】输入文本并选中，将【字体系列】设置为【微软雅黑】，【字体大小】设置为30，【行距】设置为7，【颜色】设置为黑色，【X位置】设置为154.3，【Y位置】设置为234.8，效果如图6-150所示。

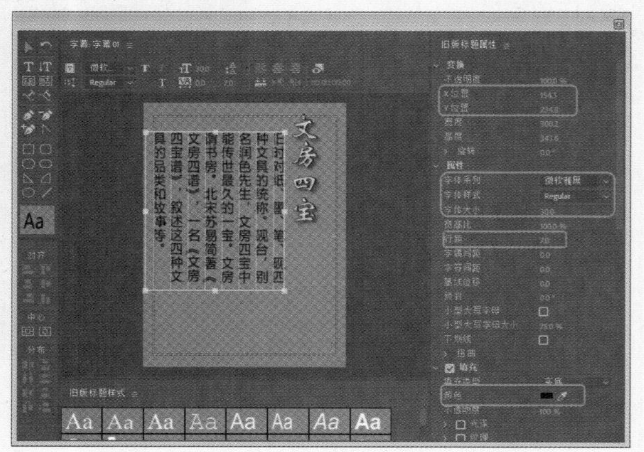

图6-150 设置属性

07 关闭字幕编辑器，在【项目】面板中将“字幕01”文件拖至V2轨道中，按Ctrl+M组合键，打开【导出设置】对话框，将【格式】设置为JPEG，单击【输出名称】右侧的蓝色文字，在打开的对话框中选择保存位置并输入名称，单击【保存】按钮，取消选中【视频】下【导出为序列】选项，然后单击【导出】按钮，如图6-151示，视频即可导出。

图6-151 【导出】对话框

6.5.2 垂直滚动字幕

本案例主要通过新建字幕并设置文字参数，为文字添加滚动选项，实现文字的滚动效果，为背景添加模糊效果凸显滚动字幕主题。导出后的效果为JPEG格式，效果如图6-152所示。

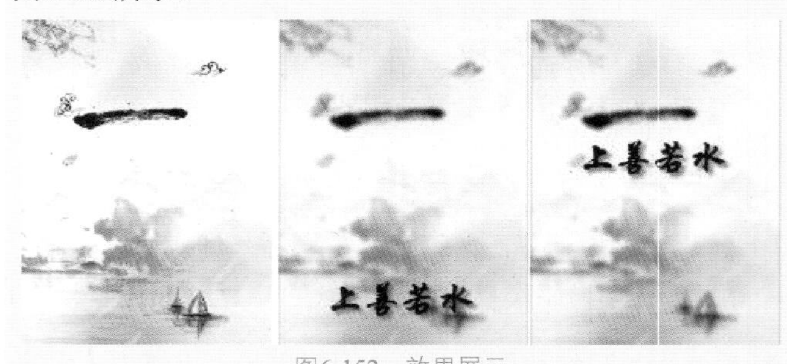

图6-152 效果展示

01 新建项目文件和序列，将【编辑模式】设置为【自定义】，【水平】设置为400，【垂直】设置为576，单击【确定】按钮，如图6-153所示。

02 在【项目】面板中导入“水墨画.jpg”文件，选择【项目】面板中的“水墨画.jpg”文件，将其拖至V1轨道中，将其持续时间设置为00:00:09:12，并选择添加的素材文件，确认当前时间为00:00:00:00，切换至【效果控件】面板，将【运动】选项组下的【缩放】值设为200，并单击

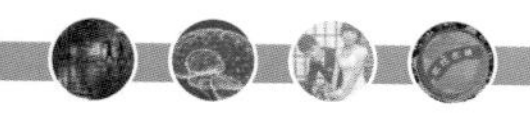

左侧的【切换动画】按钮，将【不透明度】选项组下的【不透明度】设置为0，如图6-154所示。

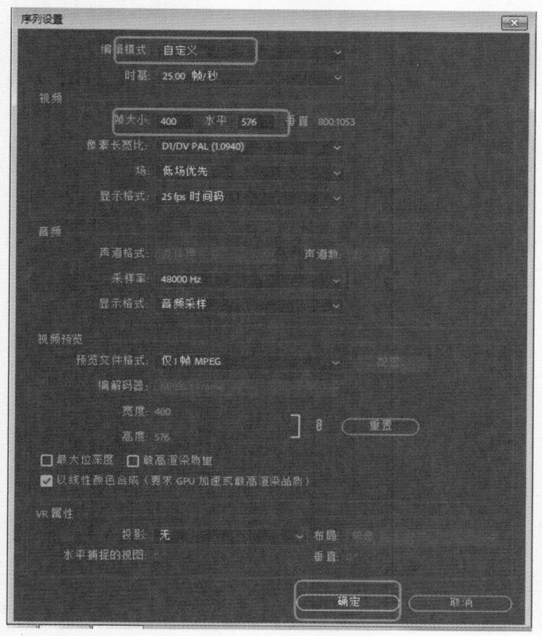

图6-153　新建序列

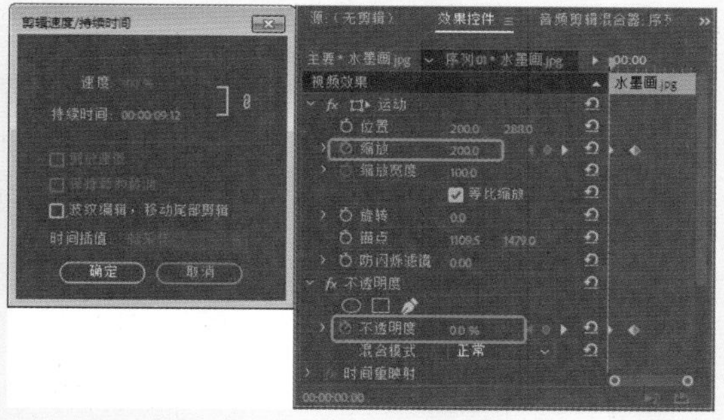

图6-154　设置属性

03 将当前时间设置为00:00:02:24，在【效果控件】面板中将【缩放】设置为20，【不透明度】设置为100，如图6-155所示。

图6-155　设置缩放和不透明度

04 将当前时间设置为00:00:03:11，切换至【效果】面板搜索【快速模糊】效果，将其拖至V1轨道中的素材上，即可添加视频效果，选中V1轨道中的素材，在【效果控件】面板中单击【快速模糊】下【模糊度】左侧的【切换动画】按钮，如图6-156所示。

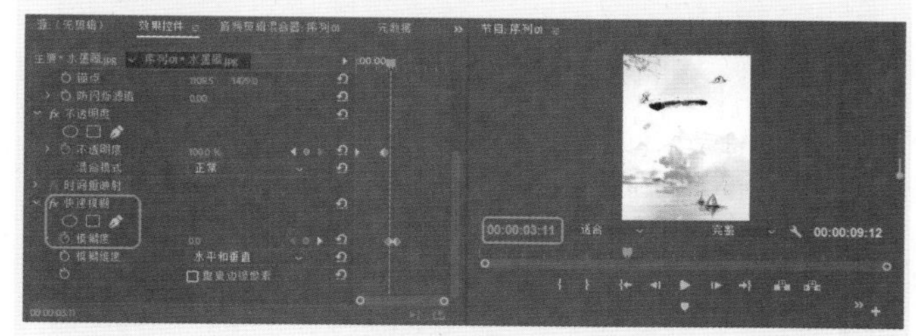

图6-156　添加快速模糊

05 将当前时间设置为00:00:04:06，在【效果控件】面板中将【快速模糊】下的【模糊度】设置为40，如图6-157所示。

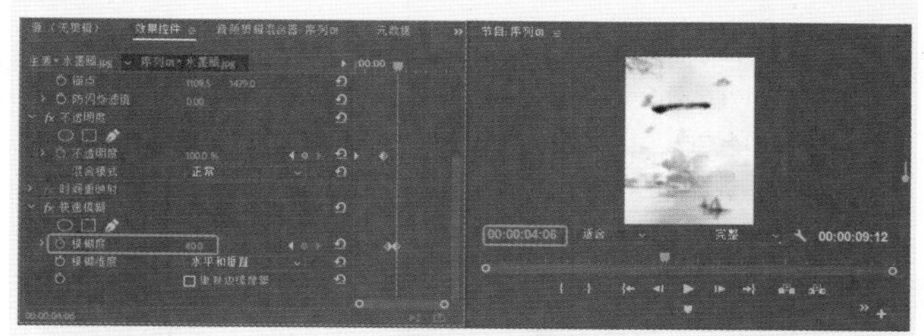

图6-157　设置快速模糊

06 选择【文件】|【新建】|【旧版标题】命令，使用默认设置，单击【确定】按钮，进入到字幕编辑器中，使用【文字工具】输入文字，并选中文字，在右侧将【字体系列】设置为【华文行楷】，【字体大小】设置为50，将【填充】选项组下的【颜色】设置为黑色，如图6-158所示。

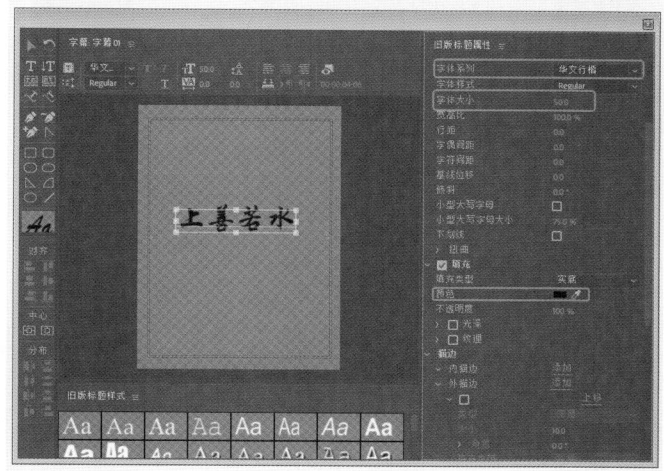

图6-158　设置字幕

07 在【描边】下添加外描边，将第一个外描边的【颜色】设置为黑色，【类型】设置为【深度】，添加阴影，如图6-159所示。

08 设置完成后在【变换】中将【X位置】和【Y位置】分别设置为221.8、252.8，如图6-160所示。

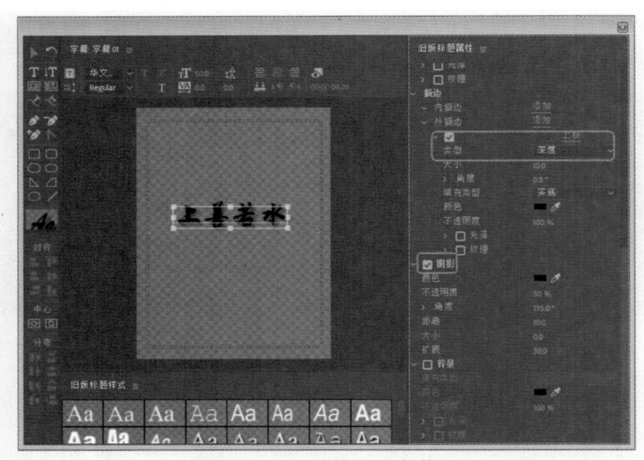

图6-159　继续设置字幕

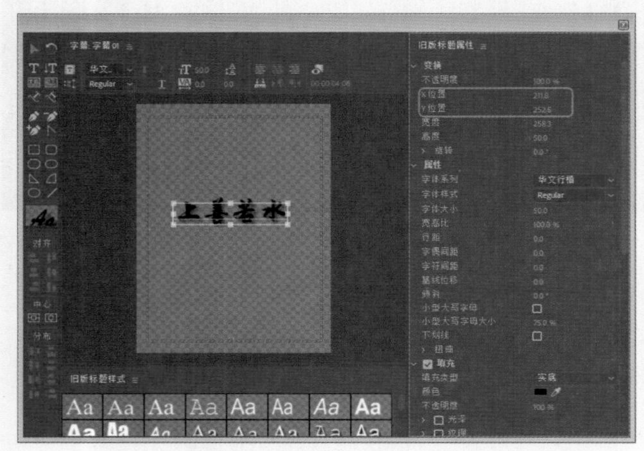

图6-160　设置变换

09 单击【基于当前字幕新建】按钮，在弹出的对话框中使用默认设置，单击【确定】按钮，然后单击【滚动/游动选项】按钮，在打开的对话框中选择【字幕类型】选项组下的【滚动】单选按钮，在【定时（帧）】下勾选【开始于屏幕外】复选框，然后单击【确定】按钮，如图6-161所示。

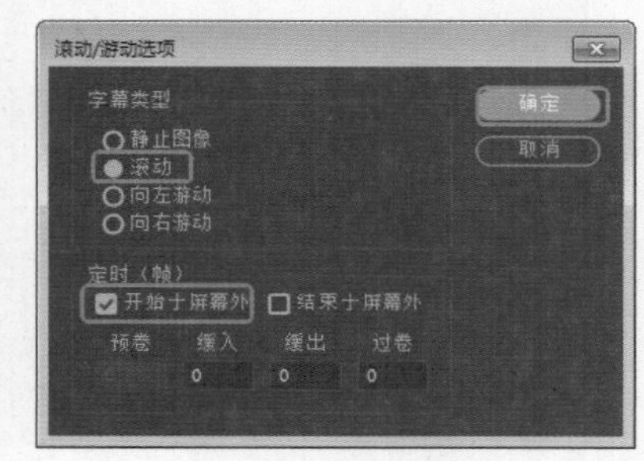

图6-161　设置滚动/游动

10 关闭字幕编辑器，将当前时间设置为00:00:02:24，将“字幕02”拖曳至V2轨道中，使开始处与时间线对齐，并将持续时间设置为00:00:03:01，如图6-162所示。

11 将“字幕01”拖至V2轨道中，使开始处与“字幕02”结尾处对齐，其结尾处与V1轨道中素材的结尾处对齐，如图6-163所示。

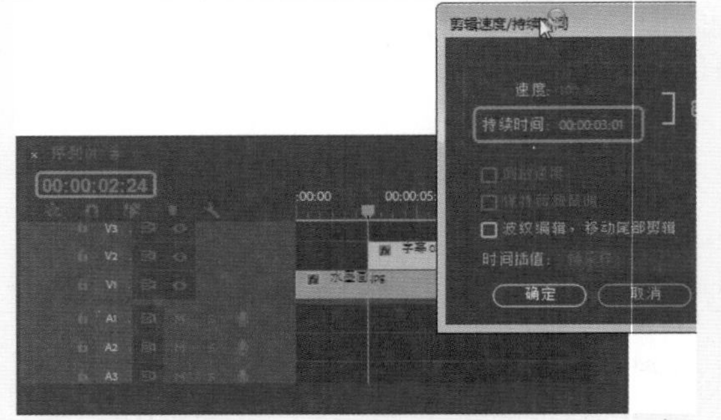

图6-162　设置“字幕02”

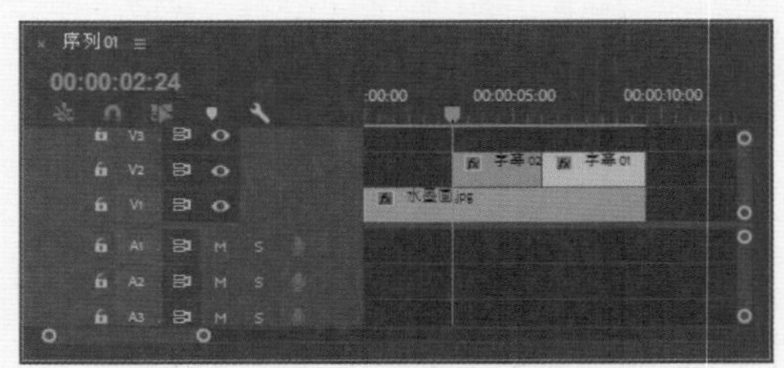

图6-163　拖曳“字幕01”

12 设置完成后，按Ctrl+M组合键打开【导出设置】对话框，单击【输出名称】右侧的蓝色文字，设置导出文件的【保存类型】和【文件名】，单击【保存】按钮，然后单击【导出】按钮，如图6-164所示。

图6-164　导出视频

6.6 思考题

1. 在影片中添加字幕的目的有哪些？

2. 如何创建新字幕？

3. 如何创建文本？如何编辑和设置字幕？如何在影片剪辑中添加字幕对象？

第7章 添加与编辑音频

对于一部完整的影片来说，声音具有重要的作用，无论是同期的配音还是后期的效果、伴乐，都是一部影片不可缺少的。对一个剪辑人员来说，对于音频基本理论和音画合成的基本规律，以及Premiere Pro CC 2018 的中音频剪辑的基础操作的掌握是非常必要的。

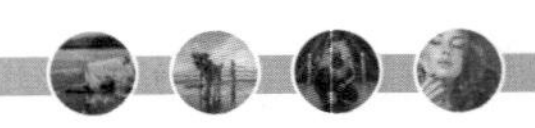

7.1 关于音频效果

Premiere Pro CC 2018具有空前强大的音频处理能力。通过使用【音轨混合器】工具，可以使用专业混音器的工作方式来控制声音。其最新的5.1声道处理能力，可以输出带有AC.3环绕音效的DVD影片。另外，实时的录音功能，以及音频素材和音频轨道的分离处理概念也使得在Premiere Pro CC 2018中处理声音特效更加方便。

7.1.1 Premiere 对音频效果的处理方式

首先了解一下Premiere中使用的音频素材到底有哪些效果。【序列】面板中的音频轨道分成两个通道，即左、右声道（L和R通道）。如果一个音频的声音使用单声道，则Premiere可以改变这一个声道的效果。如果音频素材使用双声道，Premiere可以在两个声道间实现音频特有的效果，例如摇移，将一个声道的声音转移到另一个声道，在实现声音环绕效果时就特别有用。而更多音频轨道效果（支持99轨）的合成处理，则使用【音轨混合器】来控制是最方便不过的了。

同时，Premiere Pro CC 2018提供了处理音频的特效。音频特效和视频特效相似，选择不同的特效可以实现不同的音频效果。项目中使用的音频素材可能在文件形式上不同，但是一旦添加入项目中，Premiere Pro CC 2018将自动地把它转化成在音频设置框中设置的帧，所以可以像处理视频帧一样方便地处理音频。

7.1.2 Premiere 处理音频的顺序

Premiere处理音频有一定的顺序，添加音频效果的时候就要考虑添加的次序。Premiere首先对任何应用的音频滤镜进行处理，紧接着是在时间线的音频轨道中添加的任何摇移或者增益调整，它们是最后处理的效果。要对素材调整增益，可以选择【剪辑】|【音频选项】|【音频增益】命令，在弹出的【音频增益】对话框中调整数值，单击【确定】按钮，如图7-1所示。音频素材最后的效果包含在预览的节目或输出的节目中。

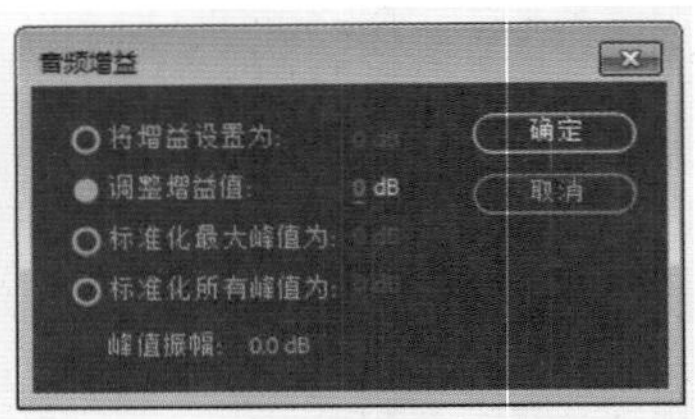

图7-1 【音频增益】对话框

7.2 使用音轨混合器调节音频

Premiere Pro CC 2018大大加强了其处理音频的能力，使其更加专业化。【音轨混合器】面板是Premiere Pro CC 2018中新增的面板（选择【面板】|【音轨混合器】命令可打开它），该面板可以更加有效地调节节目的音频，如图7-2所示。

【音轨混合器】面板可以实时混合【序列】面板中各轨道的音频对象。用户可以在【音轨混合器】面板中选择相应的音频控制器进行调节，该控制器调节它在【序列】面板对应轨道的音频对象。

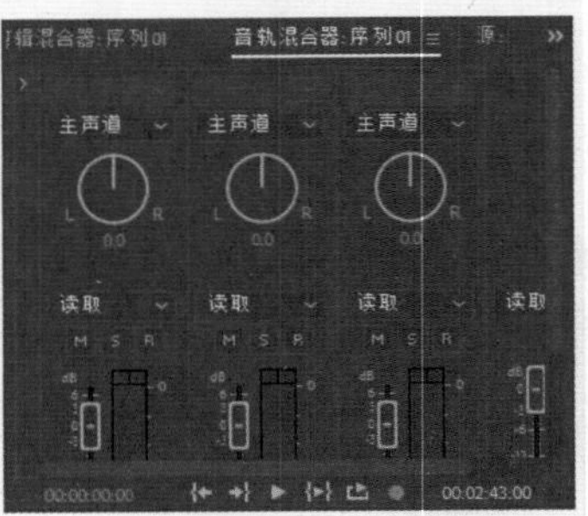

图7-2 【音轨混合器】面板

7.2.1 认识【音轨混合器】面板

【音轨混合器】面板由若干个轨道音频控制器、主音频控制器和播放控制器组成。每个控制器由控制按钮、调节滑块调节音频。

1. 轨道音频控制器

【音轨混合器】面板中的轨道音频控制器用于调节与其相对应轨道上的音频对象，控制器1对应【音频1】，控制器2对应【音频2】，以此类推。轨道音频控制器的数目由【序列】面板中的音频轨道数目决定。当在【序列】面板中添加音频轨道时，【音轨混合器】面板中将自动添加一个轨道音频控制器与其对应，如图7-3所示。

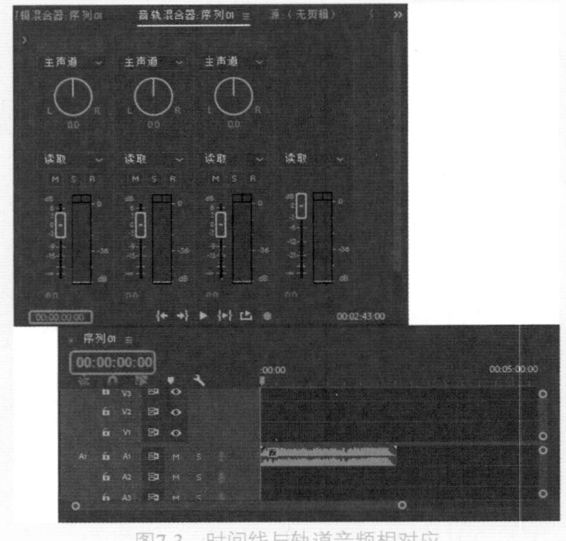

图7-3 时间线与轨道音频相对应

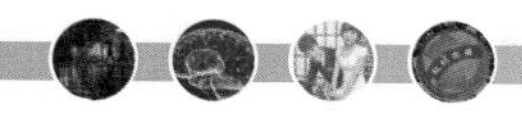

轨道音频控制器由控制按钮、声道调节滑轮及音量调节滑块组成。

1）控制按钮

轨道音频控制器的控制按钮可以控制音频调节时的调节状态，如图7-4所示。

- 【静音轨道】M：选中该按钮，该轨道音频会设置为静音状态。
- 【独奏轨道】S：选中该按钮，其他未选中独奏按钮的轨道音频会自动设置为静音状态。
- 【启用轨道以进行录制】R：激活该按钮，可以利用输入设备将声音录制到目标轨道上。

2）声道调节滑轮

如果对象为双声道音频，可以使用声道调节滑轮调节播放声道。向左拖动滑轮，输出到左声道（L）的声音增大；向右拖动滑轮，输出到右声道（R）的声音增大，声道调节滑轮如图7-5所示。

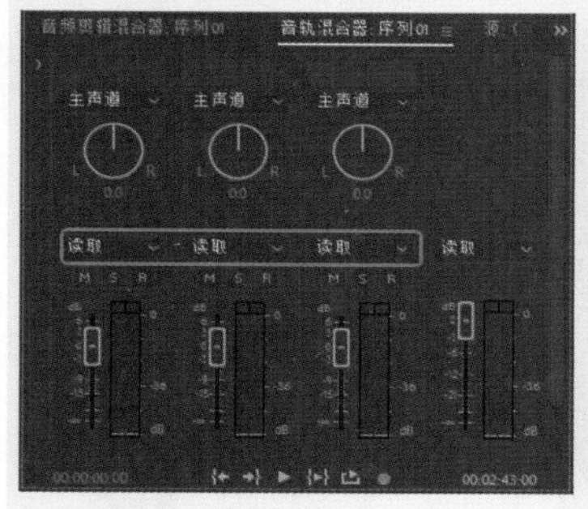

图7-4　轨道音频控制器

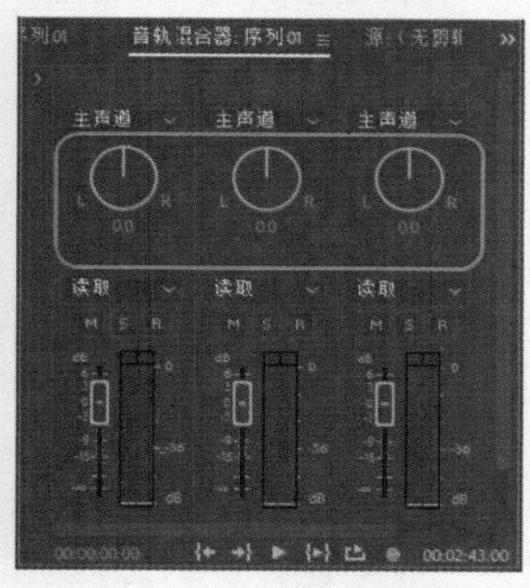

图7-5　声道调节滑轮

3）音量调节滑块

通过音量调节滑块可以控制当前轨道音频对象音量，Premiere Pro CC 2018以分贝数显示音量。向上拖动滑块，可以增加音量；向下拖动滑块，可以减小音量。下方数值栏中显示当前音量，用户也可直接在数值栏中输入声音分贝。播放音频时，面板右侧为音量表，显示音频播放时的音量大小；音量表顶部的小方块表示系统所能处理的音量极限，当方块显示为红色时，表示该音频音量超过极限，音量过大。音量调节滑块如图7-6所示。

使用主音频控制器可以调节【序列】面板中所有轨道上的音频对象。主音频控制器的使用方法与轨道音频控制器相同。

2. 播放控制器

音频播放控制器用于音频播放，使用方法与监视器面板中的播放控制栏相同，如图7-7所示。

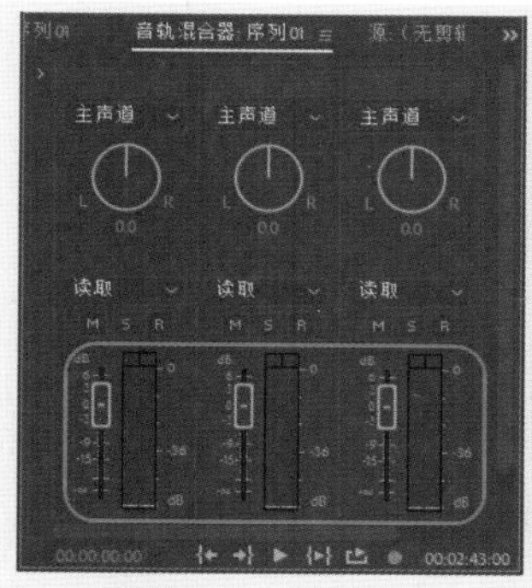

图7-6　音量调节滑块

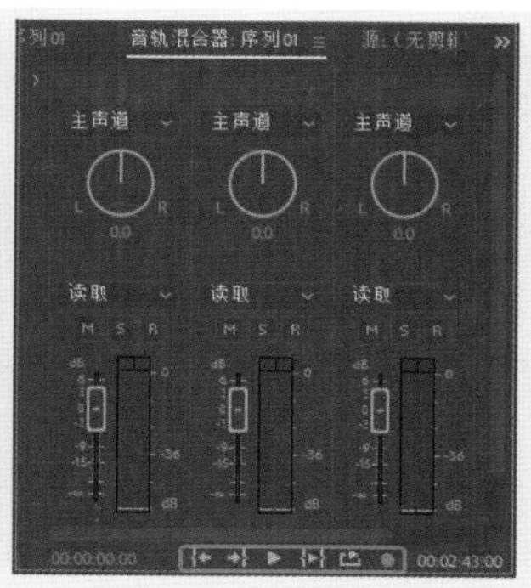

图7-7　播放控制器

7.2.2　设置【音轨混合器】面板

单击【音轨混合器】面板右上方的≡按钮，可以在弹出的菜单中对面板进行相关设置，如图7-8所示。

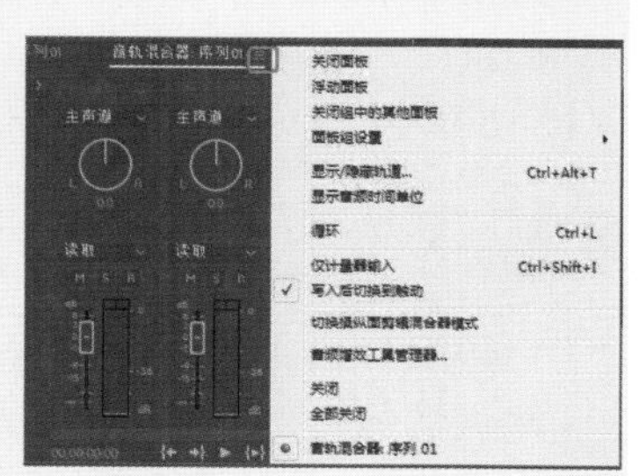

图7-8　【音轨混合器】菜单

- 【显示/隐藏轨道】：该命令可以对【音轨混合器】面板中的轨道进行隐藏或者显示设置。选择该命令，在弹出的如图7-9所示的设置对话框中，取消对【音频3】的选择，单击【确定】按钮，此时会发现【音轨混合器】面板中音频3已隐藏。

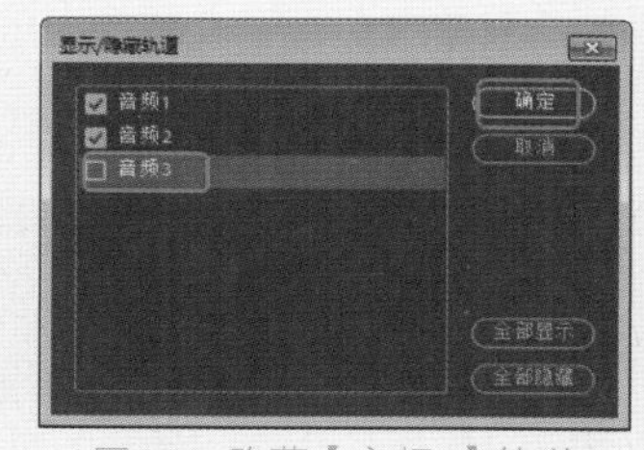

图7-9　隐藏【音频3】轨道

- 【显示音频时间单位】：该命令可以在时间标尺上以音频单位进行显示，如图7-10所示，此时会发现时间线和【音轨混合器】面板中都以音频单位进行显示。

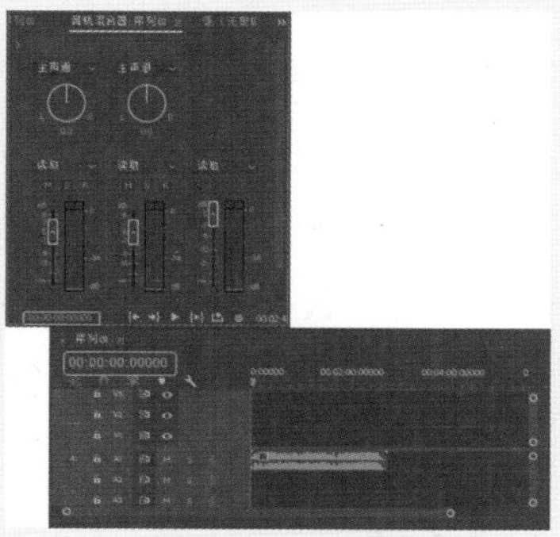

图7-10　显示音频时间单位

- 【循环】：该命令被选定的情况下，系统会循环播放音乐。

7.3 调节音频

【序列】面板中每个音频轨道上都有音频淡化控制，用户可通过音频淡化器调节音频素材的电平。音频淡化器初始状态为中音量，相当于录音机表中的0分贝。

可以调节整个音频素材的增益，同时保持为素材调制的电平稳定不变。

在Premiere中，用户可以通过淡化器调节工具或者音轨混合器调制音频电平。在Premiere中，对音频的调节分为素材调节和轨道调节。对素材调节时，音频的改变仅对当前的音频素材有效，删除素材后调节效果就消失了；而轨道调节仅针对当前音频轨道进行调节，所有在当前音频轨道上的音频素材都会在调节范围内受到影响。使用实时记录的时候，则只能针对音频轨道进行。

7.3.1 使用淡化器调节音频

使用淡化器调节音频电平的方法如下。

01 默认情况下，音频轨道面板卷展栏关闭。选择音频轨，滑动鼠标将音频轨道面板展开。

02 在【工具】面板中选择【钢笔工具】，按住Ctrl键，使用该工具拖动音频素材（或轨道）上的白线即可调整音量，如图7-11所示。

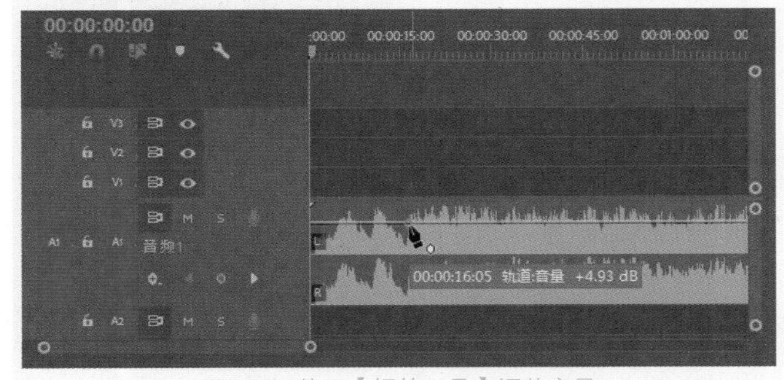

图7-11 使用【钢笔工具】调整音量

03 将光标移动到音频淡化器上，光标变为带有加号的笔头，如图7-12所示。单击鼠标左键产生一个句柄，用户可以根据需要产生多个句柄。按住鼠标左键上下拖动句柄。句柄之间的直线指示音频素材是淡入或者淡出：一条递增的直线表示音频淡入，一条递减的直线表示音频淡出，如图7-13所示。

04 右键单击音频素材，选择【音频增益】命令，如图7-14所示。弹出【音频增益】对话框，通过此对话框可以对音频增益作更详细的设置。

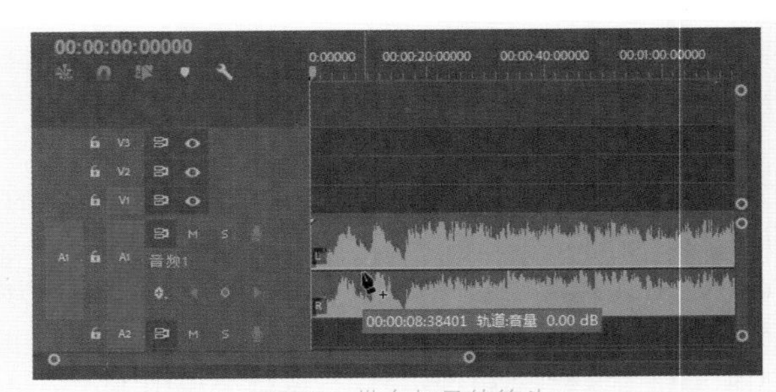

图7-12 带有加号的笔头

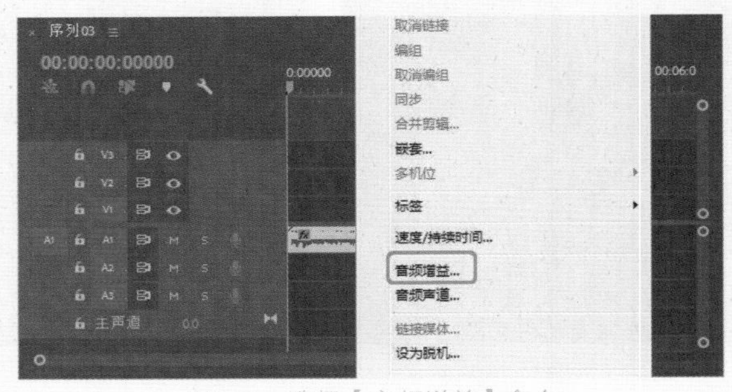

图7-13 设置音频淡入淡出

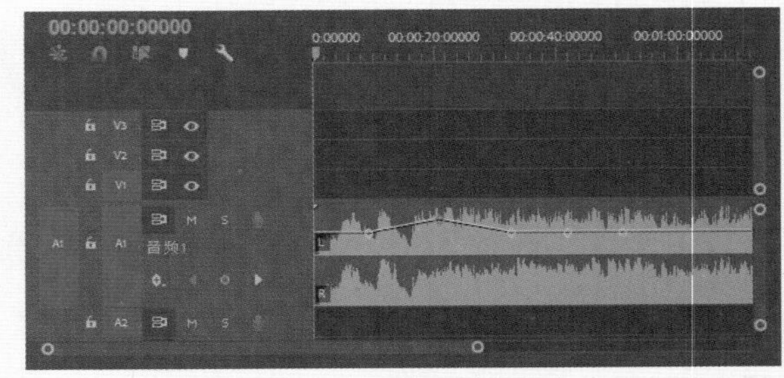

图7-14 选择【音频增益】命令

7.3.2 实时调节音频

使用Premiere的【音轨混合器】面板调节音量非常方便，用户可以在播放音频时实时进行音量调节。

使用音轨混合器调节音频的方法如下。

01 在菜单栏中选择【窗口】|【音轨混合器】命令，在【音轨混合器】面板需要进行调节的轨道上单击【读取】下拉按钮，在下拉列表中进行设置，如图7-15所示。

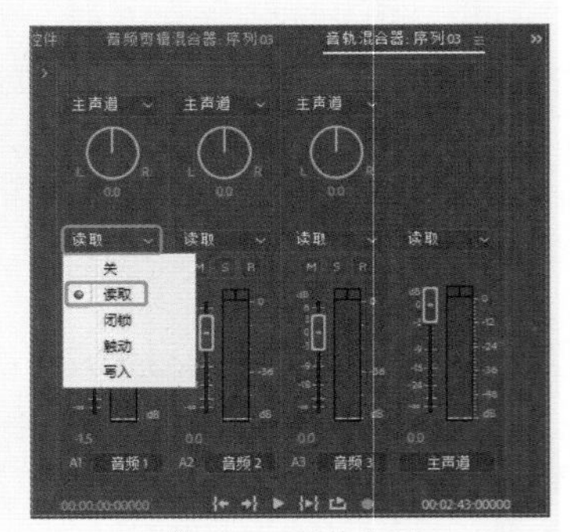

图7-15 调节音频

02 单击混音器【播放】按钮，【序列】面板中的音频素材开始播放。拖动音量控制滑块进行调节，调节完毕，系统自动记录调节结果。

选择【关】命令，系统会忽略当前音频轨道上的调节，仅按照默认的设置播放。

在【读取】状态下，系统会读取当前音频轨道上的调节效果，但是不能记录音频调节过程。

在【闭锁】、【触动】、【写入】三种方式下，都可以实时记录音频调节过程。

- 【闭锁】选项，当使用自动书写功能实时播放记录调节数据时，每调节一次，下一次调节时，调节滑块的初始位置会自动转为音频对象上次所调整的参数值。
- 【触动】选项，当使用自动书写功能实时播放记录调节数据时，每调节一次，下一次调节时调节滑块初始位置会自动转为音频对象在进行当前编辑前的参数值。
- 【写入】选项，当使用自动书写功能实时播放记录调节数据时，每调节一次，下一次调节时调节滑块停留在上一次调节后位置。在混音器中激活需要调节轨道自动记录状态，一般情况下选择【写入】即可。

实例操作——调整声音的淡入与淡出

本例将介绍声音淡入、淡出效果的操作方法，在调节的过程中主要应用【钢笔工具】对音频轨道上的关键帧进行调整。

01 运行Premiere，新建项目和序列。导入“音频.mp3”文件。

02 将导入的音频拖至【时间轴】面板的A1轨道中。在【效果控件】面板中，单击【级别】右侧的【添加/移除关键帧】按钮，分别在00:00:00:00、00:00:01:21、00:00:10:13和00:00:12:13处添加关键帧，如图7-16所示。

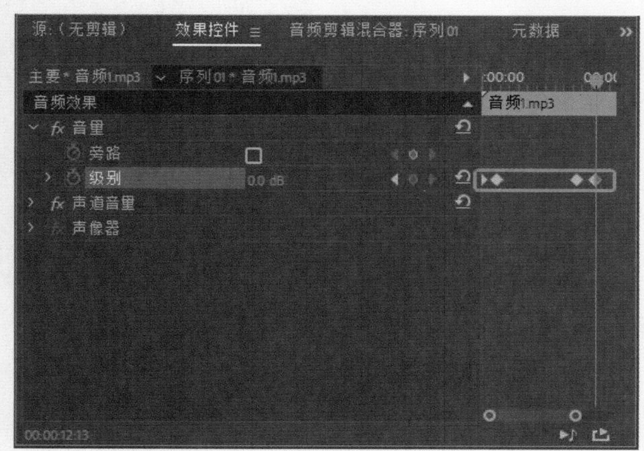

图7-16　添加关键帧

03 在【时间轴】面板中，将A1轨道展开，选择【钢笔工具】，调整关键帧的位置，如图7-17所示。

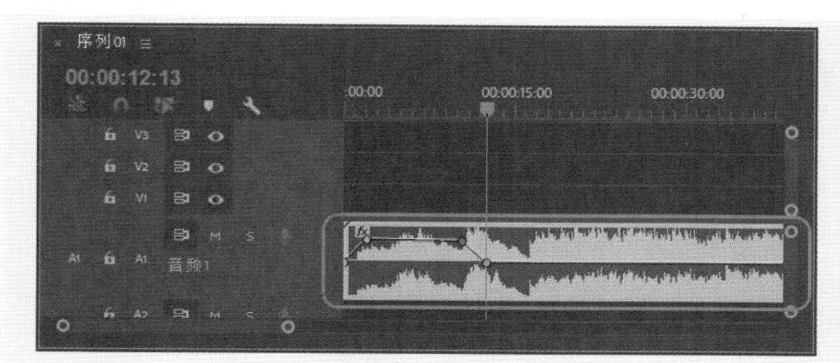

图7-17　调整关键帧

7.4 录音和子轨道

由于Premiere的音轨混合器提供了崭新的录音和子轨道调节功能，所以可直接在计算机上完成解说或者配乐的工作。

7.4.1 制作录音

要使用录音功能，首先必须保证计算机的音频输入装置被正确连接。可以使用MIC或者其他MIDI设备在Premiere中录音，录制的声音会成为音频轨道上的一个音频素材，还可以将这个音频素材输出保存为一个兼容的音频文件格式。

制作录音的方法如下。

01 首先激活要录制音频轨道的按钮，激活录音装置后，上方会出现音频输入的设备选项，选择输入音频的设备即可。

02 激活面板下方的按钮，如图7-18所示。

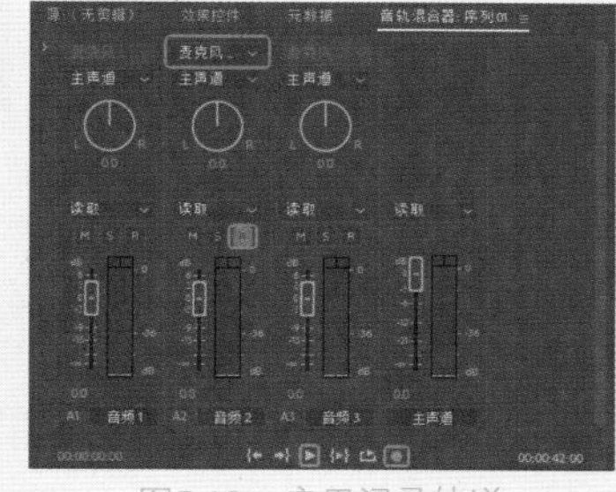

图7-18　启用记录轨道

03 单击面板下方的按钮，进行解说或者演奏即可；按按钮即可停止录制，当前音频轨道上会出现刚才录制的声音，如图7-19所示。

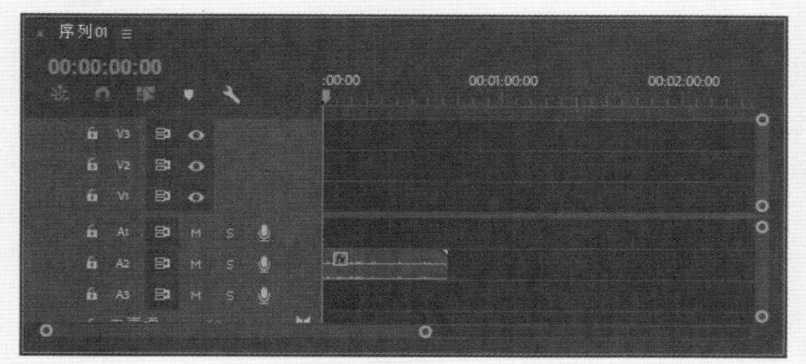

图7-19　记录录制的声音

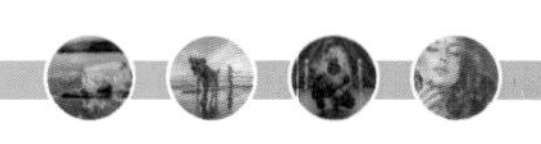

7.4.2 添加与设置子轨道

我们可以为每个音频轨道增添子轨道，并且分别对每个子轨道进行不同的调节或者添加不同特效来完成复杂的声音效果设置。需要注意的是，子轨道是依附于其主轨道存在的，所以，在子轨道中无法添加音频素材，仅作为辅助调节使用。

添加与设置子轨道的方法如下。

01 单击混音器面板中左侧的按钮，展开特效和子轨道设置栏。下边的区域用来添加音频子轨道。在子轨道的区域中单击小三角按钮，会弹出子轨道下拉列表，如图7-20所示。

02 在下拉列表中选择添加的子轨道方式。可以添加一个单声道、立体声、5.1声道或者自适应的子轨道。选择子轨道类型后，即可为当前音频轨道添加子轨道。可以分别切换到不同的子轨道进行调节控制，Premiere提供了最多5个子轨道的控制。

03 单击子轨道调节栏右上角的图标，使其变为可以屏蔽当前子轨道效果，如图7-21所示。

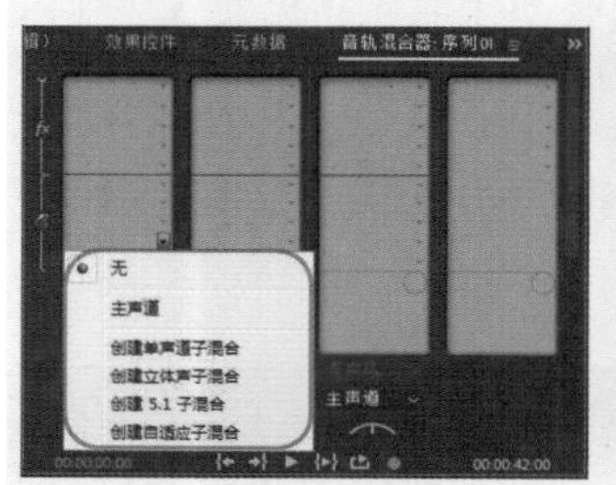

图7-20 创建子轨道

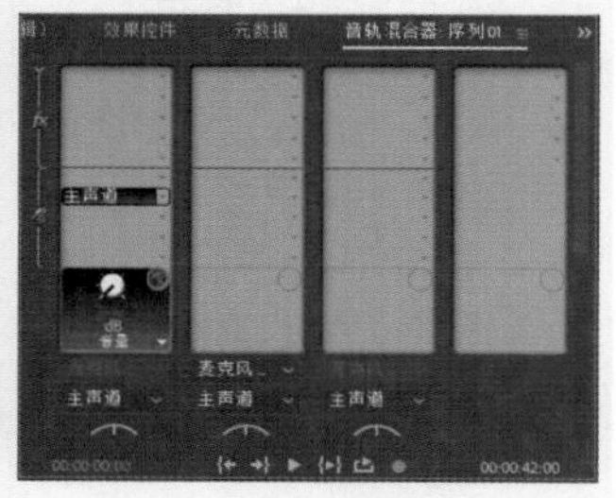

图7-21 屏蔽当前子轨道

实例操作——录制音频文件

电脑插入麦克风后，可以在Premiere中录制音频，其具体的操作步骤如下。

01 运行Premiere，新建项目和序列。在菜单栏中执行【编辑】|【首选项】|【音频硬件】命令，如图7-22所示。

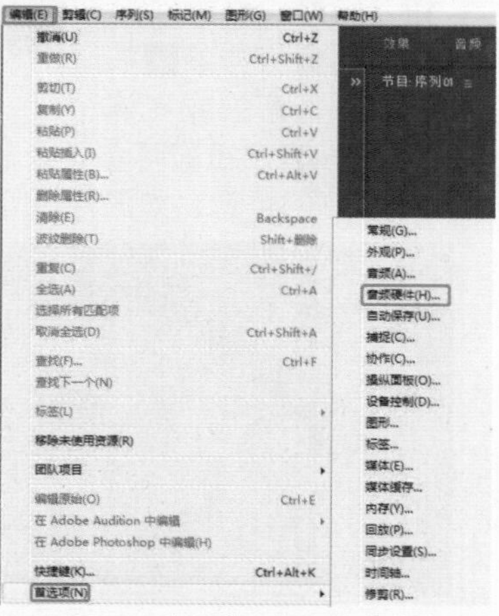

图7-22 选择【音频硬件】命令

02 弹出【首选项】对话框，在【默认输入】下拉列表中选择【麦克风】，然后单击【确定】按钮，如图7-23所示。

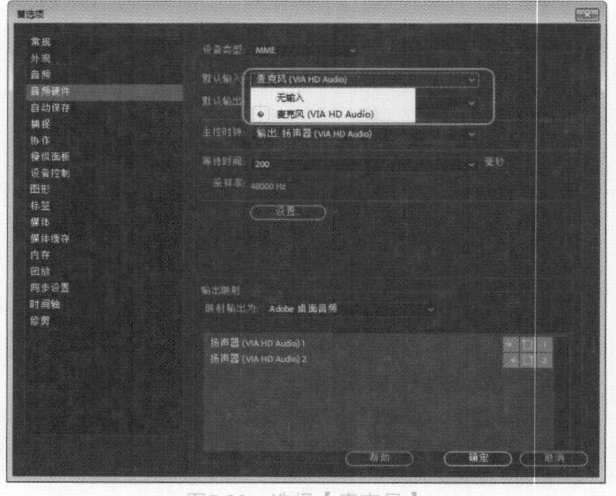

图7-23 选择【麦克风】

03 切换至【音轨混合器】面板中，单击A2轨道中的【启用轨道以进行录制】按钮，然后单击【录制】按钮，如图7-24所示。

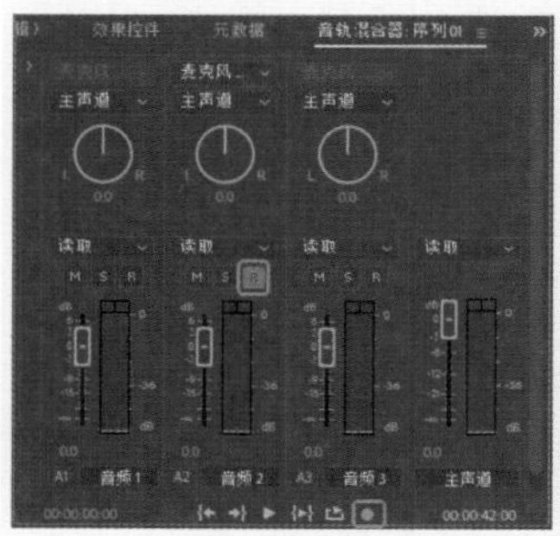

图7-24 【音轨混合器】面板

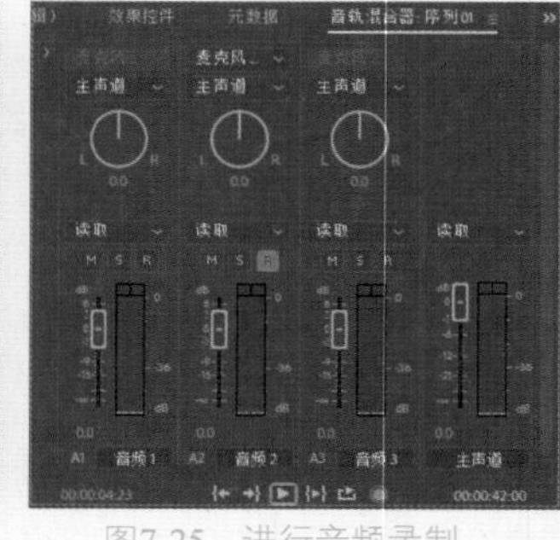

图7-25 进行音频录制

04 在【音轨混合器】面板中单击【播放-停止切换】按钮，进行音频录制，如图7-25所示。单击【播放-停止切换】按钮停止录制，如图7-26所示。

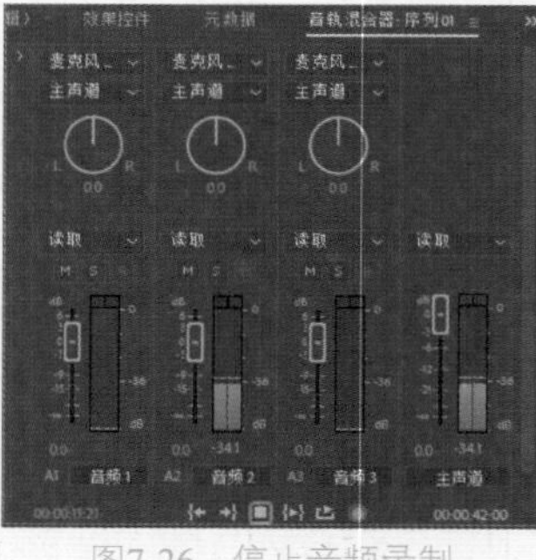

图7-26 停止音频录制

05 在【时间轴】面板的A2轨道中将显示录制的音频文件，如图7-27所示。

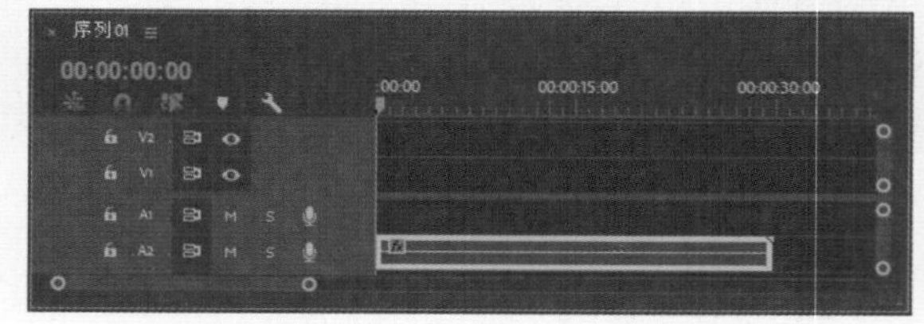

图7-27 A2轨道中显示录制的音频文件

7.5 使用【序列】面板合成音频

【序列】面板不仅可以编辑视频素材，还可以对音频进行编辑和合成，在【序列】面板中调整音轨的音量、平衡和平移等，对音轨的处理将直接影响所有放入音轨中的素材。

7.5.1　调整音频持续时间和速度

音频的持续时间就是指音频的入、出点之间的素材持续时间，因此，对于音频持续时间的调整就是通过入、出点的设置来进行的。改变整段音频持续时间还有其他的方法：可以在【序列】面板中用【选择工具】直接拖动音频的边缘，以改变音频轨迹上音频素材的长度；还可以选中【序列】面板中的音频片段，然后右击，从弹出的快捷菜单中选择【速度/持续时间】命令，在弹出的【剪辑速度/持续时间】对话框中可以设置音频片段的长度，如图7-28所示。

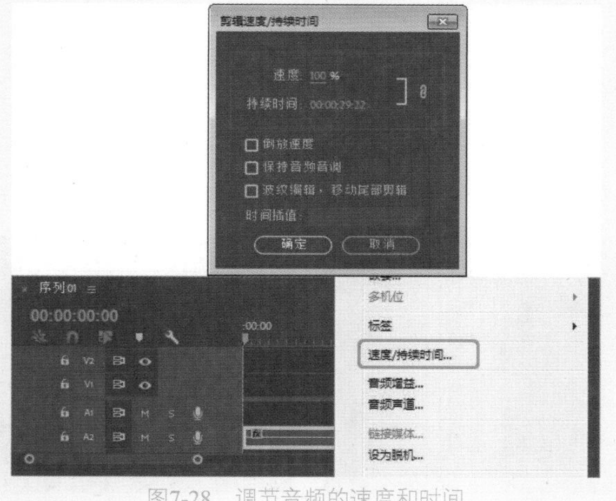

图7-28　调节音频的速度和时间

同样，我们可以对音频的速度进行调整。在刚才弹出的【剪辑速度/持续时间】对话框中，也可以对音频素材的播放速度进行调整。

> 提示
> 改变音频的播放速度后会影响音频播放的效果，音调会因速度提高而升高，因速度的降低而降低。播放速度变化了，播放的时间也会随着改变，但这种改变与单纯改变音频素材的入、出点而改变持续时间不是一回事。

7.5.2　音频的增益

音频素材的增益指的是音频信号的声调高低。在节目中经常要处理声音的声调，特别是当一个视频同时出现几个音频素材的时候，就要平衡几个素材的增益。否则一个素材的音频信号或低或高，将会影响观看效果。可为一个音频剪辑设置整体的增益。尽管音频增益的调整在音量、摇摆/平衡和音频效果调整之后，但它并不会删除这些设置。增益设置对于平衡几个剪辑的增益级别，或者调节一个剪辑的太高或太低的音频信号是十分有用的。

如果一个音频素材在数字化的时候，捕获设置不当，也常常会造成增益过低，而用Premiere提高素材的增益，有可能增大了素材的噪音甚至造成失真。要使输出效果达到最好，就应按照标准步骤进行操作，以确保每次数字化音频剪辑时有合适的增益级别。

在一个剪辑中调整音频增益的步骤一般如下。

01 在【序列】面板中，使用【选择工具】选择一个音频剪辑，此时剪辑周围出现灰色阴影框，表示该剪辑已经被选中，如图7-29所示。

02 选择【剪辑】|【音频选项】|【音频增益】命令，弹出如图7-30所示的【音频增益】对话框。

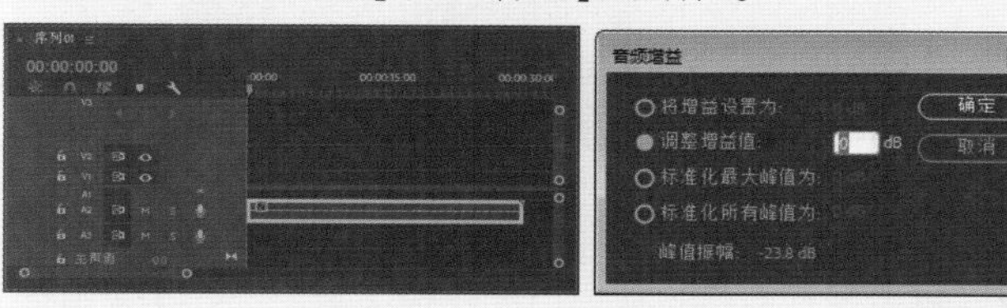

图7-29　选择音频　　图7-30　【音频增益】对话框

03 根据需要选择以下一种增益设置方式。

- 【将增益设置为】选项中可以输入-96~96的任意数值，表示音频增益的声音大小（分贝）。大于0的值会放大剪辑的增益，小于0的值则削弱剪辑的增益，使其声音变小。
- 【调整增益值】选项同样可以输入-96~96的任意数值，系统将依据输入的数值来自动调节音频增益。
- 【标准化最大峰值为】和【标准化所有峰值为】选项可根据对峰值的设定来计算音频增益。

04 设置完成后单击【确定】按钮。

7.6 分离和链接视音频

在编辑工作中，经常需要将【序列】面板中的视音频链接素材的视频和音频分离。用户可以完全打断或者暂时释放链接素材的链接关系并重新放置其各部分。

Premiere中音频素材和视频素材有硬链接和软链接两种链接关系。当链接的视频和音频来自于同一个影片文件，它们是硬链接，【项目】面板只出现一个素材，硬链

接是在素材输入Premiere之前就建立完成的，在序列中显示为相同的颜色，如图7-31所示。

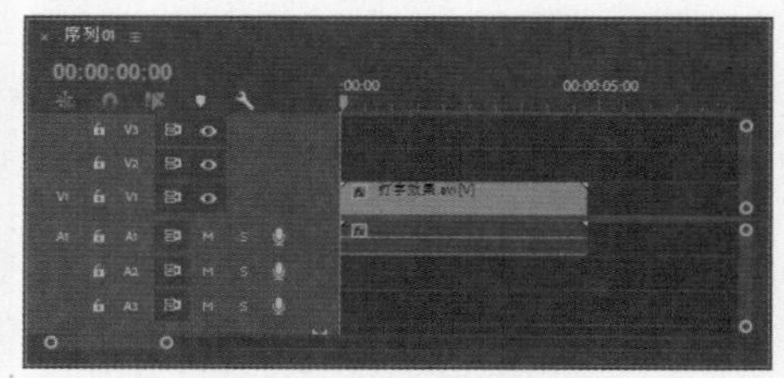

图7-31　视音频之间的硬链接

软链接是在【序列】面板中建立的链接。用户可以在【序列】面板中为音频素材和视频素材建立软链接。软链接类似于硬链接，但链接的素材在【项目】面板中保持着各自的完整性，在序列中显示为不同的颜色，如图7-32所示。

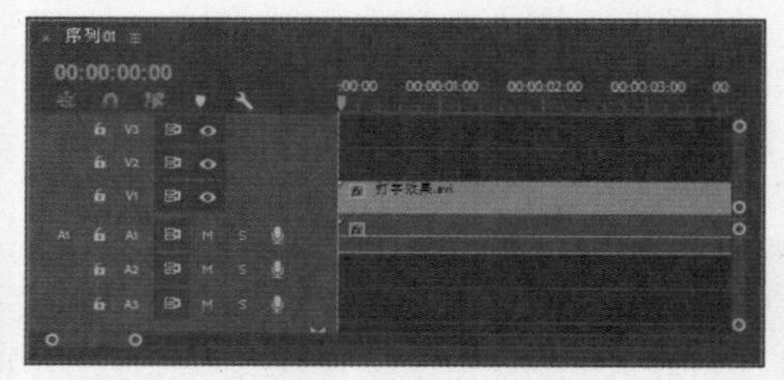

图7-32　视音频之间的软链接

如果要打断链接在一起的视音频，可在轨道上选择对象，单击鼠标右键，从弹出的快捷菜单中选择【取消链接】命令即可，如图7-33所示。被打断的视音频素材可以单独进行操作。

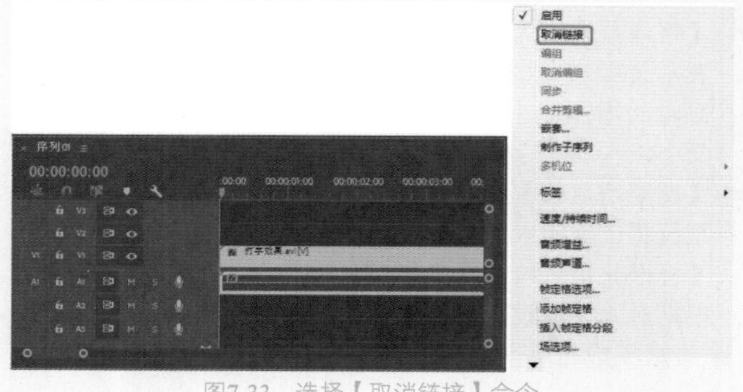

图7-33　选择【取消链接】命令

如果要把分离的视音频素材链接在一起作为一个整体进行操作，则只需要框选需要链接的视音频，右击鼠标，从弹出的快捷菜单中选择【链接】命令即可。

> **提示**
> 如果把一段链接在一起的视音频文件打断了，移动了位置或者分别设置入点、出点，产生了偏移，再次将其链接，系统会做出警告，表示视音频不同步，如图7-34所示，左侧出现红色警告，并标识错位的帧数。

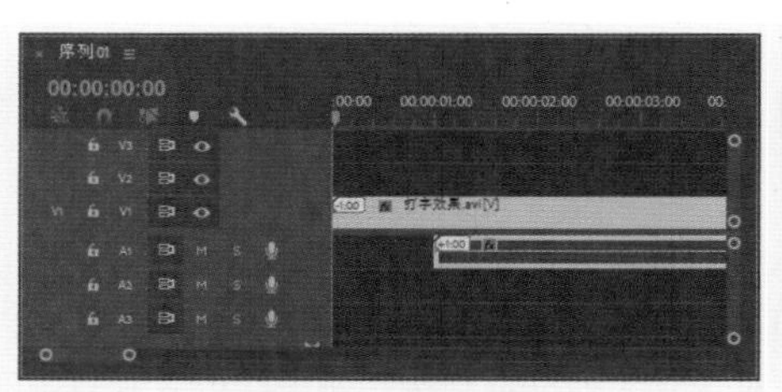

图7-34　视音频不同步警告

7.7 添加音频特效

Premiere提供了20种以上的音频特效。可以通过特效产生回声、合声以及去除噪音的效果，还可以使用扩展的插件得到更多的特效。

7.7.1　为素材添加特效

音频素材的特效添加方法与视频素材相同，这里不再赘述。可以在【效果】面板或【面板】|【效果】命令中展开设置栏，选择音频特效进行设置即可，如图7-35所示。

Premiere还为音频素材提供了简单的切换方式，如图7-36所示。为音频素材添加切换的方法与视频素材相同。

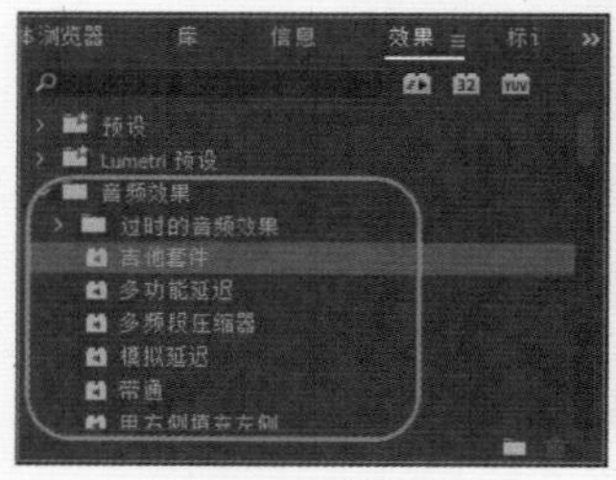

图7-35　音频效果

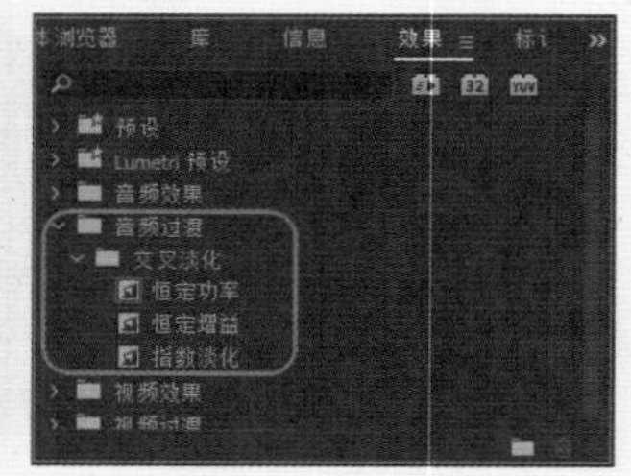

图7-36　音频切换方法

实例操作——为视频添加背景音乐

声音在影片中的重要性是不言而喻的，只有音频与视频相结合才是一个完美的作品。

01 运行Premiere，在开始界面中单击【新建项目】按钮，在【新建项目】对话框中，选择项目的保存路径，对项目名称进行命名，单击【确定】按钮，如图7-37所示。

02 进入工作区后按Ctrl+N组合键，打开【新建序列】对话框，在【序列预设】选项卡中【可用预设】区域下选择DV-PAL|【标准48kHz】选项，对【序列名称】进行命名，单击【确定】按钮，如图7-38所示。

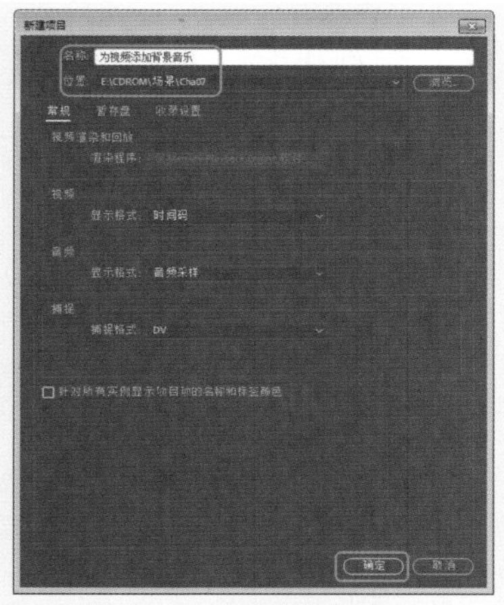

图7-37　【新建项目】对话框

图7-38　【新建序列】对话框

03 进入操作界面，在【项目】面板中【名称】区域下的空白处双击，在弹出的对话框中选择“音频3”“视频1”，单击【打开】按钮，如图7-39所示。

图7-39　选择素材

04 将“视频1”文件拖至V1轨道中，弹出【剪辑不匹配警告】对话框，选择【保持现有设置】，如图7-40所示。

图7-40　向V1拖动素材

05 选中轨道中的素材“视频1”并右击，在弹出的对话框中选择【取消链接】命令，如图7-41所示。

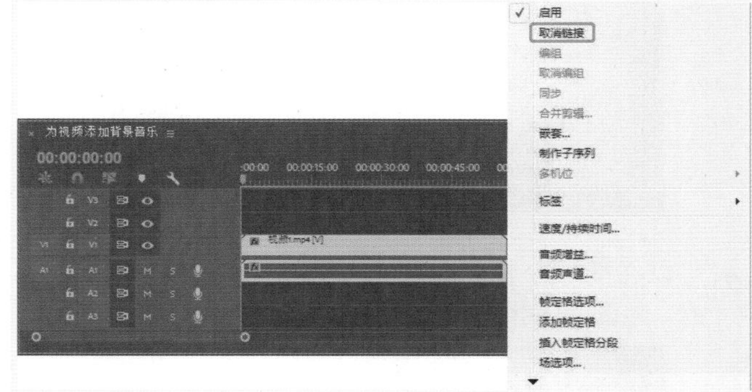

图7-41　选择【取消链接】命令

06 选中轨道A1中的素材使用Delete键进行删除，将“音频3”文件拖至A1轨道中，将当前时间设置为00:00:57:00，使用【剃刀工具】在时间线处单击，使用【选择工具】选定时间线右侧素材，使用Delete键进行删除，如图7-42所示。

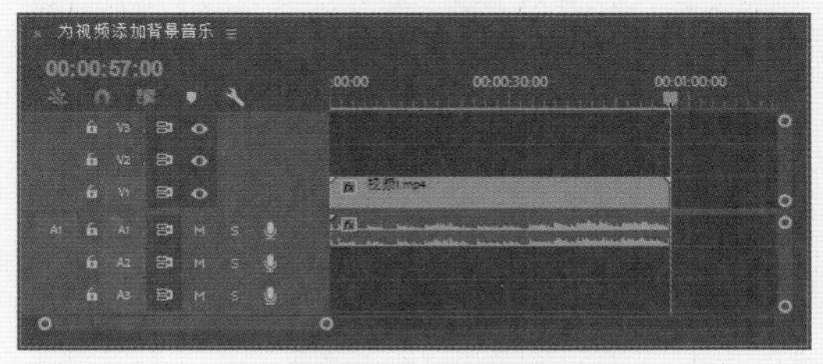

图7-42　完成后的效果

07 分别为音频的开始、结束处添加【恒定增益】切换效果，如图7-43所示。

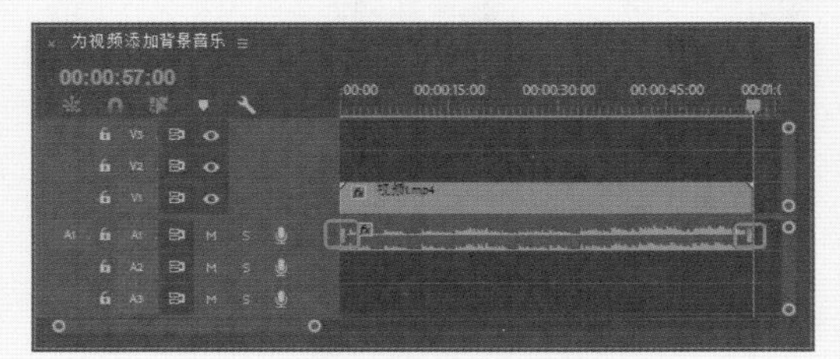

图7-43　向音频轨道添加音频并添加效果

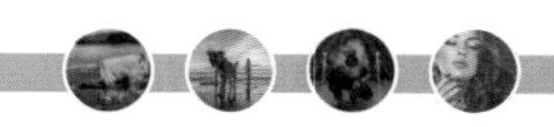

7.7.2 设置轨道特效

Premiere除了可以对轨道上的音频素材设置特效外，还可以直接对音频轨道添加特效。

操作步骤如下。

01 首先在混音器中展开目标轨道的特效设置栏，单击右侧设置栏上的小三角，可以弹出音频特效下拉列表，如图7-44所示，选择需要使用的音频特效即可。

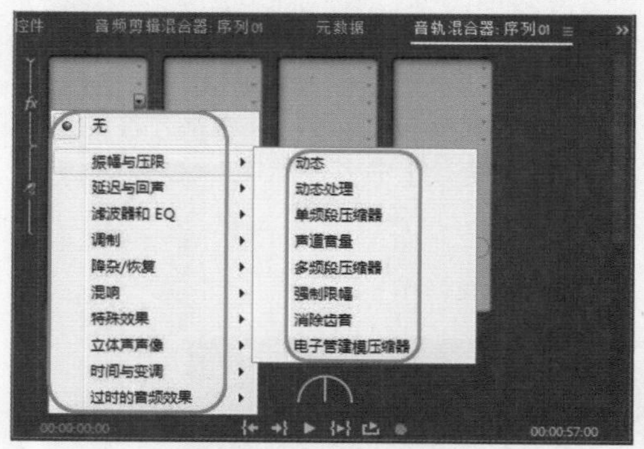

图7-44 选择音频特效

02 可以在同一个音频轨道上添加多个特效，并分别控制，如图7-45所示。

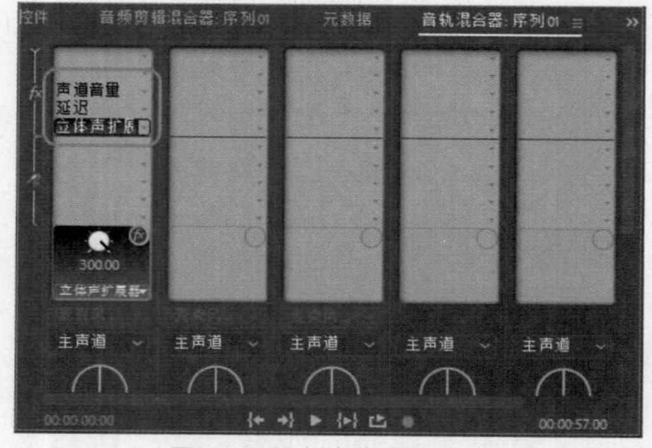

图7-45 添加多个音频特效

03 如果要调节轨道的音频特效，可以右键单击特效，在弹出的快捷菜单中进行设置即可，如图7-46所示。

图7-46 设置音频特效

7.8 上机练习

在上面的小节中已经详细介绍了Premiere音频效果的添加和应用，接下来我们通过几个具有代表性的实例来具体分析了解一下Premiere中音频特效的实际技术应用。

7.8.1 左右声道的渐变转化

本实例将运用音频特效中的【平衡】特效在指定的音频素材上实现左右声道渐变转化效果，并对音频左右声道进行渐变转化。具体操作步骤如下。

01 启动Premiere程序，在界面中新建项目【左右声道的渐变转化】，在【项目】面板的空白处双击，打开“音频4”，如图7-47所示。

图7-47 导入音频素材

02 在【项目】面板中将“音频4”拖动至【序列】面板下的A1轨道上，如图7-48所示。

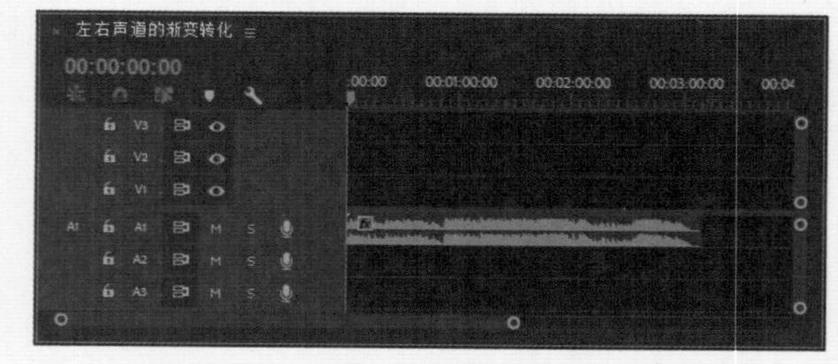

图7-48 导入音频素材至时间线

03 切换至【效果】面板，选择【音频特效】|【平衡】特效，将其拖至【序列】面板下的A1轨道“音频4”上，如图7-49所示。

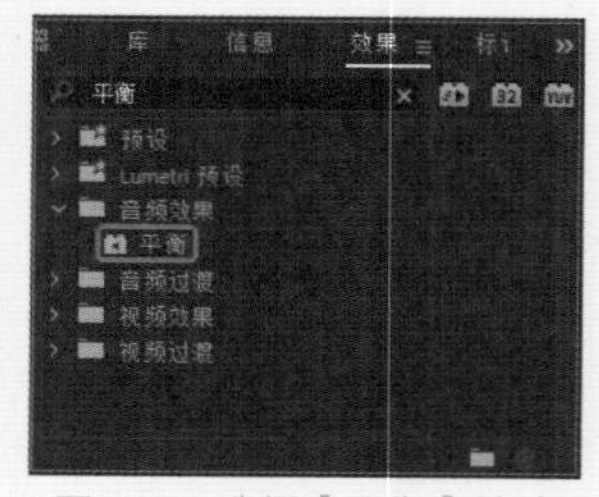

图7-49 选择【平衡】特效

04 选中“音频4”，在【效果控件】面板中已经显示了添加的【平衡】特效。单击【平衡】选项左侧的展开按钮，便可以显示出此选项的相关参数，如图7-50所示。

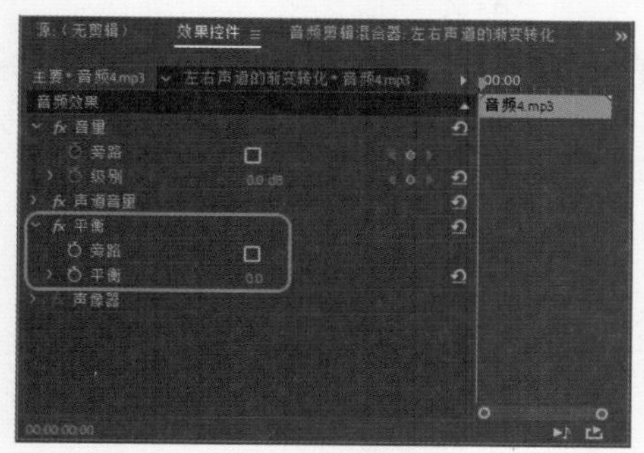

图7-50　【平衡】特效

05 在【序列】面板中，将当前时间设置为00:00:00:00。将【平衡】参数设置为-100.0，即在左声道播放。单击⏱按钮，添加第一个关键帧，如图7-51 。然后将当前时间设置为00:01:00:00，将【平衡】参数设置为100.0，即在右声道播放，添加第二个关键帧，如图7-52所示。

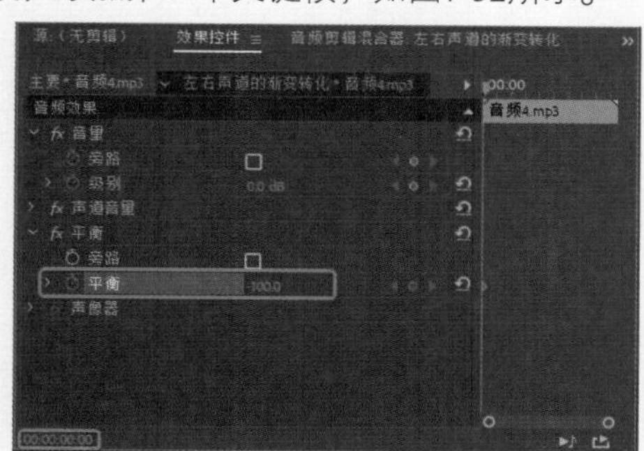

图7-51　添加第一个关键帧

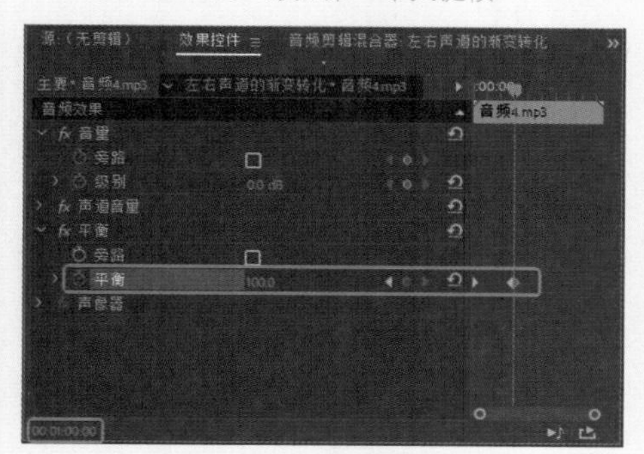

图7-52　添加第二个关键帧

06 设置完成后，用户可以在【节目】监视器中进行播放，可听到左右声道渐变转化的音效。

7.8.2　山谷回声效果

本实例将运用音频特效中的【延迟】特效在指定的音频素材上实现自定义的山谷回声效果。具体操作步骤如下。

01 启动Premiere程序，在界面中新建项目和序列【山谷回声】，在【项目】面板的空白处双击，打开【导入】对话框，选择“音频5”文件，如图7-53所示。

图7-53　导入音频素材

02 在【项目】面板中将“音频5”拖动至【序列】面板下的A1轨道上，如图7-54所示。

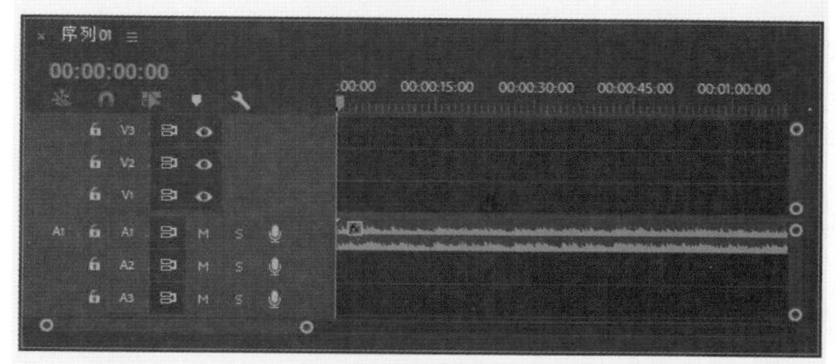

图7-54　导入音频素材至时间线

03 切换至【效果】面板，选择【音频特效】|【延迟】特效，如图7-55所示，将其拖至【序列】面板中A1轨道“音频5”上。

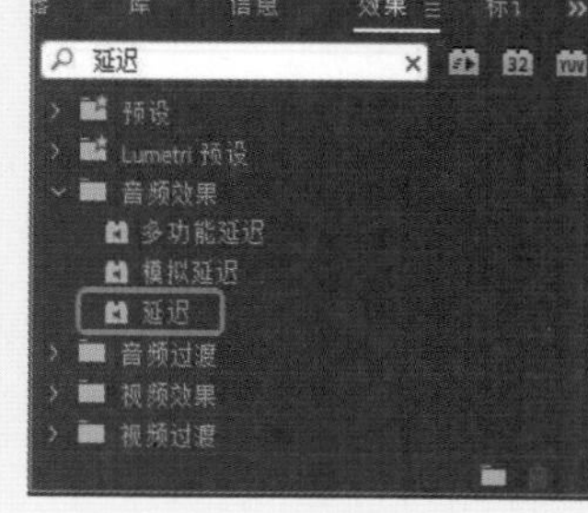

图7-55　选择【延迟】特效

04 选中“音频5”，在【效果控件】面板中，可以看到已经添加的【延迟】特效，如图7-56所示。

05 将【延迟】的值设置为0.300秒，将【反馈】的值设置为3.0%，将【混合】的值设置为40.0%，如图7-57所示。

06 设置完成后，用户可以在【节目】监视器中进行播放，可听到音频具有了山谷回声的音效。

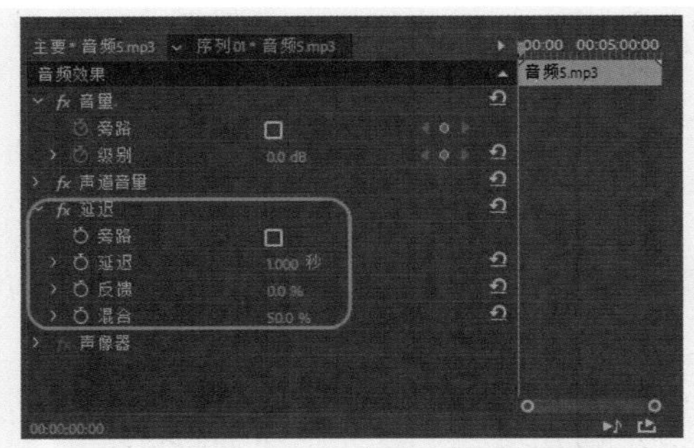

图7-56　添加【延迟】特效

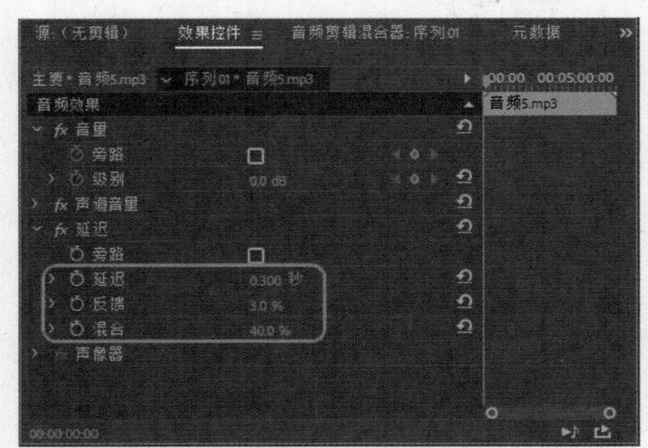

图7-57　设置【延迟】

7.9 思考题

1. 【序列】面板中的音频轨道有几个通道？分别是什么通道？

2. 音频的持续时间指的是什么？

第8章 文件的设置与输出

影片制作完成后，就需要对其进行输出，在Premiere中可以将影片输出为多种格式，本章首先介绍输出选项的设置，然后详细介绍将影片输出为不同格式的方法。

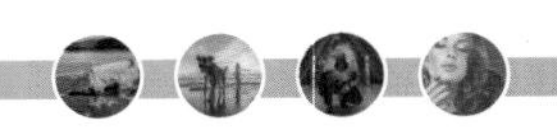

8.1 输出设置

编辑制作完成一个影片后，最后的环节就是输出文件，就像支持多种格式文件的导入一样，Premiere可以将【时间轴】面板中的内容以多种格式文件的形式渲染输出，以满足多方面的需要。但在输出文件之前，需要先对输出选项进行设置。

8.1.1 影片输出类型

在Premiere中可以将影片输出为不同的类型。

在菜单栏中选择【文件】|【导出】命令，在弹出的子菜单中包含了Premiere软件中支持的输出类型，如图8-1所示。

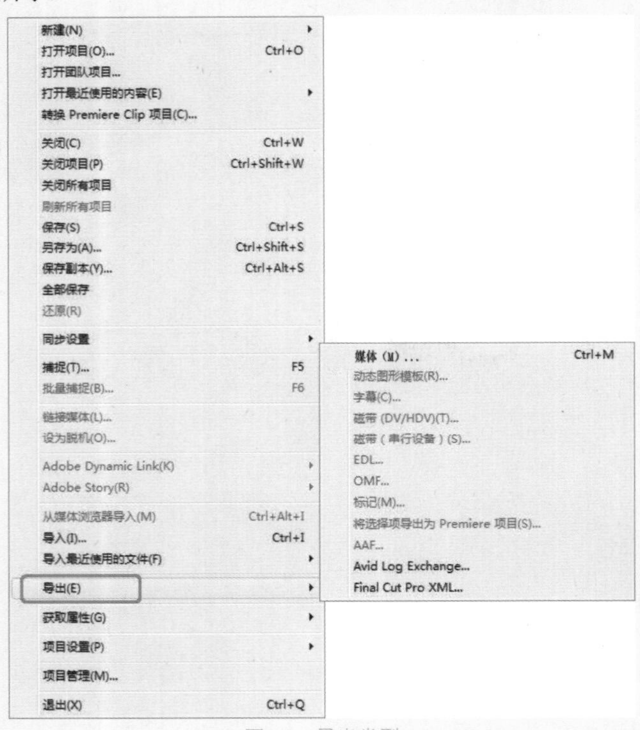

图8-1 导出类型

主要输出类型功能说明如下。

- 【媒体】：选择该命令后，可以打开【导出设置】对话框，在该对话框中可以进行各种格式的媒体输出。
- 【动态图形模板】：该命令可以将Premiere中创建的字幕和图形导出为动态图形模板以供将来重复使用。
- 【字幕】：单独输出在Premiere Pro CC 2018软件中创建的字幕文件。
- 【磁带（DV/HDV）（T）】：该命令可将序列导出至磁带。
- 【磁带（串行设备）（S）】：通过专业录像设备将编辑完成的影片直接输入到磁带上。
- EDL：输出一个描述剪辑过程的数据文件，可以导入到其他的编辑软件进行编辑。
- OMF：将整个序列中所有激活的音频轨道输出为OMF格式，可以导入到DigiDesign Pro Tools等软件中继续编辑润色。
- AAF：AAF格式可以支持多平台、多系统的编辑软件，可以导入到其他的编辑软件中继续编辑，如Avid Media Composer。
- Final Cut Pro XML：将剪辑数据转移到苹果平台的Final Cut Pro剪辑软件上继续进行编辑。

8.1.2 设置输出基本选项

影片的质量取决于诸多因素。比如，编辑所使用的图形压缩类型，输出的帧速率以及播放影片的计算机系统的速度等。在合成影片前，需要在输出设置中对影片的质量进行相关的设置。输出设置中大部分与项目的设置选项相同。

> 提示　在项目设置中，是针对序列进行的；在输出设置中，是针对最终输出的影片进行的。

选择不同的编辑格式，可供输出的影片格式和压缩设置等也有所不同。设置输出基本选项的方法如下。

01 选择需要输出的序列，在菜单栏中选择【文件】|【导出】|【媒体】命令，弹出【导出设置】对话框，如图8-2所示。

图8-2 【导出设置】对话框

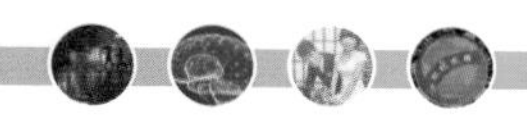

02 在该对话框左下角的【源范围】下拉列表中选择【整个序列】选项，会导出序列中的所有影片；选择【序列切入/序列切出】选项，会导出切入点与切出点之间的影片；选择【工作区域】选项，会导出工作区域内的影片；选择【自定义】选项，用户可以根据需要，自定义设置需要导出影片的区域，如图8-3所示。

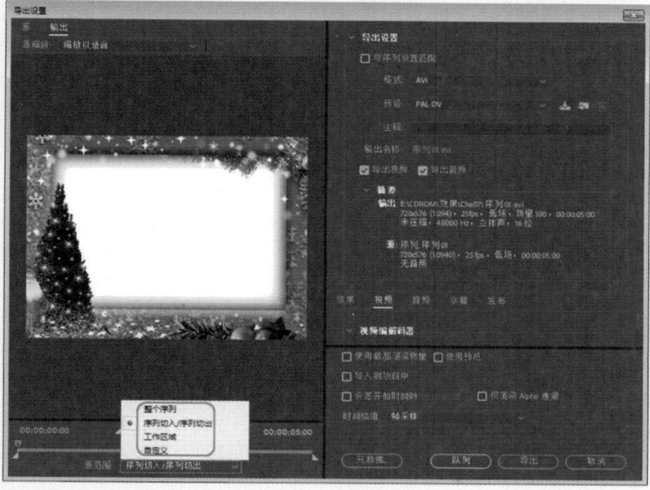

图8-3　【源范围】列表

03 在【导出设置】区域中，单击【格式】右侧的下三角按钮，可以在弹出的下拉列表中选择输出使用的媒体格式，如图8-4所示。

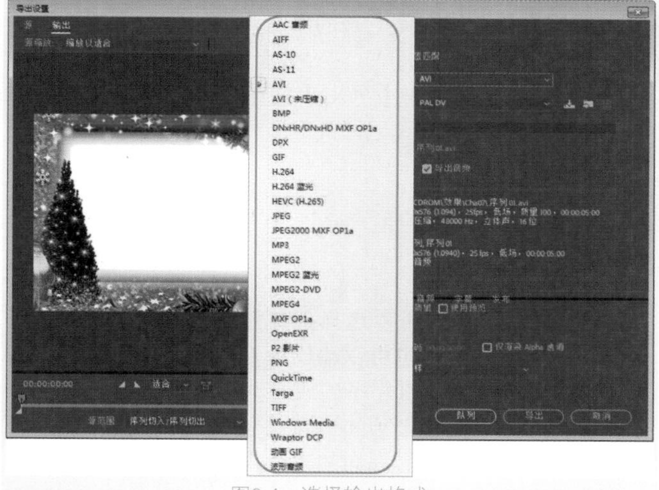

图8-4　选择输出格式

常用的输出格式和相对应的使用路径说明如下。

- AVI（未压缩）：输出为不经过任何压缩的Windows平台数字电影。
- FLV：输出为Flash流媒体格式视频，适合网络播放。
- GIF：将影片输出为动态图片文件，适用于网页播放。
- H-264、H-264蓝光：输出为高性能视频编码文件，适合输出高清视频和录制蓝光光盘。
- MPEG4：输出为压缩比较高的视频文件，适合移动设备播放。
- PNG、Targa、TIFF：输出单张静态图片或者图片序列，适合于多平台数据交换。
- 波形音频：只输出影片声音，输出为WAV格式音频，适合于多平台数据交换。
- Windows Media：输出为微软专有流媒体格式，适合于网络播放和移动媒体播放。

04 如果勾选【导出视频】复选框，则合成影片时输出影像文件，如果取消勾选该复选框，则不能输出影像文件。如果勾选【导出音频】复选框，则合成影片时输出声音文件，如果取消勾选该复选框，则不能输出声音文件，如图8-5所示。

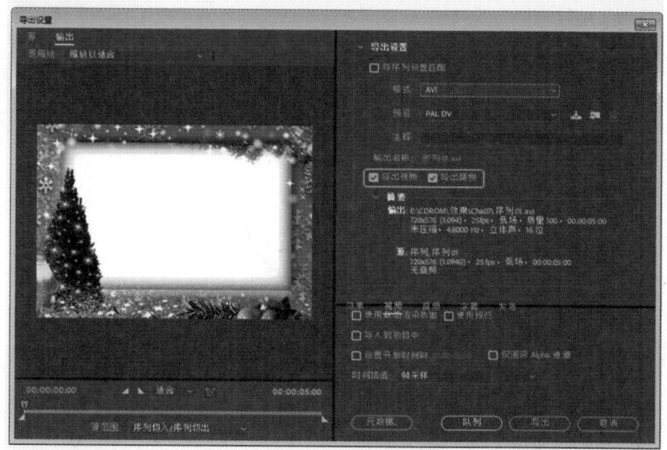

图8-5　选择复选框

05 参数设置完成后，单击【导出】按钮进行导出。

8.1.3　输出视频和音频设置

下面来介绍一下在输出视频和音频前的一些选项设置，具体操作步骤如下。

01 在【导出设置】对话框中勾选【导出视频】和【导出音频】复选框，然后在该对话框中选择【视频】选项卡，进入【视频】选项卡设置面板中，如图8-6所示。

02 在【视频编解码器】选项组中，单击【视频编解码器】右侧的下三角按钮，在弹出的下拉列表中选择用于影片压缩的编码解码器，选用的输出格式不同，对应的编码解码器也不同，如图8-7所示。

03 在【基本视频设置】选项组中，可以设置【质量】、【帧速率】和【场序】等选项。

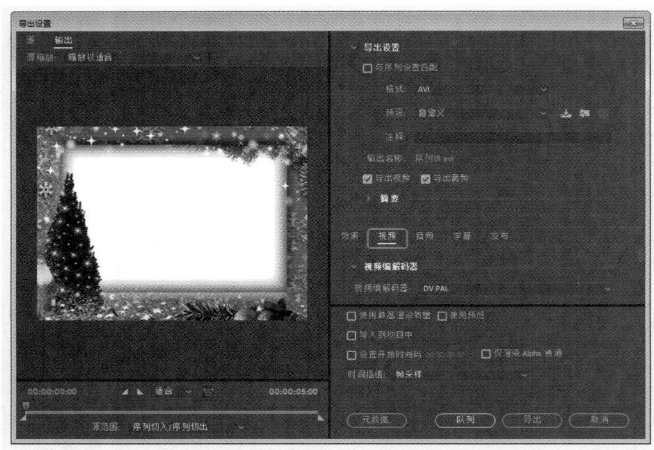

图8-6 选择【视频】选项卡

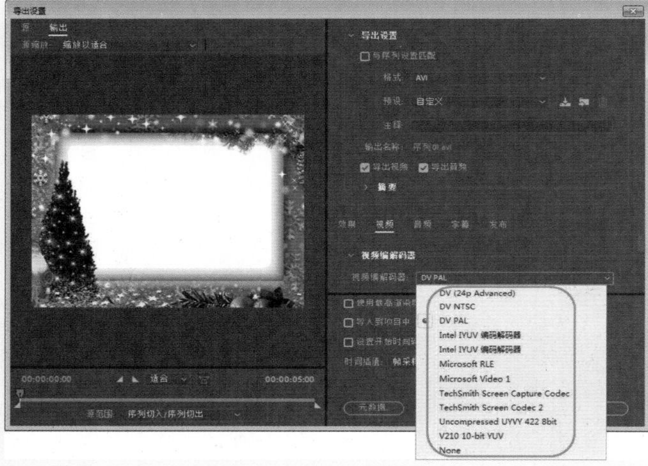

图8-7 选择编码解码器

- 【质量】：用于设置输出节目的质量。
- 【宽度】和【高度】：用于设置输出影片的视频大小。
- 【帧速率】：用于指定输出影片的帧速率。
- 【场序】：在该下拉列表中提供了【逐行】、【上场优先】和【下场优先】选项。
- 【长宽比】：在该下拉列表中可以设置输出影片的像素宽高比。
- 【以最大深度渲染】复选框：未勾选该复选框时，以8位深度进行渲染；勾选该复选框后，以24位深度进行渲染。

04 在【高级设置】选项组中，可以对【关键帧】和【优化静止图像】复选框进行设置。

- 【关键帧】复选框：勾选该复选框后，会显示出【关键帧间隔】选项，关键帧间隔用于压缩格式，以输入的帧数创建关键帧。
- 【优化静止图像】复选框：勾选该复选框后，会优化长度超过一帧的静止图像。

05 选择【音频】选项卡，在该选项卡中可以设置输出音频的【采样率】、【声道】和【样本大小】等选项，如图8-8所示。

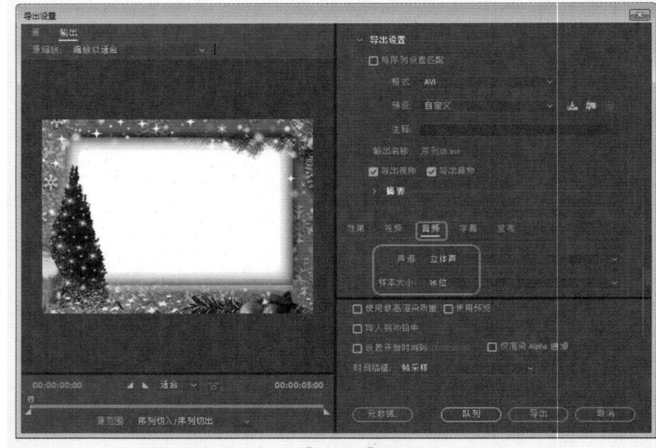

图8-8 【音频】选项卡

- 【采样率】：在该下拉列表中选择输出节目时所使用的采样速率。采样速率越高，播放质量越好，但需要较大的磁盘空间，并占用较多的处理时间。
- 【声道】：选择采用单声道或者立体声。
- 【样本大小】：在该下拉列表中选择输出节目时所使用的声音量化位数。要获得较好的音频质量就要使用较高的量化位数。
- 【音频交错】：指定音频数据如何插入视频帧中间。增加该值会使程序存储更长的声音片段，同时需要更大的内存容量。

06 设置完成后，单击【导出】按钮，开始对影片进行渲染输出。

8.2 输出文件

在Premiere中，可以选择把文件输出成能在电视上直接播放的电视节目，也可以输出为专门在计算机上播放的AVI格式文件、静止图片序列或是动画文件。在设置文件的输出操作时，首先必须知道自己制作这个影视作品的目的，以及这个影视作品面向的对象，然后根据节目的应用场合和质量要求选择合适的输出格式。

8.2.1 输出影片

下面来介绍一下将文件输出为影片的方法，具体操作步骤如下。

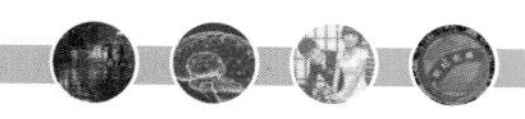

01 运行Premiere软件，在开始界面中单击【打开项目】按钮，如图8-9所示。

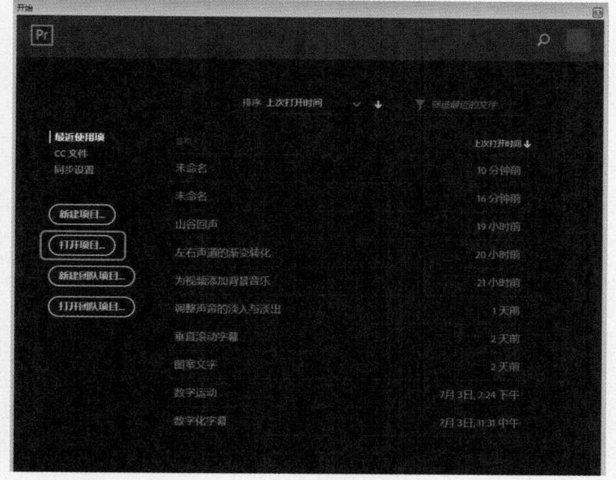

图8-9　单击【打开项目】按钮

02 弹出【打开项目】对话框，在该对话框中选择“导出影片01-prproj”文件，单击【打开】按钮，如图8-10所示。

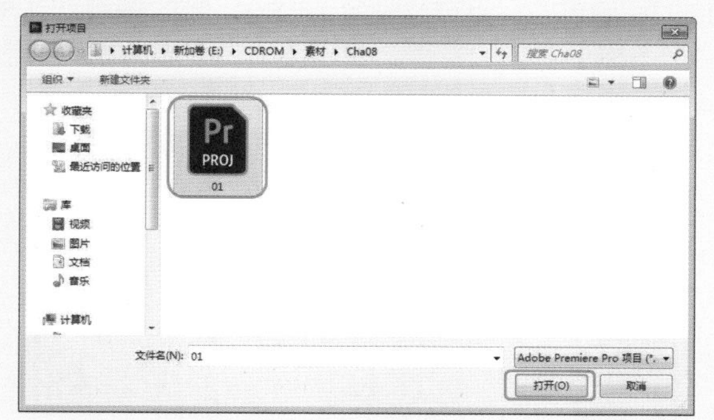

图8-10　选择素材文件

03 打开素材文件后，在【节目】监视器中单击【播放-停止切换】按钮▶预览影片，如图8-11所示。

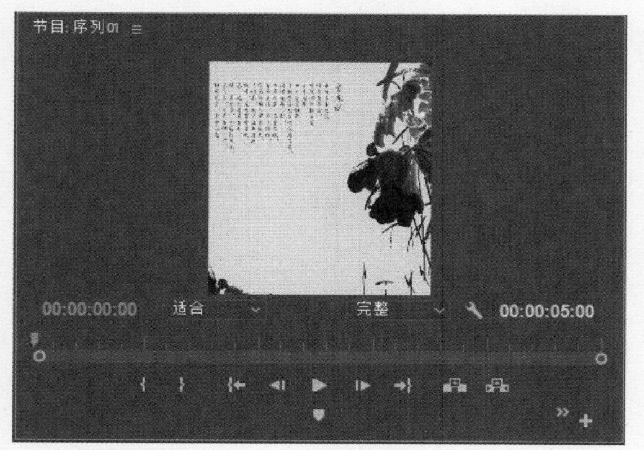

图8-11　预览影片

04 预览完成后，在菜单栏中选择【文件】|【导出】|【媒体】命令，如图8-12所示。

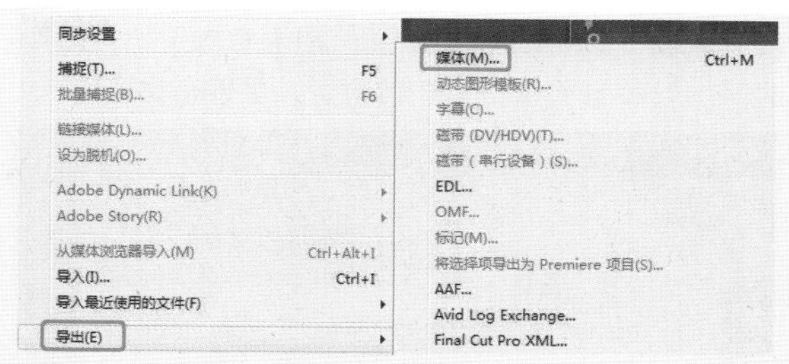

图8-12　选择【媒体】命令

05 弹出【导出设置】对话框，在【导出设置】区域中，设置【格式】为AVI，设置【预设】为PAL DV，单击【输出名称】右侧的文字，弹出【另存为】对话框，在该对话框中设置影片名称为“导出影片”，并设置导出路径，如图8-13所示。

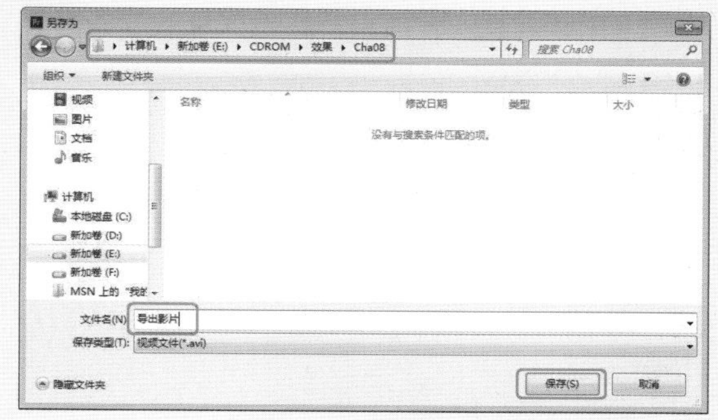

图8-13　设置存储路径及名称

06 设置完成后单击【保存】按钮，返回到【导出设置】对话框中，在该对话框中单击【导出】按钮，如图8-14所示。

图8-14　将影片导出

8.2.2 输出单帧图像

在Premiere中，我们可以选择影片中的一帧，将其输出为一个静态图片。输出单帧图像的操作步骤如下。

01 打开素材文件“01.prproj”，在【节目】监视器中，将时间指针移动到00:00:00:17位置，如图8-15所示。

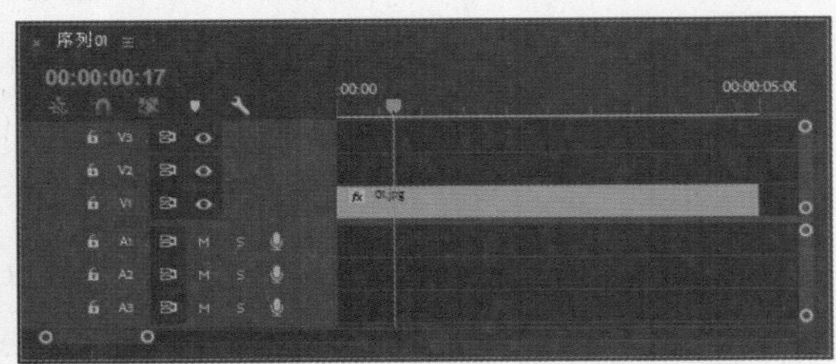
图8-15 设置时间

02 在菜单栏中选择【文件】|【导出】|【媒体】命令，弹出【导出设置】对话框，在【导出设置】区域中，将【格式】设置为JPEG，单击【输出名称】右侧的文字，弹出【另存为】对话框，在该对话框中设置影片名称和导出路径，如图8-16所示。

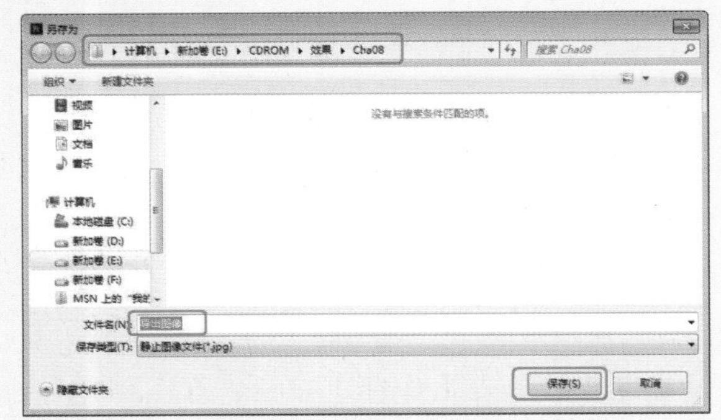
图8-16 设置存储路径及名称

03 设置完成后单击【保存】按钮，返回到【导出设置】对话框中，在【视频】选项卡下，取消勾选【导出为序列】复选框，如图8-17所示。

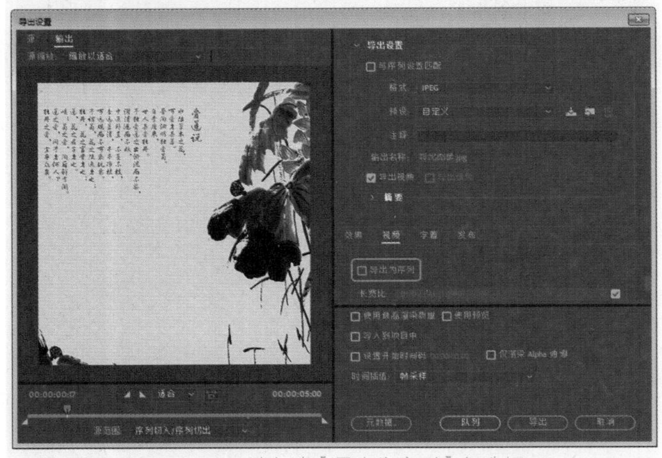
图8-17 取消勾选【导出为序列】复选框

04 设置完成后，单击【导出】按钮，单帧图像输出完成后，可以在其他看图软件中进行查看，效果如图8-18所示。

图8-18 导出图片后的效果

8.2.3 输出序列文件

Premiere Pro CC 2018可以将编辑完成的文件输出为一组带有序列号的序列图片。输出序列文件的操作方法如下。

01 打开素材文件“01.prproj”，选择需要输出的序列，然后在菜单栏中选择【文件】|【导出】|【媒体】命令，弹出【导出设置】对话框，在【导出设置】区域中，将【格式】设置为JPEG，也可以设置为PNG、TIFF等类型，单击【输出名称】右侧的文字，弹出【另存为】对话框，在该对话框中单击【新建文件夹】按钮，如图8-19所示。

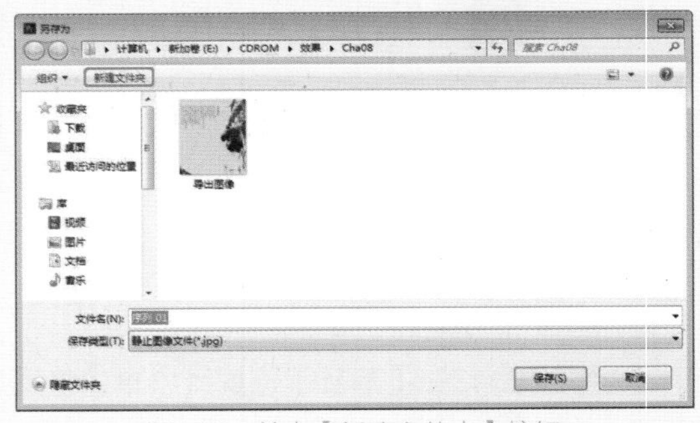
图8-19 单击【新建文件夹】按钮

02 即可新建一个文件夹，然后将新文件夹重命名为“输出序列文件”，如图8-20所示。

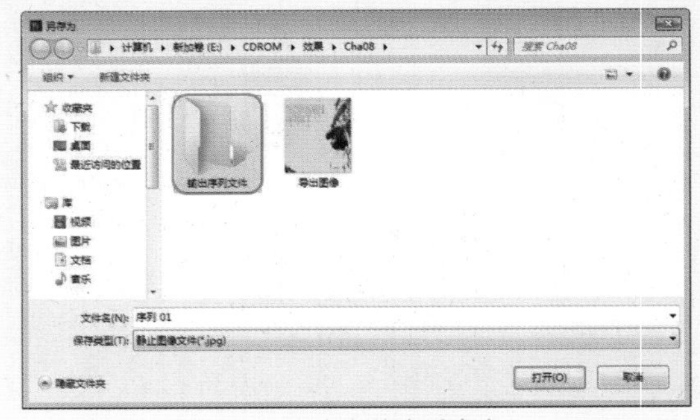
图8-20 为文件夹重命名

03 双击打开“输出序列文件”文件夹，将文件名设置为“001”，然后单击【保存】按钮，如图8-21所示。

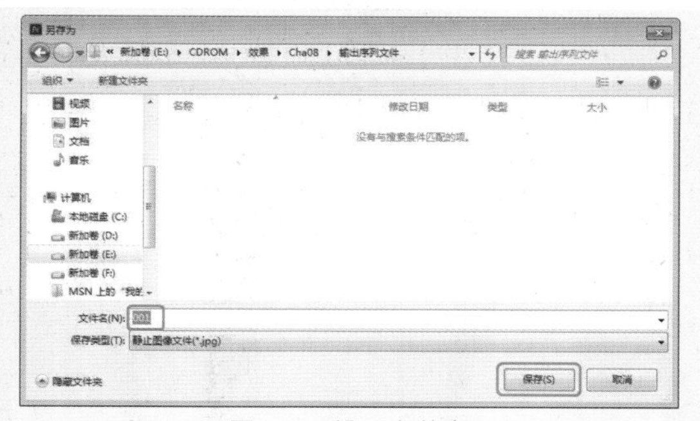

图8-21 设置文件名

04 返回到【导出设置】对话框中，在【视频】选项卡下，确认已勾选【导出为序列】复选框，如图8-22所示。

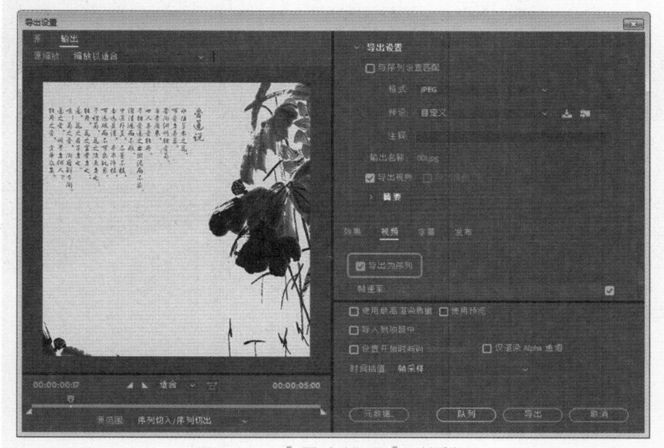

图8-22 【导出设置】对话框

05 单击【导出】按钮，当序列文件输出完成后，在本地计算机上打开“输出序列文件”文件夹，即可看到输出的序列文件，如图8-23所示。

图8-23 输出的序列文件

8.2.4 输出EDL文件

EDL（编辑决策列表）文件包含了项目中的各种编辑信息，包括项目所使用的素材所在的磁带名称以及编号、素材文件的长度、项目中所用的特效及转场等。EDL编辑方式是剪辑中通用的办法，通过它可以在支持EDL文件的不同剪辑系统中交换剪辑内容，不需要重新剪辑。

电视节目（如电视连续剧）等的编辑工作经常会采用EDL编辑方式。在编辑过程中，可以先将素材采集成画质较差的文件，对这个文件进行剪辑，能够降低计算机的负荷并提高工作效率；剪辑工作完成后，将剪辑过程输出成EDL文件，并将素材重新采集成画质较高的文件，导入EDL文件并进行最终成片的输出。

> 提示
>
> EDL文件虽然能记录特效信息，但由于不同的剪辑系统对特效的支持并不相同，其他的剪辑系统有可能无法识别在Adobe Premiere Pro CC中添加的特效信息，使用EDL文件时需要注意，不同的剪辑系统之间的时间线初始化设置应该相同。

在菜单栏中选择【文件】|【导出】|EDL命令，弹出【EDL导出设置】对话框，如图8-24所示。

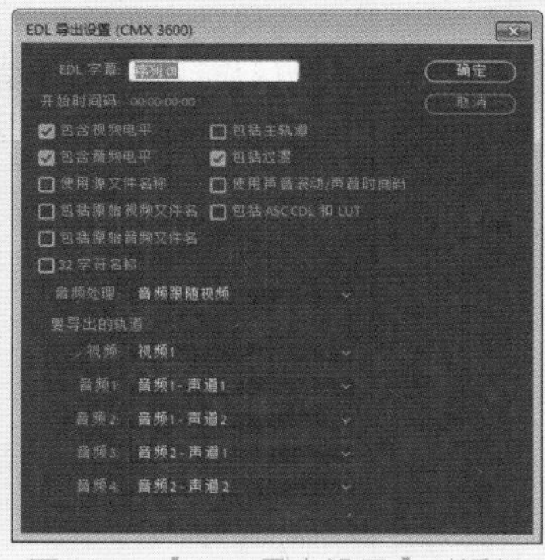

图8-24 【EDL导出设置】对话框

在该对话框中各选项功能介绍如下。

- 【EDL字幕】：设置EDL文件第一行内的标题。
- 【开始时间码】：设置序列中第一个编辑的开始时间码。
- 【包含视频电平】：在EDL中包含视频等级注释。
- 【包含音频电平】：在EDL中包含音频等级注释。
- 【使用源文件名称】：使用源文件名称。
- 【音频处理】：设置音频的处理方式，包括【音频跟随视频】、【分离的音频】和【结尾音频】三个选项。
- 【要导出的轨道】：制定输出的轨道。

设置完成后，单击【确定】按钮，即可将当前序列中的被选择轨道的剪辑数据输出为EDL文件。

8.3 思考题

1. 基本导出参数有哪些？

2. 在【视频】选项卡中的【以最大深度渲染】复选框，勾选前后有什么区别？

3. 如何输出格式为TIFF的图像？

第9章 项目指导——制作环保宣传片

随着经济发展取得的巨大成就，人们的生活水平不断提高，但是我们的环境也遭受到了前所未有的破坏，如今环保问题已成为重大社会问题，不少公司和企业通过宣传片的形式呼吁人们保护我们赖以生存的环境，从而改善环境，本章将根据前面所介绍的知识制作一个环保宣传片，效果如图9-1所示。

图9-1 环保宣传片

9.1 导入图像素材

在制作环保宣传片之前，首先要将需要用到的素材导入至Premiere中，具体操作步骤如下。

01 启动Premiere Pro CC软件，选择【文件】|【新建】|【项目】命令，如图9-2所示。

02 弹出【新建项目】对话框，在该对话框中将【名称】设置为“环保宣传片”，在【位置】选项中为其指定一个正确的存储位置，其他均为默认，如图9-3所示。

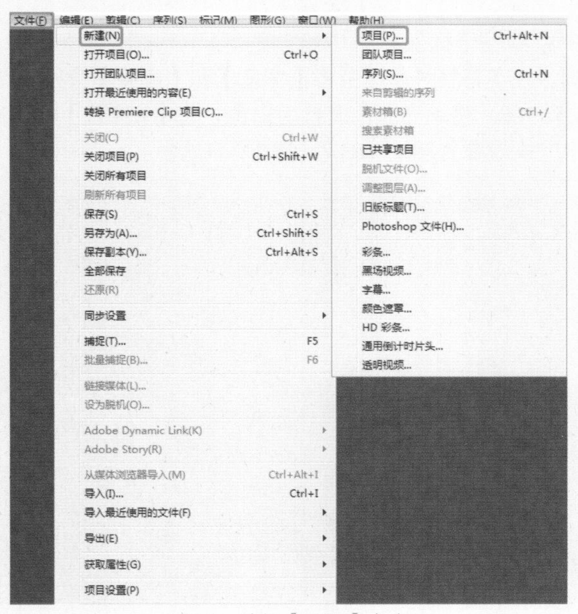

图9-2 选择【项目】命令

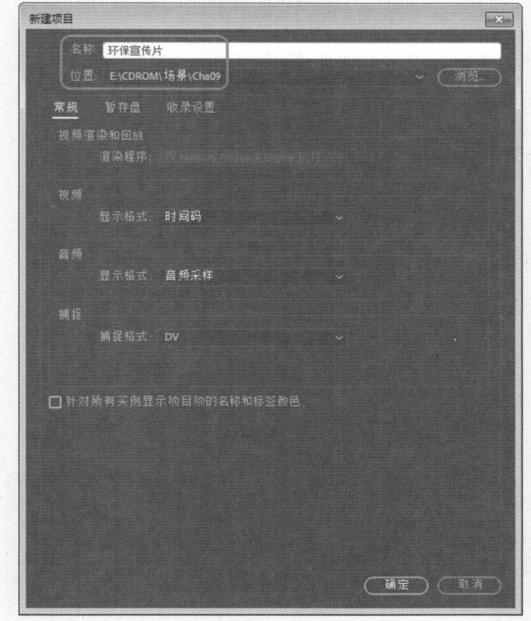

图9-3 【新建项目】对话框

03 在【项目】面板中右击鼠标，在弹出的快捷菜单中选择【导入】命令，如图9-4所示。

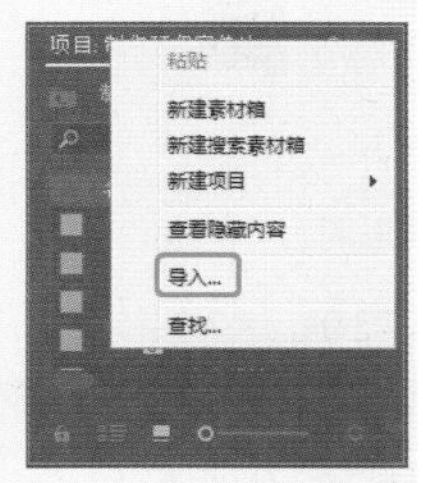

图9-4 选择【导入】命令

04 在弹出的对话框中选择“Cha09”素材文件夹，如图9-5所示。

05 单击【导入文件夹】按钮，即可将选择的文件夹导入到【项目】面板中，如图9-6所示。

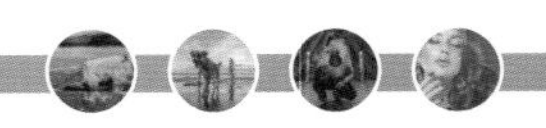

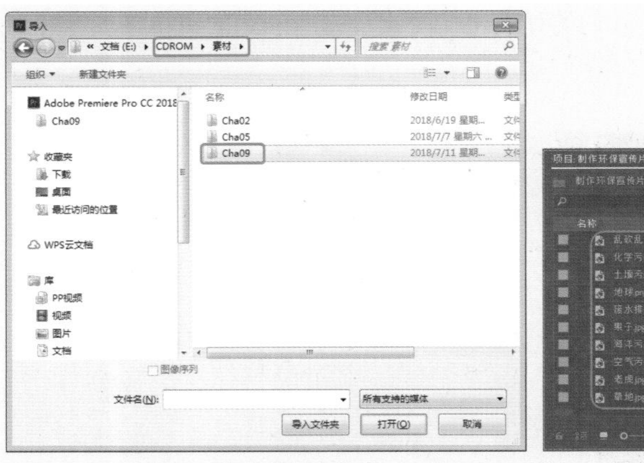

图9-5　选择素材文件夹

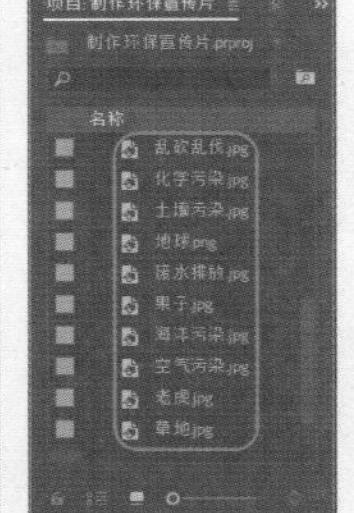

图9-6　导入的素材

9.2 创建字幕

下面将介绍如何创建环保宣传片中的字幕，其具体操作步骤如下。

01 选择【文件】|【新建】|【旧版标题】命令，新建旧版标题，如图9-7所示。

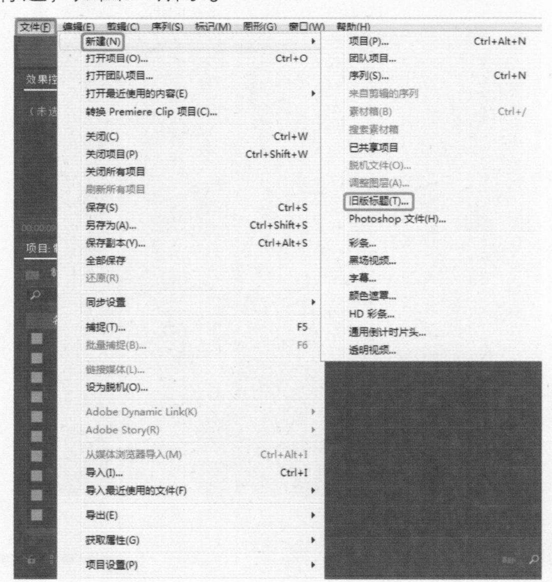

图9-7　选择【旧版标题】命令

02 在弹出的对话框中将【宽度】和【高度】设置为720、576，将【时基】设置为25.00fps，将【像素长宽比】设置为D1/DV PLA（1.0940），将【名称】设置为“字幕01”，如图9-8所示。

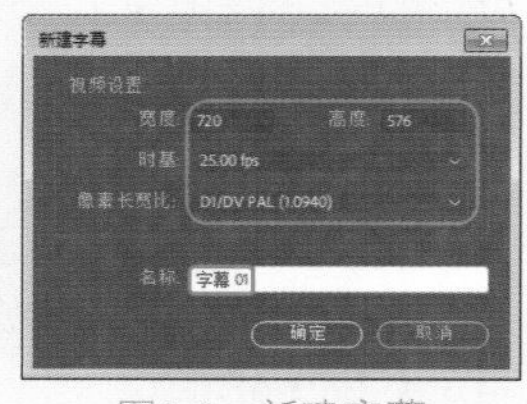

图9-8　新建字幕

03 设置完成后，单击【确定】按钮，在弹出的字幕编辑器中选择【文字工具】，在【字幕】面板中单击鼠标并输入文字，使用【选择工具】选中输入的文字，在【属性】选项组中将【字体系列】设置为【华文行楷】，将【字体大小】设置为45，将【行距】设置为60，将【填充颜色】设置为白色，将【X位置】和【Y位置】分别设置为375.6、208.9，如图9-9所示。

图9-9　输入文字并设置其属性

04 设置完成后，再次打开【新建字幕】对话框，将【名称】设置为“线”，如图9-10所示。

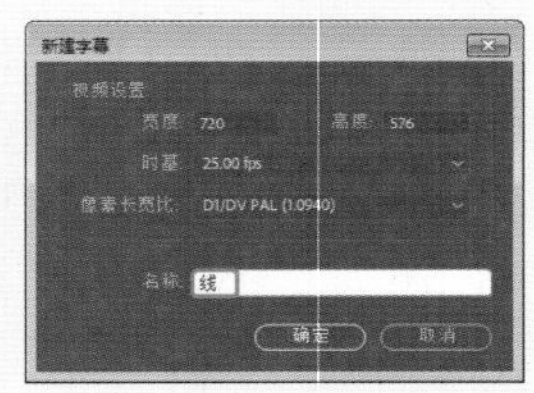

图9-10　【新建字幕】对话框

05 设置完成后，单击【确定】按钮，在弹出的字幕编辑器中选择【椭圆工具】，在【字幕】面板中绘制一个椭圆，选中绘制的椭圆，在字幕属性面板中将【宽度】和【高度】分别设置为645.5、4.8，将填充颜色设置为白色，将【X位置】和【Y位置】分别设置为380、223.7，如图9-11所示。

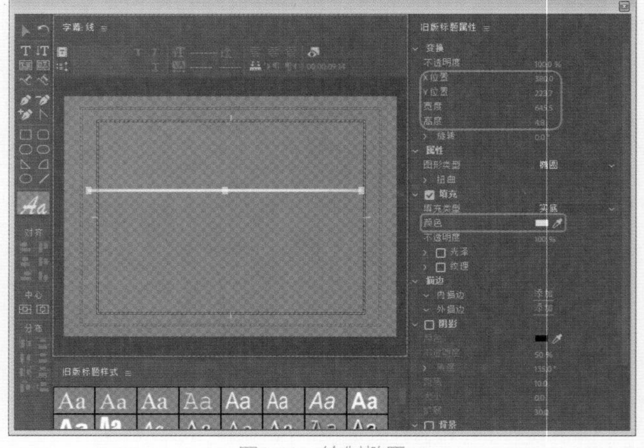

图9-11　绘制椭圆

06 选中该椭圆，按Ctrl+C组合键进行复制，按Ctrl+V组合键进行粘贴，并在【字幕】面板中调整其位置，效果如图9-12所示。

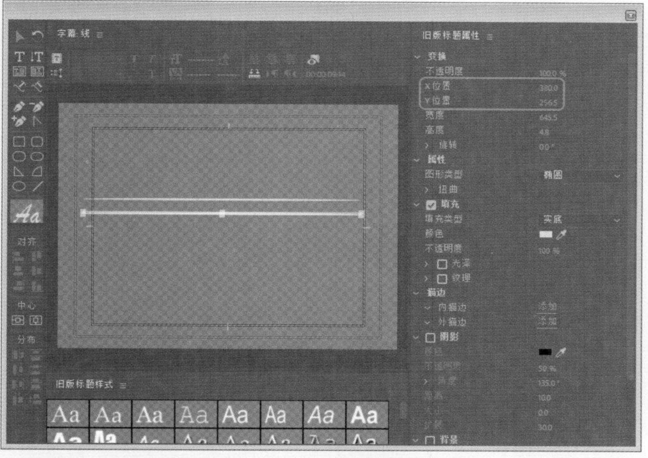

图9-12 复制椭圆并调整其位置

07 按Ctrl+T组合键，在打开的【新建字幕】对话框中将字幕命名为“土壤污染”，单击【确定】按钮，如图9-13所示。

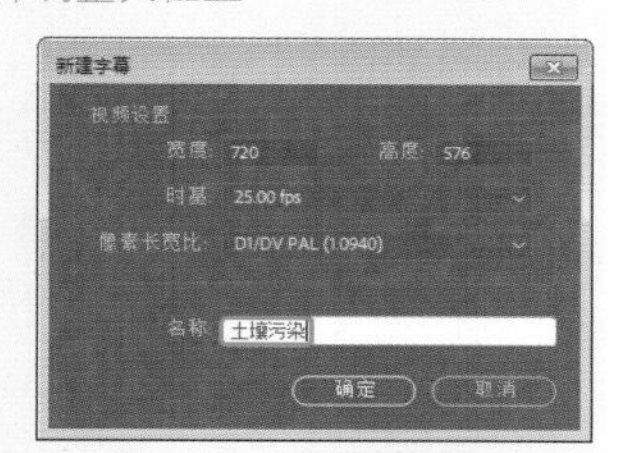

图9-13 【新建字幕】对话框

08 进入字幕编辑器，选择【椭圆工具】，在【字幕】面板中绘制正圆，在字幕属性面板中将【宽度】和【高】设为102.4，将【X位置】和【Y位置】设为316.4和205.6，将【填充】下【颜色】的RGB值设为0、162、255，如图9-14所示。

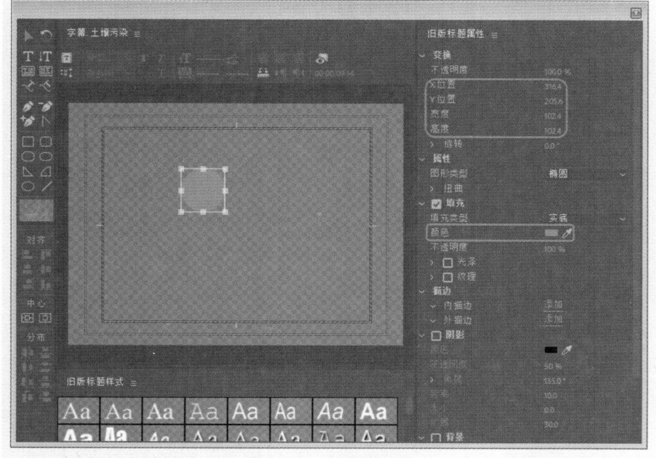

图9-14 绘制正圆

09 选择【文字工具】，在【字幕】面板中输入文本，在字幕属性面板中将【字体系列】设为【华文行楷】，将【字体大小】设为38，将【填充】下的【颜色】设为白色，将【X位置】和【Y位置】设为316.7和206.9，如图9-15所示。

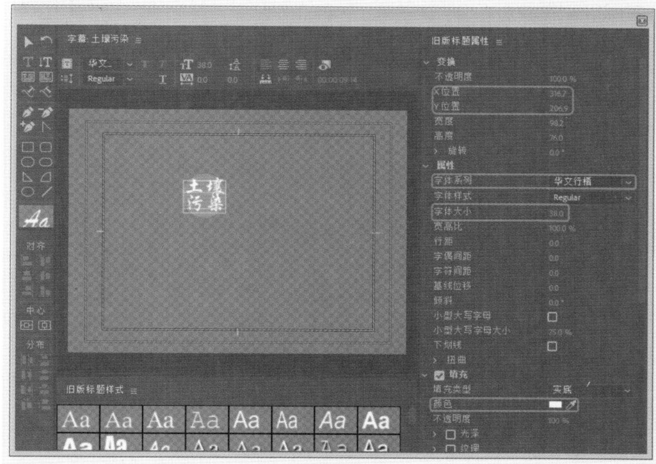

图9-15 输入文字

10 单击【基于当前字幕新建】按钮，在弹出的【新建字幕】对话框中将字幕命名为“乱砍乱伐”，单击【确定】按钮，如图9-16所示。

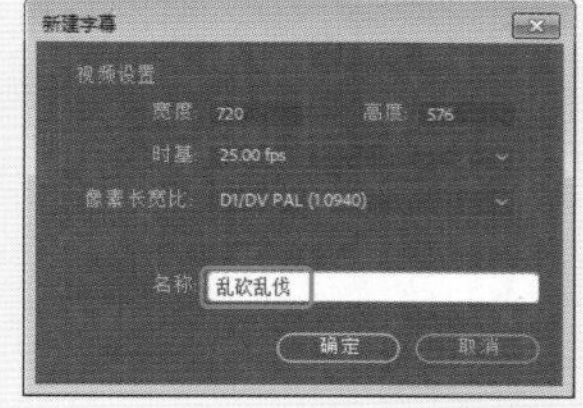

图9-16 【新建字幕】对话框

11 进入字幕编辑器，选中【字幕】面板中的正圆，在字幕属性面板中将【宽度】和【高度】设为68.6，将【X位置】和【Y位置】设为298.2、188.7，将【填充】下【颜色】的RGB值设为255、0、216，如图9-17所示。

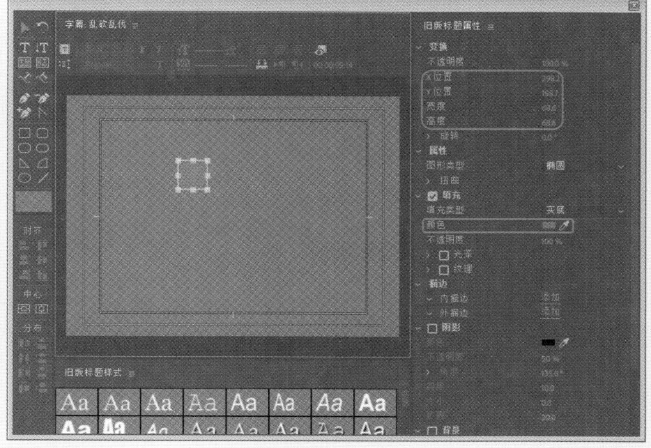

图9-17 设置圆形的属性

12 使用【文字工具】，将文字“土壤污染”更改为“乱砍乱伐”，在字幕属性面板中，将【字体大小】设为27，将【X位置】和【Y位置】设为295.1和188.6，如图9-18所示。

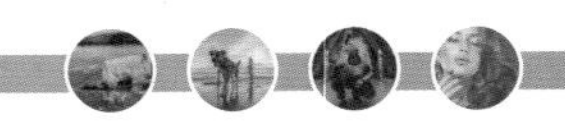

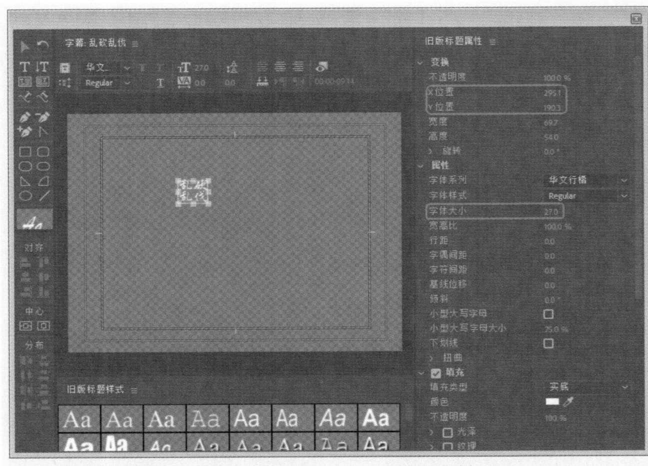

图9-18 修改文字并设置其属性

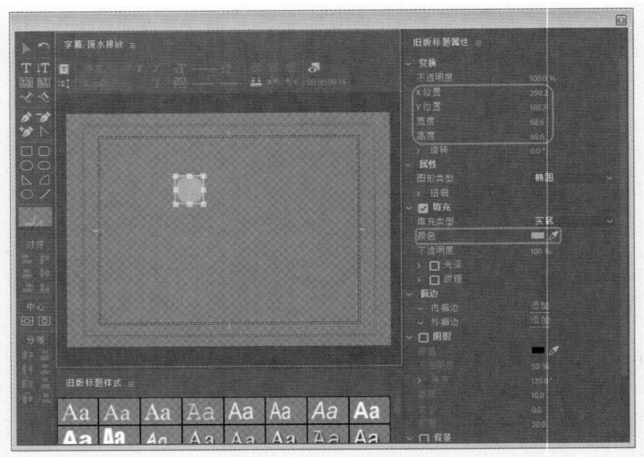

图9-20 修改正圆颜色

13 单击【基于当前字幕新建】按钮，在弹出的【新建字幕】对话框中将字幕命名为“废水排放”，单击【确定】按钮，如图9-19所示。

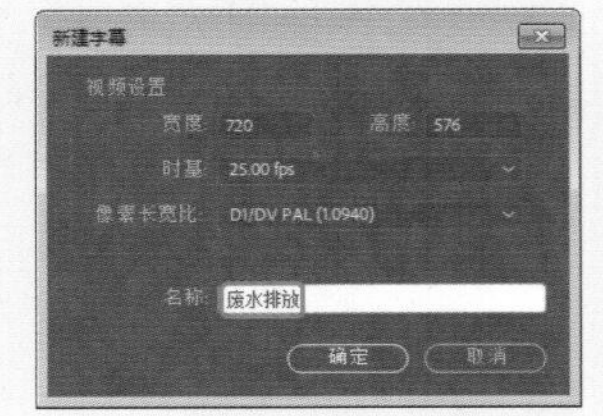

图9-19 【新建字幕】对话框

14 进入字幕编辑器，选中【字幕】面板中的正圆，在字幕属性面板中，将【填充】下【颜色】的RGB值设为255、156、0，如图9-20所示。

15 使用【文字工具】，将文字“乱砍乱伐”更改为“废水排放”，如图9-21所示。

16 使用同样的方法，制作“海洋污染”“化学污染”和“空气污染”字幕，更改正圆形的颜色和大小，然后更改文字的内容和大小，如图9-22所示。

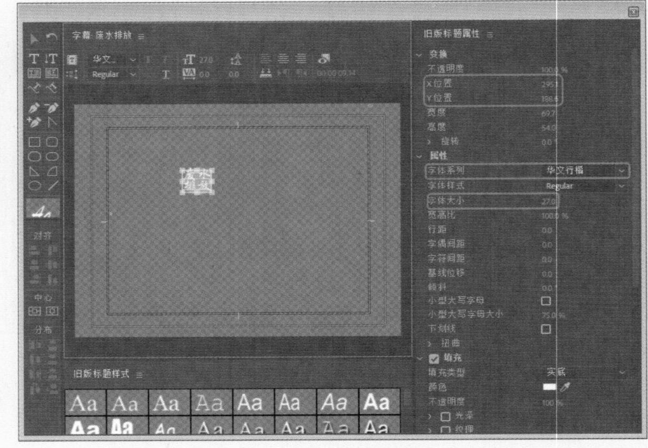

图9-21 修改文字

17 将字幕编辑器关闭，按Ctrl+T组合键，在弹出的对话框中将【名称】设置为“警告”，如图9-23所示。

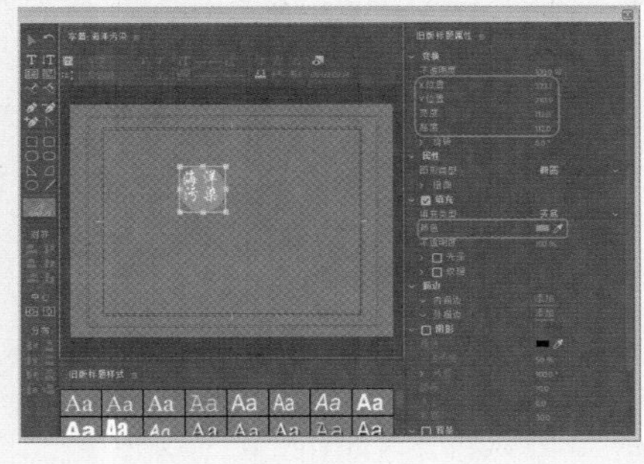

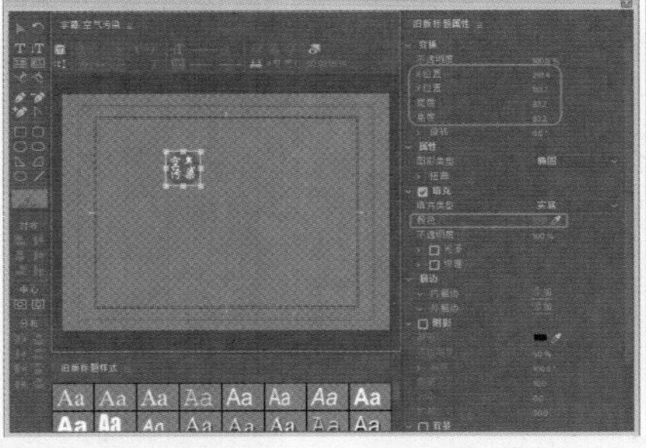

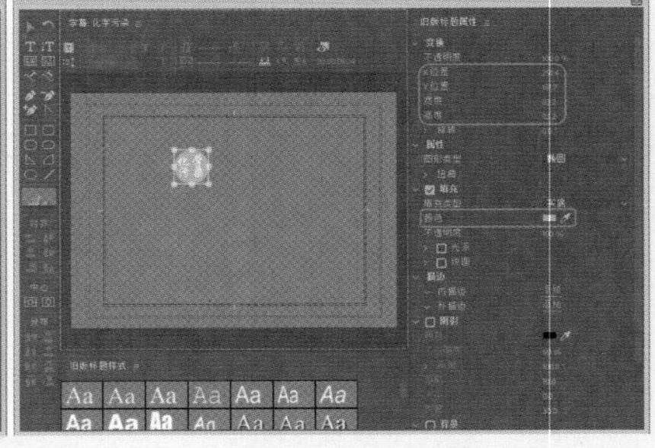

图9-22 输入其他文字后的效果

18 设置完成后，单击【确定】按钮，在字幕编辑器中选择【文字工具】，在【字幕】面板中单击鼠标并输入文字，选中输入的文字，在【属性】选项组中将【字体系列】设置为【汉仪魏碑简】，将【字体大小】设置为67，将【行距】设置为59，将填充颜色的RGB值设置为229、26、26，将【X位置】和【Y位置】分别设置为385.9、256.4，如图9-24所示。

19 使用同样的方法制作其他文字并进行相应的设置，效果如图9-25所示。

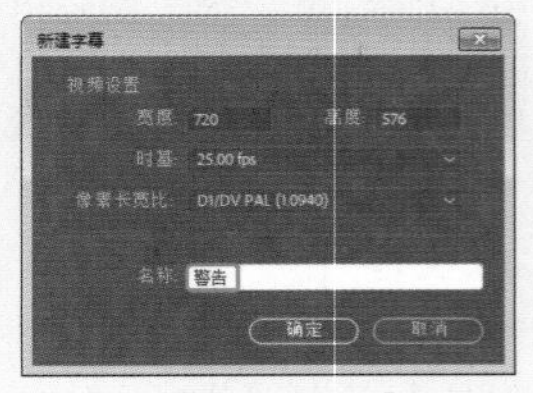

图9-23 【新建字幕】对话框

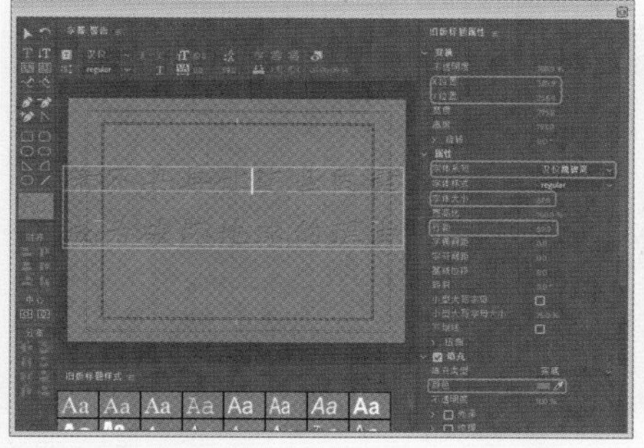

图9-24　输入文字并进行设置

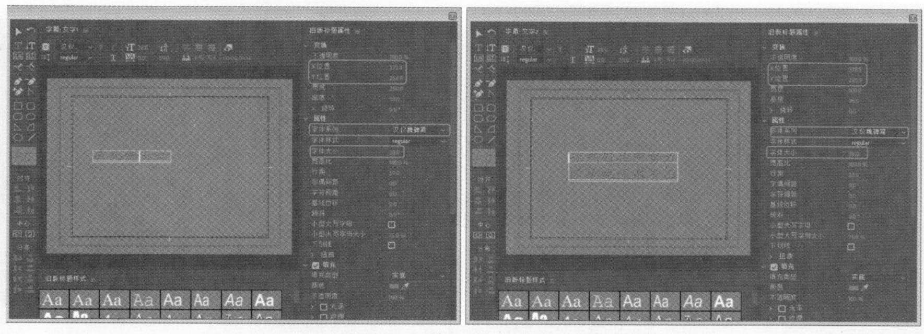

图9-25　输入其他文字

9.3 制作环保宣传片

下面将介绍如何制作环保宣传片，其具体操作步骤如下。

01 在菜单栏中选择【文件】|【新建】|【序列】命令，如图9-26所示。

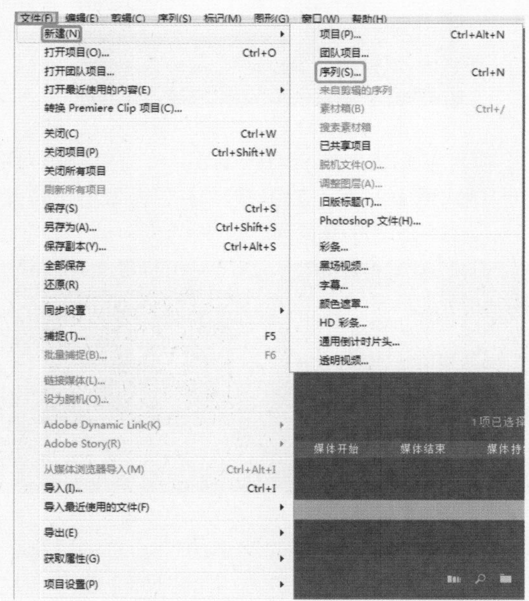

图9-26　选择【序列】命令

02 在弹出的对话框中选择DV-PAL文件夹中的【标准48kHz】，将【序列名称】设置为“环保宣传片”，如图9-27所示。

图9-27　【新建序列】对话框

03 在该对话框中选择【轨道】选项卡，将视频轨道设置为8，如图9-28所示。

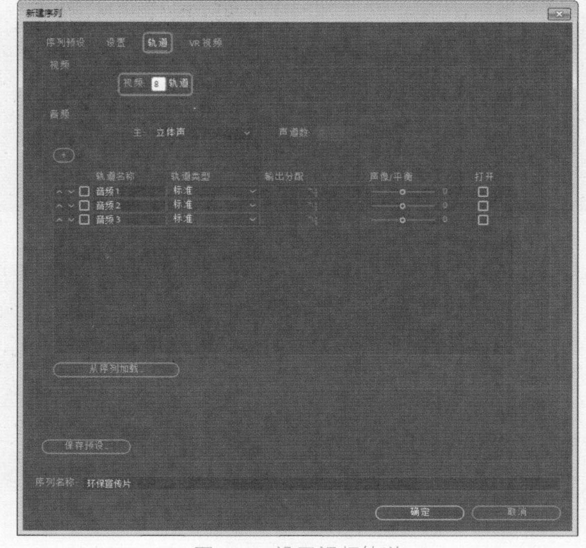

图9-28　设置视频轨道

04 设置完成后，单击【确定】按钮，在【项目】面板中选择【线】，按住鼠标将其拖曳至【序列】面板的V1轨道中，如图9-29所示。

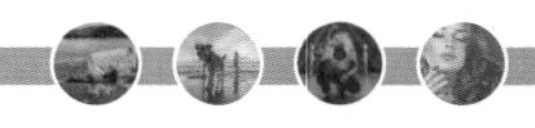

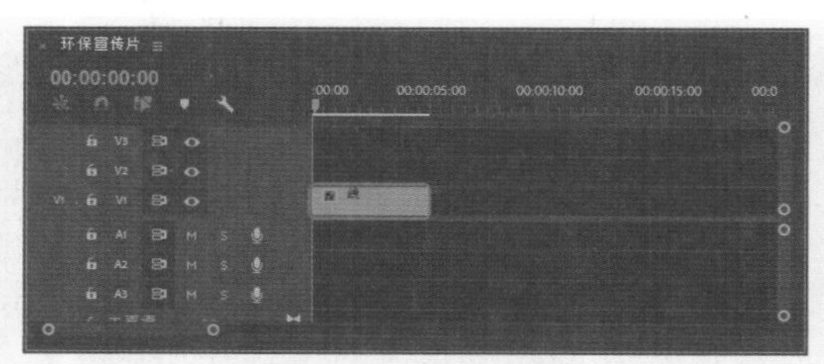

图9-29　将素材拖曳至V1轨道中

05 在【序列】面板中选择该素材文件，右击鼠标，在弹出的快捷菜单中选择【速度/持续时间】命令，如图9-30所示。

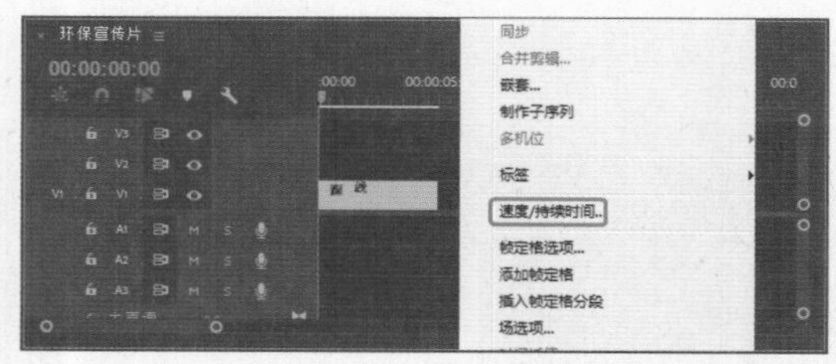

图9-30　选择【速度/持续时间】命令

06 在弹出的对话框中将【持续时间】设置为00:00:04:08，如图9-31所示。

07 设置完成后，单击【确定】按钮，继续选中该对象，在【效果控件】面板中将【位置】设置为360、289，如图9-32所示。

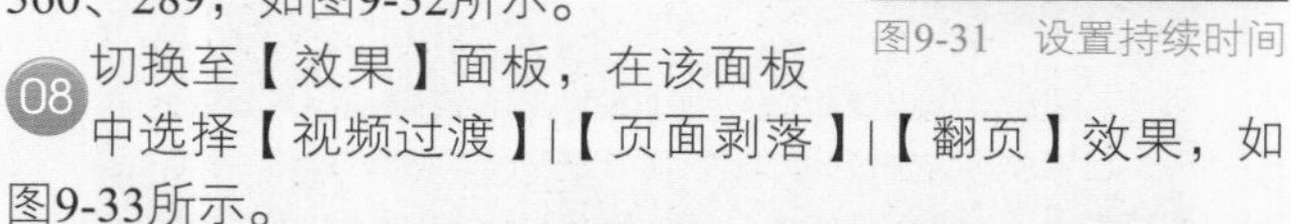

图9-31　设置持续时间

08 切换至【效果】面板，在该面板中选择【视频过渡】|【页面剥落】|【翻页】效果，如图9-33所示。

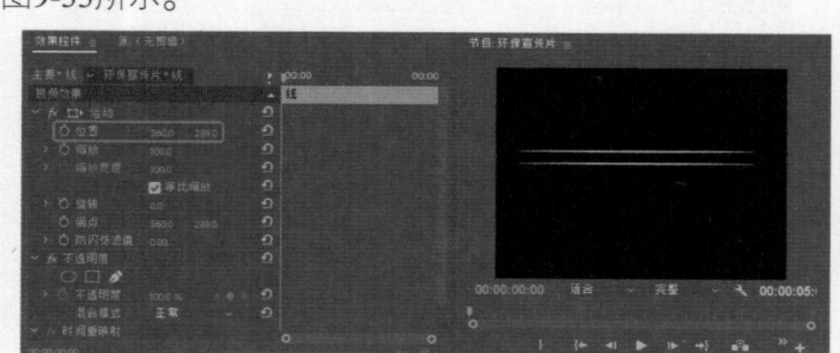

图9-32　设置位置参数

09 按住鼠标将其拖曳至“线”的开始位置，选中添加的效果，在【效果控件】面板中单击【自西南向东北】按钮，将【持续时间】设置为00:00:01:06，如图9-34所示。

10 使用同样的方法在V2轨道中添加“线”素材文件，将【位置】设置为360、397，并为其添加【翻页】效果，效果如图9-35所示。

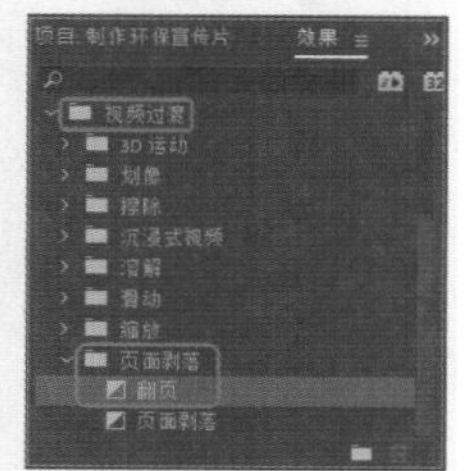

图9-33　选择【翻页】效果

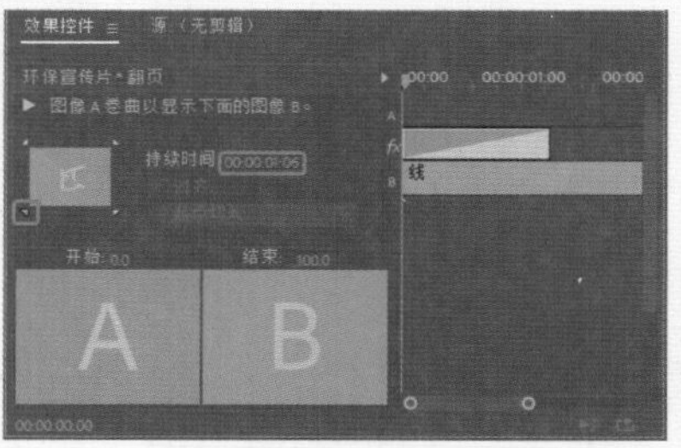

图9-34　设置持续时间

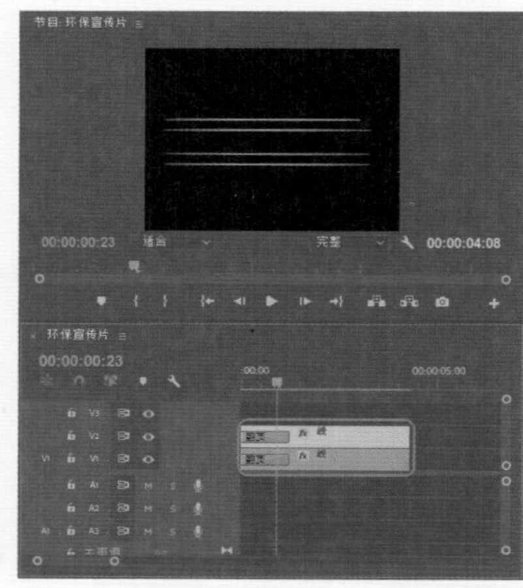

图9-35　向V2轨道中添加素材

11 在【项目】面板中选择“字幕01”，按住鼠标将其拖曳至V3轨道中，在【效果控件】面板中将【位置】设置为427、325，如图9-36所示。

图9-36　调整“字幕01”的位置

12 在【序列】面板中选择“字幕01”，右击鼠标，在弹出的快捷菜单中选择【速度/持续时间】命令，在弹出的对话框中将【持续时间】设置为00:00:01:22，如图9-37所示。

13 设置完成后，单击【确定】按钮，在该面板中选择【视频过渡】|【溶解】|【交叉溶解】效果，如图9-38所示。

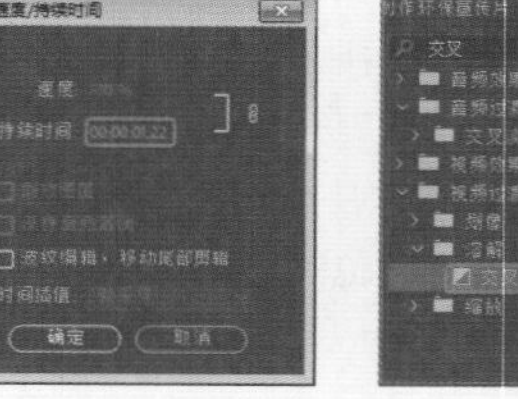

图9-37　设置持续时间

图9-38　选择【交叉溶解】效果

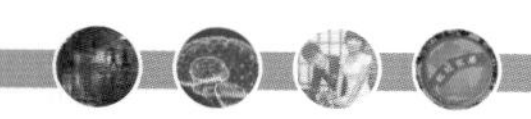

14 按住鼠标将其拖曳至“字幕01”的开始处，选中添加的效果，在【效果控件】面板中将【持续时间】设置为00:00:01:06，如图9-39所示。

图9-39　设置持续时间

15 将当前时间设置为00:00:01:06，在【项目】面板中选择“老虎.jpg”，将其添加至V4轨道中，并将其开始处与时间线对齐，如图9-40所示。

16 选中该素材文件，右击鼠标，在弹出的快捷菜单中选择【速度/持续时间】命令，在弹出的对话框中将【持续时间】设置为00:00:03:02，如图9-41所示。

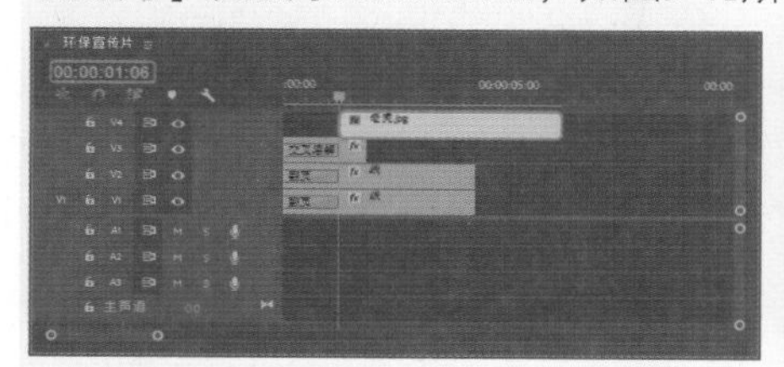

图9-40　添加素材文件　　图9-41　设置持续时间

17 设置完成后，单击【确定】按钮，在【效果控件】面板中单击【位置】左侧的【切换动画】按钮，将【位置】设置为363.6、91.2，单击【缩放】左侧的【切换动画】按钮，将【缩放】设置为0.2，将【锚点】设置为512、210.7，如图9-42所示。

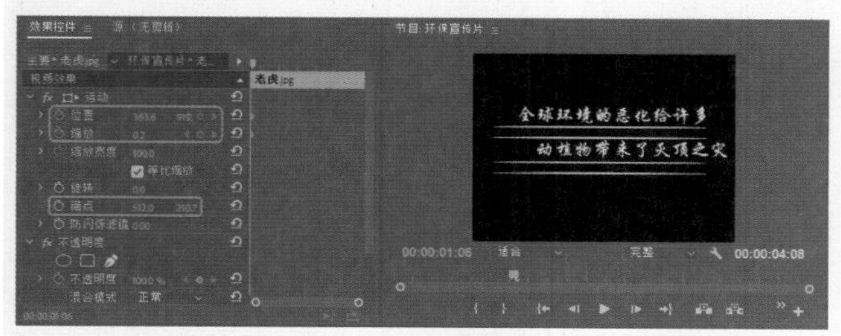

图9-42　设置位置、缩放以及锚点

18 将当前时间设置为00:00:01:21，在【效果控件】面板中将【位置】设置为366.6、30.7，将【缩放】设置为13，如图9-43所示。

19 将当前时间设置为00:00:02:16，将【位置】设置为366.6、411.7，如图9-44所示。

20 设置完成后，切换至【效果】面板，在该面板中选择【视频效果】|【图像控制】|【黑白】效果，如图9-45所示。

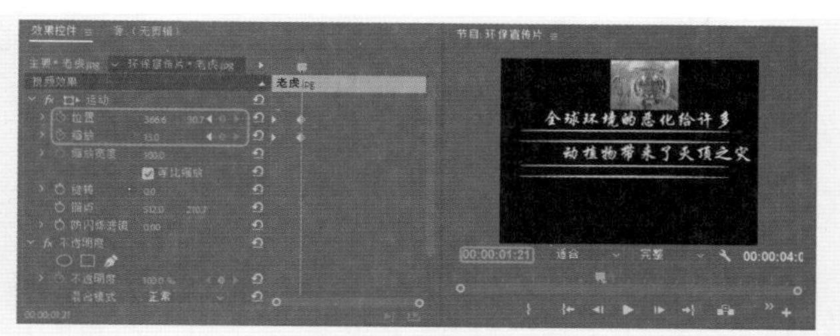

图9-43　设置参数

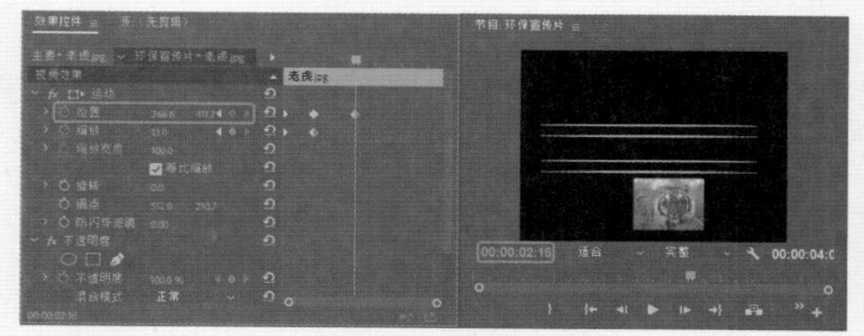

图9-44　设置位置参数

21 按住鼠标将其添加至“老虎.jpg”素材文件上，添加后的效果如图9-46所示。

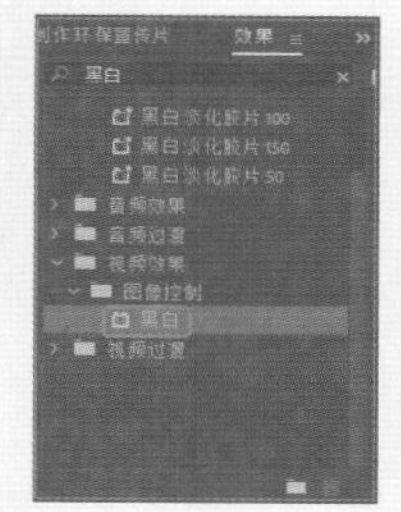

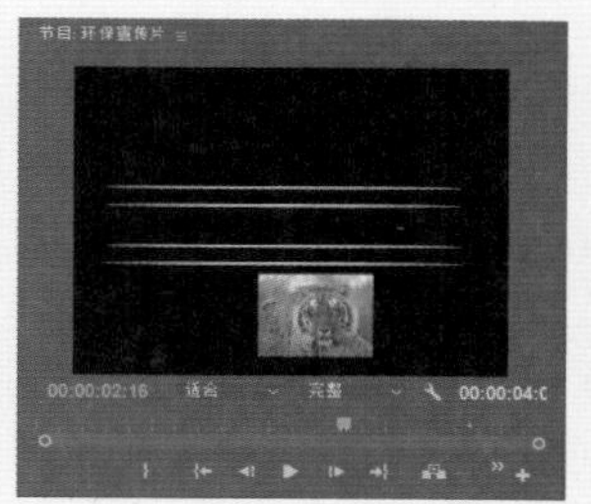

图9-45　选择【黑白】效果　　图9-46　添加【黑白】后的效果

22 使用同样的方法将“果子.jpg”添加至V5轨道中，并对其进行相应的设置，效果如图9-47所示。

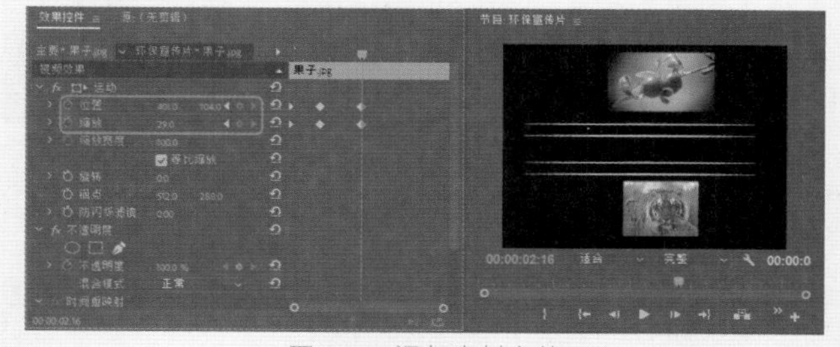

图9-47　添加素材文件

23 将当前时间设置为00:00:04:08，在【项目】面板中选择“草地.jpg”素材文件，按住鼠标将其拖曳至V3轨道中，并将其开始处与时间线对齐，如图9-48所示。

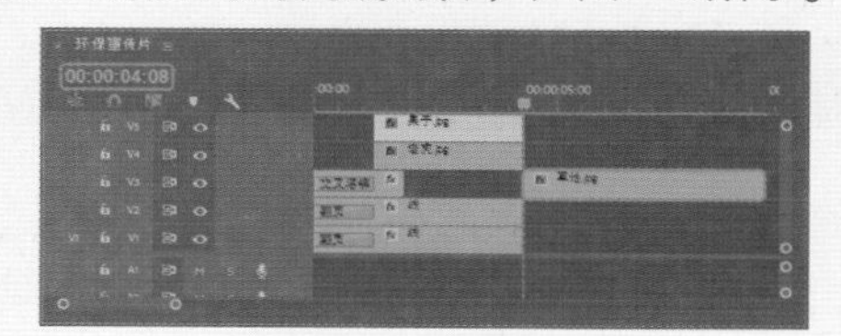

图9-48　添加素材文件

24 在该面板中选择【视频过渡】|【擦除】|【油漆飞溅】效果，如图9-49所示。

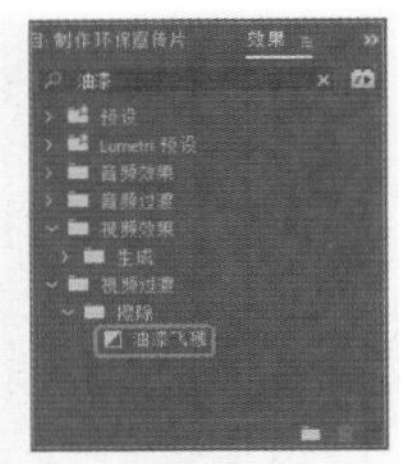

图9-49 选择【油漆飞溅】效果

25 按住鼠标将其添加至“草地.jpg”素材文件的开始处，将其拖曳至V1轨道中，选中添加的效果，在【效果控件】面板中将【持续时间】设置为00:00:00:09，如图9-50所示。

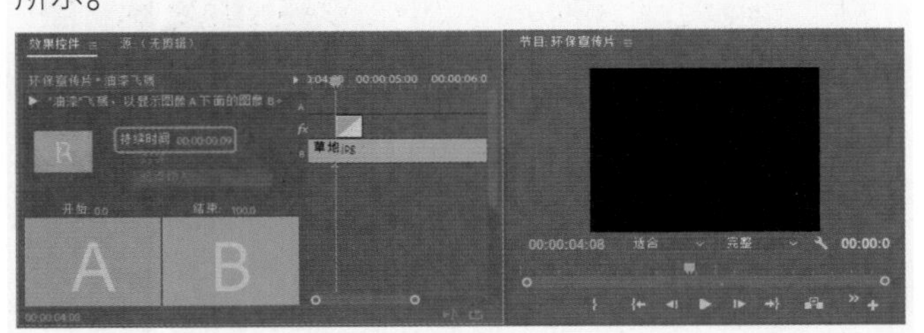

图9-50 设置效果的持续时间

26 在【序列】面板中选中“草地.jpg”素材文件，右击鼠标，在弹出的快捷菜单中选择【速度/持续时间】命令，在弹出的对话框中将【持续时间】设置为00:00:04:20，如图9-51所示。

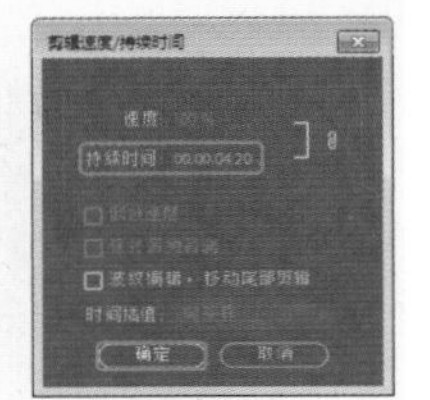

图9-51 设置持续时间

27 设置完成后，单击【确定】按钮，切换至【效果】面板，在该面板中选择【视频效果】|【颜色校正】|【色彩】效果，双击鼠标，为选中对象添加【色彩】效果，如图9-52所示。

图9-52 添加【色彩】效果

28 将当前时间设置为00:00:04:18，切换至【效果控件】面板中，单击【着色量】左侧的【切换动画】按钮，将【着色量】设置为0，如图9-53所示。

29 将当前时间设置为00:00:07:17，将【着色量】设置为100，如图9-54所示。

图9-53 设置着色量

30 将当前时间设置为00:00:04:18，将“土壤污染”字幕拖至【序列】面板的V3轨道中，与时间线对齐，如图9-55所示。

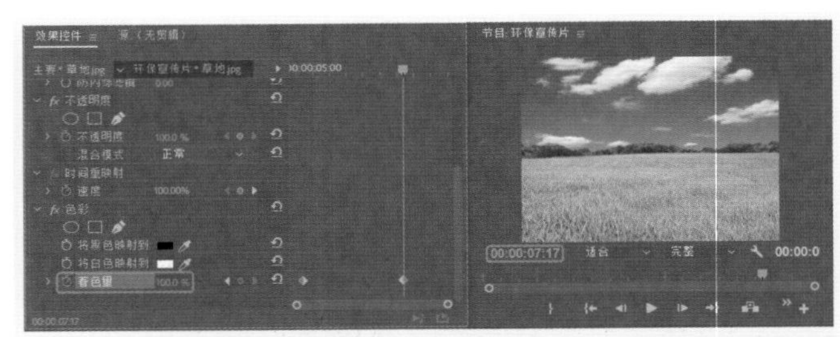

图9-54 设置着色量

31 右击“土壤污染”字幕，在弹出的快捷菜单中选择【速度/持续时间】命令，在打开的【剪辑速度/持续时间】对话框中将【持续时间】设为00:00:09:05，单击【确定】按钮，如图9-56所示。

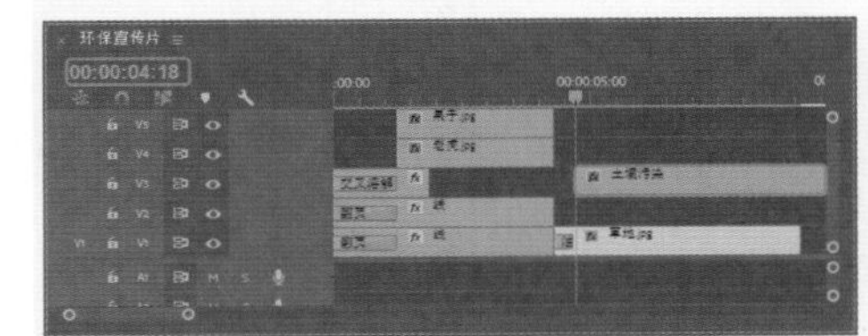

图9-55 向V3轨道中添加素材

图9-56 设置持续时间

32 确定“土壤污染”字幕处于选中状态，在【效果控件】面板中，将【缩放】设为50，将【位置】设为643、441，并单击它们左侧的【切换动画】按钮，打开动画关键帧的记录，将【不透明度】设为0，如图9-57所示。

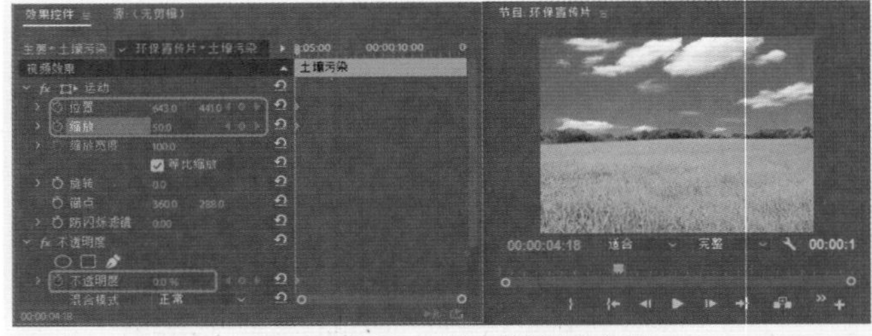

图9-57 设置运动和不透明度参数

33 将时间设为00:00:05:08，在【效果控件】面板中，将【缩放】设为100，将【位置】设为383、214，将【不透明度】设为100，如图9-58所示。

图9-58 设置参数

34 将时间设为00:00:08:03，在【效果控件】面板中，单击【位置】和【缩放】右侧的按钮，添加关键帧，如图9-59所示。

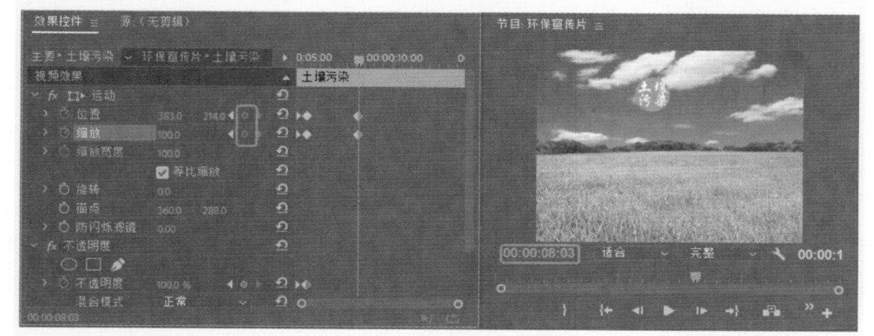
图9-59　添加关键帧

35 将时间设为00:00:04:18，将“乱砍乱伐”字幕拖至【序列】面板V4轨道中，与时间线对齐，将其结束处与V3轨道中的“土壤破坏”字幕结束处对齐，如图9-60所示。

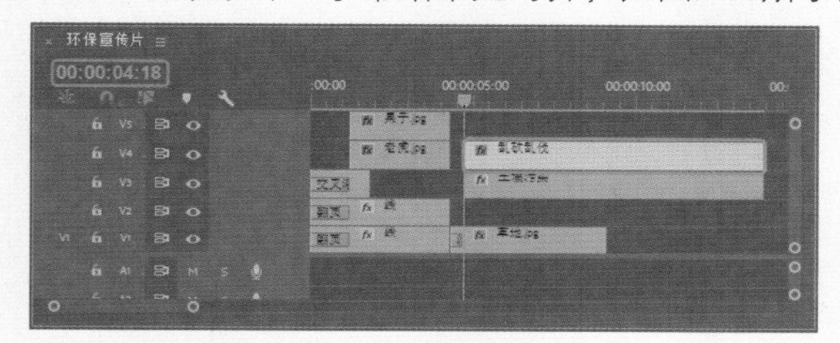
图9-60　设置运动和不透明度参数

36 将时间设为00:00:05:03，在【效果控件】面板中，将【缩放】设为50，将【位置】设为647、448，并单击它们左侧的【切换动画】按钮，打开动画关键帧的记录，将【不透明度】设为0，如图9-61所示。

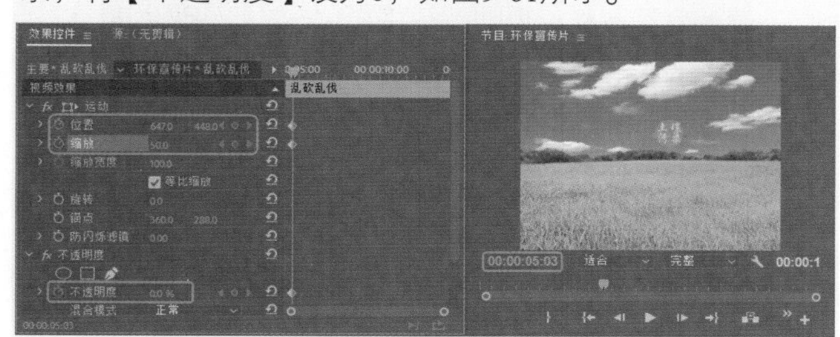
图9-61　设置参数

37 将时间设为00:00:05:18，在【效果控件】面板中，将【缩放】设为100，将【位置】设为713、210，将【不透明度】设为100，如图9-62所示。

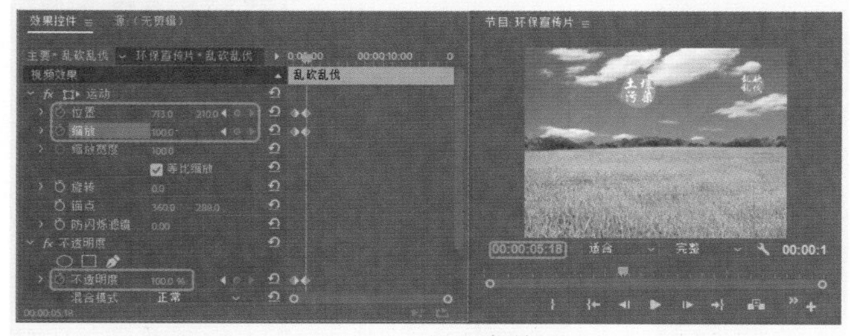
图9-62　设置参数

38 将时间设为00:00:08:03，在【效果控件】面板中，单击【位置】和【缩放】右侧的按钮，添加关键帧，如图9-63所示。

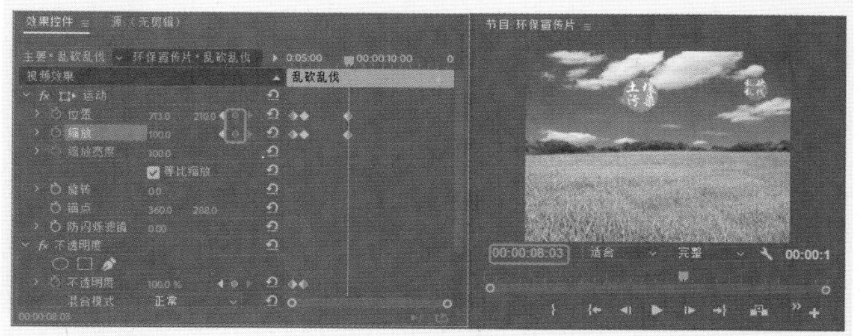
图9-63　添加关键帧

39 将时间设为00:00:04:18，将“废水排放”字幕拖至【序列】面板的V5轨道中，与时间线对齐，将其结束处与V4轨道中的“乱砍乱伐”字幕结束处对齐，如图9-64所示。

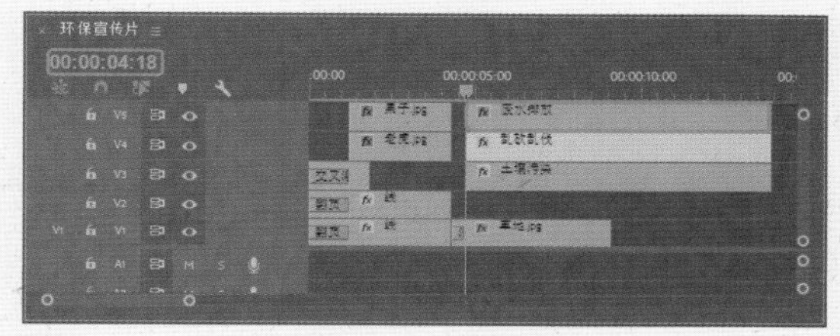
图9-64　向V5轨道中添加素材

40 将时间设为00:00:05:13，在【效果控件】面板中将【缩放】设为50，将【位置】设为649、440，并单击它们左侧的【切换动画】按钮，打开动画关键帧的记录，将【不透明度】设为0，如图9-65所示。

图9-65　设置运动和不透明度参数

41 将时间设为00:00:06:18，在【效果控件】面板中，将【缩放】设为100，将【位置】设为159、213，将【不透明度】设为100，如图9-66所示。

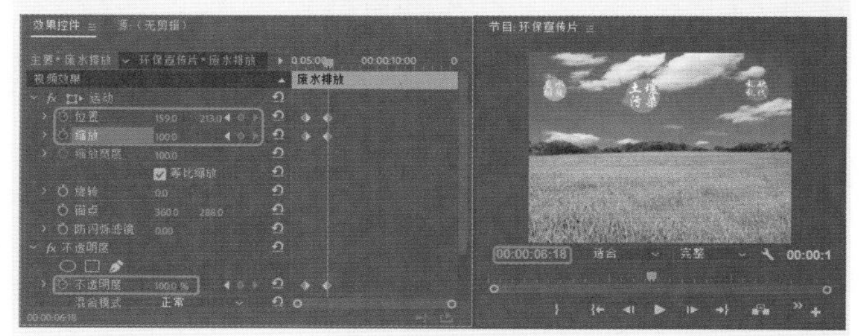
图9-66　设置参数

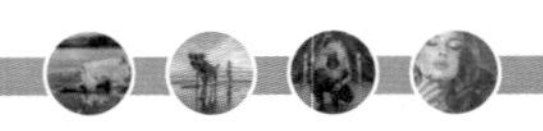

42 将时间设为00:00:08:03，在【效果控件】面板中，单击【位置】和【缩放】右侧的■按钮，添加关键帧，如图9-67所示。

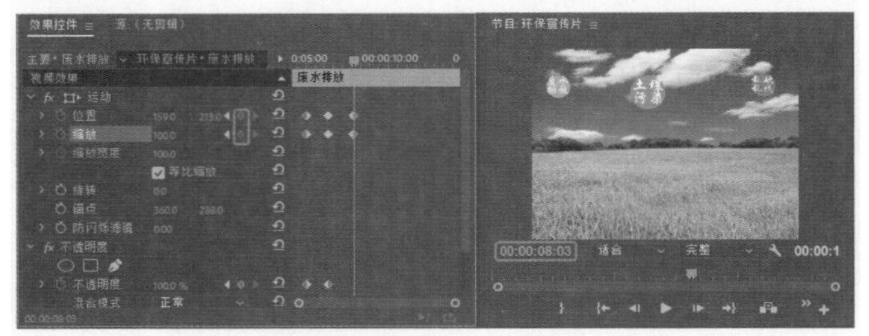

图9-67 添加关键帧

43 将时间设为00:00:04:18，将“海洋污染”字幕拖至【序列】面板的V6轨道中，与时间线对齐，将其结束处与V5轨道中的“污水排放”字幕结束处对齐，如图9-68所示。

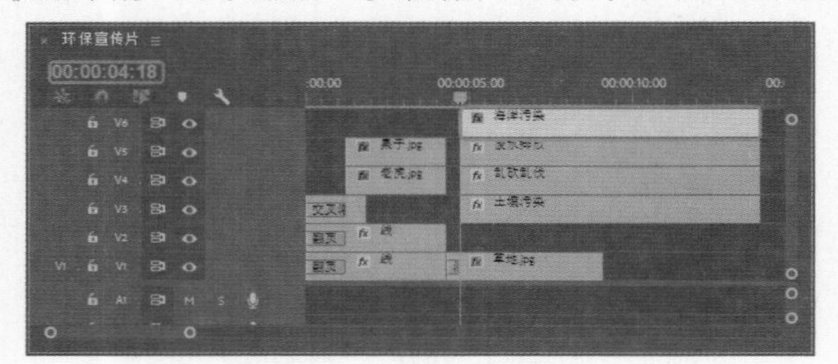

图9-68 向V6轨道中添加素材

44 将时间设为00:00:05:23，在【效果控件】面板中，将【缩放】设为50，将【位置】设为644、441，并单击它们左侧的【切换动画】按钮■，打开动画关键帧的记录，将【不透明度】设为0，如图9-69所示。

图9-69 设置运动和不透明度参数

45 将时间设为00:00:06:13，在【效果控件】面板中，将【缩放】设为100，将【位置】设为275、355，将【不透明度】设为100，如图9-70所示。

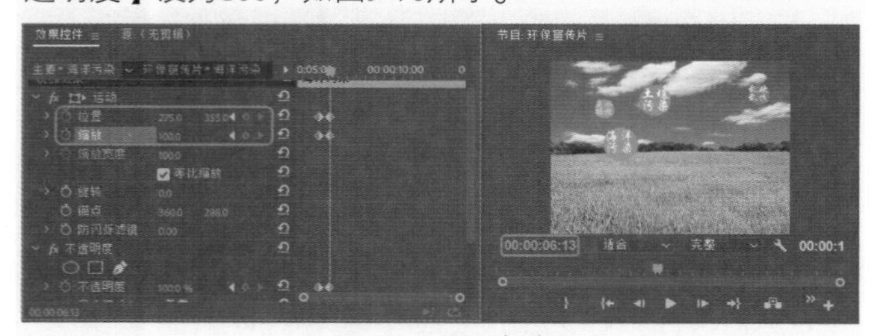

图9-70 设置参数

46 将时间设为00:00:08:03，在【效果控件】面板中，单击【位置】和【缩放】右侧的■按钮，添加关键帧，如图9-71所示。

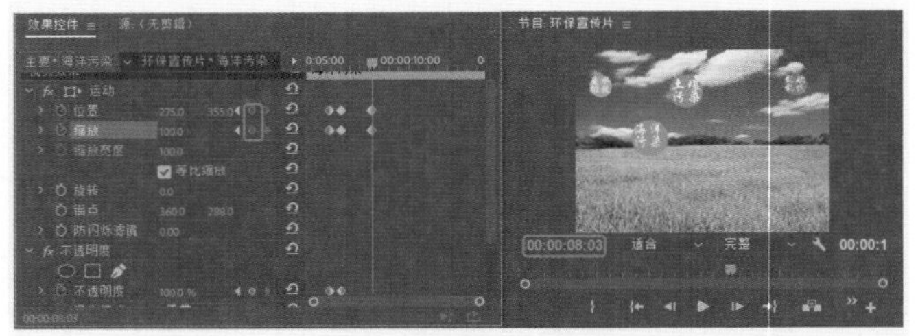

图9-71 添加关键帧

47 使用同样的方法，将“空气污染”和“化学污染”字幕拖至【序列】面板中，并在【效果控件】面板中对其参数进行设置，然后在【节目】监视器中预览效果，如图9-72所示。

图9-72 完成后的效果

48 将时间设为00:00:09:03，将“土壤污染.jpg”素材文件拖至【序列】面板的V2轨道中，与时间线对齐，如图9-73所示。

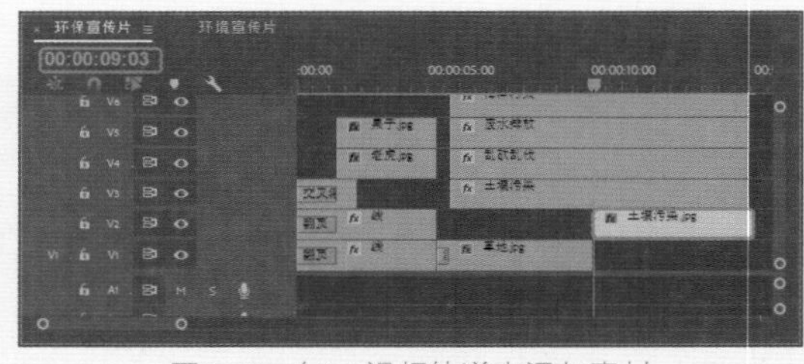

图9-73 向V2视频轨道中添加素材

49 右击“土壤破坏.jpg”文件，在弹出的快捷菜单中选择【速度/持续时间】命令，在打开的【剪辑速度/持续时间】对话框中将【持续时间】设为00:00:00:20，单击【确定】按钮，如图9-74所示。

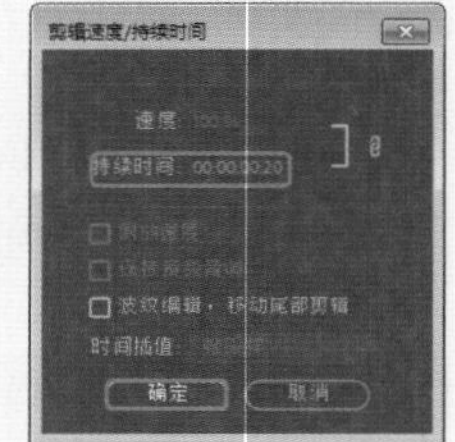

图9-74 设置持续时间

50 确定“土壤破坏.jpg”文件处于选中状态，在【效果控件】面板中将【缩放】设为254，如图9-75所示。

51 确认该对象处于选中状态，切换至【效果】面板中，选择【视频特效】|【图像控制】|【黑白】效果，双击该效果，为选中的对象添加该效果，如图9-76所示。

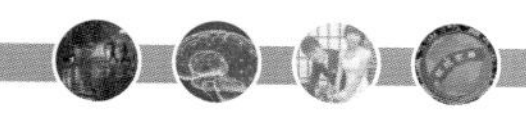

图9-75　设置缩放参数

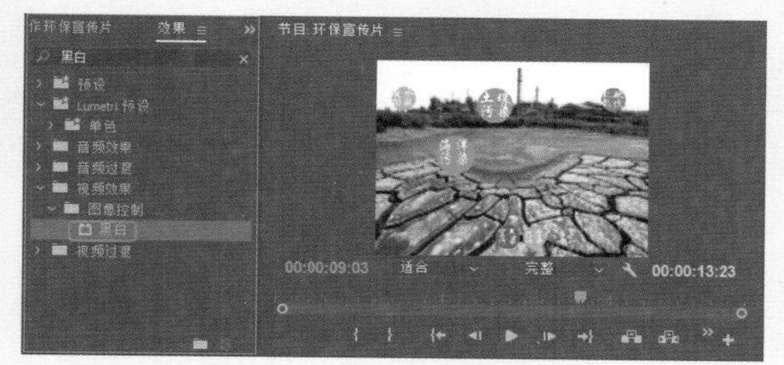

图9-76　添加【黑白】效果

52 在【序列】面板中选中“土壤污染”字幕，将时间设为00:00:08:13，在【效果控件】面板中，将【缩放】设为66，将【位置】设为118、585，如图9-77所示。

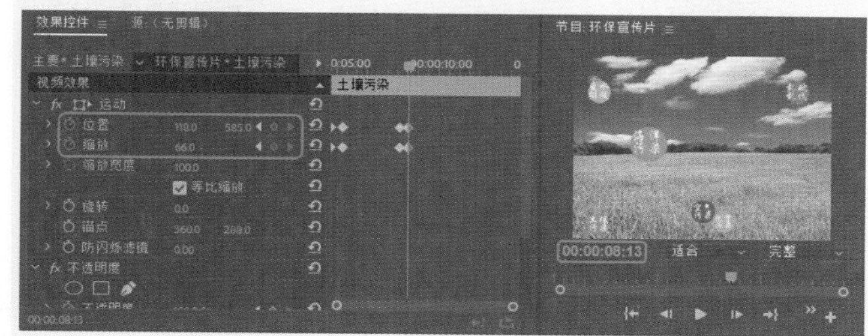

图9-77　设置位置和缩放参数

53 将时间设为00:00:08:23，在【效果控件】面板中，单击【缩放】右侧的按钮，添加关键帧，如图9-78所示。

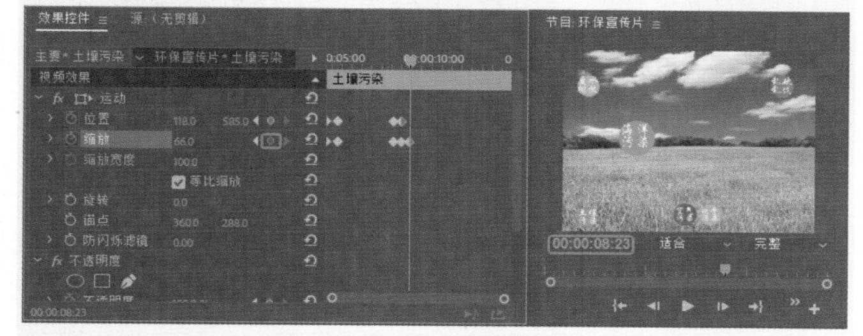

图9-78　添加关键帧

54 将时间设为00:00:09:03，在【效果控件】面板中将【缩放】设为96，如图9-79所示。

55 将时间设为00:00:09:08，在【效果控件】面板中将【缩放】设为66，如图9-80所示。

56 将时间设为00:00:09:23，将“乱砍乱伐.jpg”素材文件拖至【序列】面板的V2轨道中，与时间线对齐，如图9-81所示。

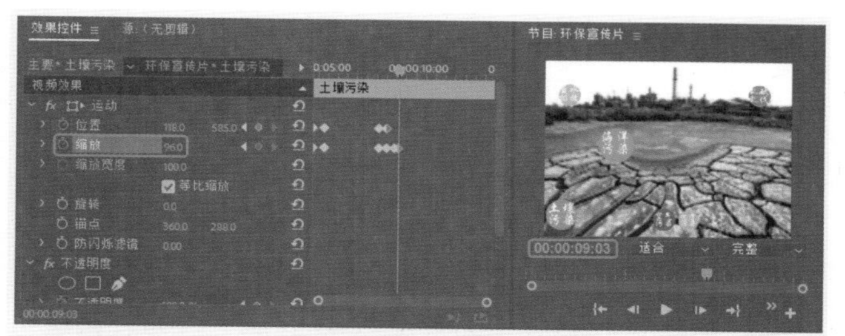

图9-79　设置缩放参数

图9-80　设置缩放参数

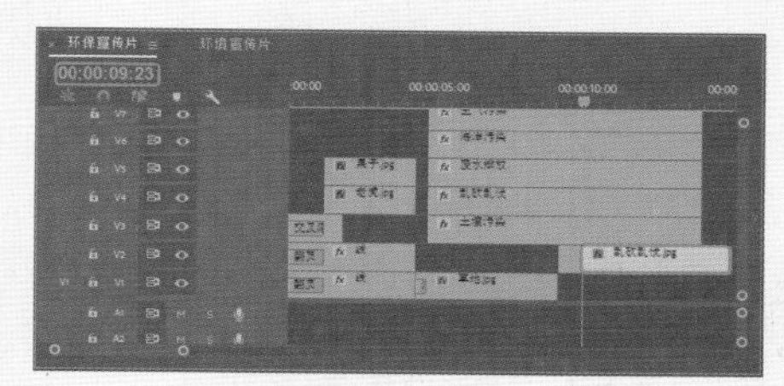

图9-81　向V2轨道中添加素材文件

57 使用前面介绍的方法，将“乱砍乱伐.jpg”文件的持续时间设为00:00:00:20，并在【效果控件】面板中将【缩放】设为100，如图9-82所示。

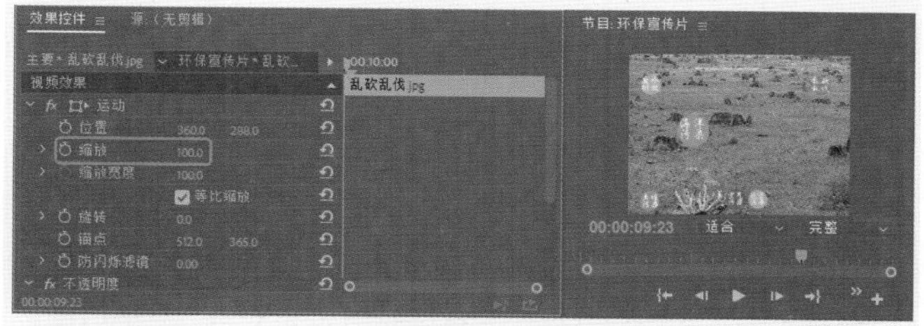

图9-82　设置缩放参数

58 确认该对象处于选中状态，切换至【效果】面板中，选择【视频特效】|【图像控制】|【黑白】效果，双击该效果，为选中的对象添加该效果，如图9-83所示。

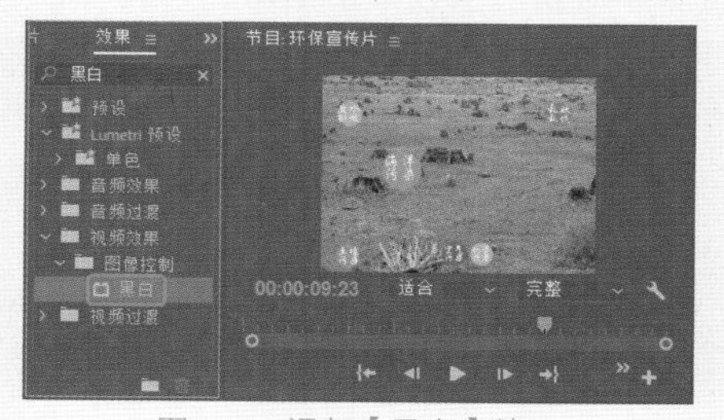

图9-83　添加【黑白】效果

59 在【序列】面板中选中“乱砍乱伐”字幕，将时间设为00:00:08:13，在【效果控件】面板中将【位置】设为231、631，如图9-84所示。

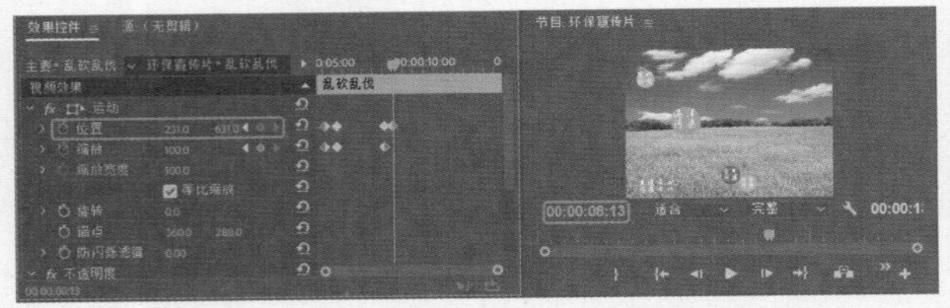

图9-84　设置位置参数

60 将时间设为00:00:09:18，在【效果控件】面板中，单击【缩放】右侧的◇按钮，添加关键帧，如图9-85所示。

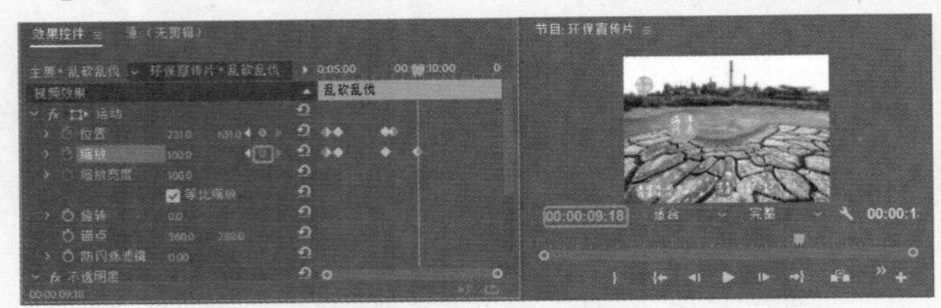

图9-85　添加关键帧

61 将时间设为00:00:09:23，在【效果控件】面板中将【缩放】设为130，如图9-86所示。

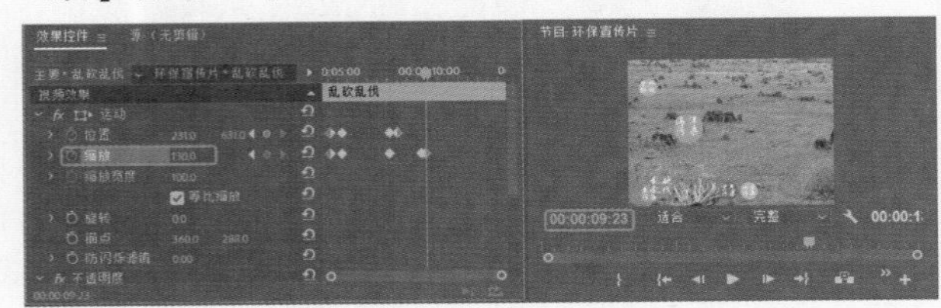

图9-86　设置缩放参数

62 将时间设为00:00:10:03，在【效果控件】面板中将【缩放】设为100，如图9-87所示。

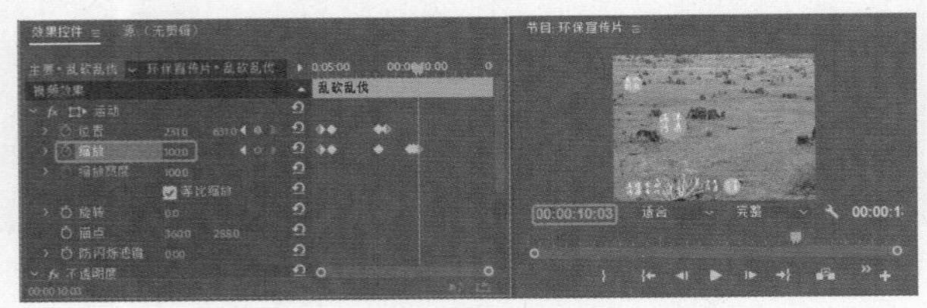

图9-87　设置缩放参数

63 使用同样的方法添加其他素材文件并设置彩色小球的动画效果，设置后的效果如图9-88所示。

图9-88　制作其他动画后的效果

64 将时间设为00:00:13:23，将“警告”素材文件拖至【序列】面板V8轨道中，与时间线对齐，如图9-89所示。

65 选中该素材文件并右击鼠标，在弹出的快捷菜单中选择【速度/持续时间】命令，在弹出的对话框中将【持续时间】设置为00:00:03:14，如图9-90所示。

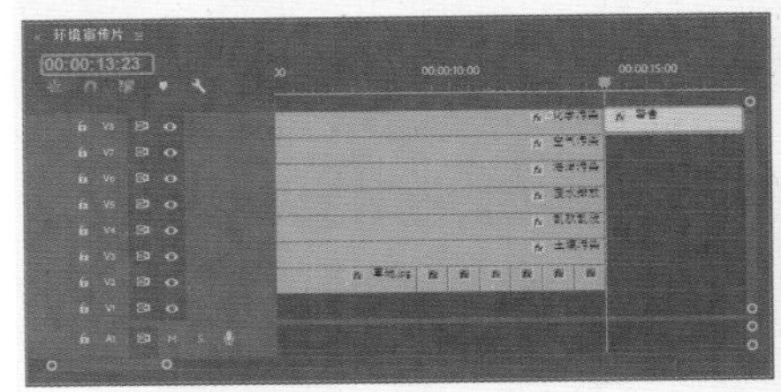

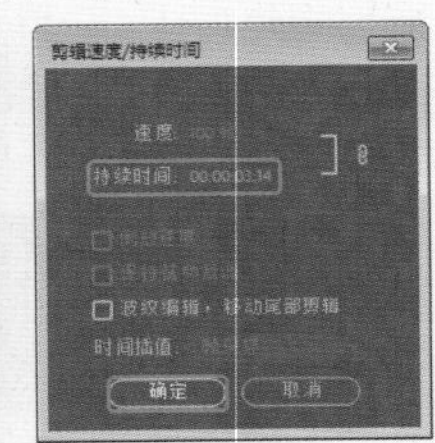

图9-89　向V8轨道中添加素材　　图9-90　设置持续时间

66 设置完成后，单击【确定】按钮，在【效果控件】面板中将【缩放】设置为600，单击其左侧的【切换动画】按钮，将【旋转】设置为-25，将【不透明度】设置为0，如图9-91所示。

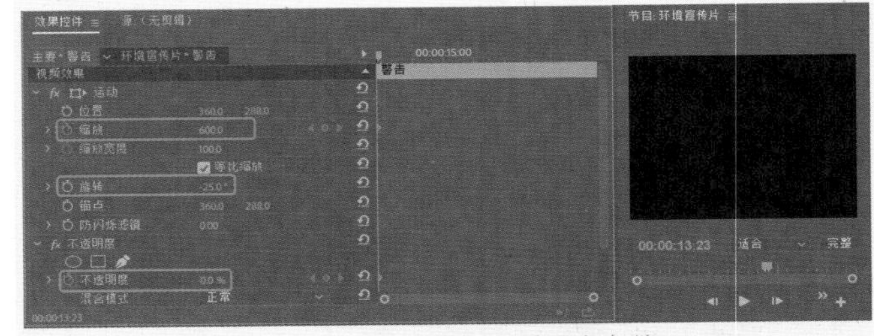

图9-91　设置运动和不透明度参数

67 将当前时间设置为00:00:15:10，将【缩放】设置为95，将【不透明度】设置为100，如图9-92所示。

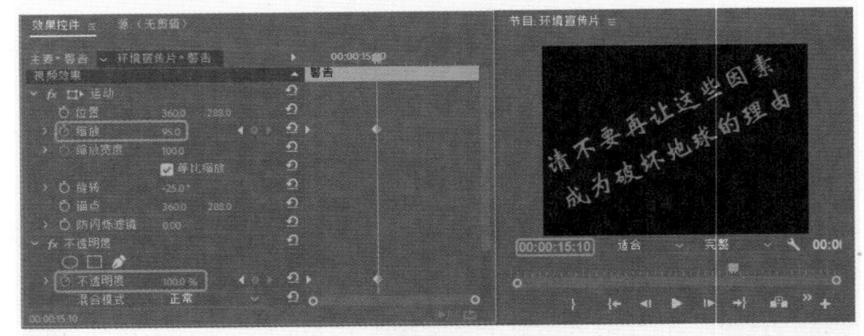

图9-92　设置缩放和不透明度参数

68 将当前时间设置为00:00:15:13，将【缩放】设置为100，如图9-93所示。

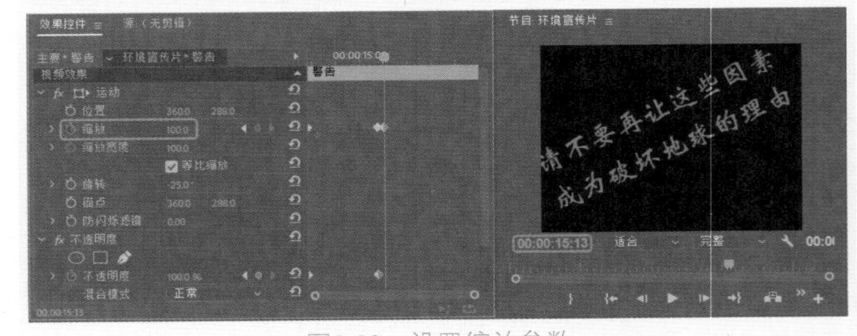

图9-93　设置缩放参数

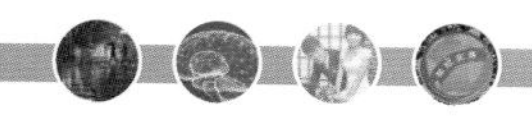

69 将当前时间设置为00:00:15:16，将【缩放】设置为95，如图9-94所示。

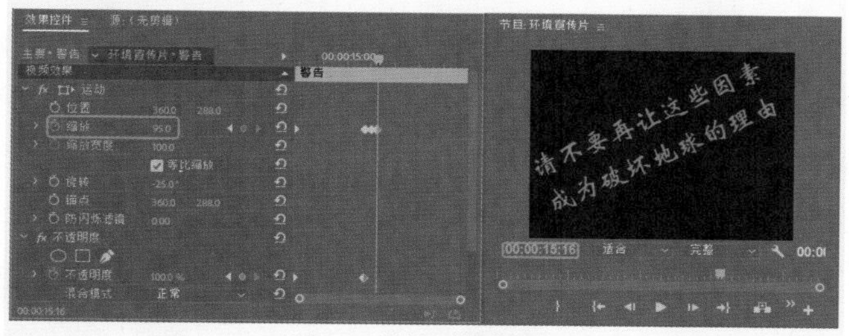

图9-94　设置缩放参数

70 将当前时间设置为00:00:15:19，将【缩放】设置为95，如图9-95所示。

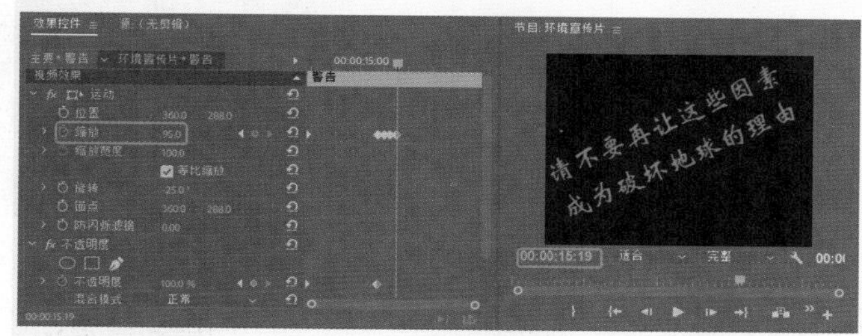

图9-95　设置缩放参数

71 设置完成后，根据前面所介绍的方法制作其他动画效果，效果如图9-96所示。

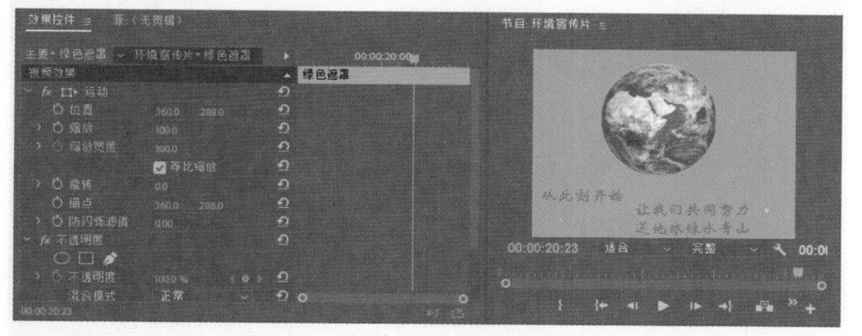

图9-96　制作其他动画后的效果

9.4 添加音频、输出视频

制作完成环保宣传片后，需要对完成后的效果添加音乐并进行输出，其具体的操作步骤如下。

01 在【序列】面板中将当前时间设置为00:00:00:00，在音频轨道中添加“音频.mp3”，并将其开始位置与时间线对齐，将持续时间设置为00:00:22:04，如图9-97所示。

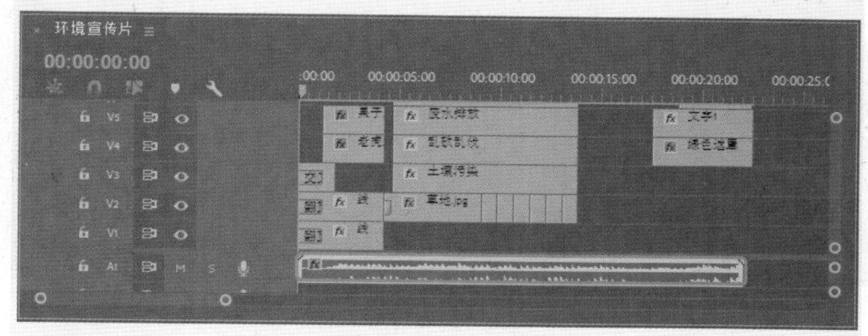

图9-97　添加音频文件

02 按Ctrl+M组合键，打开【导出设置】对话框，在该对话框中将【格式】设置为AVI，单击【输出名称】右侧的蓝色按钮，在弹出的对话框中为其指定一个正确的存储路径，并为其重命名，如图9-98所示。

图9-98　【另存为】对话框

03 设置完成后单击【确定】按钮，在【导出设置】对话框中单击【导出】按钮，即可以进度条的形式进行导出，如图9-99所示。

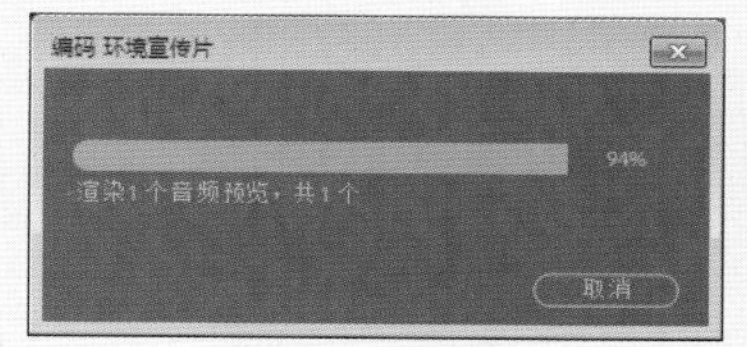

图9-99　导出进度

第10章 项目指导——家具宣传广告

本案例将介绍怎样制作一个家具宣传片，通过在序列中创建字幕、为素材设置关键帧、应用嵌套序列等操作，从而完成视频的制作，如图10-1所示。

图10-1　效果图

10.1 导入素材

下面将讲解如何导入素材文件，其具体操作步骤如下。

01 启动Premiere软件，在弹出的开始界面中单击【新建项目】按钮，如图10-2所示。

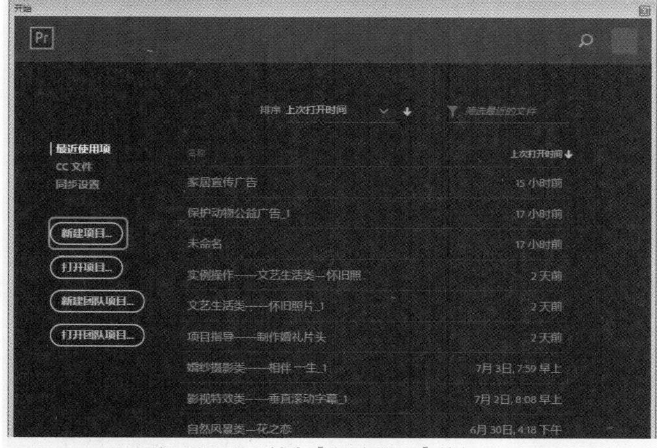

图10-2　单击【新建项目】按钮

02 弹出【新建项目】对话框，在该对话框中将【名称】设置为“家具宣传广告”，在【位置】选项中为其指定一个正确的存储位置，其他均为默认，如图10-3所示。

03 设置完成后单击【确定】按钮，按Ctrl+I组合键，在弹出的对话框中选择“Cha10”素材文件夹，单击【导入文件夹】按钮，如图10-4所示。

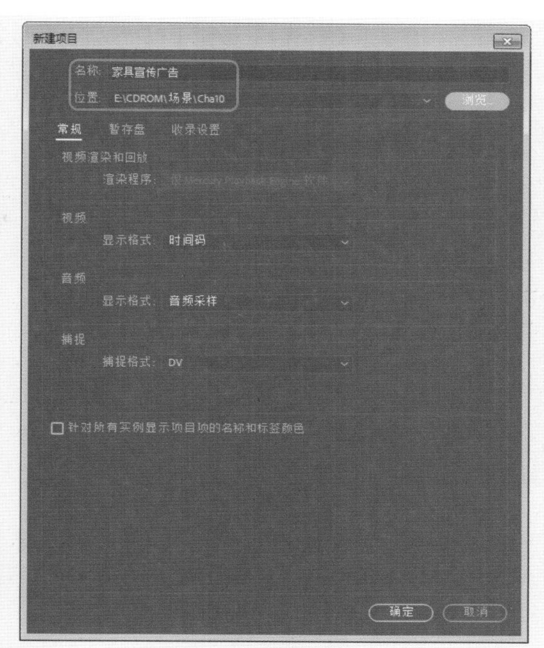

图10-3　【新建项目】对话框

图10-4　【导入】对话框

04 由于导入的文件中包含psd文件，所以在导入的过程中会弹出一个【导入分层文件：矩形】对话框，在该对话框中将【导入为】设置为【各个图层】，如图10-5所示。

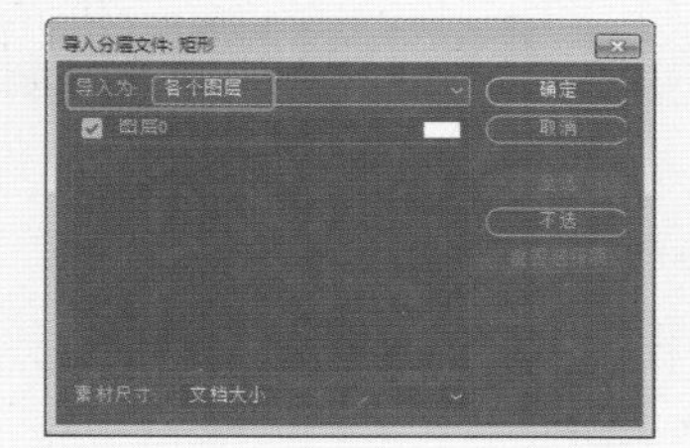

图10-5　【导入分层文件：矩形】对话框

05 设置完成后单击【确定】按钮，即可将选择的文件夹导入到【项目】面板中，如图10-6所示。

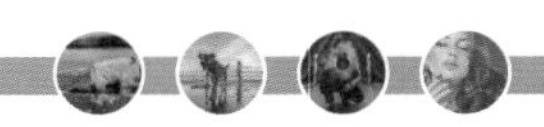

06 在菜单栏中选择【文件】|【新建】|【序列】命令，如图10-7所示。

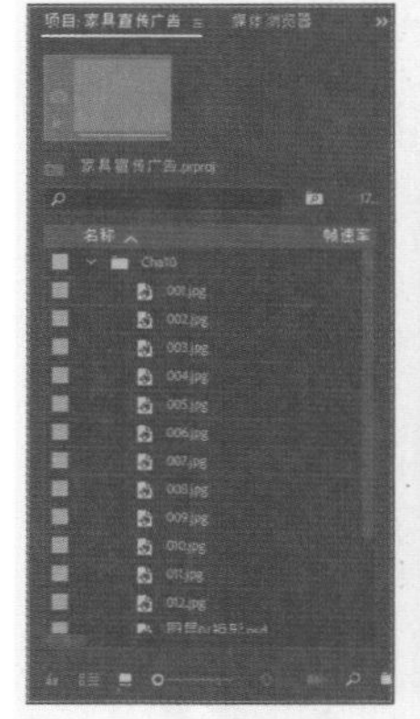

图10-6 导入的素材

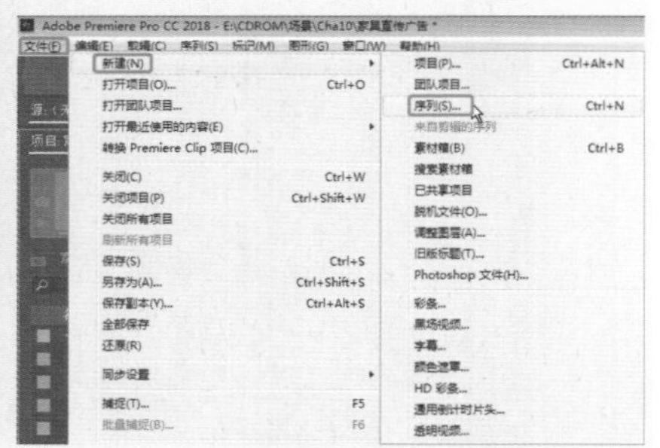

图10-7 选择【序列】命令

07 打开【新建序列】对话框，切换至【序列预设】选项卡，选择DV-PAL|【标准48kHz】选项，将【序列名称】设置为“字幕条”，如图10-8所示。

图10-8 【新建序列】对话框

10.2 创建字幕条动画序列

下面将讲解如何创建字幕条动画序列，其具体操作步骤如下。

01 设置完成后单击【确定】按钮，将当前时间设置为00:00:00:00，在【项目】面板中选择“地球1.png”素材图像，将其添加至V3轨道中，如图10-9所示。

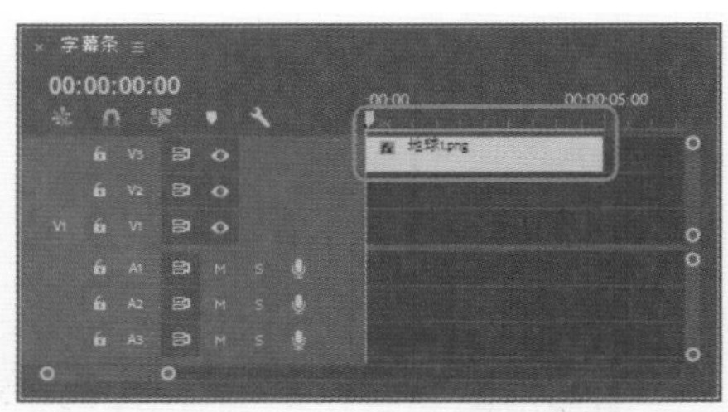

图10-9 添加图像文件

02 打开【效果控件】面板，将【缩放】设置为7，将【位置】设置为95、483，将【锚点】设置为1160.1、969.8，如图10-10所示。

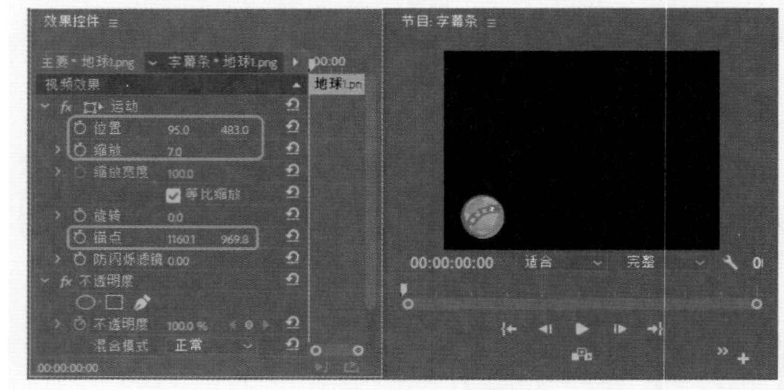

图10-10 设置对象参数

03 将“地球2.png”素材图像添加至V2轨道中，使其开始位置与“地球1.png”的开始位置对齐，如图10-11所示。

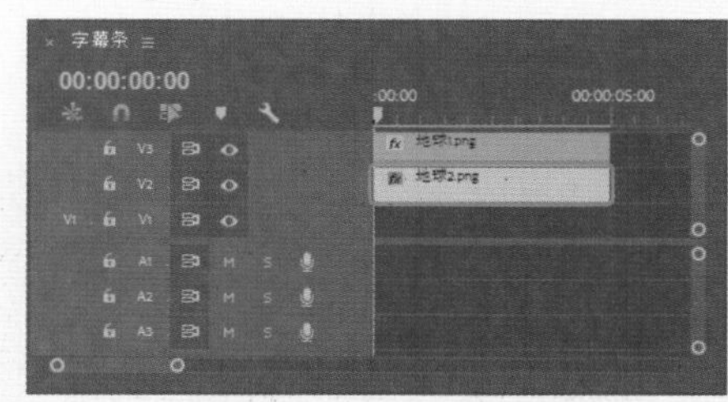

图10-11 添加素材图像

04 确认当前时间为00:00:00:00，在【效果控件】面板中展开【运动】选项，将【缩放】设置为7，将【位置】设置为102.4、481，将【锚点】设置为1321.4、1371.3，单击【旋转】左侧的【切换动画】按钮，如图10-12所示。

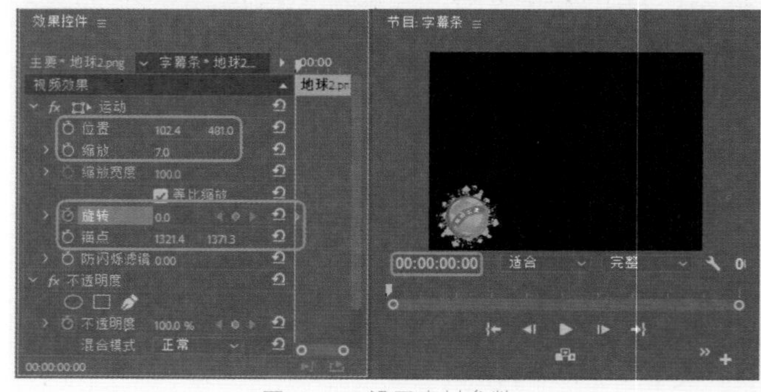

图10-12 设置素材参数

05 将当前时间设置为00:00:05:00，将【旋转】设置为1×295.5°，如图10-13所示。

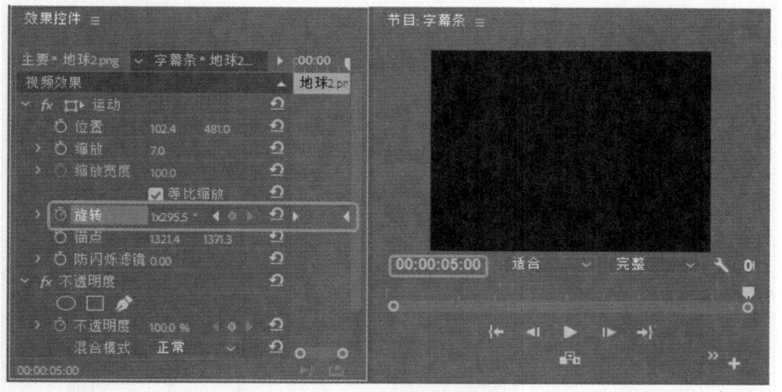

图10-13　设置时间为00:00:05:00的参数

06 在菜单栏中选择【文件】|【新建】|【旧版标题】命令，弹出【新建字幕】对话框，在该对话框中将【名称】设置为“字幕条”，其他参数均为默认选项，如图10-14所示。

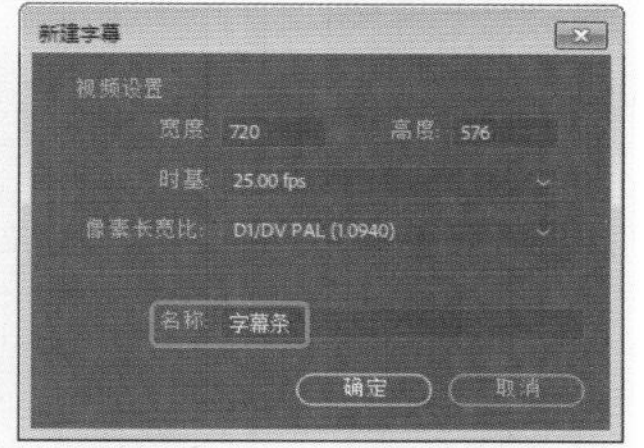

图10-14　【新建字幕】对话框

07 设置完成后单击【确定】按钮，即可打开字幕编辑器，在工具箱中选择【钢笔工具】，在【字幕】面板中绘制如图10-15所示的形状。

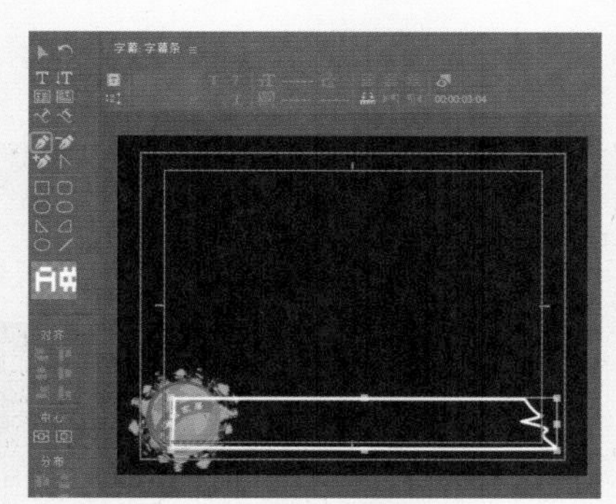

图10-15　绘制图形

08 选择绘制的图形，在字幕属性中将【属性】设置为【填充贝塞尔曲线】，将【填充】选项组中的【颜色】设置为白色，如图10-16所示。

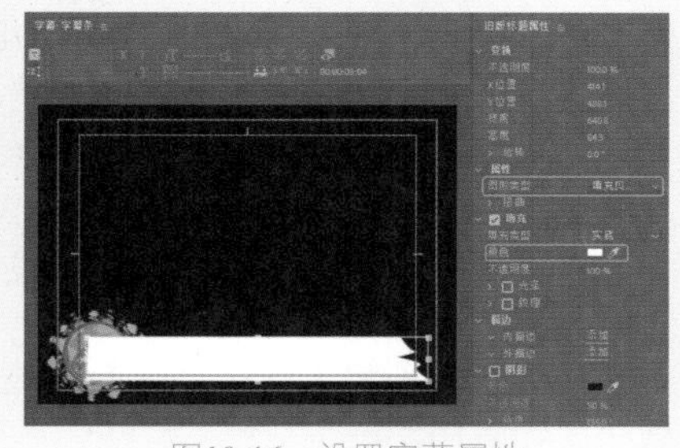

图10-16　设置字幕属性

09 设置完成后关闭字幕编辑器，将当前时间设置为00:00:00:00，将创建的“字幕条”添加至V1轨道中，并将其开始位置与时间线对齐，如图10-17所示。

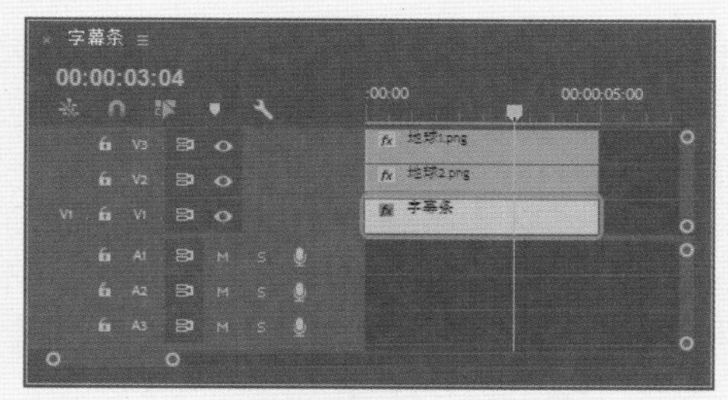

图10-17　添加字幕对象

10 打开【效果】面板，选择【视频过渡】|【擦除】|【划出】效果，如图10-18所示。

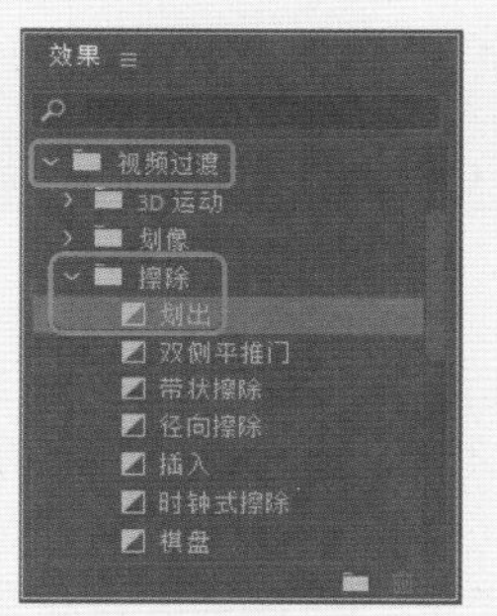

图10-18　选择效果

11 按住鼠标将其拖曳至“字幕条”的开始位置处，如图10-19所示。

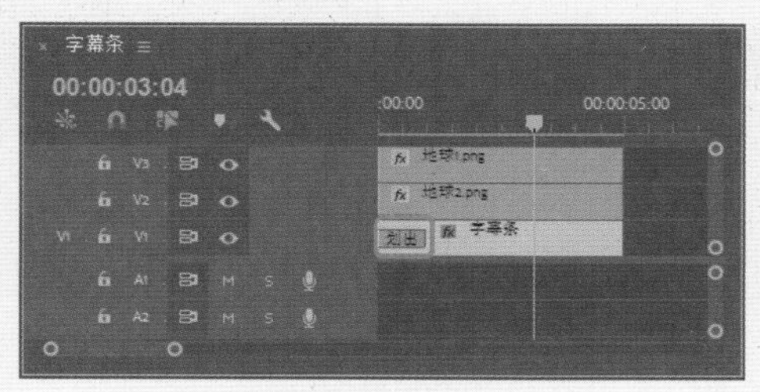

图10-19　添加效果

12 选中添加的效果，在【效果控件】面板中将【持续时间】设置为00:00:00:20，如图10-20所示。

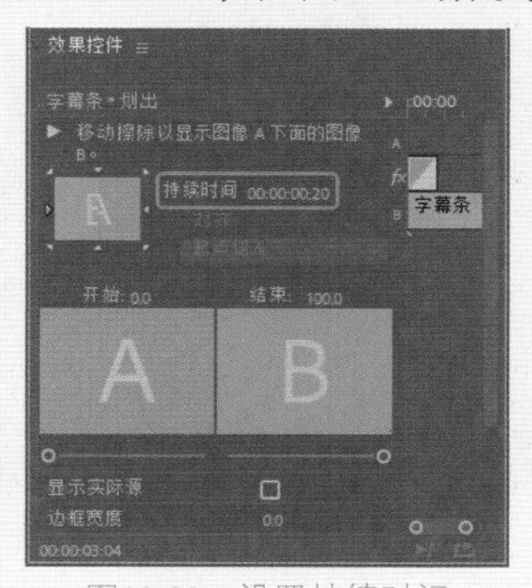

图10-20　设置持续时间

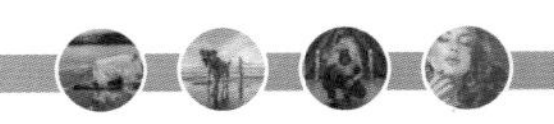

10.3 创建案例欣赏动画序列

下面将讲解如何创建案例欣赏动画序列，其具体操作步骤如下。

01 使用同样的方法，再次创建一个名称为“案例欣赏”的序列，在【序列】面板中将当前时间设置为00:00:00:00，在V1轨道中添加“001.jpg”图像，并将其开始位置与时间线对齐，如图10-21所示。

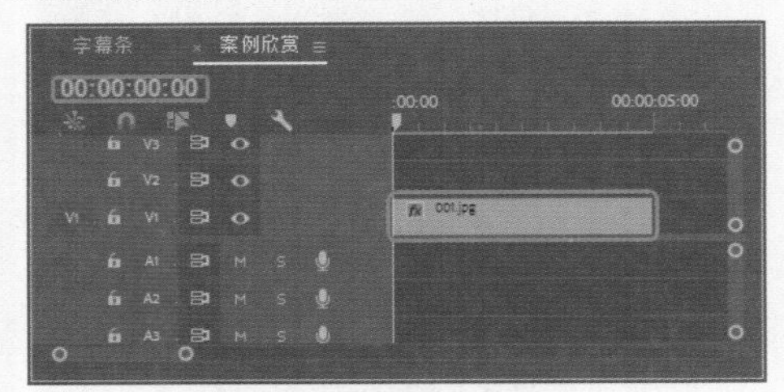

图10-21　添加图像文件

02 确认当前时间为00:00:00:00，选择添加的“001.jpg”图像，在【效果控件】面板中将【运动】选项下的【缩放】设置为54，展开【不透明度】选项，将其设置为0，如图10-22所示。

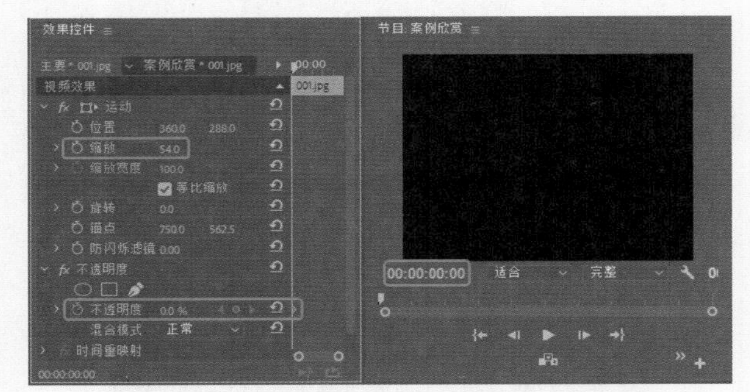

图10-22　设置关键帧

03 将当前时间设置为00:00:00:10，将【效果控件】面板中的【不透明度】设置为100，如图10-23所示。

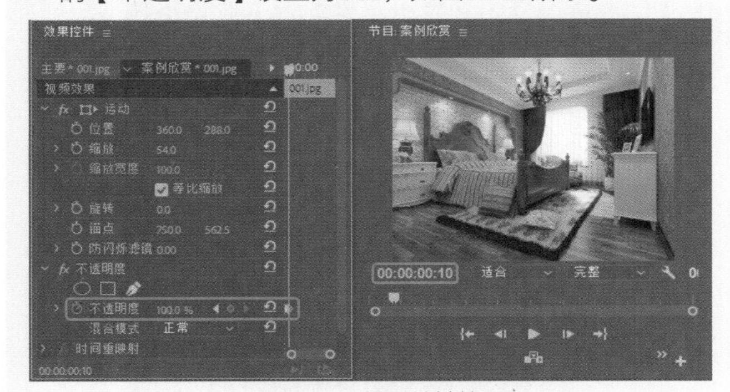

图10-23　设置关键帧

04 将当前时间设置为00:00:03:10，将“002.jpg”素材文件添加至V2轨道中，并将其开始位置与时间线对齐，如图10-24所示。

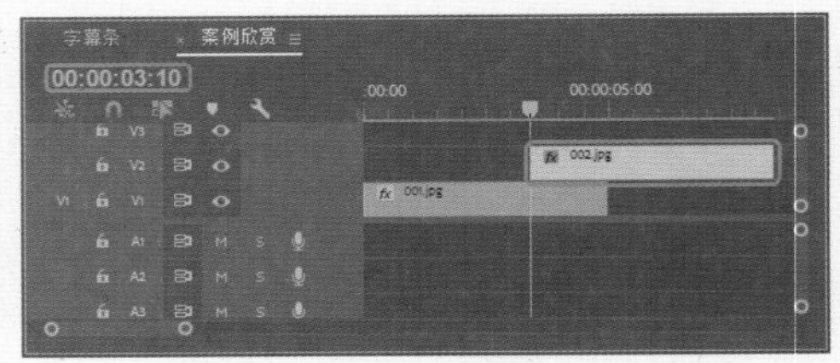

图10-24　添加素材

05 打开【效果控件】面板，将【位置】设置为1121、132，并单击【位置】左侧的【切换动画】按钮，如图10-25所示。

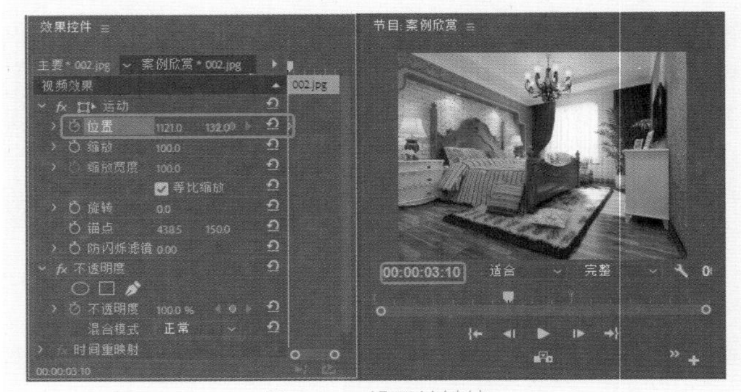

图10-25　设置关键帧

06 将当前时间设置为00:00:05:00，将【位置】设置为360、132，如图10-26所示。

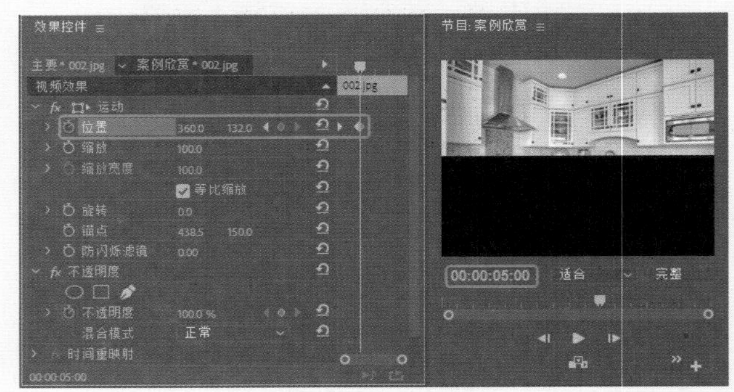

图10-26　设置关键帧

07 使用同样的方法，在V3轨道中添加“003.jpg”素材文件，并设置其位置关键帧，完成后的效果如图10-27所示。

08 将当前时间设置为00:00:07:10，将“004.jpg”素材文件添加至V4轨道中，并将其开始位置与时间线对齐，然后将当前时间设置为00:00:12:10，在V4轨道中添加“005.jpg”素材文件，并将其开始位置与时间线对齐，如图10-28所示。

09 打开【效果】面板，选择【视频过渡】|【擦除】|【百叶窗】效果，如图10-29所示。

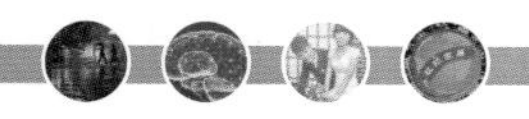

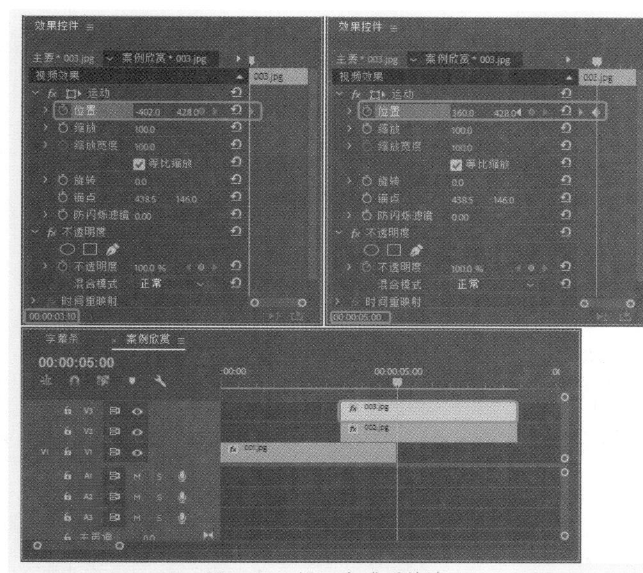

图10-27　设置完成后的效果

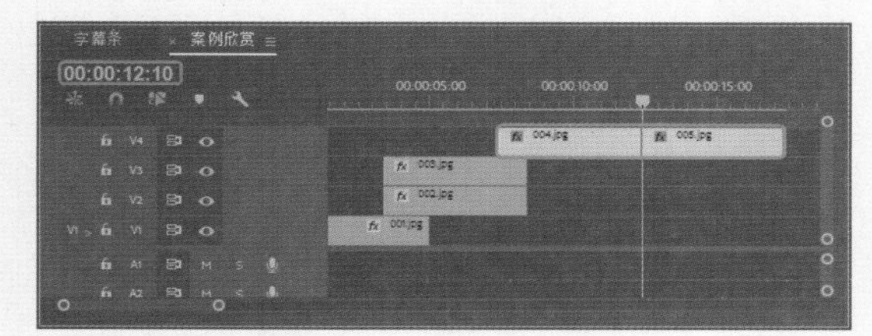

图10-28　添加素材文件

10 将其添加至“004.jpg”的开始位置，如图10-30所示。

11 在【效果】面板中选择【视频过渡】|【滑动】|【中心拆分】效果，将其添加至004.jpg与005.jpg交接处，如图10-31所示。

图10-29　选择效果

12 设置完成后选择“005.jpg”素材文件，右击鼠标，在弹出的快捷菜单中选择【速度/持续时间】命令，打开【剪辑速度/持续时间】对话框，将【持续时间】设置为00:00:05:10，单击【确定】按钮，如图10-32所示。

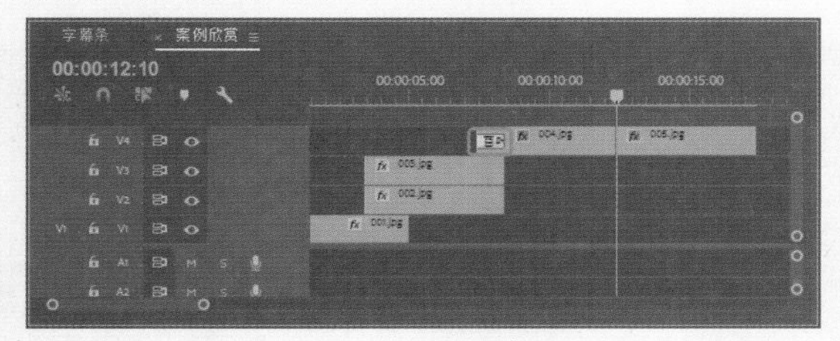

图10-30　添加效果

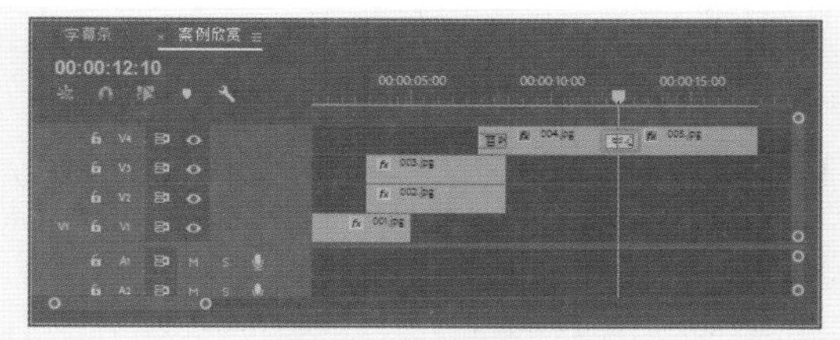

图10-31　继续添加效果

13 在菜单栏中选择【文件】|【新建】|【旧版标题】命令，打开【新建字幕】对话框，在该对话框中将【名称】设置为“底纹1”，如图10-33所示。

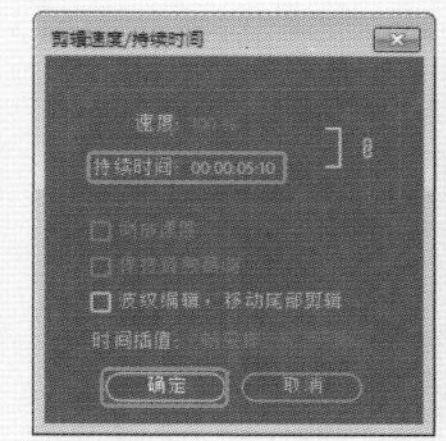

图10-32　【剪辑速度/持续时间】对话框

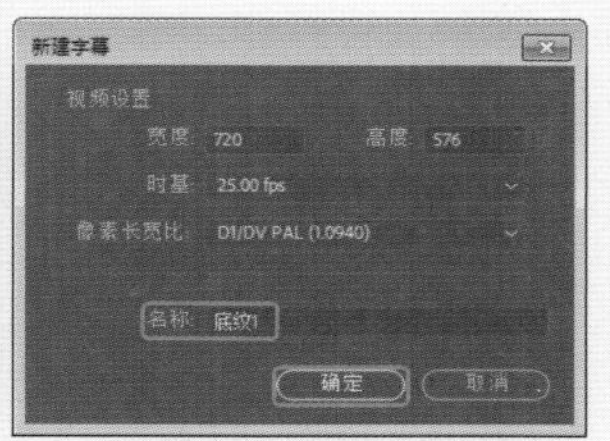

图10-33　【新建字幕】对话框

14 设置完成后单击【确定】按钮，打开字幕编辑器，在工具箱中选择【矩形工具】，在编辑器中创建一个矩形，选择创建的矩形，并将其调整至合适的位置，在字幕属性面板中将【颜色】设置为白色，将【不透明度】设置为50，将【宽度】、【高度】设置为248.3、580.5，将【X位置】、【Y位置】设置为120.6、288.5，如图10-34所示。

图10-34　创建矩形

15 设置完成后关闭字幕编辑器，将当前时间设置为00:00:00:10，在V5轨道中添加“底纹1”字幕，并将其开始位置与时间线对齐，如图10-35所示。

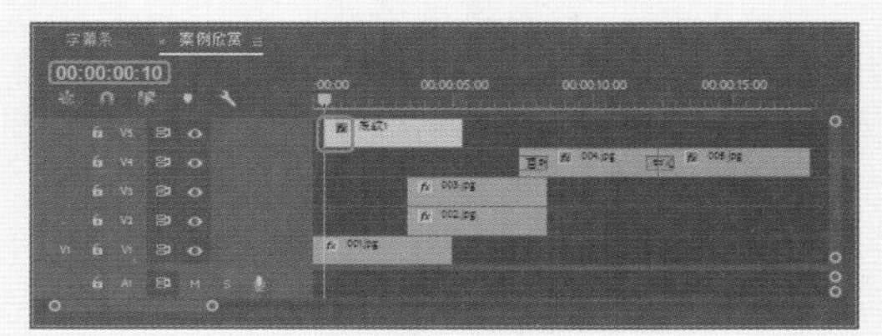

图10-35　添加字幕

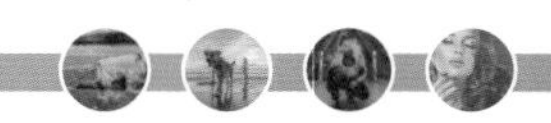

16 选择添加的字幕，将其持续时间设置为00:00:17:10，如图10-36所示。

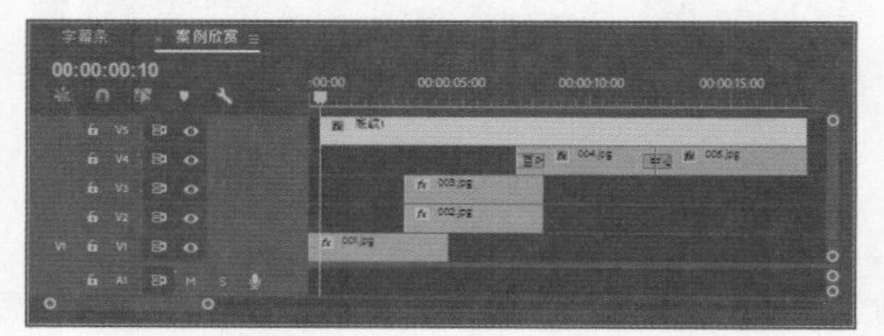

图10-36 设置持续时间后的效果

17 在【效果】面板中选择【视频过渡】|【擦除】|【百叶窗】效果，将其添加至“底纹1”字幕的开始位置，并选择添加的效果，如图10-37所示。

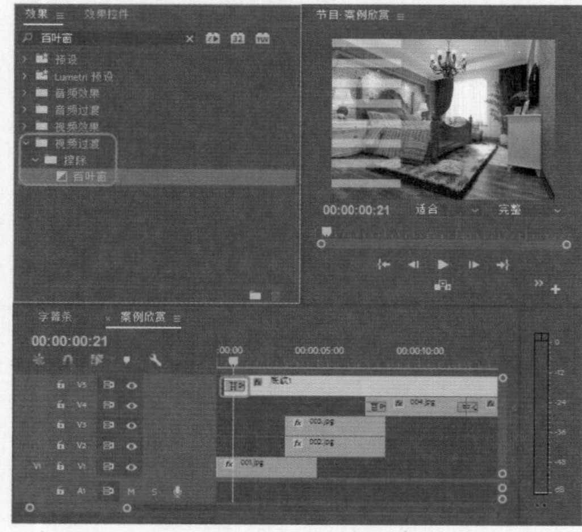

图10-37 添加效果

18 再次创建一个字幕，将名称设置为“公司简介”，打开字幕编辑器，在工具箱中选择【文字工具】T，在编辑器中单击鼠标，输入“公司简介”，然后选择输入的文字，在字幕属性面板中将【属性】选项下的【字体系列】设置为【华文新魏】，将【字体大小】设置为45，将【颜色】的RGB值设置为119、2、2，将【X位置】、【Y位置】设置为120.9、73.8，如图10-38所示。

19 使用【文字工具】绘制一个文本框，在绘制的文本框中输入文字，选中输入的文字，将其【字体系列】设置为【微软雅黑】，【字体大小】设置为24，将【行距】设置为15，将【颜色】的RGB值设置为119、2、2，将【X位置】【Y位置】设置为124.7、338.8，如图10-39所示。

20 设置完成后将字幕编辑器关闭，将当前时间设置为00:00:01:00，在V6轨道中添加“公司简介”字幕，并将其开始位置与时间线对齐，将其持续时间设置为00:00:16:20，如图10-40所示。

21 在【效果】面板中选择【视频过渡】|【溶解】|【叠加溶解】效果，将其添加至“公司简介”字幕的开始位置，如图10-41所示。

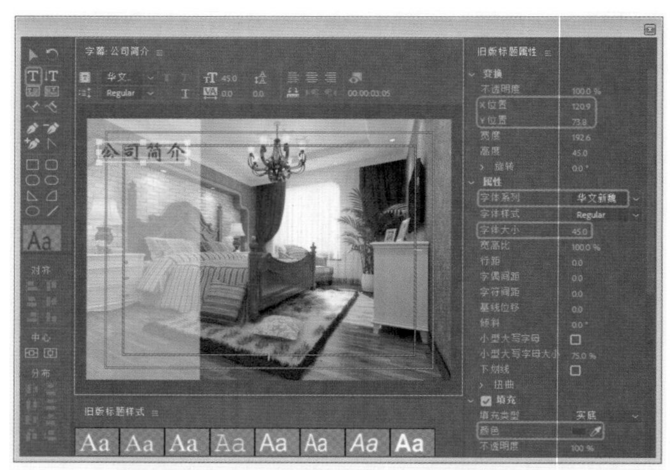

图10-38 输入文字并设置其属性

图10-39 输入文字并设置其属性

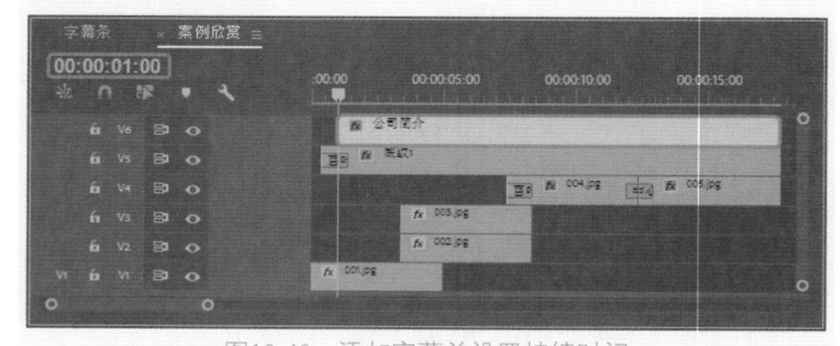

图10-40 添加字幕并设置持续时间

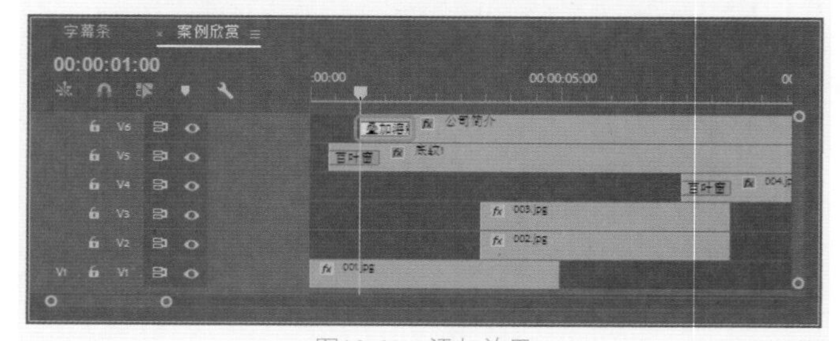

图10-41 添加效果

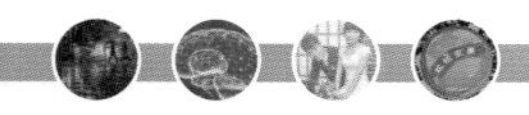

10.4 创建片尾动画序列

下面将讲解如何创建片尾动画序列，其具体操作步骤如下。

01 创建一个名称为“片尾”的序列文件，首先在V1轨道中添加“009.jpg”素材文件，将【缩放】设置为20，在菜单栏中选择【文件】|【新建】|【旧版标题】命令，打开【新建字幕】对话框，在该对话框中将名称设置为“图像1”，其他参数均为默认，如图10-42所示。

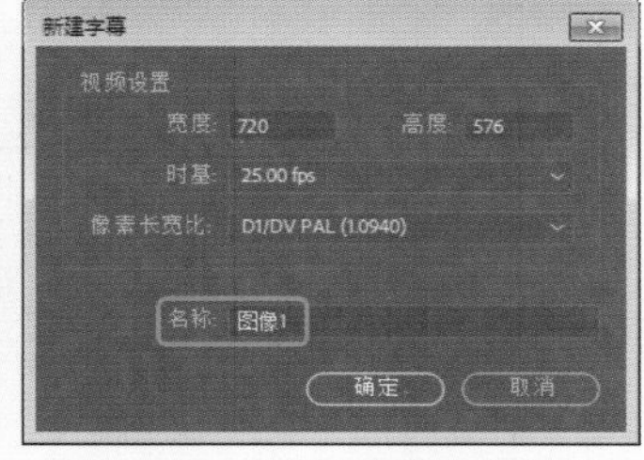

图10-42　【新建字幕】对话框

02 设置完成后单击【确定】按钮，打开字幕编辑器，在工具箱中选择【圆角矩形工具】，在编辑器中创建一个圆角矩形，选择创建的圆角矩形，在字幕属性面板中将【变换】选项组下的【宽度】设置为283，将【高度】设置为238，在【属性】下将【圆角大小】设置为5%，将【颜色】设置为白色，将【X位置】、【Y位置】设置为142.2、287，如图10-43所示。

图10-43　创建圆角矩形

03 在【填充】选项下勾选【纹理】复选框，展开该选项，单击【纹理】右侧的缩略图，在弹出的对话框中选择“010.jpg”素材文件，如图10-44所示。

04 单击【打开】按钮，即可将其添加至创建的圆角矩形中，如图10-45所示。

05 设置完成后单击【基于当前字幕新建】按钮，在弹出的对话框中将其重命名为“图像2”，单击【确定】按钮，将“图像1”字幕中的内容分类删除，使用同样的方法创建一个圆角矩形，完成后的效果如图10-46所示。

图10-44　【选择纹理图像】对话框

图10-45　插入纹理图像后的效果

图10-46　完成后的效果

06 使用同样的方法，创建“图像3”字幕，创建圆角矩形并设置纹理图像，完成后的效果如图10-47所示。

图10-47　完成后的效果

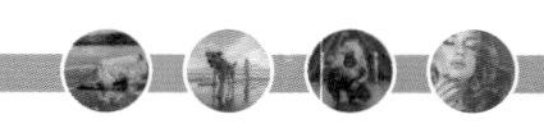

07 新建字幕并将其重命名为“分界线”，在工具箱中选择【椭圆工具】，在编辑器中绘制椭圆，选择绘制的椭圆，将【变换】选项下的【宽度】、【高度】分别设置为4.5、500，将【旋转】设置为24.5，将【X位置】、【Y位置】分别设置为537、241，在【填充】选项下设置【颜色】为255、0、0，如图10-48所示。

图10-48　创建椭圆

08 新建字幕并将其重命名为“矩形1”，将编辑器中的字幕删除，在工具箱中选择【钢笔工具】，在编辑器中创建一个图形，选择创建的图形，将【变换】选项下的【高度】、【宽度】分别设置为367、198.5，将【X位置】、【Y位置】分别设置为252.7、199.6，如图10-49所示。

图10-49　创建图形

09 在【描边】选项下勾选【外描边】复选框，展开【外描边】选项，将【类型】设置为【边缘】，将【大小】设置为5，将【颜色】的RGB值设置为5、154、58，如图10-50所示。

10 使用同样的方法创建“矩形2”字幕，将编辑器中的矩形调整至合适的位置，如图10-51所示。

图10-50　添加描边

图10-51　调整矩形位置

11 创建“文本”字幕，输入相应的文字，将【字体系列】设置为【微软雅黑】，将【字体大小】设置为30，将【行距】设置为8，将【字符间距】设置为20，将填充颜色的RGB值设置为5、154、58，完成后的效果如图10-52所示。设置完成后关闭字幕编辑器。

图10-52　输入并设置文本

12 在V1轨道中选择“009.jpg”素材文件，将其持续时间设置为00:00:13:00，如图10-53所示。

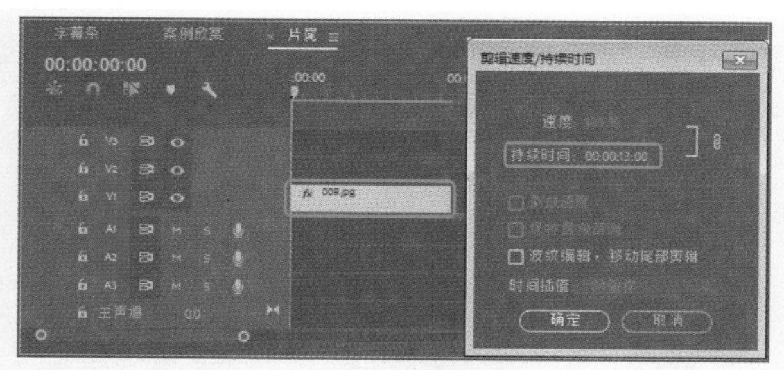

图10-53　设置素材的持续时间

13 单击【确定】按钮，将当前时间设置为00:00:00:15，在V2轨道中添加“图层0/矩形.psd”素材文件，将其开始时间与时间线对齐，如图10-54所示。

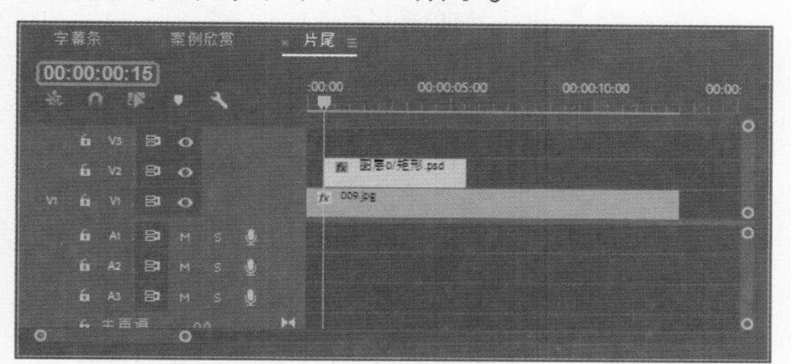

图10-54　添加素材

14 选择添加的“图层0/矩形.psd”素材文件，拖曳其结尾处与“009.jpg”素材文件的结尾处对齐，如图10-55所示。

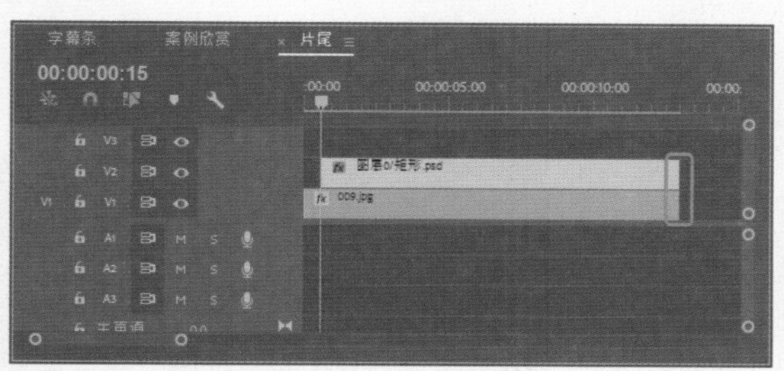

图10-55　对齐后的效果

15 确认当前时间为00:00:00:15，选择添加的“图层0/矩形.psd”素材文件，打开【效果控件】面板，展开【运动】选项，将【位置】设置为-470、288，并单击【位置】左侧的【切换动画】按钮，如图10-56所示。

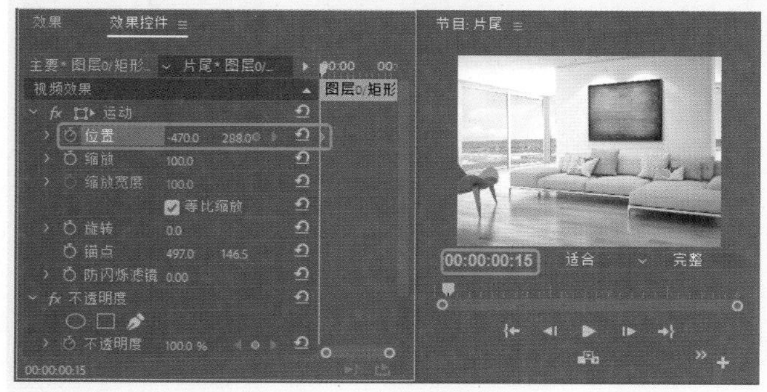

图10-56　设置关键帧

16 将当前时间设置为00:00:02:17，在【效果控件】面板中将【位置】设置为234、288，如图10-57所示。

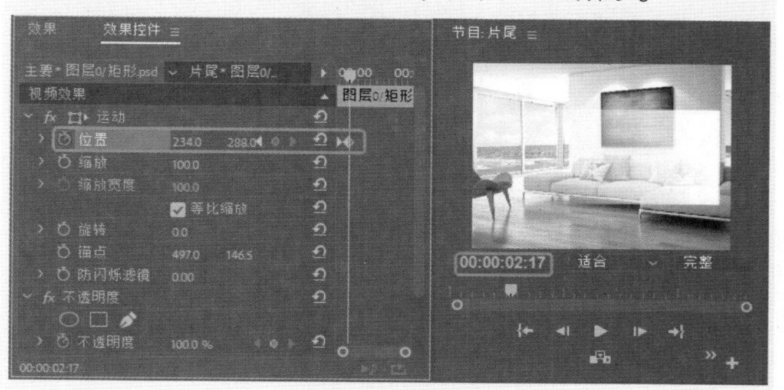

图10-57　设置关键帧

17 在V3轨道中添加“图像1”字幕，并将其结尾处与V1轨道中的“009.jpg”素材文件的结尾处对齐，如图10-58所示。

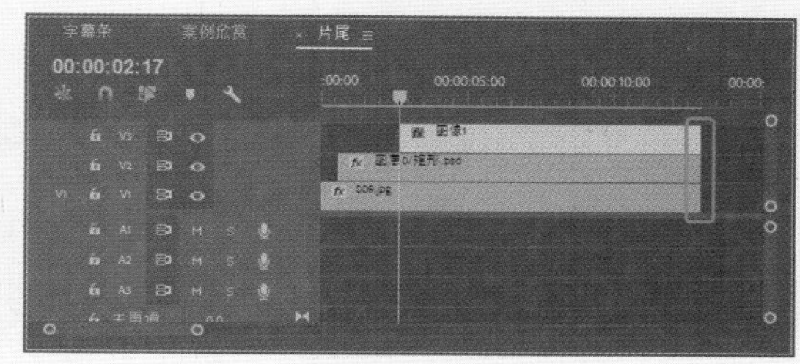

图10-58　对齐后的效果

18 在【效果控件】面板中展开【运动】选项，将【位置】设置为785、288，并单击【位置】左侧的【切换动画】按钮，将【不透明度】设置为0，如图10-59所示。

图10-59　设置关键帧

19 将当前时间设置为00:00:04:02，在【效果控件】面板中将【位置】设置为386、288，将【不透明度】设置为100，如图10-60所示。

20 确认当前时间为00:00:04:02，在V4轨道中添加“图像2”素材文件，并将其结尾处与“图像1.jpg”素材文件的结尾处对齐，在【效果控件】面板中展开【运动】选项，将【位置】设置为280、288，并单击【位置】左侧的【切换动画】按钮，将【不透明度】设置为0，如

图10-61所示。

图10-60 设置关键帧

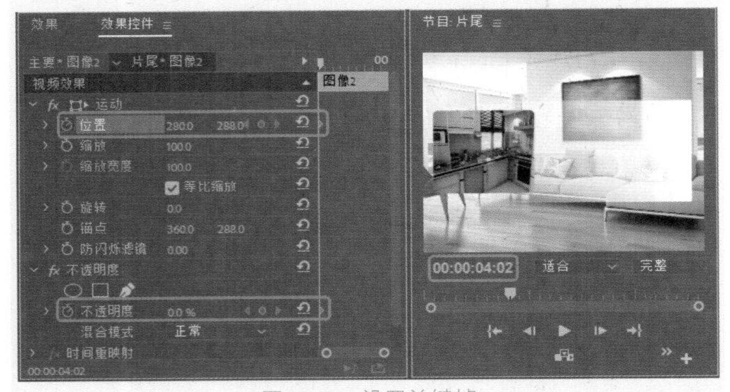

图10-61 设置关键帧

21 将当前时间设置为00:00:05:02，将【位置】设置为415、288，将【不透明度】设置为100，如图10-62所示。

图10-62 设置关键帧

22 在V5轨道中添加“图像3”字幕，将【持续时间】设置为00:00:07:23，并设置其关键帧动画，如图10-63所示。

23 将当前时间设置为00:00:06:02，选择V3轨道中的“图像1”字幕，在【效果控件】面板中单击【不透明度】右侧的【添加/移除关键帧】按钮，如图10-64所示。

24 然后将当前时间设置为00:00:07:02，将【不透明度】设置为0，如图10-65所示。

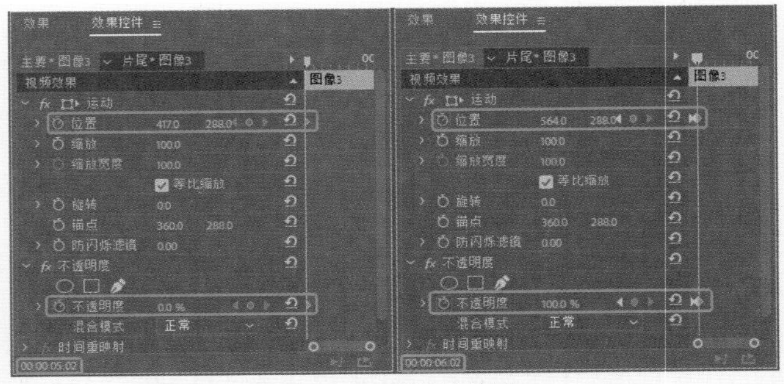

图10-63 设置关键帧

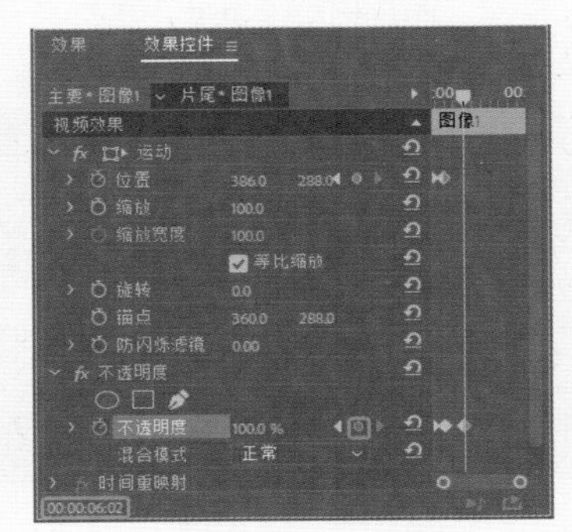

图10-64 设置关键帧

图10-65 设置不透明度

25 将当前时间设置为00:00:07:02，选择V4轨道中的“图像2”字幕，在【效果控件】面板中单击【不透明度】右侧的【添加/移除关键帧】按钮，如图10-66所示。

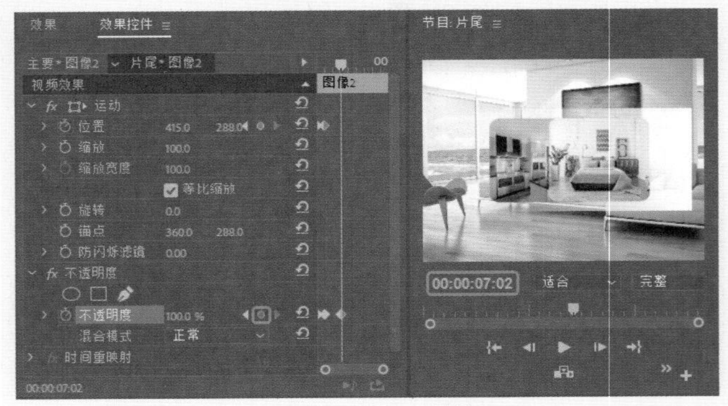

图10-66 添加关键帧

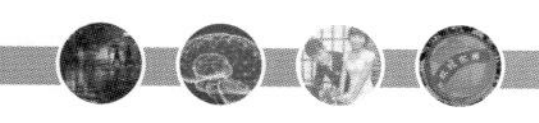

26 将当前时间设置为00:00:08:02，将【不透明度】设置为0，如图10-67所示。

图10-67　设置“图像2”的不透明度

27 将当前时间设置为00:00:07:02，选择V5轨道中的“图像3”字幕，在【效果控件】面板中单击【不透明度】右侧的【添加/移除关键帧】按钮，如图10-68所示。

图10-68　为“图像3”添加关键帧

28 将当前时间设置为00:00:09:02，将【不透明度】设置为0，如图10-69所示。

图10-69　设置“图像3”的不透明度

29 添加4条视频轨道，将当前时间设置为00:00:09:02，在V8轨道中添加“分界线”字幕，使其结尾处与“图像3”结尾处对齐，选择“分界线”字幕，在【效果控件】面板中展开【运动】选项，将【位置】设置为438.6、-156，并单击【位置】左侧的【切换动画】按钮，将【不透明度】设置为0，如图10-70所示。

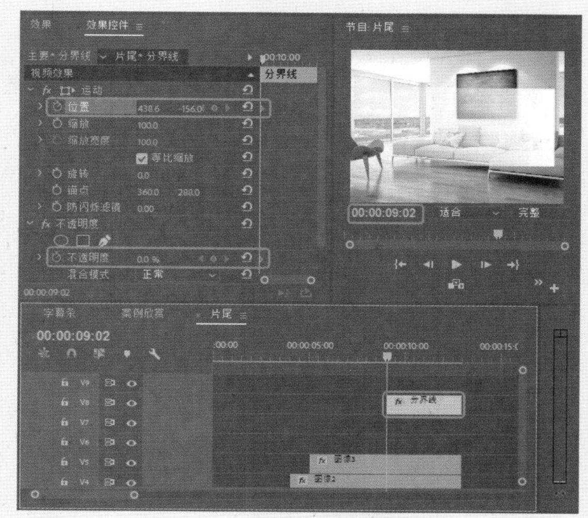

图10-70　设置关键帧

30 将当前时间设置为00:00:09:12，在【效果控件】面板中将【位置】设置为229、327.8，将【不透明度】设置为100，如图10-71所示。

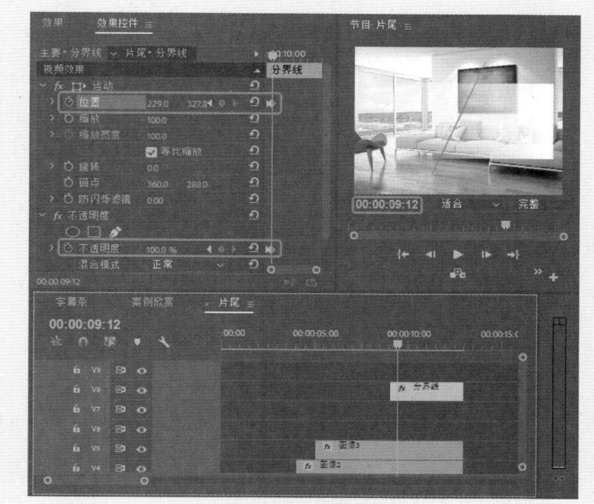

图10-71　设置关键帧

31 在V6轨道中添加“矩形1”字幕，使其结尾处与“图像3”结尾处对齐，选择添加的“矩形1”字幕，在【效果控件】面板中展开【运动】选项，将【位置】设置为336.1、347.1，如图10-72所示。

32 在【效果】面板中选择【视频过渡】|【擦除】|【划出】效果，按住鼠标将其拖曳至“矩形1”的开始处，选中添加的效果，在【效果控件】面板中将方向设置为【自东向西】，如图10-73所示。

33 使用同样的方法制作“矩形2”字幕中的动画，如图10-74所示。

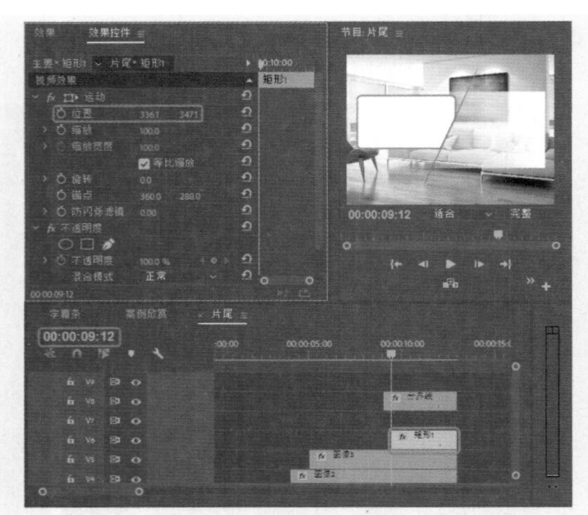

图10-72 设置位置参数

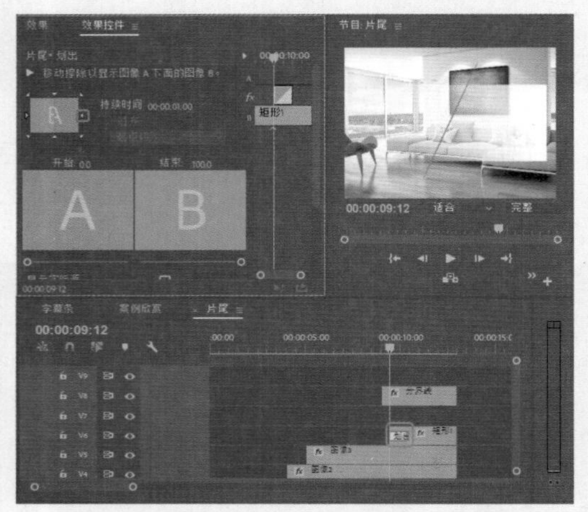

图10-73 设置效果方向

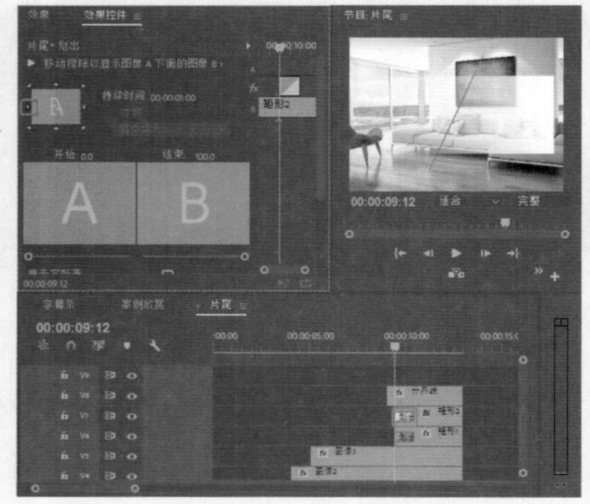

图10-74 设置动画效果

34 将当前时间设置为00:00:10:12，在V9轨道中添加“文本”字幕，将【持续时间】设置为00:00:02:13，并在【效果控件】面板中将【位置】设置为360、310，如图10-75所示。

图10-75 设置关键帧

35 在【效果】面板中选择【视频过渡】|【溶解】|【叠加溶解】效果，并将其添加至“文本”字幕上，如图10-76所示。

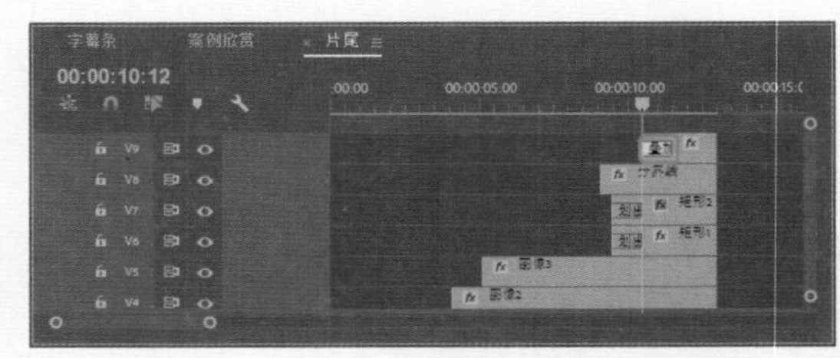

图10-76 添加效果

36 将当前时间设置为00:00:08:02，在V2轨道中选择“图层0/矩形.psd”素材文件，在【效果控件】面板中单击【不透明度】右侧的【添加/移除关键帧】按钮，如图10-77所示。

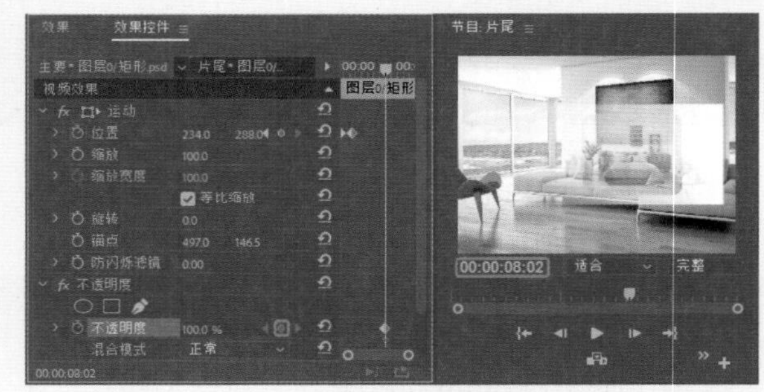

图10-77 设置关键帧

37 将当前时间设置为00:00:09:02，在【效果控件】面板中将【不透明度】设置为0，如图10-78所示。

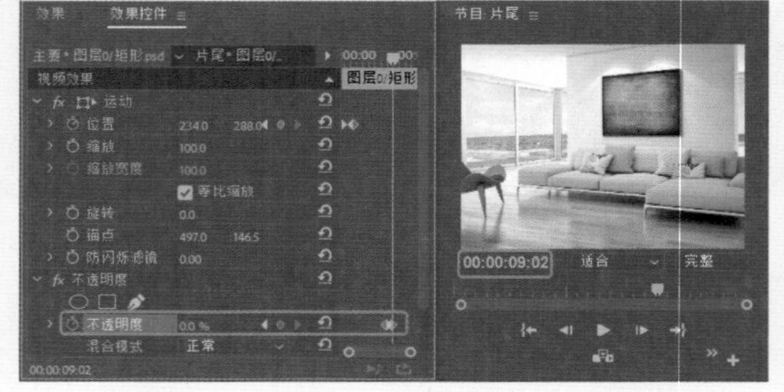

图10-78 设置关键帧

10.5 创建嵌套序列

下面讲解如何创建嵌套序列，具体操作步骤如下。

01 根据前面所介绍的方法创建一个嵌套序列文件，将当前时间设置为00:00:00:00，在V2轨道中添加“地球1.png”素材文件，并将其持续时间设置为00:00:03:10，如图10-79所示。

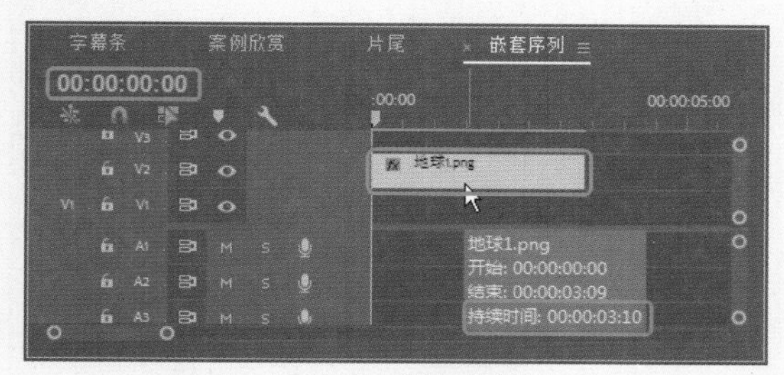

图10-79　添加素材

02 选择添加的“地球1.png”素材文件，在【效果控件】面板中展开【运动】选项，将【缩放】设置为25，将【位置】设置为351、305，将【锚点】设置为1160.1、969.8，如图10-80所示。

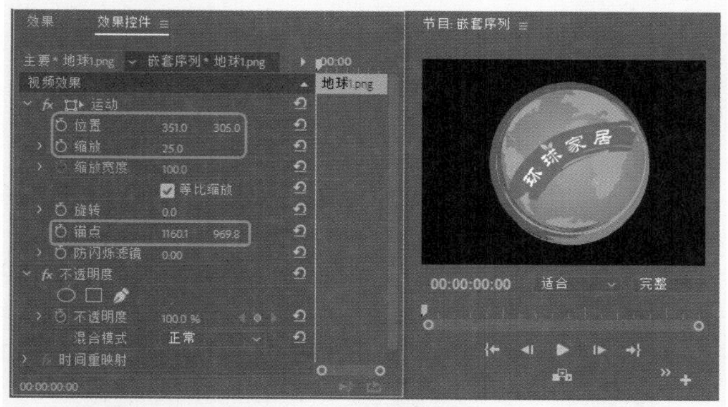

图10-80　设置参数

03 将当前时间设置为00:00:02:15，单击【缩放】左侧的【切换动画】按钮，然后将当前时间设置为00:00:03:10，将【缩放】设置为600，如图10-81所示。

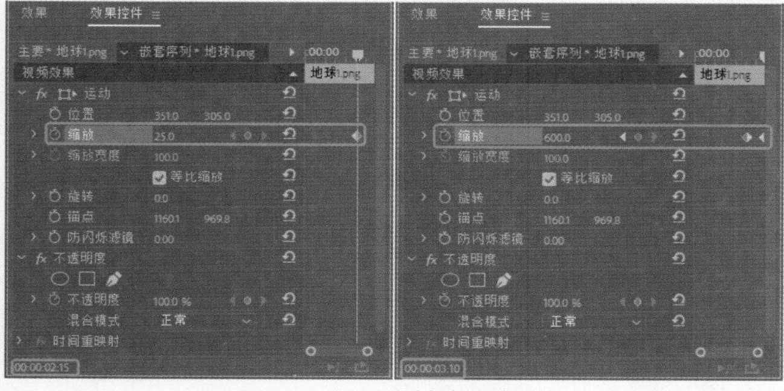

图10-81　设置素材的持续时间

04 在V1轨道中添加“地球2.png”素材文件，并将其结尾处与V2轨道中的“地球1.png”素材文件的结尾处对齐，如图10-82所示。

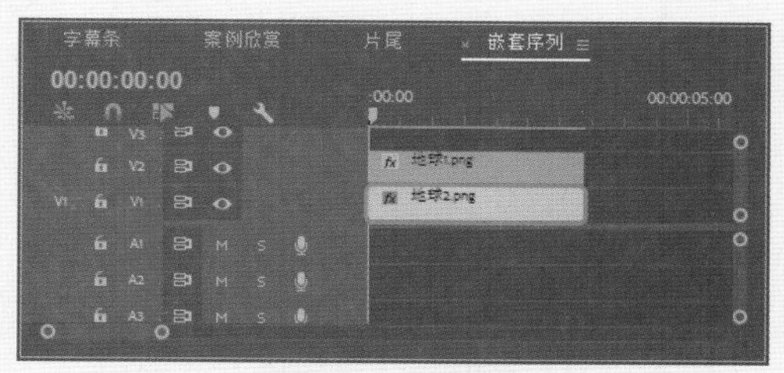

图10-82　添加素材

05 将当前时间设置为00:00:00:00，在【效果控件】面板中将【缩放】设置为25，将【锚点】设置为1321.4、1371.3，将【位置】设置为375、288，单击【旋转】左侧的【切换动画】按钮，如图10-83所示。

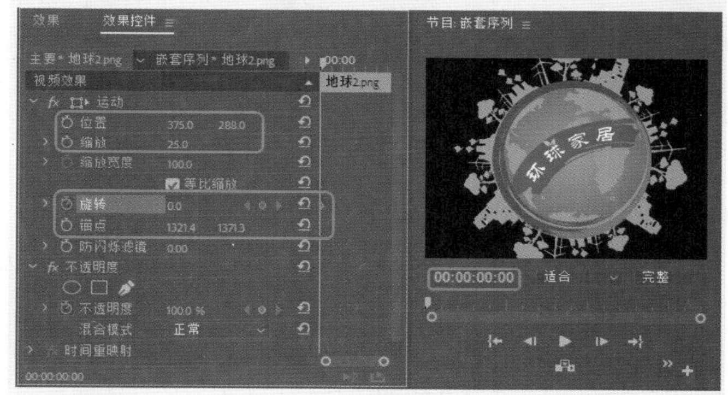

图10-83　设置关键帧

06 将当前时间设置为00:00:02:15，单击【缩放】左侧的【切换动画】按钮，如图10-84所示。

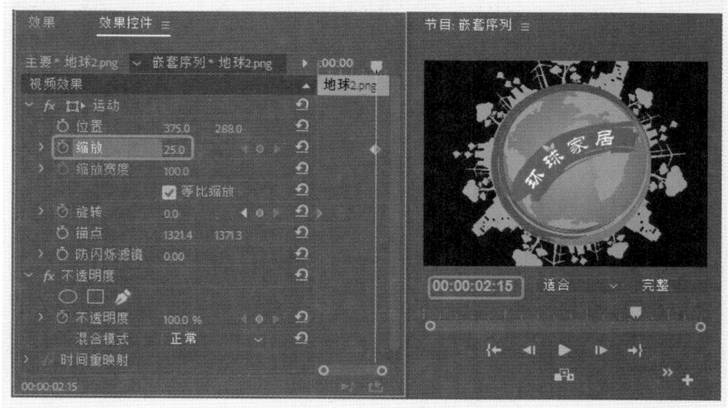

图10-84　单击【切换动画】按钮

07 将当前时间设置为00:00:03:10，将【缩放】设置为600，将【旋转】设置为285.3°，如图10-85所示。

08 将当前时间设为00:00:03:05，在V3轨道中添加“006.jpg”素材文件，使其开始位置与时间线对齐，将其持续时间设置为00:00:04:10，选择添加的素材文件，在【效果控件】面板中将【缩放】设置为150，并单击【缩放】左

侧的【切换动画】按钮，将【不透明度】设置为0，如图10-86所示。

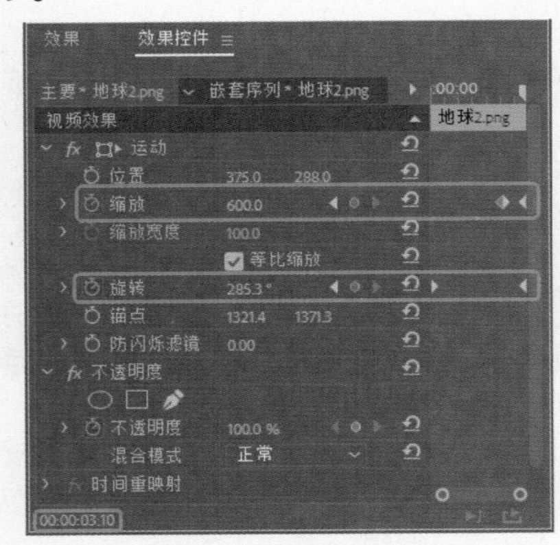

图10-85 设置关键帧

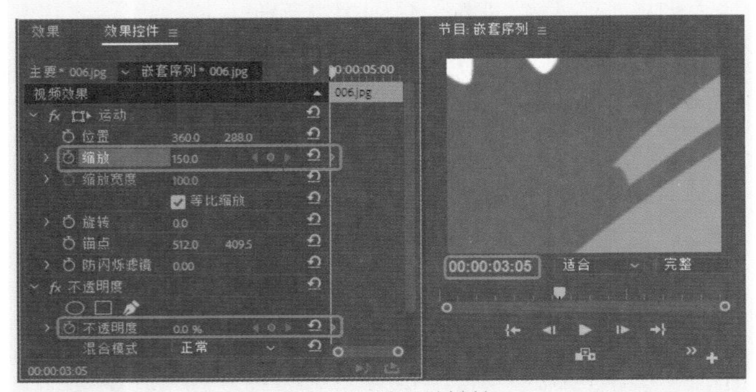

图10-86 设置关键帧

09 将当前时间设置为00:00:03:15，在【效果控件】面板中将【缩放】设置为77，将【不透明度】设置为100，如图10-87所示。

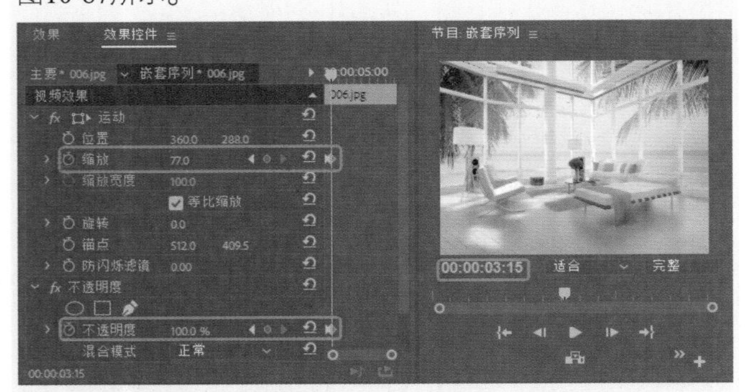

图10-87 设置关键帧

10 将当前时间设为00:00:07:15，在V3轨道中添加“007.jpg”素材文件，将其开始位置与“006.jpg”素材文件的结束位置对齐，并将其持续时间设置为00:00:04:10，如图10-88所示。

11 将“007.jpg”素材文件的【缩放】设置为83，并在该素材的后面添加“008.jpg”素材文件，将其【缩放】设置为36，如图10-89所示。

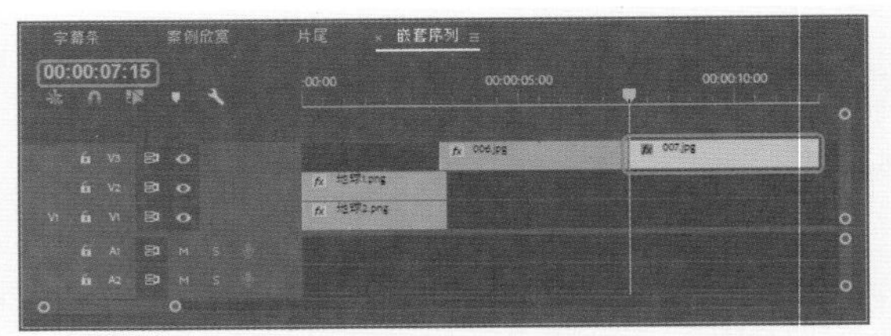

图10-88 添加素材

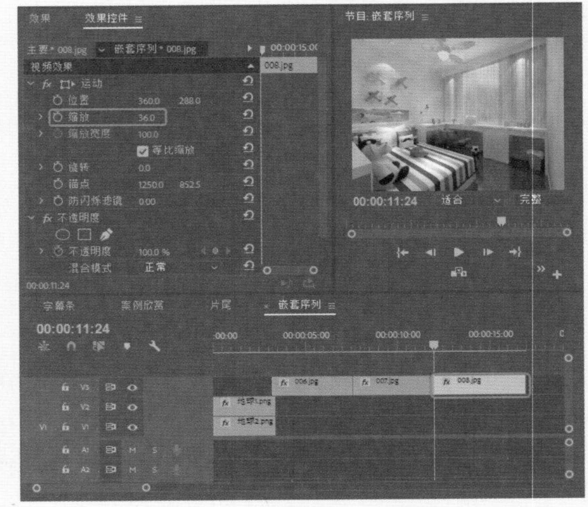

图10-89 设置关键帧

12 分别在“006.jpg”至“007.jpg”素材之间、“007.jpg”至“008.jpg”素材之间添加【螺旋框】、【棋盘】效果，并将效果的持续时间设置为00:00:00:20，如图10-90所示。

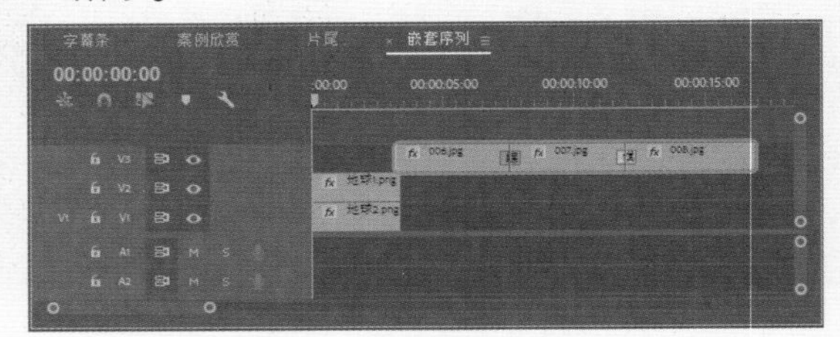

图10-90 添加效果

13 将当前时间设置为00:00:03:10，在V4轨道中添加“字幕条”序列，使其开始位置与时间线对齐，并将其结尾处与“006.jpg”素材文件的结尾处对齐，如图10-91所示。

14 选择添加的字幕，单击鼠标右键，在弹出的快捷菜单中选择【取消链接】命令，如图10-92所示。

15 在音频轨道4中选择取消链接后的音频文件，将其删除，然后选择“字幕条”序列文件，确认当前时间为00:00:03:10，在【效果控件】面板中将【不透明度】设置为0，如图10-93所示。

16 将当前时间设置为00:00:03:15，将【不透明度】设置为100，如图10-94所示。

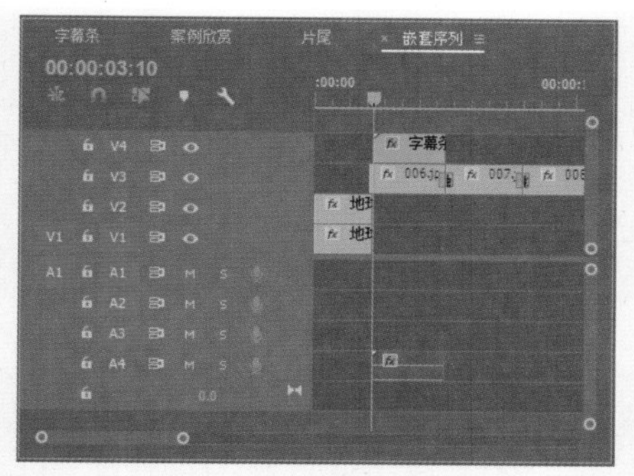

图10-91　添加序列文件

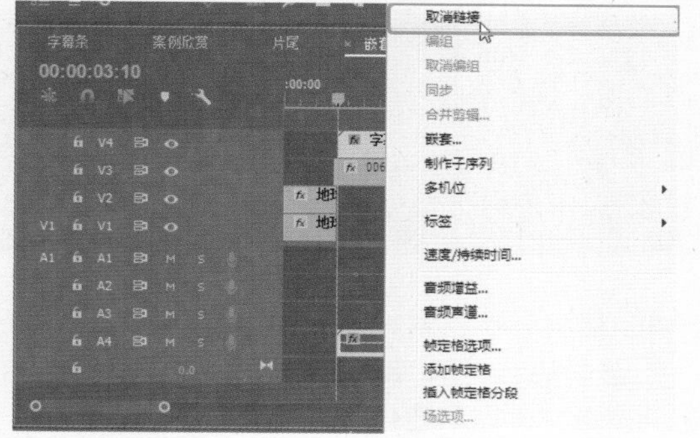

图10-92　选择【取消链接】命令

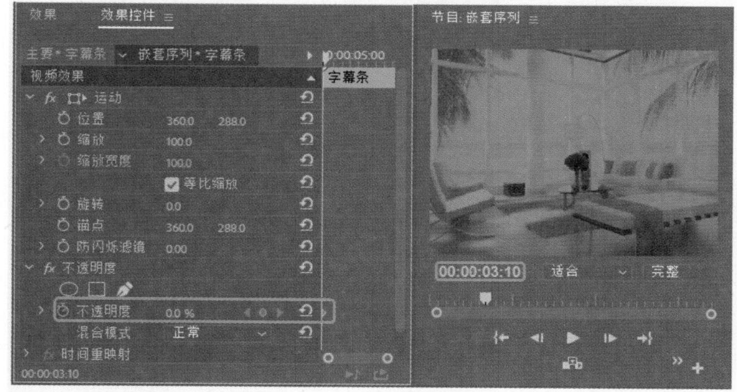

图10-93　设置关键帧

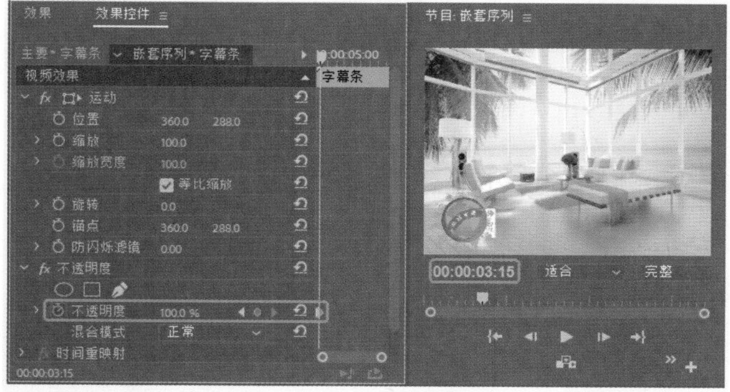

图10-94　设置关键帧

17 将当前时间设置为00:00:07:05，单击【不透明度】右侧的【添加/移除关键帧】按钮，将当前时间设置为00:00:07:15，将【不透明度】设置为0，如图10-95所示。

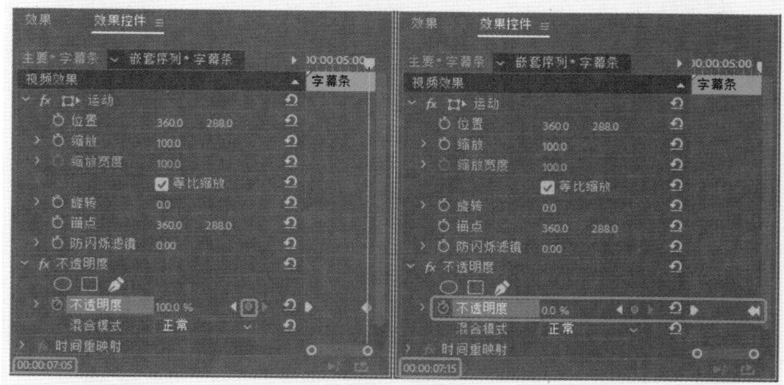

图10-95　设置关键帧

18 将当前时间设置为00:00:04:04，在菜单栏中选择【文件】|【新建】|【旧版标题】命令，在弹出的对话框中将其重命名为“介绍1”，如图10-96所示。

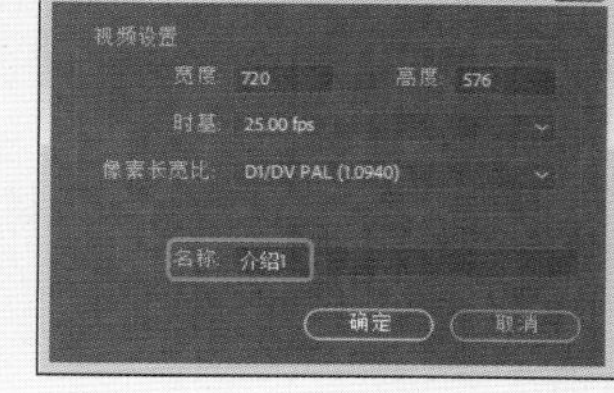

图10-96　【新建字幕】对话框

19 单击【确定】按钮，打开字幕编辑器，在工具箱中选择【文字工具】T，在编辑器中单击并输入文本，选择输入的文本，将【属性】下的【字体系列】设置为【微软雅黑】，将【字体大小】设置为22，将【行距】设置为3，将【颜色】设置为黑色，将【X位置】、【Y位置】设置为441.7、495.2，如图10-97所示。

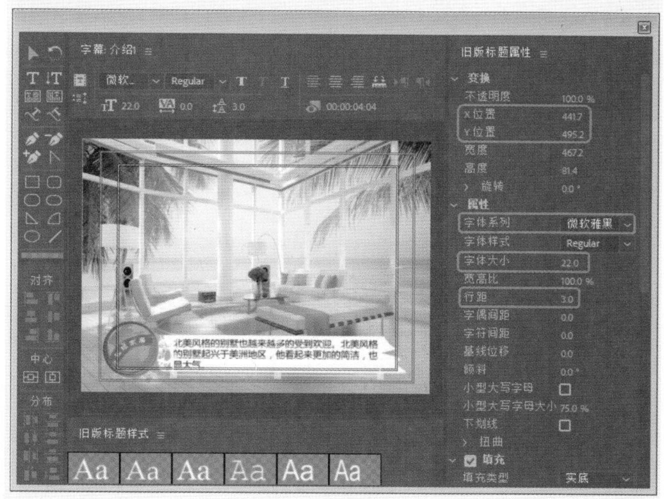

图10-97　设置关键帧

20 设置完成后关闭字幕编辑器，在V5轨道中添加“介绍1”字幕，将其结尾处与“字幕条”字幕的结尾处对齐，如图10-98所示。

21 为“介绍1”字幕添加【叠加溶解】效果，如图10-99所示。

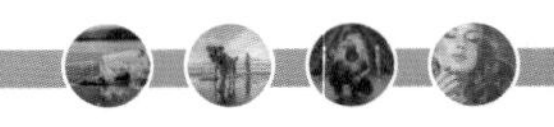

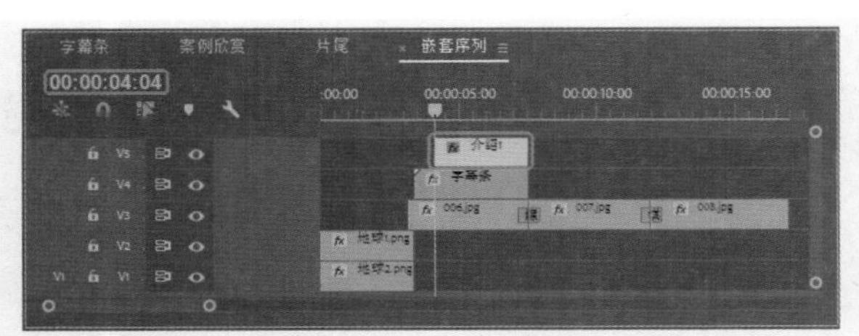

图10-98　添加字幕

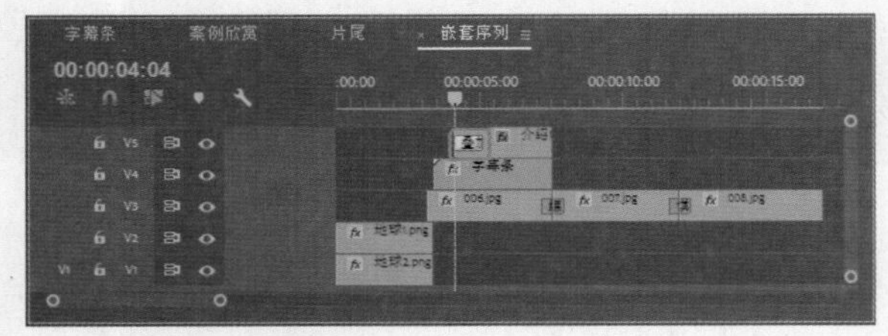

图10-99　添加【叠加溶解】效果

22 选择“介绍1”字幕，将当前时间设置为00:00:07:05，在【效果控件】面板中单击【不透明度】右侧的【添加/移除关键帧】按钮，将当前时间设置为00:00:07:15，将【不透明度】设置为0，如图10-100所示。

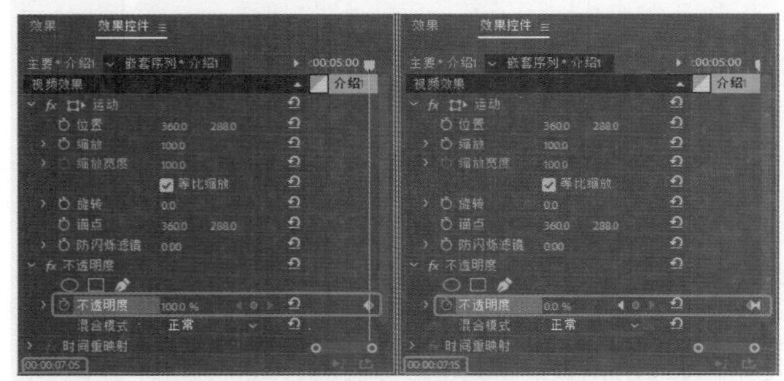

图10-100　设置关键帧

23 使用同样的方法，创建字幕并制作其他的动画，完成后的效果如图10-101所示。

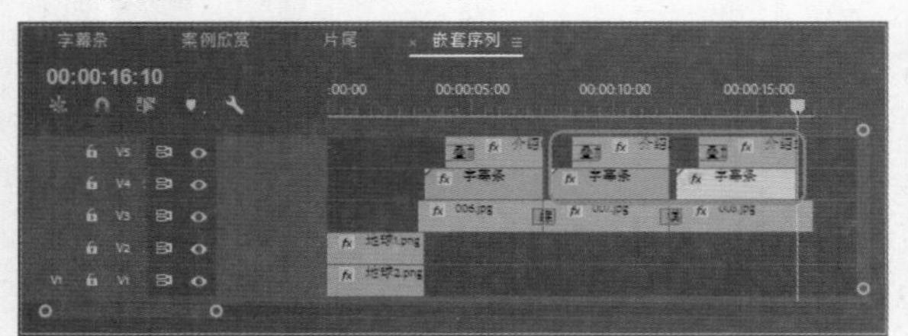

图10-101　制作其他动画

24 将当前时间设置为00:00:16:00，在V6轨道中添加“案例欣赏”序列文件，使用同样的方法，解除视音频链接，并将音频文件删除，如图10-102所示。

25 将当前时间设置为00:00:33:00，在【效果控件】面板中单击【不透明度】右侧的【添加/移除关键帧】按钮，然后将当前时间设置为00:00:33:20，将【不透明度】设置为0，如图10-103所示。

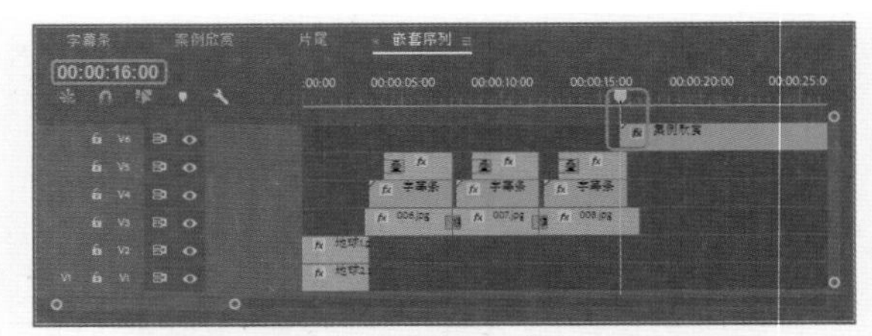

图10-102　添加“案例欣赏”序列文件

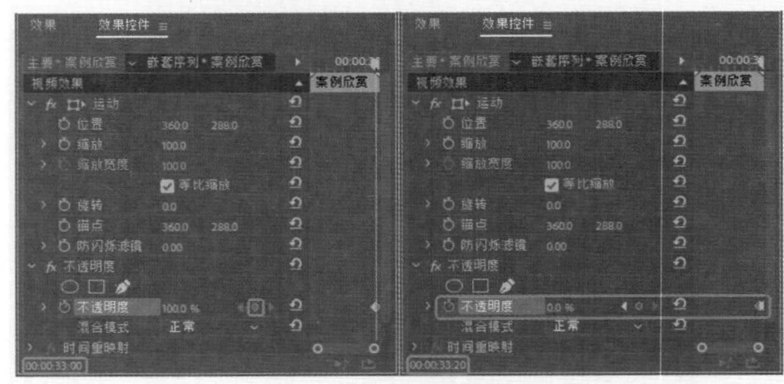

图10-103　设置关键帧

26 使用同样的方法，将当前时间设置为00:00:33:00，在V5轨道中添加“片尾”序列文件，并解除视音频链接，删除音频文件，如图10-104所示。

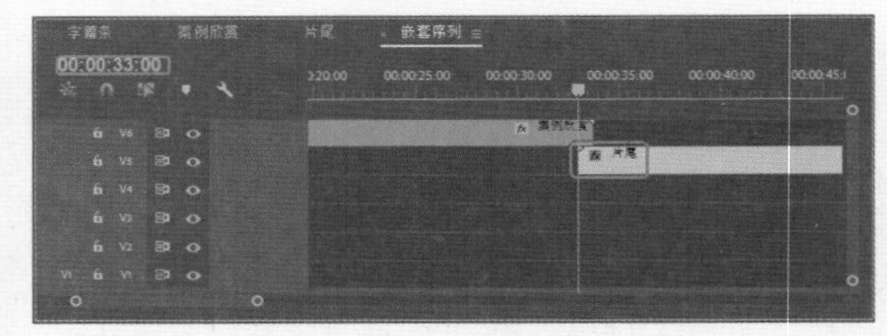

图10-104　添加并设置序列

10.6 添加背景音乐

下面讲解如何添加背景音乐，具体操作步骤如下。

01 在【序列】面板中将当前时间设置为00:00:00:00，在音频轨道中添加“背景音乐.mp3”，并将其开始位置与时间线对齐，如图10-105所示。

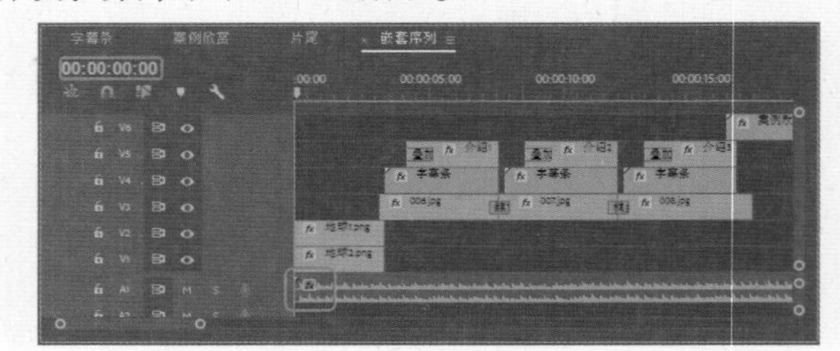

图10-105　添加音频文件

02 在【序列】面板中单击【时间轴显示设置】按钮，在弹出的快捷菜单中选择【展开所有轨道】命令，如

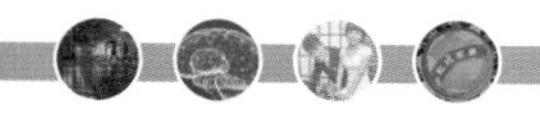

图10-106所示。

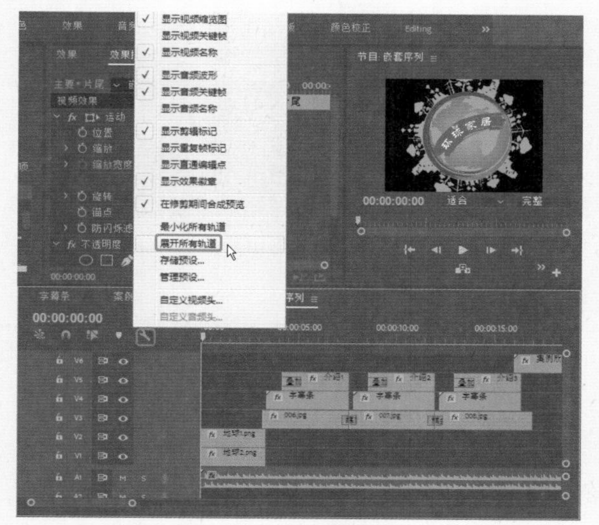

图10-106　选择【展开所有轨道】命令

03 在工具箱中选择【钢笔工具】，确认当前时间为00:00:00:00，在音频文件上单击鼠标添加关键帧，并将其拖曳至下方，如图10-107所示。

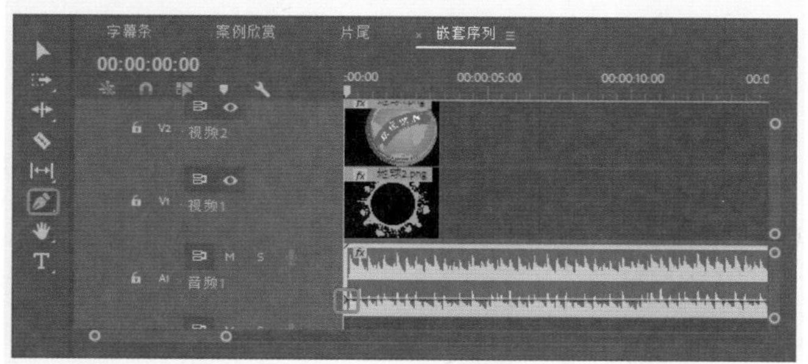

图10-107　添加关键帧

04 将当前时间设置为00:00:03:00，在当前时间再次添加关键帧并将其拖曳至上方，如图10-108所示。

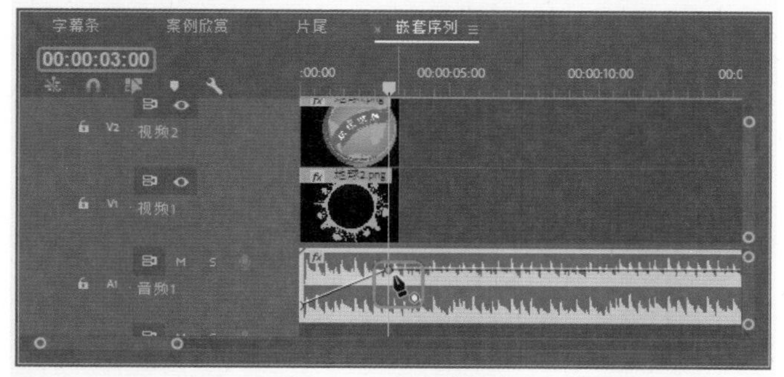

图10-108　添加关键帧

05 在新添加的关键帧上右击鼠标，在弹出的快捷菜单中选择【缓入】选项，如图10-109所示。

06 将当前时间设置为00:00:45:24，在工具箱中选择【剃刀工具】，在时间线位置单击鼠标，如图10-110所示，裁剪完成后，将右侧多余音频删除即可。

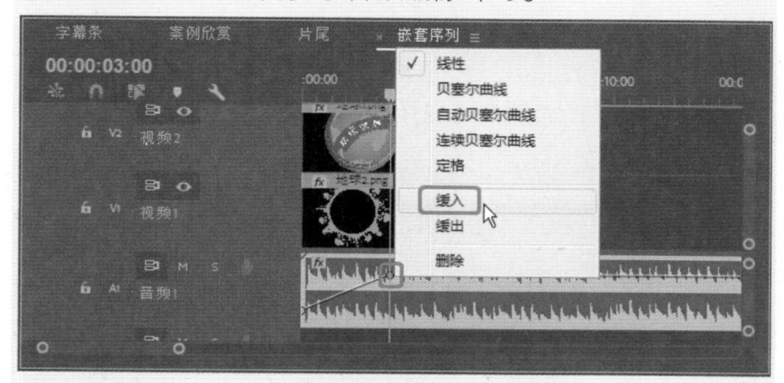

图10-109　选择【缓入】选项

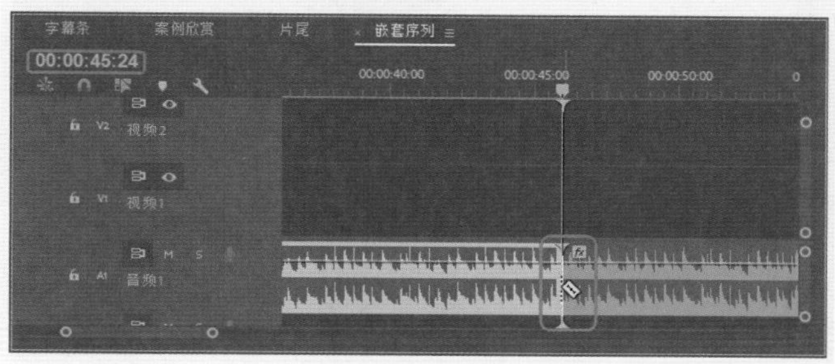

图10-110　裁剪音频

10.7 导出影片

下面讲解如何导出影片，其具体操作步骤如下。

01 在菜单栏中选择【文件】|【导出】|【媒体】命令，如图10-111所示。

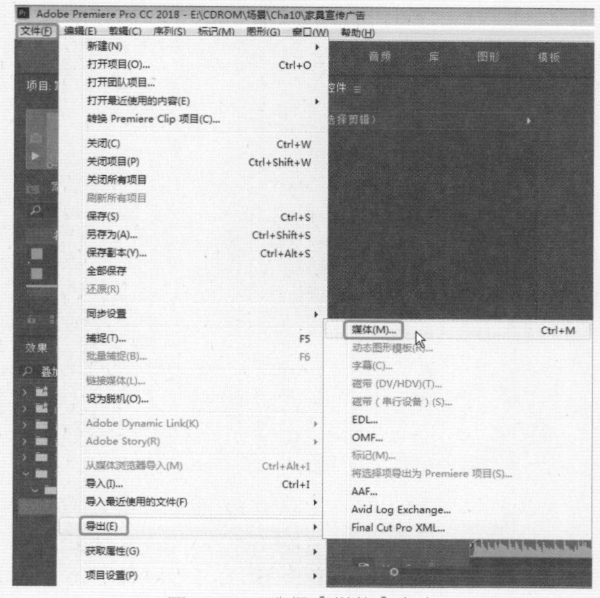

图10-111　选择【媒体】命令

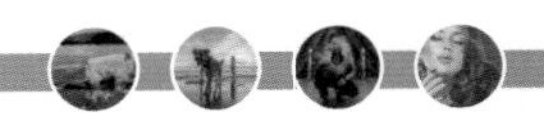

02 打开【导出设置】对话框，在该对话框中将【格式】设置为AVI，单击【输出名称】右侧的按钮，在弹出的对话框中为其指定一个正确的保存位置，然后单击【导出】按钮即可，如图10-112所示。

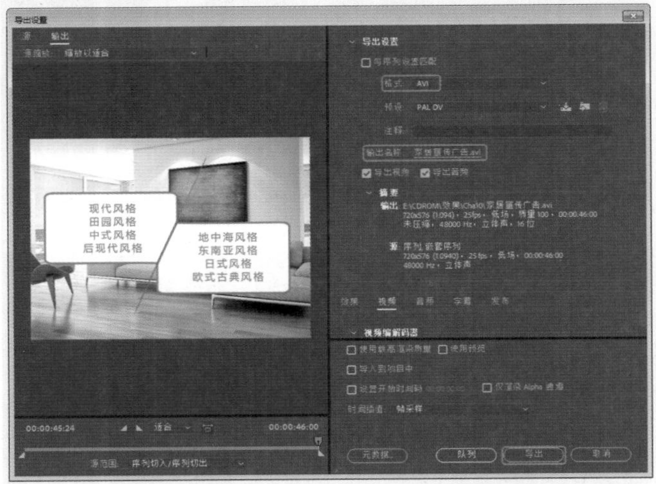

图10-112 【导出设置】对话框

03 导出过程会以一个进度条的形式出现，如图10-113所示。

图10-113 导出进度

第11章
项目指导——公益广告

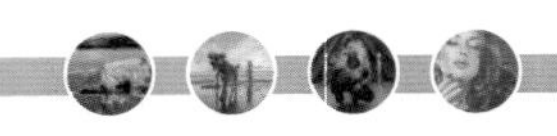

本章将介绍使用Premiere 制作保护动物公益广告的方法，效果如图11-1所示。

图11-1　完成后的效果

11.1 导入图像素材

在制作保护动物公益广告之前，需要先将收集到的素材文件导入到Premiere Pro CC 2018中，具体的操作步骤如下。

01 启动软件，按Ctrl+N组合键，在弹出的对话框中单击【新建项目】按钮，在弹出的对话框中指定保存位置及名称，如图11-2所示。

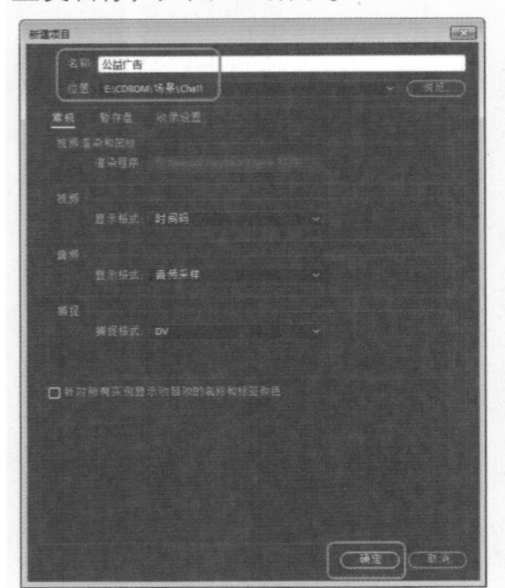

图11-2　【新建项目】对话框

02 单击【确定】按钮，新建序列并使用其默认值，在【项目】面板中右击鼠标，在弹出的快捷菜单中选择【导入】命令，如图11-3所示。

03 在弹出的对话框中选择“Cha11”素材文件夹，如图11-4所示。

04 单击【导入文件夹】按钮，即可将选中的素材文件夹导入至【项目】面板中，如图11-5所示。

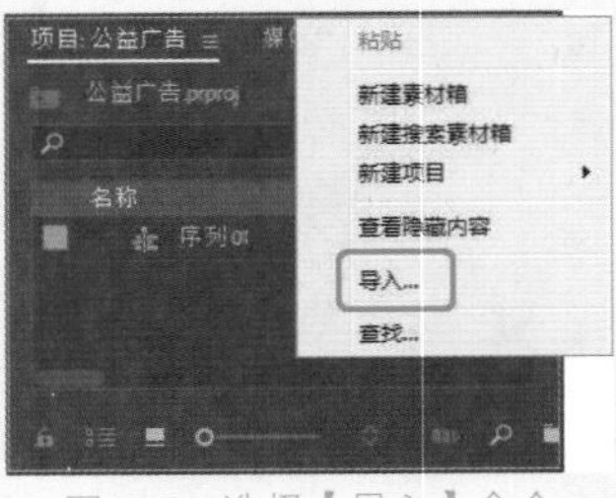

图11-3　选择【导入】命令

图11-4　【导入】对话框

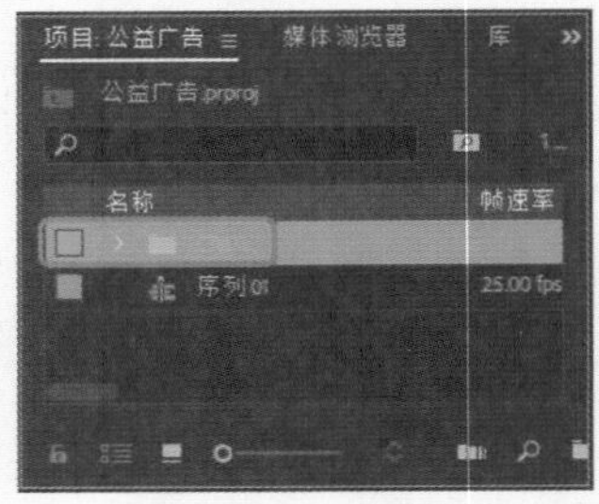

图11-5　导入的素材文件夹

11.2 创建字幕

将素材文件导入至【项目】面板后，下面再来介绍一下创建字幕的方法，具体的操作步骤如下。

01 在菜单栏中选择【文件】|【新建】|【旧版标题】命令，在弹出的【新建字幕】对话框中输入【名称】为“别让人类成为最孤单的生命”，单击【确定】按钮，如图11-6所示。

02 弹出字幕编辑器，选择【文字工具】，在字幕窗口中输入文字，在字幕属性面板中将【字体系列】设为【华文新魏】，将【字体大小】设为40，将【填充】下的【颜色】的RGB值设为9、78、180，如图11-7所示。

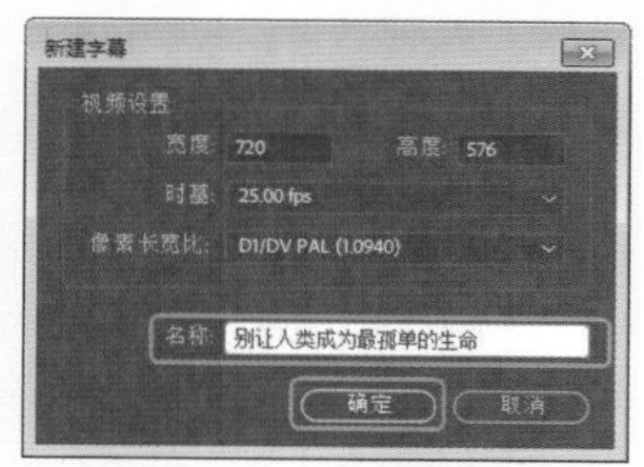

图11-6 【新建字幕】对话框

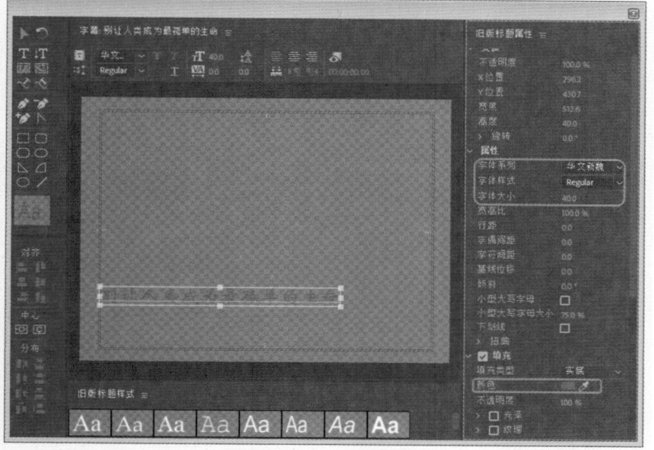

图11-7 字幕编辑器

03 勾选【阴影】复选框，将【颜色】的RGB值设为255、255、255，将【不透明度】设为100，将【角度】设为45，将【距离】设为0，将【大小】设为5，将【扩散】设为50，在【变换】区域下，将【X位置】设为298.2，将【Y位置】设为430.7，如图11-8所示。

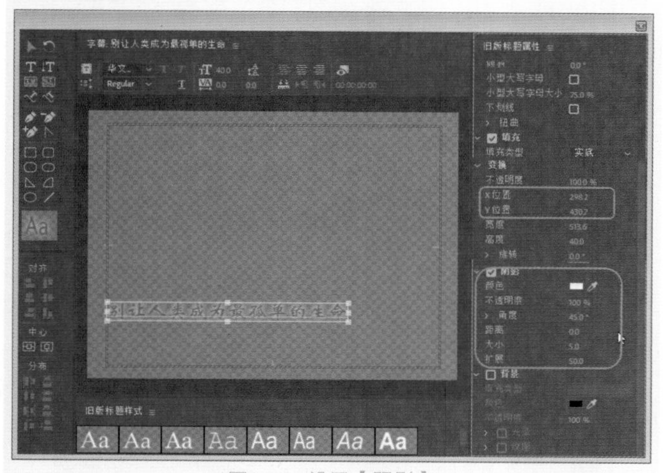

图11-8 设置【阴影】

04 单击【基于当前字幕新建】按钮，在弹出的对话框中输入【名称】为“保护动物就是保护人类自己”，单击【确定】按钮，如图11-9所示。

05 然后在字幕窗口中将文字删除，并输入新的文字，将【X位置】和【Y位置】分别设为332.8和474.3，如图11-10所示。

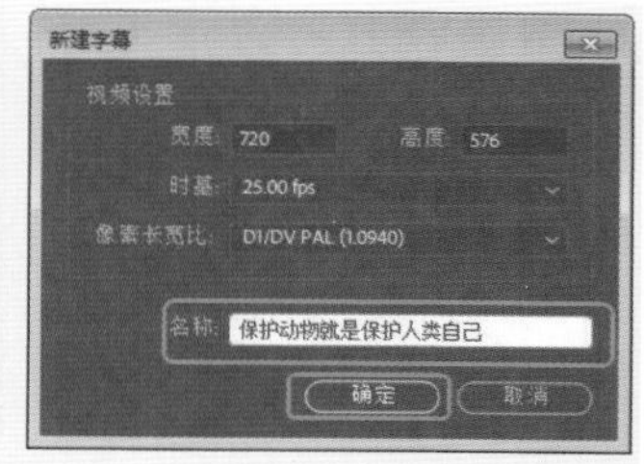

图11-9 【新建字幕】对话框

图11-10 设置字幕属性

06 在菜单栏中选择【文件】|【新建】|【旧版标题】命令，在弹出的【新建字幕】对话框中，输入【名称】为“保护动物”，单击【确定】按钮，如图11-11所示。

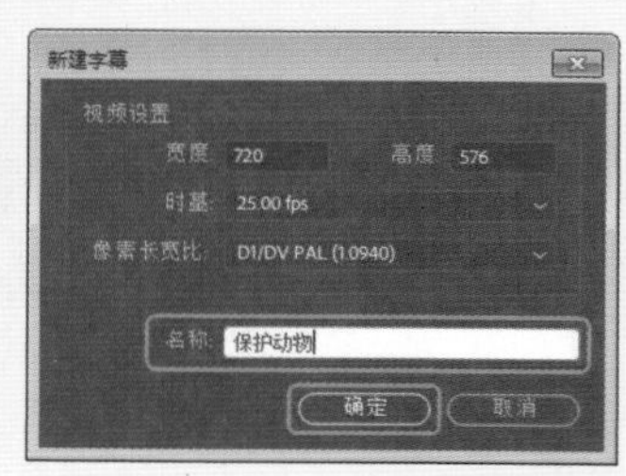

图11-11 【新建字幕】对话框

07 在字幕窗口中，使用【文字工具】输入文字，然后将【字体系列】设为【华文琥珀】，将【字体大小】设为45，在【填充】区域下，将【颜色】的RGB值设为255、180、0，在【变换】区域下，将【X位置】设为130，将【Y位置】设为110，如图11-12所示。

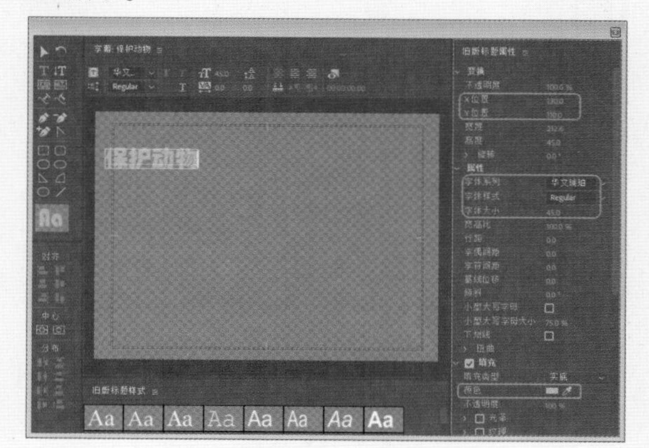

图11-12 输入文字并设置属性

08 在菜单栏中选择【文件】|【新建】|【旧版标题】命令，在弹出的【新建字幕】对话框中，输入【名称】为“动物是人类最亲密的朋友！”，单击【确定】按钮，如图11-13所示。

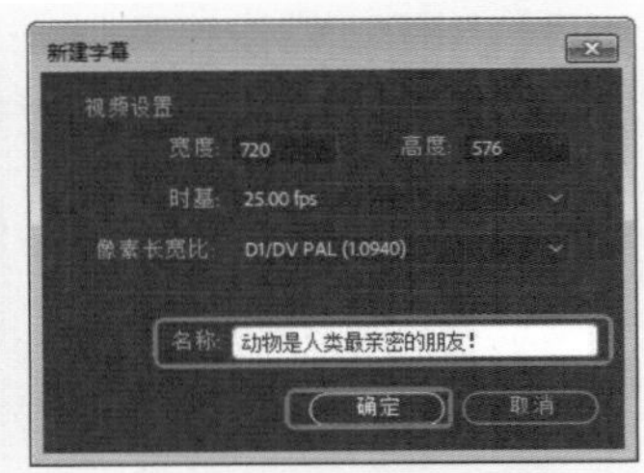

图11-13 【新建字幕】对话框

09 在字幕窗口中，使用【文字工具】输入文字，然后将【字体系列】设为【微软雅黑】，将【字体大小】设为46，在【填充】区域下，将【颜色】的RGB值设为101、119、0，在【变换】区域下，将【X位置】设为322.5，将【Y位置】设为172.2，如图11-14所示。

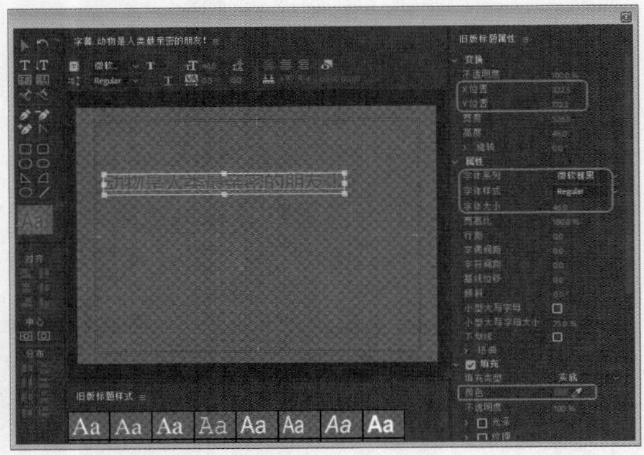

图11-14 【字幕】面板

10 勾选【阴影】复选框，将【颜色】的RGB值设为255、255、255，将【不透明度】设为100，将【角度】设为45，将【距离】设为0，将【大小】设为5，将【扩散】设为50，如图11-15所示。

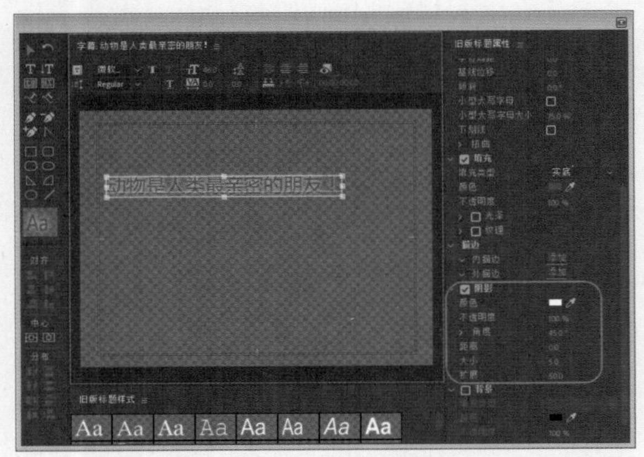

图11-15 设置【阴影】

11 在菜单栏中选择【文件】|【新建】|【旧版标题】命令，在弹出的【新建字幕】对话框中，输入【名称】为“保护动物”，单击【确定】按钮，如图11-16所示。

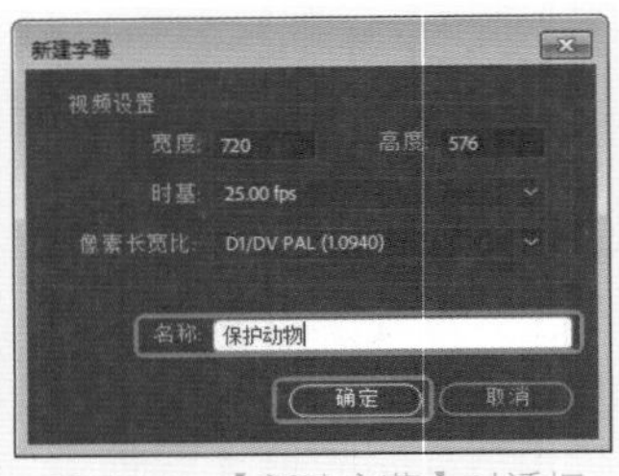

图11-16 【新建字幕】对话框

12 在字幕窗口中，使用【文字工具】输入文字，然后将【字体系列】设为【方正北魏楷书简体】，将【字体大小】设为24，在【填充】区域下，将【颜色】的RGB值设为14、88、0，在【变换】区域下，将【X位置】设为726.4，将【Y位置】设为397.8，如图11-17所示。

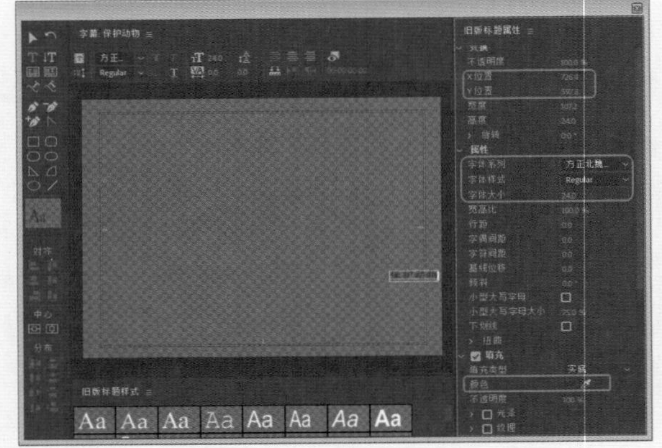

图11-17 【字幕】面板

13 单击【基于当前字幕新建】按钮，在弹出的对话框中输入【名称】为“珍爱生命”，单击【确定】按钮，如图11-18所示。

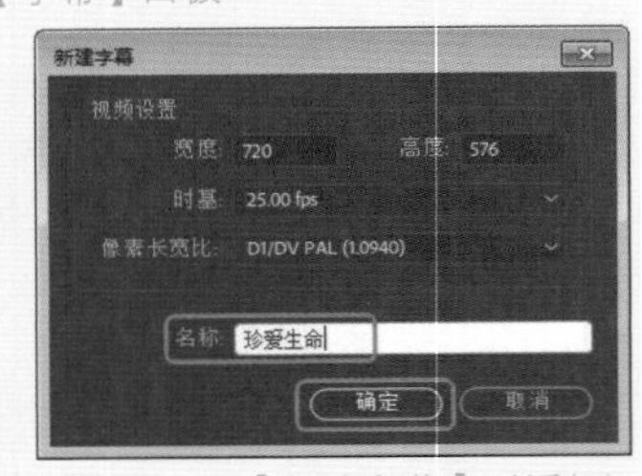

图11-18 【新建字幕】对话框

14 在字幕窗口中将文字删除，并输入新的文字，在字幕属性面板中，将【字体大小】设为33，将【X位置】和【Y位置】分别设为649.2和433.5，将【颜色】的RGB值设置为226、0、43，如图11-19所示。

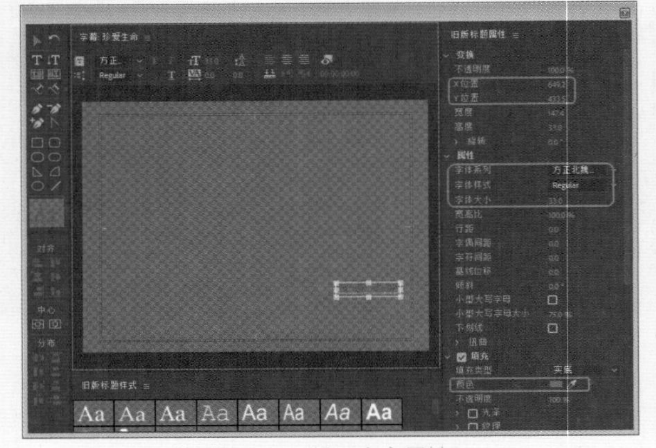

图11-19 设置文字属性

15 单击【基于当前字幕新建】按钮，在弹出的对话框中输入【名称】为“我们是一家人”，单击【确定】按钮，如图11-20所示。

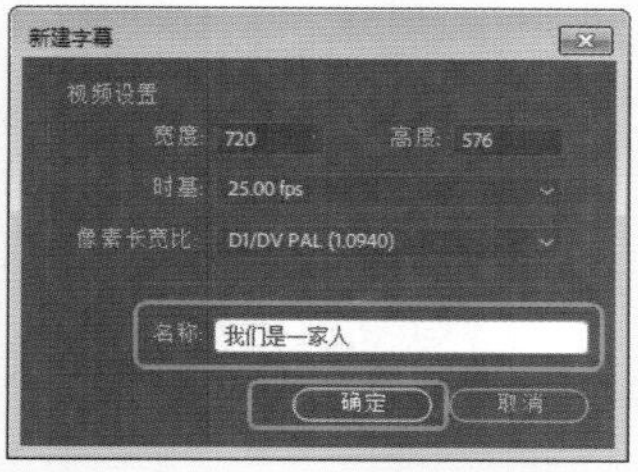

图11-20 【新建字幕】对话框

16 在字幕窗口中将文字删除，并输入新的文字，在字幕属性面板中，将【字体大小】设为24，将【X位置】和【Y位置】设为689.4和469.6，将【颜色】的RGB值设置为14、88、0，如图11-21所示。

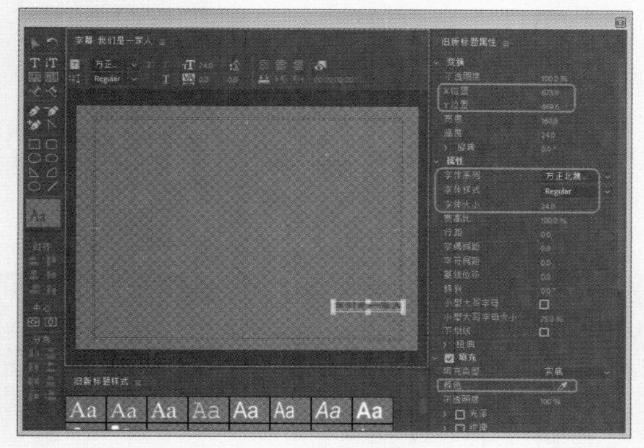

图11-21 设置文字属性

17 单击【基于当前字幕新建】按钮，在弹出的对话框中输入【名称】为“让人类不孤单”，单击【确定】按钮，如图11-22所示。

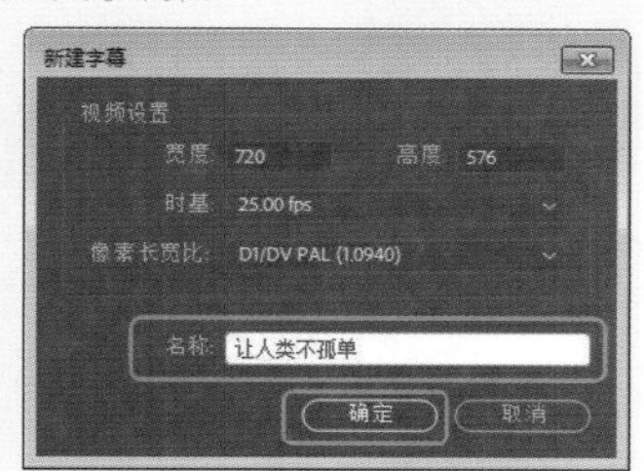

图11-22 【新建字幕】对话框

18 在字幕窗口中将文字删除，并输入新的文字，在字幕属性面板中，将【字体大小】设为35，将【X位置】和【Y位置】分别设为664.8和510.5，将【颜色】的RGB值设置为231、0、22，如图11-23所示。

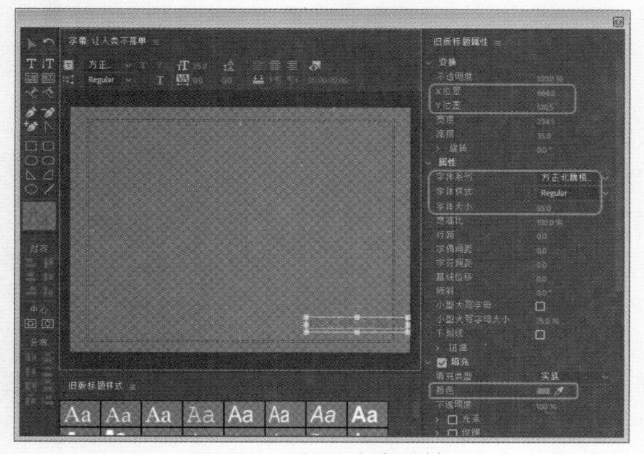

图11-23 设置文字属性

19 在菜单栏中选择【文件】|【新建】|【旧版标题】命令，在弹出的【新建字幕】对话框中，输入【名称】为“善待动物”，单击【确定】按钮，如图11-24所示。

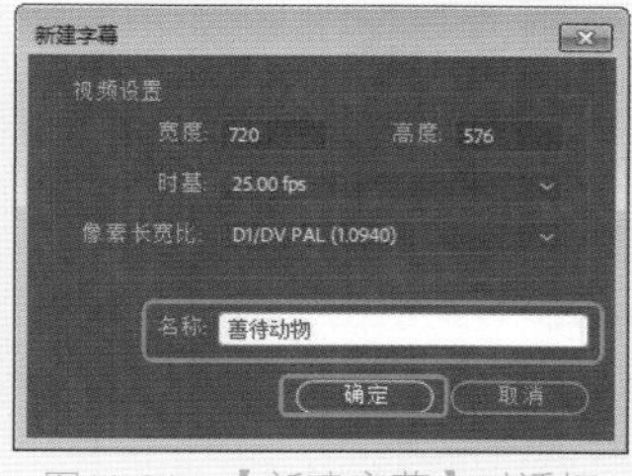

图11-24 【新建字幕】对话框

20 在字幕窗口中，使用【文字工具】输入文字，然后在字幕属性面板中将【字体系列】设为【华文新魏】，将【字体大小】设为90，在【填充】区域下，将【颜色】设为白色，在【描边】区域下添加一处【外侧边】，将【大小】设为20，将【颜色】的RGB值设为255、192、0，将【X位置】设为221.4，将【Y位置】设为136.2，如图11-25所示。

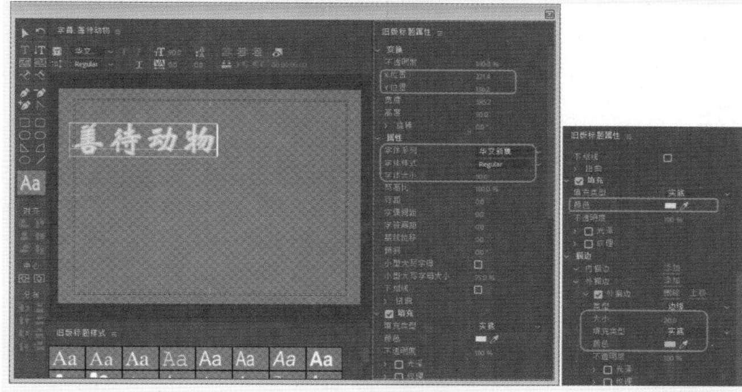

图11-25 设置文字属性

21 勾选【阴影】复选框，将【颜色】的RGB值设为255、192、0，将【不透明度】设为50，将【角度】设为45，将【距离】设为0，将【大小】设为20，将【扩散】设为80，如图11-26所示。

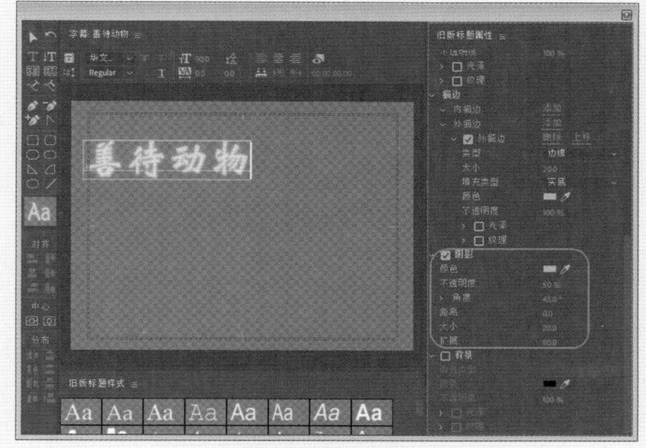

图11-26 设置【阴影】

22 单击【基于当前字幕新建】按钮，在弹出的对话框中输入【名称】为“和谐生存”，单击【确定】按钮，如图11-27所示。

23 在字幕窗口中将文字删除，并输入新的文字，在字幕属性面板中，将【外侧边】区域下【颜色】的RGB值设为189、215、0，将【阴影】区域下【颜色】的RGB值设为189、215、0，将【变换】区域下【X位置】和【Y位置】分别设为583.9和206.5，如图11-28所示。

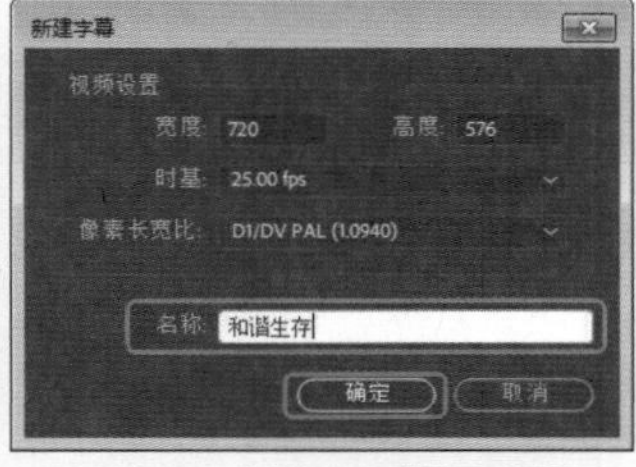

图11-27 【新建字幕】对话框

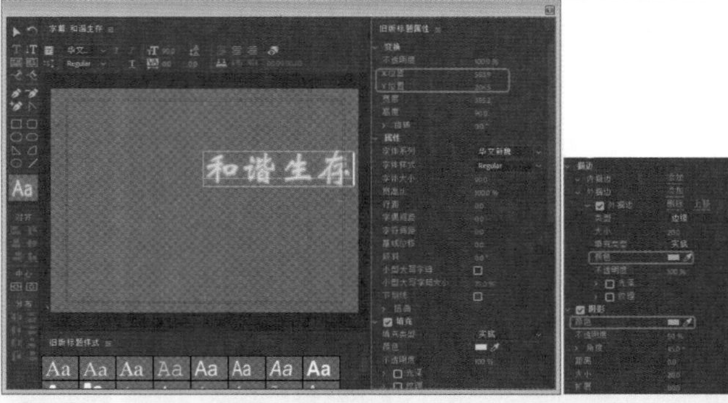

图11-28 设置文字属性

11.3 制作动画

下面介绍如何制作公益广告动画，其具体操作步骤如下。

01 将字幕编辑器关闭，在菜单栏中选择【序列】|【添加轨道】命令，弹出【添加轨道】对话框，在该对话框中将【视频轨】设为7，将【音频轨】设为0，并单击【确定】按钮，如图11-29所示。

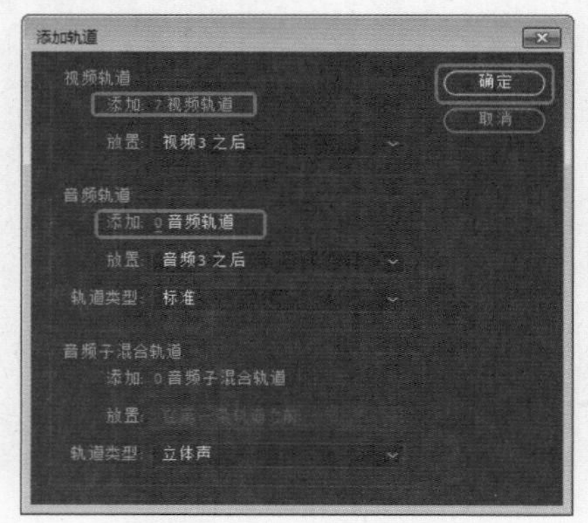

图11-29 【添加轨道】对话框

02 在【项目】面板中将"背景1.jpg"素材文件拖至V1轨道中，并在素材文件上右击鼠标，在弹出的快捷菜单中选择【速度/持续时间】命令，如图11-30所示。

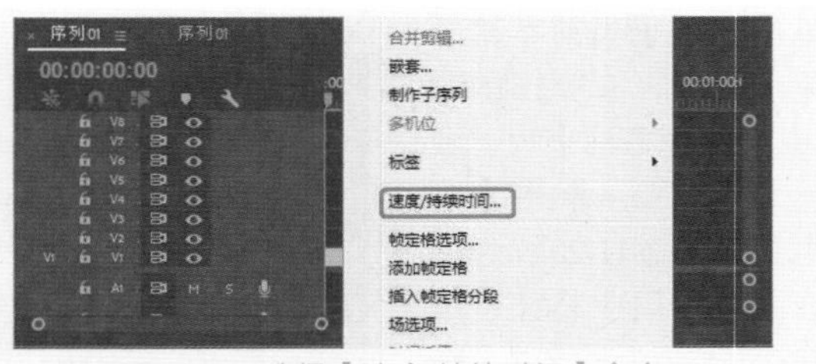

图11-30 选择【速度/持续时间】命令

03 弹出【剪辑速度/持续时间】对话框，在该对话框中将【持续时间】设为00:00:06:10，单击【确定】按钮，如图11-31所示。

04 确定"背景1.jpg"素材文件处于选中状态，在【效果控件】面板中，将【缩放】设为55，如图11-32所示。

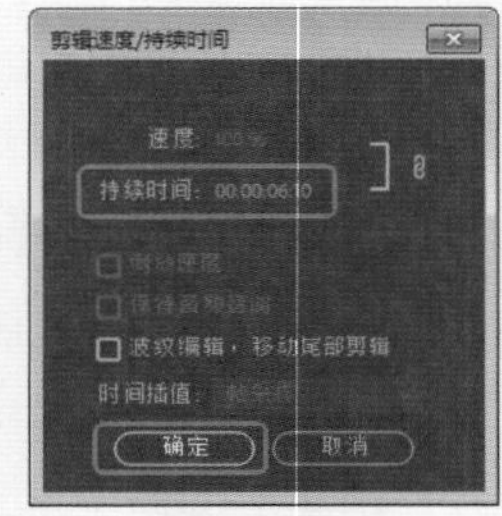

图11-31 【剪辑速度/持续时间】对话框

图11-32 设置缩放

05 将字幕"别让人类成为最孤单的生命"拖至V2轨道中，并在素材文件上右击鼠标，在弹出的快捷菜单中选择【速度/持续时间】命令，如图11-33所示。

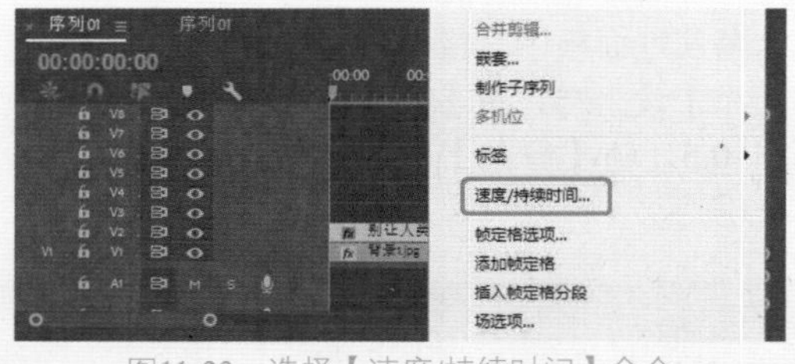

图11-33 选择【速度/持续时间】命令

06 弹出【剪辑速度/持续时间】对话框，在该对话框中将【持续时间】设为00:00:05:22，单击【确定】按钮，如图11-34所示。

07 选中字幕"别让人类成为最孤单的生命"，确认当前时间为00:00:00:00，在【效果控件】面板中，将【位置】设为13、288，并单击其左侧的【切换动画】按钮，

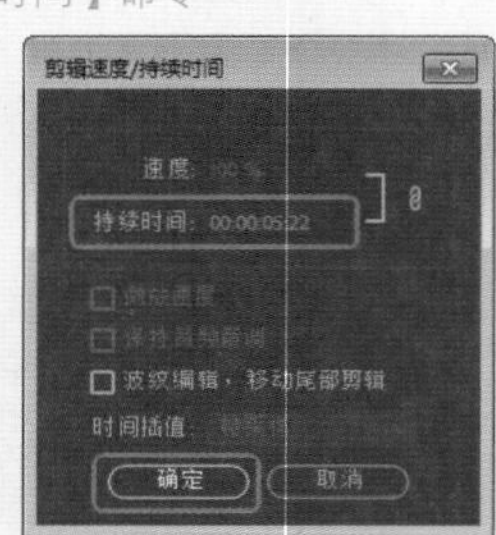

图11-34 【剪辑速度/持续时间】对话框

打开动画关键帧记录，将【不透明度】设为0，将当前时间设为00:00:01:12，在【效果控件】面板中，将【位置】设为360、288，将【不透明度】设为100，如图11-35所示。

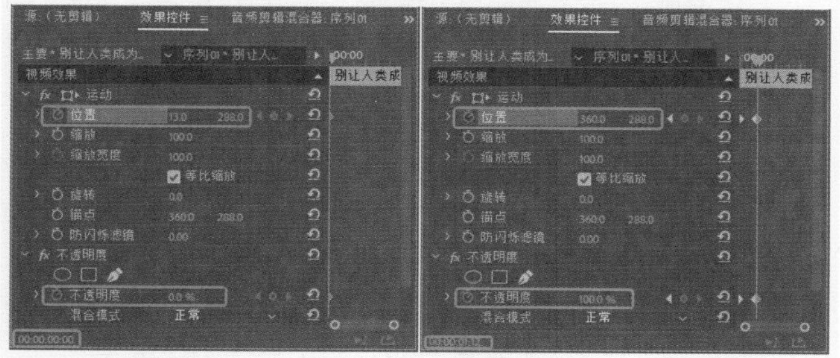

图11-35 【效果控件】面板

08 将当前时间设为00:00:00:00，将字幕“保护动物就是保护人类自己”拖至V3轨道中，与编辑标识线对齐，将其结束处与V2轨道中的字幕“动物是人类亲密的朋友”结束处对齐，如图11-36所示。

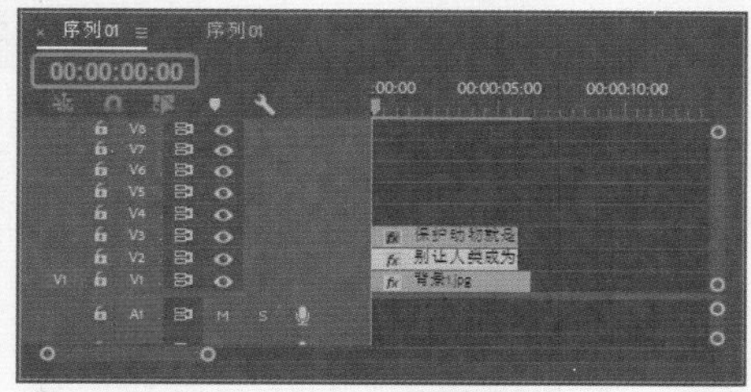

图11-36 V3轨道

09 选中字幕“保护动物就是保护人类自己”，将当前时间设为00:00:01:00，在【效果控件】面板中，将【位置】设为360、410，并单击其左侧的【切换动画】按钮，打开动画关键帧记录，将【不透明度】设为0；将时间设为00:00:02:00，在【效果控件】面板中，将【位置】设为360、288，将【不透明度】设为100，如图11-37所示。

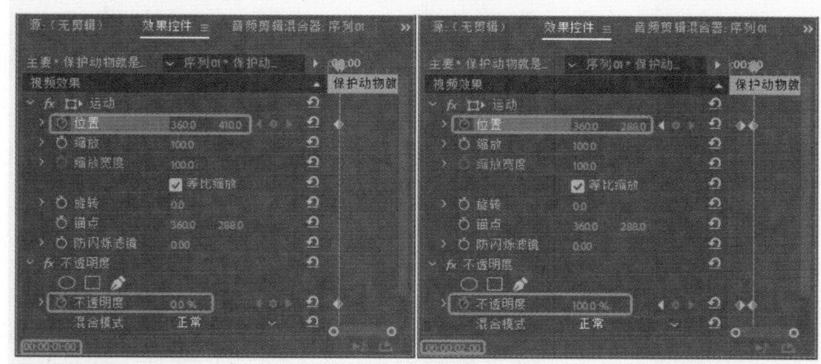

图11-37 【效果控件】面板

10 将当前时间设为00:00:02:05，将字幕“保护动物”拖至V4轨道中，与编辑标识线对齐，将其结束处与V2轨道中的字幕“别让人类成为最孤单的生命”结束处对齐，如图11-38所示。

11 在【效果】面板中，展开【视频过渡】文件夹，选择【滑动】文件夹下的【带状滑动】切换效果，将其拖至【序列】面板中“保护动物”字幕的开始处，如图11-39所示。

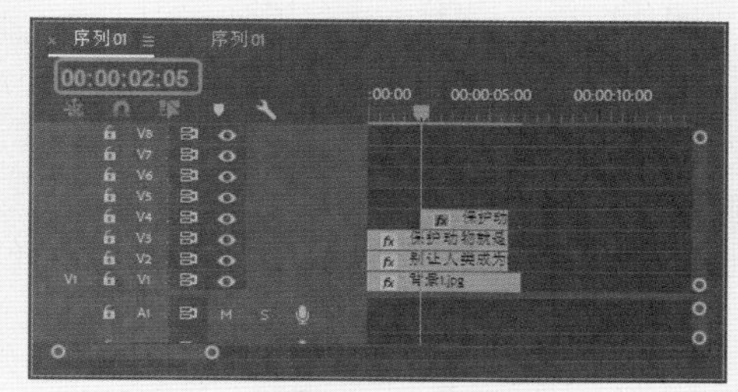

图11-38 V4轨道

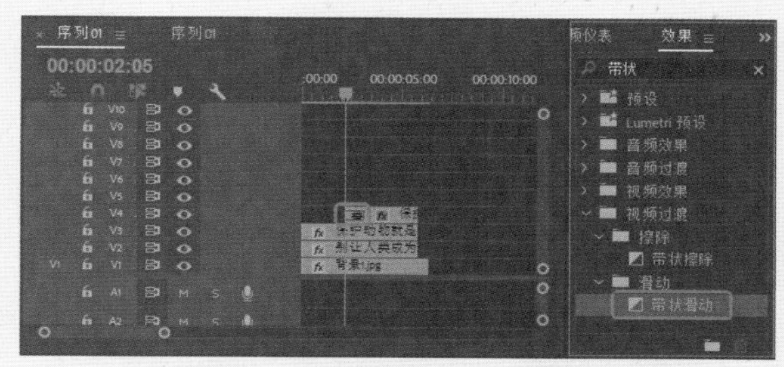

图11-39 选择【带状滑动】效果

12 选中添加的【带状滑动】切换效果，在【效果控件】面板中，将【持续时间】设为00:00:01:12，如图11-40所示。

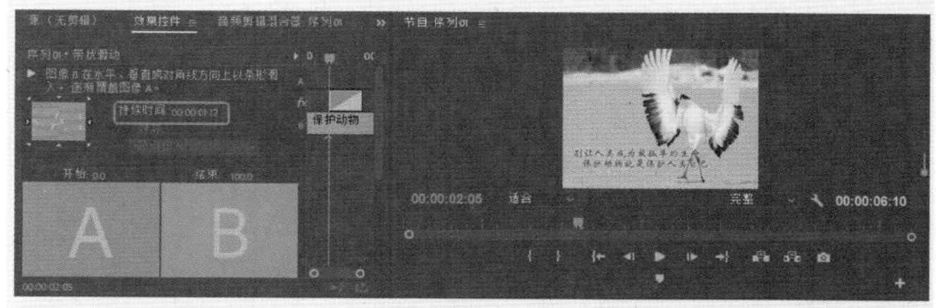

图11-40 设置【持续时间】

13 将当前时间设为00:00:03:17，将字幕“动物是人类最亲密的朋友”拖至V5轨道中，与编辑标识线对齐，将其结束处与V4轨道中的字幕“保护动物”结束处对齐，如图11-41所示。

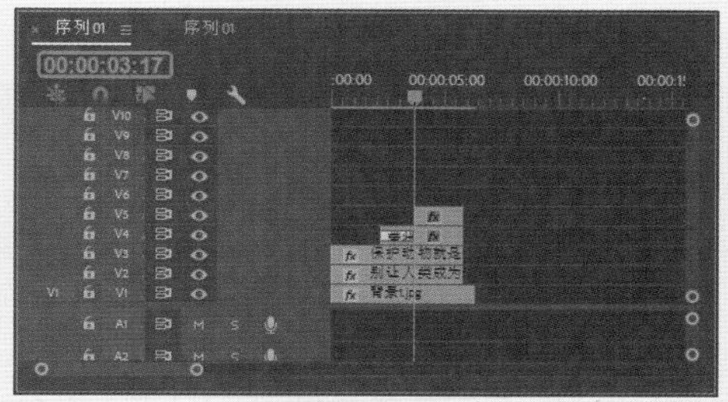

图11-41 V5轨道

14 在【效果】面板中，展开【视频过渡】文件夹，选择【滑动】文件夹下的【拆分】切换效果，将其拖至【序列】面板中“动物是人类最亲密的朋友”字幕的开始处，如图11-42所示。

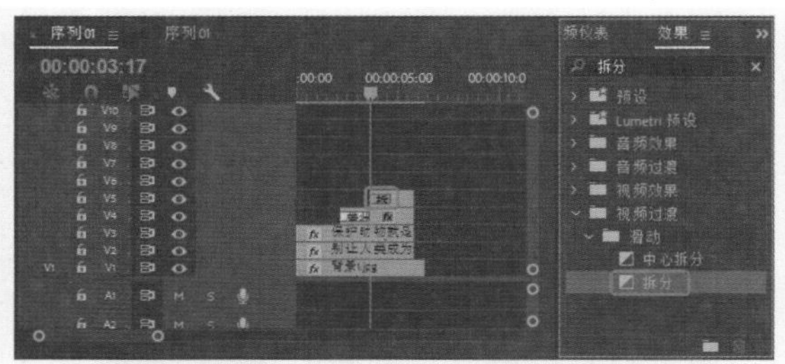

图11-42 选择【拆分】效果

15 将当前时间设为00:00:06:10，将“狗.jpg”素材文件拖至V1轨道中，与编辑标识线对齐，并将其持续时间设为00:00:10:17，效果如图11-43所示。

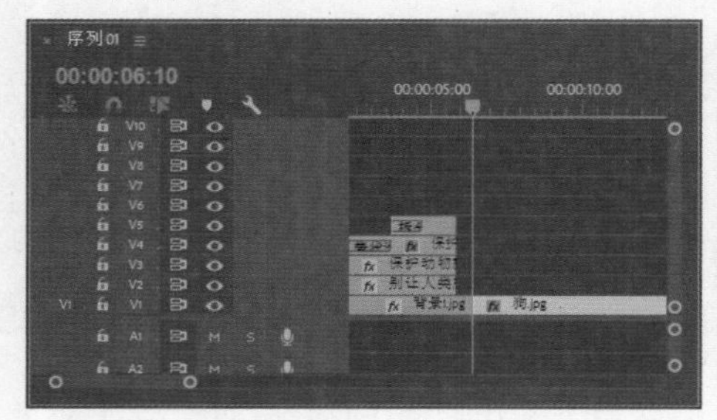

图11-43 V1轨道

16 选中素材文件“狗.jpg”，在【效果控件】面板中，将【位置】设为360、288，将【缩放】设为95，如图11-44所示。

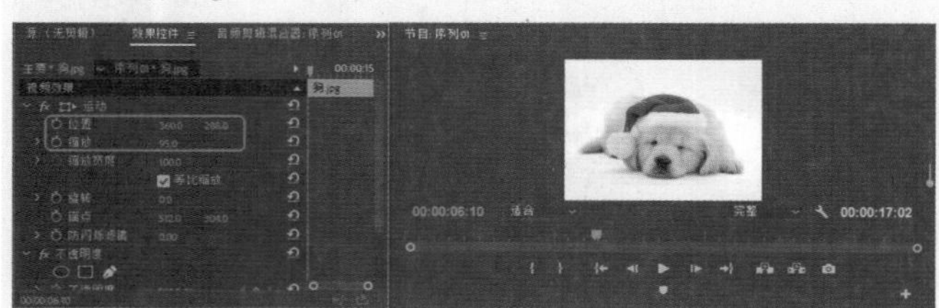

图11-44 设置【位置】与【缩放】

17 在【效果】面板中，展开【视频过渡】文件夹，选择【3D运动】文件夹下的【翻转】切换效果，将其拖至【序列】面板中“背景1.jpg”和“狗.jpg”文件的中间处，如图11-45所示。

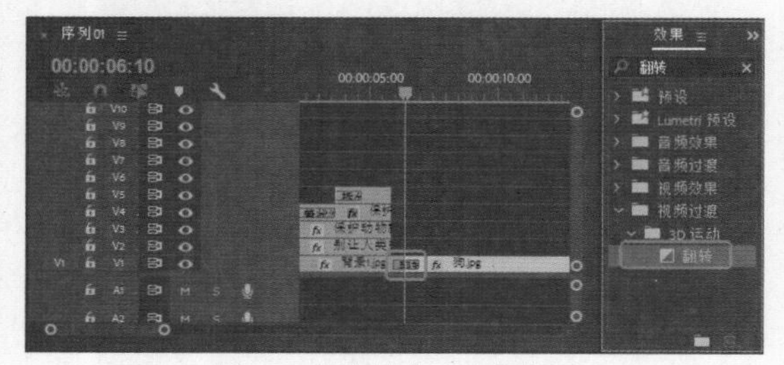

图11-45 选择【翻转】效果

18 将当前时间设为00:00:06:23，将“狗标.png”素材文件拖至V2轨道中，与编辑标识线对齐，如图11-46所示。

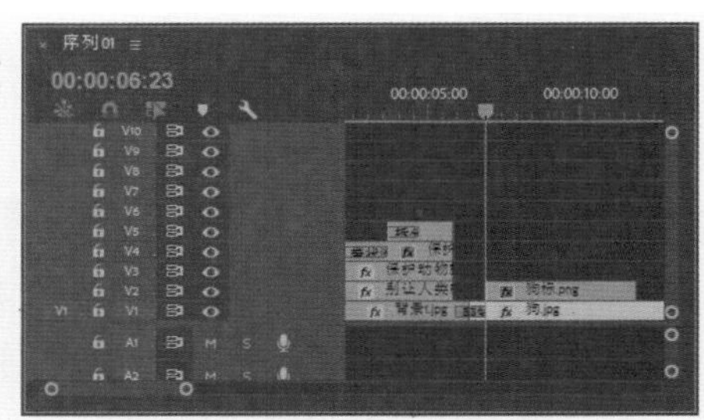

图11-46 V2轨道

19 选中素材文件“狗标.png”，确认当前时间为00:00:06:23，在【效果控件】面板中，将【位置】设为109、436，将【缩放】设置为29，如图11-47所示。

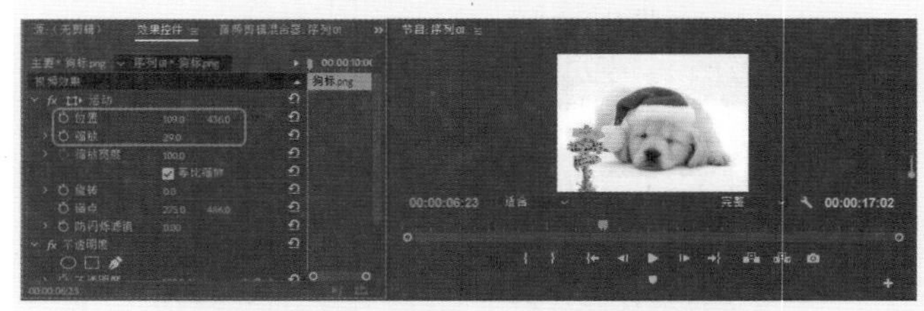

图11-47 设置【位置】与【缩放】

20 将当前时间设为00:00:11:05，将“透明矩形.png”素材文件拖至V3轨道中，与编辑标识线对齐，并将其持续时间设为00:00:05:10，效果如图11-48所示。

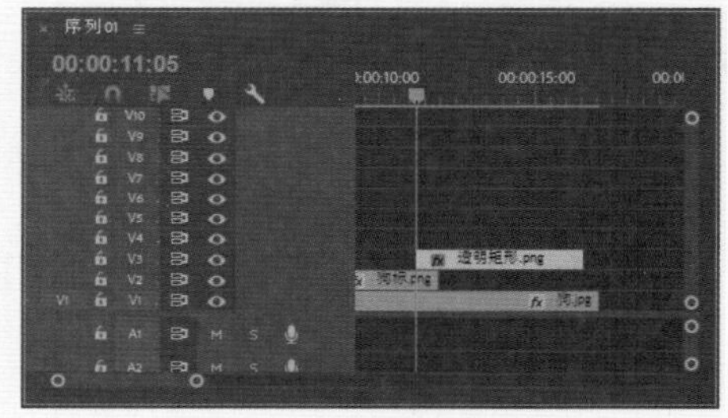

图11-48 V3轨道

21 选中素材文件“透明矩形.png”，在【效果控件】面板中，将【位置】设为130、288，将【缩放】设为77，如图11-49所示。

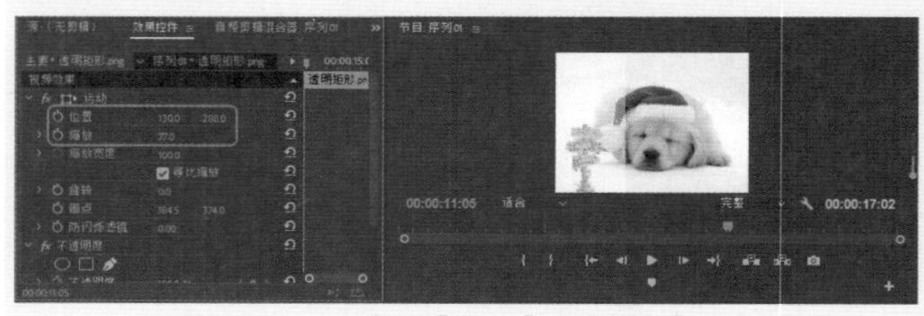

图11-49 设置【位置】与【缩放】

22 在【效果】面板中选择【带状滑动】切换效果，将其拖至【序列】面板中“透明矩形.png”素材文件的开始处，如图11-50所示。

23 选中添加的【带状滑动】切换效果，在【效果控件】面板中，单击【自北向南】图标，效果如图11-51所示。

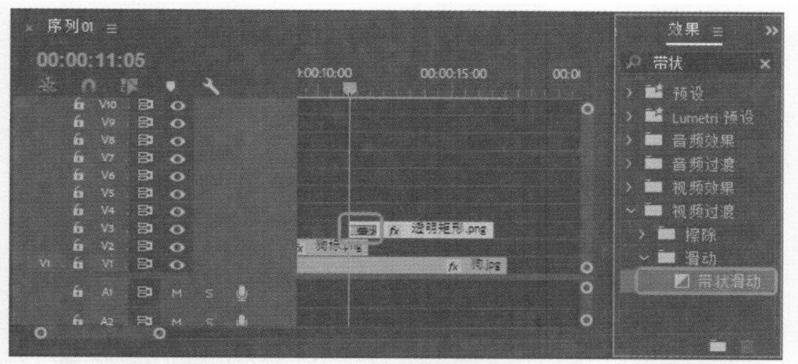

图11-50　选择【带状滑动】效果

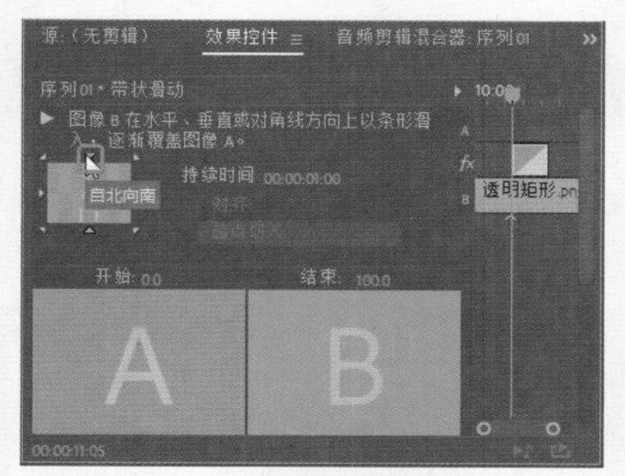

图11-51　单击【自北向南】图标

24 将当前时间设为00:00:12:15，将“狗1.jpg”素材文件拖至V4轨道中，与编辑标识线对齐，将其结束处与V3轨道中的“透明矩形.png”文件结束处对齐，如图11-52所示。

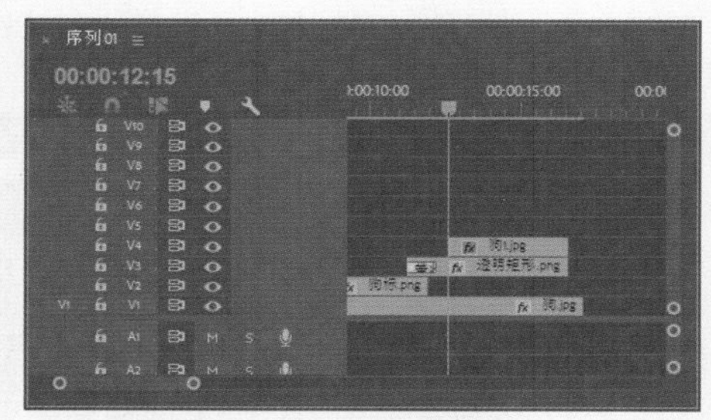

图11-52　V4轨道

25 选中素材文件“狗1.jpg”，确定当前时间为00:00:12:15，在【效果控件】面板中，将【位置】设为130、-86，并单击其左侧的【切换动画】按钮，打开动画关键帧记录，将【缩放】设为26；将当前时间设为00:00:14:00，在【效果控件】面板中，将【位置】设为130、473，将【不透明度】设为50，如图11-53所示。

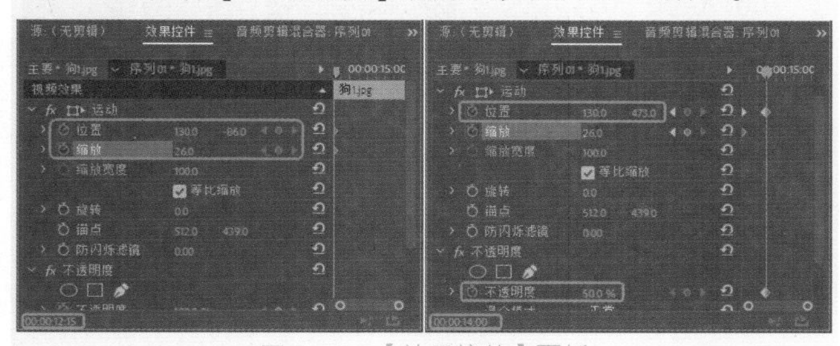

图11-53　【效果控件】面板

26 将当前时间设为00:00:14:01，在【效果控件】面板中，将【不透明度】设为100，如图11-54所示。

图11-54　设置不透明度

27 将当前时间设为00:00:14:00，将“狗2.jpg”素材文件拖至V5轨道中，与编辑标识线对齐，将其结束处与V4轨道中的“狗1.jpg”文件结束处对齐，效果如图11-55所示。

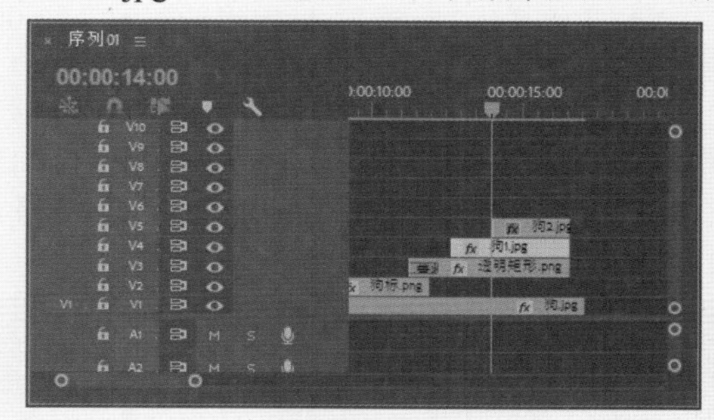

图11-55　V5轨道

28 选中素材文件“狗2.jpg”，确定当前时间为00:00:14:00，在【效果控件】面板中，将【位置】设为130、-88，并单击其左侧的【切换动画】按钮，打开动画关键帧记录，将【缩放】设为26；将当前时间设为00:00:15:05，在【效果控件】面板中，将【位置】设为130、277，将【不透明度】设为50，如图11-56所示。

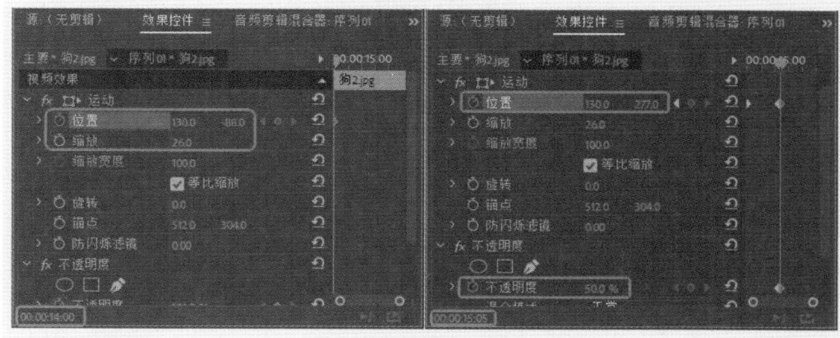

图11-56　【效果控件】面板

29 将当前时间设为00:00:15:06，在【效果控件】面板中，将【不透明度】设为100，如图11-57所示。

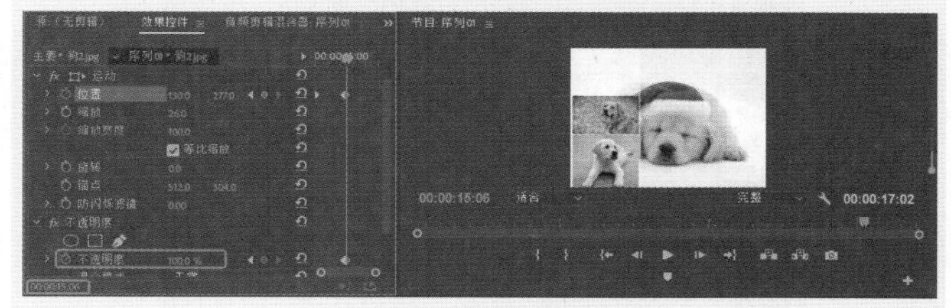

图11-57　设置不透明度

30 将当前时间设为00:00:15:05，将“狗3.jpg”素材文件拖至V6轨道中，与编辑标识线对齐，将其结束处与V5轨道中的“狗2.jpg”文件结束处对齐，效果如图11-58所示。

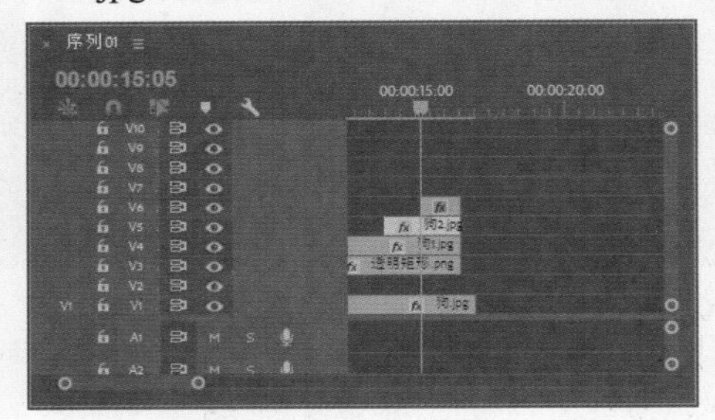

图11-58　V6轨道

31 选中素材文件“狗3.jpg”，确定当前时间为00:00:15:05，在【效果控件】面板中，将【位置】设为130、-85，并单击其左侧的【切换动画】按钮，打开动画关键帧记录，将【缩放】设为26；将当前时间设为00:00:15:20，在【效果控件】面板中，将【位置】设为130、100，将【不透明度】设为50，如图11-59所示。

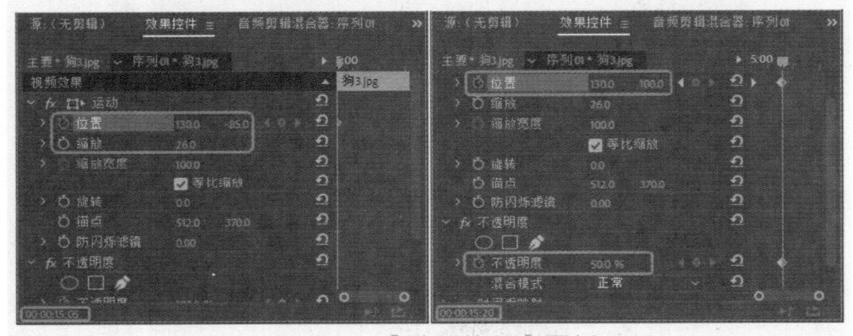

图11-59　【效果控件】面板

32 将当前时间设为00:00:15:21，在【效果控件】面板中，将【不透明度】设为100，如图11-60所示。

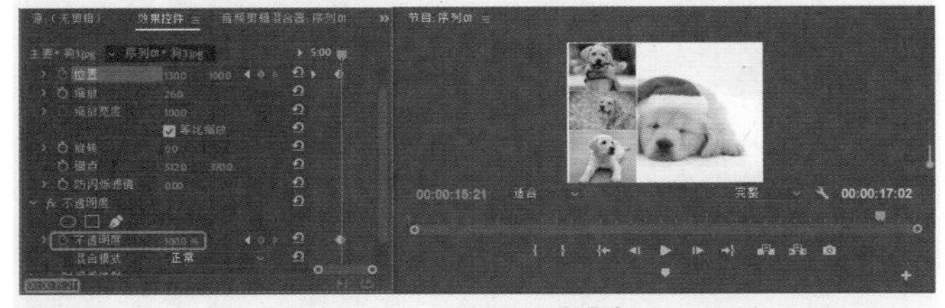

图11-60　设置不透明度

33 根据前面介绍的方法，制作关于“猫”和“鸟”的动画效果，制作完成后的【序列】面板如图11-61所示。

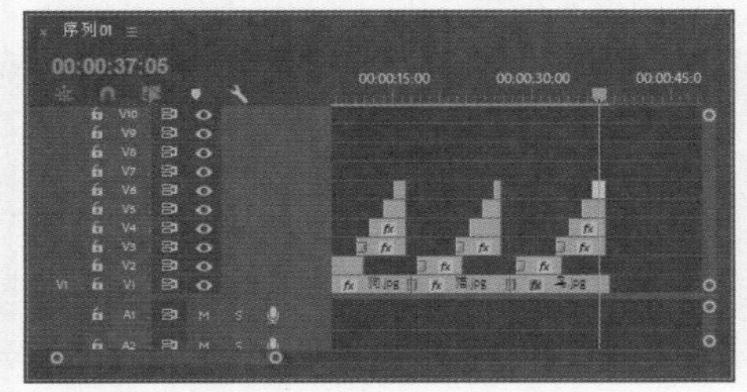

图11-61　制作完成后的【序列】面板

34 将当前时间设为00:00:38:11，将“背景2.jpg”素材文件拖至V1轨道中，与编辑标识线对齐，并将其持续时间设为00:00:08:04，效果如图11-62所示。

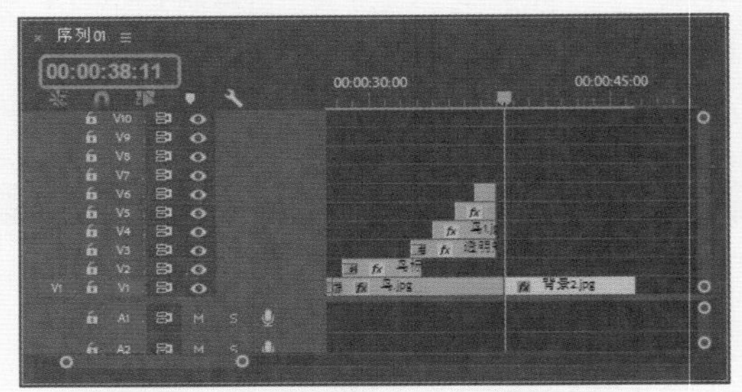

图11-62　V1轨道

35 选中素材文件“背景2.jpg”，在【效果控件】面板中将【缩放】设为20，如图11-63所示。

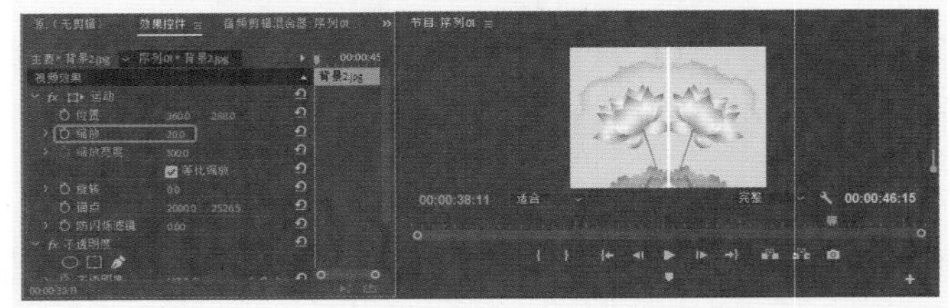

图11-63　设置【缩放】

36 在【效果】面板中选择【立方体旋转】切换效果，将其拖至【序列】面板中“鸟.jpg”和“背景2.jpg”文件的中间处，如图11-64所示。

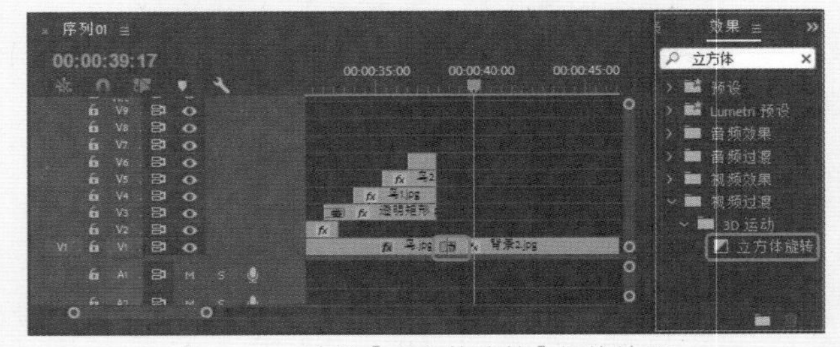

图11-64　选择【立方体旋转】切换效果

37 选中添加的【立方体旋转】切换效果，在【效果控件】面板中，将【持续时间】设为00:00:00:20，并选择【反向】复选框，如图11-65所示。

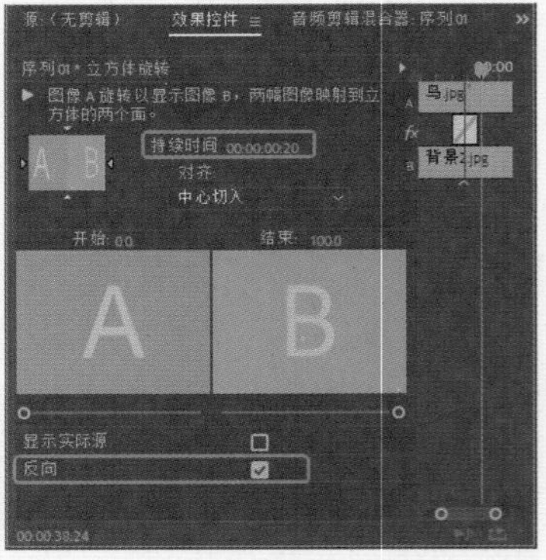

图11-65　【效果控件】面板

38 将当前时间设为00:00:38:23，将“001.jpg”素材文件拖至V2轨道中，与编辑标识线对齐，并将其持续时间设为00:00:02:20，效果如图11-66所示。

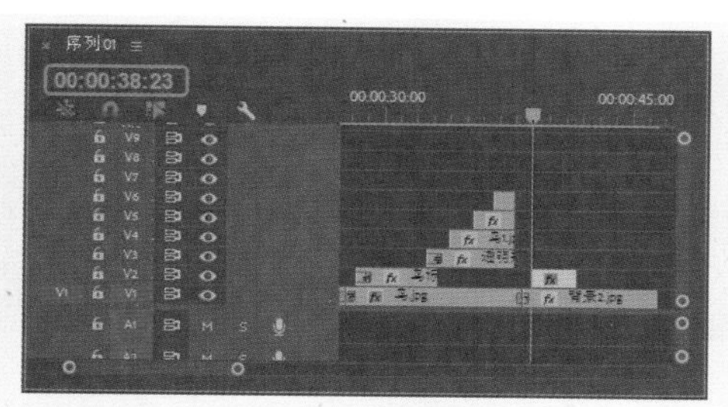

图11-66　V2轨道

39 选中素材文件“001.jpg”，在【效果控件】面板中，将【位置】设为-42、288，将【缩放】设为87，如图11-67所示。

图11-67　设置【位置】与【缩放】

40 在【效果】面板中选择【交叉溶解】切换效果，将其拖至【序列】面板中“001.jpg”文件的开始处，如图11-68所示。

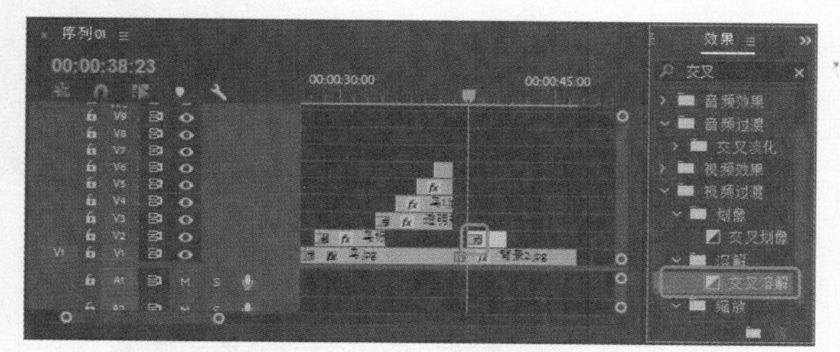

图11-68　选择【交叉溶解】特效

41 将当前时间设为00:00:41:18，将“002.jpg”素材文件拖至V2轨道中，并与编辑标识线对齐，将其持续时间设为00:00:02:05，效果如图11-69所示。

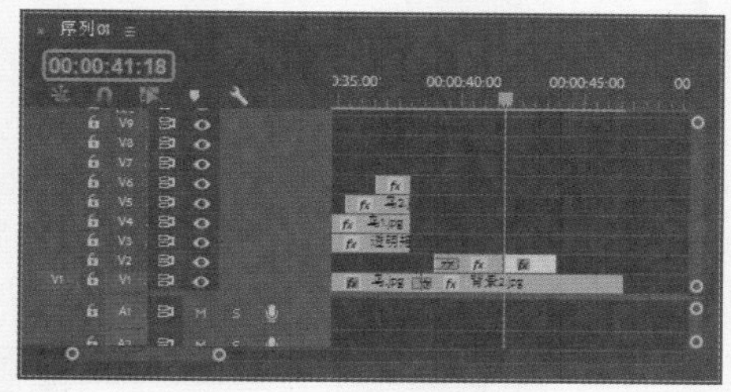

图11-69　V2轨道

42 选中素材文件“002.jpg”，在【效果控件】面板中，将【位置】设为-76、288，将【缩放】设为49，如图11-70所示。

43 在【效果】面板中选择【交叉溶解】切换效果，将其拖至【序列】面板中“001.jpg”和“002.jpg”文件的中间处，如图11-71所示。

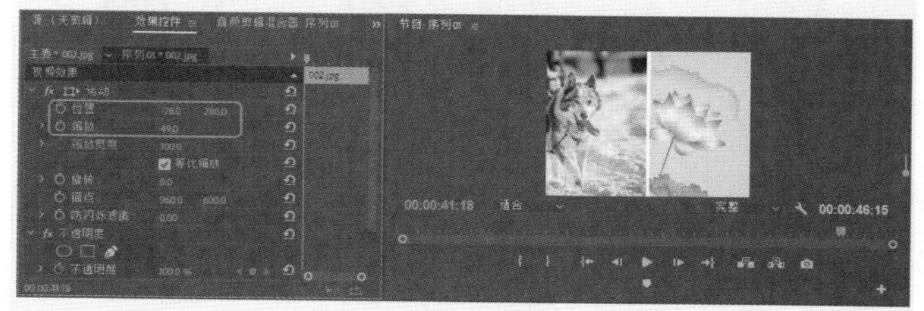

图11-70　【效果控件】面板

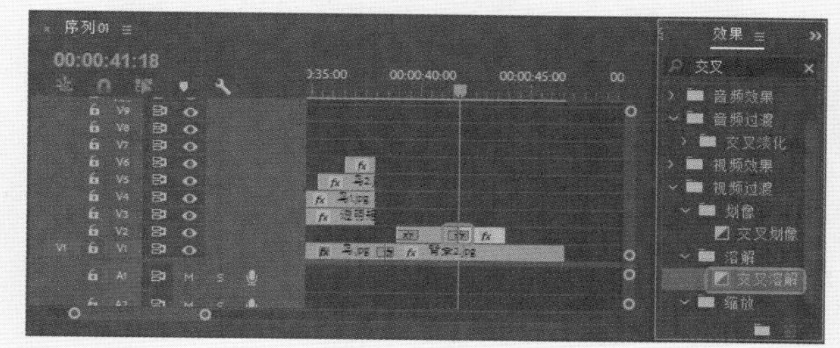

图11-71　添加【交叉溶解】特效

44 将当前时间设为00:00:43:23，将“003.jpg”素材文件拖至V2轨道中，并与编辑标识线对齐，将其持续时间设为00:00:02:00，效果如图11-72所示。

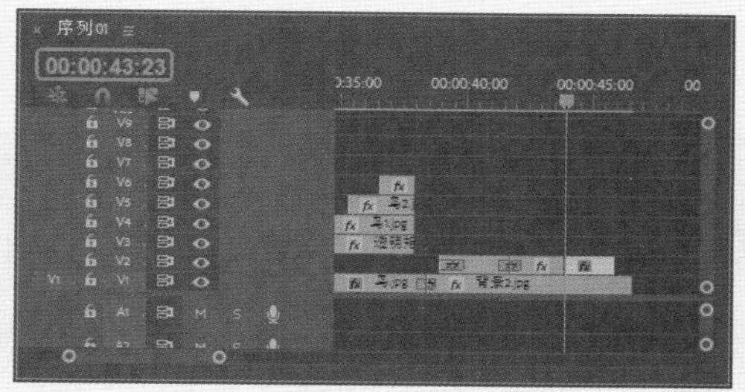

图11-72　V2轨道

45 选中素材文件“003.jpg”，在【效果控件】面板中，将【位置】设为-77.3、298.1，将【缩放】设为50，如图11-73所示。

图11-73　【效果控件】面板

46 在【效果】面板中选择【交叉溶解】切换效果，将其拖至【序列】面板中“002.jpg”和“003.jpg”文件的中间处，如图11-74所示。

47 将当前时间设为00:00:38:23，将“相框1.png”素材文件拖至V3轨道中，与编辑标识线对齐，将其结束处与V2轨道中的“003.jpg”文件结束处对齐，如图11-75所示。

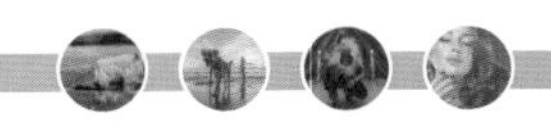

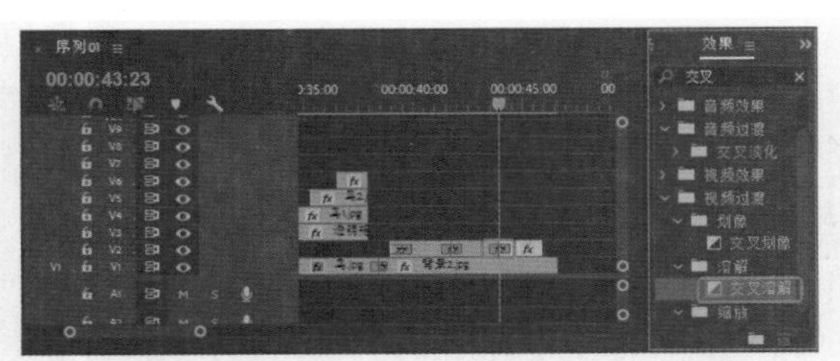

图11-74 添加【交叉溶解】特效

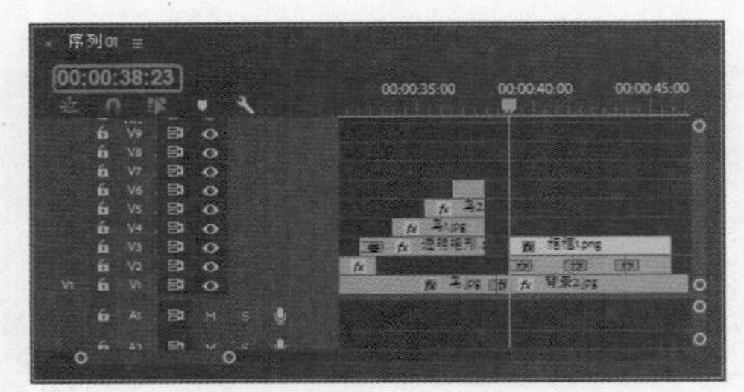

图11-75 V3轨道

48 选中素材文件“相框1.png”，确认当前时间为00:00:38:23，在【效果控件】面板中，将【位置】设为470、-53，并单击其左侧的【切换动画】按钮，打开动画关键帧记录，将【缩放】设为24，将【旋转】设置为-15；将当前时间设为00:00:39:17，在【效果控件】面板中，将【位置】设为470、150，如图11-76所示。

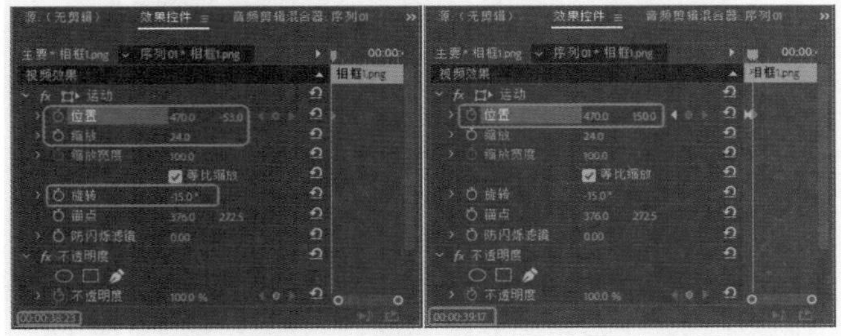

图11-76 【效果控件】面板

49 将当前时间设为00:00:39:22，将“相框1.1.png”素材文件拖至V4轨道中，与编辑标识线对齐，并将其持续时间设为00:00:02:00，效果如图11-77所示。

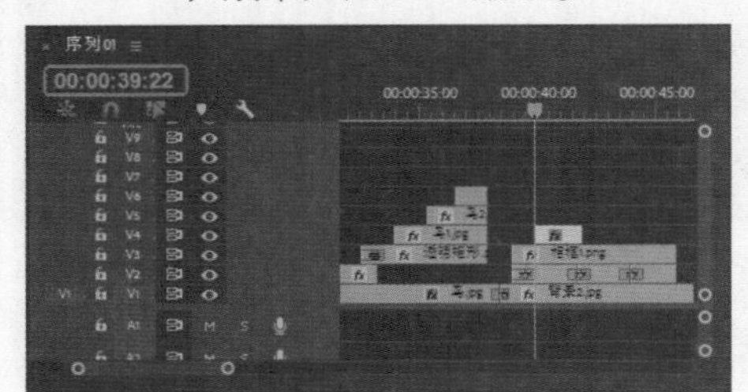

图11-77 V4轨道

50 选中素材文件“相框1.1.png”，在【效果控件】面板中，将【位置】设为470、150，将【缩放】设为24，将【旋转】设置为-15，如图11-78所示。

图11-78 【效果控件】面板

51 在【效果】面板中选择【交叉溶解】切换效果，将其拖至【序列】面板中“相框1.1.png”文件的开始处，如图11-79所示。

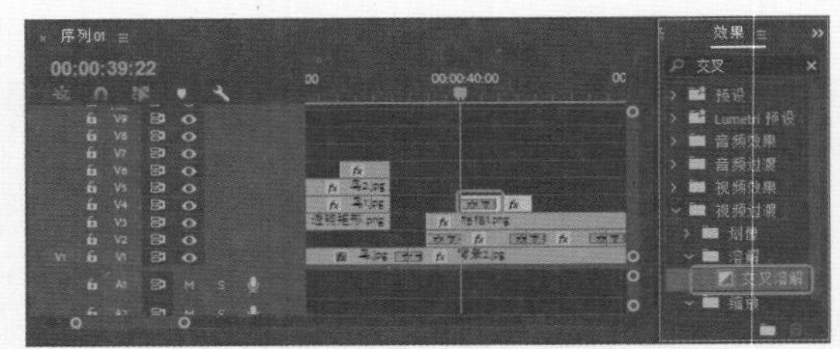

图11-79 添加【交叉溶解】特效

52 选中添加的【交叉溶解】切换效果，在【效果控件】面板中，将【持续时间】设为00:00:00:15，如图11-80所示。

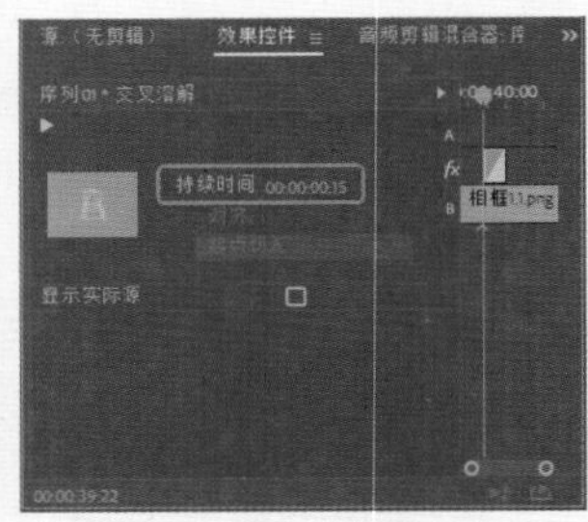

图11-80 设置【持续时间】

53 将当前时间设为00:00:41:22，将“相框1.2.png”素材文件拖至V4轨道中，与编辑标识线对齐，并将其持续时间设为00:00:01:13，效果如图11-81所示。

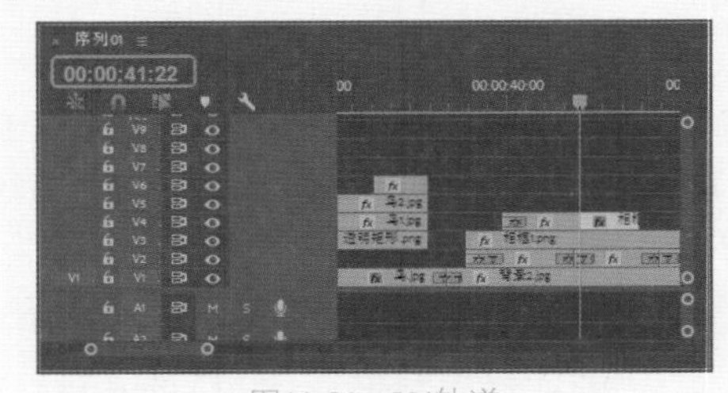

图11-81 V4轨道

54 选中素材文件“相框1.2.png”，在【效果控件】面板中，将【位置】设为470、150，将【缩放】设为24，将【旋转】设置为-15，如图11-82所示。

图11-82 【效果控件】面板

55 在【效果】面板中选择【百叶窗】切换效果，将其拖至【序列】面板中“相框1.1.png”和“相框1.2.png”文件的中间处，如图11-83所示。

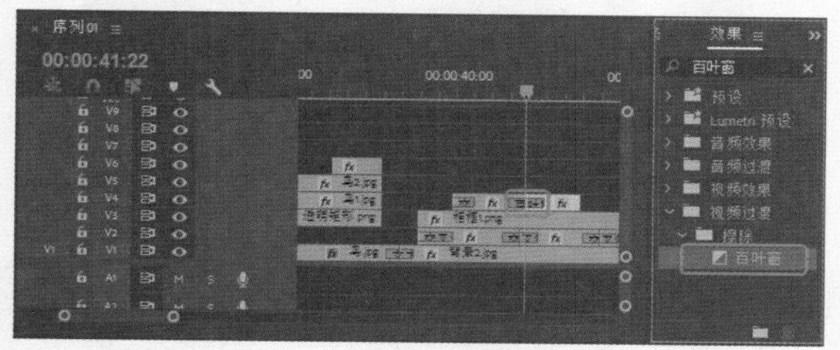

图11-83 添加【百叶窗】特效

56 选中添加的【百叶窗】切换效果，在【效果控件】面板中，将【持续时间】设为00:00:00:15，并单击【自定义】按钮，在弹出的【百叶窗设置】对话框中，将【带数量】设为32，单击【确定】按钮，如图11-84所示。

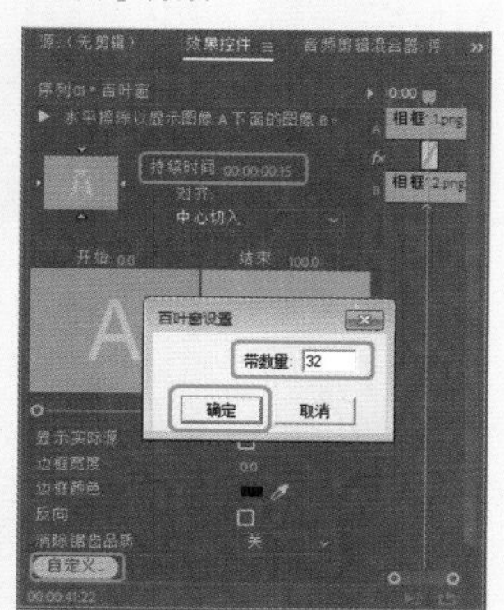

图11-84 【百叶窗设置】对话框

57 将当前时间设为00:00:43:10，将“相框1.3.png”素材文件拖至V4轨道中，与编辑标识线对齐，将其结束处与V3轨道中的“相框1.png”文件结束处对齐，如图11-85所示。

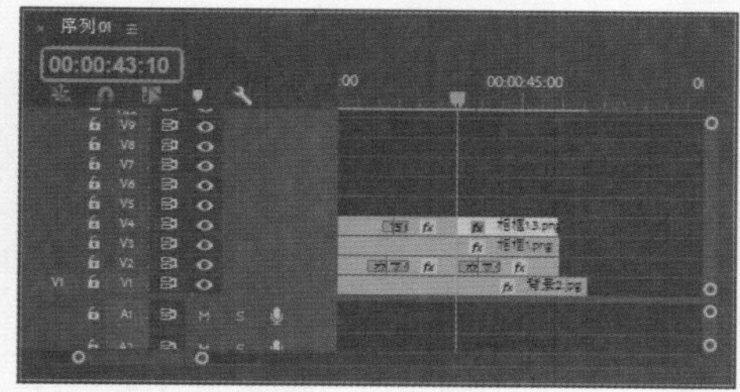

图11-85 V4轨道

58 选中素材文件“相框1.3.png”，在【效果控件】面板中，将【位置】设为470、150，将【缩放】设为24，将【旋转】设置为-15，如图11-86所示。

图11-86 【效果控件】面板

59 在【效果】面板中选择【风车】切换效果，将其拖至【序列】面板中“相框1.2.png”和“相框1.3.png”文件的中间处，如图11-87所示。

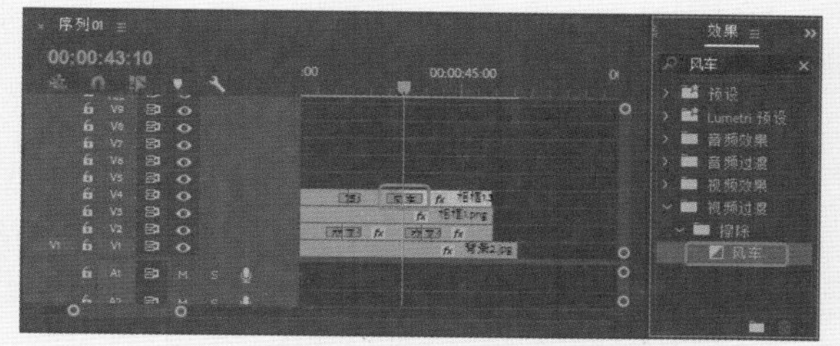

图11-87 添加【风车】特效

60 选中添加的【风车】切换效果，在【效果控件】面板中，将【持续时间】设为00:00:00:15，并单击【自定义】按钮，在弹出的【风车设置】对话框中，将【楔形数量】设为32，单击【确定】按钮，如图11-88所示。

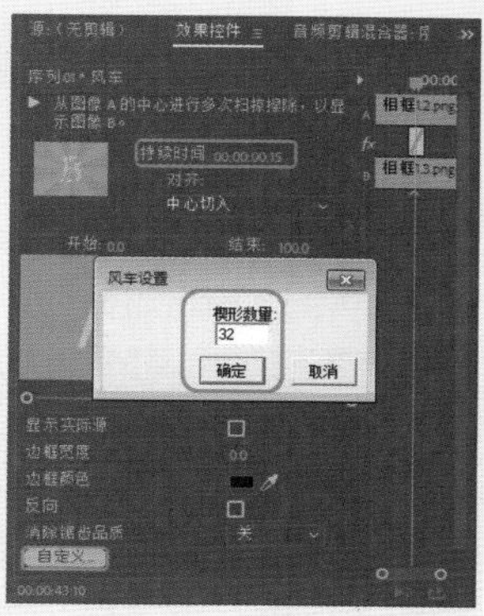

图11-88 【风车设置】对话框

61 将当前时间设为00:00:39:17，将“相框2.png”素材文件拖至V5轨道中，与编辑标识线对齐，将其结束处与V4轨道中的“相框1.3.png”文件结束处对齐，如图11-89所示。

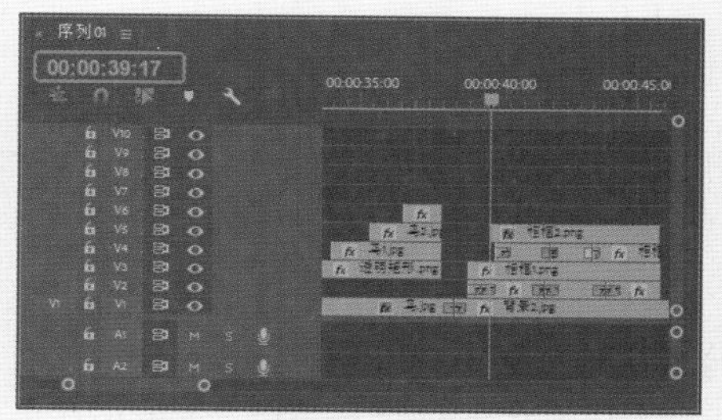

图11-89 V5轨道

62 选中素材文件“相框2.png”，确认当前时间为00:00:39:17，在【效果控件】面板中，将【位置】设为796、320，并单击其左侧的【切换动画】按钮，打开动画关键帧记录，将【缩放】设为9，将【旋转】设置为15；将当前时间设为00:00:40:17，在【效果控件】面板中，将【位置】设为555、320，如图11-90所示。

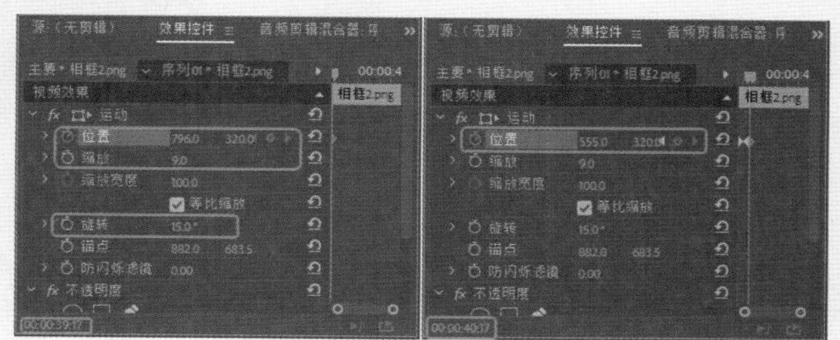

图11-90 【效果控件】面板

63 将当前时间设为00:00:40:22，将“相框2.1.png”素材文件拖至V6轨道中，与编辑标识线对齐，并将其持续时间设为00:00:02:00，效果如图11-91所示。

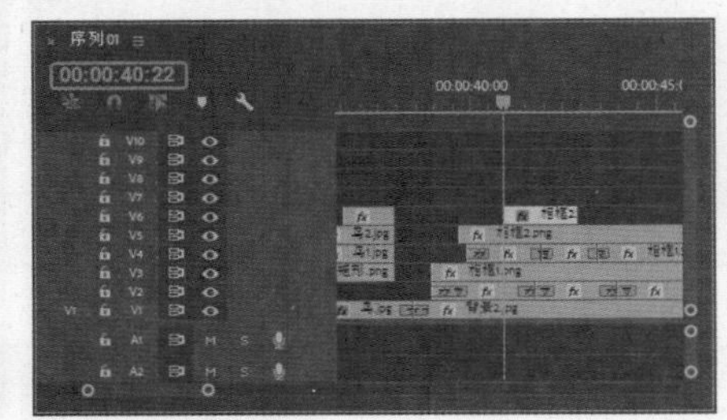

图11-91　V6轨道

64 选中素材文件“相框2.1.png”，在【效果控件】面板中，将【位置】设为555、320，将【缩放】设为6.5，将【旋转】设置为15，如图11-92所示。

图11-92　【效果控件】面板

65 在【效果】面板中选择【交叉溶解】切换效果，将其拖至【序列】面板中“相框2.1.png”文件的开始处，如图11-93所示。

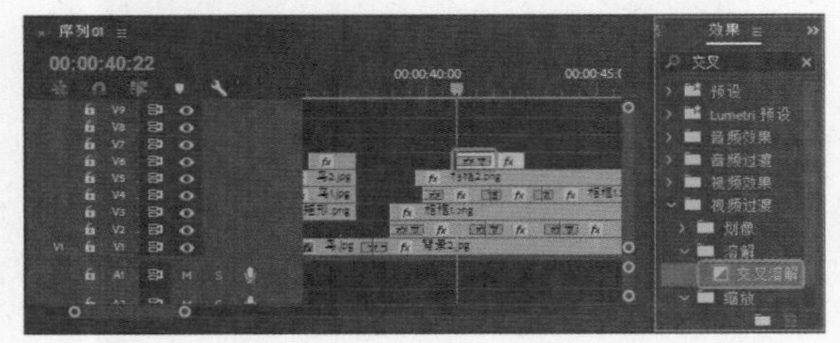

图11-93　添加【交叉溶解】特效

66 选中添加的【交叉溶解】切换效果，在【效果控件】面板中，将【持续时间】设为00:00:00:15，如图11-94所示。

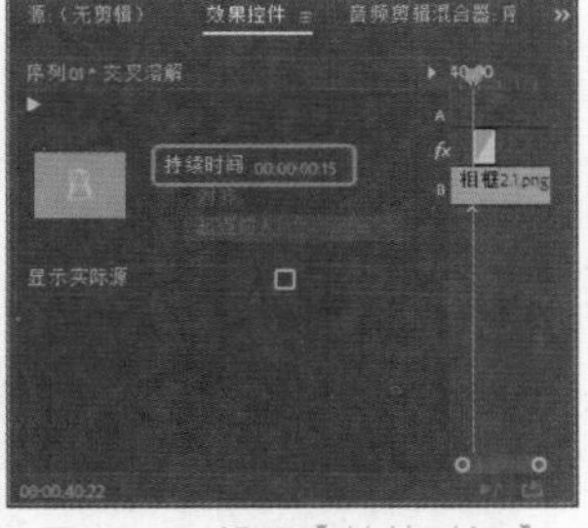

图11-94　设置【持续时间】

67 将当前时间设为00:00:42:22，将“相框2.2.png”素材文件拖至V6轨道中，与编辑标识线对齐，并将其持续时间设为00:00:02:00，效果如图11-95所示。

68 选中素材文件“相框2.2.png”，在【效果控件】面板中，将【位置】设为555、320，将【缩放】设为6.5，将【旋转】设置为15，如图11-96所示。

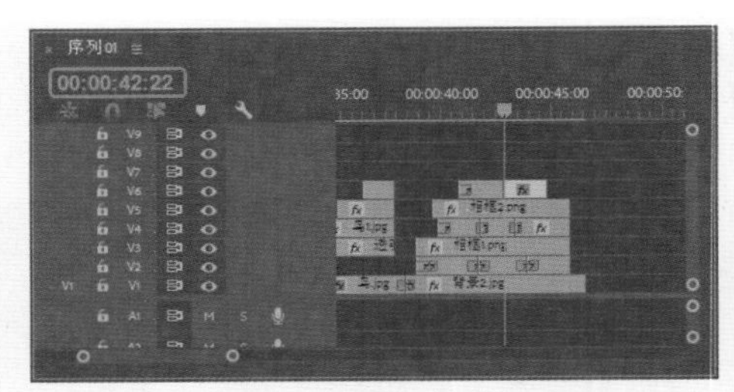

图11-95　V6轨道

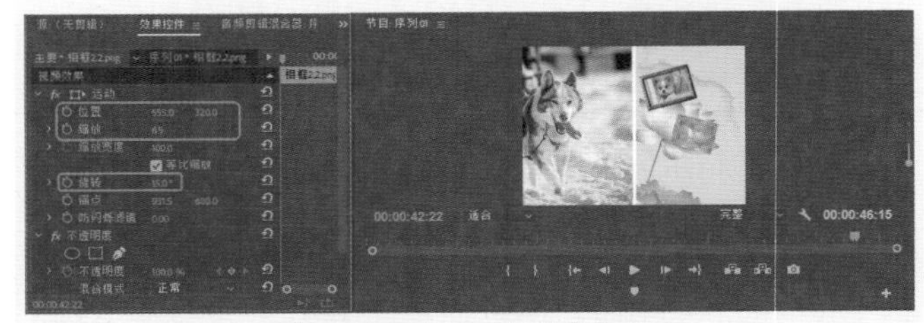

图11-96　【效果控件】面板

69 在【效果】面板中选择【百叶窗】切换效果，将其拖至【序列】面板中“相框2.1.png”和“相框2.2.png”文件的中间处，如图11-97所示。

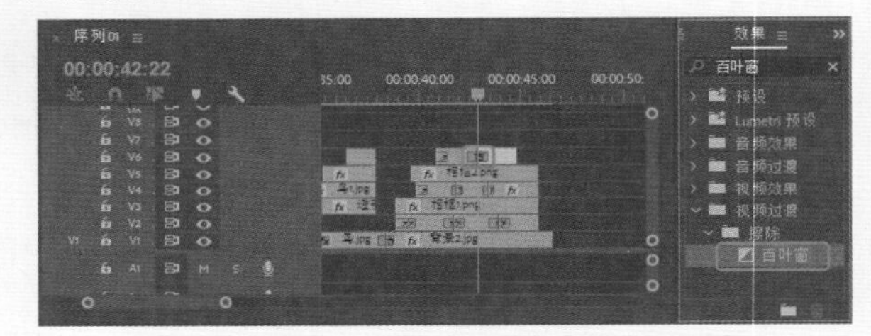

图11-97　添加【百叶窗】特效

70 选中添加的【百叶窗】切换效果，在【效果控件】面板中，将【持续时间】设为00:00:00:15，并单击【自定义】按钮，在弹出的【百叶窗设置】对话框中，将【带数量】设为32，单击【确定】按钮，如图11-98所示。

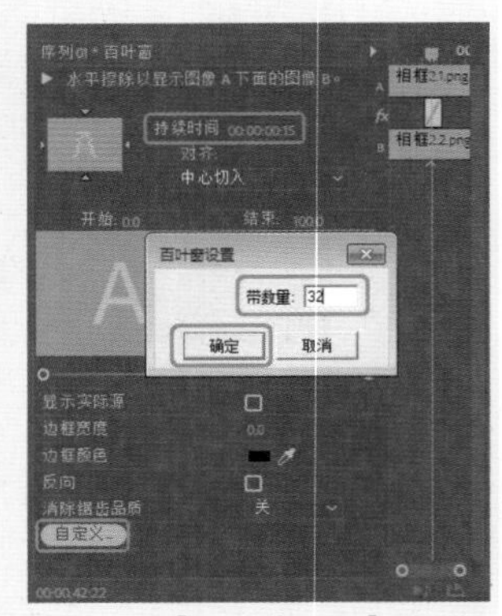

图11-98　【百叶窗设置】对话框

71 将当前时间设为00:00:44:22，将“相框2.3.png”素材文件拖至V6轨道中，与编辑标识线对齐，将其结束处与V5轨道中的“相框2.png”文件结束处对齐，如图11-99所示。

72 选中素材文件“相框2.3.png”，在【效果控件】面板中将【位置】设为555、320，将【缩放】设为21，将【旋转】设置为15，如图11-100所示。

73 在【效果】面板中选择【风车】切换效果，将其拖至【序列】面板中“相框2.2.png”和“相框2.3.png”文

件的中间处，如图11-101所示。

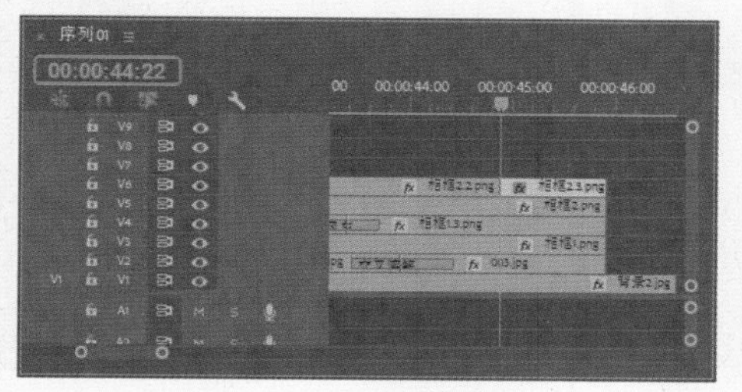

图11-99 V6轨道

图11-100 【效果控件】面板

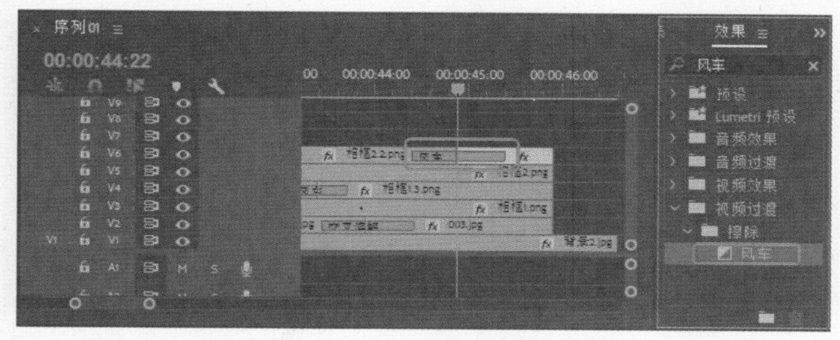

图11-101 添加【风车】特效

74 选中添加的【风车】切换效果，在【效果控件】面板中，将【持续时间】设为00:00:00:15，并单击【自定义】按钮，在弹出的【风车设置】对话框中，将【楔形数量】设为32，单击【确定】按钮，如图11-102所示。

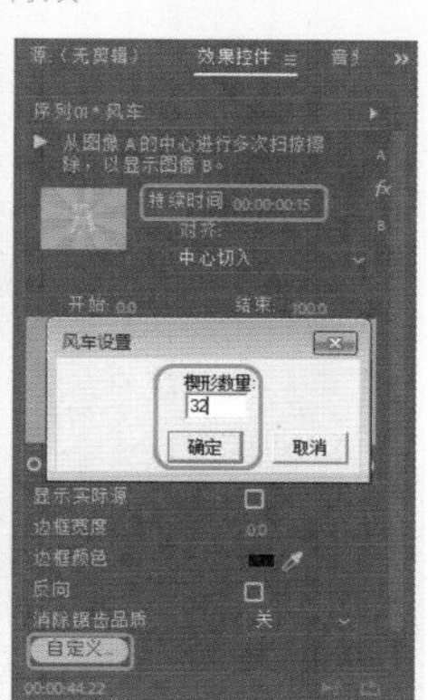

图11-102 【风车设置】对话框

75 将当前时间设为00:00:41:02，将“保护动物2”字幕拖至V7轨道中，与编辑标识线对齐，将其结束处与V6轨道中的“相框2.3.png”文件结束处对齐，如图11-103所示。

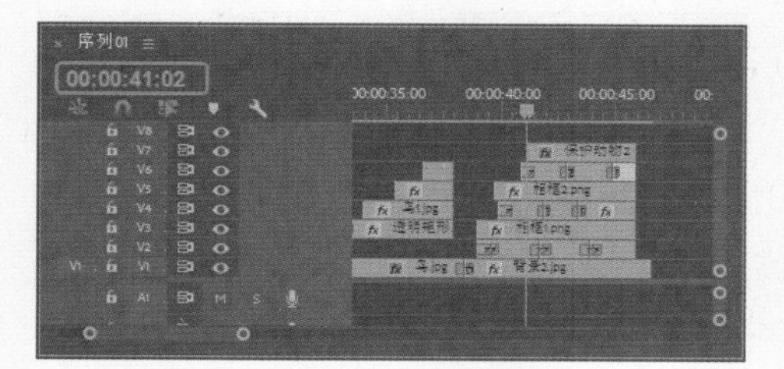

图11-103 V7轨道

76 选中字幕“保护动物2”，确认当前时间为00:00:41:02，在【效果控件】面板中，将【不透明度】设为0。将当前时间设为00:00:42:02，在【效果控件】面板中，将【不透明度】设为100，如图11-104所示。

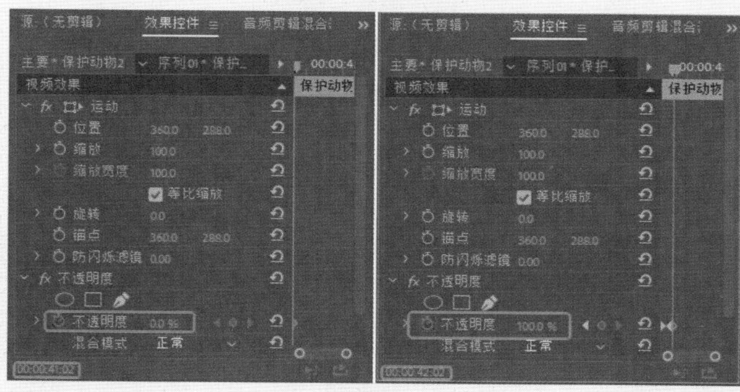

图11-104 【效果控件】面板

77 确认当前时间为00:00:42:02，将“珍爱生命”字幕拖至V8轨道中，与编辑标识线对齐，将其结束处与V7轨道中的“保护动物2”字幕结束处对齐，如图11-105所示。

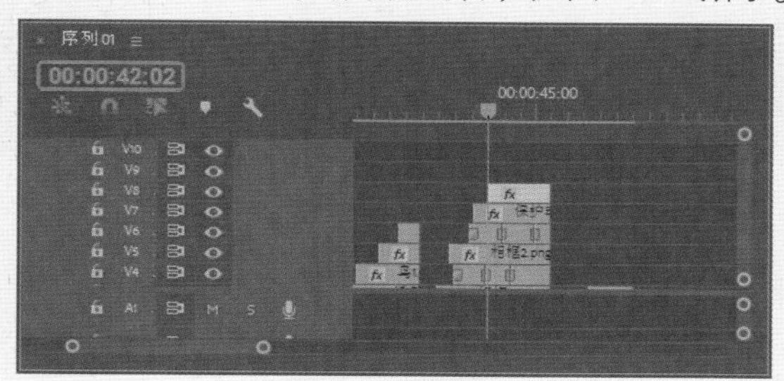

图11-105 V8轨道

78 选中字幕“珍爱生命”，确认当前时间为00:00:42:02，在【效果控件】面板中，将【位置】设为505、288，并单击其左侧的【切换动画】按钮，打开动画关键帧记录；将当前时间设为00:00:43:02，在【效果控件】面板中，将【位置】设为360、288，如图11-106所示。

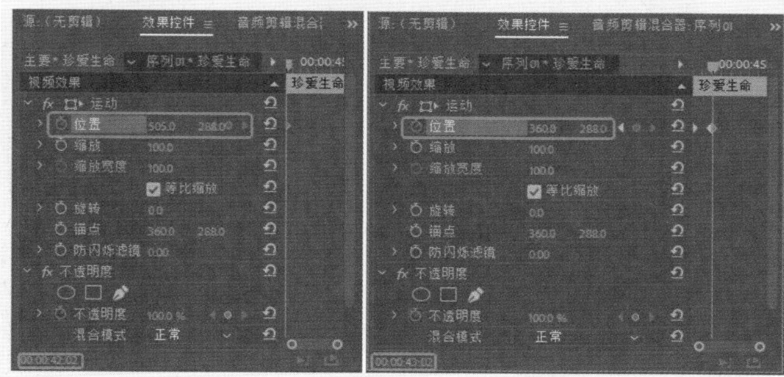

图11-106 【效果控件】面板

79 确认当前时间为00:00:43:02，将“我们是一家人”字幕拖至V9轨道中，与编辑标识线对齐，将其结束处与V8轨道中的“珍爱生命”字幕结束处对齐，如图11-107所示。

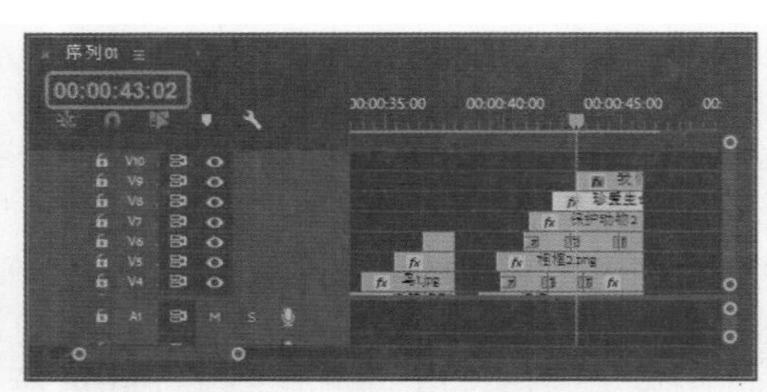

图11-107　V9轨道

80 选中字幕“我们是一家人”，确认当前时间为00:00:43:02，在【效果控件】面板中，将【位置】设为360、411，并单击其左侧的【切换动画】按钮，打开动画关键帧记录；将当前时间设为00:00:44:02，在【效果控件】面板中，将【位置】设为360、288，如图11-108所示。

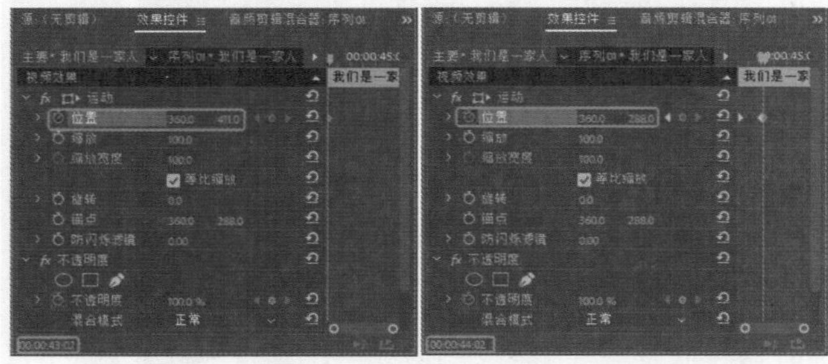

图11-108　【效果控件】面板

81 确认当前时间为00:00:44:02，将“让人类不孤单”字幕拖至V10轨道中，与编辑标识线对齐，将其结束处与V9轨道中的“我们是一家人”字幕结束处对齐，如图11-109所示。

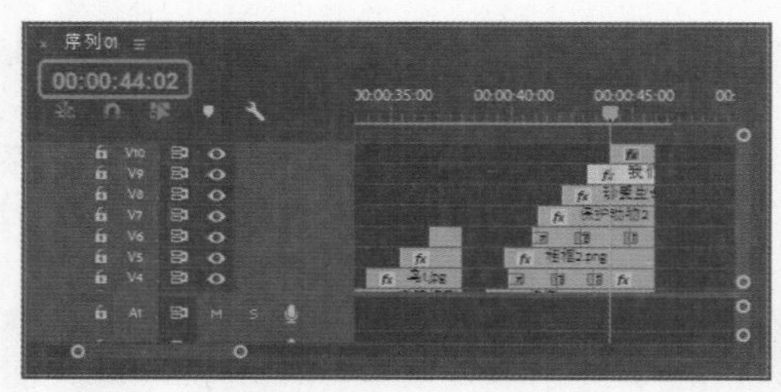

图11-109　V10轨道

82 选中字幕“让人类不孤单”，确认当前时间为00:00:44:02，在【效果控件】面板中，将【位置】设为540、460，将【缩放】设为0，并单击它们左侧的【切换动画】按钮，打开动画关键帧记录；将当前时间设为00:00:44:16，在【效果控件】面板中，将【位置】设为360、288，将【缩放】设为100，如图11-110所示。

83 将当前时间设为00:00:46:15，将“背景3.jpg”素材文件拖至V1轨道中，与编辑标识线对齐，将其持续时间设为00:00:04:10，如图11-111所示。

84 选中素材文件“背景3.jpg”，在【效果控件】面板中，将【缩放】设为77，如图11-112所示。

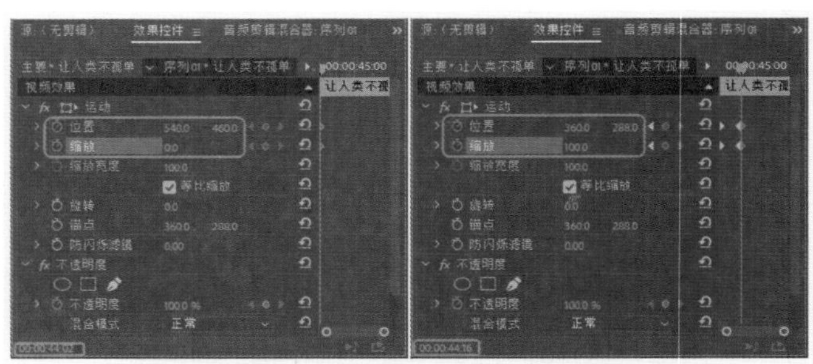

图11-110　【效果控件】面板

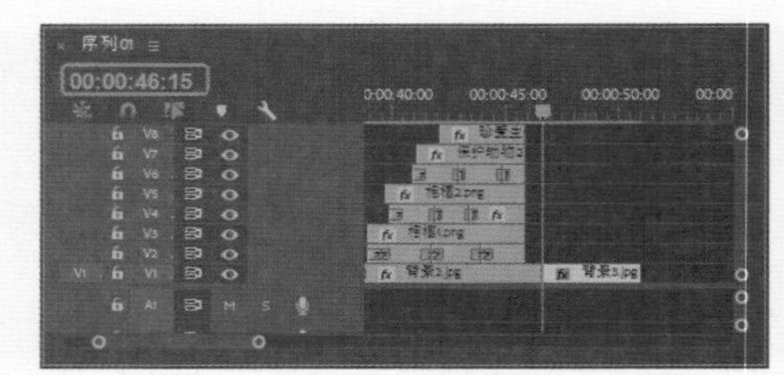

图11-111　V1轨道

图11-112　设置【缩放】

85 在【效果】面板中选择【带状擦除】切换效果，将其拖至【序列】面板中“背景2.jpg”和“背景3.jpg”文件的中间处，如图11-113所示。

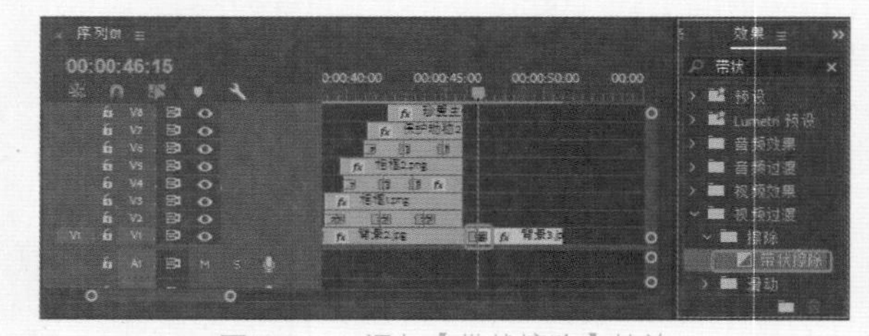

图11-113　添加【带状擦除】特效

86 确认当前时间为00:00:47:03，将“善待动物”字幕拖至V2轨道中，与编辑标识线对齐，将其结束处与V1轨道中的“背景3.jpg”文件结束处对齐，如图11-114所示。

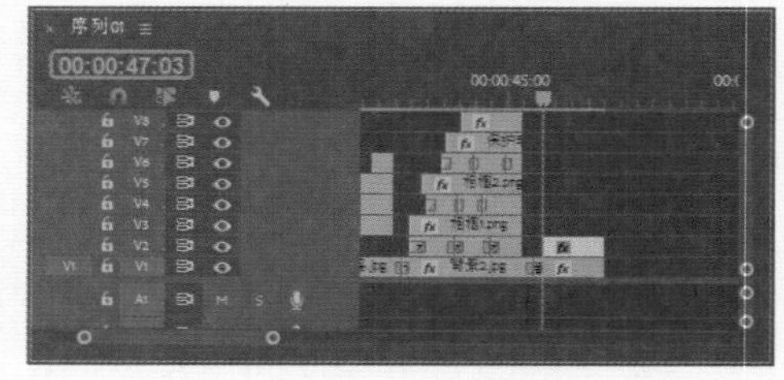

图11-114　V2轨道

87 选中字幕“善待动物”，确认当前时间为00:00:47:03，在【效果控件】面板中，将【位置】设为-14、288，并单击其左侧的【切换动画】按钮，打开动画关键帧记录。将当前时间设为00:00:48:03，在【效果控件】面板中，将【位置】设为360、288，如图11-115所示。

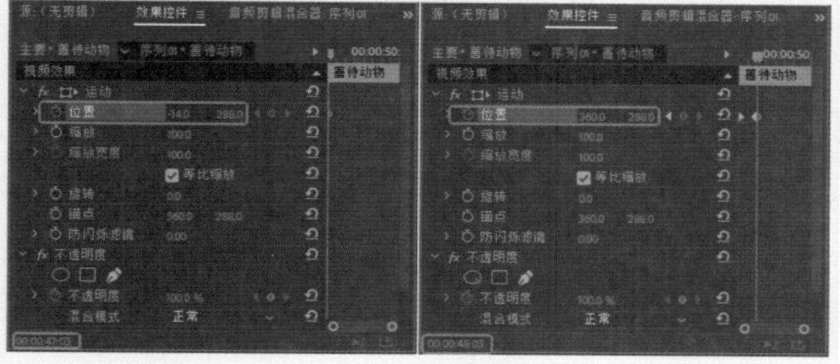

图11-115 【效果控件】面板

88 确认当前时间为00:00:48:03，将“和谐生存”字幕拖至V3轨道中，与编辑标识线对齐，将其结束处与V2轨道中的“善待动物”字幕结束处对齐，如图11-116所示。

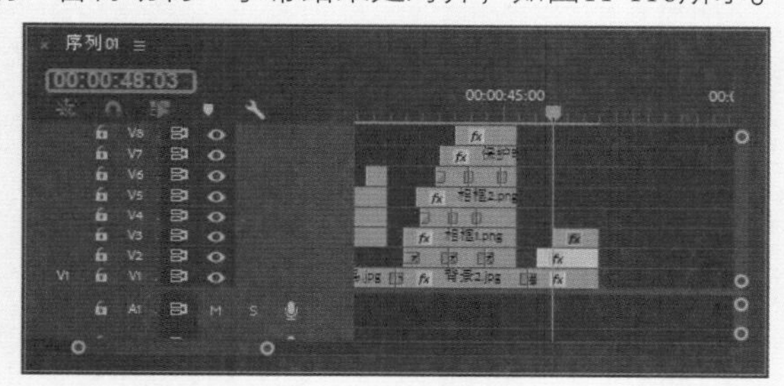

图11-116 V3轨道

89 在【效果】面板中，展开【视频效果】文件夹，选择【变换】文件夹下的【裁剪】视频效果，将其拖至【序列】面板中“和谐生存”字幕上，如图11-117所示。

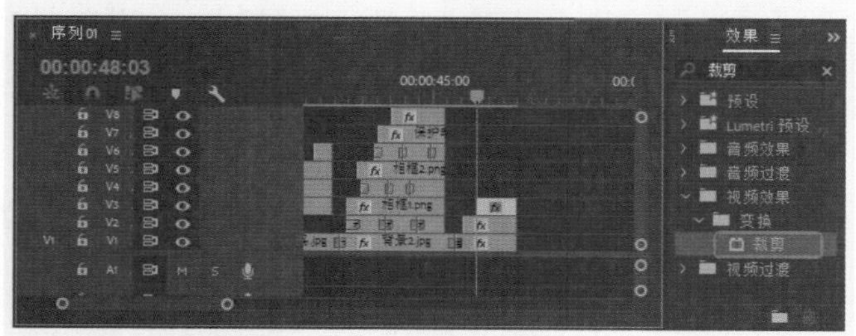

图11-117 添加【裁剪】特效

90 选中“和谐生存”字幕，确认当前时间为00:00:48:03，在【效果控件】面板中，将【裁剪】选项组中【右侧】设为50，并单击其左侧的【切换动画】按钮，打开动画关键帧记录。将当前时间设为00:00:48:18，在【效果控件】面板中，将【右侧】设为38，如图11-118所示。

91 将当前时间设为00:00:49:08，在【效果控件】面板中，将【右侧】设为26。将当前时间设为00:00:49:23，在【效果控件】面板中，将【右侧】设为15，如图11-119所示。

92 将当前时间设为00:00:50:13，在【效果控件】窗口中，将【右侧】设为4，如图11-120所示。

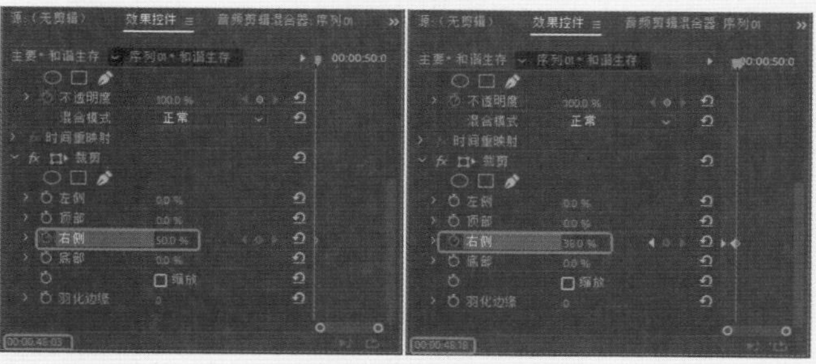

图11-118 【裁剪】选项组

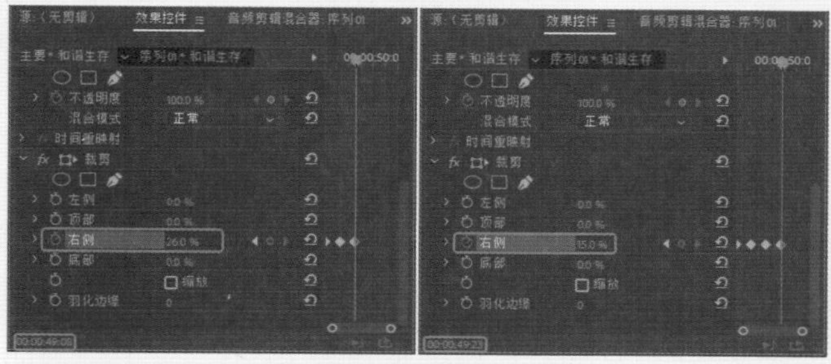

图11-119 【效果控件】面板

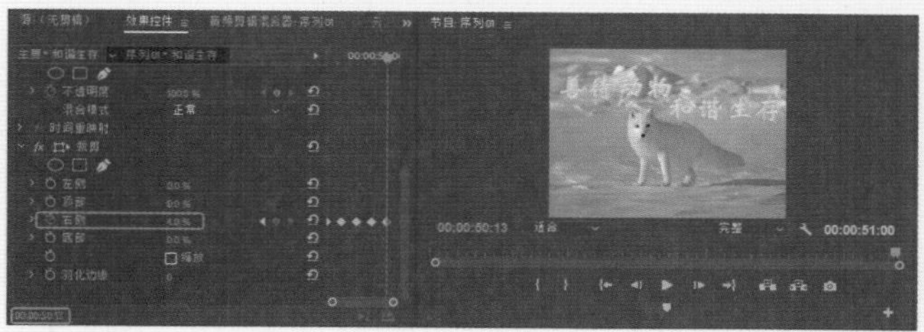

图11-120 【效果控件】面板

11.4 添加背景音乐

下面来介绍一下添加背景音乐的方法，具体的操作步骤如下。

01 将当前时间设为00:00:00:00，将“背景音乐.mp3”拖至A1轨道中，与编辑标识线对齐，如图11-121所示。

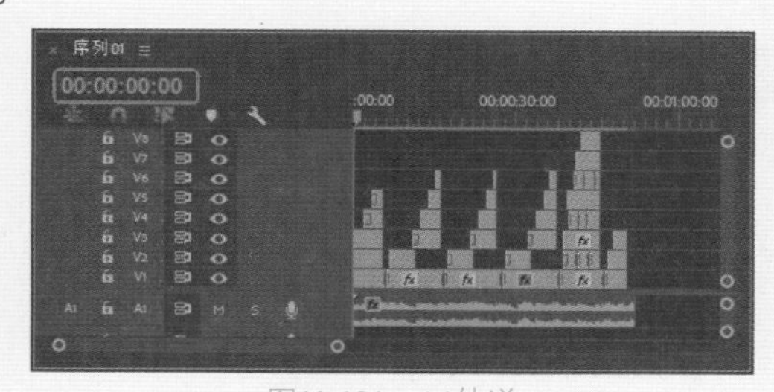

图11-121 A1轨道

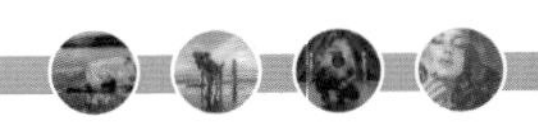

02 将“背景音乐.mp3”文件的结束处与V1轨道中的“背景3.jpg”文件结束处对齐，如图11-122所示。

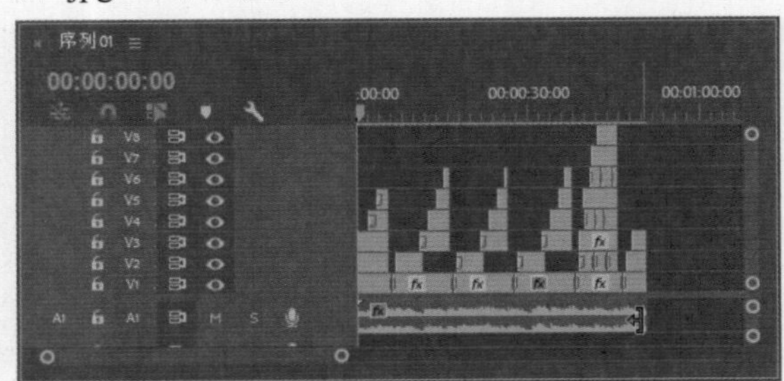

图11-122　音频、视频同步设置

11.5 导出公益广告

下面来介绍一下导出公益广告的方法，具体的操作步骤如下。

01 激活【序列】面板，在菜单栏中选择【文件】|【导出】|【媒体】命令，如图11-123所示。

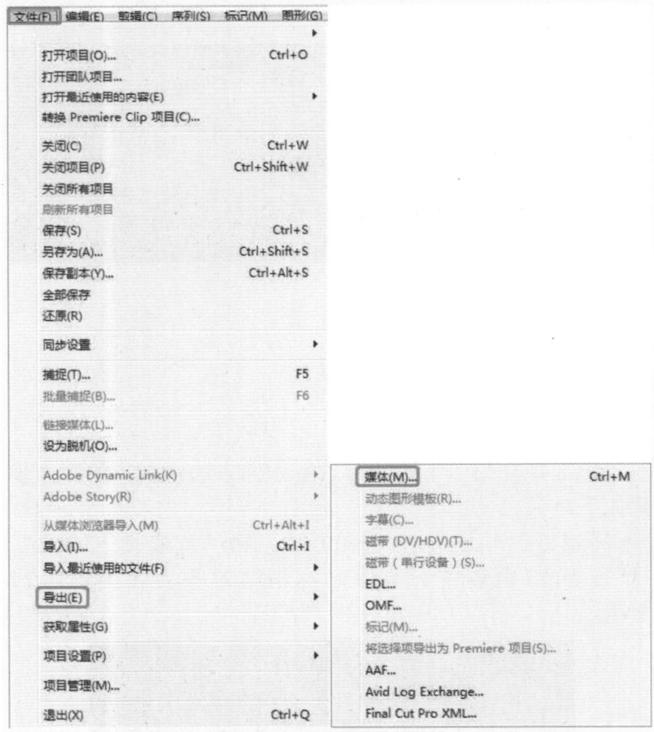

图11-123　选择【媒体】命令

02 在弹出的【导出设置】对话框中将【格式】设为AVI，将【预设】设为PAL-DV，单击【输入名称】右侧的名称，如图11-124所示。

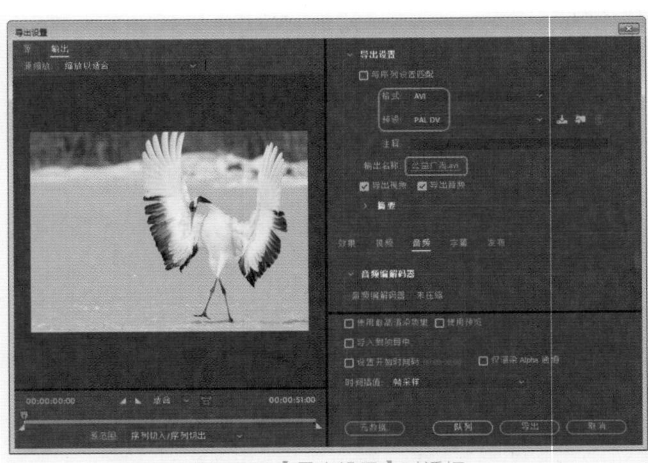

图11-124【导出设置】对话框

03 弹出【另存为】对话框，在该对话框中设置输入路径及文件名，然后单击【保存】按钮，如图11-125所示。

图11-125　【另存为】对话框

04 返回到【导出设置】对话框中，在该对话框中单击【导出】按钮，即可对影片进行渲染输出，如图11-126所示。

图11-126　导出设置

第12章 项目指导——制作足球节目预告

本章将根据前面所介绍的知识制作一个足球节目预告，效果如图12-1所示。

图12-1　足球节目预告

12.1 导入图像素材

在制作足球节目预告之前，首先要将需要用到的素材导入至Premiere中，其具体操作步骤如下。

01 启动软件，在弹出的开始界面中单击【新建项目】按钮，在弹出的对话框中指定保存位置及名称，如图12-2所示。

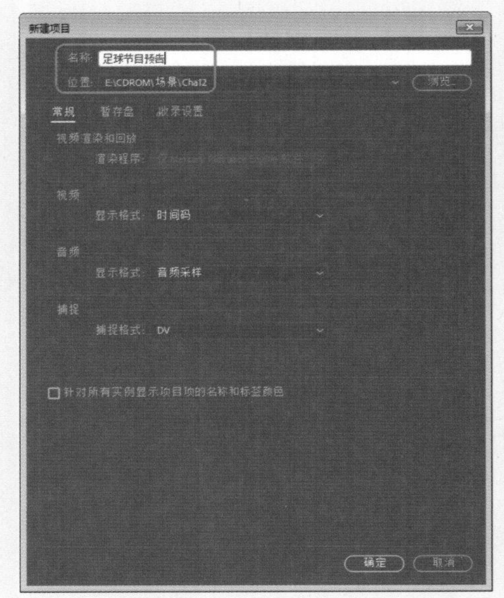

图12-2　【新建项目】对话框

02 单击【确定】按钮，在【项目】面板中右击鼠标，在弹出的快捷菜单中选择【导入】命令，如图12-3所示。

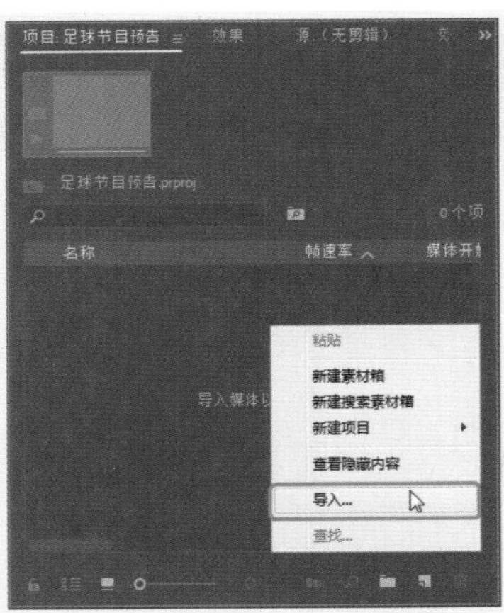

图12-3　选择【导入】命令

03 在弹出的对话框中选择除“足球序列”文件夹外的其他素材文件，如图12-4所示。

图12-4　选择素材文件

04 单击【打开】按钮，在弹出的对话框中单击【确定】按钮，即可将选中的素材文件导入至【项目】面板中，如图12-5所示。

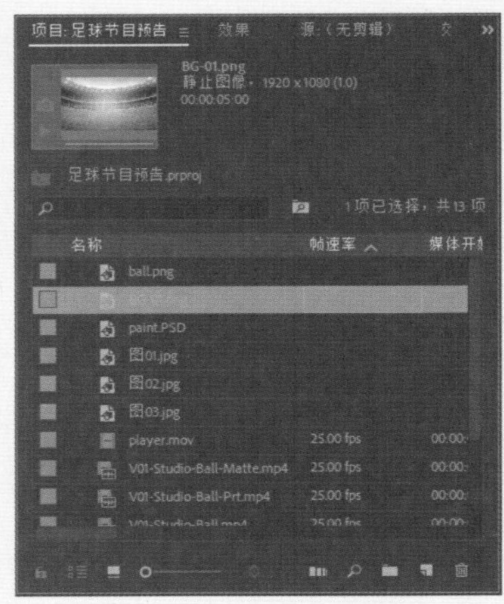

图12-5　导入素材文件

05 在【项目】面板中右击鼠标，在弹出的快捷菜单中选择【导入】命令，在弹出的对话框中选择“足球序列”文件夹中的“brazuca_00001.tif”素材文件，并勾选【图像序列】复选框，如图12-6所示。

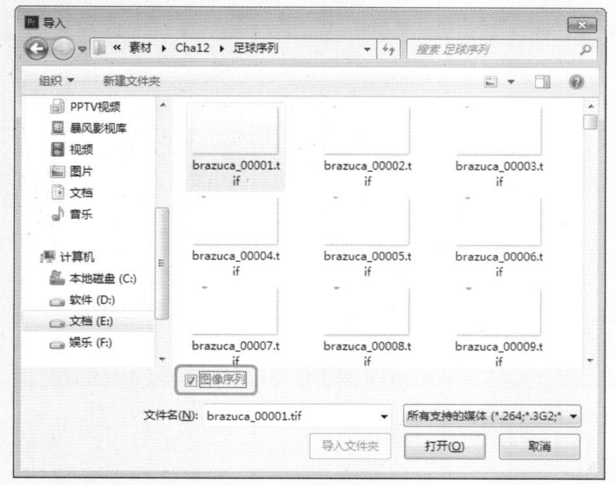

图12-6　选择图像序列

06 单击【打开】按钮，即可将图像序列导入至【项目】面板中，如图12-7所示。

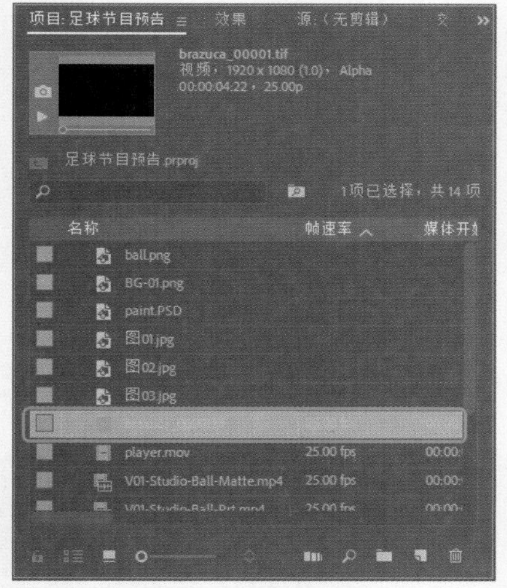

图12-7　导入图像序列

12.2 创建踢球动画效果

下面将介绍如何创建踢球动画效果，其具体操作步骤如下。

01 按Ctrl+N组合键，在弹出的对话框中选择DV-PAL|【标准48kHZ】选项，将【序列名称】设置为“踢球动画”，如图12-8所示。

图12-8　【新建序列】对话框

02 设置完成后，单击【确定】按钮，将当前时间设置为00:00:00:00，在【项目】面板中选择“paint.psd”，按住鼠标将其拖曳至V1视频轨道中，将其开始处与时间线对齐，选中该文件并右击鼠标，在弹出的快捷菜单中选择【速度/持续时间】命令，如图12-9所示。

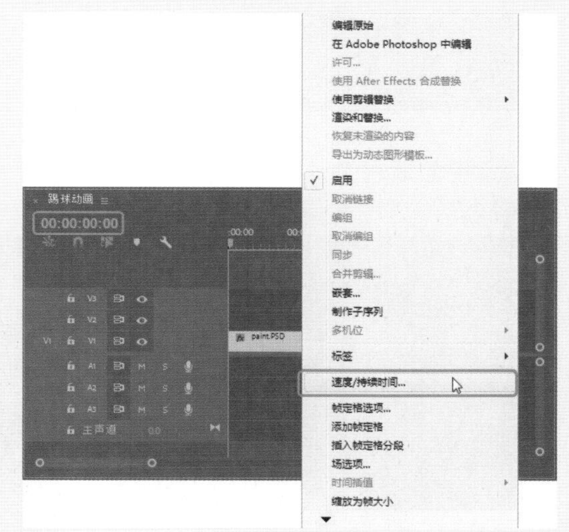

图12-9　选择【速度/持续时间】命令

03 在弹出的对话框中将【持续时间】设置为00:00:06:00，如图12-10所示。

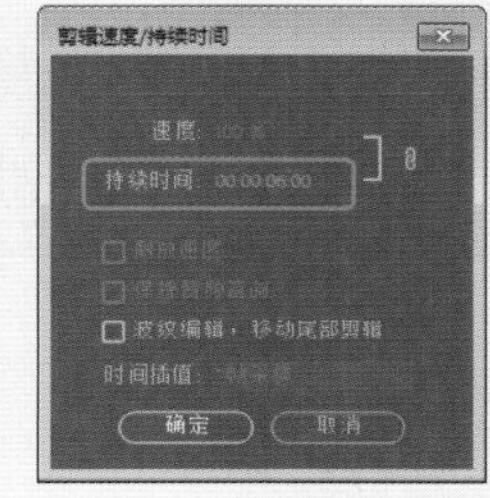

图12-10　设置持续时间

04 设置完成后，单击【确定】按钮，继续选中该素材文件，在【效果控件】面板中将【缩放】设置为90，将【位置】设置为355、186，如图12-11所示。

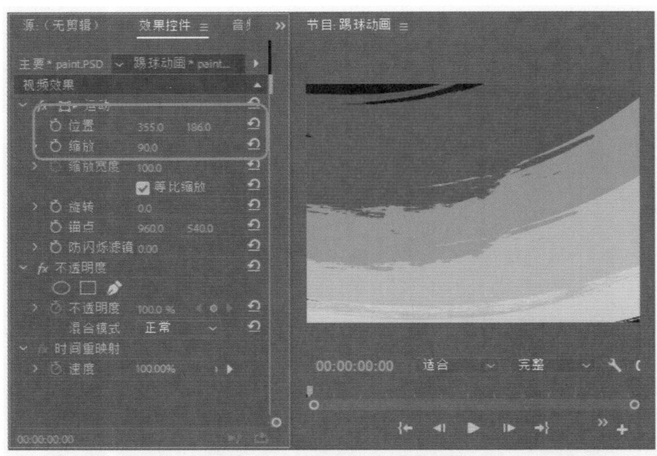

图12-11　设置素材文件参数

05 确认当前时间为00:00:00:00，在【项目】面板中选择“player.mov”素材文件，按住鼠标将其拖曳至V2视频轨道中，将其开始处与时间线对齐，如图12-12所示。

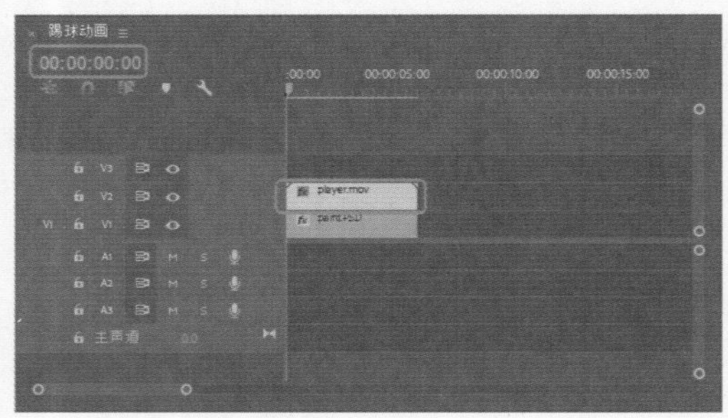

图12-12　添加素材文件

06 选中轨道中的素材文件，在【效果控件】面板中将【缩放】设置为59，如图12-13所示。

图12-13　设置缩放参数

07 确认该素材文件处于选中状态，在【效果】面板中选择【颜色键】视频效果，双击该效果，在【效果控件】面板中将【主要颜色】的RGB值设置为255、255、255，将【颜色容差】设置为255，将【边缘细化】设置为2，如图12-14所示。

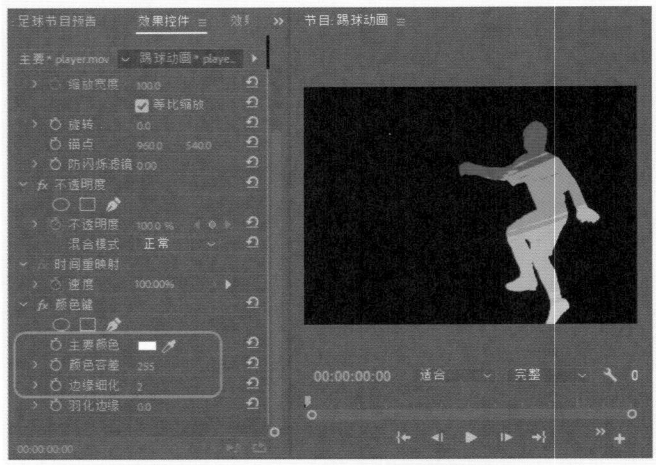

图12-14　设置颜色键参数

08 在【项目】面板中选择“brazuca_00001.tif”素材文件，按住鼠标将其拖曳至V3视频轨道中，如图12-15所示。

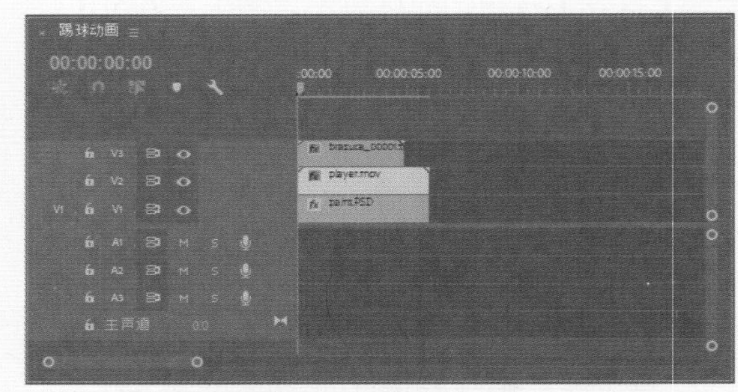

图12-15　添加素材文件

09 继续选中视频轨道中的素材文件，在【效果控件】面板中将【位置】设置为424、331，将【缩放】设置为88，如图12-16所示。

图12-16　设置素材参数

12.3 创建预告封面

下面将介绍如何创建预告封面，其具体操作步骤如下。

01 按Ctrl+N组合键，在弹出的对话框中将【序列名称】设置为“封面”，如图12-17所示。

图12-17　设置序列名称

02 在该对话框中选择【轨道】选项卡，将【视频】设置为4，如图12-18所示。

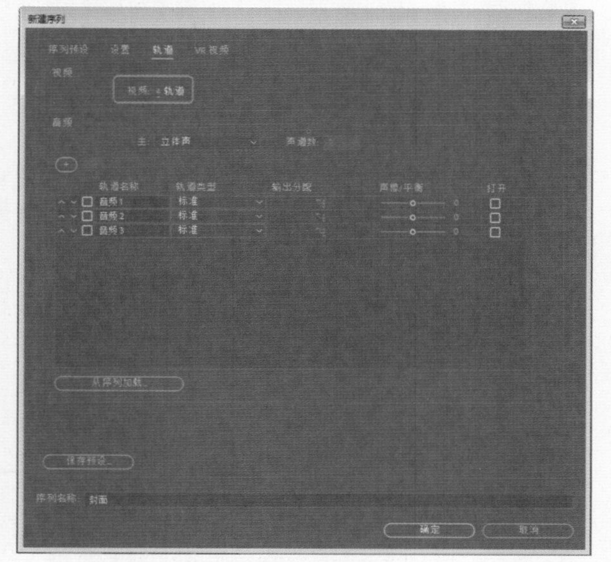

图12-18　设置视频轨道参数

03 设置完成后，单击【确定】按钮，在【项目】面板中右击鼠标，在弹出的快捷菜单中选择【新建项目】|【颜色遮罩】命令，如图12-19所示。

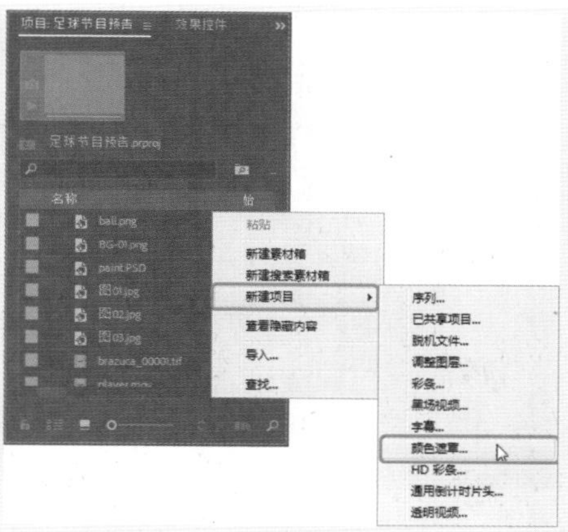

图12-19　选择【颜色遮罩】命令

04 在弹出的对话框中使用其默认参数，单击【确定】按钮，再在弹出的对话框中将RGB值设置为224、240、194，如图12-20所示。

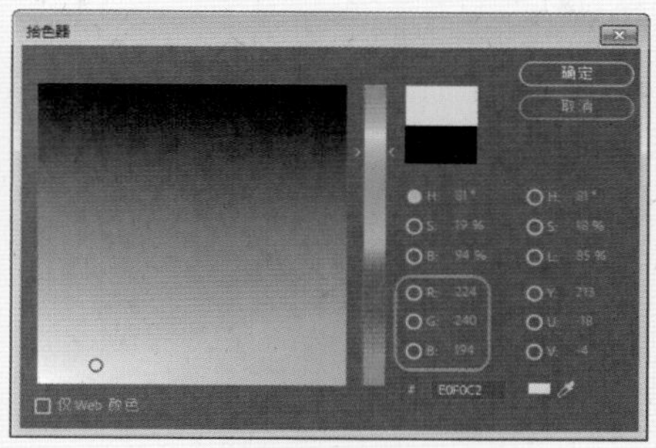

图12-20　设置遮罩颜色

05 设置完成后，单击【确定】按钮，在弹出的对话框中使用其默认参数，单击【确定】按钮，将当前时间设置为00:00:00:00，在【项目】面板中选择“颜色遮罩”，按住鼠标将其拖曳至V1视频轨道中，将其开始处与时间线对齐，并将其持续时间设置为00:00:21:00，如图12-21所示。

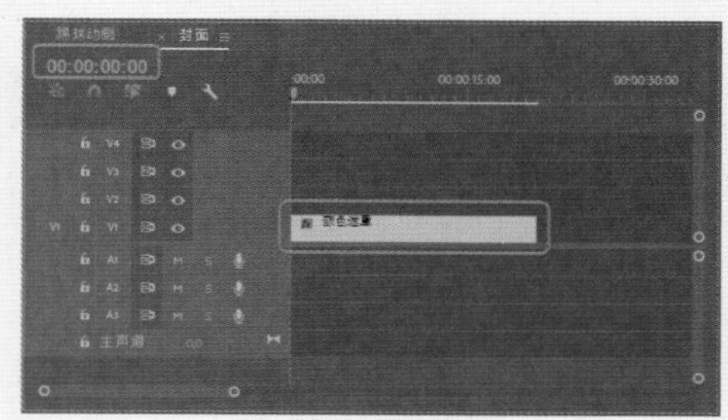

图12-21　添加素材文件

06 选中该素材文件，为其添加渐变视频效果，在【效果控件】面板中将【渐变】下的【渐变起点】设置为360、281，将【起始颜色】的RGB值设置为84、87、95，将【渐变终点】设置为290、751，将【结束颜色】的RGB设置为19、21、25，将【渐变形状】设置为【径向渐变】，如图12-22所示。

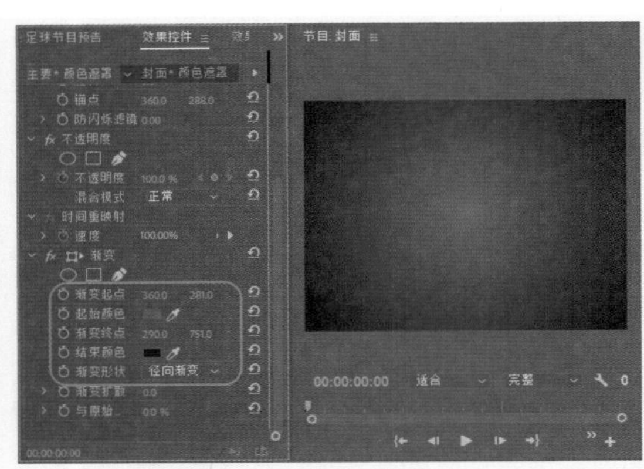

图12-22　添加【渐变】效果

07 在【项目】面板中右击鼠标，在弹出的快捷菜单中选择【新建项目】|【颜色遮罩】命令，在弹出的对话框中单击【确定】按钮，再在弹出的对话框中将RGB值设置为255、255、255，如图12-23所示。

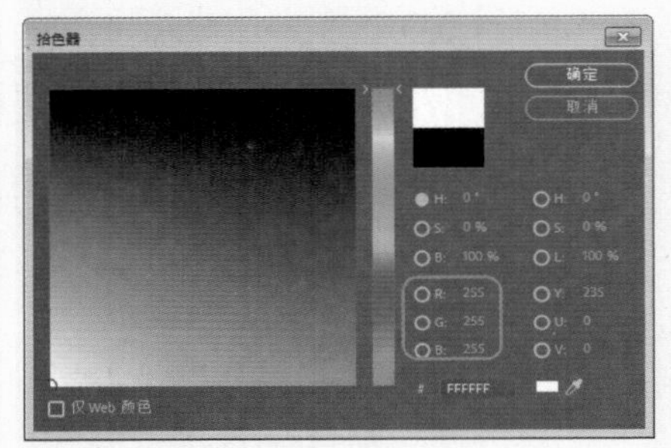

图12-23　设置遮罩颜色

08 设置完成后，单击【确定】按钮，在弹出的对话框中将遮罩名称设置为“白色遮罩”，单击【确定】按钮，将当前时间设置为00:00:00:00，在【项目】面板中选择“白色遮罩”，按住鼠标将其拖曳至V2视频轨道中，将其开始处与时间线对齐，将其持续时间设置为00:00:21:00，如图12-24所示。

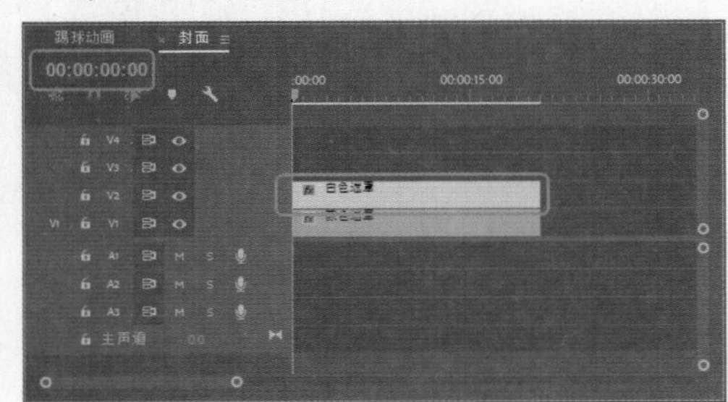

图12-24　添加素材文件并设置持续时间

09 继续选中该素材，为其添加【径向擦除】视频效果，在【效果控件】面板中将【不透明度】设置为25，单击其左侧的【切换动画】按钮，在弹出的对话框中单击【确定】按钮，将【混合模式】设置为【相乘】，将【径向擦除】下的【过渡完成】、【起始角度】分别设置为50、−19.3，将【擦除】设置为【两者兼有】，如图12-25所示。

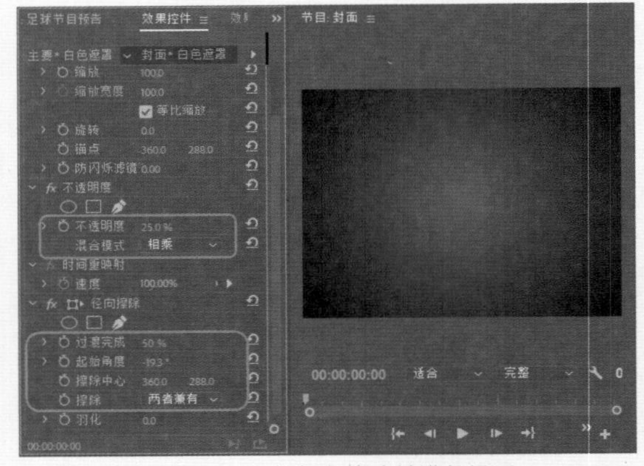

图12-25　添加径向擦除并进行设置

10 继续选中该素材文件，为其添加【投影】视频效果，在【效果控件】面板中将【投影】下的【不透明度】、【方向】、【距离】、【柔和度】分别设置为42、373、42、168，如图12-26所示。

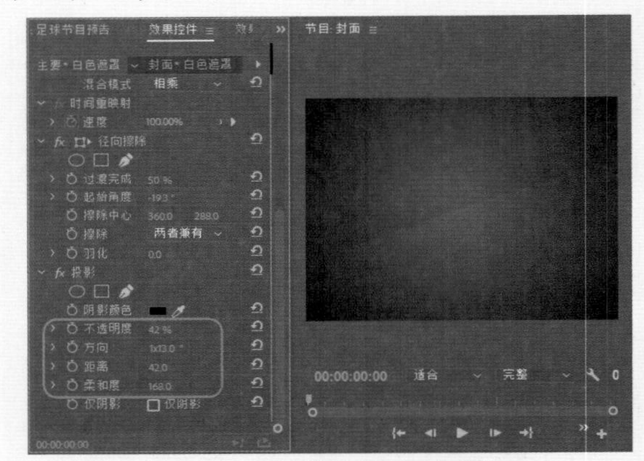

图12-26　添加投影并设置其参数

11 按住Alt键将其复制至V3视频轨道中，选中V3视频轨道中的素材文件，在【效果控件】面板中将【径向擦除】下的【起始角度】设置为−29.2，如图12-27所示。

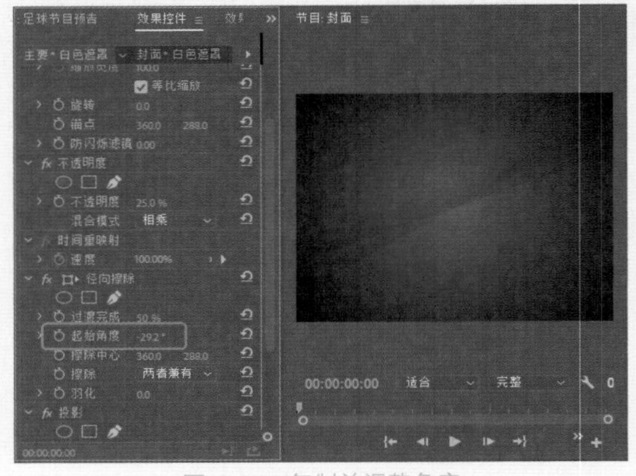

图12-27　复制并调整角度

12 继续将该素材复制至V4视频轨道中，选中V4视频轨道中的素材文件，在【效果控件】面板中将【径向擦除】下的【起始角度】设置为-41.9，如图12-28所示。

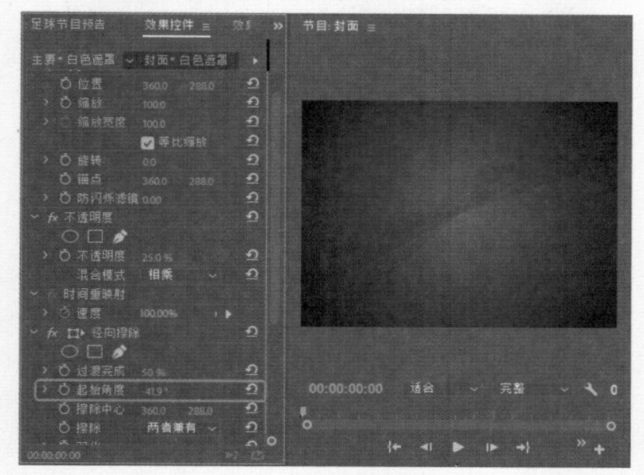

图12-28　设置角度

12.4 创建预告封面动画

制作完成预告封面后，将对其进行相应的设置，以使其产生动画效果，其具体操作步骤如下。

01 按Ctrl+N组合键，在弹出的对话框中选择【序列预设】选项卡，选择DV-PAL|【标准48kHz】选项，将【序列名称】设置为“封面动画”，如图12-29所示。

图12-29　设置序列名称

02 设置完成后，单击【确定】按钮，将当前时间设置为00:00:00:00，在【项目】面板中选择“白色遮罩”，按住鼠标将其拖曳至V1视频轨道中，将其开始处与时间线对齐，将其持续时间设置为00:00:20:01，如图12-30所示。

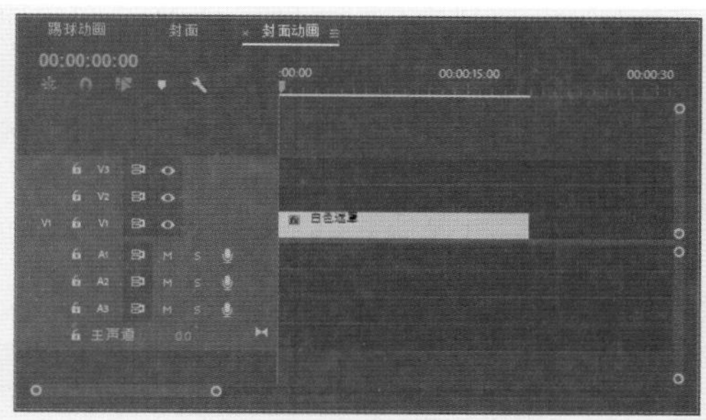

图12-30　添加白色遮罩

03 确认当前时间为00:00:00:00，在【项目】面板中选择“封面”序列文件，按住鼠标将其拖曳至V2视频轨道中，将其开始处与时间线对齐，将其持续时间设置为00:00:20:01，并取消速度与持续时间的链接，如图12-31所示。

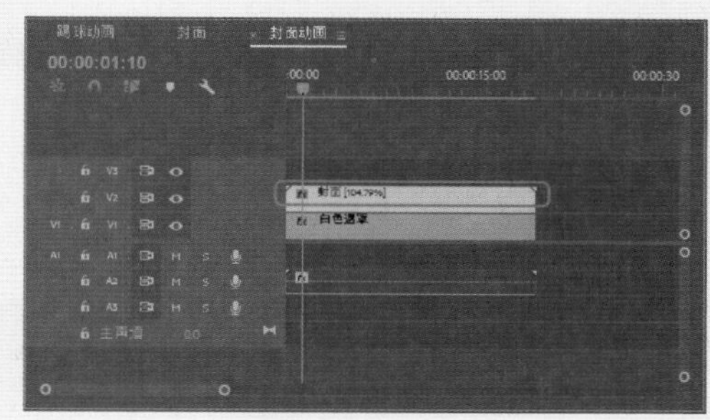

图12-31　添加序列文件

04 继续选中该素材文件，为其添加【径向擦除】视频效果，确认当前时间为00:00:01:10，将【过渡完成】设置为50，单击【过渡完成】左侧的【切换动画】按钮，将【起始角度】设置为180，单击【擦除中心】左侧的【切换动画】按钮，如图12-32所示。

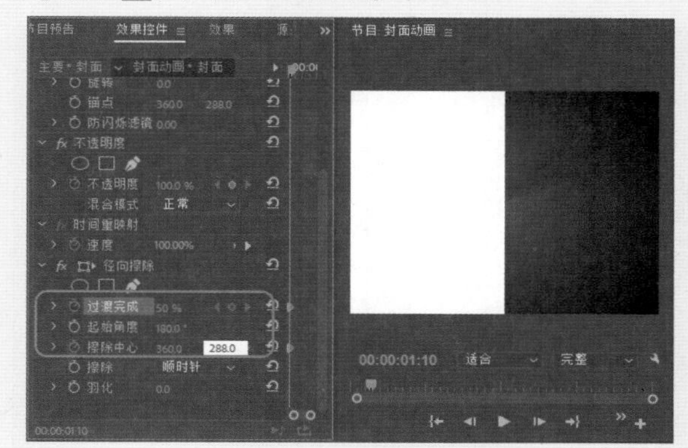

图12-32　添加径向擦除并设置其参数

05 将当前时间设置为00:00:01:20，在【效果控件】面板中将【过渡完成】设置为79，将【擦除中心】设置为360、386.1，如图12-33所示。

06 将当前时间设置为00:00:16:01，在【效果控件】面板中单击【过渡完成】及【擦除中心】右侧的【添加/移除关键帧】按钮，如图12-34所示。

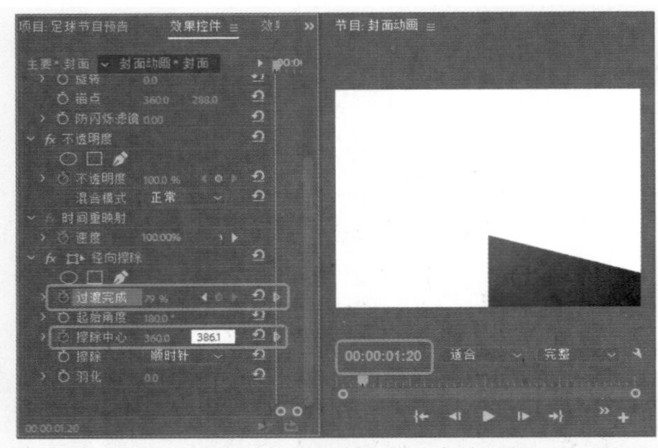

图12-33　设置径向擦除参数

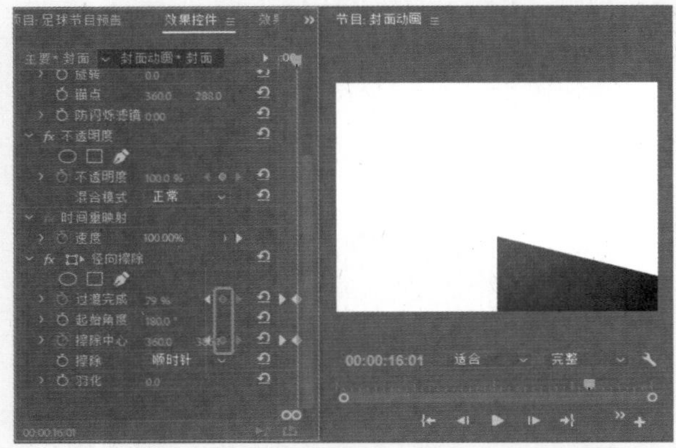

图12-34　添加关键帧

07 将当前时间设置为00:00:16:11，在【效果控件】面板中将【径向擦除】下的【过渡完成】设置为50，将【擦除中心】设置为360、288，如图12-35所示。

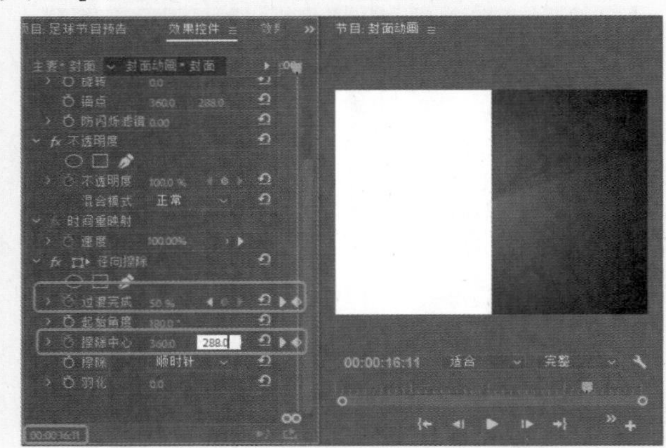

图12-35　设置径向擦除参数

08 将当前时间设置为00:00:00:00，在【项目】面板中选择“封面”序列文件，按住鼠标将其拖曳至V3视频轨道中，将其开始处与时间线对齐，取消其速度与持续时间的链接，将其持续时间设置为00:00:20:01，如图12-36所示。

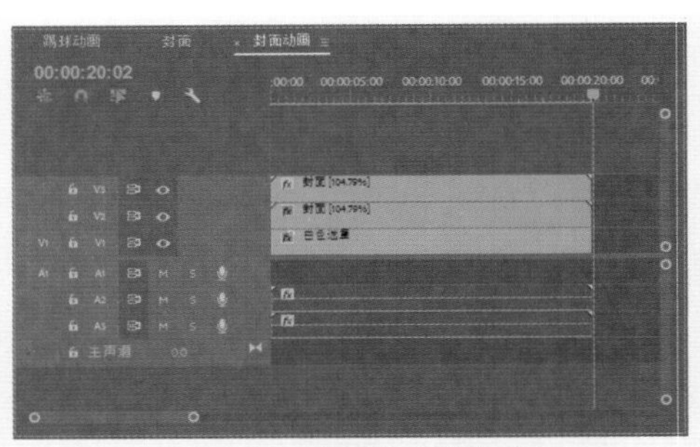

图12-36　添加序列文件并进行设置

09 选中该素材，为其添加【径向擦除】视频效果，将当前时间设置为00:00:01:10，在【效果控件】面板中将【过渡完成】设置为50，单击其左侧的【切换动画】按钮，将【起始角度】设置为180，单击【擦除中心】左侧的【切换动画】按钮，将【擦除】设置为【逆时针】，如图12-37所示。

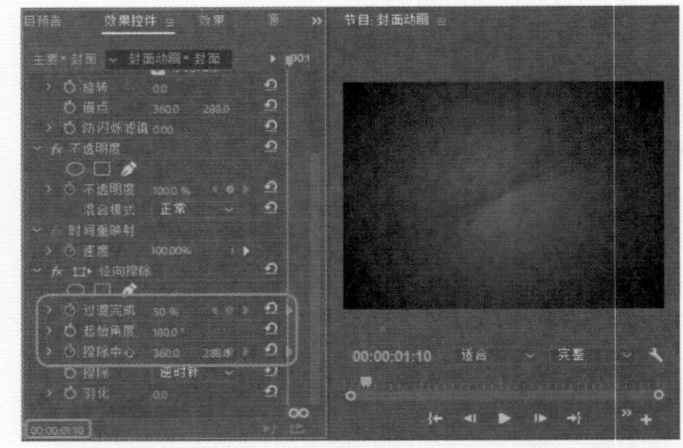

图12-37　添加径向擦除并进行设置

10 将当前时间设置为00:00:01:20，在【效果控件】面板中将【过渡完成】设置为53，将【擦除中心】设置为360、386.1，如图12-38所示。

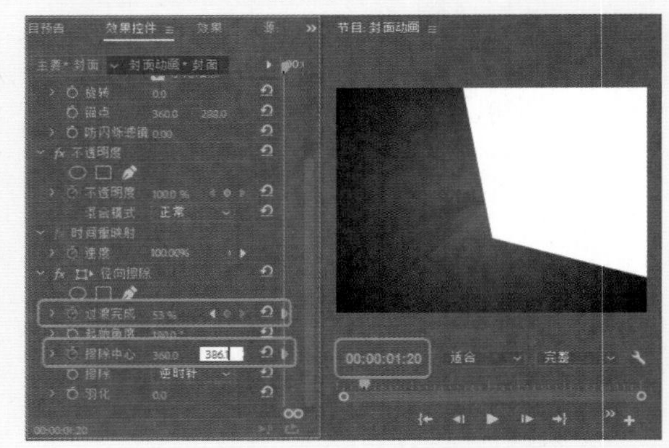

图12-38　设置径向擦除参数

11 将当前时间设置为00:00:16:01，在【效果控件】面板中单击【过渡完成】及【擦除中心】右侧的【添加/移除关键帧】按钮，如图12-39所示。

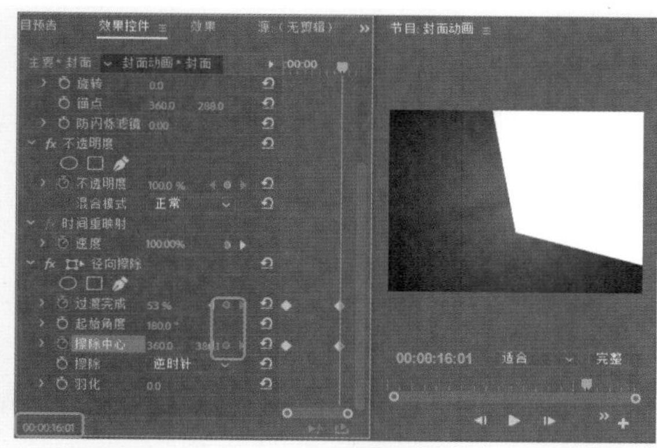

图12-39 添加关键帧

12 将当前时间设置为00:00:16:11，在【效果控件】面板中将【过渡完成】设置为50，将【擦除中心】设置为360、288，如图12-40所示。

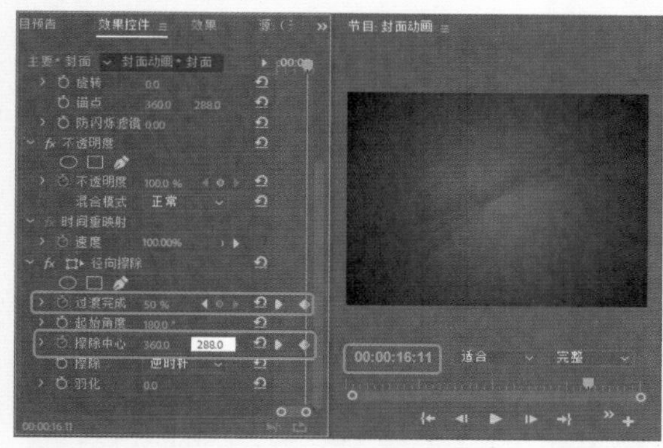

图12-40 设置过渡完成及擦除中心

13 将当前时间设置为00:00:00:00，在【效果控件】面板中选择“ball.png”素材文件，按住鼠标将其拖曳至V3视频轨道上方的空白处，将其开始处与时间线对齐，将其持续时间设置为00:00:20:01，选中该素材文件，将当前时间设置为00:00:01:10，在【效果控件】面板中单击【位置】左侧的【切换动画】按钮，将【缩放】设置为11，将【旋转】设置为30，如图12-41所示。

图12-41 设置素材文件参数

14 将当前时间设置为00:00:01:20，在【效果控件】面板中将【位置】设置为360、386.1，如图12-42所示。

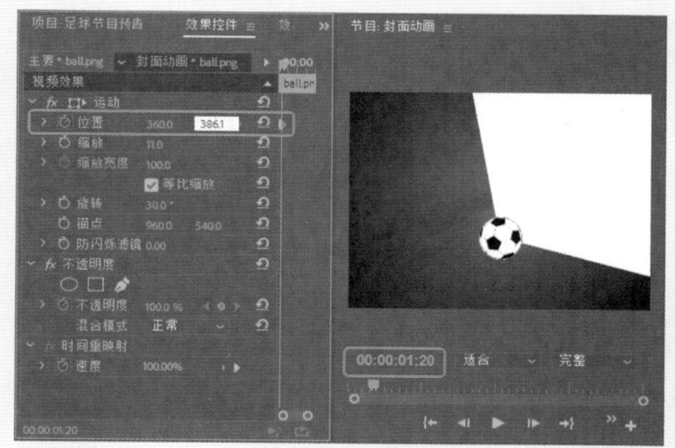

图12-42 设置位置参数

15 将当前时间设置为00:00:16:01，在【效果控件】面板中单击【位置】右侧的【添加/移除关键帧】按钮，如图12-43所示。

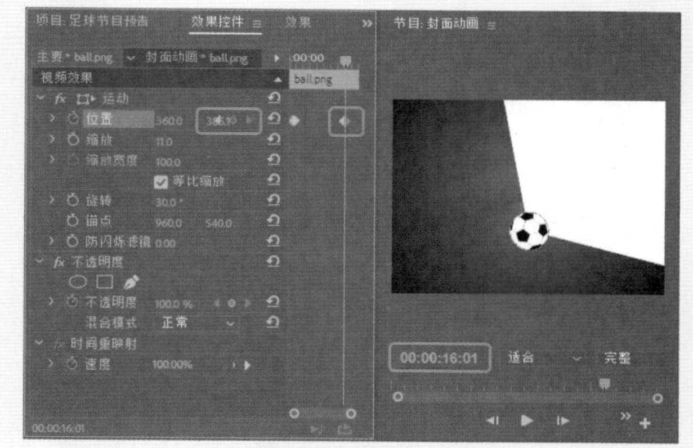

图12-43 添加关键帧

16 将当前时间设置为00:00:16:11，在【效果控件】面板中将【位置】设置为360、288，如图12-44所示，设置完成后，将V1视频轨道中的“白色遮罩”删除。

图12-44 设置位置参数

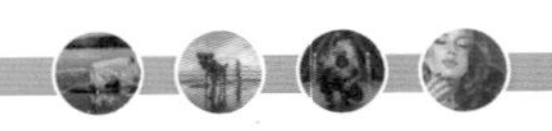

12.5 创建节目预告动画

下面将介绍如何创建节目预告动画，具体操作步骤如下。

01 按Ctrl+N组合键，在弹出的对话框中选择【序列预设】选项卡，选择DV-PAL|【标准48kHz】选项，将【序列名称】设置为“预告动画”，如图12-45所示。

图12-45 【新建序列】对话框

02 在该对话框中选择【轨道】选项卡，将视频轨道设置为11，如图12-46所示。

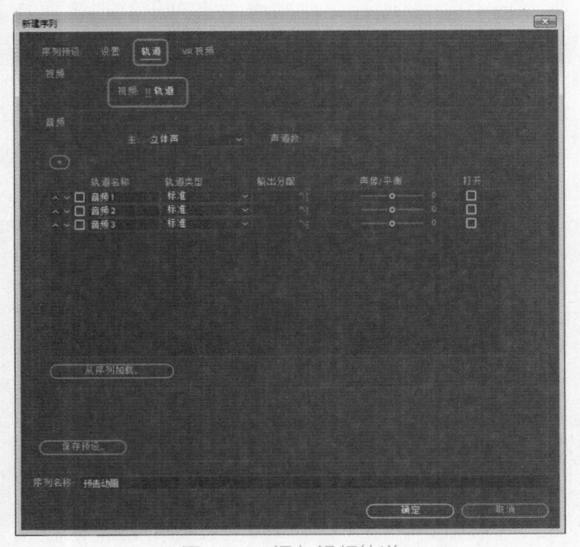

图12-46 添加视频轨道

03 设置完成后，单击【确定】按钮，将当前时间设置为00:00:00:00，在【项目】面板中选择“颜色遮罩”，按住鼠标将其拖曳至V1视频轨道中，将其开始处与时间线对齐，将其持续时间设置为00:00:18:10，如图12-47所示。

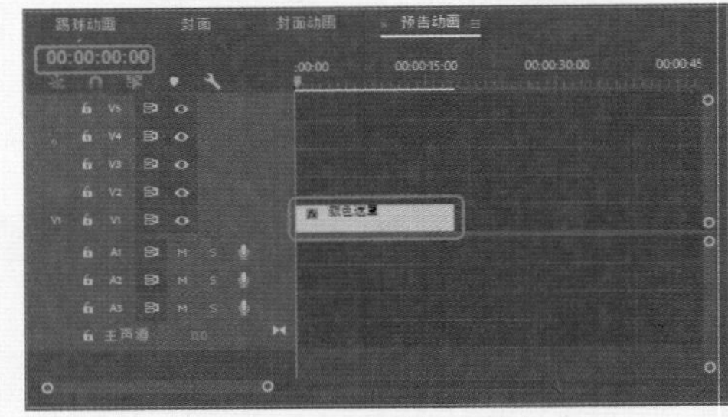

图12-47 添加素材并设置其持续时间

04 选中该素材文件，为其添加【渐变】视频效果，在【效果控件】面板中将【渐变起点】设置为360、195，将【起始颜色】的RGB值设置为169、171、157，将【渐变终点】设置为472、576，将【结束颜色】的RGB值设置为169、171、157，将【渐变形状】设置为【径向渐变】，如图12-48所示。

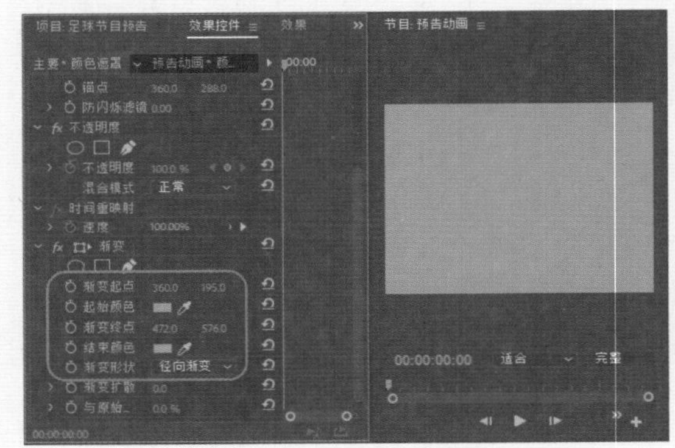

图12-48 添加渐变效果

05 在菜单栏中选择【文件】|【新建】|【旧版标题】命令，如图12-49所示。

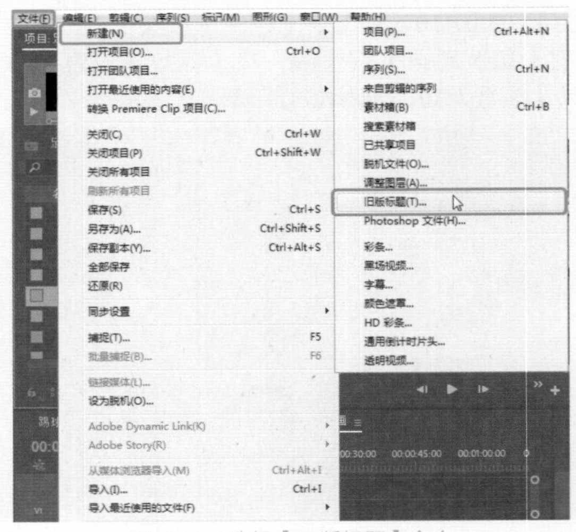

图12-49 选择【旧版标题】命令

06 在弹出的对话框中使用其默认设置，在弹出的字幕编辑器中选择【椭圆工具】，在【字幕】面板中按住Shift键绘制一个正圆，选中绘制的正圆，在【填充】选项组中将【填充类型】设置为【径向渐变】，将左侧色标的RGB值设置为255、255、255，将【色彩到不透明】设置为69，将右侧色标的RGB值设置为255、255、255，将【色彩到不透明】设置为0，并调整色标的位置，在【变换】选项组中将【宽度】、【高度】都设置为598，将【X位置】、【Y位置】分别设置为397.6、286.3，如图12-50所示。

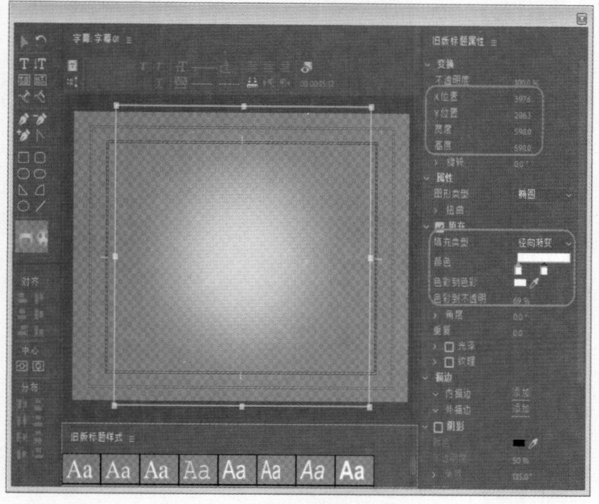

图12-50　绘制正圆并进行设置

07 确认当前时间为00:00:00:00，在【项目】面板中选择"字幕01"，按住鼠标将其拖曳至V2视频轨道中，如图12-51所示。将其持续时间设置为00:00:18:10，选中该素材，在【效果控件】面板中将【缩放】设置为169。

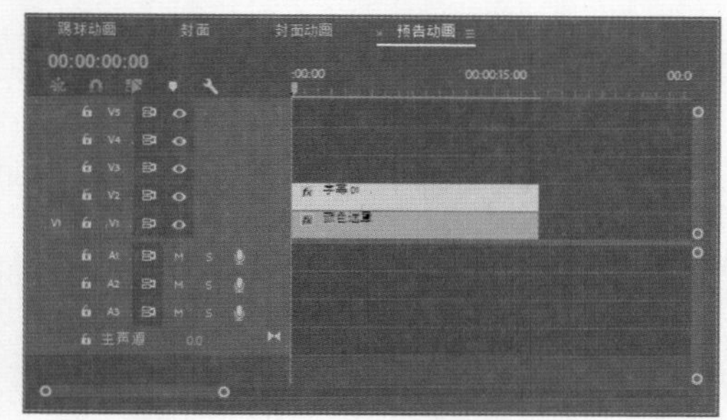

图12-51　添加素材文件并调整持续时间

08 将当前时间设置为00:00:01:16，在【项目】面板中选择"颜色遮罩"，按住鼠标将其拖曳至V4视频轨道中，将其开始处与时间线对齐，将其持续时间设置为00:00:16:06，如图12-52所示。

09 继续选中该素材文件，为其添加【颜色替换】、【径向擦除】以及【投影】视频效果，将当前时间设置为00:00:02:06，在【效果控件】面板中将【颜色替换】下的【目标颜色】的RGB值设置为223、240、193，将【替换颜色】的RGB值设置为163、223、46，单击【径向擦除】下的【过渡完成】左侧的【切换动画】按钮，将【起始角度】设置为-6，将【擦除中心】设置为363、436.8，将【投影】下的【不透明度】、【方向】、【距离】、【柔和度】分别设置为35、1×41°、10、50，如图12-53所示。

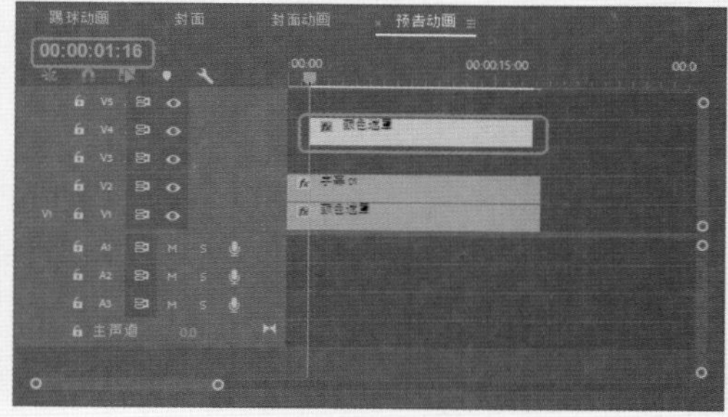

图12-52　添加颜色遮罩

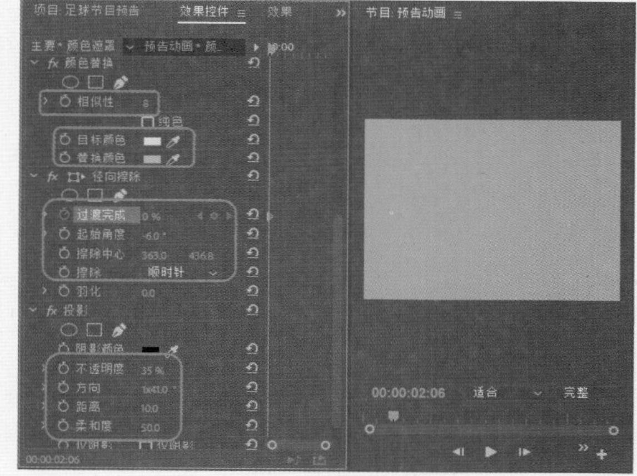

图12-53　添加并设置视频效果参数

10 将当前时间设置为00:00:02:15，在【效果控件】面板中将【过渡完成】设置为30，如图12-54所示。

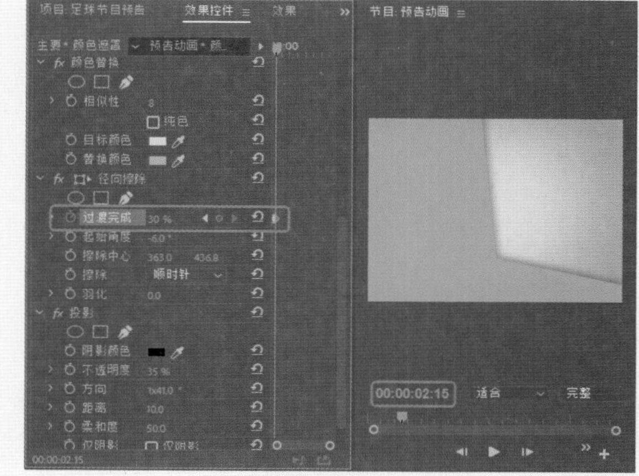

图12-54　设置过渡完成

11 将当前时间设置为00:00:06:08，在【效果控件】面板中单击【过渡完成】右侧的【添加/移除关键帧】按钮，

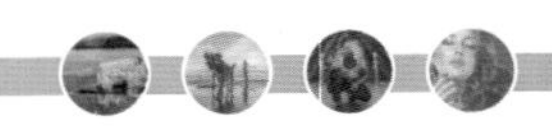

如图12-55所示。

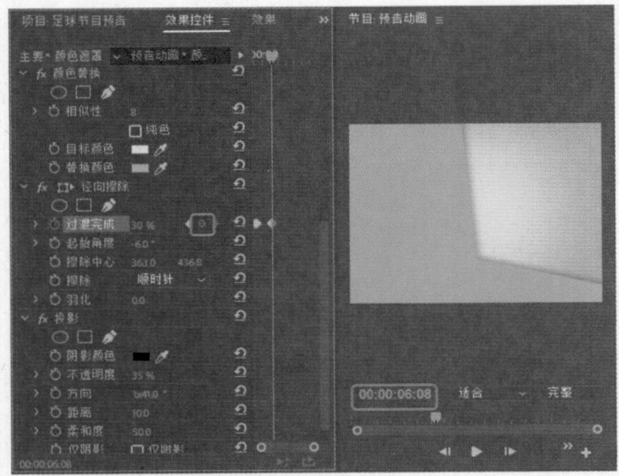

图12-55 添加关键帧

12 将当前时间设置为00:00:06:16，在【效果控件】面板中将【过渡完成】设置为0，如图12-56所示。

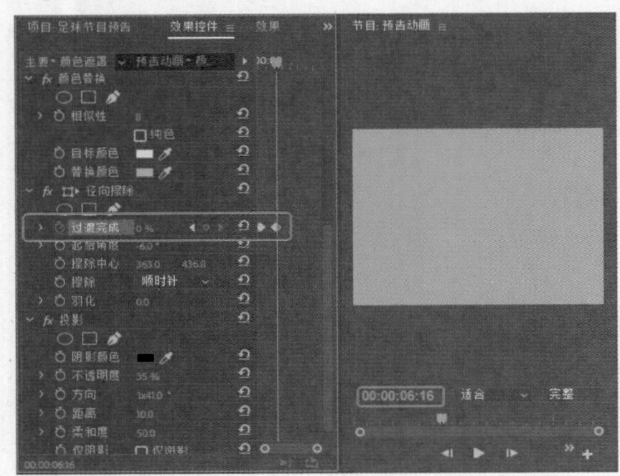

图12-56 设置过渡完成参数

13 将当前时间设置为00:00:07:01，在【效果控件】面板中单击【过渡完成】右侧的【添加/移除关键帧】按钮，如图12-57所示。

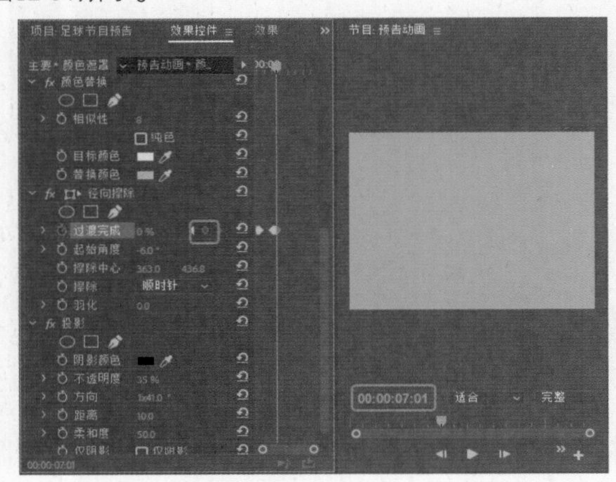

图12-57 添加关键帧

14 将当前时间设置为00:00:07:09，在【效果控件】面板中将【过渡完成】设置为30，如图12-58所示。

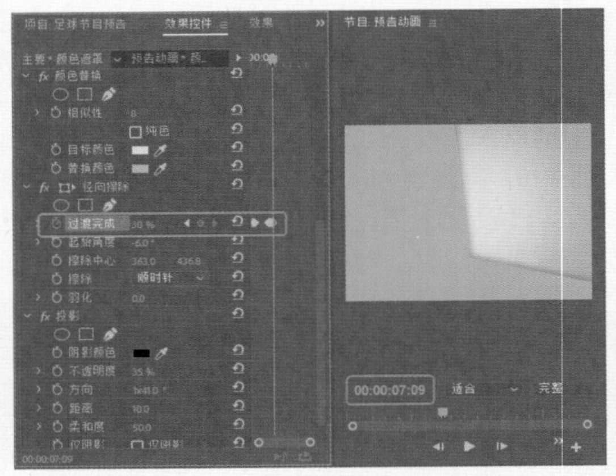

图12-58 将【过渡完成】设置为30

15 将当前时间设置为00:00:10:16，在【效果控件】面板中单击【过渡完成】右侧的【添加/移除关键帧】按钮，如图12-59所示。

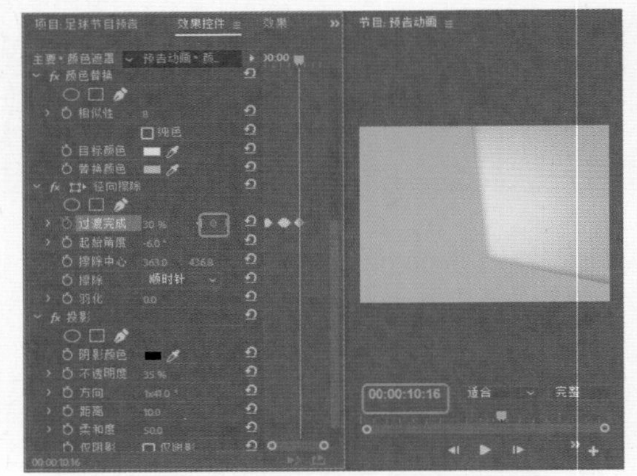

图12-59 添加关键帧

16 将当前时间设置为00:00:10:23，在【效果控件】面板中将【过渡完成】设置为28，如图12-60所示。

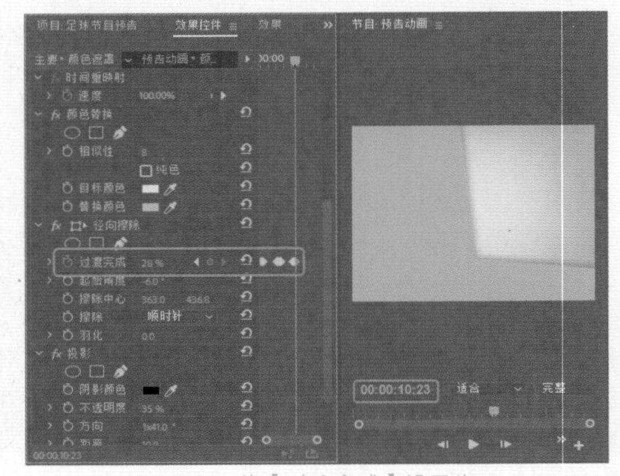

图12-60 将【过渡完成】设置为28

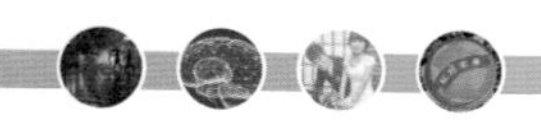

17 将当前时间设置为00:00:11:07，在【效果控件】面板中将【过渡完成】设置为0，如图12-61所示。

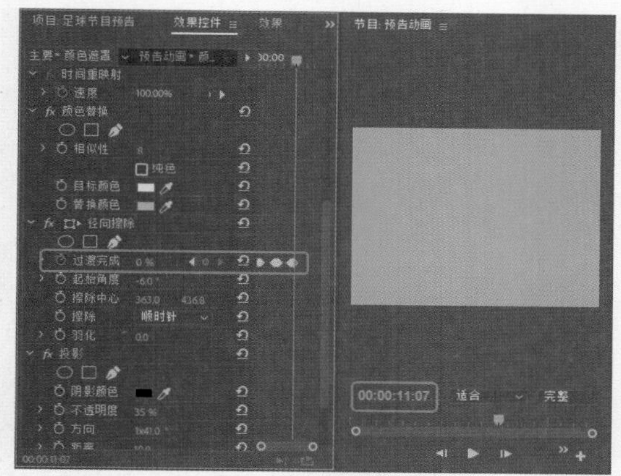

图12-61　设置【过渡完成】为0

18 将当前时间设置为00:00:11:18，在【效果控件】面板中单击【过渡完成】右侧的【添加/移除关键帧】按钮，如图12-62所示。

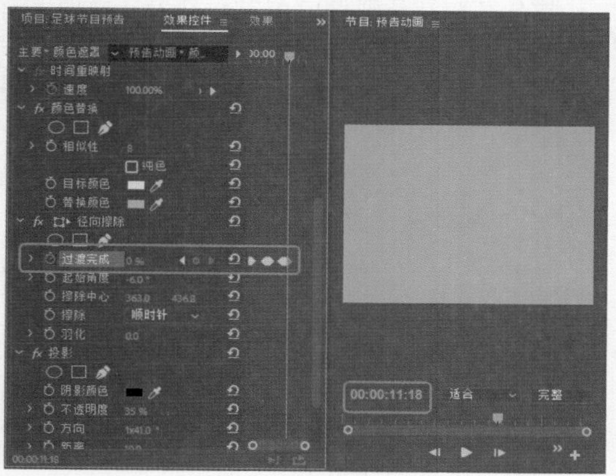

图12-62　添加关键帧

19 将当前时间设置为00:00:12:02，在【效果控件】面板中将【过渡完成】设置为30，如图12-63所示。

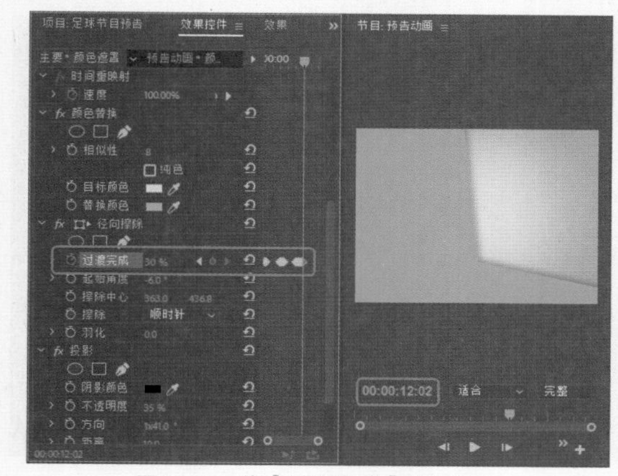

图12-63　将【过渡完成】设置为30

20 将当前时间设置为00:00:15:17，在【效果控件】面板中单击【过渡完成】右侧的【添加/移除关键帧】按钮，如图12-64所示。

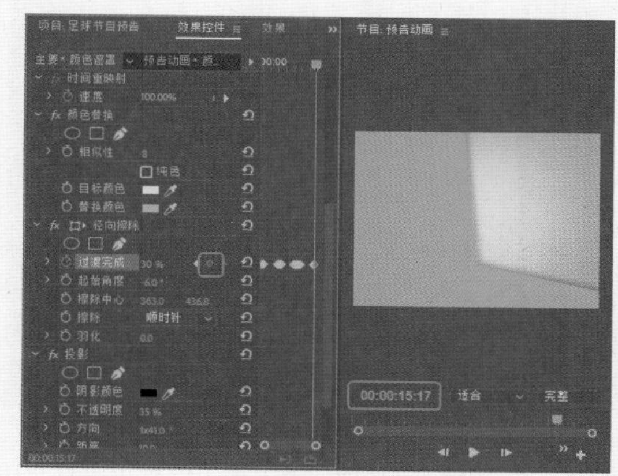

图12-64　添加关键帧

21 将当前时间设置为00:00:16:00，在【效果控件】面板中将【过渡完成】设置为0，如图12-65所示。

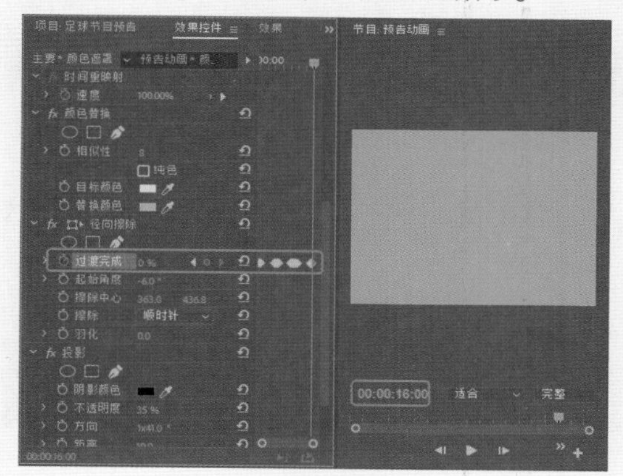

图12-65　设置【过渡完成】为0

22 将当前时间设置为00:00:01:16，在【项目】面板中选择“颜色遮罩”素材文件，按住鼠标将其拖曳至V5视频轨道中，将其开始处与时间线对齐，将其持续时间设置为00:00:16:06，如图12-66所示。

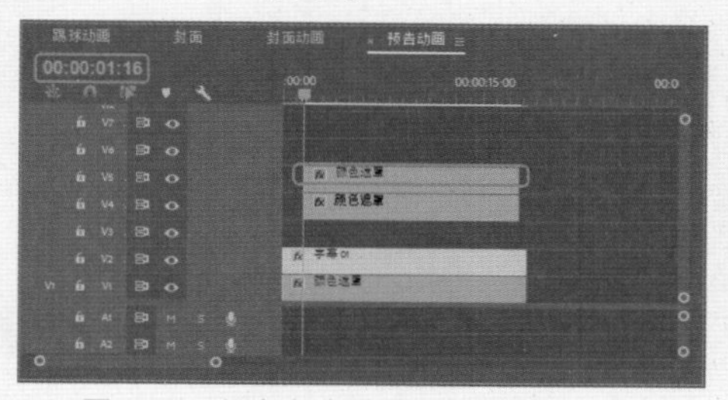

图12-66　添加颜色遮罩并设置持续时间

23 将当前时间设置为00:00:01:23，选中该素材文件，在【效果控件】面板中将【位置】设置为489、716.8，单击【位置】与【旋转】左侧的【切换动画】按钮，将【旋

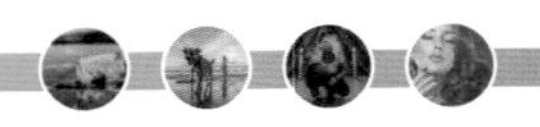

转】设置为-62.6，如图12-67所示。

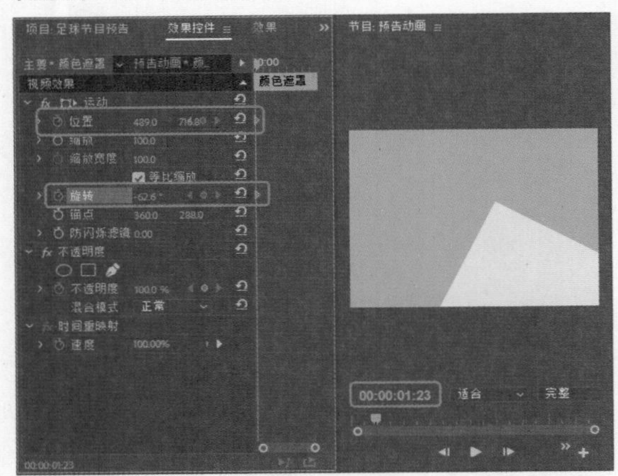

图12-67 设置位置与旋转参数

24 将当前时间设置为00:00:02:08，将【位置】设置为1022、134.4，将【旋转】设置为-118.3，如图12-68所示。

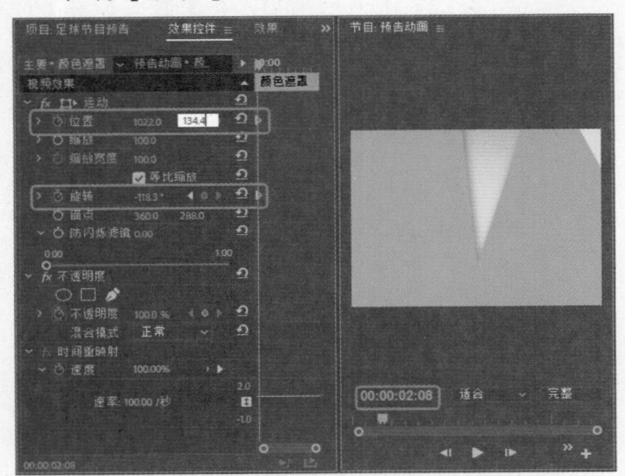

图12-68 调整位置与旋转参数

25 将当前时间设置为00:00:06:09，在【效果控件】面板中单击【位置】与【旋转】右侧的【添加/移除关键帧】按钮，如图12-69所示。

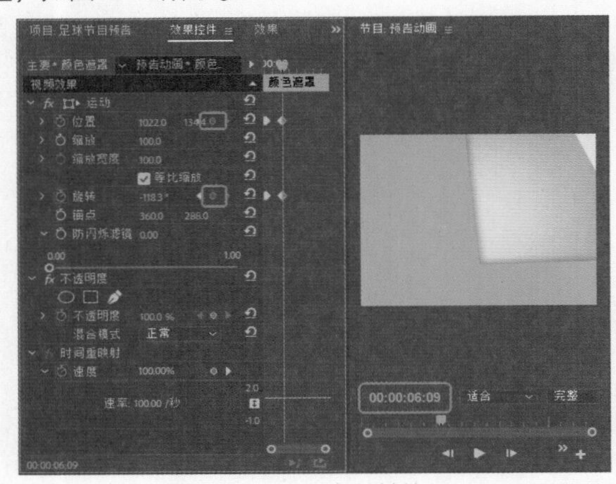

图12-69 添加关键帧

26 使用相同的方法添加其他关键帧，并根据相同的方法创建其他对象，如图12-70所示。

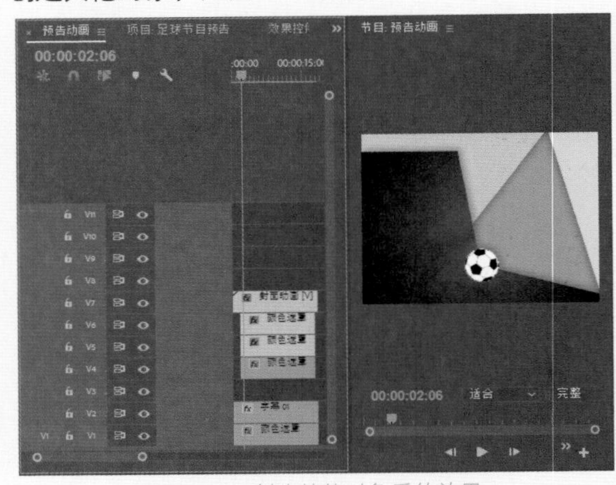

图12-70 创建其他对象后的效果

27 将当前时间设置为00:00:02:05，在【项目】面板中选择"图01.jpg"素材文件，按住鼠标将其拖曳至V3视频轨道中，将其开始处与时间线对齐，将其持续时间设置为00:00:04:11，如图12-71所示。

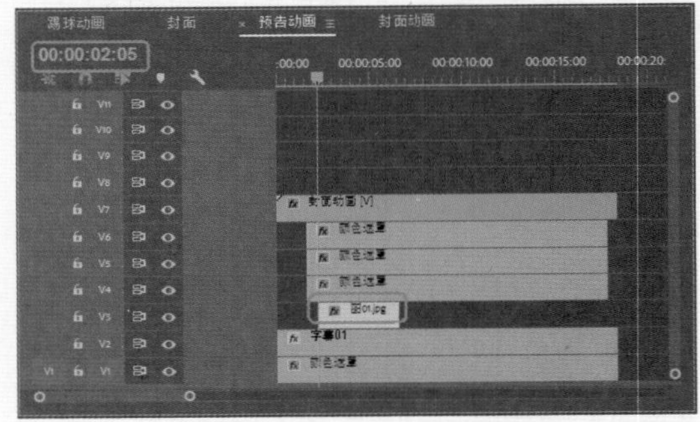

图12-71 添加素材

28 将当前时间设置为00:00:02:06，在【效果控件】面板中将【位置】设置为611.9、270，并单击其左侧的【切换动画】按钮，将【缩放】设置为61，如图12-72所示。

图12-72 设置位置及缩放参数

29 将当前时间设置为00:00:06:16，在【效果控件】面板中将【位置】设置为500、270，如图12-73所示。

图12-73　设置位置参数

30 使用同样的方法添加另外两个素材文件，并对其进行相应的设置，效果如图12-74所示。

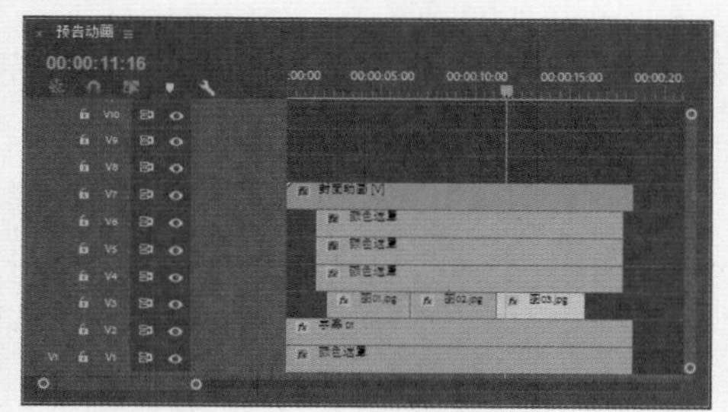

图12-74　添加其他素材

31 在菜单栏中单击【文件】按钮，在弹出的下拉列表中选择【新建】|【旧版标题】命令，如图12-75所示。

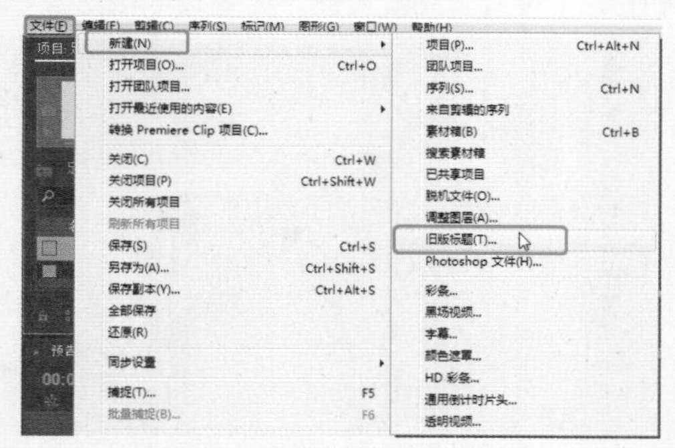

图12-75　选择【旧版标题】命令

32 在弹出的对话框中使用其默认设置，单击【确定】按钮，在弹出的字幕编辑器中选择【文字工具】T，在【字幕】面板中单击鼠标，输入文字，选中输入的文字，在【属性】面板中将【字体系列】设置为【黑体】，将【字体大小】设置为35，在【填充】选项组中将【颜色】的RGB值设置为255、255、255，在【变换】选项组中将【X位置】、【Y位置】分别设置为163.9、110.1，如图12-76所示。

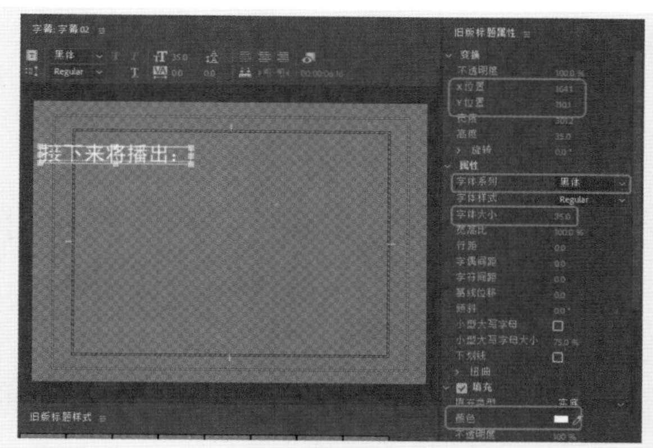

图12-76　输入字幕并进行设置

33 使用同样的方法再创建其他字幕，并对齐进行相应的设置，效果如图12-77所示。

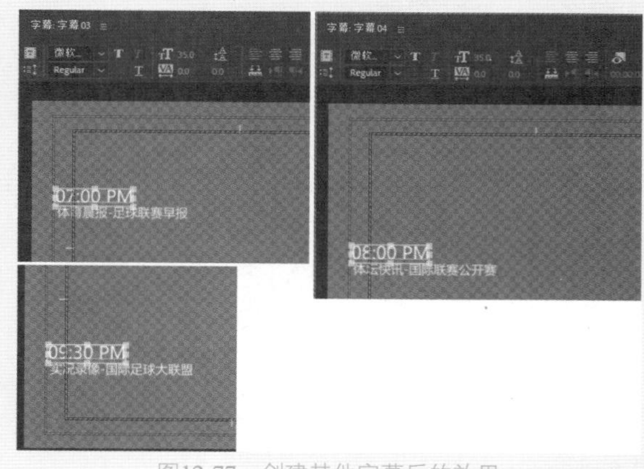

图12-77　创建其他字幕后的效果

34 将当前时间设置为00:00:00:00，在【项目】面板中选择“字幕02”，按住鼠标将其拖曳至V8视频轨道中，将其开始处与时间线对齐，将其持续时间设置为00:00:18:10，如图12-78所示。

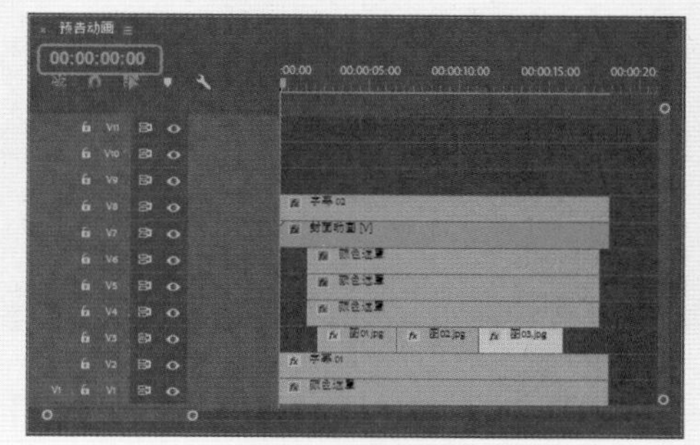

图12-78　添加素材并调整持续时间

35 将当前时间设置为00:00:01:20，在【效果控件】面板中将【位置】设置为75、288，单击其左侧的【切换动画】按钮，如图12-79所示。

36 将当前时间设置为00:00:02:01，在【效果控件】面板中将【位置】设置为360、288，如图12-80所示。

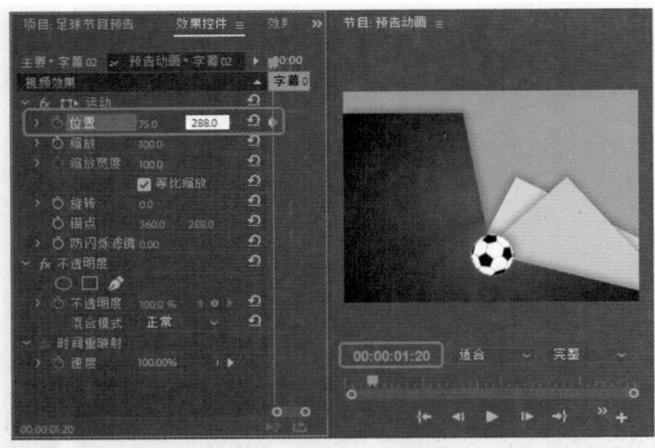

图12-79　设置位置关键帧

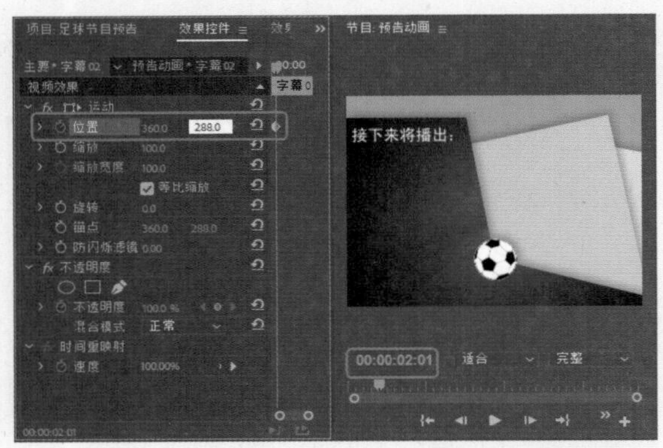

图12-80　设置位置关键帧

37 将当前时间设置为00:00:15:08，在【效果控件】面板中单击【位置】右侧的【添加/移除关键帧】按钮，如图12-81所示。

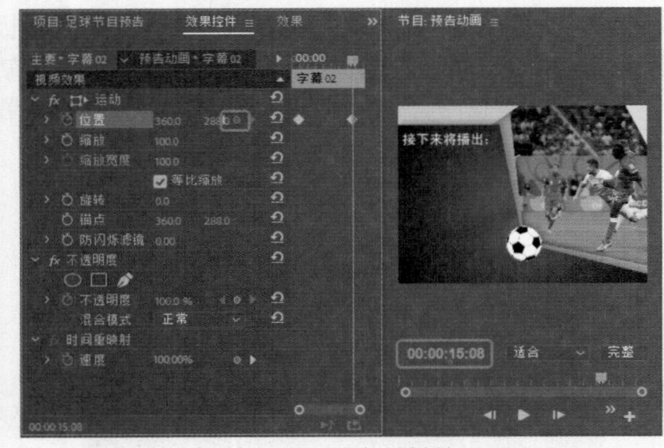

图12-81　添加关键帧

38 将当前时间设置为00:00:15:15，在【效果控件】面板中将【位置】设置为75、288，如图12-82所示。

39 将当前时间设置为00:00:00:00，在【项目】面板中选择“字幕03”，按住鼠标将其拖曳至V9视频轨道中，将其开始处与时间线对齐，将其持续时间设置为00:00:18:10，将当前时间设置为00:00:01:23，在【效果控件】面板中将【位置】设置为35、288，单击其左侧的【切换动画】按钮，如图12-83所示。

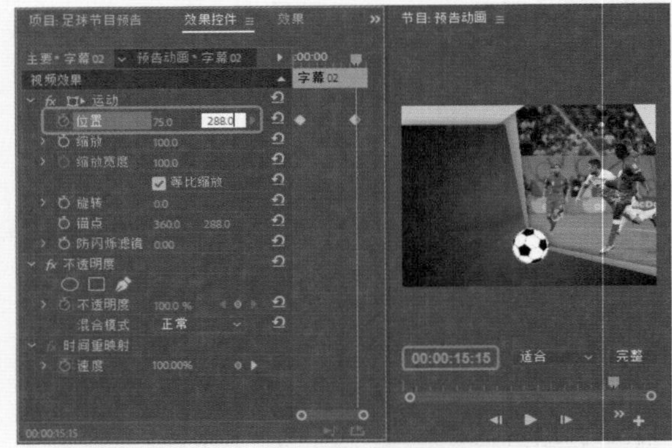

图12-82　设置位置参数

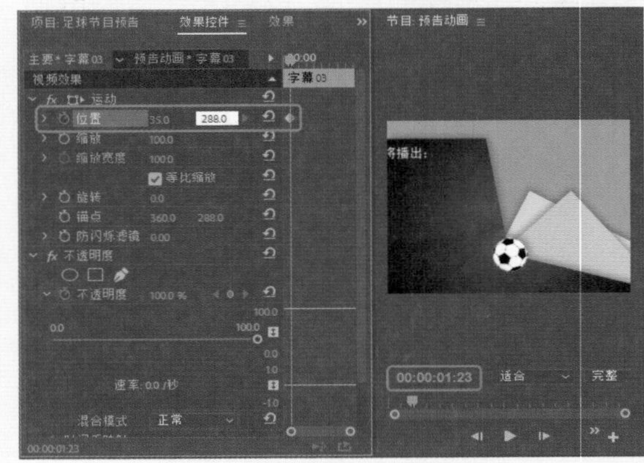

图12-83　添加“字幕03”

40 将当前时间设置为00:00:02:05，在【效果控件】面板中将【位置】设置为360、288，如图12-84所示。

图12-84　设置位置参数

41 将当前时间设置为00:00:06:02，在【效果控件】面板中单击【不透明度】右侧的【添加/移除关键帧】按钮，如图12-85所示。

42 将当前时间设置为00:00:06:16，在【效果控件】面板中将【不透明度】设置为30，如图12-86所示。

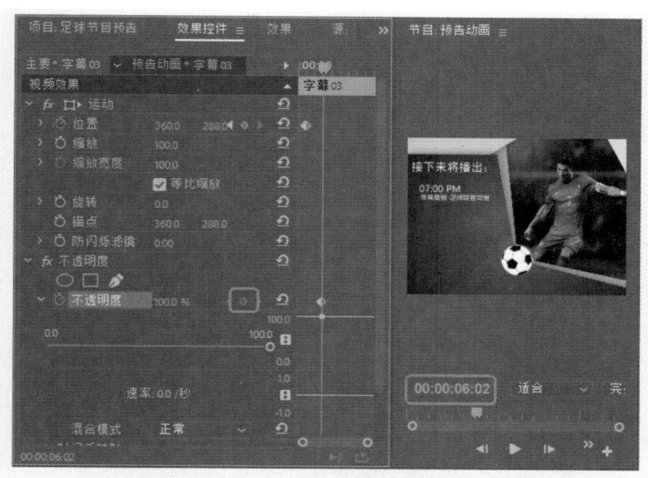
图12-85　添加不透明度关键帧

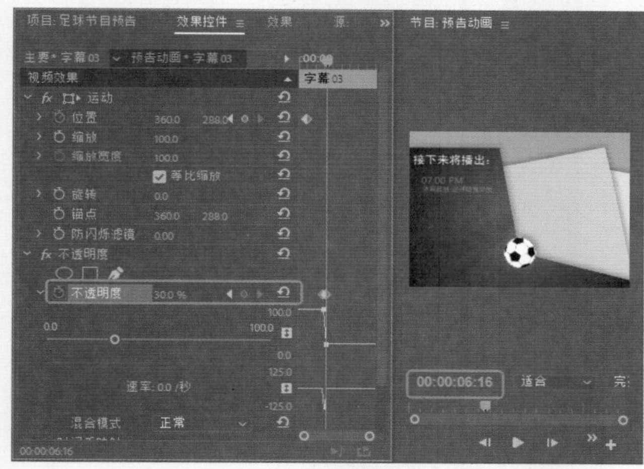
图12-86　将【不透明度】设置为30

43 将当前时间设置为00:00:15:05，在【效果控件】面板中单击【位置】右侧的【添加/移除关键帧】按钮，如图12-87所示。

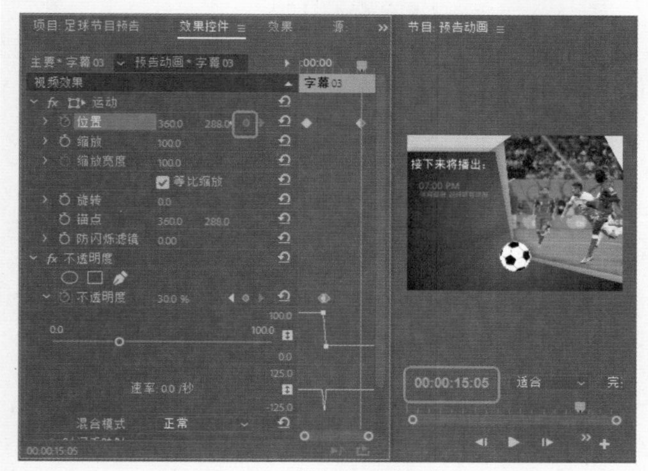
图12-87　添加位置关键帧

44 将当前时间设置为00:00:15:12，在【效果控件】面板中将【位置】设置为35、288，如图12-88所示。

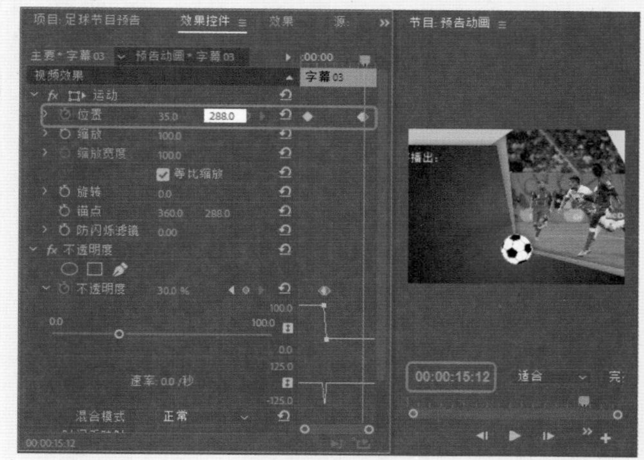
图12-88　设置位置参数

45 使用同样的方法添加其他文字，并对添加的文字进行设置，效果如图12-89所示。

图12-89　添加文字并进行设置

 12.6 嵌套序列

下面将介绍如何将前面所创建的序列进行嵌套，其具体操作步骤如下。

01 按Ctrl+N组合键，在弹出的对话框中选择【序列预设】选项卡，选择DV-PAL|【标准48kHz】选项，将【序列名称】设置为“节目预告”，如图12-90所示。

02 设置完成，单击【确定】按钮，将当前时间设置为00:00:00:00，在【项目】面板中选择“燃烧足球2.mov”，按住鼠标将其拖曳至V1视频轨道中，在弹出的对话框中单击【保持现有设置】，添加素材后的效果如图12-91所示。

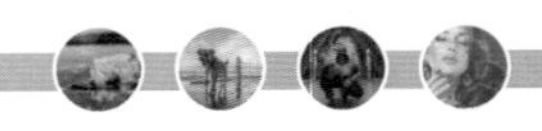

图12-90 【新建序列】对话框

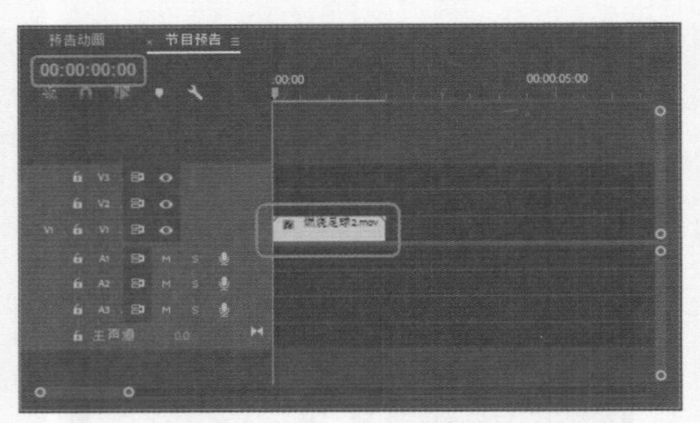

图12-91 添加素材

03 将当前时间设置为00:00:02:00，在【项目】面板中选择“踢球动画”序列文件，按住鼠标将其拖曳至V3视频轨道中，如图12-92所示。

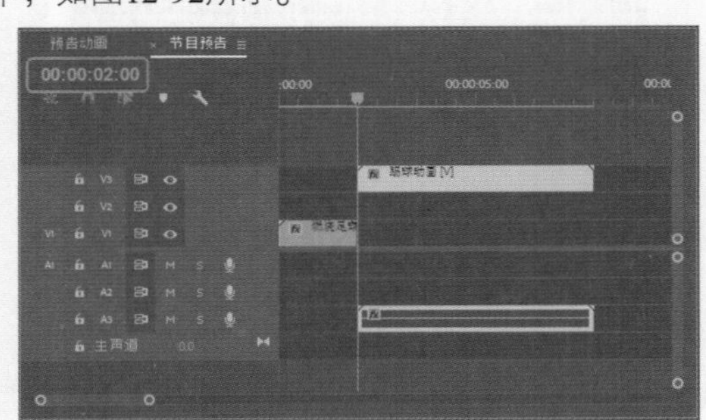

图12-92 添加素材文件

04 将当前时间设置为00:00:08:01，在【项目】面板中选择“BG-01.png”素材文件，按住鼠标将其拖曳至V2视频轨道中，将其开始处与时间线对齐，将其持续时间设置为00:00:03:12，如图12-93所示。

05 将当前时间设置为00:00:08:01，在【项目】面板中选择“V01-Studio-Ball.mp4”素材文件，按住鼠标将其拖曳至V3视频轨道中，将其开始处与时间线对齐，将其持续时间设置为00:00:03:12，如图12-94所示。

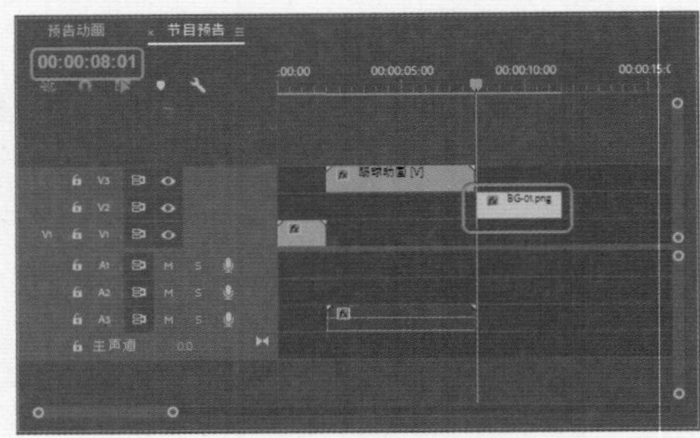

图12-93 添加素材文件

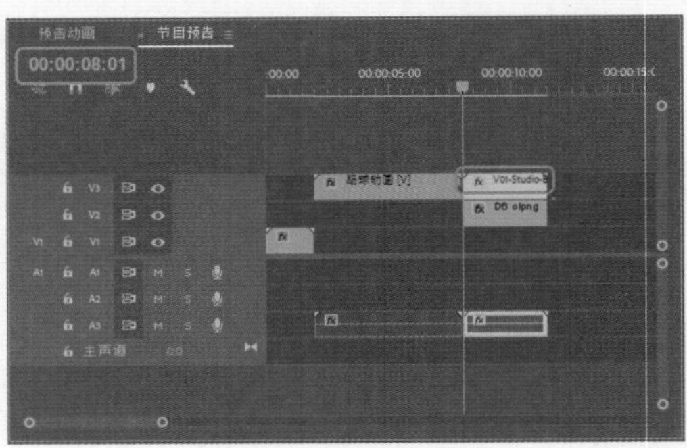

图12-94 添加视频文件

06 选中该视频文件，在【效果控件】面板中将【缩放】设置为27，如图12-95所示。

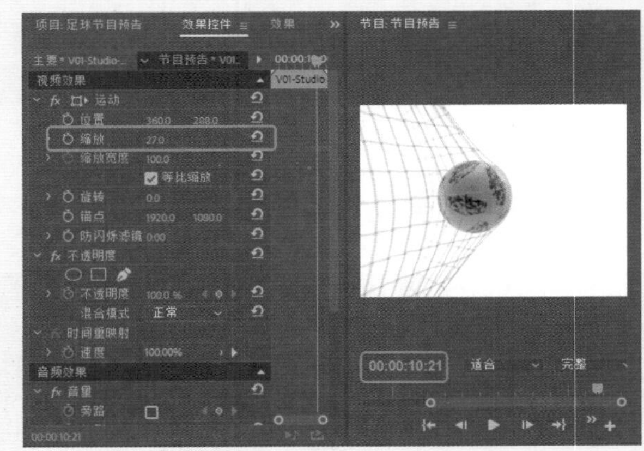

图12-95 设置缩放参数

07 将当前时间设置为00:00:08:01，在【项目】面板中选择“V01-Studio-Ball-Matte.mp4”素材文件，按住鼠标将其拖曳至V3视频轨道上方，将其开始处与时间线对齐，将其持续时间设置为00:00:03:12，如图12-96所示。

08 选中该视频文件，在【效果】面板中选择【颜色键】视频效果，双击鼠标，将其添加至选中的视频文件上，在【效果控件】面板中将【缩放】设置为27，将【不透明度】下的【混合模式】设置为【滤色】，将【主要颜

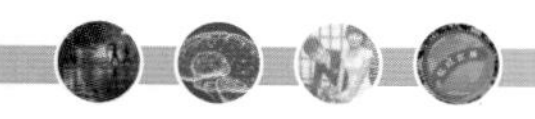

色】的RGB值设置为1、0、1，将【颜色容差】、【边缘细化】、【羽化边缘】分别设置为255、5、8.5，如图12-97所示。

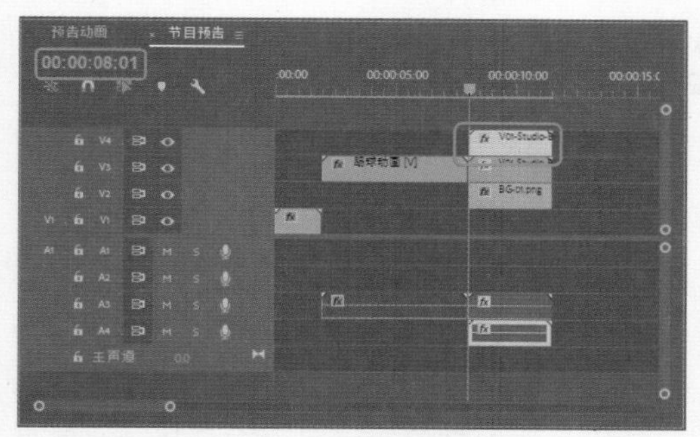

图12-96 添加视频文件并设置持续时间

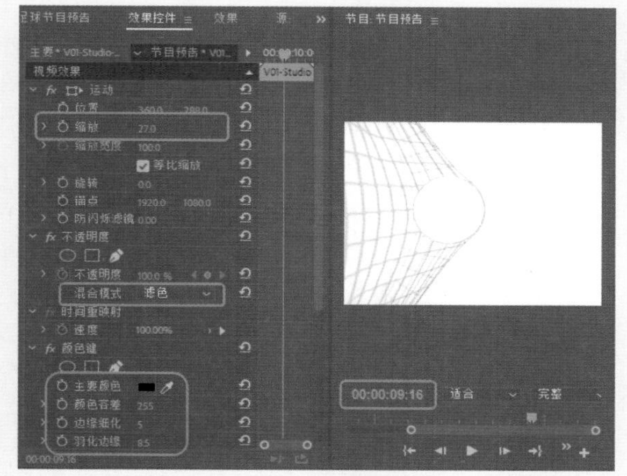

图12-97 设置视频文件

09 设置完成后，将V4视频轨道关闭，效果如图12-98所示。

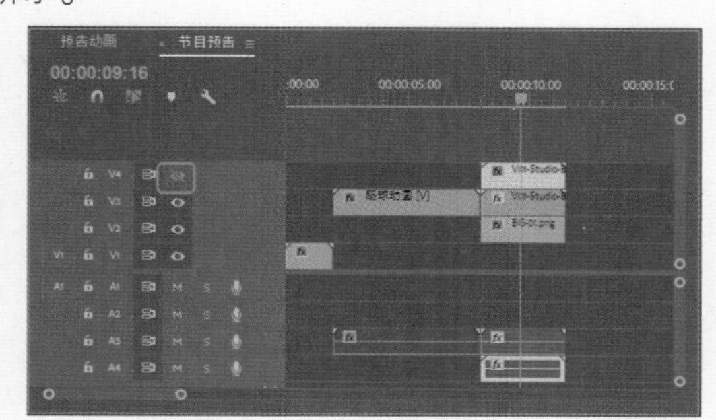

图12-98 关闭V4视频轨道

10 选择V3视频轨道中的“V01-Studio-Ball.mp4”视频文件，在【效果】面板中选择【设置遮罩】与【亮度与对比度】视频效果，为选中的视频文件添加这两种效果，在【效果控件】面板中将【设置遮罩】下的【从图层】设置为V4，将【用于遮罩】设置为【蓝色通道】，将【亮度与对比度】下的【亮度】、【对比度】分别设置为50、25，如图12-99所示。

图12-99 设置【设置遮罩】与【亮度与对比度】

11 将当前时间设置为00:00:08:01，在【项目】面板中选择“V01-Studio-Ball-Prt.mp4”素材文件，按住鼠标将其拖曳至V4视频轨道的上方，将其开始处与时间线对齐，将其持续时间设置为00:00:03:12，如图12-100所示。

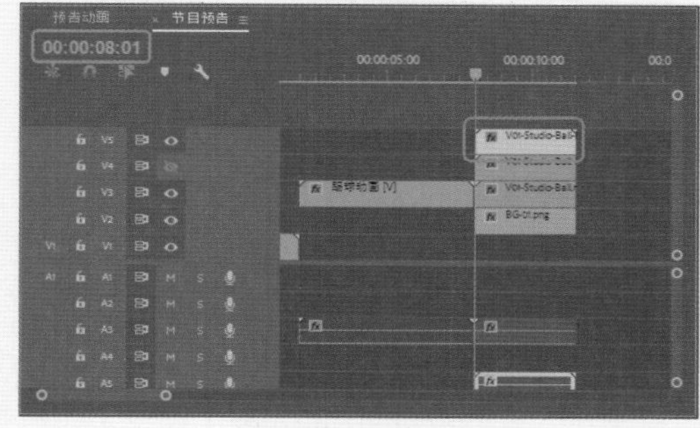

图12-100 添加素材文件并设置其持续时间

12 选中该视频文件，在【效果】面板中为其添加【颜色键】视频效果，在【效果控件】面板中将【缩放】设置为27，将【颜色键】下的【主要颜色】的RGB值设置为1、0、1，将【颜色容差】设置为190，如图12-101所示。

图12-101 设置视频文件参数

13 将当前时间设置为00:00:11:13，在【项目】面板中选择“燃烧足球2.mov”，按住鼠标将其拖曳至V3视频轨道中，并将其开始处与时间线对齐，如图12-102所示。

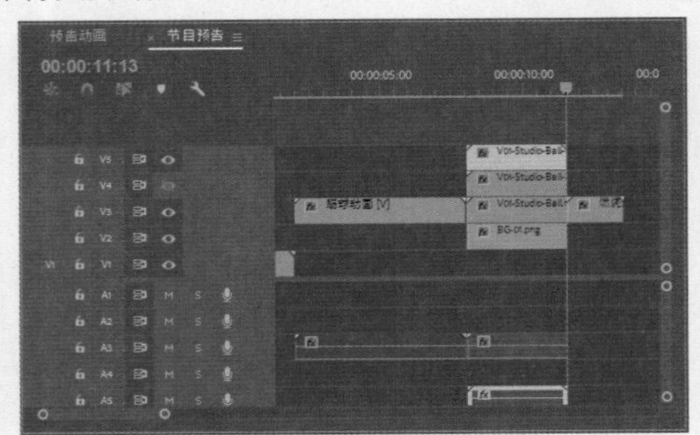

图12-102　添加视频文件

14 将当前时间设置为00:00:13:13，在【项目】面板中选择“预告动画”序列文件，按住鼠标将其拖曳至V1视频轨道中，将其开始处与时间线对齐，如图12-103所示。

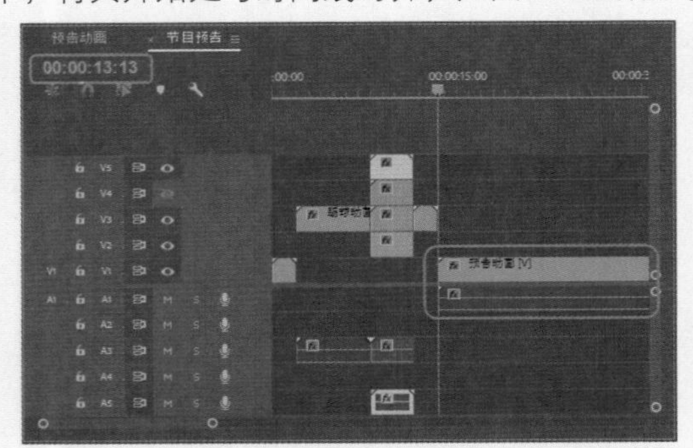

图12-103　添加序列文件

15 将当前时间设置为00:00:02:00，在【项目】面板中选择“音乐01.mp3”音频文件，按住鼠标将其拖曳至A1轨道中，将其开始处与时间线对齐，如图12-104所示。

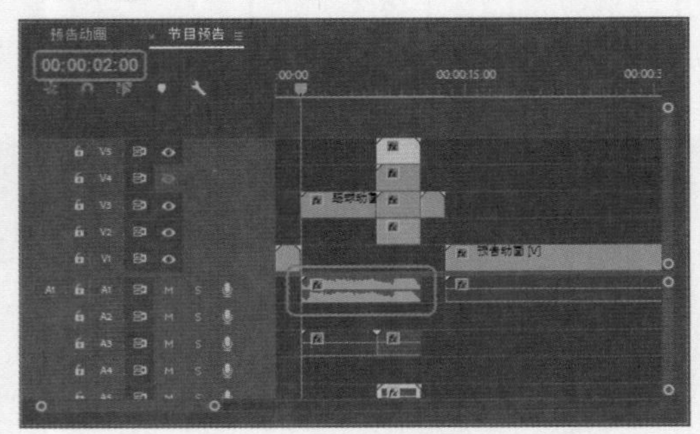

图12-104　添加音频文件

16 将当前时间设置为00:00:00:00，在【项目】面板中选择“背景音乐.mp3”音频文件，按住鼠标将其拖曳至A2音频轨道中，将当前时间设置为00:00:11:13，在工具箱中选择【剃刀工具】，在时间线位置对背景音乐进行裁剪，如图12-105所示。

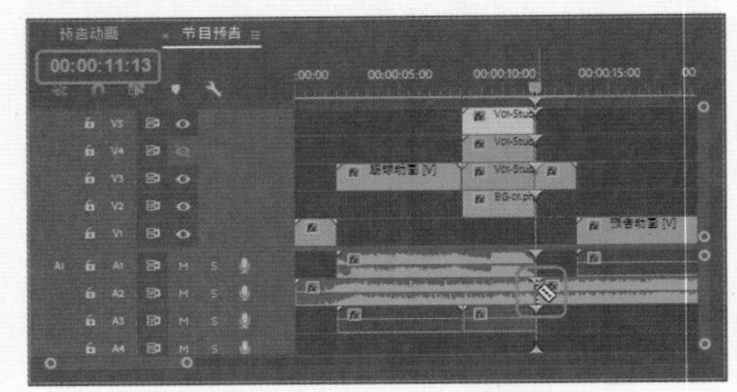

图12-105　对音乐进行裁剪

17 将裁剪后的左侧音频文件删除，将当前时间设置为00:00:31:22，使用【剃刀工具】在时间线位置对背景音乐进行裁剪，如图12-106所示。

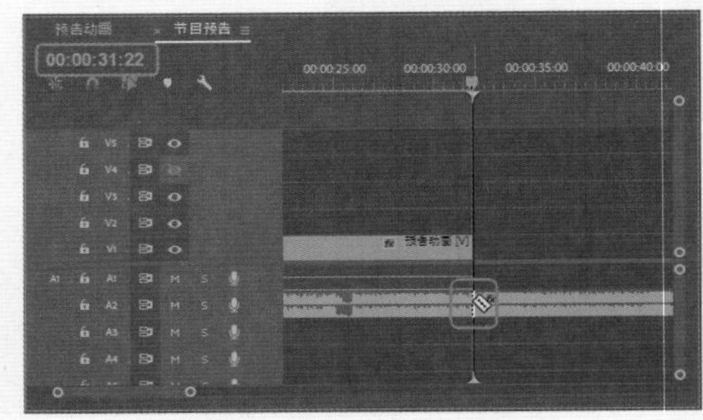

图12-106　裁剪音频文件

18 将裁剪后的右侧音频文件删除，效果如图12-107所示。

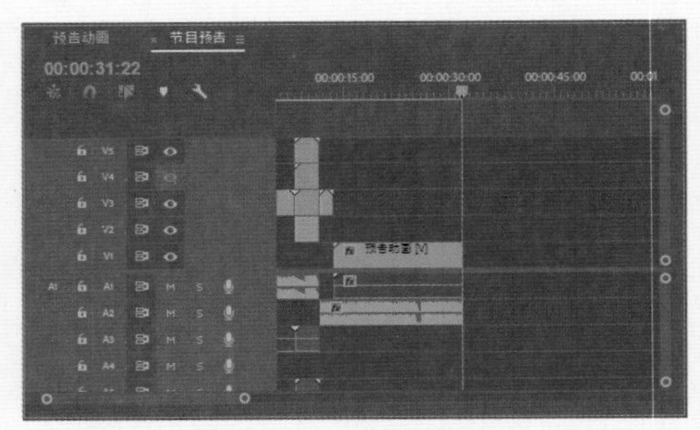

图12-107　删除音频文件

19 对完成后的效果进行导出与保存。

第13章 项目指导——婚礼片头

本例所介绍的婚礼影片片头是对前面所学习知识的一个综合运用，使读者能够更加深入地掌握Premiere，达到融会贯通、举一反三的目的，希望读者多多实践，制作出更好的作品，效果如图13-1所示。

图13-1　婚礼片头

13.1 导入图像素材

在制作婚礼片头之前，首先要将需要用到的素材导入至Premiere中，其具体操作步骤如下。

01 启动软件，在弹出的界面中单击【新建项目】按钮，在弹出的对话框中指定保存位置及名称，如图13-2所示。

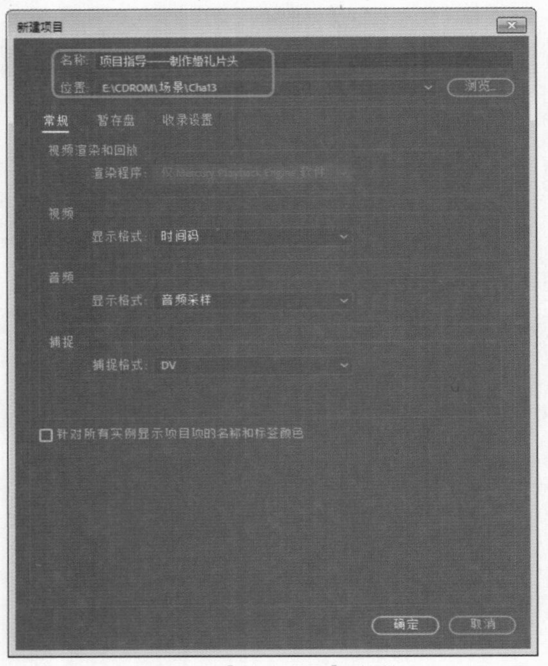

图13-2　【新建项目】对话框

02 单击【确定】按钮，在【项目】面板中右击鼠标，在弹出的快捷菜单中选择【导入】命令，如图13-3所示。

03 在弹出的对话框中选择素材文件，如图13-4所示。

04 单击【打开】按钮，即可将选中的素材文件导入至【项目】面板中，如图13-5所示。

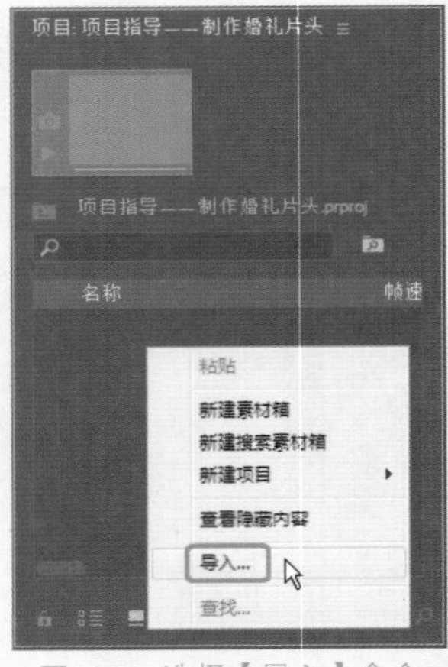

图13-3　选择【导入】命令

图13-4　选择素材文件

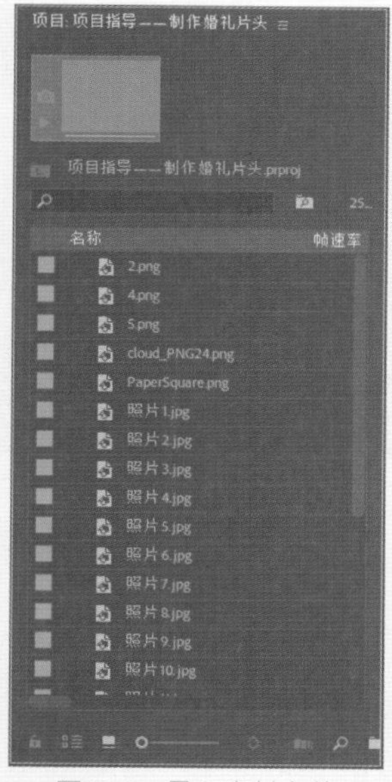

图13-5　导入素材文件

13.2 创建片头开始动画

01 导入素材文件后，右击鼠标，在弹出的快捷菜单中选择【新建项目】|【序列】命令，如图13-6所示。

02 在弹出的对话框中选择DV-PAL |【标准48kHz】，将【名称】设置为“婚礼片头”，如图13-7所示。

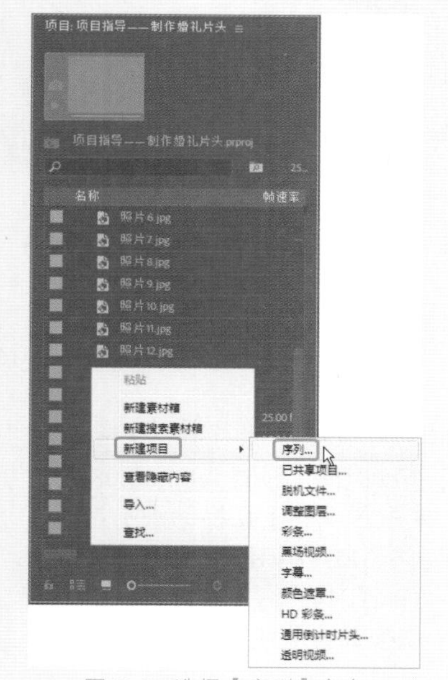

图13-6　选择【序列】命令

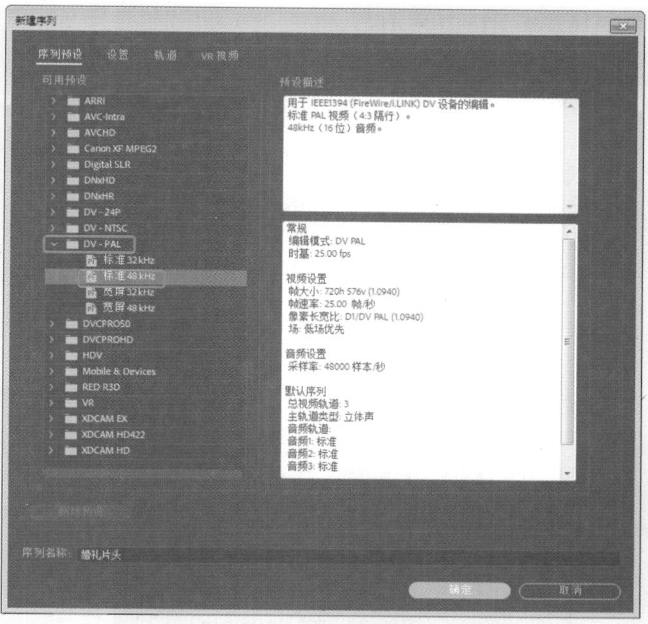

图13-7　选择序列预设

03 设置完成后，单击【确定】按钮，在【项目】面板中选择“星光粒子”素材文件，将其添加至V1视频轨道中，在弹出的对话框中单击【保持默认设置】按钮，单击【确定】按钮，将【持续时间】设置为00:00:06:03，如图13-8所示。

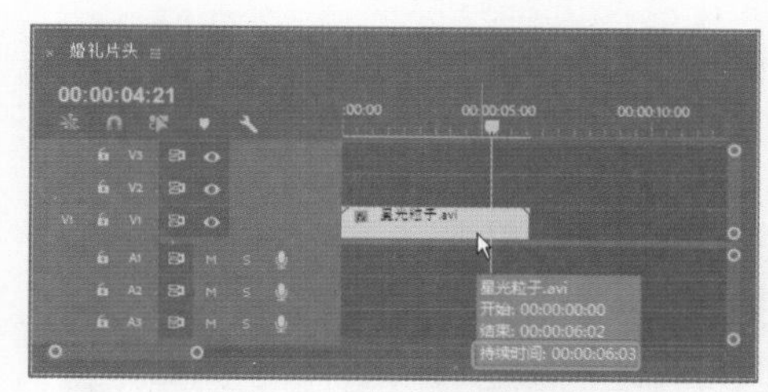

图13-8　添加素材文件

04 选中添加的素材文件，在【效果控件】面板中将【缩放】设置为80，如图13-9所示。

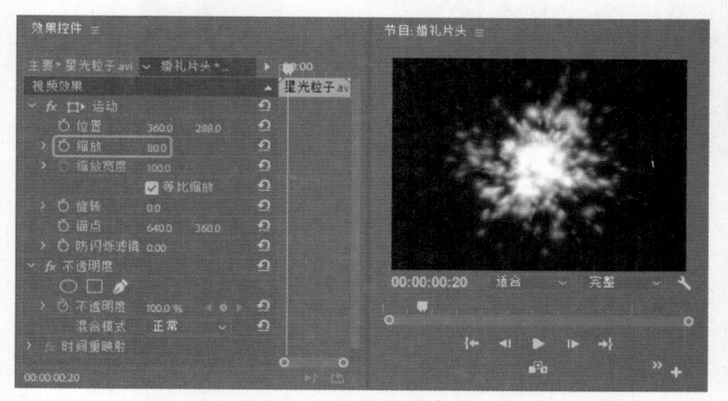

图13-9　设置缩放参数

05 将当前时间设置为00:00:05:14，在【项目】面板中选择“照片1.jpg”素材文件，将其添加至V2视频轨道中，将其开始处与时间线对齐，将其持续时间

设置为00:00:07:16，如图13-10所示。

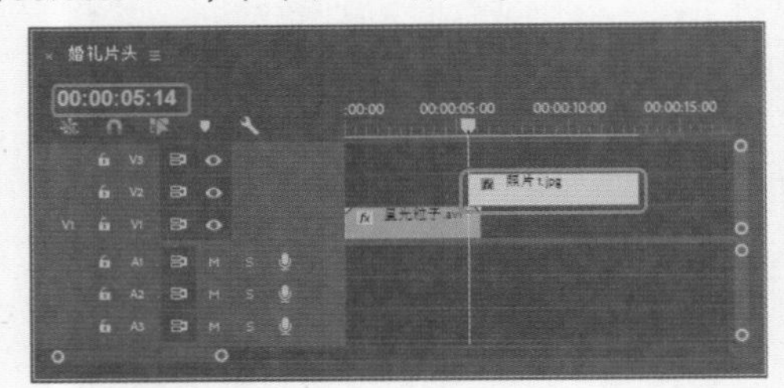

图13-10 添加素材文件

06 选中添加的素材文件，在【效果控件】面板中将【缩放】设置为300，单击其左侧的【切换动画】按钮，将【不透明度】设置为0，如图13-11所示。

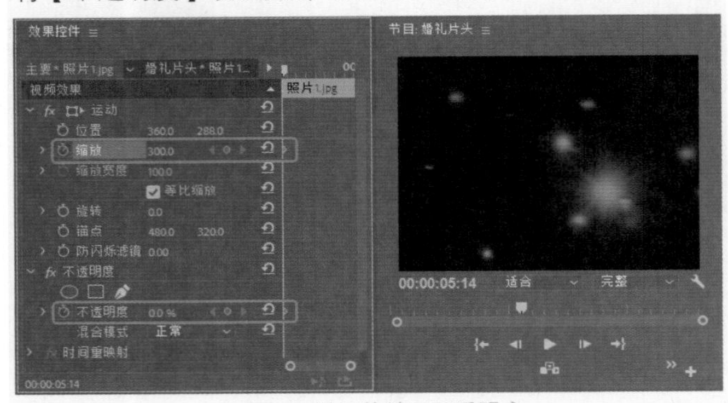

图13-11 设置缩放及不透明度

07 将当前时间设置为00:00:06:14，单击【位置】左侧的【切换动画】按钮，将【缩放】设置为100，将【不透明度】设置为100，如图13-12所示。

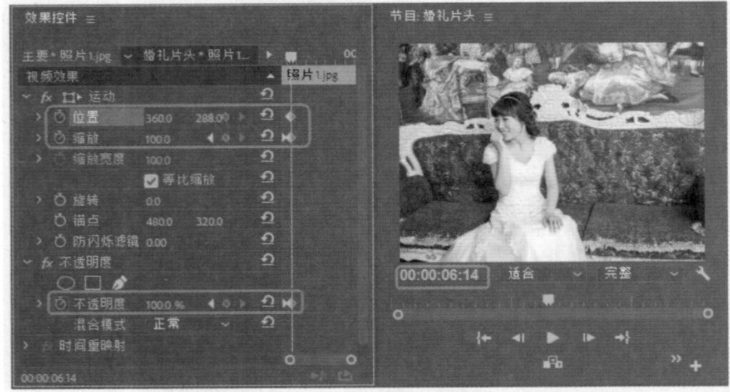

图13-12 设置素材参数

08 将当前时间设置为00:00:08:05，在【效果控件】面板中将【位置】设置为421、307.1，如图13-13所示。

09 将当前时间设置为00:00:10:05，将【位置】设置为328.6、282.3，如图13-14所示。

10 在【效果】面板中选择【四色渐变】，按住鼠标将其拖曳至V2视频轨道的素材上，在【效果控件】面板中，将【混合】、【抖动】、【不透明度】分别设置为100、0、64，将【混合模式】设置为【滤色】，如图13-15所示。

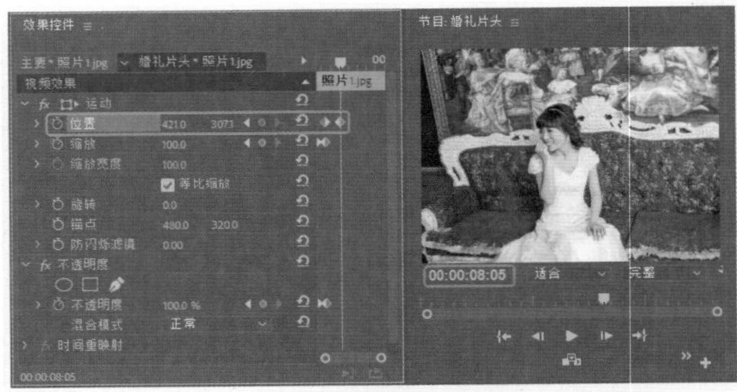

图13-13 设置位置参数

图13-14 设置位置参数

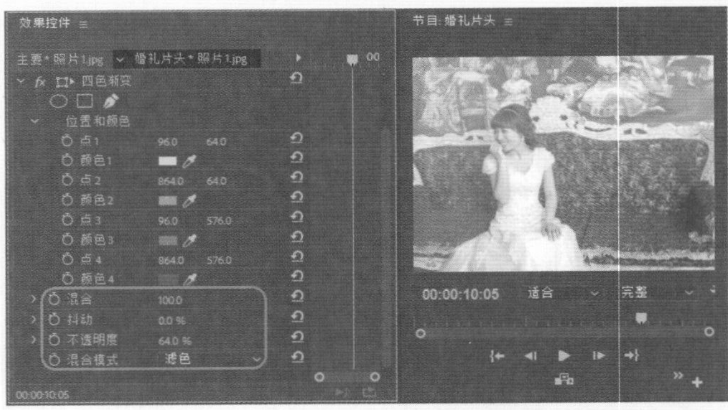

图13-15 设置四色渐变

11 将当前时间设置为00:00:05:05，将“树叶视频.avi”拖曳至V3轨道中，将持续时间设置为00:00:08:00，在【效果控件】面板中，将【缩放】设置为51，将【不透明度】选项组下的【混合模式】设置为【滤色】，如图13-16所示。

12 将当前时间设置为00:00:10:14，将“照片2.jpg”拖曳至V4轨道中，将【持续时间】设置为00:00:08:09，将【缩放】设置为291，单击左侧的【切换动画】按钮，将【不透明度】设置为0，如图13-17所示。

13 将当前时间设置为 00:00:11:14，将【位置】设置为360、288，单击左侧的【切换动画】按钮，将【缩放】设置为100，将【不透明度】设置为100，如图13-18所示。

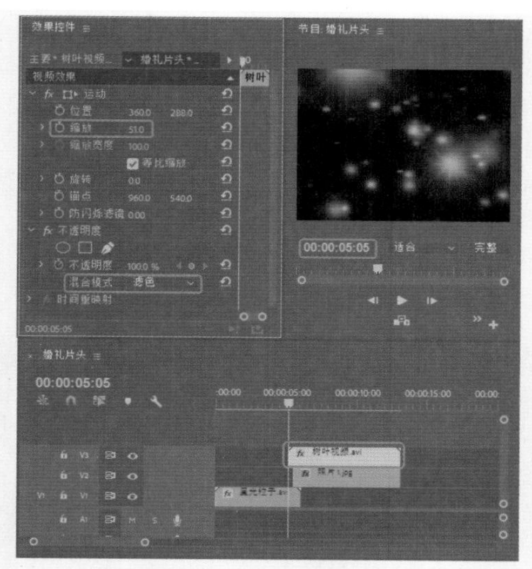

图13-16　设置混合模式

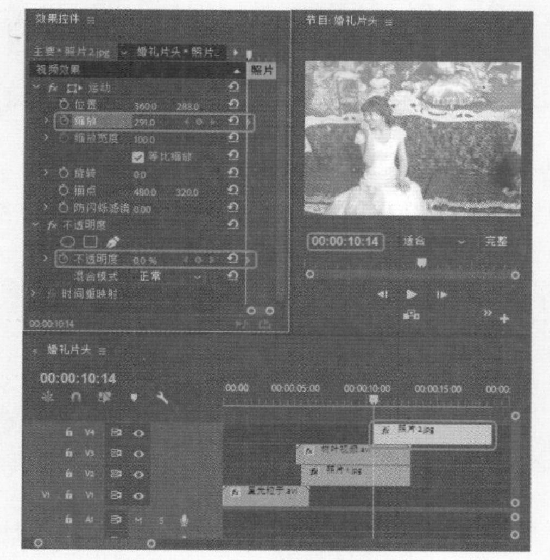

图13-17　设置缩放和不透明度

图13-18　设置参数

14 将当前时间设置为00:00:14:06，将【位置】设置为438、288，如图13-19所示。

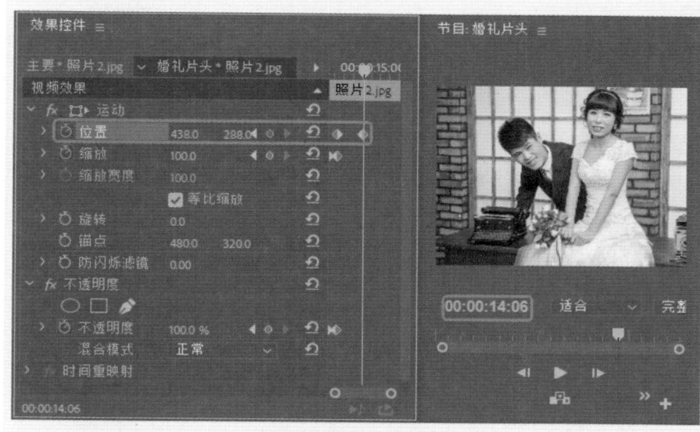

图13-19　设置参数

15 将当前时间设置为00:00:17:06，将【位置】设置为284、288，如图13-20所示。

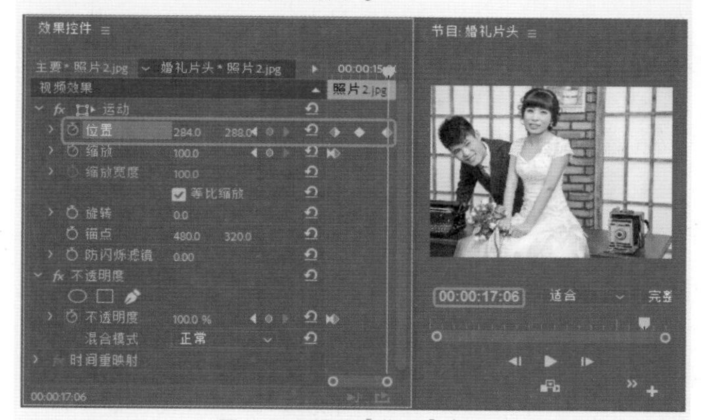

图13-20　设置【位置】参数

16 在【效果】面板中搜索【四色渐变】特效，将其添加至“照片2.jpg”素材文件上，将【混合】、【抖动】、【不透明度】分别设置为100、0、64，将【混合模式】设置为【滤色】，如图13-21所示。

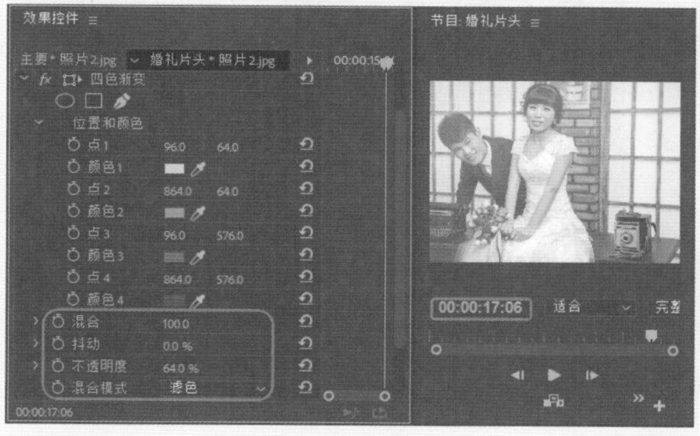

图13-21　设置四色渐变

17 将当前时间设置为00:00:10:23，将“树叶视频.avi”拖曳至V5轨道中，将【持续时间】设置为00:00:08:00，将【混合模式】设置为【滤色】，如图13-22所示。

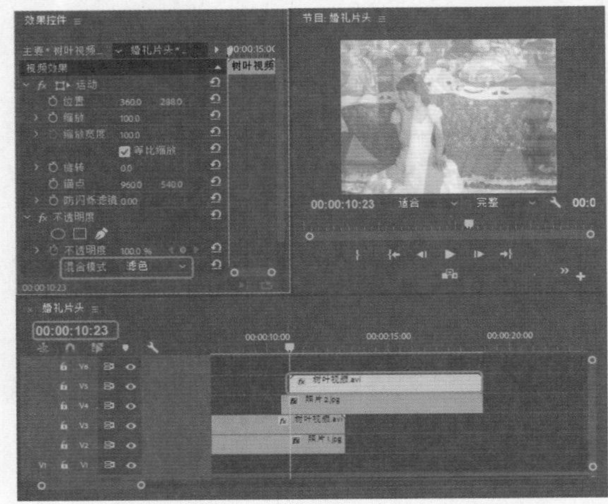

图13-22 设置【混合模式】

18 将当前时间设置为00:00:17:14，将“照片3.jpg”素材文件拖曳至V6轨道中，将【持续时间】设置为00:00:00:10，如图13-23所示。

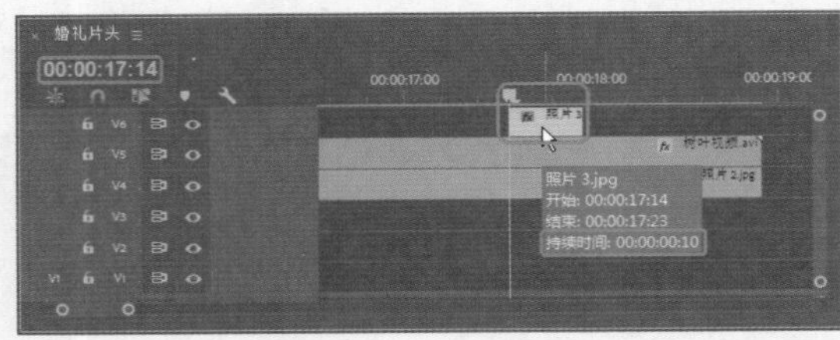

图13-23 设置持续时间

19 将“照片4.jpg”~“照片14.jpg”添加至V6轨道中，设置【持续时间】为00:00:00:10，将“照片9.jpg”~“照片14.jpg”的【缩放】设置为125，将“照片13.jpg”的【位置】设置为360、383，如图13-24所示。

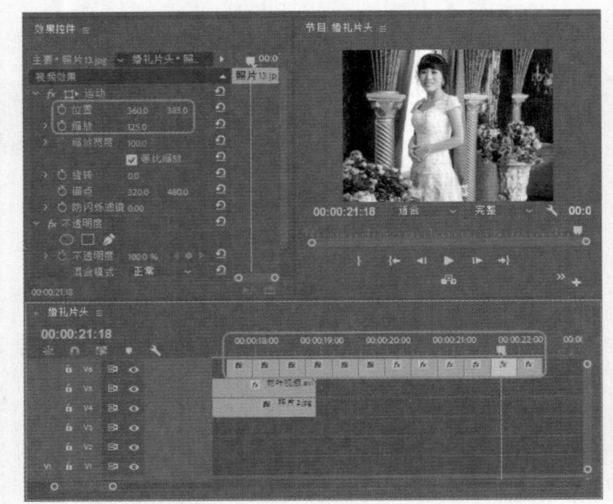

图13-24 设置完成后的效果

20 在菜单栏中选择【文件】|【新建】|【旧版标题】命令，在弹出的对话框中保持默认设置，单击【确定】按钮，打开字幕编辑器，使用【矩形工具】绘制矩形，将【宽度】和【高度】分别设置为891.5、645.4，将【X位置】和【Y位置】分别设置为400、280.9，将【填充】选项组下的【填充类型】设置为【径向渐变】，将左侧色块颜色设置为74、0、117，将【色彩到不透明】设置为0，将右侧色块颜色设置为51、0、80，将【色彩到不透明】设置为65，如图13-25所示。

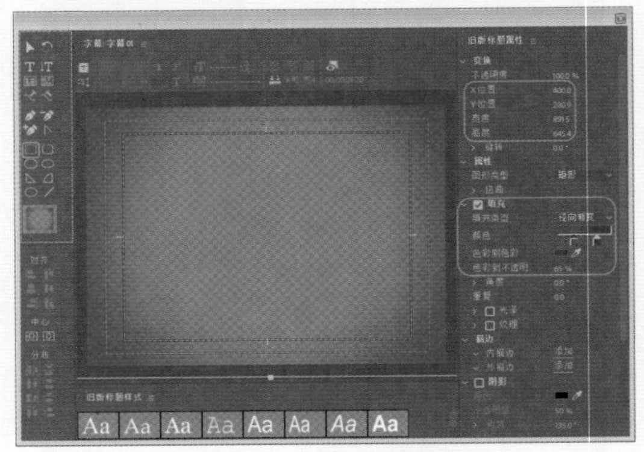

图13-25 新建字幕

21 将当前时间设置为00:00:17:14，将“字幕01”添加至V7轨道中，将当前时间与时间线对齐，将【持续时间】设置为00:00:10:00，如图13-26所示。

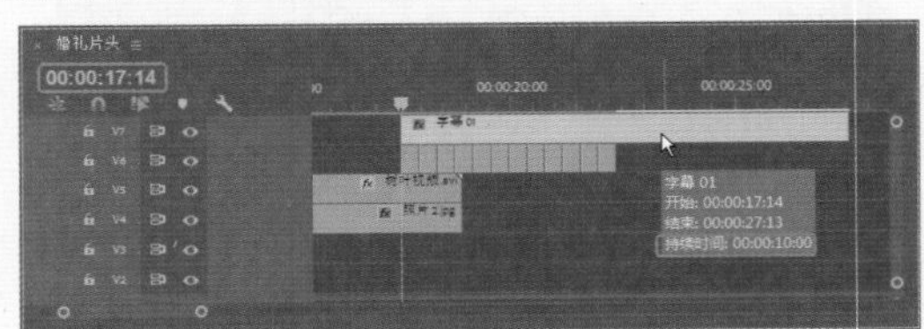

图13-26 设置持续时间

22 将“点光粒子.avi”添加至V8轨道中，将【持续时间】设置为00:00:10:00，在【效果控件】面板中，将【混合模式】设置为【滤色】，如图13-27所示。

图13-27 设置【混合模式】参数

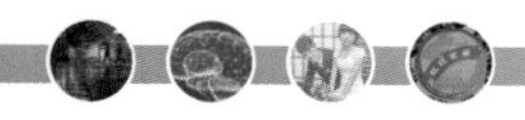

23 将当前时间设置为00:00:22:09，将“花瓣粒子倒计时.mp4”添加至V9轨道中，将【持续时间】设置为00:00:07:19，将【缩放】设置为54，如图13-28所示。

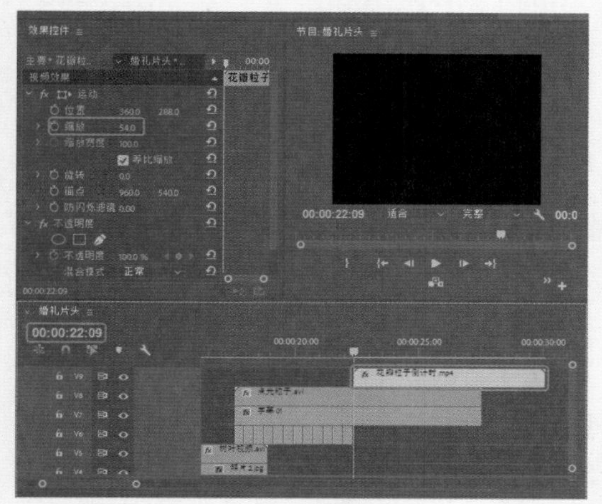

图13-28 设置【缩放】参数

13.3 创建字幕

下面将介绍如何创建婚礼片头中的字幕，具体操作步骤如下。

01 在菜单栏中选择【文件】|【新建】|【旧版标题】命令，在弹出的对话框中保持默认设置，打开字幕编辑器，使用【文字工具】输入文本“幸福即将起航”，将【字体系列】设置为Courier New，将【字体大小】设置为60，将【X位置】、【Y位置】分别设置为362.3、308.9，勾选【阴影】复选框，将【颜色】的RGB值设置为255、216、0，将【不透明度】、【角度】、【距离】、【大小】、【扩展】分别设置为50、135°、0、28、30，如图13-29所示。

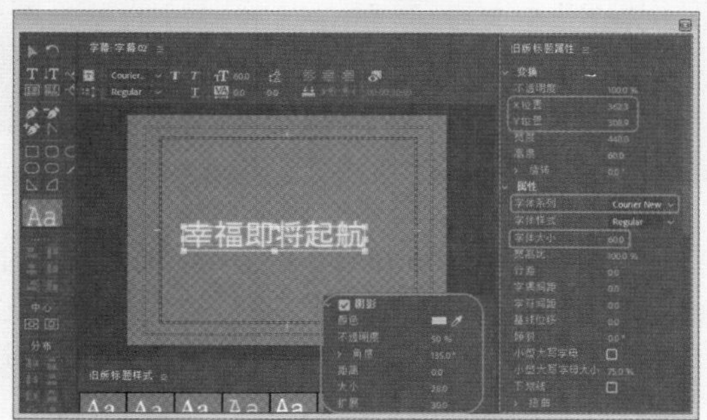

图13-29 设置字幕属性

02 新建“字幕03”，使用【矩形工具】绘制矩形，将【宽度】和【高度】分别设置为486.6、430.7，将【X位置】、【Y位置】分别设置为389.7、276.9，如图13-30所示。

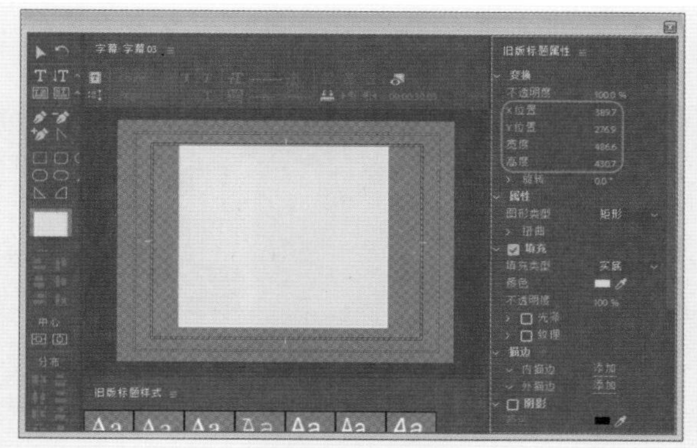

图13-30 设置变换参数

03 展开【填充】卷展栏，勾选【纹理】复选框，单击【纹理】右侧的按钮，弹出【选择纹理图像】对话框，选择“PaperSquare.jpg”，单击【打开】按钮，如图13-31所示。

图13-31 选择纹理图像

04 使用【矩形工具】绘制矩形，将【宽度】和【高度】分别设置为387.9、313.5，将【X位置】、【Y位置】分别设置为386.1、268.8，在【填充】选项组中，单击【纹理】右侧的按钮，选择“照片2.jpg”，如图13-32所示。

图13-32 设置字幕参数

05 使用同样的方法，制作“字幕04”～“字幕 12”，效果如图13-33所示。

图13-33　制作完成后的效果

13.4 制作婚礼动画

下面将介绍如何制作婚礼动画，具体操作步骤如下。

01 在【项目】面板的空白处单击鼠标右键，在弹出的快捷菜单中选择【新建项目】|【颜色遮罩】命令，弹出【新建颜色遮罩】对话框，保持默认设置，单击【确定】按钮，在弹出的对话框中将颜色值设置为157、222、252，单击【确定】按钮，如图13-34所示。

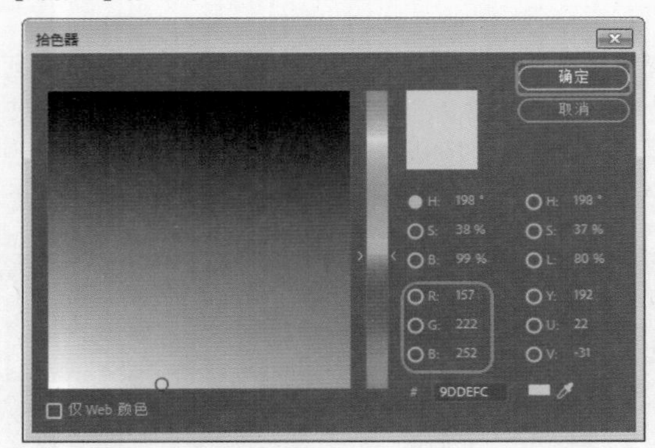

图13-34　设置颜色值

02 将当前时间设置为00:00:30:03，将“颜色遮罩”拖曳至V1轨道中，将开始处与时间线对齐，将持续时间设置为00:00:31:17，将【不透明度】设置为0，将当前时间设置为00:00:30:24，将【不透明度】设置为100，如图13-35所示。

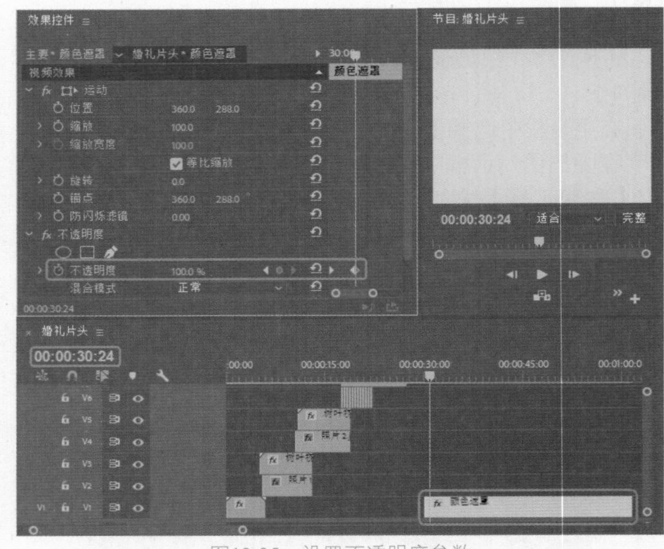

图13-35　设置不透明度参数

03 将当前时间设置为00:00:30:03，将“cloud_PNG24.png”文件添加至V2轨道中，将持续时间设置为00:00:31:17，将【缩放】设置为375，单击左侧的【切换动画】按钮，将【不透明度】设置为0，如图13-36所示。

04 将当前时间设置为00:00:30:24，将【缩放】设置为100，将【不透明度】设置为27，如图13-37所示。

05 将当前时间设置为00:00:31:20，将【位置】设置为360、288，单击左侧的【切换动画】按钮，如图13-38所示。

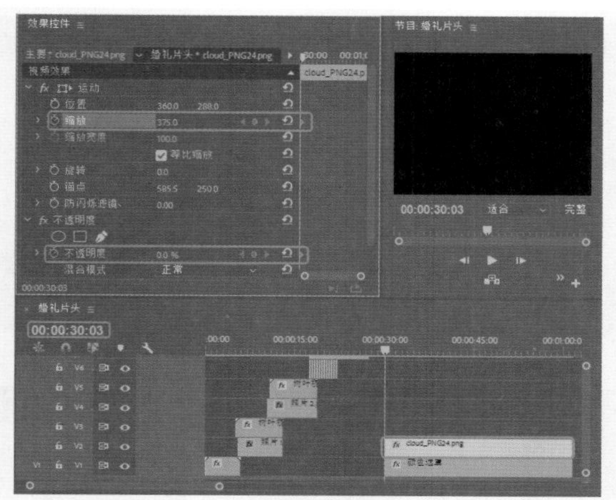

图13-36　设置【缩放】和【不透明度】参数

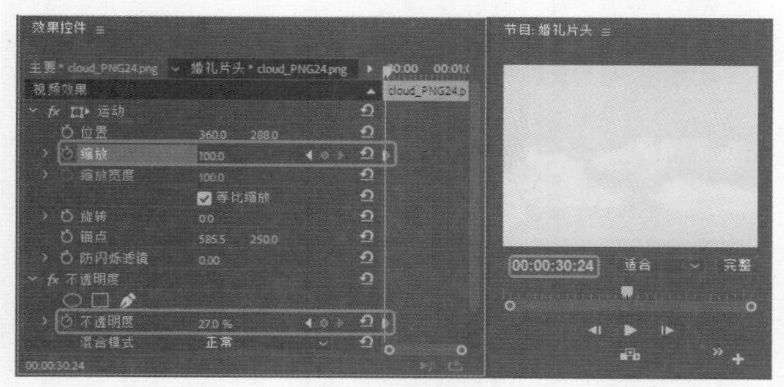

图13-37　设置【缩放】和【不透明度】参数

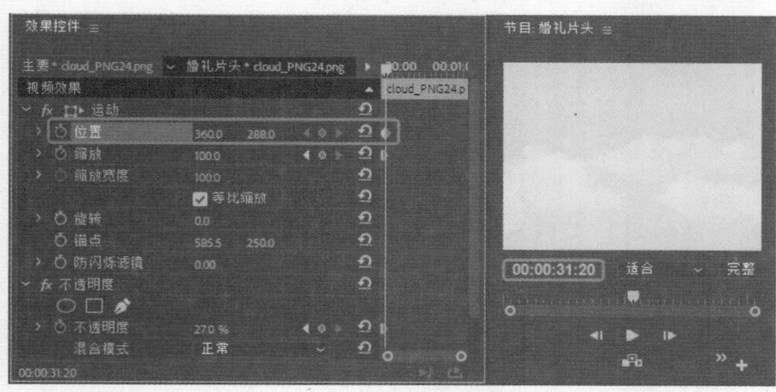

图13-38　设置位置关键帧

06 将当前时间设置为00:00:32:20，将【位置】设置为57、288，如图13-39所示。

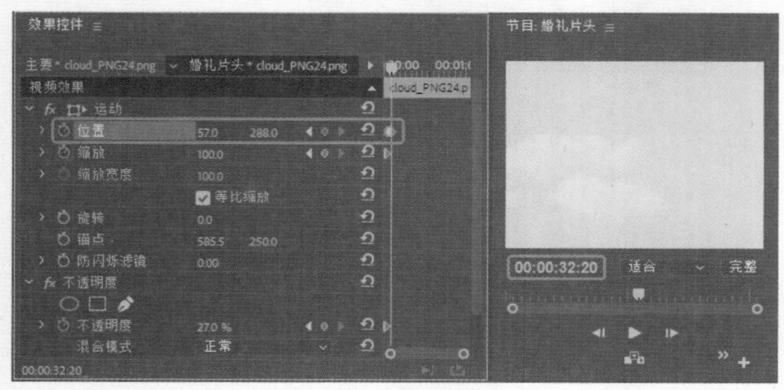

图13-39　设置位置关键帧

07 将当前时间设置为00:00:34:20，单击【位置】和【不透明度】右侧的【添加/移除关键帧】按钮，如图13-40所示。

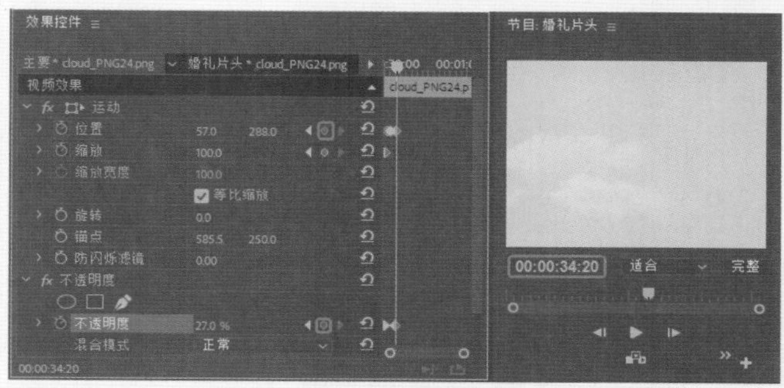

图13-40　添加关键帧

08 将当前时间设置为00:00:35:00，将【位置】设置为223、185，如图13-41所示。

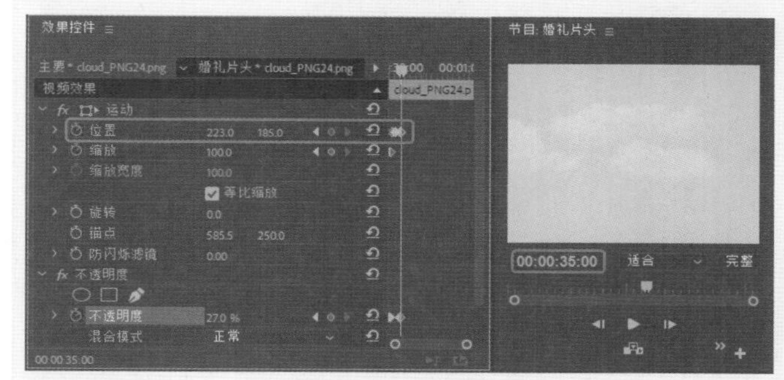

图13-41　设置位置参数

09 将当前时间设置为00:00:38:00，单击【位置】和【不透明度】右侧的【添加/移除关键帧】按钮，如图13-42所示。

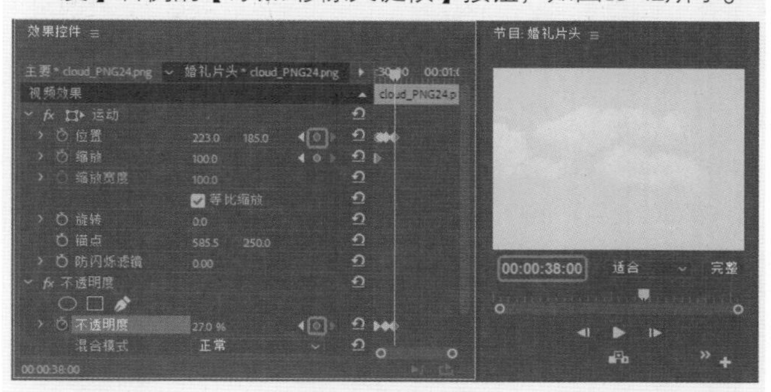

图13-42　添加关键帧

10 将当前时间设置为00:00:39:10，将【位置】设置为592、185，将【不透明度】设置为68，如图13-43所示。

11 使用同样的方法，将“cloud_PNG24.png”拖曳至V3轨道中，并为其设置关键帧，如图13-44所示。

12 将当前时间设置为00:00:30:03，将“字幕02”拖曳至V4轨道中，将【不透明度】设置为0，如图13-45所示。

13 将当前时间设置为00:00:30:24，将【不透明度】设置为100，如图13-46所示。

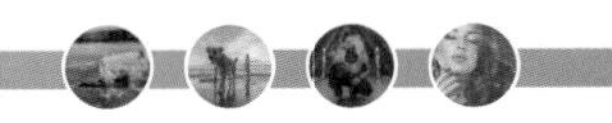

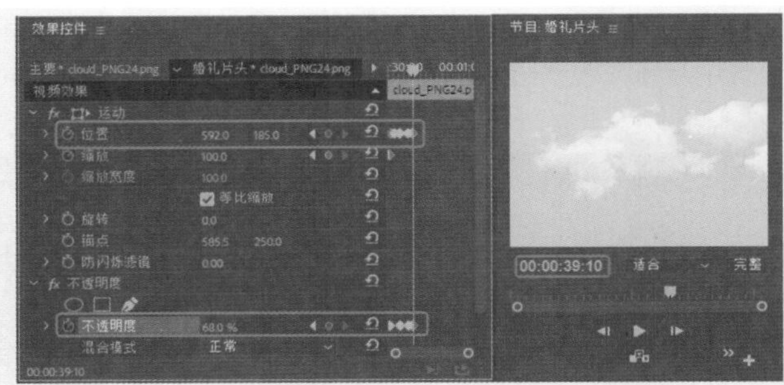

图13-43　设置【位置】和【不透明度】参数

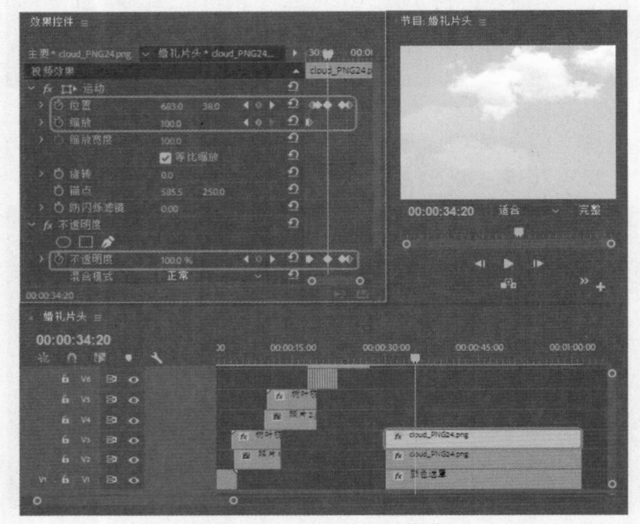

图13-44　设置关键帧后的效果

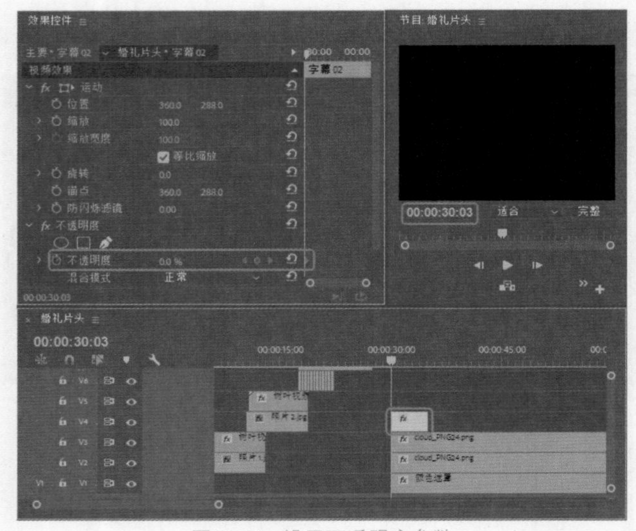

图13-45　设置不透明度参数

14 将当前时间设置为00:00:31:05，单击【不透明度】右侧的【添加/移除关键帧】按钮，如图13-47所示。

15 将当前时间设置为00:00:31:20，将【不透明度】设置为0，如图13-48所示。

图13-46　设置不透明度参数

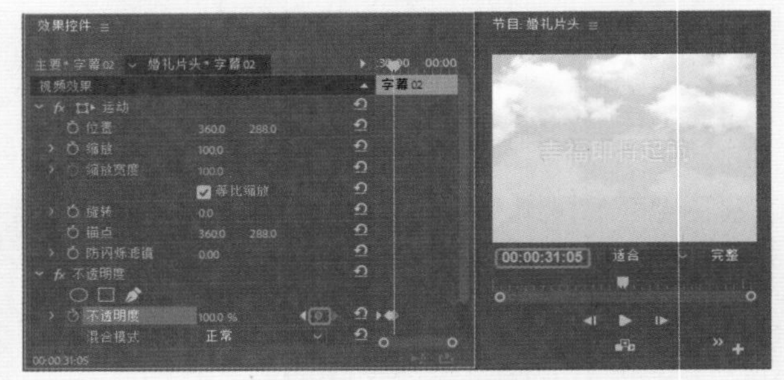

图13-47　添加关键帧

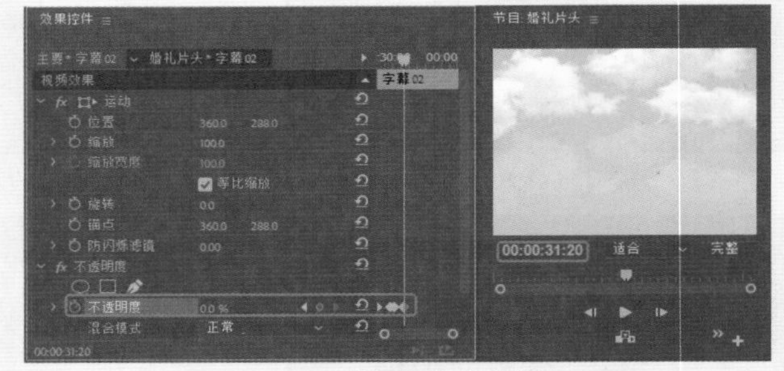

图13-48　设置不透明度参数

16 将当前时间设置为00:00:35:03，将“5.png”素材文件拖曳至V4轨道中，将【不透明度】设置为4，如图13-49所示。

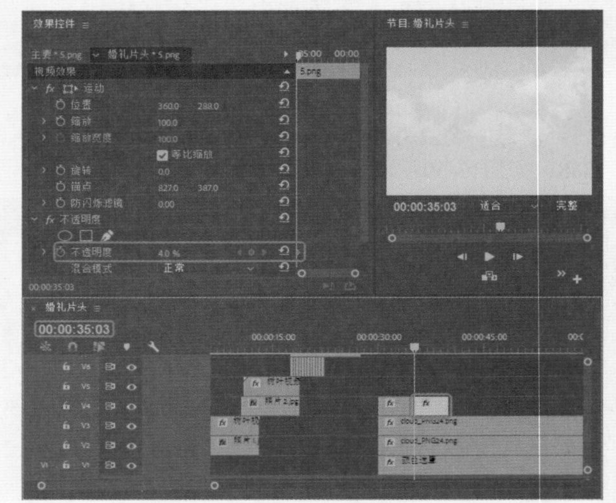

图13-49　设置不透明度参数

17 将当前时间设置为00:00:35:15，将【不透明度】设置为57，如图13-50所示。

图13-50　设置不透明度参数

18 将当前时间设置为00:00:37:15，单击右侧的【添加/移除关键帧】按钮，如图13-51所示。

图13-51　添加关键帧

19 将当前时间设置为00:00:38:00，将【不透明度】设置为0，如图13-52所示。

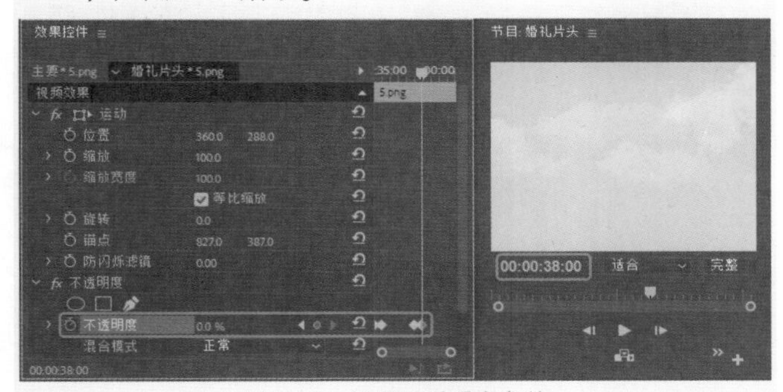

图13-52　设置不透明度参数

20 将当前时间设置为00:00:34:20，将“4.png”拖曳至V5轨道中，将【位置】设置为503、434，将【缩放】设置为23，单击【位置】和【缩放】左侧的【切换动画】按钮，将【不透明度】设置为0，如图13-53所示。

21 将当前时间设置为00:00:35:15，将【位置】设置为645、134，将【缩放】设置为37，将【不透明度】设置为60，如图13-54所示。

22 将当前时间设置为00:00:37:15，单击【不透明度】右侧的按钮，将当前时间设置为00:00:38:00，将【不透明度】设置为0，如图13-55所示。

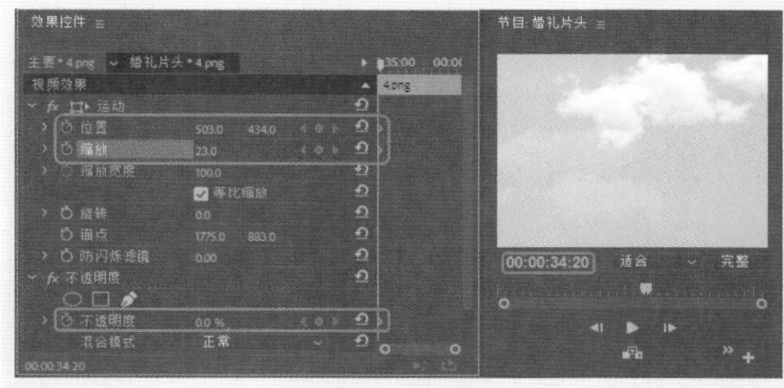

图13-53　设置参数

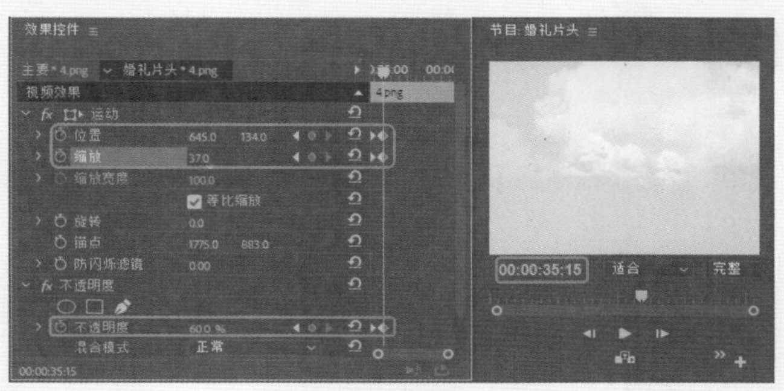

图13-54　设置参数

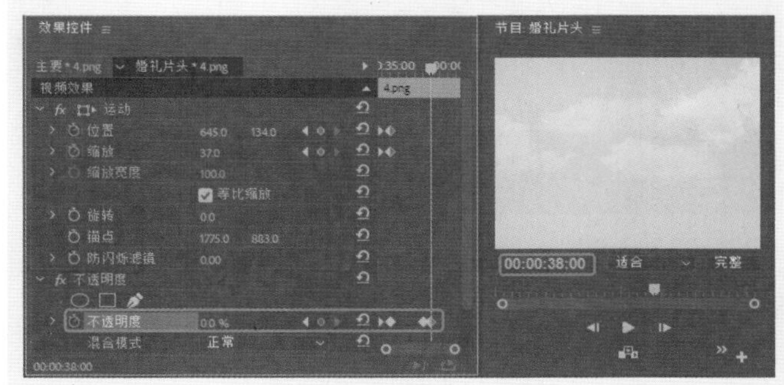

图13-55　设置不透明度参数

23 将当前时间设置为00:00:31:20，将“2.png”拖曳至V6轨道中，将【位置】设置为534、288，将【缩放】设置为828，单击【位置】和【缩放】左侧的【切换动画】按钮，将【不透明度】设置为0，如图13-56所示。

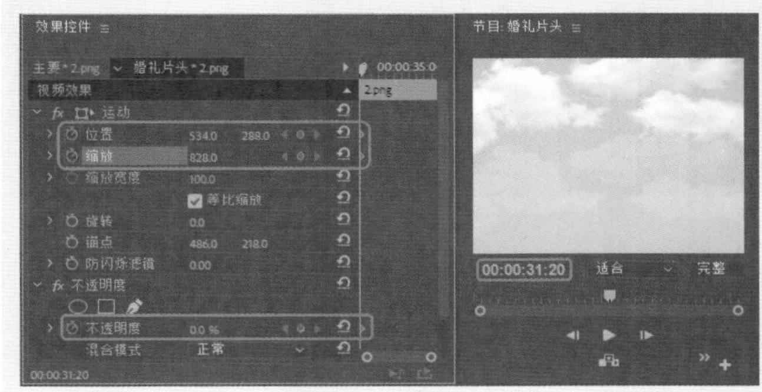

图13-56　设置参数

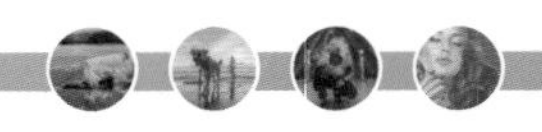

24 将当前时间设置为00:00:32:20，将【位置】设置为51、316，将【缩放】设置为80，将【不透明度】设置为70，如图13-57所示。

图13-57 设置参数

25 将当前时间设置为00:00:34:20，单击【位置】和【不透明度】右侧的【添加/移除关键帧】按钮，如图13-58所示。

图13-58 添加关键帧

26 将当前时间设置为00:00:35:00，将【位置】设置为-211、392，将【不透明度】设置为4，如图13-59所示。

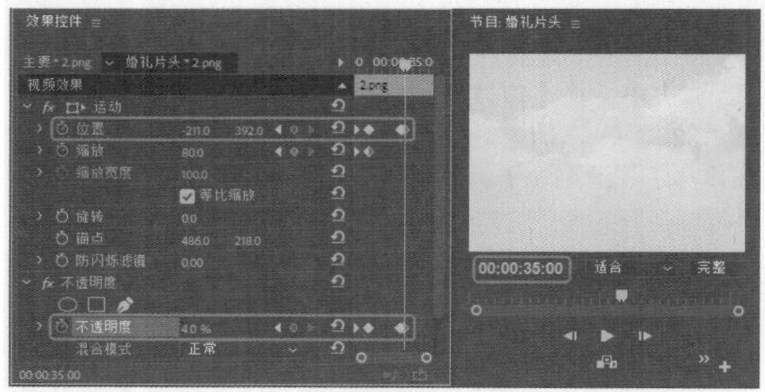

图13-59 设置【位置】和【不透明度】参数

27 将当前时间设置为00:00:39:10，将“字幕05”拖曳至V6轨道中，将持续时间设置为00:00:02:16，将【位置】设置为977、340，单击左侧的【切换动画】按钮，如图13-60所示。

图13-60 设置【位置】参数

28 将当前时间设置为00:00:40:10，将【位置】设置为360、288，如图13-61所示。

图13-61 设置【位置】参数

29 将当前时间设置为00:00:41:00，单击【位置】右侧的【添加/移除关键帧】按钮，将当前时间设置为00:00:41:15，将【位置】设置为-312、498，如图13-62所示。

图13-62 设置【位置】关键帧

30 将当前时间设置为00:00:32:20，将“字幕03”拖曳至V7轨道中，将持续时间设置为00:00:02:20，将【位置】设置为977、340，单击左侧的【切换动画】按钮，如图13-63所示。

31 将当前时间设置为00:00:33:20，将【位置】设置为360、288，将当前时间设置为00:00:34:10，单击右侧的【添加/移除关键帧】按钮，如图13-64所示。

32 将当前时间设置为00:00:35:00，将【位置】设置为-312、498，如图13-65所示。

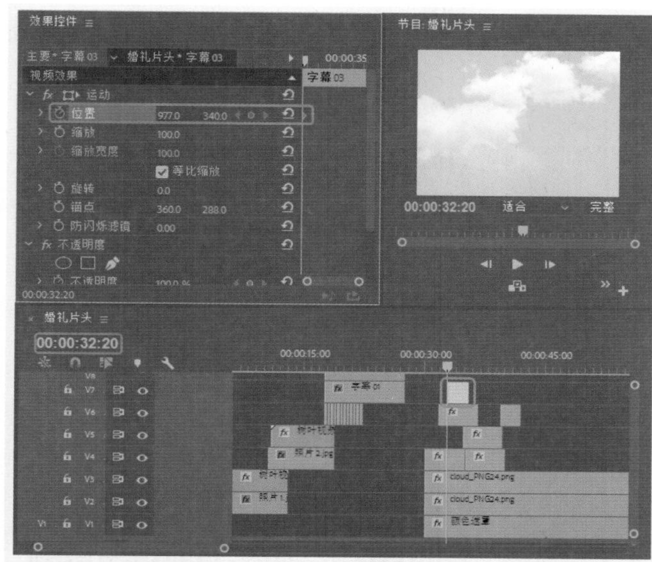

图13-63 设置【位置】关键帧

图13-64 添加关键帧

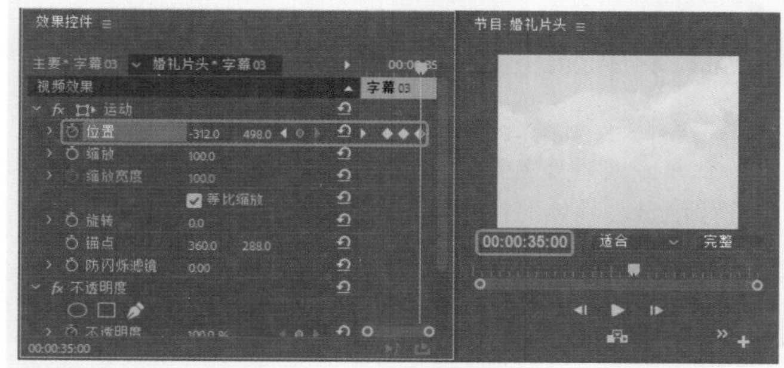

图13-65 设置【位置】参数

33 将当前时间设置为00:00:35:15，将“字幕04”拖曳至V7轨道中，将开始处与时间线对齐，将【位置】设置为977、340，单击左侧的【切换动画】按钮，如图13-66所示。

34 将当前时间设置为00:00:36:15，将【位置】设置为360、288，将当前时间设置为00:00:37:05，单击右侧的【添加/移除关键帧】按钮，如图13-67所示。

35 将当前时间设置为00:00:37:20，将【位置】设置为-312、498，如图13-68所示。

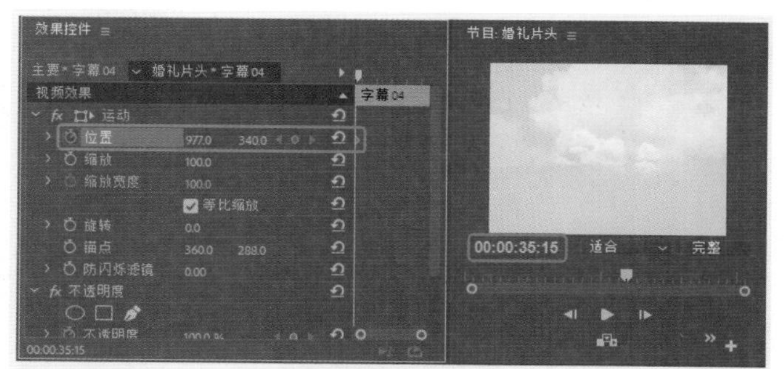

图13-66 设置【位置】参数

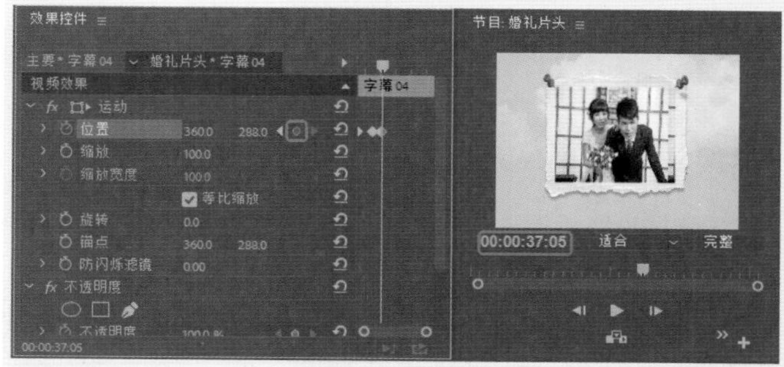

图13-67 添加关键帧

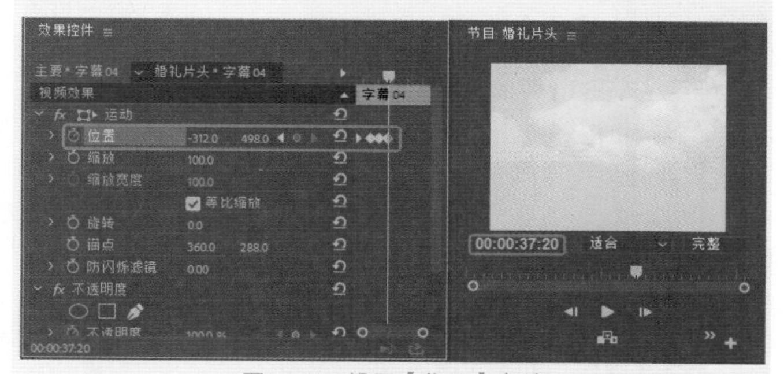

图13-68 设置【位置】参数

36 将当前时间设置为00:00:42:01，将“字幕03”拖曳至V4轨道中，将开始处与时间线对齐，将持续时间设置为00:00:19:19，如图13-69所示。

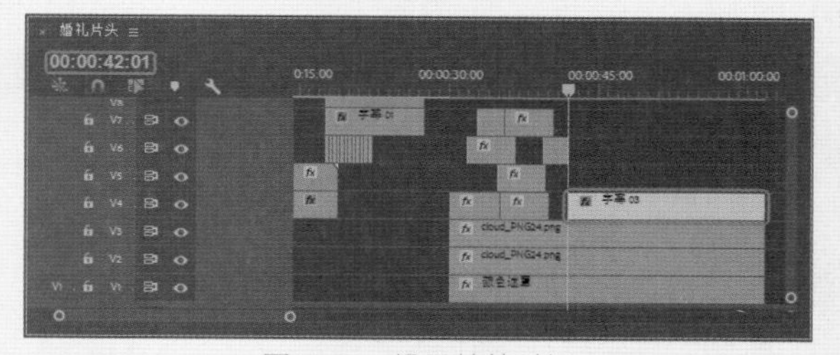

图13-69 设置持续时间

37 将【位置】设置为364.3、214.6，将【缩放】设置为237，单击【缩放】左侧的【切换动画】按钮，将【不透明度】设置为0，如图13-70所示。

38 将当前时间设置为00:00:43:15，将【缩放】设置为42，将【不透明度】设置为100，如图13-71所示。

图13-70 设置参数

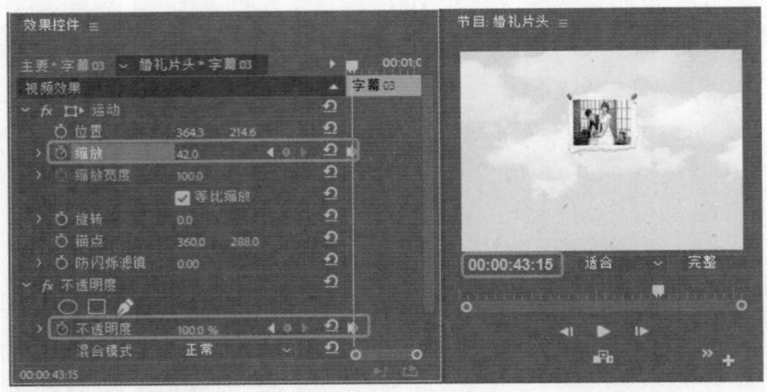

图13-71 设置【缩放】和【不透明度】参数

39 确定当前时间为00:00:43:15，将“字幕05”拖曳至V5轨道中，将持续时间设置为00:00:18:05，如图13-72所示。

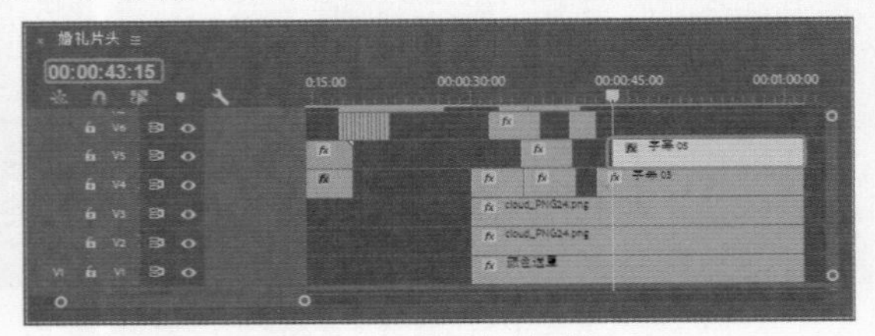

图13-72 设置持续时间

40 将【位置】设置为502.2、131.5，将【缩放】设置为237，单击【缩放】左侧的【切换动画】按钮，将【不透明度】设置为0，如图13-73所示。

图13-73 设置参数

41 将当前时间设置为00:00:45:04，将【缩放】设置为42，将【不透明度】设置为100，如图13-74所示。

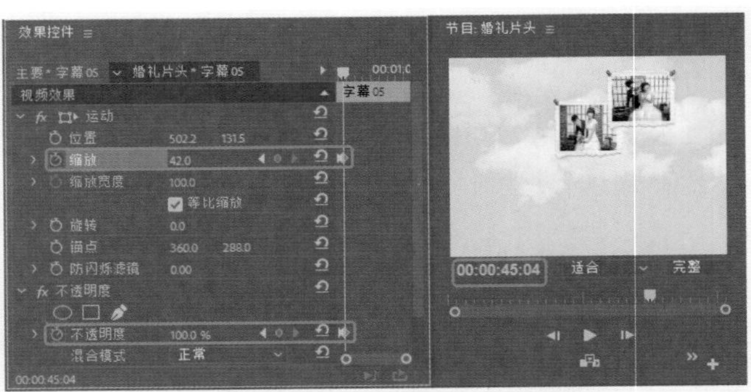

图13-74 设置【缩放】和【不透明度】参数

42 使用同样的方法，制作其他内容，通过调整字幕的【位置】、【缩放】及【不透明度】参数，实现如图13-75所示的效果。

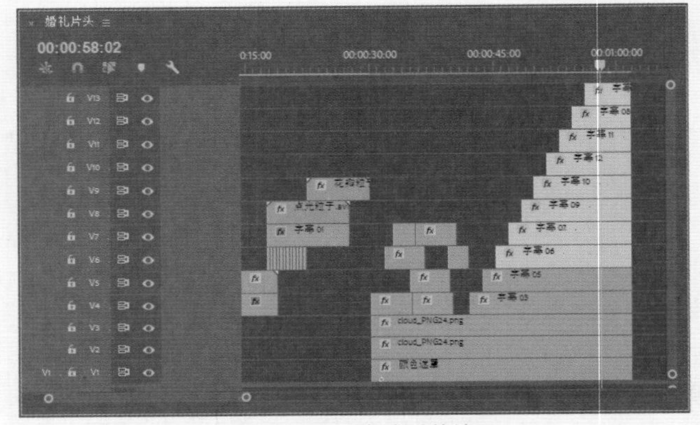

图13-75 添加完成后的效果

13.5 添加音频、输出视频

制作完成婚礼片头后，需要对完成后的效果添加音乐并进行输出，具体的操作步骤如下。

01 将当前时间设置为00:00:00:00，将“背景音乐.wav”音频文件拖曳至A1轨道中，将当前时间设置为00:01:01:19，使用【剃刀工具】对音频进行切割，如图13-76所示。

02 使用【选择工具】选择切割后面的视频，将切割后多余的部分删除，如图13-77所示。

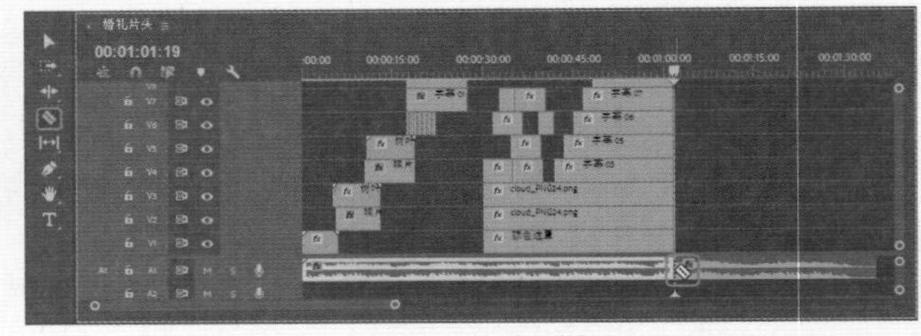

图13-76 切割对象

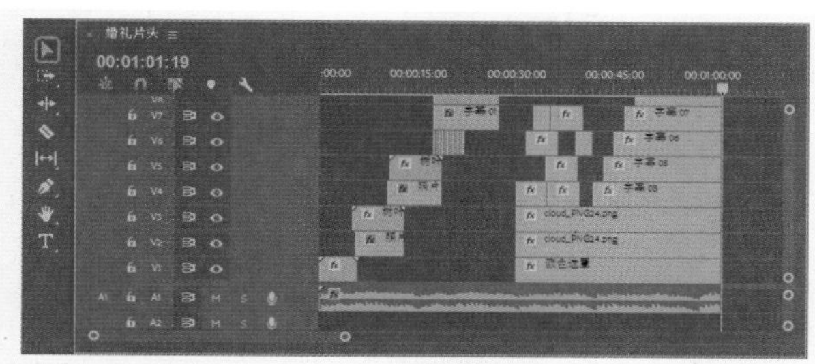

图13-77　删除多余的音频

03 将当前时间设置为00:00:14:04，将“Countdown Opener.wav”拖曳至V2轨道中，将开始处与时间线对齐，如图13-78所示。

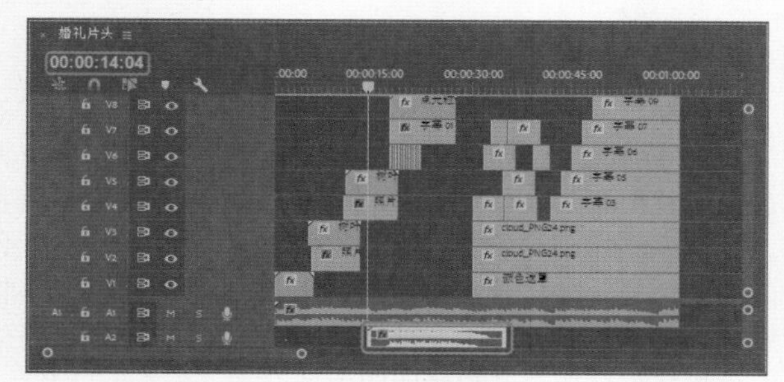

图13-78　添加音频

04 将当前时间设置为00:00:23:09，使用【剃刀工具】对音频进行切割，如图13-79所示。

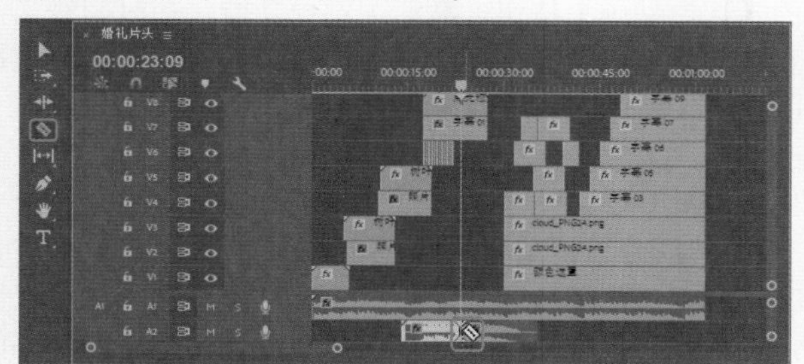

图13-79　切割对象

05 使用【选择工具】选择切割前面的视频，将切割后多余的部分删除，如图13-80所示。

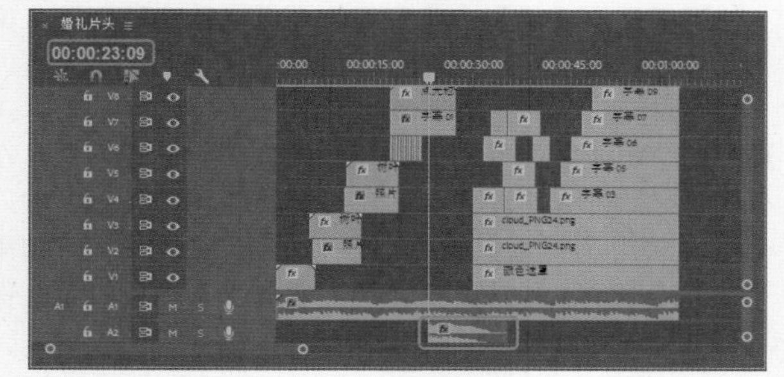

图13-80　删除多余的部分

06 使用【钢笔工具】，在A1轨道中对“背景音乐.wav”添加点，并进行相应的调整，效果如图13-81所示。

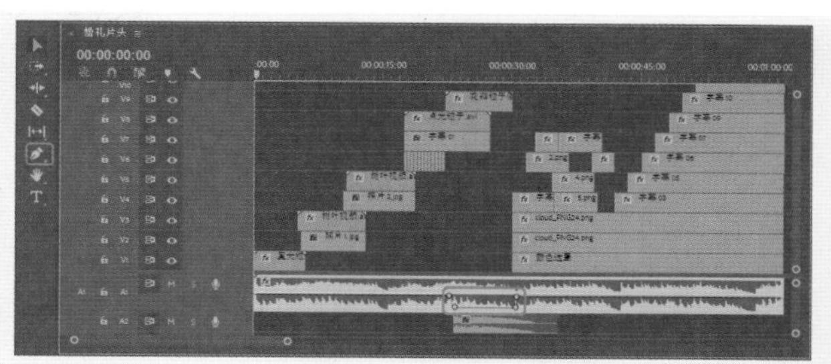

图13-81　调整后的效果

07 设置完成后，按Ctrl+M组合键，打开【导出设置】对话框，在该对话框中将【格式】设置为AVI，单击【输出名称】右侧的蓝色按钮，在弹出的对话框中为其指定一个正确的存储路径，并为其重命名，如图13-82所示。

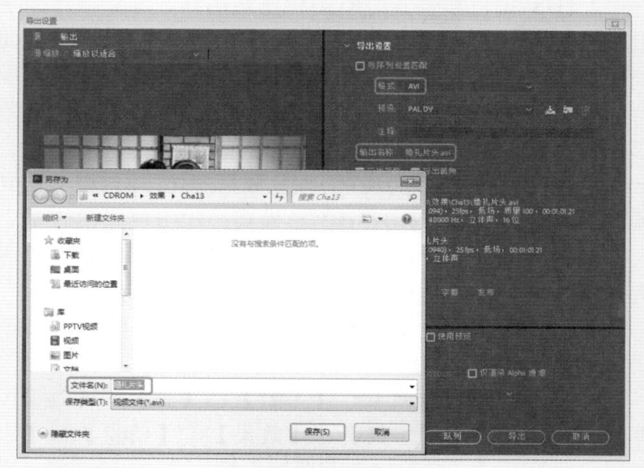

图13-82　【另存为】对话框

08 设置完成后单击【确定】按钮，在【导出设置】对话框中单击【导出】按钮，即可将视频文件导出，如图13-83所示。

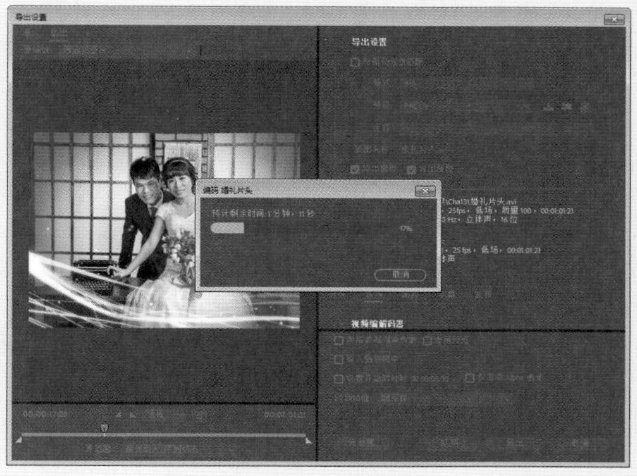

图13-83　导出视频

附录　参考答案

第1章

1. 将影片制作中所拍摄的大量素材，经过选择、取舍、分解与组接，最终完成一个连贯、流畅、含义明确、主题鲜明并有艺术感染力的作品。

2. ①RGB色彩模式：RGB颜色是由红、绿、蓝三原色组成的色彩模式。图像中所有的色彩都是由三原色组合而来的。②灰度模式：灰度模式属于非彩色模式，灰度图像中的每个像素的颜色都要用8位二进制数字存储。③Lab色彩模式：Lab颜色通道由一个亮度通道和两个色度通道a、b组成。其中a代表从绿到红的颜色分量变化；b代表从蓝到黄的颜色分量变化。④HSB色彩模式：HSB色彩模式基于人对颜色的心理感受而形成，它将色彩看成三个要素：色调（Hue）、饱和度（Saturation）和亮度（Brightness）。⑤CMYK色彩模式：CMYK色彩模式也称作印刷色彩模式，是一种依靠反光的色彩模式，和RGB类似。

3. 主要包括【项目】、【节目】、【源】、【效果控件】、【序列】、【工具】、【效果】、【信息】、【媒体浏览器】、【音频剪辑混合器】面板。

第2章

1. 按Ctrl+S组合键可快速保存文件。

2. 选择【文件】|【导出】|【媒体】命令，在弹出的【导出设置】对话框中，可以设置导出视频的格式。单击【导出】按钮，即可导出影视作品。

第3章

1. Premiere Pro CC 2018中的编辑过程是非线性的，可以在任何时候插入、复制、替换、传递和删除素材片段，还可以采取各种各样的顺序和效果进行试验，并在合成最终影片或输出到磁带前进行预演。

2. 可以通过剪裁增加或删除帧以改变素材的长度。素材开始帧的位置被称为入点，素材结束帧的位置被称为出点。

3. 提升是亮度提升，提取是视频提取素材。

第4章

1. 视频特效包括：切换效果包括3D运动、视频过渡、划像、擦除、滑动特殊效果、缩放等。

2. 过渡效果包括3D运动、划像、溶解、擦除、滑动、缩放、页面剥落。

第5章

1. 键控就是通常所说的抠像，是一种分割屏幕的特技，在电视节目的制作中应用很普遍。它的本质就是抠和填。抠就是利用前景物体轮廓作为遮挡控制电平，将背景画面的颜色沿该轮廓线抠掉，使背景变成黑色；填就是将所要叠加的视频信号填到被抠掉的无图像区域，而最终生成前景物体与叠加背景相合成的图像。

2. 关键帧是在轨道的对象上添加关键点达到运动的效果；选中对象，在【效果控件】面板中单击效果属性名称前的【切换动画】按钮，激活关键帧功能，在时间线当前位置自动添加一个关键帧，在【序列】面板中单击轨道控制区域的【添加/移除关键帧】按钮，即可添加关键帧。

第6章

1. 字幕是影视节目中重要的视频元素，一般来讲包括文字和图形两部分，使影片增色，是影片的重要组成部分，提示人物、地点名称等，可作为片头的标题和片尾的滚动字幕。

2. 在菜单栏中选择【文件】|【新建】|【旧版标题】命令，可以进行字幕。

使用【文本工具】在【节目】面板中单击鼠标输入文本，可创建字幕，在【效果控件】面板中可进行参数设置。

3. 选择工具箱中的【文本工具】或【垂直文本工具】，在绘图区域中使用鼠标拖曳的方式绘制文本框，在文本框的开始位置出现闪动的光标，随即输入文字，输入完毕时，使用选择工具，单击文本框外任意一点，结束输入，关闭字幕输入器，会自动在【项目】面板中进行保存，拖动到轨道上添加字幕。

第7章

1. 【序列】面板中的音频轨道，它将分成2个通道，即左（L通道）、右声道（R通道）。

2. 在编辑音频的时候，一般情况下，以波形来显示图标，这样可以更直观地观察声音变化状态。

3. 音频的持续时间就是指音频的入、出点之间的素材持续时间，因此，对于音频持续时间的调整就是通过入、出点的设置来进行的。

第8章

1. 基本参数有视频、音频、滤镜、字幕和FTP。打开相关的选项卡，对各个基本参数设置要输出的类型。

2. 勾选【以最大深度渲染】复选框，是以24位深度进行渲染。未勾选该复选框，是以8位深度进行渲染。

3. 激活【序列】面板，在菜单栏中选择【文件】|【导出】|【媒体】命令，弹出【导出设置】对话框，将【格式】设置为TIFF，在【视频】选项卡中取消勾选【导出为序列】复选框，单击【导出】按钮。